水の事典

編　集

太田　猛彦
住　　明正
池淵　周一
田渕　俊雄
眞柄　泰基
松尾　友矩
大塚柳太郎

朝倉書店

まえがき

　2002年のヨハネスブルク・サミットで国連が示した，21世紀に人類が解決しなければならない問題には，エネルギー，水，食料，環境，貧困，テロリズム，疾病，教育などがあり，水不足や水の汚染など，水問題はエネルギー問題に次ぐ重要なテーマとなっている．実際，世界の水問題解決のために3年に一度開催されている「世界水フォーラム」の資料によれば，世界の人口の約4割が水不足の起こりやすい地域に住み，特に乾燥地域や熱帯地域では，各種の深刻な水問題に直面している．他方，日本は雨の多い国なので乾燥地域ほど水問題は深刻ではないが，水質や水環境にかかわる部分で解決すべき課題は多く，2003年に滋賀・京都・大阪で開催された第3回世界水フォーラムへの国民の関心は高かった．

　いうまでもなく，水は人類の生存および活動，人類を取り巻く環境にあらゆる場面で深くかかわっており，現代社会における水問題は，水にかかわる人々の営みに関連する広範な知識の総動員なしには決して解決しえない．それほどに人類社会は複雑化し，高度化している．そこで，21世紀の初頭に，様々な可能性と課題をかかえている水に関する最新の知識を集大成することは，地域および世界の水問題の解決に不可欠な作業と考え，本書は企画された．また，私たちは将来にわたって持続可能な循環型社会を構築していかねばならないが，その場合，地球上のあらゆる部分で何より水の正常な循環が維持される必要があろう．

　本書は3部構成になっている．第Ⅰ部は自然界における水を扱っている．ここでは水の科学的な基礎事項に加え，植物や生態系と水の関係を詳述した．第Ⅱ部は，水とかかわる現代社会の活動を取り扱っている．特に，わが国の水問題の中心課題である水質汚濁，水環境保全に多くの頁をさいた．そして本書の大きな特徴は，第Ⅲ部として水と人間そのもの，すなわち水と生身のからだとの関係を取り上げたことである．これは類書にない視点であると自負している．

なお，これらすべての章において，その執筆陣はいずれも斯界を代表する研究者・技術者であり，最新の研究成果に基づいた平易な解説がなされている．また，一般に事典類ではその性質上，無味乾燥な知識の羅列に終わることが多いが，本書では，折々の頁に編集者のコラムを載せた．多少なりとも編集者の思いに触れる場になるのではないだろうか．

　さて本書を編纂するに当たり，70名を超える執筆者や多くの資料提供者の協力を得た．また，朝倉書店編集部の懇切なお世話がなければ本書は世に出なかったであろう．これらの関係者に改めて謝意を表したい．本書が水に関心を抱く多くの人に受け入れられ，水にかかわる知識の普及や水問題解決の一助になれば幸いである．

　2004年5月

編集委員を代表して　太 田 猛 彦

編 集 委 員

太田 猛彦	東京農業大学教授・東京大学名誉教授	
住 明正	東京大学気候システム研究センター教授	
池淵 周一	京都大学防災研究所教授	
田渕 俊雄	前 東京大学農学部教授	
眞柄 泰基	北海道大学創成科学研究機構教授	
松尾 友矩	東洋大学学長・東京大学名誉教授	
大塚 柳太郎	東京大学大学院医学系研究科教授	

執 筆 者
(執筆順，＊は章編集者)

＊中原 勝	京都大学化学研究所
＊住 明正	東京大学気候システム研究センター
小池 俊雄	東京大学大学院工学系研究科
大村 纂	スイス国立工科大学大気・気候研究科
三上 岳彦	東京都立大学大学院理学研究科
髙橋 劭	桜美林大学コア教育センター
沖 大幹	東京大学生産技術研究所
柴田 清孝	気象研究所環境・応用気象研究部
＊木村 龍治	東京大学名誉教授
阿部 豊	東京大学大学院理学系研究科
野崎 義行	前 東京大学海洋研究所
永田 豊	(財)日本水路協会海洋情報研究センター
増田 章	九州大学応用力学研究所
中川 一	京都大学防災研究所
＊井上 和也	京都大学防災研究所
＊新藤 静夫	千葉大学名誉教授
＊鈴木 隆介	中央大学理工学部
＊宮﨑 毅	東京大学大学院農学生命科学研究科
取出 伸夫	三重大学生物資源学部
関 勝寿	東京大学大学院農学生命科学研究科
長谷川 周一	北海道大学大学院農学研究科
山本 良一	帝塚山大学現代生活学部
石川 雅也	農業生物資源研究所
＊近藤 矩朗	帝京科学大学理工学部
館野 正樹	東京大学附属植物園
遊磨 正秀	京都大学生態学研究センター
古谷 研	東京大学大学院農学生命科学研究科
鷲谷 いづみ	東京大学大学院農学生命科学研究科
＊太田 猛彦	東京農業大学地域環境科学部
＊池淵 周一	京都大学防災研究所
水谷 正一	宇都宮大学農学部
佐野 文彦	茨城大学名誉教授
＊田渕 俊雄	前 東京大学農学部
＊谷内 透	日本大学生物資源科学部
青木 一郎	東京大学大学院農学生命科学研究科
日野 明徳	東京大学大学院農学生命科学研究科
堀口 敏宏	国立環境研究所
片山 敦美	(株)荏原製作所

執筆者

*赤木　慶一	(株)荏原製作所
斉藤　孝行	(株)荏原総合研究所
中島　　健	(株)荏原製作所
藤田　和雄	(株)荏原製作所
安達　　晋	日本環境コンサルタント(株)
*眞柄　泰基	北海道大学創成科学研究機構
宗宮　　功	龍谷大学理工学部
紀谷　文樹	神奈川大学工学部
藤江　幸一	豊橋技術科学大学エコロジー工学系
*大和　裕幸	東京大学大学院新領域創成科学研究科
杉山　武彦	一橋大学大学院商学研究科
竹内　健蔵	東京女子大学文理学部
今橋　　隆	法政大学経営学部
高橋　宏直	国土交通省国土技術政策総合研究所
高山　知司	京都大学防災研究所
真木　太一	九州大学大学院農学研究院
遠藤　八十一	前 農林水産省
*松尾　友矩	東洋大学学長
古米　弘明	東京大学大学院工学系研究科
福島　武彦	筑波大学大学院生命環境科学研究科
平田　健正	和歌山大学システム工学部
益永　茂樹	横浜国立大学大学院環境情報研究院
海老瀬潜一	摂南大学工学部
小沼　　晋	港湾空港技術研究所
細川　恭史	国土交通省国土技術政策総合研究所
渡辺　義公	北海道大学大学院工学研究科
片山　浩之	東京大学大学院工学系研究科
原　　　宏	東京農工大学農学部
*小倉　紀雄	東京農工大学名誉教授
吉川　　賢	岡山大学農学部
守山　　弘	前 農林水産省
島谷　幸宏	九州大学大学院工学研究院
*小早川光郎	東京大学大学院法学政治学研究科
柳　憲一郎	明治大学大学院法務研究科
*大塚柳太郎	東京大学大学院医学系研究科
渡辺　知保	東京大学大学院医学系研究科
吉永　　淳	東京大学大学院新領域創成科学研究科

目　　次

I. 水 と 自 然

1. 水 の 性 質

1.1　水の分子構造と分子間相互作用 …………………………〔中原　勝〕…3
　1.1.1　分子としての水 ……………………………………………………3
　1.1.2　分子間水素結合 ……………………………………………………5
　1.1.3　水のペアポテンシャル ……………………………………………5
1.2　水の特異的性質 ……………………………………………………………6
　1.2.1　体積（密度）の特異性 ……………………………………………6
　1.2.2　熱的特異性（熱容量，潜熱）……………………………………7
　1.2.3　溶媒としての特異性 ………………………………………………7
　1.2.4　輸送係数の特異性 …………………………………………………9
　1.2.5　重水（D_2O）の特異性 …………………………………………10
1.3　水の構造 …………………………………………………………………10
　1.3.1　氷の構造 …………………………………………………………10
　1.3.2　液体の構造 ………………………………………………………11
　1.3.3　水の動径分布関数 ………………………………………………12
1.4　水の諸相 …………………………………………………………………13
　1.4.1　相　図 ……………………………………………………………13
　1.4.2　昇　華 ……………………………………………………………14
　1.4.3　融　解 ……………………………………………………………15
　1.4.4　気　化 ……………………………………………………………15
　1.4.5　臨界点 ……………………………………………………………16
　1.4.6　いろいろな氷（多形）……………………………………………17
1.5　超臨界水 …………………………………………………………………18
　1.5.1　密度（体積）………………………………………………………18
　1.5.2　誘電率 ……………………………………………………………20
　1.5.3　構造（動径分布関数）……………………………………………21
　1.5.4　輸送係数 …………………………………………………………22

2. 地球の水

- 2.1 地球上の水収支 ……………………………………………〔住　明正〕…25
- 2.2 地球規模での水循環 ………………………………………………………27
- 2.3 地球表層環境（植生）と水 ………………………………〔小池俊雄〕…30
- 2.4 氷河と氷床 …………………………………………………〔大村　纂〕…35
  - 2.4.1 氷河・氷床とは何か …………………………………………………35
  - 2.4.2 氷河の規模と種類 ……………………………………………………36
  - 2.4.3 最近の氷河の変化と将来の展望 ……………………………………39
- 2.5 地球史における水環境の変遷 ……………………………〔三上岳彦〕…41
  - 2.5.1 氷河時代の氷床拡大 …………………………………………………41
  - 2.5.2 氷期・間氷期の気候と水環境 ………………………………………42
  - 2.5.3 後氷期の最温暖期と土壌水分量 ……………………………………43

3. 大気の水

- 3.1 大気中の水 …………………………………………………〔住　明正〕…45
- 3.2 雲と降水機構 ………………………………………………〔髙橋　劭〕…47
  - 3.2.1 雨滴形成プロセス ……………………………………………………47
  - 3.2.2 雲 ………………………………………………………………………49
  - 3.2.3 降雨システム …………………………………………………………50
  - 3.2.4 降水効率と豪雨 ………………………………………………………54
  - 3.2.5 降水機構と雷 …………………………………………………………54
- 3.3 蒸発散と降水 ………………………………………………〔沖　大幹〕…55
  - 3.3.1 水蒸気輸送としての蒸発散 …………………………………………55
  - 3.3.2 エネルギー収支と蒸発散 ……………………………………………56
  - 3.3.3 水収支と蒸発散 ………………………………………………………58
  - 3.3.4 蒸発散と降水 …………………………………………………………62
- 3.4 雲・水蒸気と放射 …………………………………………〔柴田清孝〕…64
  - 3.4.1 放射平衡温度 …………………………………………………………64
  - 3.4.2 水蒸気と他の温室効果気体の放射特性 ……………………………64
  - 3.4.3 雲の放射特性 …………………………………………………………66
  - 3.4.4 全球の熱収支 …………………………………………………………67
  - 3.4.5 非断熱加熱率の比較 …………………………………………………68

4. 海洋の水

- 4.1 海水の起源 …………………………………………………〔阿部　豊〕…71

4.1.1　水の供給の問題 …………………………………………………71
　4.1.2　気候条件の問題 …………………………………………………74
4.2　海水の化学 …………………………………………〔野崎義行〕…76
　4.2.1　海水の溶存物質と塩分 …………………………………………76
　4.2.2　海洋中の元素の平均滞留時間 …………………………………77
　4.2.3　海水中の微量元素 ………………………………………………78
　4.2.4　生物地球化学的循環 ……………………………………………84
　4.2.5　スキャベンジング ………………………………………………85
4.3　水 塊 構 造 …………………………………………〔永田　豊〕…86
　4.3.1　TSダイアグラムと水塊の定義 …………………………………86
　4.3.2　世界の海での代表的な水塊とその分布 ………………………89
　4.3.3　日本近海での水塊構造 …………………………………………89
　4.3.4　水塊の変質過程とTSダイアグラム ……………………………94
　4.3.5　水塊分析について ………………………………………………99
4.4　海水の循環 …………………………………………〔増田　章〕…100
　4.4.1　海水の循環量 ……………………………………………………100
　4.4.2　海の成層状態（表層・中層・深層）……………………………100
　4.4.3　海洋大循環のあらまし …………………………………………101
　4.4.4　表 層 循 環 ………………………………………………………102
　4.4.5　深 層 循 環 ………………………………………………………103
　4.4.6　海の西側に強い海流が現れる理由 ……………………………105

5.　河川と湖沼

5.1　日本の河川の特徴 …………………………………〔中川　一〕…109
　5.1.1　河川とは …………………………………………………………109
　5.1.2　流域とは …………………………………………………………110
　5.1.3　日本の河川の特徴 ………………………………………………114
5.2　川 の 水 理 …………………………………………………………117
　5.2.1　洪水の水理 ………………………………………………………118
　5.2.2　移動床の水理 ……………………………………………………120
5.3　湖沼・貯水池の特徴 ………………………………〔井上和也〕…127
　5.3.1　湖沼・貯水池 ……………………………………………………127
　5.3.2　湖 沼 の 水 ………………………………………………………129
　5.3.3　湖沼の水文 ………………………………………………………130
　5.3.4　湖沼における成層 ………………………………………………131
5.4　湖沼の水理 ……………………………………………………………134

  5.4.1　表面モードと内部モード……………………………………134
  5.4.2　表　面　静　振………………………………………………135
  5.4.3　内　部　静　振………………………………………………136
  5.4.4　環　　　　　流………………………………………………136
  5.4.5　密　　度　　流………………………………………………138

6. 地　下　水

 6.1　地層と地下水………………………………………………〔新藤静夫〕…141
  6.1.1　地層の間隙と間隙率……………………………………141
  6.1.2　水文地質単元……………………………………………143
  6.1.3　帯水層の不均一性と不等方性…………………………145
  6.1.4　地　下　水　盆………………………………………………146
 6.2　地下水の流動…………………………………………………………147
  6.2.1　地層の透水性……………………………………………147
  6.2.2　地層の貯留性……………………………………………148
  6.2.3　地下水の流速と流向……………………………………150
  6.2.4　地下水流動系……………………………………………150
 6.3　地下水盆の水収支……………………………………………………152
  6.3.1　水収支とは………………………………………………152
  6.3.2　留　意　点………………………………………………155
 6.4　地下水障害……………………………………………………………155
  6.4.1　地下水位低下，地下水の枯渇，地盤沈下……………155
  6.4.2　塩　水　化………………………………………………156
  6.4.3　地下水汚染………………………………………………158
  6.4.4　建設工事にともなう地下水障害………………………160
 6.5　地下水調査……………………………………………………………161
  6.5.1　地下水調査の項目………………………………………161
  6.5.2　地下水調査の留意点……………………………………163
  6.5.3　地下水調査の規模………………………………………164
 6.6　環境影響評価法における地下水の位置と視点……………………165

7. 地形と水

 7.1　地形と水の相互作用…………………………………………〔鈴木隆介〕…167
 7.2　水の働きによる地形の形成…………………………………………168
  7.2.1　山地・丘陵と水…………………………………………170
  7.2.2　火山と水…………………………………………………174

7.2.3　段丘および河成低地と水……………………………………………175
　　7.2.4　海岸地形と水……………………………………………………………178
　7.3　地形とその変化に制約される水のあり方……………………………179
　7.4　水陸配置の人工的改変………………………………………………………180

8.　土　壌　と　水

　8.1　土壌水の形態と挙動………………………………………〔宮﨑　毅〕…183
　　8.1.1　土壌水の形態………………………………………………………………183
　　8.1.2　土壌水の状態とポテンシャル概念…………………………………184
　　8.1.3　水分特性曲線…………………………………………………………………185
　　8.1.4　土壌水分量の測定……………………………………………………………186
　　8.1.5　飽和土壌中の水分移動……………………………………………………186
　　8.1.6　不飽和土壌中の水分移動…………………………………………………187
　　8.1.7　土壌の不均一性と土壌水分………………………………………………189
　8.2　土壌水による物質移動……………………………………〔取出伸夫〕…190
　　8.2.1　移流分散式……………………………………………………………………190
　　8.2.2　土壌溶液と透水性の関係…………………………………………………193
　　8.2.3　圃場スケールの溶質移動…………………………………………………194
　8.3　微生物と土壌水……………………………………〔宮﨑　毅・関　勝寿〕…196
　　8.3.1　土壌中の微生物………………………………………………………………196
　　8.3.2　微生物と透水性の関係……………………………………………………197
　　8.3.3　関東ロームの飽和透水係数と微生物…………………………………197
　　8.3.4　微生物増殖とガス発生の影響……………………………………………198
　8.4　作物と土壌水………………………………………………〔長谷川周一〕…199
　　8.4.1　作物が吸収する水……………………………………………………………199
　　8.4.2　根量分布と吸水………………………………………………………………200
　　8.4.3　灌　　　漑……………………………………………………………………201

9.　植 物 と 水

　9.1　植物細胞の成長と水………………………………………〔山本良一〕…203
　　9.1.1　細胞の吸水成長………………………………………………………………203
　　9.1.2　浸透圧と水ポテンシャル…………………………………………………204
　　9.1.3　吸収される水の経路………………………………………………………206
　　9.1.4　成長の制御……………………………………………………………………206
　9.2　植物の耐寒性と水…………………………………………〔石川雅也〕…207
　　9.2.1　序　　　説……………………………………………………………………207

9.2.2　水の挙動から見た植物の凍結様式…………………………………208
　　9.2.3　低温馴化と水………………………………………………………209
　　9.2.4　アポプラストでの水の凍結制御…………………………………211
　9.3　植物の蒸散 ………………………………………………〔近藤矩朗〕…213
　　9.3.1　蒸散の意義…………………………………………………………213
　　9.3.2　植物における水の流れ……………………………………………214
　　9.3.3　気　　孔……………………………………………………………214
　　9.3.4　蒸散速度を制御する環境要因……………………………………216

10. 生態系と水

　10.1　水と植生 ………………………………………………〔館野正樹〕…219
　　10.1.1　植生と水との関係を知るための生態学的基礎知識 …………219
　　10.1.2　植生とその機能を決定する要因としての水 …………………221
　10.2　湖沼と河川の生態系 …………………………………〔遊磨正秀〕…224
　　10.2.1　水域生態系の特徴 …………………………………………………224
　　10.2.2　湖の生態系 …………………………………………………………224
　　10.2.3　河川の生態系 ………………………………………………………225
　　10.2.4　河床構造と生物群集 ………………………………………………225
　　10.2.5　淡水域の閉鎖性 ……………………………………………………226
　　10.2.6　水域の連続性 ………………………………………………………227
　　10.2.7　水域と陸域のつながり ……………………………………………227
　10.3　海洋生態系 ……………………………………………〔古谷　研〕…228
　　10.3.1　海洋生態系を構成する生物 ………………………………………228
　　10.3.2　生息環境 ……………………………………………………………229
　　10.3.3　生物生産 ……………………………………………………………231
　　10.3.4　物質循環 ……………………………………………………………232
　10.4　水辺の生物の保全……………………………………〔鷲谷いづみ〕…234
　　10.4.1　「保全」とはメタ個体群存続の保障 ……………………………234
　　10.4.2　絶滅を防ぐためには ………………………………………………235
　　10.4.3　水辺のエコトーンと生息・生育条件の保障 ……………………236
　　10.4.4　外来生物が脅かす存続 ……………………………………………237
　10.5　森林と水環境 …………………………………………〔太田猛彦〕…238
　　10.5.1　森林と環境 …………………………………………………………238
　　10.5.2　水辺の森林 …………………………………………………………239
　　10.5.3　森林の水源涵養機能 ………………………………………………241
　　10.5.4　森林と気候システム ………………………………………………243

II. 水 と 社 会

11. 水 資 源

11.1 水需要と水源別水利用 ……………………………〔池淵周一〕…247
 11.1.1 水循環と水利用 ……………………………………247
 11.1.2 水需要と水使用量 …………………………………247
 11.1.3 水源別水利用と水使用の現況 ……………………248
11.2 水利権と水資源の開発・配分 ……………………………252
 11.2.1 水資源計画の基本フレーム ………………………252
 11.2.2 開発水量の算定 ……………………………………253
 11.2.3 現行の利水計画 ……………………………………253
 11.2.4 数理計画手法の適用 ………………………………255
11.3 ダムの運用操作 ……………………………………………255
 11.3.1 現行の低水管理と取水制限ルール ………………256
 11.3.2 低水時のダム補給量決定へのファジィ推論の適用 …259
11.4 渇　　水 ……………………………………………………261
 11.4.1 多発化する渇水とその背景 ………………………261
 11.4.2 渇水対応策 …………………………………………264
 11.4.3 需 要 管 理 …………………………………………265
11.5 水資源の高度化 ……………………………………………265
 11.5.1 水資源開発の高度化 ………………………………265
 11.5.2 地下水の高度利用 …………………………………266
 11.5.3 下水処理水の再利用 ………………………………266
 11.5.4 海水の淡水化 ………………………………………267
 11.5.5 需 要 管 理 …………………………………………267

12. 農 業 と 水

12.1 農業の水利用 ………………………………〔水谷正一〕…269
 12.1.1 灌漑の必要性 ………………………………………269
 12.1.2 農業で利用する水 …………………………………270
 12.1.3 地 域 用 水 …………………………………………270
 12.1.4 水 利 慣 行 …………………………………………271
 12.1.5 水　利　権 …………………………………………272
12.2 農業用水の管理 ……………………………………………272

- 12.2.1 水管理と水利システム …………………………272
- 12.2.2 社会システムと施設システムの関係 …………272
- 12.2.3 水管理の諸形態 …………………………………274
- 12.2.4 施設システムの維持管理 ………………………275
- 12.2.5 水　利　費 ………………………………………275
- 12.2.6 水管理への農民参加 ……………………………275
- 12.3 灌漑用揚水機具 …………………………〔佐野文彦〕…276
  - 12.3.1 揚水機具の種類と適用区分 ……………………276
  - 12.3.2 揚水機具開発の歴史 ……………………………276
  - 12.3.3 ポ　ン　プ ………………………………………276
  - 12.3.4 簡易揚水機具 ……………………………………281
- 12.4 水　田　と　水 …………………………〔田渕俊雄〕…281
  - 12.4.1 水田の構造と水の流出入 ………………………281
  - 12.4.2 水田の用水量と水収支 …………………………282
  - 12.4.3 水田用水量 ………………………………………283
  - 12.4.4 排　水　改　良 …………………………………284
- 12.5 農業と水質問題 ……………………………………………285
  - 12.5.1 農業用水の汚濁 …………………………………286
  - 12.5.2 肥料中の窒素の流出 ……………………………286
  - 12.5.3 家畜糞尿の窒素排出 ……………………………288
  - 12.5.4 地下水の硝酸汚染 ………………………………289

13. 水　産　業

- 13.1 水　産　生　物 ……………………………〔谷内　透〕…291
  - 13.1.1 系統分類から見た区分 …………………………291
  - 13.1.2 生息域から見た区分 ……………………………292
  - 13.1.3 生活様式から見た区分 …………………………292
  - 13.1.4 水環境への適応 …………………………………293
- 13.2 漁　　　業 ………………………………〔青木一郎〕…294
  - 13.2.1 漁業生産の概要 …………………………………294
  - 13.2.2 漁業の技術と方法 ………………………………295
  - 13.2.3 TAC制度による新たな漁業管理 ………………296
- 13.3 増　養　殖 ………………………………〔日野明徳〕…297
  - 13.3.1 増　　　殖 ………………………………………297
  - 13.3.2 養　　　殖 ………………………………………297
- 13.4 水産業と水環境 …………………………〔堀口敏宏〕…300

>　13.4.1　水産業と水環境のつながり ……………………………………300
>　13.4.2　水質汚染がもたらした水産業への影響 ………………………301

14. 工　業　と　水

>　14.1　工業用水の用途 …………………………………〔片山敦美〕…305
>　　14.1.1　工業用水の使用区分と使用量 …………………………………305
>　　14.1.2　補給水の水源と使用水量 ………………………………………305
>　　14.1.3　用　　　　途 ……………………………………………………305
>　　14.1.4　水処理プロセス …………………………………………………307
>　14.2　冷却用水の水質 …………………………………〔赤木慶一〕…307
>　　14.2.1　冷却水の水質 ……………………………………………………308
>　　14.2.2　冷却水の管理 ……………………………………………………309
>　　14.2.3　水質障害の防止 …………………………………………………310
>　14.3　超　純　水 ………………………………〔斉藤孝行・中島　健〕…311
>　　14.3.1　超純水とは …………………………………………………………311
>　　14.3.2　LSIの集積度と超純水水質の変遷 ……………………………312
>　　14.3.3　最近の超純水 ……………………………………………………312
>　　14.3.4　超純水の製造方法 ………………………………………………312
>　　14.3.5　前処理システム …………………………………………………314
>　　14.3.6　一次純水製造システム …………………………………………314
>　　14.3.7　二次純水製造システム（サブシステム） ……………………314
>　14.4　工業における用水の循環利用 …………〔藤田和雄・安達　晋〕…315
>　　14.4.1　循環利用の基本原理 ……………………………………………315
>　　14.4.2　循環利用の事例 …………………………………………………317

15. 都市と水システム

>　15.1　上　水　道 ………………………………………〔眞柄泰基〕…323
>　　15.1.1　水需要構造 ………………………………………………………323
>　　15.1.2　水源システム ……………………………………………………325
>　　15.1.3　浄水システム ……………………………………………………327
>　　15.1.4　送配水システム …………………………………………………329
>　　15.1.5　給水システム ……………………………………………………330
>　15.2　下水道・浄化槽 …………………………………〔宗宮　功〕…331
>　　15.2.1　下水道・浄化槽の役割 …………………………………………331
>　　15.2.2　下　水　道 ………………………………………………………332
>　　15.2.3　浄　化　槽 ………………………………………………………337

15.3 建築物内給排水と雑用水道 …………………………………〔紀谷文樹〕…340
  15.3.1 建築・地域の給排水の変遷 ……………………………………340
  15.3.2 建築物内の給排水衛生設備の概要 ……………………………340
  15.3.3 雑用水道の概要 …………………………………………………344
15.4 水質変換におけるエネルギー評価 …………………………〔藤江幸一〕…349
  15.4.1 下排水処理プロセスにおけるエネルギー評価 ………………349
  15.4.2 屎尿処理場におけるエネルギー評価 …………………………351
  15.4.3 ビル中水道におけるエネルギー消費 …………………………352
  15.4.4 海水淡水化におけるエネルギー評価 …………………………353
  15.4.5 膜分離を利用した浄水処理におけるエネルギー消費 ………355

16. 水 と 交 通

16.1 船舶と水上飛行機 ……………………………………………〔大和裕幸〕…357
  16.1.1 船舶の歴史と用途 ………………………………………………357
  16.1.2 船舶の水力学 ……………………………………………………358
  16.1.3 水上飛行機 ………………………………………………………364
16.2 舟運と海運 …………………………………〔杉山武彦・竹内健蔵・今橋　隆〕…366
  16.2.1 水運の特徴 ………………………………………………………366
  16.2.2 海運における技術革新 …………………………………………366
  16.2.3 わが国の水運の特徴 ……………………………………………367
  16.2.4 わが国の経済発展と海運 ………………………………………367
  16.2.5 わが国の産業としての海運 ……………………………………368
16.3 港湾と運河 ……………………………………………………〔高橋宏直〕…369
  16.3.1 港　　湾 …………………………………………………………369
  16.3.2 運　　河 …………………………………………………………372

17. 水 と 災 害

17.1 洪 水 流 出 ……………………………………………………〔池淵周一〕…375
  17.1.1 洪水流出過程 ……………………………………………………375
  17.1.2 洪水流出モデル …………………………………………………376
17.2 総合治水対策 ……………………………………………………………378
  17.2.1 都市水害（外水氾濫と内水氾濫）………………………………379
  17.2.2 都市水害の特徴 …………………………………………………379
  17.2.3 重畳災害による新たな危険性 …………………………………380
  17.2.4 都市水害対策 ……………………………………………………380
17.3 津波と高潮 ……………………………………………………〔高山知司〕…384

17.3.1　津波と高潮の違い ……………………………………………384
　　17.3.2　津波と高潮の災害の特徴 ………………………………………386
　　17.3.3　津波・高潮対策 …………………………………………………388
　17.4　洪水予警報……………………………………………………〔池淵周一〕…389
　　17.4.1　大雨・洪水予警報 ………………………………………………389
　　17.4.2　指定河川の洪水予警報 …………………………………………390
　　17.4.3　情報伝達体制 ……………………………………………………392
　　17.4.4　洪水の実時間予測・洪水ハザードマップ ……………………392
　17.5　土砂災害………………………………………………………〔太田猛彦〕…393
　　17.5.1　土砂移動現象の分類 ……………………………………………393
　　17.5.2　水による土砂災害 ………………………………………………393
　　17.5.3　土砂災害防止対策 ………………………………………………397
　17.6　土壌侵食 ……………………………………………………………………398
　　17.6.1　土壌侵食と表面侵食 ……………………………………………398
　　17.6.2　表面侵食と植生 …………………………………………………399
　　17.6.3　農地の土壌侵食 …………………………………………………400
　17.7　干 ば つ ………………………………………………………〔真木太一〕…400
　17.8　雪崩・雪災害…………………………………………………〔遠藤八十一〕…403

18. 水質と汚染

　18.1　水質汚濁の歴史………………………………………………〔古米弘明〕…407
　　18.1.1　病原性微生物と疫病の流行 ……………………………………409
　　18.1.2　都市河川の有機汚濁と下水処理 ………………………………409
　　18.1.3　重金属汚染と公害 ………………………………………………409
　　18.1.4　公害対策基本法と水質環境基準の制定 ………………………410
　　18.1.5　農薬取締法と化審法 ……………………………………………410
　　18.1.6　栄養塩類と富栄養化問題 ………………………………………411
　　18.1.7　発癌性物質と水の安全性・おいしさ …………………………412
　　18.1.8　揮発性有機塩素化合物と地下水汚染 …………………………413
　　18.1.9　生活排水対策からノンポイント汚染対策へ …………………413
　　18.1.10　新たな病原性微生物汚染と微量有害化学物質による汚染……413
　18.2　湖沼における富栄養化………………………………………〔福島武彦〕…414
　　18.2.1　富栄養化とは ……………………………………………………414
　　18.2.2　富栄養化の機構，水質相互の関係 ……………………………415
　　18.2.3　富栄養化対策 ……………………………………………………417
　18.3　地下水汚染……………………………………………………〔平田健正〕…418

18.3.1 地下水汚染の背景 …………………………………418
18.3.2 地下水汚染の現状 …………………………………418
18.3.3 地下水汚染の修復技術 ……………………………419
18.3.4 新たな技術開発 ……………………………………421
18.4 生物濃縮………………………………………………〔益永茂樹〕…422
18.4.1 生物濃縮と生物蓄積 ………………………………422
18.4.2 生物蓄積のメカニズム ……………………………422
18.4.3 分配平衡モデル ……………………………………423
18.4.4 摂取と消失の速度論モデル ………………………424
18.4.5 食物経由の生物濃縮 ………………………………424
18.4.6 生物−堆積物蓄積係数 ……………………………425
18.5 汚染源としてのノンポイントソース ………………〔海老瀬潜一〕…426
18.5.1 ノンポイントソースの定義と種類 ………………426
18.5.2 流出特性 ……………………………………………427
18.5.3 原単位法 ……………………………………………427
18.5.4 調査手法 ……………………………………………428
18.5.5 年間総流出負荷量の算定 …………………………429
18.6 海域における水質 ……………………………〔小沼 晋・細川恭史〕…430
18.6.1 わが国沿岸海域の水質 ……………………………430
18.6.2 内湾での水質汚染の特徴 …………………………430
18.6.3 水質の改善策 ………………………………………434
18.7 再利用水………………………………………………〔渡辺義公〕…436
18.7.1 下・廃水再利用の現状 ……………………………436
18.7.2 再利用水の造水技術と水質 ………………………438
18.8 環境リスクと流域管理………………………………〔片山浩之〕…440
18.8.1 これまでの流域管理 ………………………………440
18.8.2 消毒副生成物前駆物質 ……………………………442
18.8.3 内分泌撹乱物質 ……………………………………442
18.8.4 農　　薬 ……………………………………………442
18.8.5 多環芳香族炭化水素 ………………………………443
18.8.6 病原微生物 …………………………………………443

19. 水と環境保全

19.1 酸性雨………………………………………………〔原　宏〕…445
19.1.1 なぜ酸性雨が問題か？ ……………………………445
19.1.2 酸性雨と pH（pH の意義）………………………445

19.1.3 pHと相補的な量（pA_iとpH_{ff}）……………………447
19.1.4 日本と世界の降水化学 ……………………447
19.1.5 陸水および陸水生態系への影響………………〔小倉紀雄〕…451
19.2 砂　漠　化………………………………………〔吉川　賢〕…452
19.2.1 砂漠化とは ……………………452
19.2.2 砂漠化面積 ……………………453
19.2.3 砂漠化の原因 ……………………453
19.2.4 砂漠化の影響と対策 ……………………455
19.3 塩　類　化………………………………………〔宮﨑　毅〕…456
19.3.1 塩類土壌とは ……………………456
19.3.2 土壌面蒸発による塩類集積 ……………………457
19.3.3 塩性土壌とナトリウム土壌 ……………………457
19.3.4 塩性土壌への対策 ……………………458
19.3.5 ナトリウム土壌への対策 ……………………459
19.4 ビオトープ………………………………………〔守山　弘〕…460
19.4.1 ビオトープとハビタット ……………………460
19.4.2 エコロジカルネットワーク ……………………461
19.4.3 ビオトープの小構造 ……………………463
19.4.4 遷移と撹乱 ……………………463
19.5 景観・親水・アメニティ………………………〔島谷幸宏〕…464
19.5.1 水辺の景観 ……………………464
19.5.2 親　　水 ……………………466

20. 水と法制度

20.1 法制度概説………………………………………〔小早川光郎〕…469
20.1.1 水に関する刑事法ルール・民事法ルール・行政法ルール ……………………469
20.1.2 水害防御に関する法制度 ……………………470
20.1.3 水利用に関する法制度 ……………………471
20.1.4 水環境に関する法制度 ……………………472
21.1.5 下水道に関する法制度 ……………………473
20.1.6 埋立てに関する法制度 ……………………473
20.2 水質汚濁と法 ……………………474
20.2.1 水質汚濁への法的対応 ……………………474
20.2.2 水質汚濁に関する法体系 ……………………476
20.3 地下水と法………………………………………〔柳憲一郎〕…478
20.3.1 地下水の質に着目する汚染規制 ……………………478

20.3.2　井戸揚水規制 …………………………………………………………480
　　20.3.3　温泉に関する規制 ……………………………………………………481

III. 水と人間

21. 水と人体

21.1　人体が必要とする水 ……………………………………〔大塚柳太郎〕…485
　　21.1.1　ヒトの特徴 ……………………………………………………………485
　　21.1.2　人体の機能維持のための水の特徴 …………………………………486
　　21.1.3　生体の水分量 …………………………………………………………487
21.2　水の出納 ……………………………………………………〔渡辺知保〕…488
　　21.2.1　水の出納の大きさ ……………………………………………………488
　　21.2.2　水分量の調節の仕組み ………………………………………………488
　　21.2.3　消化管における水の出納 ……………………………………………490
　　21.2.4　水の移動と水チャンネル ……………………………………………491
　　21.2.5　水出納の異常による障害 ……………………………………………493
21.3　水の機能 …………………………………………………………………494
　　21.3.1　体内環境としての水 …………………………………………………494
　　21.3.2　消化管と水 ……………………………………………………………497
　　21.3.3　呼吸器と水 ……………………………………………………………499
　　21.3.4　体温調節と水 …………………………………………………………500
　　21.3.5　その他の機能 …………………………………………………………501

22. 水と健康

22.1　健康と病気 …………………………………………………〔大塚柳太郎〕…503
　　22.1.1　多様な健康影響 ………………………………………………………503
　　22.1.2　病気の変遷（疫学転換）………………………………………………503
22.2　水と感染症 ………………………………………………………………504
　　22.2.1　多様な感染症 …………………………………………………………504
　　22.2.2　再興感染症の現状と今後 ……………………………………………512
22.3　飲料水中の化学物質と健康 ………………………………〔吉永　淳〕…513
　　22.3.1　化学物質による汚染 …………………………………………………513
　　22.3.2　地質学的特性による飲料水汚染とヒトの健康 ……………………514
　　22.3.3　人為汚染と健康 ………………………………………………………517
　　22.3.4　飲料水中非意図的生成物と疾病 ……………………………………521

22.3.5　意図的添加物 …………………………………………523
　22.3.6　内分泌撹乱化学物質（環境ホルモン）………………525
22.4　水圧による疾病……………………………………〔渡辺知保〕…532
　22.4.1　環境としての水圧 …………………………………532
　22.4.2　締め付け障害 ………………………………………532
　22.4.3　減　圧　症 …………………………………………534
　22.4.4　高圧の気体による障害 ……………………………536

索　　引…………………………………………………………………539

■コラム■

- 世界水フォーラム ……………… 24
- 気象学の永遠の恋人 …………… 108
- 可視化物質としての雲 ………… 140
- 地下水由来のヒ素汚染 ………… 182
- 森林の水源涵養機能 …………… 202
- 田んぼはメダカの学校 ………… 244
- 水のもつ資源特性 ……………… 290
- 江戸の水道 ……………………… 304
- 生活排水と森林希釈水 ………… 356
- 水災害の複合化 ………………… 374
- 新興・再興感染症 ……………… 468
- 古代中国医学における水 ……… 482

I

水 と 自 然

1. 水の性質

　50億年前の原始地球は簡単な原子・分子の集合とその核反応・化学反応から始まった．太陽からエネルギーを受け取るに遠からず近からずの距離にあって，二酸化炭素の惑星でも氷の惑星でもなく水の惑星となり，地球で生命現象に必要な生体関連分子が形成された．水の惑星では複雑な分子が生体高分子の組織の中に組み込まれ，自己と他を区別する膜が構築されて，約38億年前の光合成生命体の誕生を準備した．この物質（化学）から植物・動物への進化の過程は現在のように冷えた水ではなく，ホットな水・電解質水溶液の中で行われたと考えられている．超臨界状態を含む高温高圧水では，「疎水的」有機分子が容易に溶解するため，化学進化に必要なホットな水中での化学反応が天文学的時間で進み，現代の無機物，有機物，生物が生成し，分化したと考えられる．水は過去・現在・未来の地球のいたるところに（ツンドラから砂漠地帯まで）存在し，地球の自然現象のほとんどすべては直接・間接的に水の影響を受けている．

　水は物質と生命の根源であり，水から物質の一般的な性質の多くを学ぶことができる．21世紀の課題として注目されている地球環境，気候，生命，物質，エネルギーについて考えるとき，水のマクロな性質とミクロな性質を総合的に理解することは重要である．水のマクロ挙動の特異性は水のミクロ構造のユニークさに起因する．最初に分子についての知識を整理し，マクロとミクロを通観する視点より水の全体像を示す．

1.1　水の分子構造と分子間相互作用

　アボガドロ数（6×10^{23}）個の分子の集合からなる水が特異な性質を数多く示す要因は構成単位であるH_2Oの分子構造に仕込まれている．水を理解するためにはまず水の分子構造とその相互作用の特徴を理解する必要がある．水分子の姿・形・大きさ・分子内電荷分布は他の分子と比較してどのように違うであろうか．同じ3原子分子の二酸化炭素や融点が似ている無極性有機分子のベンゼンと比較してみる．分子構造の比較によって，水がいかに興味深い分子であるかが理解される．

1.1.1　分子としての水

　水分子の大きさと形を他の分子と比較したのが図1.1である．水分子において

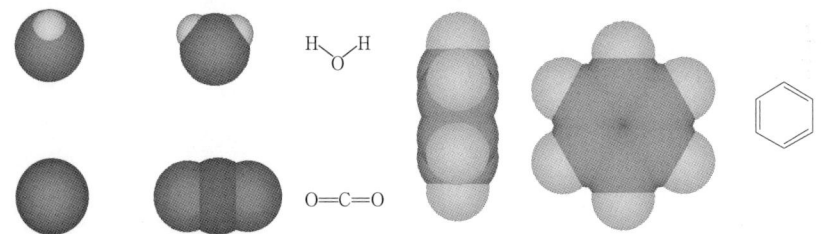

図1.1 水，二酸化炭素，ベンゼン分子の形と大きさ

は，3つの原子（水素Hが2個，酸素Oが1個）がH-O-Hの配置で結合している．結合角∠H-O-H=104.5°である．水は二酸化炭素O=C=Oと違って直線的分子ではない．この非直線性は天与の妙であり，凝縮相の水の構造に変化の多様性をもたらす．水分子の大きさは酸素原子のファン・デル・ワールス球の大きさ（半径0.14 nm）でほぼ決まっている．結合エネルギーの大きいO-H結合はイオン的であり，H原子はO原子側に深くめり込んで結合の電子雲を形成しているので，分子の大きさへの水素原子の寄与は極めて小さい．

絶対零度より大きい有限温度雰囲気での水分子は剛直ではなく，動的には形を微妙に変化させる原子結合体である．分子内のO-H結合は熱的に高速で伸縮振動している．水分子は電子の接着剤（ボンド，bond）で柔軟に結ばれたOとHの球の重ね合わせたものとしてモデル化される．電子の接着剤は同時に一種のバネとして作用し，熱運動するOとHによって，固有の振動数（周波数）で伸縮振動（H_2O分子の場合3000〜3700 cm^{-1}の波数領域）している．結合角∠H-O-Hも熱運動によって小さな振幅で角度を変え（H_2O分子の場合1700 cm^{-1}付近），ゆらいでいる．これらの分子内振動（伸縮，変角）は赤外・ラマン分光学の振動数領域をもち，その振動数の電磁波が照射されると，共鳴または散乱して電磁波を吸収または放出する．水が無色透明であるのは可視光領域に吸収も発光も起こさないからである．

水分子と光の電場との相互作用について述べたが，強い磁場と水分子の相互作用も水の理解には大切である．水分子の水素原子の原子核（プロトンH）は核スピンの存在による"原子磁石"をもち，外部から与えられた強い磁場によりその向きを揃え（磁気的配向分極），磁気的エネルギー準位の縮退（分離せず重なった状態）が解けて，外部からの電磁波（数百MHzのラジオ波領域）と共鳴する．これがプロトン核磁気共鳴（NMR, nuclear magnetic resonance）分光法の簡単な原理である．プロトン核磁気共鳴分光の吸収や緩和（不安定な状態が安定な平衡状態に落ち着いていく現象）は水やタンパク質の構造研究に欠かせない手段となっている．また，大部分が水からなる人体の中では，存在部位によって水のプロトンの緩和時間が異なることを利用して，人体のミクロ構造解析（医療におけるMRIイメージング断層写真）に威力を発揮している．

異種原子間のイオン結合であるO-H結合は，$H^{\delta+}-O^{2\delta-}-H^{\delta+}$（$\delta$は部分電荷，$0.5 \leq \delta \leq 0.7$）のように電荷分離し，双極子モーメント（電荷と電荷間の距離の積）をもつ．酸素原子上の部分電荷が1価のアニオンにも匹敵するほど大きい．結合角∠H-O-Hの2等分線上のベクトルとして水分子の電気的双極子モーメントが存在する．その大きさは気相で約1.8デバイ（1デバイ＝3.3×10^{-30} C·m，Cは電荷の単位でクーロンと呼ぶ．mはメートルで長さの単位），液相で約2.3デバイ，固相で2.5デバイ程度である．水分子の電気的性質（双極子モーメント，分極率の存在）は誘電率，誘電緩和，赤外・ラマン振動スペクトルの観測を可能にする．

水分子とは対照的に二酸化炭素やベンゼンは無極性分子で，その双極子モーメントは0である．これは分子の対称性による．もしも水分子が二酸化炭素のように直線的であれば，分子双極子モーメントは0となる．分子間に作用する引力は電荷分離・双極子モーメント（水分子の場合に支配的），分子サイズに比例する分極率（外部電場による電荷分布の偏りの度合．ベンゼンの場合これが支配的）が大きいほど大きい．

水分子は3原子分子のなかでは特に小さくて軽い．構成原子Hの質量が小さいので，水素結合していない水分子は並進運動（重心が移動する運動）と回転運動が熱的に高速化（活性化，熱励起）されやすい．この分子の性質は分子集合体としての水の相変化（1.4節参照）を含む熱力学的性質，ダイナミクス（運動論），反応を左右する．

1.1.2　分子間水素結合

2個の水分子を接近させると，相互作用のポテンシャルエネルギーが最も低くなるような分子配向・配置をとって安定化する．クーロン相互作用によって，一方の分子の$H^{\delta+}$は他方の分子の$O^{2\delta-}$に強く引き付けられ，O-H…Oの結合を形成する．この強い分子間結合H…Oは水素結合（hydrogen bond，HBと略記）と呼ばれる．水素結合は水の静的・動的性質のすべてに強い影響を与える．例えば，融解，気化，昇華といった相変化にともなうエネルギー変化を支配している．水素結合のエネルギーは通常15～25 kJ/molの範囲にあり，室温の温度エネルギーRT（Rは気体定数，温度$T \approx 300$ K）の約10倍，一重結合のエネルギーの1/20～1/30程度である．水素結合が最も強いのはO-H…Oが直線的なとき（∠O-H…O=180°）であるが，Hが隣接分子のOとOを結ぶ直線から少々"脱線"しても，弱い水素結合として存在しうる．これを「曲がった水素結合」と呼ぶ．水の水素結合は温度や圧力によって曲がる自由度をもつので，熱力学的条件に依存して多様な相（1.4節参照）が出現する．

1.1.3　水のペアポテンシャル

理論計算や計算機シミュレーションには水分子間の相互作用ポテンシャル関数$u(r_{OO})$が必要となる．分子mと分子nが距離r_{OO}（酸素原子間距離）離れているとき，分子mにある原子サイトi（酸素および水素）上にある部分電荷q_iと分子nにある原子サイトj（酸素および水素）上の部分電荷q_jの間にはクーロン相互作用が働く．

これは次式の第1項で表される．また，分子ペア m-n の酸素原子間には通常のファン・デル・ワールス分子間相互作用が働く．これをレナード-ジョンズ（LJ）ポテンシャルで表したのが第2項である．

$$u_{mn} = \sum_{i}^{\overset{分子}{m}} \sum_{j}^{\overset{分子}{n}} \frac{q_i q_j}{r_{ij}} + 4\varepsilon \left[\left(\frac{\sigma}{r_{OO}}\right)^{12} - \left(\frac{\sigma}{r_{OO}}\right)^{6} \right]$$

ここで，ε はポテンシャル井戸の深さを表すエネルギーパラメータであり，σ は分子直径を表す大きさのパラメータである．r_{ij} は電荷 q_i と q_j 間の距離である．水の有効ペアポテンシャルには，上述の式の形式で表される TIP 4 P, SPC, SPC/E（以上は3点電荷モデル）や ST 2（4点電荷モデル），MCY（多点電荷モデル）と呼ばれるポテンシャルエネルギー関数がよく使われる．

1.2 水の特異的性質

水は大気（雲）中，海洋，河川，地下，地球内部のマグマに豊かに存在し，相変化しながら大規模に循環して水圏環境を形成し，地球の生態系と人類の生活を支えている．水は身近でありふれた存在であり，液体としては普通であると考えられやすいが，実は多くの異常性を示す．水の特異性は水・氷のミクロな構造に起因するが，それについては1.3節で述べる．水の特異性は体積（密度の逆数）の挙動に特に顕著に現れる．体積の温度依存性は非常に特異的で，単調ではなく極小値を示す．極値の存在は粘性係数（粘度）などの輸送的性質の圧力依存性にも見られる．また，水の熱的性質や水溶液をつくる溶媒としての性質も特異的である．一般的に，重水（D_2O）は，軽水（H_2O）よりも異常性が強い．その理由は D_2O のほうが H_2O よりも水素（重水素）結合が強いからである．

水の分光学的性質は赤外，ラマンスペクトル，NMR によってよく調べられている．これらのスペクトルの振動数は水素結合の変化に敏感に応答して特異的な変化を示すが，ここではその詳細にはふれない．

1.2.1 体積（密度）の特異性

物質の圧力 P と体積 V と温度 T の関係式（PVT）は状態方程式と呼ばれ，その実験と理論がその物質の熱力学的性質の基本として重要である．室温付近の水の体積は温度に特異的に依存する．

a. 融解にともなう体積変化は正でなく負

三重点付近で，氷の密度は 0.920 g/cm^3（水蒸気と平衡にある高温水の150℃の密度に近い），液体の水の密度は 0.997 g/cm^3 である．一方，ベンゼンの固体の密度は 1.0 g/cm^3（4℃の水と同じ密度），液体の密度は 0.899 g/cm^3 である．よって，融解にともなう体積変化は，水の場合は負（-1.5 cm^3/mol）であるのに対して，ベンゼンの場合は正（$+8.8$ cm^3/mol）である．通常，温度を上げると，物質は相変化や膨

張によって体積を増やす（高温相は低温相より膨張している）が，水は例外的である．ベンゼンの固体は液体ベンゼンに沈むが，氷は水に浮かぶ．氷山が海に浮いている光景は自然ではあるが"異常"である．

b. 負の膨張係数の存在

常圧で0℃の水を加熱すると，「膨張せず収縮」する．すなわち，氷と共存する水は「負の膨張係数」を示す．この異常性は3.98℃まで続き，それ以上の温度でようやく普通の物質のように正の膨張係数を示すようになる．さらに驚くべきことに，100℃の沸騰水においてすら，その体積は氷の体積よりも小さく，原理的には氷は瞬間的に沸騰水に浮く．

c. 最大密度温度の存在

水の密度が最大となる温度（3.98℃）は最大密度温度と呼ばれる．この温度以下の水の対流は"逆転"している．「温水が沈降し，冷水が浮上する」．氷は水に浮き，最大密度温度以下では逆転対流が発生する．この表層水の選択的冷却（深層水の保温性）のおかげで，最大規模の気象変動というべき氷河期においても，海底・湖底は最大密度温度以下にはならなかった．表層に浮かぶ氷と深層に沈む最大密度の水（3.98℃）の「住み分け」は生命体を凍結による全滅の危機から救った．

d. 圧縮されにくい

水を加圧するとその体積は減少する．これはル・シャトリエの原理（外圧を相殺するために系は収縮してバランスする）によるもので，安定物質の普遍的な振る舞いである．水の加圧による体積減少度（圧縮率）は比較的小さく，「固い液体」といえる（1.4.5項を参照）．その原因もまた水素結合にある．

1.2.2 熱的特異性（熱容量，潜熱）

熱容量は物質の温度を1 K上げるに必要な熱エネルギーの値であり，その値が大きいほど物質の温度は変化しにくい．言い換えると，熱容量の小さい物質は熱しやすく，冷めやすい．水の定圧熱容量は常圧（0.1 MPa）で76 J/K·molであり，融点から沸点の範囲でほぼ一定である．一方，融点近くの氷の定圧熱容量は37 J/K·molで，沸点近くの水蒸気の定圧熱容量は37 J/K·molに戻る．このように水の定圧熱容量は固体や気体の値の約2倍もあり，異常に大きい．水よりも大きな分子からなる液体ベンゼンの定圧熱容量は20℃で8.4 J/K·mol，40℃で26.5 J/K·molであり，水の定圧熱容量は異常に大きいことがわかる．同じ重さ当たりの定圧熱容量を比較すれば，水の定圧熱容量の特異的大きさはさらに大きくなる．

また，融解，気化，昇華にともなうエネルギー変化（潜熱）も他の物質に比べると大きい．その原因は水分子間の水素結合という強い引力的相互作用による．潜熱の種類およびその値と挙動については，1.4節で詳しく説明する．

1.2.3 溶媒としての特異性

水は生命の器であり，いろいろな種類の物質をよく溶かす．物質の製造に大量に使

われている有機溶媒は毒性をもつが，水は環境そのものであり，地球環境に対してクリーンで，毒性がなく，不燃性で，安価な，優れた溶媒である（グリーンケミストリー）．水への物質の溶解現象は環境問題を考える際の重要な要素である．例えば，水に難容性のアルキルベンゼン，ビスフェノール A，ダイオキシン等の有機塩素化合物を含む環境ホルモン（内分泌攪乱物質）は河川，海の水に運ばれて，食物連鎖に入り込み，特定の生物種で蓄積される危険性が指摘されている．水への溶解度の低い物質にも注意が必要である．

溶解している物質の種類によって，天然水は硬水と軟水に分類されることがある．硬水はカルシウムやマグネシウムの塩を比較的多く含み，飲料水としては不適格である．そうでない天然水を軟水と呼ぶ．日本では圧倒的に軟水が多い．

a. 電解質の溶解度

表 1.1 に示すとおり，水に対する電解質（水は溶解してイオンを生じる物質）の溶解度は一般に高い．水分子は 1.1.1 項で述べたとおり，大きな部分電荷をもち，水分子どうしが水素結合によって会合したり，イオンとクーロン相互作用で引き合う（イオンの水和）．このような安定化のエネルギーの獲得とエントロピー増加（分子やイオンが自由になるときに獲得）に支配されて，結晶の溶解が誘起される．結晶の水への溶解現象は溶媒の水による結晶格子の"融解"とみなすことができる．

b. 疎水性物質の溶解度

「水と油」の関係にある疎水性物質は水への溶解度が低い（表 1.1 を参照）．しかし，疎水性物質も界面活性剤（石けん）の助けで容易に水に溶解（可溶化）する．水中に親水基と疎水基をもつ両親媒性の分子（界面活性剤）が溶けると，疎水基どうしが寄り集まって，ミセルやベシクルが形成（自己組織化，超分子集合化）される．自己組

表 1.1 物質の水への溶解度（室温，25℃）

1. 水によく溶ける塩（電解質）の溶解度（物質 g/水溶液 100 g）				
NH_4Cl (28)	LiCl (46)	NaCl (26)	KCl (26)	CsCl (66)
NH_4NO_3 (68)	$LiNO_3$ (46)	$NaNO_3$ (48)	KNO_3 (28)	$CsNO_3$ (22)
$CaCl_2$ (45)	$FeCl_2$ (39)	$MgCl_2$ (36)	$CoCl_2$ (36)	$NiCl_2$ (40)
2. 水に溶けにくい塩の溶解度（物質 g/水溶液 100 g）				
AgCl (0.00019)	Hg_2Cl_2 (0.0003)	$BaSO_4$ (0.00023)	$Ca(OH)_2$ (0.17)	$CaSO_4$ (0.21)
3. 水に溶けにくい疎水性有機物の溶解度（mM＝mmol/水溶液 1 dm³）				
ベンゼン (23)	プロピルベンゼン (0.7)	四塩化炭素 (5.4)	クロロホルム (64)	
ジクロロメタン (230)	1,1,1-トリクロロエタン (9.7)		ビスフェノール A (0.2)	
4. 気体（1 気圧＝0.1 MPa）の溶解度（mM＝mmol/水溶液 1 dm³）				
Ar (1.4)	N_2 (0.65)	O_2 (1.3)	H_2 (0.78)	CO (0.94)	CO_2 (34)
CH_4 (1.4)	C_2H_6 (1.9)	C_2H_4 (4.8)	C_2H_2 (41)	C_3H_7 (1.5)	C_4H_9 (1.2)

日本化学会編：化学便覧，基礎編 II，丸善，1993．

織集合体の疎水性内部と水和された親水基領域との界面は細胞膜のモデルであり，重要な"分子認識"機能や"ドラッグ（薬剤）輸送"機能を模写する．

c. 気体分子の溶解度

疎水的な水素，酸素，窒素，二酸化炭素，メタン，エタン，エチレン，アセチレン，プロパン，ブタンなどの気体分子も水に少し溶ける（表1.1参照）．溶解度は数 mM（$M=mol/dm^3$）程度のオーダーである．これらの気体分子は大きなグリーンハウス（太陽からの赤外線エネルギーを分子が内部に吸収し，そのエネルギーを地球大気に放出する）効果を示し，大気の温度，気候変動に影響するといわれている．一方では，大量の海水がこれらの気体を吸収・放出することによって大気中の量を調節している．大気の二酸化炭素と酸素の量には陸，海，河川の植物の光合成も重要である．

d. 気体のハイドレート（水和物）

低温高圧条件下では気体分子（ゲスト分子）の水和物としてクラスレートハイドレート固体が生成し，海底などに大量に貯蔵されている．メタンなどのハイドレートは将来のエネルギー資源としても注目されている．クラスレートハイドレートとは，水素結合した水分子のホストがつくるケージの空洞にゲスト分子（二酸化炭素やメタンなど）が閉じ込められてできた包接水和固体である．ハイドレートにはタイプⅠとタイプⅡがある．単位格子中の水分子数はタイプⅠで46個，タイプⅡで136個である．空洞数は，タイプⅠでは小空洞（水分子の5員環12個の面のつくるケージ）が2個で大空洞（水分子の5員環12個の面と6員環2個の面のつくるケージ）が6個，タイプⅡでは小空洞（水分子の5員環12個の面のつくるケージ）が16個で大空洞（水分子の5員環12個の面と6員環4個の面のつくるケージ）が8個である．

これらのガスハイドレートは海底やシベリアの地下に大量に埋蔵されていることが確認されており，未来のエネルギー資源として注目されている．石油に比べて，これらは液化天然ガスと同様に燃焼による二酸化炭素の発生量が少ない．

1.2.4 輸送係数の特異性

水の粘性係数は室温（25℃）で 0.89 cP（$cP=10^{-3}$ Pa·s）であり，融点の似ているベンゼンの粘性係数 0.60 cP よりも大きい．水は小さな分子でありながら，水素結合による強い引力的相互作用の影響により粘性係数が大きい．

通常，液体の粘性係数は加圧によって増大する．これは密度の上昇によって起こる一般的な傾向である．この一般則に従わず，水の粘性係数は加圧によって最初「減少し」，より高い圧力で初めて増加に転じる．水の自己拡散定数も加圧により最初増加し，極大値を経て減少する．この粘度が極小を示す圧力は室温では 50 MPa 程度であり，温度の上昇によって減少する．これらの特異性は水素結合が強いほど顕著となる．その意味で，重水の粘度が極小となる圧力はもっと高くなる．このような理由からも，スキーやスケートのエッジで加圧された水は滑りやすくなる．高圧での粘度低下の性質は消防の放水における流速の最適化やウォータジェットによる固体物質の研磨，切

断に有効に利用されている．

1.2.5 重水（D_2O）の特異性

天然の純水は主に H_2O からなっているが，他の種類のアイソトープが自然微量に混合している．10^6 個の水分子のうち，99728 個は $^1H_2^{16}O$ で，2000 個は $^1H_2^{18}O$ で，400 個は $^1H_2^{17}O$ で，328 個は $^1H^2H^{16}O$ である．濃縮によって得られる重水（$D_2O=^2H_2^{16}O$）の性質は軽水よりもさらに特異的であり，融点は 3.8℃，沸点は 101.4℃，最大密度温度は 11.6℃ にも達する．室温での粘性係数の値は軽水より 20% 程度大きい．大きさの差は低温でより大きく，高温では小さい．熱力学的性質や輸送的性質に関する両者の差異は重水の重水素結合 O–D⋯O が軽水の水素結合 O–H⋯O より強く，安定であることによる．一般的に，アイソトープの存在比は水およびその他の物質の宇宙や地球における生成の起源や年代の情報を含んでおり，貴重である．

1.3 水 の 構 造

1.1 節で述べた水の分子構造と分子間相互作用からどのような水の液体構造が形成されるであろうか．これは 1 単位のブロック（水分子）からどんな形の構造体（氷や水の構造）がつくれるか，という幾何学の問題である．有限の温度では水中の水分子は激しいランダム（熱）運動をしているので，分子の空間配置を絵にすることは難しい．まず，温度ゆらぎが無視できる固体の構造から考え，そのゆらいだ構造として液体構造のイメージが把握されることを示す．

1.3.1 氷 の 構 造

図 1.2 の (a) は通常の氷 I h（h は hexagonal の意味．名称については 1.4.6 項参照）の構造のスケッチである．水素原子を省略し，酸素原子だけが示してある．O–O（距離＝〜0.28 nm，0℃）は O–H⋯O または O⋯H–O を表す．下段の氷の構造

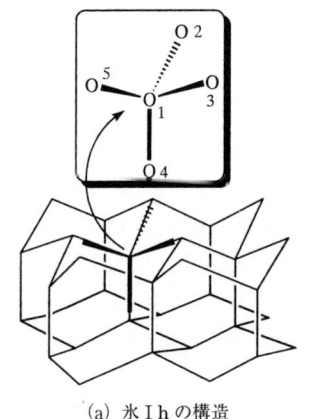

(a) 氷 I h の構造

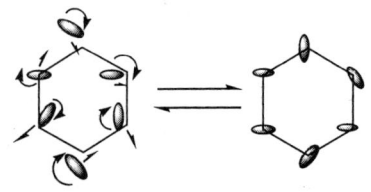

(b) 水の構造ゆらぎと平均構造

図 1.2 氷の構造と水の構造
(a) の上側の図は水分子の 4 配位会合体で，O は水分子の酸素原子，数字は水分子の識別番号．(b) における楕円体は水分子，矢印は分子の回転運動のゆらぎを示す．

から切り取った構造ユニットが上段の囲いの中に示してある．中心分子（O_1）の周りに4個の分子（O_2からO_5まで）が水素結合により配位し，合計5個の水分子が正四面体を形成している．このような正四面体の構造ユニットはダイヤモンドの構造にも見出される．酸素原子のなす正四面体角∠O⋯H－O－H⋯O＝109.5°と分子の結合角∠H－O－H＝104.5°との小さな差異は分子内の微少振動で十分許容される範囲内にある．言い換えると，特徴的な水分子の結合角と水分子間の強い水素結合の2つが要因となって，ユニークな氷Ihの正四面体的構造ユニットが形成される．

図1.2（a）の下段のネットワーク構造は上段の正四面体的構造ユニットのコピーをある対称操作で規則的に積み上げたときに形成される．このネットワークの中に見出される水分子のジグザグ6員環はシクロヘキサンの分子構造に類似（OとCを交換すれば）のものであり，イス形（／＼／）とボート形（＼＿／）に分類される．イス形6員環の面は水平方向に広がり，図の左右の端に見られるボート形6員環の面は垂直方向に広がっている．結晶のc軸はイス形6員環の面の法線方向にある．したがって，氷Ihのc軸方向から観察すると，氷には6員環の空洞からなるトンネルが形成されている．氷のトンネルの存在は配位数4の正四面体構造ユニットによる．原子や分子が最密充填されたときの最近接分子数は12であるから，配位数4は極端に小さい値である．正四面体構造はすき間の大きい充填（パッキング）構造をもたらす幾何学的要因である．

1.3.2 液体の構造

ゆらぎの時間オーダー（ピコ秒，ps＝10^{-12}s）より十分長い時間のオーダー（マイクロ秒，μs＝10^{-6}s）にわたって，構造ゆらぎを平均化すれば，液体の構造は固体の構造に相似してくる．液体に固有の分子運動によって，結晶の格子のような長（分子の大きさより十分大きな）距離秩序は失われるが，ゆらいでいる近（分子の大きさと同程度の）距離秩序は残る．

図1.2(b)の左側は氷の6員環構造が液体になったときの"スナップ"（瞬間）写真を示したものである．左側のスナップ写真では水分子の並進運動によって，6員環構造は不規則になっている．規則的6員環の構成分子の位置から大きく離れた分子と少しだけ離れた分子がある．ある角度と距離から撮影された，このようなスナップ写真をアニメーションのように無数にとって，そのフィルムを重ね合わせる（平均化する）と，右側のように規則的な6員環の構造が浮かび上がる．このときの酸素原子の平均配置の確率を表現するのが1.3.3項で述べる酸素-酸素原子対の動径分布関数である．

この分子集団のアニメーションの実験を計算機でつくり，そのデータを統計力学的に処理するのが計算機シミュレーション，例えばMD（molecular dynamics）やMC（Monte Carlo）などである．分子配置の構造を観察するための実験室実験には，X線，中性子の回折が利用される．これらの原理の説明はここでは省略する．

1.3.3 水の動径分布関数

図1.2(b)の右側の平均構造が見えるとき，中心分子から距離r離れた位置に水分子を見出す確率を表す量が，図1.3で示すような酸素-酸素原子対動径分布関数$g_{OO}(r)$である．中心から半径$r \to r+dr$の間にある薄皮の球殻の体積$dV = 4\pi r^2 dr$と半径rでの局所的数密度$\rho(r)$との積は球殻の中にある水分子の数$dN(r)$を与える．

$$dN(r) = \rho(r) 4\pi r^2 dr$$

ここで，密度$\rho(r)$がバルクの平均密度ρ_0とどれだけ異なるか（相関）を比$g_{OO}(r)$で表すと

$$\rho(r) = \rho_0 g_{OO}(r)$$

この密度に関する相関比$g_{OO}(r)$が動径分布関数（酸素-酸素相関）と呼ばれるものである．数密度はその位置に粒子を見出す確率と同等であるから，動径分布関数と平均密度の積$\rho_0 g_{OO}(r)$が中心分子からrの位置で分子ペアを見出す確率を表す．当然，距離rが無限大では，分子ペア間の相互作用とそれによる相関はなくなるので

$$\rho(r) = \rho_0 \qquad (g_{OO}(r) = 1, \ r \to \infty)$$

水の構造を定量的に表す動径分布関数（酸素-酸素相関）は図1.3のように振る舞う．常温常圧の水では，$r = 0.28$ nm付近に第1ピークがあり，$r = 0.45$ nm付近に第2ピークがある．それより遠い位置にある水分子はゆらぎにより位置がランダム化されて，ピークとしては観測されず，$g_{OO}(r) = 1$（無相関）のラインにまで減衰している．水の結晶構造においては，ゆらぐ水の近距離柔構造と違って，幅の狭いピークが規則的に無限遠まで続けて離散的に存在する．

第1ピーク（位置は～0.28 nm）は液体における最近接分子によるものであり，図1.2(a)の上段の正四面体中の酸素原子ペア，酸素1-酸素2，酸素1-酸素3，酸素1-

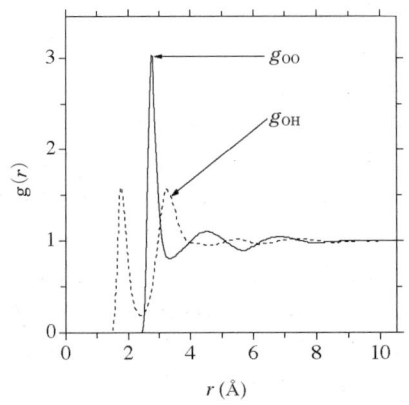

図1.3 室温の水の酸素-酸素原子対動径分布関数$g_{OO}(r)$と酸素-水素原子対動径分布関数$g_{OH}(r)$

酸素4の平均化されたものに対応する．第2ピークは第2近接分子のペア，酸素2-酸素3，酸素2-酸素4，酸素2-酸素5の平均化されたものに対応する．第2近接分子は正四面体角をなしており，∠O-O-Oが180°より小さいので，第2ピークの位置は第1ピークの位置の2倍よりも小さい．これが水の正四面体的構造の最も直接的な証拠である．球形分子からなる単純な液体の場合，第2ピークの位置は第1ピークの位置の約2倍に等しい．

図1.3には水分子間の酸素-水素原子対動径分布関数$g_{OH}(r)$も示してある．これは水分子間の水素結合に対する直接的な情報を与える．常温常圧水においては，第1ピークが0.18 nm付近に観測される．これは水中の強い水素結合の存在を示す．近距離秩序として，第2，3ピークあたりまで観測可能である．

固体の場合と同様に，液体の場合も最近接配位数N_Cはミクロ構造の近距離平均を表す量として，重要なパラメータである．酸素-酸素動径分布関数の第1ピークの下（積分範囲，$0 \to r_{\min}$）にある分子数が配位数N_Cに等しい．それは次式で与えられる．

$$N_C = \int_0^{r_{\min}} \rho_0 g_{OO}(r) 4\pi r^2 dr$$

ここで，$r_{\min}$は第1ピークと第2ピークの間の極小値をとるときの距離である．実際に計算すると，常温常圧の水の配位数は約4.4と求められ，氷Ihの値4より「大きい」．

$$N_C = \sim 4.4 > 4$$

これはゆらぎの効果で液体の水の配位数が氷の配位数より「増加」することを意味する．ゆらぎによって構造の隙間が詰められ，分子のパッキングが微妙に上昇して，密度が高くなる．「氷が水に浮く」ことのミクロな原因はゆらぎによるパッキングの増加である．一方，球形の原子や分子からなる最密充填構造の固体の配位数は12であり，これが融解して生じる単純液体の配位数は通常10～20%「減少」する（配位数は約10）．よって，これらの固体は液体に沈む．この関係を正常とすると，氷と水の密度の関係は異常である．

1.4 水の諸相

1.4.1 相図

純粋な物質（1成分系）の熱力学的状態（相）は温度T，圧力Pを指定すると定まり，多成分からなる混合系の状態はさらに組成（濃度）を指定することによって定まる．化学式H_2Oからなる水の存在様式（相）は気体（相），液体（相），固体（相）の3つで，それぞれは，水蒸気，水，氷と呼ばれる．これらの相が安定（平衡，可逆的）に存在する温度と圧力の領域を示すものが相図である．図1.4にH_2Oの相図の概略を示す．相図は物質の存在状態に対する重要なマクロ情報を含む．

大気圧（0.1 MPa），常温（25℃）付近で，通常水は液体であり，水蒸気（気相）と

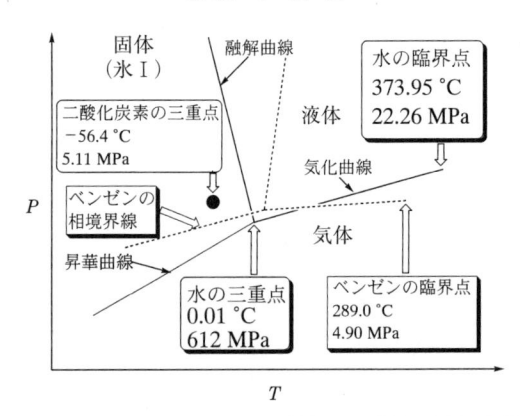

図 1.4 水（実線）とベンゼン（点線）の概念的な相図の比較

平衡状態にある．管に封入した水（閉鎖系）を室温より低い温度にすると，0℃で気体・液体・固体の3相が共存する状態の点 (T, P) が定まる．3相共存の点は三重点と呼ばれる．三重点の温度 T_t は 273.16 K（0.01℃）で，圧力 P_t は 612 Pa（0.006 気圧）である．水の三重点は国際実用温度目盛の固定点の1つであり，温度計の目盛の基準点（0.00℃＝273.15 K）の定義に利用されている．三重点は相図のヘソともいえる．

図 1.4 に水，ベンゼン，二酸化炭素の三重点の違いが（やや誇張して）示されている．一般的に，三重点は分子間相互作用が大きいほど，分子量が大きいほど，高くなる．物質の状態は分子間相互作用ポテンシャルエネルギーを $-k_B T$（k_B はボルツマン定数）で割った量の指数関数（＝ボルツマン因子）に支配されるからである．分子間相互作用が強ければ強いほど，分子を自由にするにはより大きな温度エネルギーが必要となる．水とベンゼンの三重点が近いのは引力的分子間相互作用の効果と斥力的分子間相互作用の効果が相殺した結果である．斥力効果の大きな二酸化炭素の三重点が斥力効果の小さな水の三重点より低いのは，斥力の効果（CO_2 のほうが大）を圧倒して余りある引力の効果（H_2O のほうが大）による．

1.4.2 昇 華

温度と圧力が三重点よりも低い領域では，氷と水蒸気が平衡となる温度が圧力の関数として存在する．この昇華曲線は，氷の表面から発生する水蒸気（昇華）と氷の（ギブス）自由エネルギーとのつり合いによって決まる．昇華の温度は圧力（蒸気圧）の減少とともに低下する．低圧で真空に近いほど昇華は起こりやすい．

固体の結晶格子に固定された水分子を開放して自由運動が可能な状態（気体）に変えるためには，水分子どうしを強く結び付けている水素結合を切断するためのエネルギー（＝昇華熱 47.3 kJ/mol，0℃）を与える必要がある．エネルギーを物質系に与えるので，昇華熱の符号は正であり，昇華熱を絶対温度で割り算して求められる昇

のエントロピーは正（エントロピー増大）となる．エントロピーの増加は，結晶格子点にトラップされていた多数の水分子が昇華で自由になり，並進運動の自由度（ランダムさ）を獲得することによる．

水の昇華曲線の傾きはベンゼンの場合よりも大きい．傾きは昇華熱(エンタルピー)の大きさに依存しており，昇華曲線の傾きの相違は水分子間の水素結合がベンゼン分子間のファン・デル・ワールス引力よりも強力であることを示す．

1.4.3 融 解

三重点より低温高圧の領域では，固体と液体が共存して平衡状態となる．平衡に達するまでの時間非平衡の状態が続く．実際に，気体が擬似的平衡状態として一時的に存在するのは，真の平衡状態の達成には通常長い時間を必要とするからである．固体と液体の境界を示す融解（凝固）曲線は水の場合左上がりで，ベンゼンの場合右上がりである．加圧によって氷の融点は低下し，ベンゼンの融点は上昇する．左上がりの融解曲線は氷の密度が水の密度よりも小さく，氷が水に浮くことによって起こる現象である．この異常な圧力依存性は実際にも体験される事実である．スケートやスキーのエッジを立て，体重による圧力を氷に加えると，氷が融けて滑りがよくなる．

氷の系が融解するとき外界からエネルギーを吸収する．実際，氷枕の中の氷は患者から発生した熱を奪って，患部で発生した熱を吸収する機能をもつ．氷の結晶格子点に固定された水分子が自由に運動（拡散）することが許される状態（液体）になるためには，水分子間の水素結合を部分的に切断するエネルギーが必要である．これが融解熱（$6.01\,\mathrm{kJ/mol}$；$0°C$，$0.1\,\mathrm{MPa}$）と呼ばれる潜熱である．その符号は正であるので，融解のエントロピーも昇華の場合と同様に正である．グローバルには，氷や雪の融解・凝固が地球という近似的閉鎖系の温度の安定性に大きく寄与している．

1.4.4 気 化

温度と圧力がともに三重点より高い領域では，液体と気体が平衡状態で共存する．相平衡の達成スピードはあまり速くないので，限られた時間範囲で固体も非平衡状態として存在する．液体と気体の境界を示す気化（液化）曲線は右上がりである．水の気化曲線の傾きはベンゼンのものより大きい．この相違は昇華曲線の傾きの相違と同じ理由で（1.4.2項参照），分子間相互作用の相違による．他の物質と同様，加圧によって水の沸点は上昇する．水の沸点は気圧の低い富士山頂では$100°C$以下であり，逆に水圧の高い海底では$100°C$以上である．

気化する水は外界からエネルギーを吸収し，エントロピーを増加させる．気化熱（$40.65\,\mathrm{kJ/mol}$；$100°C$，$0.1\,\mathrm{MPa}$）も潜熱の1つである．気化熱が融解熱の約6倍であるのは，気化によって水分子間の水素結合の究極的切断が起こるからである．昇華熱が融解熱と気化熱の和にほぼ等しいのは，昇華の現象が融解と気化を一挙に引き起こす現象であることによる．グローバルには，地球表面の大半を占める海の水の気化と熱容量の大きさが地球という近似的閉鎖系の温度の安定性，調節に寄与している．

地球の水循環における潜熱の効果として，気化の寄与は地球上の氷の融解（1.4.3項参照）の寄与よりもはるかに大きい．

1.4.5 臨 界 点

液体の温度が気(体)−液(体)平衡温度より少しでも大きくなると，液体は沸騰（バブル）する．純水の沸点は，1気圧（≈0.1 MPa）より低い圧力の富士山頂では低く，水圧を受けて1気圧より高い海底では高い．高圧下で上昇する水の沸騰現象は無限には続かないで，臨界点（温度 T_c=373.95℃，圧力 P_c=22.26 MPa）で終端を示す（図1.5参照）．物質の密度差による光の散乱はバブル（沸騰）現象の目視を可能にする．水が臨界点を超えると，液体と気体の密度差・屈折率差が消滅し，均一となるので，沸騰は起こらない．

状態方程式における臨界点の定義は，体積（密度）が変化しても，1次，2次の微分量まで，圧力が変化しないことである．すなわち，温度を $T=T_c$ で固定したときの圧力の体積に関する偏微分係数 $(\partial P/\partial V)_T$ などに関する次式が成り立つ．

$$\left(\frac{\partial P}{\partial V}\right)_T = 0, \qquad \left(\frac{\partial P^2}{\partial V^2}\right)_T = 0$$

ところで，等温圧縮率 β_T は

$$\beta_T = -\frac{1}{V}\frac{1}{(\partial P/\partial V)_T} = \frac{1}{\rho}\frac{1}{(\partial P/\partial \rho)_T}$$

と書ける．よって，体積を増減したときの圧力変化が0のとき，上式の偏微分係数が0となり，圧縮率は発散する．臨界点直上でなくとも，臨界点近傍では体積（密度）を変えたときの圧力変化は小さくなり，圧縮率は発散傾向を示す．圧縮率は長距離相関に関係する量なので，臨界点近傍では相関距離が長くなるといわれる．臨界点近傍では，体積やその他の量が指数的に発散し，その指数が物質によらない普遍則に従うことが知られている．ここでは臨界指数の性質や関係の詳細には立ち入らない．

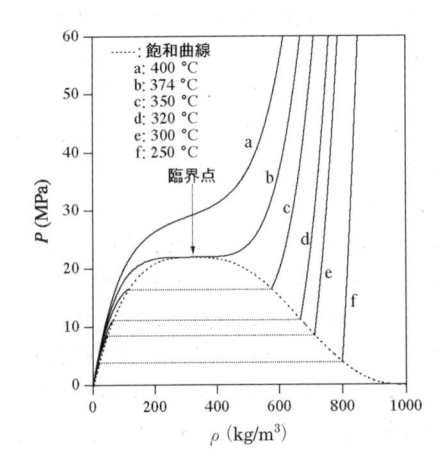

図 1.5 超臨界状態を含む高温高圧水の圧力 P の密度 ρ 依存性

水の臨界温度と臨界圧力はベンゼンに比べるとかなり高い（図1.4参照）．一般的に，臨界温度も分子間相互作用や質量が大きくなると高くなる．小さな分子からなる水の臨界温度と臨界圧力が異常に高いのは水分子間の強い水素結合の影響による．

1.4.6 いろいろな氷（多形）

図1.4の相図における氷は氷Ⅰh（hはhexagonal 六方晶の頭文字）と呼ばれる．高圧氷の種類（結晶系）とそれらの配位数，密度，誘電率，最近接水分子の酸素原子間距離，最近接水分子の酸素原子の配置の角度，相変化にともなう体積変化を表1.2にまとめた．氷Ⅰhの融解曲線は固体-液体-気体の三重点から始まって氷Ⅰh-氷Ⅲ-液体の三重点（$T=-22.0$℃，$P=207$ MPa）まで，それ以上の圧力では氷Ⅲの融解曲線が氷Ⅲ-氷Ⅴ-液体の三重点（$T=-17.0$℃，$P=346$ MPa）まで，氷Ⅴの融解曲線が氷Ⅴ-氷Ⅵ-液体の三重点（$T=0.16$℃，$P=626$ MPa）まで，氷Ⅵの融解曲線が氷Ⅵ-氷Ⅶ-液体の三重点（$T=81.6$℃，$P=2.20$ GPa）まで続く．氷Ⅰhの融解曲線だけがユニークな左上がりであり，他の高圧氷の融解曲線は右上がりに転じている．この融解曲線の傾きの符号の変化（負→正）は高圧氷が高圧水に沈むようになることを意味する．同じ水分子からできた氷でありながら，氷Ⅰhは特にユニークである．常温常圧付近および高圧ではアモルファス（無定形）氷も生成することが知られている．

高圧氷の高温側には液相が，低温側には氷の低温相が接している．例えば，氷Ⅰhの低温相としては氷Ⅰc（cはcubic 立方晶の頭文字）が存在する．どの氷の高圧相でも水分子の構造パラメータ（分子内結合距離，結合角）はほとんど同じで，結晶構造（分子間パラメータ）のみが異なっている．高圧氷の密度の上昇の原因は，水素結合

表1.2 いろいろな氷（Ⅰ，Ⅲ，Ⅴ，Ⅵ，Ⅶ）の性質

性質	Ⅰ	Ⅲ	Ⅴ	Ⅵ	Ⅶ
結晶系	六方	正方	単斜	正方	六方
配位数	4	4	4	4	8
ρ^a (g/cm^3)	0.92	1.15	1.26	1.34	~1.65
ε_0^b	98~100	116~118	144~148	191~200	~150
$d(O-O)^c$ (pm)	274	276~280	276~287	281	286
$d(O\cdots O)^d$ (pm)	449	347	328, 346	351	286
$\angle O-O-O^e$	109.5	87~141	84~135	76~128	109.5
ΔV^f (cm^3/mol)		-3.27	-0.98	-0.70	-1.05
$(x, y)^g$		$(-22, 0.21)$	$(-17, 0.35)$	$(0.16, 0.63)$	$(81.6, 2.2)$

a：温度-175℃，圧力 0.1 MPa での密度．
b：静的誘電率．真空では $\varepsilon_0=1$．
c：水素結合した最近接水分子の酸素原子間距離．
d：水素結合していない最近接水分子の酸素原子間距離．
e：$\angle O-O-O$，最近接水分子の配置の角度．
f：相変化にともなう体積変化 $\Delta V=V$(高圧相)$-V$(低圧相)．
g：ΔV の値の下での (x, y) で，x は転移の温度（℃），y は圧力（MPa）．

した最近接水分子のO−O距離の変化ではなく，水素結合していないO⋯O距離の減少であることがわかる．水素結合していない酸素原子間距離の減少は水素結合の曲がりによって引き起こされる．固体と液体の構造的相違はあるが，液体の水も分子レベルでは同様な圧縮のメカニズムが存在すると考えられる．

氷Ⅶの構造は特に興味深い．表1.2に示すとおり，常圧氷の配位数は4であるが，氷Ⅶの配位数はその2倍である．配位数の増加による高密度化が起こっている．このとき，水素結合した最近接水分子のO−O距離に等しくなるまで，水素結合していない最近接O⋯O距離が圧縮されている．その結果，低圧の氷で区別できたO−OとO⋯Oとが等価になる．氷Ⅶの構造は氷Ⅰhのネットワークが互いに空洞を貫通し合ってできたものである．配位数の半分は水素結合しており，残りの半数は水素結合していない．

1.5 超臨界水

超臨界水を含む高温高圧水は海底での生命の誕生や地下での化石燃料の生成に深くかかわったとされている．現在でも，深層海底では熱水の噴出溝が観測されている．これはマグマと海水を結ぶ物質循環のチャンネルとして作用している．これは比較的重い遷移金属元素（鉄，コバルト，マンガン，ニッケル等）を含む物質の供給源として重要であると考えられる．大量の無機物が溶解した超臨界・亜臨界水が海底の冷水と接触して，溶解物質が大量に析出する．これは光を通さないので，噴出する熱水はブラックスモーカ，チムニーと呼ばれている．

超臨界水は物理学，化学，化学工学，地球科学，材料科学，調理科学，高分子・繊維科学，化粧品や薬の開発などの広い分野で注目されている．特に，物質の合成・分解に使用されてきた有機溶媒に取って代わるクリーン溶媒としての期待が大きい．有機溶媒と違って，水は燃えないし，廉価で，無毒で，安全である．

1.5.1 密度（体積）

水をピストン-シリンダー容器に入れて，一定温度でピストンを移動して加圧すると，図1.4の気化曲線に対応する領域で密度と圧力の関係を調べることができる．すなわち，図1.4の相図を図1.5のように密度と圧力の座標に投影したものが得られる．2相共存の境界を表す点線の山の頂点が臨界点である．臨界点はP-ρ-Tの状態方程式の変曲点に当たるから，次式

$$\left(\frac{\partial P}{\partial \rho}\right)_T = 0, \quad \left(\frac{\partial^2 P}{\partial \rho^2}\right)_T = 0$$

が成立する．実線 a, b, … は等温線である．臨界点以下の等温線では高密度側のP-ρ関係が液相の状態方程式であり，水平線が気液共存状態で，低密度側のP-ρ関係が気相のものである．気液共存状態の密度は気体と液体の混合系のバルク平均値であっ

て，水平線領域の密度は実際には均一な気相としても液相としても観測されない．水平線領域の密度は気体と液体の相転移の密度（体積）の飛び（不連続性，1次の相転移）によって禁制された領域である．臨界点を超えると，1次の相転移は消失して，密度の飛びがなくなる．超臨界水と呼ばれる，臨界点以上の温度の水においては，連続的に自由に密度を変えることが許される．広い範囲の連続的密度変化は水の物性・構造・ダイナミクス・反応の実験および理論的研究に役立つ．

　400℃の超臨界水の等温曲線aの左側の低密度領域では，密度が臨界密度の数分の1であり，圧力もまた数分の1である．よって，等温線はほとんど理想気体のもので，圧力は密度に比例している（$P \propto \rho$）．曲線aの中間領域（$0.2 \leq \rho /\mathrm{g \cdot cm^3} \leq 0.4$）で

表1.3 飽和水蒸気と平衡にある高温高圧水と超臨界水の密度（ρ），粘性係数（η），誘電率（ε），の温度（T），圧力（P）依存性（L：液体，G：気体）

T (℃)	P (MPa)	ρ_L (kg/m³)	ρ_G	η_L (10^{-3} Pa·s)	η_G	ε_L	ε_G
025	0.0032	997	0.0231	0.890	0.0099	78.4	1.000
050	0.0124	988	0.0831	0.547	0.0106	69.9	1.001
075	0.0386	975	0.242	0.378	0.0114	62.4	1.003
100	0.101	958	0.598	0.282	0.0123	55.5	1.006
高温高圧水							
125	0.232	939	1.30	0.222	0.0131	49.5	1.012
150	0.476	917	2.55	0.182	0.0140	44.0	1.023
175	0.893	892	4.62	0.155	0.0149	39.2	1.039
200	1.55	865	7.86	0.134	0.0157	34.7	1.064
225	2.55	834	12.8	0.119	0.0166	30.7	1.100
250	3.98	799	20.0	0.106	0.0175	27.0	1.153
275	5.95	759	30.5	0.0955	0.0185	23.5	1.231
300	8.59	712	46.2	0.0859	0.0197	20.1	1.350
325	12.1	654	70.5	0.0765	0.0212	16.8	1.552
350	16.5	575	114	0.0659	0.0238	13.0	1.966
350*	22.1	612	—	0.0709	—	14.4	—
373	21.8	399	247	0.0478	0.0337	7.22	3.86
373.5	21.9	380	264	0.0471	0.0359	6.76	4.16
373.9	22.6	322	322	—	—	5.36	5.36
超臨界水							
400sc	20.0	101		0.0261		1.8	
400sc	26.4	200		0.0312		3.0	
400sc	28.8	299		0.0387		4.7	
400sc	31.2	401		0.0481		7.0	
400sc	37.2	500		0.0585		9.6	
400sc	56.0	600		0.0709		13	
400sc	100.0	693		0.0848		16	

*：気液共存曲線上にない状態．
sc：超臨界状態．

は，「丘陵地帯」が存在し，圧縮率の発散的挙動（1.4.5 項参照）について述べたとおり，密度が変化しても圧力の変化は極端に小さい．このような領域では，圧力によって超臨界水の密度を制御することは極めて困難である．曲線 a の右側の高密度領域では，理想気体の $P-\rho$ 関係の傾きよりも少し大きい程度の傾きで，曲線は急激に立ち上がる．高密度側の超臨界水の $P-\rho$ 関係（曲線 a）の傾きと液相の水の $P-\rho$ 関係（曲線 b，c，…）の傾きを比較すると興味深い．超臨界水の $P-\rho$ 関係が液体の水の場合より低密度気体の場合に似ていることがわかる．

偏微分係数 $(\partial P/\partial \rho)_T$ は前述のとおり圧縮率の逆数に関係しており，超臨界水の $P-\rho$ 曲線の傾きの減少は圧縮率の増大を意味する．また，密度（体積）一定で温度を上昇させたとき，曲線の傾きが大きいほど，系の収縮による外力の吸収が少ないので，圧力の急激な上昇（水蒸気爆発の危険性）は大きい．

表 1.3 に密度のデータ（臨界点近傍での精度は高くない）が示してある．図 1.5 の水平線領域は気化による体積の飛び ΔV を表す．すなわち，

$$\Delta V = (V_G - V_L) = \left(\frac{1}{\rho_G} - \frac{1}{\rho_L} \right)$$

ここで，添字 G は気体，添字 L は液体を表す．表 1.3 からわかるとおり，ΔV は温度の上昇とともに減少し，臨界点で

$$\Delta V = 0$$

となる．また，気体と液体の密度の平均値 $(\rho_G+\rho_L)/2$ は温度に直線的に依存（カイユテ-マチアスの直径線の法則）する．

$$\frac{\rho_G + \rho_L}{2} = a - bT \quad (a, b \text{ は正の定数})$$

この関係から臨界温度における臨界密度を決定することができる．

1.5.2 誘電率

誘電率は溶媒の極性の尺度として使われる．また，クーロン相互作用をスクリーニングして減少させる．一般的に，液体の静的誘電率 ε の大小は構成分子の分極率 α と永久双極子モーメント μ（1.1.1 項を参照）の大きさとその分子間の相関関係（双極子モーメントのベクトルの向きがベクトルの和を増大させるか打ち消すかの関係）に依存し，密度の増大とともに増加し，温度の上昇によって減少する．超臨界水（400℃）の誘電率が密度に依存して変化する様子を表 1.3 から知ることができる．密度が臨界密度以下（$\rho < 0.32$ g/cm^3）では誘電率は常温常圧水の 1/10 程度かそれ以下であり，極性の低い有機溶媒並の値にまで低下する．密度の低下により常温常圧水に特有の正四面体的構造（分子の双極子モーメントのベクトルの和を増大させる構造）は崩壊し，誘電率が低下する．

溶解度の傾向として，「似たものどうしが溶解する」という経験則がある．超臨界水には常温常圧水に溶解しない有機物（低誘電率物質）が溶解可能になる．これは大

1.5.3 構造（動径分布関数）

超臨界水の構造が常温常圧水の特異的正四面体的構造と比較してどのように違うかをまとめる．

a. 酸素–酸素原子対の動径分布関数

水の構造（1.3節を参照）で述べたとおり，超臨界水の構造は動径分布関数から理解される．図1.6は超臨界水の動径分布関数が温度，密度によってどのように変化するかを示す．図1.6(a)は酸素–酸素原子対の動径分布関数（計算機実験による）である．常温常圧では第1ピークと第2ピークの位置の比は約1.6であるが，超臨界水では，第1ピークと第2ピークの位置の比は約2である（1.3.3を参照）．O–O間の動径分布関数からいえることは，超臨界水はむしろ単純液体として振る舞うということである．超臨界水においては，3分子（O–O–O）以上を含む水の水素結合ネットワークは崩壊し，協同的に水素結合ネットワークを形成する「水らしさ」は超臨界水では失われている．

b. 酸素–水素原子対の動径分布関数

図1.6(b)はO–H間の動径分布関数を示す．強い水素結合を表す第1ピーク（位置，0.18 nm）は，超臨界水では弱く，不鮮明になっている．水素結合は超臨界水中でも残存しているが，水素結合している状態とそうでない状態を明瞭に区別することはできない．これは高温における激しい分子の熱運動と強い分子間引力の競争によりミクロレベルのゆらぎが大きいことによる．水素結合している状態についての情報としては，ある位置での動径分布関数よりも，それを積分した値（1.3.3項を参照）の

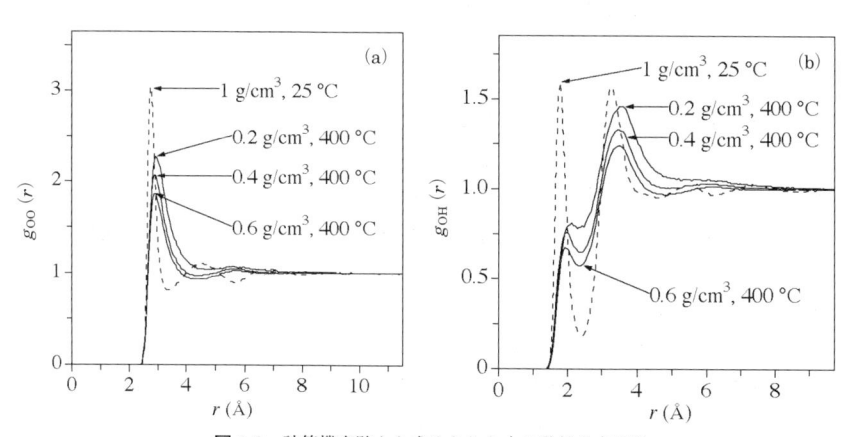

図 1.6 計算機実験から求められた水の動径分布関数
(a) 酸素–酸素原子対，(b) 酸素–水素原子対．点線は常温常圧水．実線は超臨界水．

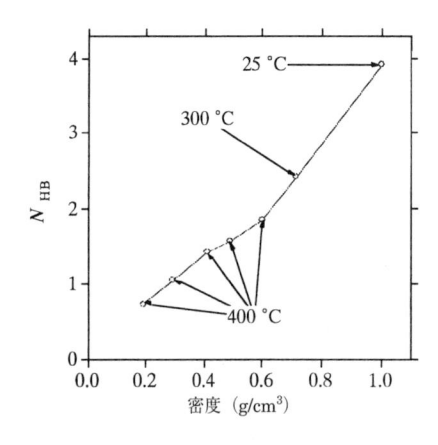

図 1.7 水と超臨界水の水素結合数 N_{HB} の密度・温度依存性

ほうがわかりやすい．

c. 水素結合数

超臨界・亜臨界水のプロトン NMR 測定と計算機実験の結果を結合して，酸素-水素動径分布関数の第1ピークの積分から求められた，水素結合数 N_{HB} を図 1.7 に示す．気液共存曲線に沿った高温高圧水の水素結合数は温度の上昇と密度の低下によって減少する．温度一定（400℃）の超臨界水においては，密度の低下によって水素結合数は減少する．しかし，臨界密度付近では水素結合が1個ないし2個残存していることがわかる．水素結合は激しい生成消滅のダイナミクスを繰り返しているが，臨界密度付近では，ダイマーなどが平均的に存在する．

1.5.4 輸送係数

表 1.3 からわかるとおり，気体-液体の共存曲線に沿った水の粘性係数 η は常温常圧の値に対して

$$200℃ で \to 1/7, \quad 300℃ で \to 1/10, \quad 臨界点付近で \to 1/20$$

に減少する．高温高圧の亜臨界水の粘性係数は温度の上昇によって減少し，対応する温度・圧力領域の気体の粘性係数は温度の上昇によって増加する．この対照的な挙動は粘性係数を支配する運動量輸送の機構の違いによるものである．液体の場合は分子間の水素結合の強さに支配され，気体の場合は分子の自由行程（気体分子運動による飛行）に依存するからである．水の水素結合は温度上昇によって弱くなり，気体分子の平均自由行程は温度上昇によって大きくなる．

超臨界水（$T>400℃$）の粘性係数は小さく，圧力が低い（$P<P_c$）場合，温度の上昇によって増加し，圧力（密度）が高い（$P>P_c$）場合温度の上昇によって低下する．すなわち，低密度では気体タイプ，高密度では液体タイプの温度依存性を示す．表 1.3 に示すとおり，一定温度（400℃）の超臨界水の粘性係数は，液体や気体の場合と同様に，密度の上昇とともに増加する．

亜臨界条件下では，水の自己拡散定数の温度依存性はおおむね粘性係数の逆数と似ており，流体力学的振る舞いを示す．しかし，超臨界水の自己拡散定数の密度依存性は粘性係数のそれよりも大きい．ある一定温度での超臨界水のダイナミクスの密度依存性は，並進拡散＞粘性＞再配向（回転）緩和の順である．この序列で超臨界水の動的性質が遠距離的性格から近距離的性格に変わることを示している．〔中原　勝〕

文　献

1) D. Eisenberg and W. Kauzmann(関　集三・松尾隆祐訳)：水の構造と物性，みすず書房，1975．
2) N. Matubayasi, C. Wakai and M. Nakahara：*Phys. Rev. Lett.*, **78**, 2573, 4309, 1997．
3) N. Matubayasi, C. Wakai and M. Nakahara：*J. Chem. Phys.*, **107**, 9133, 1997．
4) N. Matubayasi, C. Wakai and M. Nakahara：*J. Chem. Phys.*, **110**, 8000, 1999．
5) N. Matubayasi, N. Nakao and M. Nakahara：*J. Chem. Phys.*, **114**, 4107, 2001．
6) C.Wakai, S.Morooka, N.Matubayasi and M.Nakahara, *Chem. Lett.*, **33**, 302, 2004．
7) S.Morooka, C.Wakai, N.Matubayasi and M.Nakahara, *Chem. Lett.*, **33**, 624, 2004．
8) M.Kubo, T.Takizawa, C.Wakai, N.Matubayasi and M.Nakahara, *J.Chem. Phys.*, 2004 (in press)
9) 中原　勝・松林伸幸：*Electrochemistry*, **67**, 988, 1999．
10) 日本機械学会編，蒸気表，丸善，1999．
11) 若井千尋・松林伸幸・中原　勝：流体溶液物性研究への応用，新しい高圧力の科学（毛利信男編），講談社サイエンティフィク，2003．
12) 中原　勝：熱測定，**31**, 14, 2004．
13) 中原　勝・松林伸幸：ぶんせき，2004（印刷中）

世界水フォーラム

　人類は，20世紀に，先進国を中心にいわゆる物質文明を大発展させたが，環境の悪化や資源の枯渇，途上国における人口の急増の中で，20世紀の末には，地球環境問題や資源・エネルギー問題ばかりでなく，食糧問題や貧困問題の解決が人類の急務となった．水問題も人類が喫緊に解決しなければならない重要な課題の1つであり，この問題の解決に世界の英知を結集するため，「世界水フォーラム」が，3年ごとに，国連水の日（3月22日）を含む期間に開催されている．すなわち，1990年代に始まった地球温暖化や生物多様性喪失への全世界的な取り組みに遅れをとった水関係の専門家，民間，学会，国際機関等は1996年に「世界水会議」を設立し，同会議の提唱で第1回世界水フォーラムが1997年3月にモロッコのマラケシュで開催された．

　本格的な大会となった第2回は，2000年3月に約5700名が参加して，オランダのハーグで開催され，世界の水危機の解決に向けて取り組むべき課題として，① 灌漑農業の拡大抑制，② 水の生産性向上，③ 貯水量の増加，④ 水資源管理制度の改革，⑤ 流域での国際協力の強化，⑥ 生態系機能の価値の評価，⑦ 技術革新の支援等を提案した「世界水ビジョン」を発表した．アジアで初めての第3回は，2003年3月に京都・滋賀・大阪で開催され，182の国・地域と43の国際機関から24000人（海外から6000人）が参加し，水と貧困，水と平和，水と食料など38の主要課題について討議が行われ，それらを総括した閣僚宣言「琵琶湖・淀川流域からのメッセージ」が発表された．しかしながら，水問題の解決は容易でない印象が残った．なお，第4回は2006年にメキシコシティーで開催される． (T.O.)

2. 地球の水

2.1 地球上の水収支

　地球の大気は，窒素が約80%，酸素が約20%からなる混合気体である．このほかに，アルゴンや二酸化炭素などの微量成分と水蒸気が含まれている．この水蒸気は，地球誕生期から大気中に存在したと考えられる．地球誕生期から存在した水蒸気は，地球が冷却するにつれて大気中から降水として除去され海洋を形成した．同様な条件で誕生した金星や火星と比べてみると，地球の太陽からの距離の故に，地球だけが，固体・気体・液体の3態の水をもっている惑星ということができる．したがって，太陽系第3番惑星としての地球を特徴づけるのは水であり，地球はしばしば水惑星と呼ばれる．

　地球に存在する水の総量は，約1,460,000兆（10^{12}）tであり，その約96%が海洋中に，約3%が雪氷にたくわえられている．大気中の水分は，約0.001%であり，いかに少ない量かが実感できるであろう．しかしながら，この少ない地球大気中の水は，地表面からの蒸発によって補給され，大気の運動にともない輸送され，そして，降水プロセスを通して大気中から除去されるというように，地球上で循環している（図2.1）．したがって，この循環にともない大気中の水蒸気の存在量は，場所・時間によって変化すると同時にさまざまな気象現象が引き起こされる．

　地表面から水がどの程度蒸発するか，あるいは，降水にともないどの程度の水が地中にたくわえられ，どの程度の水が河川を通して流れてゆくか，ということを定量的に推定することを地表面における水収支（解析）と呼んでいる．地表面から水を蒸発させるには，エネルギーが必要となるため，地表面での水収支は，地表面での熱収支とともに考えなければならない．このほかに，ある領域を通した水の出入りという観点で水収支が考えられる．このときには，側面を通してどの程度の水蒸気フラックスの収束があったか，また，その領域内での正味の蒸発はどれだけか，また，土壌中にたくわえられた水はどの程度か，河川や地表水として領域外に流れた水の量はどの程度か，などを考えなければならない．現在ではこの際に，地下水の収束・発散は考えていない（図2.2）．

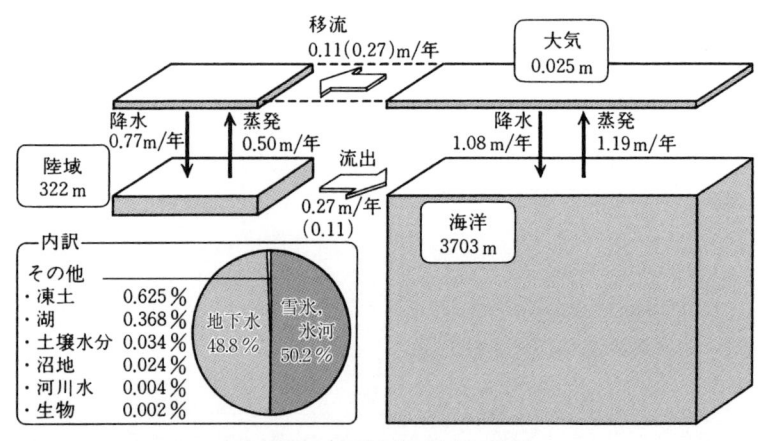

図 2.1 地球規模の水の分布と循環[1]

　大気，陸域，海洋に存在する水の量はそれぞれの箱の容積に比例する．それぞれの箱の高さは領域平均の水柱の高さを表し，底面積が陸域/海洋の面積比率を示す．陸域および海洋，大気の間での水の輸送量は，それぞれの領域平均の水柱の高さで表されている．河川による陸域から海洋への水の輸送量（流出）と，海洋上の大気から陸域上への水蒸気の輸送量（移流）は，それぞれ陸域面積と海洋面積に対する平均水柱高で示されており，括弧内の数字は逆に海洋面積と陸域面積に対する数値であり，流出と移流はつり合っている．もとのデータは Korzun ed.（1978）による．

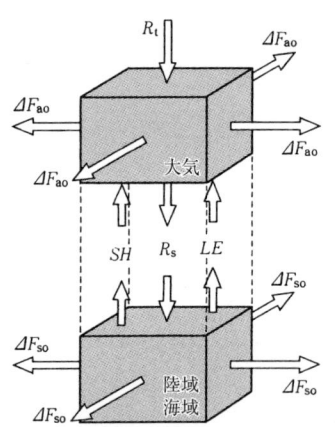

図2.2 大気柱および地表面でのエネルギー収支[1]
R_t は地球－大気系での正味放射，R_s は地表面での正味放射，LE は地表面での潜熱輸送（上向きが正），SH は地表面での顕熱輸送（上向きが正），ΔF_{ao} は大気柱でのエネルギーの水平発散，ΔF_{so} は地表でのエネルギーの水平発散．

　このような地球全体の地表面を通した水収支を眺めてみて特徴的なことは，海洋上では正味の蒸発量が多く，大陸上では降水量のほうが多いということである．したがって，大気の運動を通して，水蒸気は海洋から大陸上に運ばれ，大陸上で余った水は，河川を通して陸域から海洋に注ぎ込むことになる．そこで，このような地球表層での水の流れを水循環と呼んでいる．海洋中の海水の循環も広義の水循環であるが，慣用上では，海洋循環と呼び水循環に組み入れることは少ない．　　　　　〔住　明正〕

文　献

1) 小池俊雄：地球環境論，地球惑星科学3，岩波書店，1999.

2.2　地球規模での水循環

前節で述べたように，正味では，海洋から大陸上へ水が輸送され，河川によって，大陸から海洋に水が輸送されている．しかしながら，広い海洋上のどこでも等しく水蒸気が大気中に輸送されているわけではない．

地球上の気候は，赤道域から，熱帯，亜熱帯，温帯，亜寒帯，寒帯というように，東西方向に一様な帯状の構造で特徴づけられる．それに対応して，大気の大循環も，

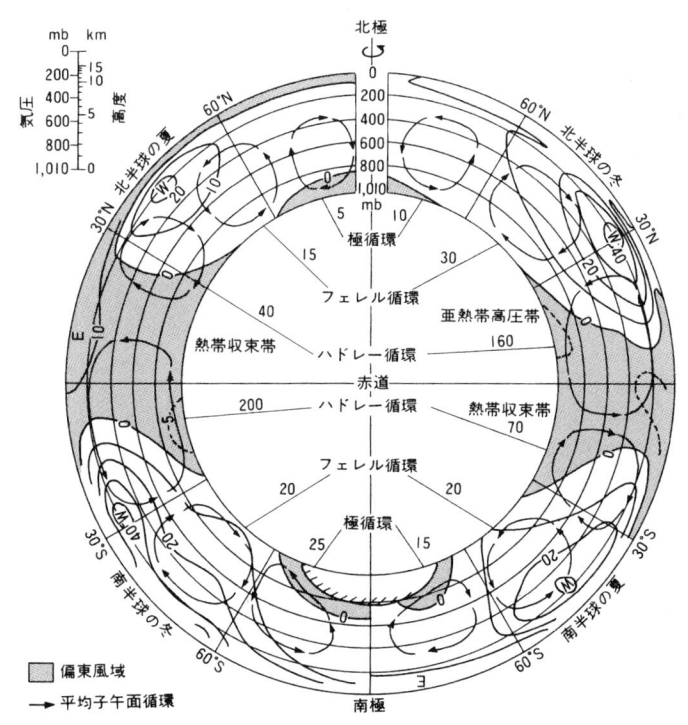

図 2.3　平均した南北鉛直断面（子午面）循環[1]
3つの循環細胞はそれぞれ矢印で代表的な流れとそれにともなう質量輸送の大きさ（単位 10^9 kg/s）を示す．南北鉛直断面内の実線は東西方向の地衡風成分の等値線．西風が正，東風が負で単位は m/s．影をつけたのは東風が吹いている領域．

帯状の構造が卓越している．したがって，地球大気の流れは東西方向に平均した，いわゆる，軸対象の流れで特徴づけられる（図2.3）．例えば，熱帯域では，北半球では北東貿易風（東風）が卓越し，中緯度では，偏西風が卓越することになる．しかしながら現実の風系は，東西風だけではなく，南北の風も存在するので，このことを忘れないようにする必要がある．そこで，東西方向に平均した南北・上下の空気の流れを平均子午面循環と呼んでいる．対流圏では，低緯度を特徴づけるハドレー循環，中緯度を特徴づけるフェレル循環，高緯度での極循環という3つの循環で特徴づけられる．

赤道域で加熱された空気は上昇し，圏界面付近で南北に流れることになる．このような空気は亜熱帯でゆっくりと沈降する．このようにして亜熱帯地域には空気がたまり，亜熱帯高圧帯と呼ばれる高気圧帯が形成される．下層では，亜熱帯高圧帯から，赤道域の降水域へ空気が吹き込むことになる．このように空気が吹き込んでいるので熱帯域の降水域は熱帯収束帯と呼ぶ．このようにしてハドレー循環が形成される．亜熱帯高圧帯の北側には，前線帯があり，高気圧や低気圧で特徴づけられる．このような前線帯では，空気は上昇しており，これに向かって亜熱帯高圧帯からも空気が吹き込まれる．

このような大気の流れによって，水や熱エネルギーが運ばれる．先に述べたように，亜熱帯高圧帯は，下降流に支配され晴れていることが多い．すなわち，降水より蒸発が多いことになる．一方，熱帯収束帯や傾圧帯では，降水が蒸発より卓越することになる．降水から蒸発を引いた量は，正味で海洋に供給される水のフラックスになる（そこで，この物理量を海洋物理のほうでは淡水フラックスと呼んでいる）．以上の結果を，簡単にするために東西平均した軸対称の場で表現すると，図2.4のようになる．

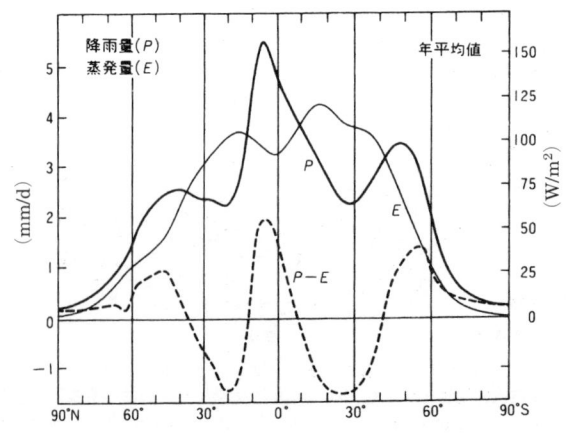

図2.4 年平均でみた降雨量と海面・地表面からの蒸発量とその両者の差の緯度分布（単位は1日当たりのmm）[2]

現実の水輸送は，大気の下層の風に流され，東西に非対称になる．例えば，日本に夏に補給される水蒸気は，ユーラシア大陸の縁辺をまわるモンスーンの西風や，亜熱帯高気圧の縁辺をめぐってくる貿易風によって，インド洋や太平洋から補給される．もっとも，このような海洋からの水輸送は，単純に，遠くから輸送されてくるわけではない．例えば，ユーラシア大陸の水は，大西洋から輸送されてくる．しかしながら，ユーラシア大陸の真ん中まで，大西洋からそのまま輸送されてくると考えるのは現実的ではない．実際は，その途中で降水として地面に吸われ，再度，蒸発することを通して，大陸奥深くまで補給される．このように，降水をもたらすような水循環としては，広域の水輸送と局所循環（local recycling）の2つが主要な担い手ということができる．この両者の役割の大きさは，場所場所によって異なっており，その違いは，現在，積極的に研究されている．最後に，大気大循環モデルを用いて水の輸送を研究した例を図2.5に載せる．この結果によれば，日本の夏の水蒸気の多くは，太平洋からの水で占められていることがわかる．また，チベットの上の水に関しては，インド洋からの補給が多いことがわかる．また，このような水の起源は，降水の同位体比などを用いて検証されようとしている．

このような大気大循環にともなう広域の水循環のほかに，積雲などの雲の中を通る水循環が存在する．この循環は，水平スケールと鉛直スケールが同じ程度の三次元的な循環であることが特徴的である．このような雲や，その雲が組織化された雲クラスターなどにともなうメソスケールの水循環は，集中豪雨・豪雪などに関連して調査・研究されている．

例えば，地表面が暖められると空気塊は上昇し始める．大気の成層が不安定であれば，この空気塊はどんどん上昇し，積乱雲は大きく発達することになる．やがて，積乱雲中の降水過程により降水粒子が形成され，降水が始まることになる．この降水粒

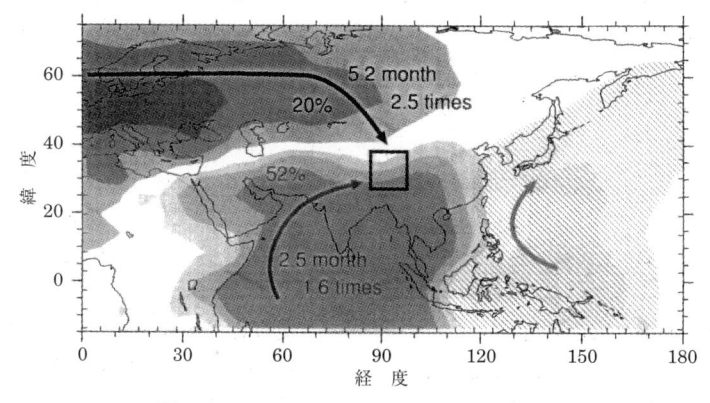

図 2.5　チベットにくる水はどこからきたのか

子により大気が引きずられたり，降水粒子が蒸発したりして，積乱雲の雲底下では，強い下降流にともなう強風が吹いたり（ガストフロントと呼ぶ），寒気ドームができたりする．1時間程度の時間が経つと，積乱雲の下層付近は安定化され，雲は衰弱に向かうことになる．一般に，対流は，成層の不安定を解消する効果があり，無限に続くことはない．集中豪雨などの災害をもたらすような豪雨が長時間持続するためには，特殊な循環の構造になっている必要がある．例えば，大気下層の風のシアーにより，積雲対流にともなうガストフロントが，同じ場所に収束をつくれば継続的な積雲対流が可能になる．　　　　　　　　　　　　　　　　　　　　　　　　〔住　明正〕

文　献

1) 浅井昌雄・武田喬男・木村龍治：雲や降水を伴う大気，大気科学講座2，東京大学出版会，1981.
2) C.W. Newton ed.：*Meteor. Monogr.*, **13**, American Meteorological Society, 1972.

2.3　地球表層環境（植生）と水

　樹木を含む高等植物は，水と土壌中の水溶液状態の無機養分とを根の根毛を通して吸収し，幹や茎の皮層内側にある維管束の木部にある導管を通して葉に運ぶ．葉では葉緑体のクロロフィルaなどの光合成色素によって，葉表面で吸収される光をエネルギー源として，葉裏面の気孔から吸収される二酸化炭素と根より運ばれた水を用いて，有機化合物，水，酸素を合成する．これを光合成と呼び，有機化合物は水溶液の形で維管束の師部の師管を通して，種子および下方の根部に運搬され，蓄積される．一方，水と酸素は気孔を通して大気に放出される．このとき液相の水は気相の水蒸気に相変化される．このように植生中の水が光合成作用を通して水蒸気の形で大気に拡散する過程を蒸散と呼び，土壌面や水面から水分が液相から気相の水蒸気に相変化する過程である蒸発と区別される．また両者を合わせて，蒸発散と呼ぶ．このように，根，幹や茎，葉，大気への水の輸送には，根毛内の細胞外から細胞内に働く浸透圧と細胞の膨張を留めようとする細胞壁の存在によって生じる膨圧の差，導管での毛管吸引圧に加えて，葉の水分が蒸散によって大気中に拡散するときに生じる葉面−大気間の圧力差が関連している．したがって，植生の生体での水の輸送には，葉での光合成作用を直接左右する太陽放射エネルギー量と二酸化炭素濃度，および気孔からの水蒸気拡散をコントロールする大気中の水蒸気圧が関係しており，また根毛が分布する土層での土壌水分量も深く関係している．

　葉面で吸収される太陽放射エネルギーのうち光合成に使われるものはわずかであり，ほとんどが赤外放射，顕熱，潜熱の各フラックスおよび葉内での貯熱となる．したがって，吸収太陽放射エネルギーと各フラックスおよび貯熱量がつり合うように葉

面温度が定まる．光合成により蒸散が活発な条件では，水の相変化にともなって潜熱が奪われるので，植物生理にとって適切な葉温度が保たれるが，もし十分な太陽放射があっても光合成に必要な水が供給されないと，蒸散作用が停止し，葉内での貯熱量が増加し，葉温度が上昇する．この場合通常は，昇温による細胞破壊を防ぐため，葉が萎れることによって葉面積が縮小し，吸収する太陽放射エネルギーを減少して，葉温度を低下させる．ただし，乾燥地に適した植物種の中には，たとえ太陽放射エネルギーと水分が豊富にあっても，空気の乾燥度に応じて気孔を閉じて水分の消費を抑える耐乾生理機能を有するものがある．

中央アジア半乾燥域では大規模灌漑農業の開発が，内陸閉鎖湖であるアラル海の縮小という深刻な環境問題を引き起こしている．その原因を探る目的で，同様の環境下にある近隣のバルハシ湖付近の灌漑農場周辺において，各土地利用条件でフラックス観測が実施された[1]．図2.6と表2.1は，農場開墾前の主たる植生だったサクサウールの灌木原，裸地，草丈60〜70 cmのアルファルファ畑，水田における地表面エネルギー収支の比較観測の結果であり，それぞれ日変化と日積算値を表している．特徴的なのは，裸地では吸収した太陽放射および赤外放射エネルギーの和である純放射量

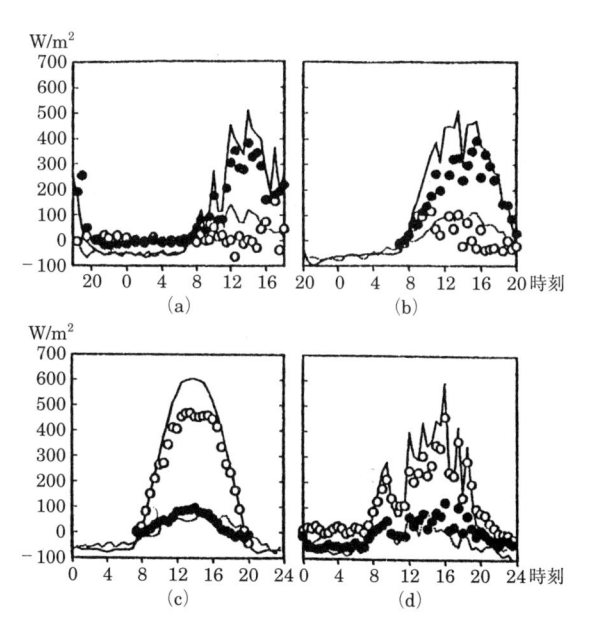

図 2.6 ベレケソホーズおよび周辺での土地利用別の地表面エネルギー収支の日変化の観測結果[1]
(a) 裸地, (b) サクサウール灌木林, (c) アルファルファ畑, (d) 水田. 純放射量(実線), 地中伝導熱量(細線), 顕熱フラックス(黒丸), 潜熱フラックス(白丸).

表 2.1 ベレケソホーズおよび周辺での土地利用別の地表面エネルギー収支の日積算値[1]

観測場所	純放射量 (MJ/m^2)	地中伝導熱量 (MJ/m^2)	顕熱フラックス (MJ/m^2)	潜熱フラックス (MJ/m^2)	蒸発散量 (mm/日)
裸　地	8.9	0.1	8.5	0.5	0.2
サクサウール灌木原	10.7	0.2	9.3	1.3	0.5
アルファルファ畑	13.4	−0.6	1.6	12.4	5.1
水　田	8.9	−1.5	0.01	10.3	4.2

のほとんどが顕熱フラックスとして消費され，潜熱フラックスは1日を通して0に近い値であるのに対して，アルファルファ畑では潜熱フラックスの日変化が純放射量と同じ時刻にピークをもつ左右対称な曲線を描いており，裸地とは逆に潜熱フラックスが純放射量のほとんどを消費していることである．水田でも，アルファルファ畑と同様に潜熱フラックスが大きく，その日周変化も顕著である．一方，サクサウールの灌木原では，夜明け後，潜熱フラックスは顕熱フラックスと同様に増加するが，10時以降は減少に転じ，純放射量の90％近くが顕熱フラックスとして消費されている．その結果，表2.1にあるように開墾前の裸地やサクサウールの灌木原と比較して，灌漑農場での蒸発散量は1桁大きくなっている．このような土地利用形態の違いによる地表面エネルギー収支の大きな差は，土壌水理特性，植物の生理特性，灌漑域と非灌漑域での地下水位の差などによって生じている．裸地面では，表面が乾燥すると毛管力によって地下から水が吸い上げる力が強くなるが，同時に不飽和状態での透水係数も低下するために，実際の土壌水の上昇には上限値が存在して，蒸発量は減少してしまう．また，乾燥化とともに地下水位が低下するのも蒸発量減少の原因でもある．それに対して植生があると，根系による土壌水分の吸収と蒸散作用によって水の消費が促進される．しかし在来種であるサクサウールは，空気の乾燥度に応じて気孔の開閉する生理機能を有しており，乾燥度が低い午前中は気孔を開いて光合成を行うが，乾燥度が高くなると気孔を閉じて，体内の水分の損失を防いでいる．したがって，サクサウールの灌木原に比べて，耐乾生理機能をもたないアルファルファ畑や水田では蒸散による損失量は著しく大きく，灌漑農場での水のこの大量消費が，アラル海縮小の原因となっている．

　このような土地被覆の変化に対応して，水循環系がどのように変動しているかを推定することは容易ではない．理想的な例として，植生で100％覆われた湿潤土壌条件と，植生を取り除き完全に乾燥した土壌条件を，それぞれ境界条件として，大気大循環モデル（GCM）を時間的に積分して計算された7月の地表面気温のシミュレーション結果を比較したものが，図2.7である．乾燥して陸域からの蒸発散が生じない場合には，地表面温度が50℃を超えるところも出現し，植生があって全体として湿潤な

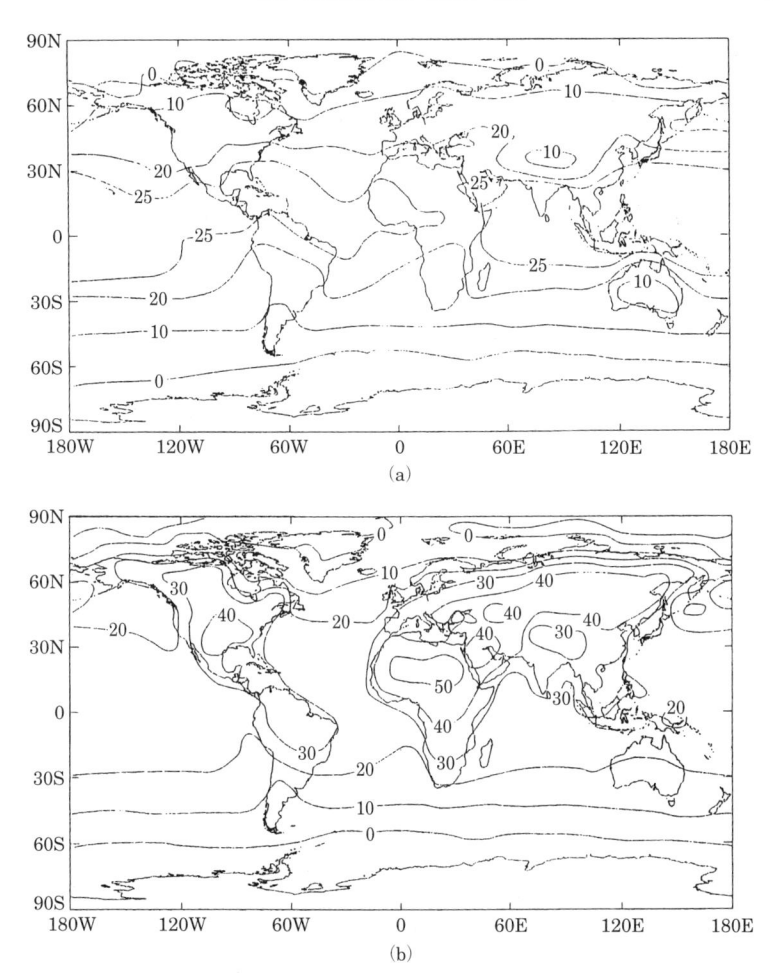

図 2.7 GCM による 7 月の地表面気温のシミュレーション結果 (a) 植生で 100% 覆われた湿潤土壌条件, (b) 植生を取り除き, 完全に乾燥した土壌条件[2].

場合に比べて 15～25℃ も温度が上昇している[2]. アマゾンの熱帯雨林を対象に, 全域が熱帯雨林で覆われている場合と, 森林を伐採して草原にした場合を想定して, アマゾン域の降水量と蒸発量の差を, GCM の計算結果で比較したのが図 2.8 である. 熱帯雨林伐採の効果はモデル上では, アルベド (太陽放射に対する反射率) の増加, 土壌の保水力の低下, 地表付近の湿度の低下として組み込まれている. 降水量については変動が大きく変動を特定しにくいが, 蒸発散量については明らかに減少しており, 森林伐採とともに乾燥化が進行することが示唆されている[3]. このようなシミュレーションによる検討に対して, タイ東北部で森林伐採が降水量に与える影響を観測デー

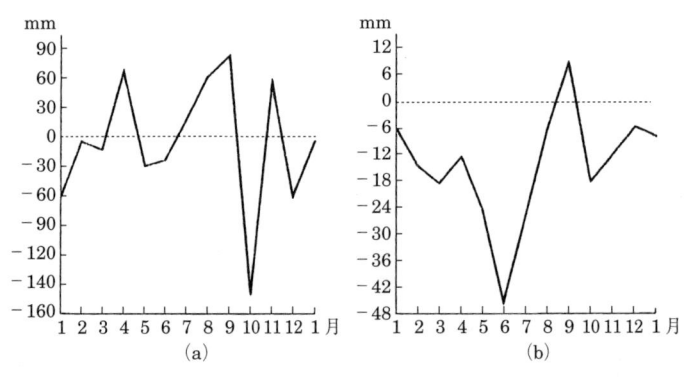

図 2.8 熱帯林伐採にともなうアマゾン中央部の降水量と蒸発量の変動[3]

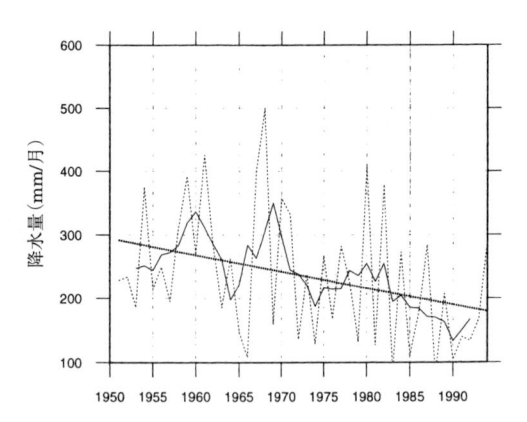

図 2.9 タイ東北部 Sakhon Nakhon での9月の月降水量の変化

破線は各年のデータ,実線は5年移動平均,太点の直線は線形回帰直線[4].

タを用いて示したのが,図 2.9 である.タイ東北部では過去 35 年あまりで森林面積が 40% 程度から 10% へ激減しており,9月の月降水量が過去 50 年あまりで約 100 mm 減少している.同図中,破線は各年のデータ,実線は 5 年移動平均,点線は線形回帰直線を示す.なお,この傾向が顕著であるのが 9 月にのみ見られる理由については,雨季の他の月の降水が大規模な循環場であるアジアモンスーンによる水蒸気移流に依存しているのに対して,9 月にはモンスーン循環が弱まり,インドシナ半島の大気−陸面相互作用による降水が主になるために,森林伐採の影響が顕著に見られるとされている[4].

植生が水循環に与える影響を地球−大気系のエネルギー収支の観点から整理すると,

地表面でのアルベド，乱流による熱と水蒸気の輸送量の大きさを表す空気力学的粗度，樹冠での降雨遮断とその蒸発，光合成と蒸散散作用などにまとめることができる．ただし，人間活動による植生域の変化は，面平均的に突然始まるのではなく，実際には道路や灌漑用水路沿いに始まり，周囲へ櫛の歯状に広がっていく．したがって，植生域の変化が広領域の水循環系に与える影響を正しく推定するためには，人間活動によって生じる陸面の不均一性の影響も考慮されなければならない． 〔小池俊雄〕

文　献

1) 大手信人・小杉一朗：水文・水資源学会誌，**11**(6), 623-632, 1998.
2) J. Shukla and Y. Mints：*Science*, **215**(19), 1498-1500, 1982.
3) R. E. Dickinson and A. Henderson-Sellers：*Quart. J. Roy. Met.*, **114**, 439-462, 1988.
4) S. Kanae, T. Oki, and M. Musiake：*J. Hydromet.*, **2**(1), 51-70, 2001.

2.4　氷河と氷床

2.4.1　氷河・氷床とは何か

　寒冷季に降った雪が融雪季に融けきれないことがしばらく続くと，再凍結や圧密作用を経て積雪がフィルンになりやがて氷へと変成してゆく．氷がある程度の厚さになると，自重で変形し，また底滑りも加わり，緩やかに流れ出し氷河となる．

　このように年々氷が堆積する地域を涵養域そして，その下方に押し出されて年々氷を融解で失う部分を消耗域という．したがって涵養域は気候によって決まり，消耗域は氷の力学的性質と地形によって決まる．涵養域と消耗域の境では，長年平均すると，涵養と消耗がつり合っており，この境を均衡線という．均衡線は気候が与える氷河形

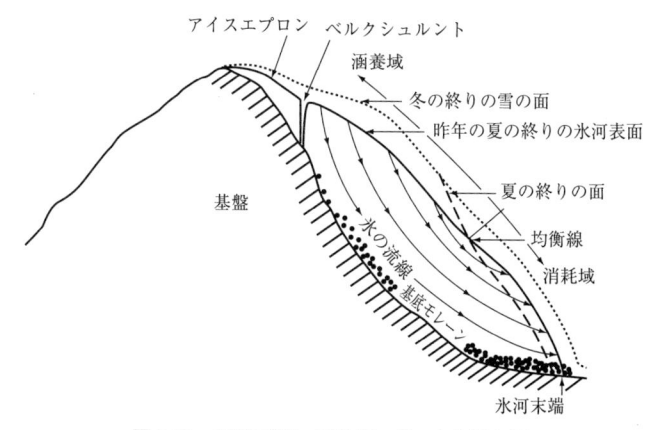

図 2.10　氷河の構造（谷氷河，サーク氷河の例）

成の最低高度を意味しており，気候と氷河の関係を理解するのに最も意味のある高度といえる．この高度が地形を切る線以上は涵養域になり，必然的に氷河が形成され，地形表面が均衡線に達しないところでは氷河は存在できない．この関係を図2.10に示す．

氷河がある程度以上に厚さを増して氷河の底にある既存の地形の凹凸をほぼ覆うようになった大型の氷河を氷床と呼ぶ．氷河の発達し始める山岳地域においては，最も顕著な凹凸は谷と尾根であり，この両者をすっぽり覆うには，少なくとも1000 mの厚さの氷が必要である．氷は自重により変形し周囲に押し出すと力学的条件によって横にねかせた放物線に近い横断面を形成するから，氷の構成方程式を加味して考えると，半径は少なくとも100 kmになる．したがって氷床は必然的に大型氷河となる．また他の小型氷河は，寒冷な涵養域を獲得するのに山脈などの上に発達し，いわば山の高度を土台にして存在するが，氷床は必要な高度をすべて自らを形づくっている氷によっている．これが氷床の最も重要な特徴である．現在この定義に合う氷床は，南極氷床とグリーンランド氷床のみである．最終氷期には北米にローレンタイド氷床と，北ヨーロッパにフェノスカンディア氷床が存在した．

2.4.2 氷河の規模と種類

現在，地球上に存在する氷河の総面積は1588万 km^2 すなわち陸地総面積の11%に相当する．表2.2に示されるように氷河面積の86%は南極大陸に，また11%はグリーンランドに分布し，残りの3%すなわち51万 km^2 がその他の地域，特に高山に存在する氷河によって占められている．

表 2.2 現存（20世紀末）氷河の地域的面積および体積（文献[1]を改訂）

地 域	面積 ($10^3 km^2$)	体積 ($10^3 km^3$)	地 域	面積 ($10^3 km^2$)	体積 ($10^3 km^3$)
グリーンランド	1785	2620	スカンジナビア	3	10^{-1}
アイスランド	11	1	アルプス	3	0.14
カナダ北極諸島	152	15	ピレネーおよびコルディエラ・カンタブリカ山系	10^{-2}	10^{-3}
ヤン・マイヤン	10^{-1}	10^{-2}			
スバールバール諸島	37	4	コーカサス	1	10^{-1}
ゼムリヤ・フランツヨシフア群島	14	1	ウラル	10^{-2}	10^{-3}
			アジア	92	9
ノバヤ・ゼムリャ島	23	2	アフリカ	10^{-2}	10^{-3}
セヴェルナヤ・ゼムリャ	19	2	ニュージーランド	1	10^{-1}
			南アメリカ	25	3
ウランゲル島	10^{-1}	10^{-2}	亜南極諸島	7	1
			南極大陸	13,586	30,110
北アメリカ（大陸）	124	12	合計	15,883	32,781

a. 氷　　床

氷床は2.4.1項に記したように最大の規模をもった氷河で，現在では，南極氷床とグリーンランド氷床だけであるが，南極やグリーンランドがすべて氷床で覆われているのではない．氷床が主ではあるがその周辺には氷の流系を異にした氷冠や流域を地形的な分氷嶺で切られている谷氷河などが多く存在する．純粋に氷床に入るのは南極では1207万 km^2 でこれは南極にある全氷河の89％に相当する．その体積は約2930万 km^3（97％）と推定されている[2]．この中には氷床と接していても流系を異にするロウドームや南極半島の諸氷河は含めない．また同じ氷棚氷でも氷床の末端に相当するロス氷棚やロン・フィルヒナー氷棚は南極氷床の一部と考えられるが，それより隔離された海岸線より発して存在するウェスト氷棚ははずされる．グリーンランド氷床に関しては面積171万 km^2（グリーンランド全氷河の97％）と体積264万 km^3（99％以上）[3] という推定値が最も信頼できる．

最終氷期に存在したローレンタイド氷床は最大に達した2万年前には，1000万 km^2 の面積と2000万 km^3 の体積[4]を有し，現在の南極氷床にほぼ似た規模をもっていた．フェノスカンディア氷床はその最大時には，400万 km^2，および900万 km^3 の面積と体積[5]と推定され，研究者によってその最大規模は異なるとはいえ，現在のグリーンランド氷床の2倍以上あったことは確かである．こうしてみると，氷期とは，主に氷床の発達した時期といってよい．

b. 氷　　冠

1地域または1山系を覆い，四方に氷が流出していて，氷床よりずっと規模が小さく，底の地形に存在が大きく依存する氷体を氷冠という．例としては，グリーンランド北部のハンス・タウゼン・アイスキャップや西部のスッカトペン・アイスキャップ，バフィン島南部のペニー・アイスキャップ，南極のロウ・ドームなどがある．氷床のように氷冠からは多くの横溢氷河が流出していることが多い．氷冠はあたかも小型氷床のように見えるが，平衡状態にある氷冠では，均衡線の維持が，底の地形の土台に海抜高度を借りているという点で氷床とは根本的に異なる．ここで重要な例外を2つ話しておく．バフィン島西部にあるバーンズ・アイスキャップは氷冠としては特異部類に属する．すなわち500 km^2（有効半径13 km）と小さく，氷冠という名を付けられているが，氷体は海抜400 mほどの海成台地に存在し海抜800 mに均衡線をもち，山腹などの助けを借りずに存在している．バフィン島の他の氷河が山上に涵養域を有するのとは根本的に異なる低地氷冠である．その横断面も氷冠に特有な供え餅型でなく，むしろ氷床のような伸し餅型をしている．バーンズ・アイスキャップは，ローレンタンド氷床が後退して，唯一残った氷体であることが近年知られるようになり，ミニ氷床というほうがふさわしい．第2の例外として，カナダ北極諸島，ミエン島の中央にあるミエン・アイスキャップをあげよう．この氷冠も低地にあるが，均衡線がない．すなわち，全氷河消耗域よりなり，永続不可能な存在である．この種の低

地氷冠は北極諸島に多く散在し，かつて存在した氷床の底層が露出して現在まで生きのびたものと考えられる．

c. 横溢氷河と谷氷河

横溢氷河も谷氷河もともに長い氷舌をもって流れ下り，最も氷河というイメージに合った氷河であり，絵葉書などによく使われる．両者とも谷の底を埋めて長々と流れているので谷氷河と言ってしまってよいように見えるが，根本的な違いが上部の涵養域の状態にある．谷氷河は，涵養域が基盤をなしている岩石で周囲から隔離され，流域が定義できるのに対し，横溢氷河では背後の氷床や氷冠から氷が基盤のなす分氷嶺を越えて谷に流れ込んでいるもので，涵養域で氷の流域を正確に定義することは困難である．横溢氷河でも背後の氷床や氷冠が薄くなると，谷氷河へと移行する．横溢氷河には，南極の白瀬氷河やグリーンランドのフンボルト氷河などがある．内陸での分氷嶺が不明瞭なことが多く，規模が正確に決まらない例が多いが，100 km に及ぶものから，ほんの数 km のものまである．谷氷河もアラスカのコロンビア氷河のように 67 km の大型なものから，アルプスに多く見られる数 km の小さなものにまたがる．

d. カールまたはサーク氷河

山頂や尾根のすぐ下の窪地に発達し円形の形をして，長い氷舌をもつに至らない小型の山岳氷河をカールまたはサーク氷河という．このタイプの氷河は氷期の日本の山岳地域に多く発達した可能性が高い．規模は 1 km^2 のオーダーのものが最も多い．多くは目立たない存在であり，例をあげようにも名をもたないものが多い．比較的見やすいサークを選んでみると，カナダのバンクーバー北西約 200 km のコウスト山脈にあるベンチ氷河，スイス東部グラルナールアルペンにあるサルドナ氷河，ツェルマット北部のロトホルン氷河やスイスとオーストリアの境のシルブレッタ山塊のシュネー

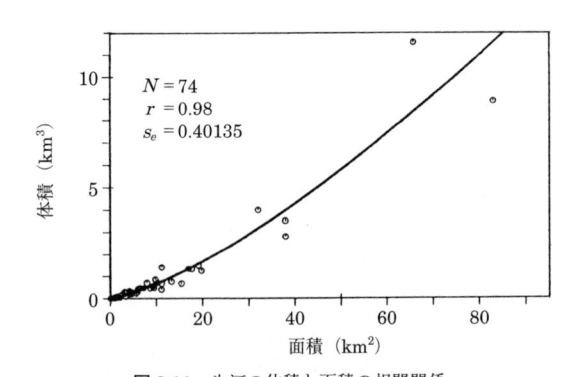

図 2.11 氷河の体積と面積の相関関係
体積が正確に知られている 74 の氷河に基づいて計算されたもので体積 V と面積 S の間には $V = 28.5 S^{1.357}$ の実験式が成り立つ．平均深度 $\bar{h}$ は $\bar{h} = V/S$ で定義されるから氷河の平均深度と面積の関係は $\bar{h} = 28.5 S^{0.357}$ となる．

グロッケンなどがある．目立たぬ存在といったが，数からすると，この型の氷河が山岳地帯では圧倒的に多い．現存する立派な谷氷河も気候の温暖化で後退をすると，やがては現在の涵養盆地だけに細々と生き延びるサーク氷河となることだろう．

e. 氷河の体積

氷河の面積は，地形図や衛星画像から比較的簡単に算出できるが，体積の計算には氷河の深さが必要である．深さの探査には，直接に氷河の底まで掘削する方法のほかに，重力法や地震探査法，レーダーなどが使われ，近年ようやく，深さのよくわかっている氷河の数が増えてきた．氷は厚いほど，周囲への流出が大きいので，当然面積と平均の厚さには相関関係があるが，実際には，地形の影響が多種多様にはたらき，一義的な関係は見つからない．よくあてはまる実験式はいくつか提唱されている．その一例を図2.11に示す．このような実験式によって，深さのわかっていない氷河の平均深度（氷の厚さ）を表面積より推定し，世界氷河台帳に登録されている個々の氷河の面積から体積を計算した結果が表2.2に掲げた値である．現在地球上に存在する全氷河の総体積は3278万 km^3 で水容積に換算して2953万 km^3 となり，これは地球上最大の淡水源である．これは最大の貯水量を誇る5大湖の総貯水量の1300倍に相当する．したがって，氷河は全地球規模の循環の中で特異な位置を占めるがその質量回転率は年間 3200 km^3 と極めて緩慢であり，氷河内における氷の平均滞留時間は約9000年と大変長期にわたる．

2.4.3 最近の氷河の変化と将来の展望

19世紀の中葉以来氷河が後退していることが世界各地で観察されている．氷河の質量変化は末端に最も顕著に現れるために，旅行記や絵画にもこうした変化は記されている．しかし氷河面積や体積の変化の数値的な量を計算するには，各時代を通じての正確な地形図や深度探査の情報が必要である．したがって，最近100年間での氷河

表 2.3 過去100年間（1870年より1970年）のアルプスにおける氷河面積 S および体積 V の変化 S と V は1970年の値．ΔS と ΔV は1970年の量マイナス1870年の量．Δh は平均深度の変化で1970年マイナス1870．Δt は100年である．

地 域	S (km^2)	ΔS (km^2)	V (km^3)	ΔV (km^3)	$\Delta V/(V+|\Delta V|)$ (%)	$<\Delta h>/\Delta t$ (m/a)
フランス	417	-223 ± 25	17.0 ± 3.2	-8.2 ± 6.4	-33	-0.155
スイス	1342	-476	79.3 ± 9.1	-27.9 ± 18.2	-26	-0.177
オーストリア・ドイツ	543	-452	21.9 ± 2.0	-9.9 ± 4.0	-31	-0.150
イタリア	607	-308 ± 29	22.0 ± 1.9	-11.3 ± 3.8	-34	-0.174
合 計	2909	-1459 ± 57	140.1 ± 10.2	-57.4 ± 20.4		
平 均					-29	-0.163

の定量的変化はヨーロッパにおいてのみ計算可能と考えられる．表2.3は，2.4.2項のeに説明した方法により，1870年代と1970年代の精度の高い地形図により世界氷河台帳のデータをもとに計算したヨーロッパ アルプスの全氷河について集計した100年間の表面積および氷体積の変化である．現存する氷河面積の50％に相当する約1500 km^{2}が過去100年の間に消滅したことがわかる．体積の減少は57 km^{3}であり，これは平均して，年間16 cmの氷河表面の低下を意味する．また，1970年以後の温暖化は著しく，過去30年間（1970〜2000年）だけで35 km^{2}の体積が失われ，年間の平均表面低下量は45 cmとなった．

グリーンランドや南極の氷河に関してはデータが極めて乏しい．それはこれらの地域では，質量の消耗に関して，よく知られていないカービンク（氷山となって海へ流れ出すこと）による量が重要だからである．わずかにグリーンランド氷床の南西部北緯73度以南西経44度以西の部分（全氷床の4分の1）についてのみ正確な質量収支が計算できる状態である．ここでは年間380 mmの涵養があり，そのうち230 mmが融解で消耗し，250 mmがカービングで消耗する．収支は年間100 mm（53 km^3）の損失であり，これは平均して氷床表面が低下していることを意味する．これら氷河氷床の減少は20世紀の温暖化の直接の結果であり，当然海面の上昇に寄与している．寄与しているということと海面が上昇するということは同じではない．その最大の理由は南極氷床を含めた南極の氷河の振る舞いが不明瞭だからである．この世界全氷河の86％の表面積をもつ南極の氷河は要するに冷たすぎるので現気候条件下においても消耗域は1％以下であり，まったく涵養域だけからなるといってよい．大気大循環モデルによる二酸化炭素2倍の数値実験でも，均衡線が南極大気の海岸線にやっと接触する程度である[6]．したがって今世紀の中ごろまでは，温暖化はむしろ南極に過剰の水蒸気を送り込むことになり，年間20〜30 mmの降雪増加が予想され，絶対量にしてこれはちょうどグリーンランドからの消耗の増加に一致する．これが今世紀中には，海面が急速には上昇できないという予想の理由である．したがって向こう100年の温暖化による海面変化では，南極とグリーンランドの外にある小型の氷冠や山岳氷河の流出と，海水の熱膨張が重要となろう．その際，全世界に現存する小氷冠と山岳氷河のすべての体積が海面上昇に換算して30 cmを超えないことは記憶しておかねばならない． 〔大村 纂〕

文 献

1) A. Ohmura, M. Wild and L. Bengtsson : *Ann. Glaciol*., **23**, 187-193, 1996 b.
2) D. J. Drewry : Antarctica : Glaciological and Geophysical Folio, Scott Polar Research Institute, Cambridge, 1983.
3) A. Weidick, C. E. Bøggild and N. T. Knudsen : Glacier Inventory and Atlas of West Greenland, Rapport 158, Geological Survey of Greenland, Copenhagen, 1992.
4) T. J. Hughes : Ice Sheets, Oxford Univ. Press, 1998.

5) J. I. Svendsen, *et al.* : Maximum extent of the Eurasian ice sheets in the Barents Sea region during the Weichselian, *Boreas*, **28**, 234-242, 1999.
6) A. Ohmura, M. Wild and L. Bengtsson : *J. Climate*, **9**, 2124-2135, 1996 a.

2.5 地球史における水環境の変遷

2.5.1 氷河時代の氷床拡大

地球が誕生して以来約46億年間に，地球の水環境はさまざまな変遷をしてきた．特に，寒冷な氷河時代には大量の海洋水が氷床として陸上に固定されるため，海面水位も低下して温暖期とは異なる水環境となる．そこでまず，地球史において繰り返された氷河時代と気候の変遷を概観する．

6億年前より以前の先カンブリア時代については，25億年前ごろと9～6億年前に2回の氷河時代があったほかは，氷床の存在しない温暖な気候であったと推定されているが，詳しいことはわかっていない．約6億年前から約2.5億年前の古生代は，前半は4.4億年前ごろに一時的に氷床が拡大したほかは比較的温暖であったが，後半は3.7～2.7億年前に南半球のゴンドワナ大陸を中心とする大規模な氷床が拡大した．

中生代（2億2500万年前～6500万年前）の気候は全般的に温暖で，大規模な氷床の発達は見られなかった．特に，2.1億年前から1.4億年前のジュラ紀と1億年前から7500万年前にかけての白亜紀後半は古生代以降で最も温暖な気候となり，氷床は北極や南極においても存在しなかった．海面は現在よりも約300 m高く，大陸の上に広く浅い海が広がっていたと推定されている．極地にも氷は見られず，熱帯の動植物の化石がアラスカのような高緯度の地域からも発見されている．気候帯の区分が明瞭になり，恐竜に代表される大型爬虫類が栄えた．白亜紀の温暖化は，現在の10倍以上あったと推定される大気中の二酸化炭素濃度による温室効果が，主たる原因と考えられる．この時代は，火山活動が活発で，火山ガスに含まれる二酸化炭素が大量に放出されたと同時に，海面の上昇で陸上植物による炭素固定量が減ったことも温室効果を強める結果となった．

新生代（6500万年前以降）は最も新しい地質年代であり，第三紀（6500万年前～170万年前）と第四紀（170万年前～現在）に分けられる．中生代の温暖な気候は，第三紀になってもしばらく続いたが，4900万年前ごろから南極大陸に氷床が形成され始め，徐々に寒冷化していった．2300万年前ごろになると，南極大陸を取り囲む南極収束線が形成され，冷たい海水がこの収束線に沿って深層に沈み込み，地球全体を回る深層大循環の出発点となった結果，全地球的な寒冷化が始まったと考えられている．海洋の浮遊性・底生有孔虫殻の酸素同位体比による水温曲線は，新生代を通して段階的に低下傾向を示し，1500万年前には大規模な南極氷床が形成されて寒冷化がいちだんと強まった．一方，このころからヒマラヤ山脈やロッキー山脈が隆起し始め，300

万年前頃には上空を流れる偏西風に影響を与えるようになるとともに，南北アメリカの境にあるパナマ地峡ができて海流の流れが変わり，北半球でも寒冷化が進んだと考えられている．

2.5.2 氷期・間氷期の気候と水環境

新生代第四紀（170万年前～現在）にはいると，氷期と間氷期が繰り返し訪れるようになり，寒冷な気候が支配的となった．カリブ海・赤道太平洋などの深海底に堆積した浮遊性有孔虫の殻の酸素同位体比から，過去の水温（厳密には，陸上の氷床量）が推定できるが，それによれば，80万年前ごろから氷期の寒冷化が明瞭になり，10万年くらいの周期で氷期と間氷期が交代するようになった（図2.12）．

数万年のオーダーで氷期と間氷期が繰り返し起こるメカニズムは，およそ次のように説明することができる．すなわち，①地球公転軌道の離心率の変化（約10万年周期），②地軸の傾きの周期的変化（4万1000年周期），③地軸の歳差運動の周期的変化（1万9000年と2万3000年周期）という地球軌道の3要素の周期的変動が，地球表面の中高緯度で受ける太陽放射量を変化させて氷期・間氷期サイクルを引き起こすというものである．このような考え方は，すでに1920年代にユーゴスラビアの数学者ミランコヴィッチによって提唱されていたが，当時はそれを証明できる精度の良い気候データが不足していたために，支持を得られなかった．しかし，1950年代になって，前述したように，深海低コアに含まれる有孔虫殻の酸素同位体比から海水温や氷床量の長期変動が明らかにされ，その周期的変動が地球軌道要素の変動曲線とよく一致することがわかったために，ミランコヴィッチ理論は再び脚光を浴びることになった．ただし，地球公転軌道の離心率の変化による日射量の変動は小さく，氷期・間氷期サイクルで顕著に現れる10万の周期的変動を十分に説明できないといった問題点があり，大規模な氷床の拡大・縮小を引き起こす何らかの物理的メカニズムがほかにも働いている可能性がある．例えば，氷床の拡大にともなう日射の反射率（アルベド）の増大が正のフィードバック効果をもつことで氷体量の変動を増幅させているとも考えられる．日射の変動は大陸氷床変動のトリガー（引き金）としての役割を果たしているのかもしれない．

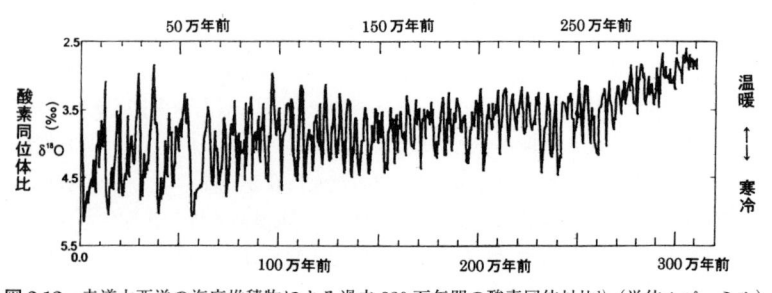

図2.12　赤道大西洋の海底堆積物による過去320万年間の酸素同位対比[1]（単位：パーミル）

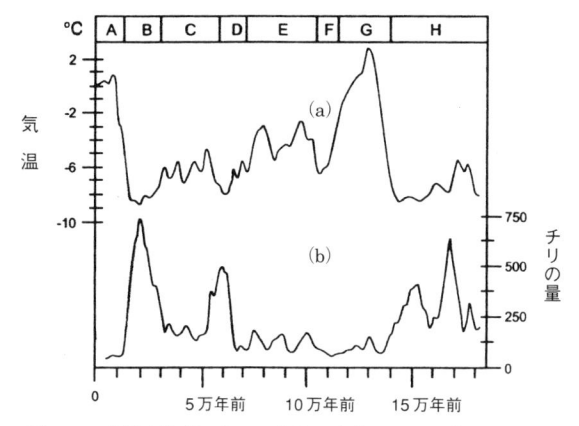

2.5 地球史における水環境の変遷

図 2.13 南極大陸ボストーク基地の氷床コアから求められた
(a) 気温と(b) 大気中のチリの量 (単位：×10^{-9}cm/年)[2]

近年，北極や南極の氷床コアの酸素同位体比から過去の気温を求めることができるようになった結果，最終間氷期以降の詳細な気温変動の様相が明らかになってきた．図 2.13 は，南極大陸のボストーク基地で掘削された氷床コアの安定同位体とアルミニウムイオン濃度から求めた気温と塵の量の変動を示している．13万年前をピークとする最終間氷期（ステージ G）から最終氷期の最寒冷期（ステージ B）にかけての寒冷化は緩やかであるが，その終了（ステージ B から現間氷期ステージ A への温暖化）は急激である．また，間氷期は 1～2 万年と短いが，氷期は数万～10 万年と長い．酸素同位体比の変動曲線を見ると鋸型になっており，間氷期から氷期への移行は緩慢で氷床の拡大もゆっくりとしているが，氷期の終了は急激であることがわかる．約 12 万年前に始まり，1 万年前まで続いた最終氷期は，ヨーロッパではビュルム氷期，北アメリカではウィスコンシン氷期と呼ばれ，約 2 万年前の最寒冷期の世界の平均気温は現在よりも 5～6℃ くらい低かった．氷床は，北アメリカの北部やスカンジナビアを中心に現在の約 3 倍の面積を覆っていた．このため，海面は現在よりも 100～150 m ほど低下していた．

一般に，氷期には乾燥化して大気中の塵（固体微粒子）が増大するため地表に到達する日射を弱める効果が加わり気温を低下させる．南極大陸の氷床コアにも 2 万年前（最終氷期）の寒冷期に大気中の塵が増大していた証拠が残されている（図 2.13）．氷期の水循環は，海面の低下による大陸棚の拡大に加えて，湖水位も全般に低下していたことが多くの地質学的証拠から認められており，地球規模で乾燥して降水量も少なかったと推定される．

2.5.3 後氷期の最温暖期と土壌水分量

最終氷期が終了してから現在までの約 1 万年間を後氷期または完新世と呼んでいる

が，この期間中で最も温暖であったのは，約6000年前を中心とする数千年間（5000～8000年前）で，世界の平均気温は現在よりも1〜2℃高かったと推定されている．この温暖期には，ヒプシサーマル（hypsithermal），気候最良期（climatic optimum），完新世最温暖期（holocene maximum）などの名称がつけられている．

ヒプシサーマルの気候を推定する手段としては，湖底堆積物や泥炭層などに化石として残された樹木の花粉出現率を調べる「花粉分析」が有効である．花粉分析によって過去の植生が復元されれば，その生育に適した気候環境も推定できる．世界各地で数多くの花粉分析結果が報告されているが，それらに基づいて5000年前から8000年前の温暖期における世界の土壌水分量の分布を推定することができる．それによると，現在よりも土壌水分量の少ない地域が北米やユーラシア大陸の内陸部に広がっており，現在は熱帯林が繁る赤道沿いにも乾燥化域が分布していたと推定される．一方，緯度20度付近を中心に土壌水分量の多かった地帯が東西に延びており，特に北・東アフリカからインドにかけてその傾向が顕著であったと推定される．現在砂漠となっているアフリカのサハラ地域も，ヒプシサーマルには湿潤で「緑のサハラ」が出現したと推定される．

ヒプシサーマルの温暖な気候も，3500年前ごろには終わりを告げ，その後は数十年から数百年のオーダーで変動を繰り返しながらも徐々に寒冷化していった．西暦9〜12世紀ごろには，比較的温暖な時代（中世の温暖期，medieval warm period）があったが，その後14世紀ごろから寒冷化が始まり，15〜19世紀には世界的に寒冷な時代であった．この寒冷期を小氷期（little ice age）と呼び，ヨーロッパではアルプスの山岳氷河が前進し，湖水や河川の結氷日数が増大した．しかし，小氷期も19世紀後半から20世紀初頭には終わり，その後は現在まで地球規模の温暖化が進行している．

〔三上岳彦〕

文　　献

1) M. E. Raymo：Start of a Glacial, pp. 207–223, Springer-Verlag, 1992.
2) J. R. Petit, et al.：Nature, **343**, 56–58, 1990.

3. 大気の水

3.1 大気中の水

　前章では，主として，地球規模での水の収支や水の動きについて述べた．しかしながら，地球大気はこのような大きなスケールでの水の動きとは別の水の循環が存在する．雲などを代表とする局地的な鉛直循環に対応する水の循環である（もちろん，この両者の循環は究極的には関連している．しかしながら，便宜的には，分けて考えてもかまわない）．

　地球大気の温度の幅は，おおよそ，$-80℃\sim40℃$ 程度であるので，大気中には，液体と固体と気体の水が存在することになる．また，水の3態（固体・液体・気体）の間の蒸発・凝結・昇華・融解などの相変化も，大気中ではすべて存在する．したがって，大気の状態を記述するときには，このような水に関連した物理量を表現しなければならないことになる．

　例えば，大気中の水蒸気を表現しようとするには，以下の3種の方法が代表的である．

　① 普通に用いられているのは，湿度 w と呼ばれる量である．これは，単位体積中の水蒸気量と飽和水蒸気量の比である．理想気体の状態方程式を使えば，これは，その温度の飽和蒸気圧に対する，蒸気圧の比 $w=e/e^*$ となる．

　② 混合比 x は，単位体積中に含まれる水蒸気量 ρ_v と乾燥大気の質量 ρ_d との比である．すなわち，$x=\rho_v/\rho_d$ となる．

　③ 比湿 s は，単位体積中に含まれる水蒸気量と湿潤大気の比である．
これらの物理量は，用いる運動方程式の形態に応じて使い分けされることが多い（湿潤空気全体を運動させているときには，比湿のほうがよく用いられる）．このほかに，氷の量を考えるならば，氷の密度 ρ_i か，混合比，あるいは，比湿に対応した量が用いられる．

　このような大気中の水の相変化は，温度変化を通して起きる．そして，この温度変化を起こす主要な要因としては，大気の鉛直運動が重要となる．もちろん，このような鉛直運動は，局所的な加熱・冷却や大きなスケールの大気の循環にともない生じる

ことはいうまでもない.

　気象学では，対流が発達し鉛直運動に従って凝結が起きるか否かを判断する基準として，大気の安定度という概念を導入している．例えば，空気塊が上昇すると空気塊の温度が変化する．この温度変化がまわりの空気の温度変化よりも少なく，まわりの空気よりも暖かくなってしまえば空気塊は引き続き上昇することになる（このことを成層が不安定と呼んでいる）．その逆であれば，空気塊が振動してやがて元の位置に戻ることであろう（この場合が安定である（図3.1参照））．

　空気塊の鉛直運動にともなう温度変化は，その空気が水蒸気を含むのか，乾燥しているかで異なってくる．例えば，水蒸気を含んだ空気塊が上昇すると，空気塊は断熱膨張を行い，乾燥断熱温度減率に従い温度が下がる．やがて，空気塊は飽和状態に達し，湿潤大気は，凝結を起こし水滴が大気中に存在することになる．さらに，空気塊が上昇を続けるとますます温度は低下し，多くの水蒸気が凝結し水滴となる．このときに，水蒸気から水滴への変化にともなう凝結熱が発生し，まわりの空気を暖めることになる．したがって，乾燥空気の上昇にともなう温度低下に比べて，凝結を起こしながら上昇する湿潤空気の温度低下は小さいものとなる．さらに上昇すると，水蒸気は氷に昇華することになる．この場合の鉛直温度傾度を，湿潤断熱減率と呼んでいる（図3.2）．この際に，大気中に形成された水物質が空気塊に含まれたまま存在するか，あるいは，降水粒子となって気塊から除去されるかによって，空気塊の振る舞いは変わってくる．例えば，空気塊の中に水物質が含まれれば，再度，空気塊が下降して温度が上昇したときには，水物質が蒸発し，元の状態に戻るのに対し，降水として落下してしまえば元の状態には戻らない．

　ここで，「空気中の水蒸気が凝結し，降水粒子として落下する」と簡単に表現したが，実際は，それほど簡単ではない．大気中の降水粒子は，雨や雪，霰（あられ），雹（ひょう）などいろいろあり，大気中の水物質も，雲や霧や霞など多様である．これらの出現の仕方は，実は降水過程の多様さと対応している．　　　　〔住　明正〕

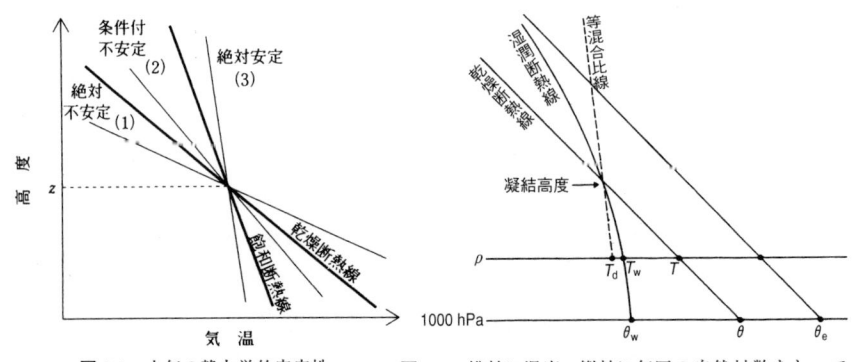

図3.1　大気の静力学的安定性

図3.2　横軸に温度，縦軸に気圧の自然対数をとって示したいろいろの温度表示の相互関係

3.2 雲と降水機構

3.2.1 雨滴形成プロセス
a. 微物理過程

1) 凝結核・氷晶核の活性化　雨滴の形成には液相内での成長と氷晶成長を通しての形成とに大別される（図3.3）．前者は暖かい雨（warm rain），後者は冷たい雨（cool rain）である．初期水滴形成時，水滴表面形成のための個々の水蒸気分子へのエネルギー分担が極端に大きく水蒸気過飽和度400％もが必要となる．幸い大気にはエーロゾルが多く，このエーロゾルに初期水滴，初期氷晶の形成が起こり，水蒸気高過飽和過程がバイパスされる．エーロゾルは半径で$0.1\mu m$以下をエイトケン（Aitken）核，$0.1\mu m$から$1\mu m$までを大（large）核，$1\mu m$以上を巨大（giant）核と区分する．粒子の小さいものほど多く大陸上で$10^3 \sim 10^5/cm^3$，海上で$300 \sim 600/cm^3$である．粒子は気相からの発散物，燃焼によるもののほか火山活動，または植物，岩石，粘土鉱物などの力学，化学反応によって生成される．凝結核のなかで雨滴形成に重要な粒子は大核で，これらの約1割が雲粒形成の凝結核として働く．粘土鉱物は氷

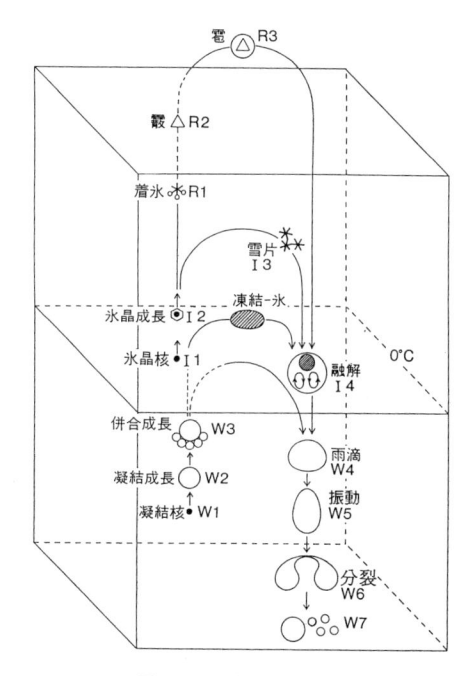

図3.3　雨滴形成微物理過程

晶核として有効で低温ほど活性化し，大きさは大核に属し氷晶核数は$-15℃$で$1/l$程度である．大陸上の凝結核は主に硫化アンモニウム（$(NH_4)_2SO_4$）主成分の燃焼核で，一方海上では海からの気泡破裂で形成される塩化ナトリウム（$NaCl$）主成分の海塩核である．しかし最近，プランクトンによるジメチルサルフェード（$(CH_3)_2S$）からの微粒子形成が注目され，海塩核に匹敵する核の形成が知られてきた．雲内で考えられる過飽和度で活性化する凝結核は大陸で$1000/cm^3$程度，海上で$100/cm^3$程度で大陸起原大気中では多くの雲粒への水蒸気配分のため個々の雲粒成長は遅く暖かい雨型降水は起こりにくい．

初期氷晶形成には氷晶核上に水蒸気の昇華で直接氷晶成長が起こる場合（昇華核）のほかに水滴が凝結し凍結する場合（凝結・凍結核），水滴内に混在する核が凍結させる場合（水滴・凍結核），水滴に核が接触し凍結させる場合（接触・凍結核）の4つの存在が知られている．核としては氷の原子配列と似たカオリンが有効な氷晶核として知られているが水滴の凍結核としては最近有機物の重要性も指摘されている．その他氷晶の芽は2次的にも形成される．霰（あられ）と直径$24\mu m$より大きい雲粒の衝突時，$-3\sim-8℃$の温度範囲内で250回衝突ごとに氷の芽は1個発生する．その他，大きい霰（直径$4mm$）と小さい霰（直径$0.5mm$）の衝突時にも$-15℃$で1回当たり60個も氷晶芽が発生することもある．

2）凝結・昇華成長　　初期水滴・氷晶は初め水蒸気の凝結で成長する．半径は時間の平方根に比例，飽和度0.5%で$1\mu m$から$10\mu m$まで120秒，$30\mu m$までさらに950秒，$50\mu m$までさらに1800秒かかる．氷晶は柱状または平板形であるため表面積が水滴に比べ大きく水蒸気拡散過程が加速される．また氷の飽和水蒸気圧が水に比べて低いことからも成長は水滴に比べ早く，水滴$50\mu m$相当の氷晶成長には水飽和で$-5℃$で155秒，$-15℃$で55秒でよい．

水滴では直径$30\mu m$程度に達し水滴併合が始まり水滴は時間に関し指数関数的に増加する．雲水量$1g/m^3$で直径$30\mu m$から$60\mu m$への成長には470秒，$90\mu m$までさらに410秒，$150\mu m$までさらに500秒でよいことなる．一方氷晶は直径$1mm$程度に成長すると互いに付着して雪片を形成する．複雑な氷枝が最も成長する$-15℃$と氷表面の水膜の影響が現れる$-3℃$より高温で雪片形成は加速される．氷晶空間濃度$10/l$では約400秒で直径$1mm$の水滴に相当する雪片形成が可能である．

3）着氷成長　　角柱結晶が長さ$100\mu m$以上，平板結晶で直径$200\mu m$以上で半径$10\mu m$以上の雲粒は氷晶に捕捉される．着氷がさらに進むと円錐形の霰が形成される．密度はおおよそ$0.3g/cm^3$である．雲水量が非常に多いか$0℃$付近での着氷では霰の表面に水膜を成長させながら成長する．雹（ひょう）の形成である．密度は$0.9g/cm^3$となり，雲水量$5g/m^3$では1000秒で直径$4cm$の雹が形成される．大きな水滴成長で大事なプロセスに凍結氷がある．暖かい雨型で成長した雨滴が$0℃$層以上に持ち上げられると$-5℃$層までにほとんど凍結する．これらは水滴のように分裂しな

いので過冷却水滴を捕捉，0℃層付近で急速に成長する．

　4) 融　解　　雪は0℃層以下で融解する．氷球内部の未融解小氷球はその落下中融解氷球の上部に移り，融解氷球の下方に水の対流が形成され融解を早める．直径5 mmの雹の完全融解には落下高度2 kmを要するが霰は1 kmでよく，直径2 cmの雪片ではおおよそ200 mでよい．

　5) 振動・分裂　　雨滴はその重さを雨滴形成を扁平にし，大曲率をつくり支える．直径2 mmで縦/横の軸比は0.9，直径5 mmで0.7となる．水滴はまた地球のように自己振動を行う．水滴が大きいほどゆっくりと振動，直径5 mmで約30サイクルである．水滴の表面には表面張力波と重力波が発達するが直径5.5 mm以上で重力波の速度が表面張力波に勝り雨滴の下端面で不安定となり，雨滴は分裂する．

b．降水プロセスと粒子成長速度

暖かい雨型で海洋性では雲粒濃度が少なく，したがって各雲粒への水蒸気供給が大となり凝結成長が速い．そのため併合成長開始が速く，積雲のライフ，40分以内で暖かい雨型で十分雨を降らす．大陸性積雲では暖かい雨型過程は遅く，代わって雪形成で降雨をもたらす．このとき霰・雹が形成されれば降水速度が加速されるだけでなく降水量も増大する．

3.2.2　雲

雲は地球表面の約半分を覆い，放射・降雨に深くかかわっている．雲は垂直に発達する積雲（Cu）と降雨をもたらす積乱雲（Cb）がある．層状雲は3層に大別される．水蒸気が圏界面で押さえられ最上層に発達する雲は髪の毛型の巻雲（Ci），ハローが見える巻層雲（Cs），上方が小さく盛り上がる巻積雲（Cc）がある．地上付近では山岳などの擾乱で層積雲（Sc），層雲（St），降雨のある乱層雲（Ns）が発達する．水蒸気量・気温が上方に直線的に減少するとき飽和水蒸気量は気温に対し指数関数的に減少する．そのため大気の中層で過飽和が形成されやすく高積雲や高層雲の中層雲が発達する．地球上の雲の分布は気温減率の大きい低緯度では主に積雲型，気温減率の小さい高緯度では乱層雲型が主に発達する．雲は山岳などで局地的に発達するものから，前線・台風などの気象擾乱にともなう雲群，スーパーセルやスコールラインのように強く組織化した雲など多種がある．また冬季時に冷たい大陸からの大気が日本海を通過するとき，規則的な雲パターンの形成が見られる．

　下層からの熱輸送効率最大条件で対流雲の高さとセル間距離（アスペクト比）が決まり，その値はおおよそ2～3である．水平風が弱い間（高度1 km当たり5～7 m/s）は対流セルから一般流へのエネルギー輸送が行われ雲はハニーコーン型から水平風方向に垂直に列状に並びかわる．水平風が強いとき（高度1 km当たり7 m/s以上）は一般風からのエネルギー授与のため風向に沿う．しかし境界層のエクマン風の変曲点不安定を考慮すると雲列は地衡風の左20°に並び，一方コリオリ項を通して一般場のエネルギーを引き出すとき右に10°ずれる．アスペクト比も水平風のないときに比べ

それぞれ2倍, 3.5倍と大きくなる. しかしある雲のパターンでアスペクト比が30に達するものもある. それらは中規模擾乱場との相互作用で形成されると考えられている.

3.2.3 降雨システム（図3.4）
a. 孤立雲

1) 巻 雲[1]　等のような巻雲はフック状雲型を示す. 風上で気塊は1 m/sで上昇, そこで大きさ50～1000 μm の柱状型氷晶が成長する. 数密度はおおよそ0.5/cm^3 である. 1 kmほど上昇して氷晶は風下に落下する. シアーが強いのでフックの頭上部分が先に前面に動き, そのため雲が髪がたなびいた形を示す. 氷晶は2 kmほど落下し, 蒸発する.

2) 中層層状雲[2]　上昇流は通常1 m/s以下と弱く過飽和度も小さく水雲ではせいぜい霧雨形成程度となる. ロッキー山脈にかかる氷雲では氷晶の成長で降水が見られる. 冬期の山岳性層状雲では氷晶は-5℃付近で30～200/l と多く, 雲水量が0.3 g/m^3 以下では昇華成長, 0.5～1 g/m^3 で着氷成長が見られる. 氷晶は直径1 mm程度に成長, 0℃付近で雪片が見られる. しかし降水強度は数 mm/h と弱い.

3) 小積雲[3]　ハワイ洋上に発達する積雲では, 雲頂高度が2 kmと低いが強いシャワーが観測される. 雲頂温度は+10℃程度である. 海洋性気団であるため凝結核は少なく雲粒数は50/cm^3 程度である. 雲底近くで雲粒粒度分布はするどく中央値も雲底上100 mで直径5 μm と小さい. 気塊の上昇中凝結成長で雲粒は成長, 中央値

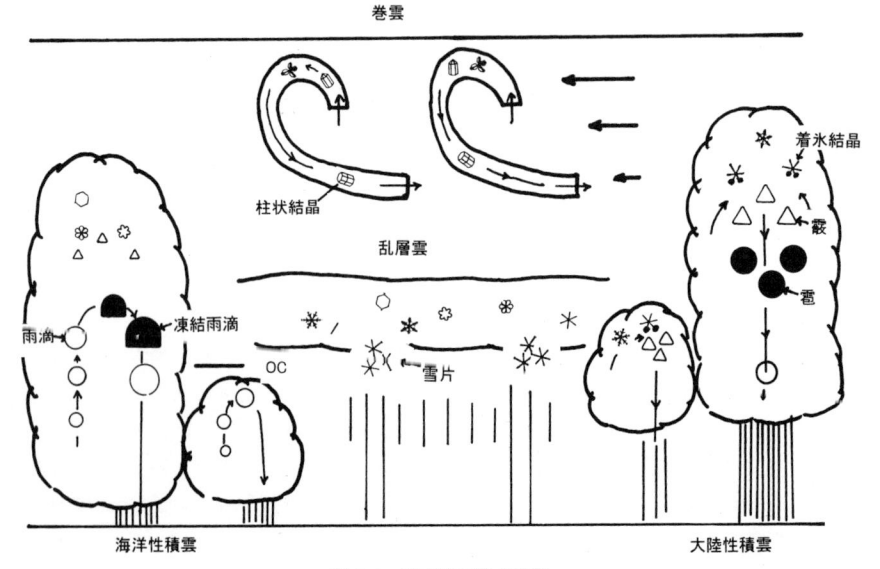

図3.4　孤立雲の降水機構

が $30\,\mu\mathrm{m}$ に達し併合成長が開始,雲粒分布は大きい粒径に広がる.雲頂の最大上昇流域付近で雨滴(直径 1 mm 程度)に成長,雲内落下中 2 割程度さらに成長する.雨滴形成はほとんど雲頂付近で行われる.雲頂の雨水量(霧粒と雨滴)が $0.3\,\mathrm{g/m^3}$ 以上になり雲底でも雨滴が観測される.降雨強度は 100 mm/h にも達するが短命で全降雨時間も 30 分程度以下である.

大陸性気団内では凝結核数が多く(雲粒数は $500\sim1200/\mathrm{cm}^3$),小積雲からの暖かい雨型降水プロセスによる降雨は望めない.霰成長による降雨となる.イスラエル[4]では霰は雲頂温度が $-12\,°\mathrm{C}$ より低いと観測され平板または樹枝状結晶への着氷成長により,霰形成が行われる.オーストラリア,タスマニア島周辺で発達する冬季海洋性小積雲でも霰形成による降雨が知られる.

4) **積乱雲** 熱帯西太平洋[5]では高度 12 km にも達する積乱雲が発達する.ここでは氷晶数は極めて少ない.雨滴は暖かい雨型降水プロセスだけで十分大きく成長でき,$0\,°\mathrm{C}$ 上方で凍結する.いったん凍結すると水滴のように分裂することがないので過冷却水滴を捕捉,さらに成長する.時には直径 9 mm もの雨滴が観測される.この地域では厚い上層層状雲が発達,これから弱い地雨性の降雨も観測されるが氷晶が少ないためむしろ小霰が形成,$0\,°\mathrm{C}$ 付近では小霰の雪片形成も行われる.

大陸では上昇気流は $10\sim20$ m/s にも達し霰や雹形成での降雨となる[6].強い上昇気流のため氷晶の雲内中央での滞空時間が短く,雲の端を通ってのリサイクルで初めて着氷成長による霰・雹形成が行われる.

b. 組織雲からの降水(図 3.5)

夏に発達する大きな孤立積乱雲では雲の発達にともない雲頂付近に水が集積し,そのドラッグによる下降気流で雲は消散する.この間 40 分程度である.しかしある雲システムでは長時間その形態を持続し,持続的降雨により各地に豪雨をもたらす.

1) **スコールライン** スコールラインは雲底に黒い低い雲列をもつライン状の雲システムで,通過時風向の突然の変動,気圧の上昇,気温の低下が起こり強烈な降雨と突風が起こる.下層シアーが大きく下層収束,上層発散場で下層からの水蒸気の十分な供給時に発達する.上昇流は上方に風上側に傾き,降雨は上昇流を妨げないように降り,下降流は中層の乾燥空気を引き込み,雨滴の蒸発を加速,気温低下(数°C)と気圧上昇(数 hPa)をもたらす.下降流の一部はガストフロントとして前方に進み,新しい雲セルを発達させる.かなとこ雲は大陸性では対流セルの前方に伸び,厚みも $2\sim3$ km であるが海洋性では 8 km と厚く,対流セルの後方に伸びる.オーストラリア・メルビル島でのスコールラインの例では前面の上昇域でまず大きな凍結氷が形成される.その後方上空で霰形成が活発に起こり大きな霰は落下する.ここでは霰,霰衝突などによる多量の氷晶芽が形成される.これらはかなとこ雲に輸送されるが,着氷で成長した小霰は落下し続ける.雲システムは大きさ 100 km 程度である.

2) **スーパーセル**[7] 水平風が上方に大きくねじれているとき,水平の大きさ 100

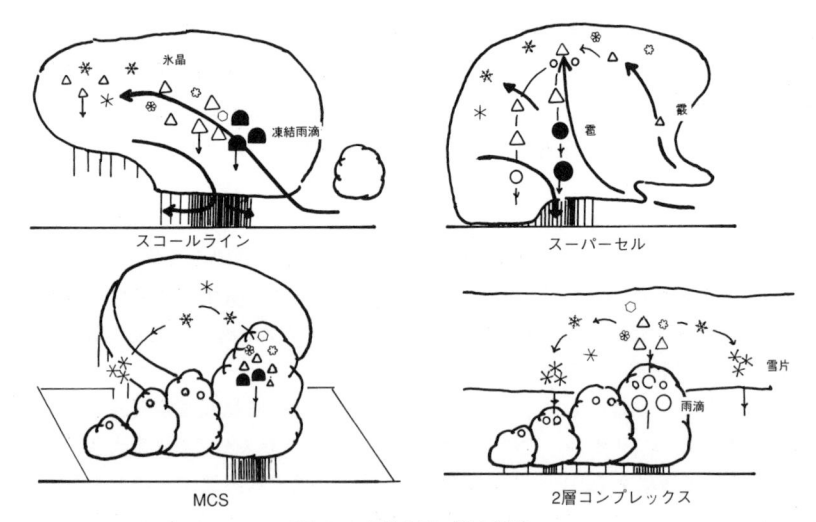

図 3.5 　組織化雲の降水機構

km 程度のスーパーセルが発達する．上昇流は 30 m/s にも達し風上側に傾斜する．上昇域では粒子の滞空時間が短いことから降水粒子の成長が遅く，弱エコー強度域が形成される．雲全体としては上方で時計回り，下方で反時計回りに回転していて新しいセルが次々と本体に入り込む．後方中層から乾燥空気が下降気流（15 m/s）により引き込まれ雨滴蒸発で低温域が地上付近に形成される．観測や数値計算の結果を総合すると降水機構は次のように考えられる．

まず霰がスーパーセル本体に入り込む小積雲セル内で形成される．これらの霰はスーパーセル上昇域上方に輸送される．これらは上昇・下降の境界領域に沿って落下，このときリサイクルされた過冷却水滴を捕捉，雹の形成が加速される．スーパーセルからは直径数十 cm の雹が降ることがあり，またトルネードの発生がしばしばである．

3) 中規模雲システム　　雲頂温度 −32℃ の雲領域が楕円状で大きさが 100,000 km^2 以上に広がり，雲システムが 6 時間以上持続する雲システムを中規模雲システム（MCS, mesoscale convective system）と呼ぶ．アメリカでは洪水のほとんどはこの MCS からもたらされる．この MCS は前面の弧状に発達したスコールラインと後方に広く広がる層状性雲から構成される．時にはこのスコールライン型対流の帯がいくつも弧を描きながら MCS の中心に入り込んでいる．

梅雨前線上の豪雨をもたらす雲システムも MCS の 1 つである．梅雨前線の降雨系，長さ 200 km，幅 100 km 程度の紡錘状降水システムの中に対流セルと層状雲が混在している．九州での豪雨はあるセルの突然の停止と風上からの小セルの合流時に見られる．下層冷気塊域上で高く発達したセルから霰が降り，これらが合流する雲セルの過冷却水滴を捕捉，豪雨は 0℃ 近くでの霰成長による水の急速な集積にともなってい

ることが最近知られてきた．

4) その他　強雨をもたらす雲システムとしてはこのほか2層コンプレックスとクラウドクラスターが知られている．前者はタイ北部で観測される降水システムで上層の厚い層状型雲と下層の層積雲から構成される．層積雲が発達，上層雲に達した地域で霰形成が活発となる．また霰と霰衝突で発生する氷晶は周囲に輸送され，雪片形成を通して地雨性降雨をもたらす．この雨システムは3時間ほど継続，各地に洪水をもたらす．後者はモンスーン時ビルマの北方海上で観測されるもので陸風とモンスーンの北東風とで形成された収束域に積乱雲群が共同で厚い上層層状雲を形成する．タイ東部ではクラウドクラスターの降水時前面に新しくスコールラインを形成するとともにクラウドクラスター自身は低気圧風に回転しながら消散する．

c. 総観場擾乱と降水システム（図3.6）

1) 前　線[8]　冬季，寒冷前線上には上昇気流 $3\sim7$ m/s の幅 4 km の対流雲列と後面に層状雲が続く．対流雲の上昇域では雲水量は $0.4\sim1.4$ g/m^3 にも達する．氷晶数は対流周辺の下降域で $1\sim100/l$ でこの下降域で数 mm の着氷した雲片や霰が観測

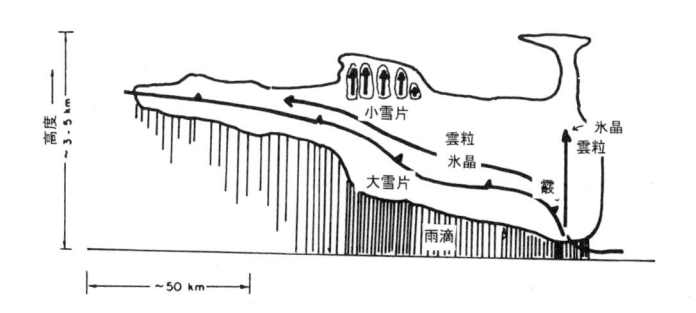

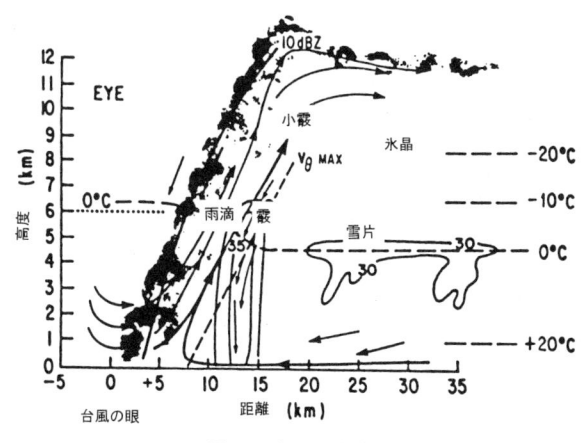

図3.6　台風・前線の降水機構

される．降雨域は幅5km程度である．一方この後面の層状雲の上部で上昇気流60cm/sの小対流雲群が発達，雲水量は$0.1 g/m^3$と小さいが氷晶は$1\sim100/l$で前線内の層状雲を落下，さらに雪片成長を通して地雨となる．降雨域は50km程度である．一方，温暖前線でも層状雲上方に小対流セルが発達，$-20℃$層ですでに大きさ3mm程度の雪片となり空間濃度$10/l$程度であるが層雲中を落下中雪片はさらに成長，雲底下で直径7mm程度となる．

2) 台 風[9]　　台風の勢力範囲は直径約500kmである．台風の中心から約15km近くに高く発生した積乱雲の壁 (eye wall) が発達，その外側では対流雲列が弧状に台風中心に巻き込んだ形態を示す．eye wall では水平速度は70m/sと強いが上昇速度は6m/sと弱く幅10kmの対流雲は外側に約30°傾く．その外側に層状雲が広がる．上昇域では過冷却雨滴と柱状結晶，霰からなり，柱状結晶からの霰形成が示唆される．下降域で霰は$20\sim30/l$である．層状雲では大きな雪片が観測され，数密度は$1\sim15/l$である．

3.2.4　降水効率と豪雨

対流性積乱雲からの全降水量は海洋性氷晶型で最大で，次いで海洋性凍結型，海洋性暖かい雨型，大陸性氷晶型と続き，大陸性暖かい雨型が最低である．集中豪雨は雲内での水の強い集積が関与する．このとき0℃付近での過冷却水滴捕捉による霰成長および凍結氷成長と水雲域での雨滴併合成長が同時に行われる．これらの機構は梅雨時雲セル合流時に見られる．

3.2.5　降水機構と雷

雷雲中の電気は雲内で霰と氷晶の衝突時に形成される．雷形成には雪の存在が必需であり暖かい雨からは雷はない．放電をもたらすほどの電荷蓄積には氷晶数は$50/l$以上，霰は$1/l$以上必要である．氷晶数の少ない海洋上では雷は少なく，雨は凍結氷型で降る．

〔髙橋 劭〕

文　献

1) A. Heymsfield : *J. Atmos. Sci.*, **32**, 799–808, 1975.
2) W. A. Cooper and C. P. R. Saunders : *J. Appl. Met.*, **19**, 927–941, 1980.
3) T. Takahashi : *J. Atmos. Sci.*, **38**, 347–369, 1981.
4) A. Gagin : *J. Atmos. Sci.*, **32**, 1604–1614, 1975.
5) T. Takahashi : *Geophys. Res. Lett.*, **17**, 2381–2384, 1990.
6) C. A. Knight, *et al*. : *J. Atmos. Sci.*, **31**, 2142–2147, 1974.
7) A. J. Heymsfield and D. J. Musil : *J. Atmos. Sci.*, **39**, 2847–2866, 1982.
8) P. V. Hobbs : *Rev. Geophys. and Space Physics*, **16**, 741–755, 1978.
9) R. A. Black and J. Hallett : *J. Atmos. Sci.*, **43**, 802–822, 1986.

3.3 蒸発散と降水

蒸発(evaporation)は地表面の水が大気中へ水蒸気として放出される現象である．葉の気孔(stomata)内部における蒸発は，気孔の開閉を通じて植物の生理学的な条件が関与する点，また，根を通じてより深い土壌層から水を吸い上げる点などが土壌面や水面からの通常の蒸発とは異なった特性をもつので，特に蒸散(tarnspiration)と呼ばれる．植生に覆われた地域で，植物の葉などに付着して地表面に達しない雨量を遮断降水量と呼ぶが，この植物の葉などの表面に付着した水の蒸発は遮断蒸発(interception loss)と呼ばれる．しかしながら，実際の観測ではこれらを分離することは必ずしも容易ではないので，一括して蒸発散(evapotranspiration)と呼ぶ．植生のない地表面ではもちろん(裸地面)蒸発が支配的であるが，植生被覆があると，蒸散や遮断蒸発の割合が増え，森林などでは裸地面蒸発が全体の蒸発散に占める割合は小さくなる[1]．

陸域における水循環過程，特に人間社会にとって利用可能な水を対象とする立場からは蒸発散は陸水の損失(loss)であるとみなされる．一方で，エネルギー的に見れば蒸発散は地表面から大気への潜熱フラックス(latent heat flux)であるし，大気境界層内の乱流にともなって運動学的に湿った地表面から比較的乾いている上層へと水蒸気が輸送されている過程であるともいえる．

以下では，
① 境界層内の運動学的な水蒸気輸送
② 地表面でのエネルギー収支
③ 地表面での水収支

ととらえるそれぞれの立場から見た蒸発散の考え方，保存則，測定・推定手法について簡単に紹介し，マクロにとらえた場合の蒸発散と降水との関係について最後に述べる．

3.3.1 水蒸気輸送としての蒸発散

蒸発散量は地表面から大気中への水の輸送であるので，大気の運動にともなう鉛直方向の水蒸気の輸送量を測ることによって直接計測することができる．湿潤大気の密度 ρ に対する水蒸気の密度 ρ_v の比，すなわち比湿(specific humidity) $q \equiv \rho_v/\rho$ を用いると，単位体積の大気中に含まれる水蒸気量(絶対湿度)は ρq であるので，鉛直方向の風速(上向き正)を v とすれば蒸発量は $E = \rho q v$ で与えられる．しかし，地表面付近の大気は一般に乱流状態にあり，通常は地表面のほうが大気よりも湿潤であるので，$v>0$ のとき q が大きく，$v<0$ のとき q が小さいような変動をしている．短時間における密度の時間変化を無視し，瞬時の風速，湿度をそれぞれ$\overline{(平均値)}$と$(変動成分)'$とに分離すると，

$$E = \rho\,(\overline{q}+q')(\overline{v}+v')$$

となり,その長時間平均値は次のようになる.

$$\overline{E} = \rho\cdot\overline{q}\cdot\overline{v} + \rho\cdot\overline{q'v'}$$

ここで,ごく下層(測器よりも下)での大気の収束発散がない限り $\overline{v}=0$ だとみなせるので,右辺第1項は0で

$$\overline{E} = \rho\cdot\overline{q'v'}$$

が得られる.通常の自然環境条件では,超音波風速温度計によって v を,赤外線湿度計によって q を 10 Hz(0.1秒間隔)程度まで細かく測定できれば蒸発散量を精度良く推定できる.しかし,センサ自体の安定性やその傾きの補正,降水中の観測の難しさなど各種の問題があり,現時点では長期間連続して質の良いデータを取得することは必ずしも容易ではない[2].

3.3.2 エネルギー収支と蒸発散

蒸発散は地表面における液相あるいは固相から気相への相変化をともない,これにともない地表面の熱が奪われる.大気中に輸送された水蒸気は再び凝結する際に熱を放出し,周囲の大気を温める.そのため蒸発散フラックスは潜熱フラックスとも呼ばれる.

地表面における熱の出入りを考える.上空からの短波(太陽)放射量 R_s,長波(赤外)放射量 R_l,太陽放射に対するアルベド α,長波放射に対する射出率 ε,地表面温度 T_s を用いて,地表面における正味放射量 R_n は,

$$R_n = (1-\alpha)R_s + \varepsilon(R_l - \sigma T_s^4)$$

と表される.ここに,σ はステファン-ボルツマン定数である.この正味放射量 R_n が,顕熱フラックス H,潜熱フラックス lE,地中への伝導熱 G に分配されると考え,

$$R_n = H + lE + G$$

と表される.ここに l は水の凝結熱($\approx 2.5\times 10^6$ J/kg)である.ここで,地表面に植生があった場合,光合成によって二酸化炭素固定に用いられるエネルギー分も考えられるが,耕地作物のように成長・固定が活発な場合でも蒸散量のせいぜい1%程度であると見積もられるので,一般には無視して地表面の熱収支が検討される.

したがって,蒸発散量を観測するという観点では,R_n,H,そして G を測定すれば残差として lE が推定されるということになる.それぞれ,正味放射計,超音波風向風速温度計,地中熱伝導計などを利用して連続測定が可能であり,実際にそのようにして野外で測定されることも多い.

しかし,H の直接測定を継続するには手間がかかるため,複数高度での風速,気温,湿度観測から推定する手法(傾度法)もあり,ある reference level と地表面の2高度での観測値を利用する場合が特にバルク法と呼ばれる.顕熱・潜熱フラックスに対するバルク定数を C_H,C_E として,バルク式はそれぞれ

$$H = c_\mathrm{p} \rho C_H U (T_\mathrm{s} - T)$$
$$lE = l\rho C_E U (q_\mathrm{s} - q)$$

と表される．ここに，c_p は大気の定圧比熱，ρ は大気の密度，U，T，q はそれぞれ reference level での風速，気温，湿度であり，実際には C_H や C_E は大気安定度の関数に応じて変化する．土壌が湿っている場合を想定して地表面での湿度 q_s は地表面温度 T_s に対する飽和水蒸気圧 $e_\mathrm{s}(T_\mathrm{s})$ を考えるのが普通であるが，現実には乾燥した土壌では土壌表面の水蒸気圧は q_s よりも小さいはずである．そういう意味では乾燥土壌に対しては q_s を小さく見積もる手法が考えられるが，形式上 $C_H = C_E$ とおき，地表面が十分に湿潤ではない影響は比湿差 $(q_\mathrm{s} - q)$ への補正として考慮する手法（β法）がしばしば用いられ，

$$lE = l\rho C_H U \beta (q_\mathrm{s} - q)$$

と表される．β を土壌表層の湿潤度と結び付ける関数がいくつか提案されている[2]．

バルク法では風速，気温，湿度の情報のみを用いて蒸発散量が推定されるが，顕熱・潜熱のバルク式と熱収支式とを連立させると，湿潤条件（$\beta = 1$）に対して，

$$lE = \frac{R_\mathrm{n} - G}{Bo + 1}$$

が得られる．ここに，Bo は潜熱に対する顕熱の比でボーエン比と呼ばれ，

$$Bo = \frac{H}{lE} = \frac{c_\mathrm{p}(T_\mathrm{s} - T)}{l(q_\mathrm{s} - q)}$$

で与えられる．こうした lE の推定手法は熱収支ボーエン比法と呼ばれる．ここで，特殊な場合として，地表面温度 T_s が大気温度 T よりも低くなり，かつ大気が乾燥していて $q_\mathrm{s} > q$ の場合には，顕熱は大気から地表面向き（負）となり，放射のみならず顕熱フラックスの分まで蒸発に使用される，という状況も生じうる．$T_\mathrm{s} < T$ でも $q_\mathrm{s} < q$ ならば潜熱フラックスも大気から地表面方向（負）となり，凝結が生じることになる．

一方，飽和水蒸気圧曲線 $e_\mathrm{s}(T)$ のある温度付近での変化率 $\varDelta$ を

$$\varDelta = \left.\frac{de_\mathrm{s}}{dT}\right|_T$$

とすれば，

$$q_\mathrm{s} = e_\mathrm{s}(T_\mathrm{s}) = e_\mathrm{s}(T) + (T_\mathrm{s} - T)\varDelta$$

と近似でき，

$$T_\mathrm{s} - T = \frac{(q_\mathrm{s} - q) - (e_\mathrm{s}(T) - q)}{\varDelta}$$

となる．これを H の式に代入すると，

$$H = \frac{c_\mathrm{p}(E - E^*)}{\varDelta}$$

が得られる．ここで，

$$lE^* = \rho C_H U (e_s(T) - q)$$

であり，気温に対する飽和比湿と実際の比湿の差から計算される．すると，熱収支式は

$$R_n = \frac{c_p(E - E^*)}{\varDelta} + lE + G$$

となるので，整理して，乾湿計定数 $\gamma = c_p/l$ を用いると

$$lE = \frac{\varDelta}{\varDelta + \gamma}(R_n - G) + \frac{\gamma}{\varDelta + \gamma}lE^*$$

と表される．これがペンマンの式であり，放射収支 $R_n - G$ と気温で定まる $\varDelta$，そして気温と湿度と風速とから定まる E^* を用いて蒸発量が算定される．ペンマン式の右辺第1項は正味の入力放射エネルギー $R_n - G$ が顕熱と潜熱とに分配される割合が $\varDelta/(\varDelta + \gamma)$ であることを示し，第2項が大気が未飽和であることに起因する蒸発量を示している．すなわち，仮に大気が飽和していても（$E^* = 0$），地表面への正味の放射エネルギーがあれば，顕熱によって気温が上昇し，その気温上昇分に見合う飽和水蒸気圧分の潜熱が地表面から大気にもたらされることになる．

バルク係数ではなく空気力学的抵抗 r_a を用い，植生群落などによる蒸散抑制効果を考慮するため群落抵抗 r_c を導入したのが，ペンマン-モンティースの式，

$$lE = \frac{\varDelta(R_n - G) + \gamma\, lE^*}{\varDelta + \gamma(1 + r_c/r_a)}$$

である．r_c は乾燥して気孔が閉じたりすると大きくなって蒸散量が抑制される効果を表現できる[3]．

3.3.3 水収支と蒸発散

任意の地表面での水収支式は ∇

$$\frac{\partial S}{\partial t} = -\nabla_H \cdot \boldsymbol{R}_o - \nabla_H \cdot \boldsymbol{R}_u - (E - P)$$

と表される．ここに，S は陸水全体の総貯留量（storage）であり，$-\nabla_H \cdot \boldsymbol{R}_o$ と $-\nabla_H \cdot \boldsymbol{R}_u$ は河川流出量（runoff）と地下水流去（ground water movement），E と P とはそれぞれ蒸発量，降水量である．なお $-\nabla_H \cdot$ は水平発散を表す微分演算子であり，流量計測地点の水収支など考えている領域への周囲からの流入がない場合には $-\nabla_H \cdot \boldsymbol{R}_o$ は河川流出高 R に相当する．

この水収支式を利用し，最も簡便で現在でも世界的に見れば広く利用されている蒸発量測定装置が蒸発計（evaporation pan）である．これは口径 1.2 m 程度の白色塗装をした容器に水を貯留し，容器から水は溢れず周囲からの流入もなく $-\nabla_H \cdot \boldsymbol{R}_o$ となるようにし，その水深の減水量 $\partial S/\partial t$ と P とから，蒸発量を $E = P + \partial S/\partial t$ として算定するものである．

このようにして推定される蒸発量 E は，その蒸発計からの蒸発量としては精確に

測定可能であるが,それが直ちに周囲の実際の地表面からの平均的な蒸発量を代表しているとは限らない.なぜなら,蒸発計の容器内の水面と,植生・土壌といった実際の地表面とでは,表面の空気力学的粗度,放射条件,湿潤度などが一般に大きく異なり,結果として現実の地表面からの蒸発量と蒸発計によって計測される蒸発量とは異なるからである.特に,極端に乾燥した条件下では,周囲の通常の植生,土壌面からの蒸発は抑制され,地表面付近の大気も乾燥するのに対し,蒸発計では水面が維持されるので,実際の地表面からの蒸発散に比べて過大な蒸発量が計測されることになる.湖沼や貯水池は水面なので,それらからの蒸発量は蒸発計によって比較的精度良く測定あるいは推定できるのではないかと期待される場合もある.しかし現実には,浅い湖沼の場合にはその表面水温や蒸発量が蒸発計と同様の季節変化を示すが,深い湖沼の場合には熱容量との兼ね合いで夏期は浅い水体や周囲の土壌よりも表面水温が低く冬季は逆になるため,水深の浅い蒸発計とは逆の季節変化を示すことが知られている[3].こうした知見に基づき,日本の気象官署では蒸発計による観測は中止されている.しかしながら,十分に湿った環境や年単位の蒸発量に関しては,運動学的手法などで厳密に測定された蒸発量と蒸発計蒸発量との相関が悪くないことから,さまざまな経験定数などを介して蒸発計蒸発量から実際の蒸発量を推定する手法も数多く提案されている[4].

ライシメータ (lysimeter) は,蒸発計をより現実の条件に近づけようとした測器である.種々の大きさや方式のものがあるが,標準的には次のようである.直径1～2m程度,深さ数mの容器に周囲と同じ土壌を入れ,その重量変化を測定することにより土壌コラム内の水分変化を観測し,別途観測する雨量との差から蒸発散量を推定する.ライシメータはその内部条件が実際の土壌に近いほど精確な結果が得られる.そこで,容器内には不撹乱資料を詰めて土壌の層構造を周囲と同じにしたり,表面の植生をそのまま利用したりといった工夫がなされる.しかしながら,ライシメータの重量変化を測定するためには底を設けざるをえず,現実の地下水面の変動などは再現することが難しいため,土壌水分の鉛直プロファイルまでまったく周囲と同じにすることはなかなか困難である.

可能蒸発散量 (potential evapotranspiration) は Thornthwaite と Mather により「植物で完全に覆われた地表面に十分な水を供給した場合に失われる蒸発散量」と定義されているので,蒸発計で測定される蒸発量よりはライシメータに水を十分に供給した場合に計測される蒸発散量のほうが可能蒸発散量に近い.また,前項で述べたペンマン式やバルク法で,土壌の乾燥による蒸発抑制が影響していない状態の推定値を可能蒸発量であるとして取り扱われることも多い.

水収支式に基づく広域蒸発散量の推定手法は次のようである.適切な流量観測地点の集水域を対象領域とすれば $-\nabla_H \cdot \boldsymbol{R}_\mathrm{o}$ は河川流量 R として与えられる.$-\nabla_H \cdot \boldsymbol{R}_\mathrm{u}$ は観測地点の選定により,$-\nabla_H \cdot \boldsymbol{R}_\mathrm{o}$ に比べて無視できるほどに小さくすることが可能

である．降水量 P は十分な密度の雨量計観測に基づく空間的内挿などにより，比較的精度良く推定できる．水収支から蒸発散量を推定する場合の最大の難点は貯留量 S の時間変化の取り扱いである．S には土壌水分量や地下水量のみならず，積雪量，湖沼や貯水池に蓄えられている水，あるいはその瞬間に河道内を流れている水など対象領域内の陸水のすべてが含まれている．人工的に調節されている経年貯留可能な貯水池がない場合，これらのうち S の時間変化に影響を及ぼす主要な要素は積雪量と土壌水分や地下水など斜面土壌や山体に含まれる水（山体貯留量）である．山体貯留量については直接の計測が難しいので次のような取り扱いが行われる．降雨がなく河川流量が比較的少ない時期には，河川流量と山体貯留量との間には密接な関係があると考えられる．そこで，河川流量とその時間変化率が相等しい2時点では山体貯留量も等しいものと仮定する．すると積雪のない期間において上記の条件を満たす2時点を選べば，その間の降雨量と河川流量累積値との差を当該期間の蒸発量とみなすことができる．この手法を短期水収支法という．

一方，陸水貯留量 S の季節変化はその年々の変動に比べると小さいことが期待され，さらに10年といった長期の平均状態では S の時間変化は一般に無視できるとみなせる．この場合，年単位あるいは10年単位といった長期間平均のいわば気候値として平均蒸発散量が $E = P - R$ として近似的に求められる．ここに，R は河川流量である．この方法を流域水収支法と呼ぶ．図3.7はそのようにして求められた世界の

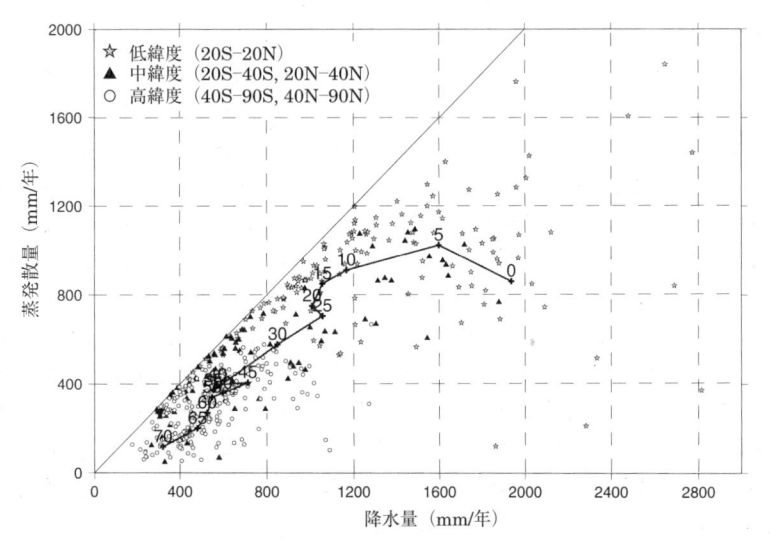

図 3.7 世界の主要河川流域の年水収支の残差として求めた年降水量と年蒸発散（損失）量との関係
プロットは，熱帯域，中緯度，高緯度ごとに識別されている．緯度別平均年降水量，年蒸発散量の直線も示されている．

主要大河川の年蒸発散量と，年降水量との関係を示したものである．各緯度帯の平均的な年降水量，残差として求められた年蒸発散量も示されている．○で示された高緯度河川流域では，年降水量はせいぜい 1000 mm 程度で，そのおよそ半分程度が蒸発していることがわかる．中緯度河川流域では，$P=E$ に沿った▲の点，すなわち降った降水がほぼすべて蒸発してしまう河川と，緯度平均の線よりも蒸発量が少ないおよそ $E=2(P-400)/3$ の線に乗っている▲の系列とがあることがわかる．前者は中緯度の乾燥地河川，後者はモンスーン域の河川流域にほぼ対応している．☆で示されている熱帯河川では，年間降水量が 1000 mm 程度まではほぼ $P=E$ に沿っているが，それを越えるとばらつきは大きいものの，おおむね年 800〜1200 mm の範囲に収まっていることがわかる．

一方，ある水平領域内の地表面から大気上端までの大気柱の水収支は次のように表される．

$$-\frac{\partial W}{\partial t} - \nabla_H \cdot Q = (P-E)$$

ここに，W, Q はそれぞれ可降水量（precipitable water）ならびに鉛直積分された二次元水蒸気フラックス（vapor flux）である．$\nabla_H \cdot Q$ はその大気中に出入りする正味の水蒸気量であり，大気中の風速と水蒸気量とから算定される．ここで，他の項に比べて小さいと考えられる大気中の固相および液相での水の含有量に関する項は無視している．大気中の水蒸気収束量や可降水量，降水分布が十分な精度で推定できるコントロールボリュームを設定できれば，蒸発散量を次式で算定できる．

$$E = \frac{\partial W}{\partial t} + \nabla_H \cdot Q + P$$

この場合，対象領域を河川流域に限定する必要はなく，年単位の推定値とする必要もなくなる．しかし実際には，大気水収支を計算するのに必要な大気中の水蒸気輸送に関するデータにはランダム誤差も多い．そこで，高い推定精度を得るためには月単位，広域（〜100 万 km^2）平均といった平均化操作が必要である．

可降水量の時間変化が無視できるとみなせる年単位の平均をとると，

$$-\nabla_H \cdot Q = P-E$$

が得られ，年水蒸気収束量は年降水量と年蒸発量との差に相当することになる．ヨーロッパ中期予報センターの四次元同化客観解析データから算定した 1989〜1992 年の 4 年平均の年水蒸気収束量が図 3.8 である．負の領域は，年蒸発散量が年降水量を上回る領域を示し，亜熱帯の海洋上に広く分布していることがわかる．アジアの乾燥域やアフリカの一部にも負の水蒸気収束域，すなわち水蒸気の発散域が見られるが，これらは値も小さく，観測データが少ないことによるエラーであると考えられる．ただし，陸面であっても，上流の河川流出量が灌漑などによって下流で蒸発する場合には，

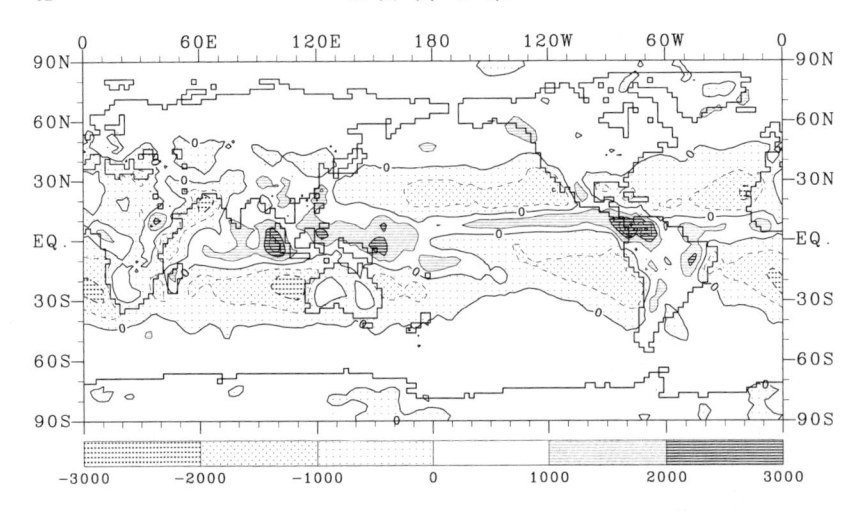

図 3.8 ヨーロッパ中期予報センターの四次元同化客観解析データから算定した年水蒸気収束量 年単位での大気中の可降水量の変化が小さいとみなせば,ほぼ年降水量－年蒸発散量に相当する.

局所的には年蒸発量が年降水量を上回ることも非現実的ではなく,黄河下流域やインダス川下流域の水蒸気発散はそれらの反映であるとも考えられる.

3.3.4 蒸発散と降水

本節の最後に,蒸発散と降水との関係について簡単に触れる.

ローカルスケールにおいては,蒸発散と降水とには一般に正のフィードバックが存在するとされる.すなわち,蒸発散量の増大は降水量を増大させる,というものである.ある領域から蒸発した水蒸気がその領域で再び降水となる過程が降水のリサイクリングであり,降水量に占めるその領域からの蒸発量の割合は降水のリサイクル率と呼ばれる.降水のリサイクル率に関しては大気観測データや数値モデルに基づく推定がなされているが,これは対流活動の活発度や大気-陸面相互作用の強さのみならず,推定する領域の大きさ(や解像度)に依存する点に注意が必要である[5].

降水の蒸発フィードバックに関しては,蒸発散量が少ないと下層大気が乾くので降水量が減少する,という直感的な理解よりは,蒸発量が減少すると顕熱で直接下層大気が加熱され,乾燥対流が活発に生じて大気下層の対流混合層が厚くなり,上層の高い温位の大気と混合して鉛直成層が安定化し,結果として降水をともなう対流が生じにくくなるからであると理解するのがよい[6].

森林を伐採すると地表面アルベドが一般に上昇し,結果として蒸発散量が減少するため,短絡的には上述のメカニズムで降水量が減少することになる.しかし,アフリカ・サヘル領域での降水量減少に関しては,地表面のアルベドフィードバックのみならず,降水をともなう対流の減少そのものが大規模場の水蒸気収束量を減少させて,結果として降水を減少させるフィードバックメカニズムが働いている,という指摘も

ある[7].

　蒸発散量と降水量との関係をマクロにとらえた先駆的な例がブディコ（Budyko）の式である．それは各地点の正味放射量と降水量とから，$\zeta = R_n/lP$ として，蒸発量が

$$\frac{E}{P} = \left[\zeta \left(\tanh \frac{1}{\zeta} \right) (1 - \cos \zeta + \sin \zeta) \right]^{1/2} \tag{3.1}$$

で表されるというものである．この式は必ず成り立つというわけではないが，平均的に見ると，世界各地の水収支の良い近似となっている．

　例えば，図3.9は植生の光合成や土壌中の水移動，グリッド内の土地被覆内の多様性なども考慮してエネルギー・水収支を解いている陸面植生水文数値モデルに観測値を入れて全球の各1度グリッドごとに1988年に対して算定された水収支をプロットしたものである[8]．各地点の降水量パターンや土地被覆，植生の状態，地形などにより，必ずしもブディコが提案した式どおりの水収支になっているわけではないが，平均的には悪くない近似曲線になっていることがわかるであろう．

　別の見方でブディコの式や，図3.9を解釈すると，年水収支には，気象学的（大気過程主導型）蒸発散量と，水文学的（地表面過程主導型）蒸発散量とがある，ともいえる．すなわち，地表面が十分に湿っている場合には，実際の蒸発散量 E_a は風速や気温，地表面に到達する放射量などの気象学的条件のみによって定まる可能蒸発散量 E_p とほぼ同じになる（climate contorolled）が，地表面の土壌水分量が減少して乾燥すると気象学的条件によって規定される E_p に対して地中からの水分の供給が追い付かなくなり，実際の蒸発散量は土壌中の上向きの水分移動速度という水文学的条件によって定まるようになる（surface controlled）．

　前者は，$E_p \ll P$ の場合で，図3.9では横軸 $\zeta \approx 0.0 \sim 1.5$ 程度に相当する．この場合，E_p に応じて E_a が決まり，残りが R となる．したがって，P が増えるとその分に応じて R が増える．

　後者は，$E_p \gg P$ の場合で，図3.9では横軸 $\zeta \gg 3.0$ 程度に相当する．この場合，降

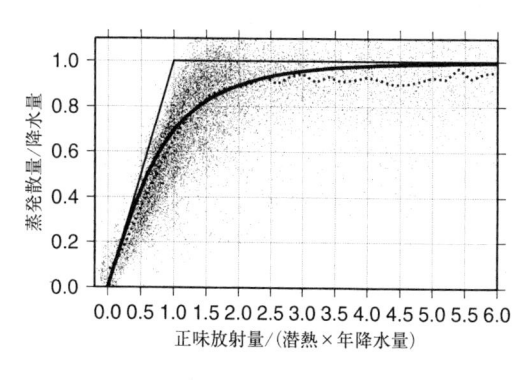

図3.9 陸面植生水文モデルに降水量や放射量，気象要素の観測推定値を与えて計算された $\zeta =$（年正味放射量,R_n）/（潜熱×年降水量, lP）と 年蒸発散量（E/P）との関係

全球1度グリッドごとに算定された結果の ζ ごとの平均値を結んだ破線と，ブディコの式（太い実線）とが示されている．また，補助線は $E/P = R_n/(lP)$ と，$E/P = 1.0$ である．

水量はすべて蒸発することがエネルギー的には可能であり，土壌特性や降水強度の変動によって河川への流出量が決まり，残りがすべて E_a となる．したがって，P が多少増えても E_a がその分増えるだけで河川流出 R はほとんど増えない．

前者はエネルギーが蒸発の抑制原因，後者は水が蒸発の抑制原因であるとも呼ばれる．

〔沖　大幹〕

文　　献

1) 塚本良則編：森林水文学，現代の林学 6，文栄堂出版，1992．
2) 近藤純正編著：水環境の気象学，朝倉書店，1994．
3) 水文・水資源学会編集：水文・水資源ハンドブック，朝倉書店，1997．
4) W. Brutsaert：Evaporation into the atmosphere, Kluwer Academic Publishers, 1982.
5) E. A. B. Eltahir and R. L. Bras：*Rev. of Geophys.*, **34**, 367-379, 1996.
6) S. Kanae, *et al*.：*J. Hydrometeor.*, **2**, 51-70, 2001.
7) Y. Xue and J. Shukla：*J. Climate*, **6**, 2232-2245, 1993.
8) R. D. Koster, *et al*.：*J. Meteor. Soc. Japan*, **77**, 257-263, 1998.

3.4　雲・水蒸気と放射

3.4.1　放射平衡温度

気候システムを空間的には 0 次元の大気と地球に，時間的には年々変動に左右されないくらいの長時間平均に凝縮させると，熱エネルギーの平衡が成り立っている．平衡状態において，大気上端では太陽放射の吸収量と赤外放射の射出量は等しいので，この量と等しい赤外放射を行っている黒体温度を求めることができる．これは有効温度と呼ばれ，宇宙から見た地球の温度であり，また，0 次元の気候システムの放射平衡温度である．平衡の式は次のように表せる．

$$4\pi a^2 \sigma T^4 = \pi a^2 (1-A) S_0$$

ここで，a は地球の半径，σ はステファン-ボルツマン定数（$\sim 5.67 \times 10^{-8}$ J/m^2・K^4・s），A（~ 0.3）は惑星アルベド，S_0（~ 1367 W/m^2）は太陽定数である．計算すると約 255 K になる．地表温度の全球平均温度は約 290 K であるので，0 次元から温度減率 6.5 K/km を使って高さ方向の次元に焼き直すと，宇宙からは高さ 5 km 付近の対流圏中層が見えていることになる．

もし，大気（室温効果気体）が存在せず，また，太陽放射の吸収は変化がない，つまり，アルベドが変化しないと仮定すると，255 K が地表温度になる．逆にいうと，大気の存在のため，地表温度は約 35 K も暖められていることになる．これが大気の温室効果である．

3.4.2　水蒸気と他の温室効果気体の放射特性

0 次元の気候システムにおいて，放射熱収支が顕熱・潜熱の収支より大きく，重要

な役割を果たしているのは（図3.12参照），大気が水蒸気，二酸化炭素，オゾン，一酸化二窒素，メタンなどの温室効果気体を含むからである．なかでも，水蒸気は太陽放射の波長域と赤外放射の波長域の両方で強い吸収を示し，最大の温室効果を有している．図3.10に最大値を1に規格化した太陽放射のスペクトルと有効温度255 Kでの赤外放射のスペクトル（プランク関数）と各温室効果気体の大気上端からの透過率を示す．

水蒸気の吸収線は赤外域のほとんどいたるところにランダムに存在して，強い吸収を示す．赤外放射の純回転帯（10 μm より長い波長域）と回転-振動帯（5~10 μm）が他の温室効果気体よりも大きな温室効果をもたらすことは図より明らかである．大気の窓（8~12 μm）の線吸収の非常に弱い帯域も水蒸気の多い熱帯では連続吸収帯の吸収が強くなり温室効果に寄与している．さらに，水蒸気は赤外域の強い吸収に加え，太陽放射の近赤外域でも強い吸収帯が数本ある．

2番目に大きな温室効果を有する二酸化炭素の主な吸収帯は赤外域の15 μm 帯である．近赤外域の2.0, 2.7 μm 帯は太陽放射のスペクトルの端に位置するので，太陽放射の吸収は水蒸気の吸収に比べてかなり小さい．4.3 μm 帯は吸収そのものは強いが，太陽放射や赤外放射スペクトルの谷間に位置するので放射収支への影響は無視できる．オゾンは赤外域の9.6 μm 帯と紫外域の吸収が強いが，オゾン濃度が対流圏で

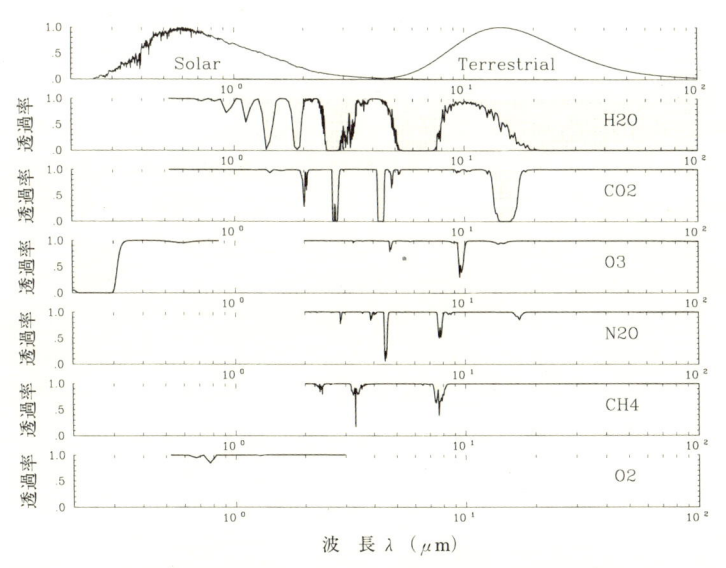

図 3.10 大気上端での太陽放射スペクトル・有効温度255 Kの赤外放射スペクトルと各温室効果気体の大気（US standard）上端からの透過率の関係
スペクトルはそれぞれ最大値が1になるように規格化されている．吸収率は1.0－透過率で与えられ，陰影が広いほど吸収が強いことを表す．

は小さいので，放射のエネルギー的な効果は対流圏で小さく，成層圏や中間圏で大きい．一酸化二窒素，メタンはそれぞれ赤外域の 7.8, 7.6 μm 帯で温室効果にかかわっているが，4.5, 3.3 μm 帯の強い吸収は二酸化炭素の 4.3 μm 帯と同じ理由で放射収支に影響をほとんど与えない．酸素は温室効果気体ではないが，0.76 μm の A バンドで太陽放射を吸収する．

温室効果気体の温室効果の定量的な尺度の 1 つである地表面と大気上端の赤外放射上向きフラックスの差で見ると，晴天の場合は 125 W/m² となり，内訳は水蒸気 60%，二酸化炭素 26%，オゾン 8%，一酸化二窒素・メタン 6% となる[1]．一方，太陽放射の吸収は 60 W/m² となり，内訳は水蒸気 72%，オゾン 23%，酸素・二酸化炭素で 5% である[1]．これらの温室効果気体のうち，二酸化炭素や一酸化二窒素・メタンは濃度分布がほぼ一様なのに対し，水蒸気やオゾンは空間的時間的な変動が激しいので，短期的な放射効果は水蒸気とオゾンが担っている．対流圏でのオゾン濃度の少なさを考慮すると，対流圏における晴天の放射収支を支配する主要な気体は水蒸気であることがわかる．曇天の場合は，雲はその大きな反射率を通して放射収支に大きな影響を及ぼしている．

3.4.3 雲の放射特性

雲は放射を散乱する．この特性が気体の場合と大きく異なっている．太陽放射の反射率，透過率，吸収率と赤外放射の射出率を単位面積当たりの雲水量で近似すると，図 3.11 のように描ける．氷雲についても定性的には同じである．雲のおおまかな放射特性は，非常に薄い雲を除くと，太陽放射に対しては反射率が大きく，吸収は小さく，それぞれの上限はほぼ 0.8, 0.2 である．透過率は 1.0 −（反射率＋吸収率）で計算できる．吸収が小さいのは，紫外・可視域では水蒸気と同じく吸収がなく，近赤外域でのみ吸収があるためである．下層中層の層状の水雲の雲水量は 0.4 g/m³ 程度[3]なので，100 m 程度の薄い雲でも反射率は 0.5 以上になり，地表面への太陽放射を大幅

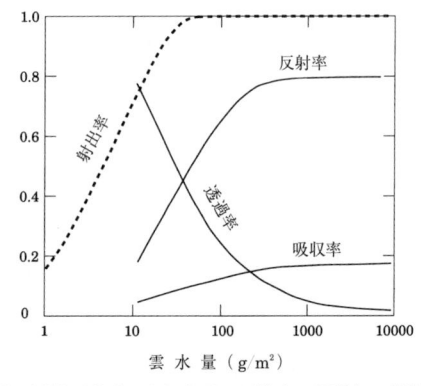

図 3.11 雲水量（単位面積当たり）と雲の反射率，透過率，吸収率，射出率の近似的な関係[2]

に遮る．このように，雲は反射率が大きいことが最大の特色で，これは大気・地球を冷却する作用になり，日傘効果と呼ばれている．

赤外域では，ほとんどの雲について黒体で近似できるが，薄い巻雲のように雲氷量が非常に小さい場合は射出率が1以下の灰色体になる．雲のある上空は地表面より温度が低いので，雲は暖かい地表や地表付近の大気からの大きなエネルギーの赤外放射を吸収し，低温の小さなエネルギーの赤外放射を射出するので，大気・地球を暖める効果をもつ．これは毛布効果と呼ばれている．この効果は熱帯の非常に低温の対流圏上部にできる巻雲において最大となる．このように，雲は気候システムの加熱と冷却の相反する2つの効果をもっている．

大気上端での晴天と曇天と放射フラックスの差（雲放射強制力）で表すと，日傘効果と毛布効果は，それぞれ，-50，$+30\,\mathrm{W/m^2}$ となり[1]，全体の効果は$-20\,\mathrm{W/m^2}$ で気候システムを冷却する．局所的な加熱率への影響は，雲頂付近では赤外放射の下向きフラックスが高さとともに急激に減少するための赤外冷却と太陽放射吸収による太陽加熱の両方が起こり，雲底付近では上向き赤外放射フラックスが高さとともに急激に減少するための赤外加熱が起こる．雲内の加熱率は0に近い．

3.4.4 全球の熱収支

気候システムの平衡状態の熱収支を大気上端での太陽放射の下向成分（約 $340\,\mathrm{W/m^2}$）を100として表示すると図3.12のようになる[1]．太陽放射は大気上端で100の入射があり，大気・雲・エーロゾル・地球の間で散乱や吸収を受けて，31反射され宇宙空間へ逃げていく．地表面でも大気・雲・エーロゾル・地球の間の散乱や吸収の結果，下向き成分が58，上向き成分が9になる．下向き成分から上向き成分を引い

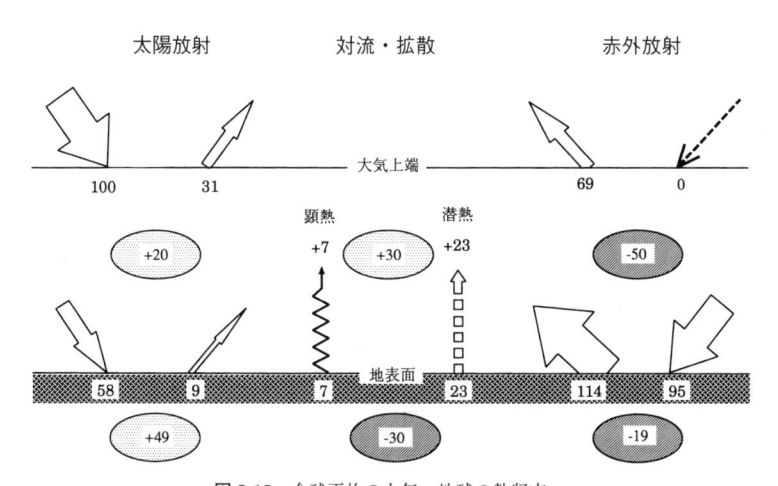

図 3.12 全球平均の大気・地球の熱収支
年平均の大気上端での入射太陽放射量を100としたときの単位で表現している．文献[1]の図から作成．

た量がその下の層全体で吸収される量を表す正味の下向き成分である．大気上端での正味の下向き成分は+69であり，これが大気・地球に吸収される量になる．このうち，地表面での正味の下向き成分+49が地球に吸収され，残りの+20(69−49)が大気に吸収される．

赤外放射は大気上端で入ってくる量は0であり，大気・雲・エーロゾル・地球の間で射出や吸収の結果，宇宙空間へ69逃げていく．地表面では下向き成分が95，上向き成分が114であり，これから大気と地球の吸収量は，それぞれ，−50，−19になる．対流・拡散過程で運ばれる顕熱・潜熱の地表面での正味上向き成分は，それぞれ，7・23であり，大気上端では0であるので，大気の吸収量は+7・+23になる．力学過程は低緯度で放射によって過剰に供給された熱エネルギーを高緯度へ運ぶ，つまり，熱の再配分を行っており，全球平均では0である．

以上をまとめると，大気は太陽放射で20暖められ，地表面からの顕熱・潜熱でも，それぞれ，7・23暖められる．一方，大気は赤外放射で冷やされ，その値は太陽放射と顕熱・潜熱の合計50に等しい．地表面は太陽放射で49暖められ，顕熱・潜熱の合計30冷やされ，赤外放射でも19冷やされる．

3.4.5 非断熱加熱率の比較

全球の熱収支を南北と高さの次元をもつ帯状平均の非断熱加熱率に還元して調べると，個々の過程の特色を理解することができる．データはNCEPの1979～2000年の再解析からとったもので，潜熱は背の高い対流・浅い対流・大規模凝結による加熱の和で近似し，顕熱は鉛直拡散による加熱を使った．4つの非断熱加熱率の緯度−高度断面を図3.13に示す．

潜熱は雨の分布を見ているようなものなので，雨量の多い熱帯と中緯度傾圧帯で大きな値になっており，鉛直には熱帯の中層～上層（600～200 hPa）で2 K/日程度であり，中緯度の下層～中層（900～500 hPa）で1.5 K/日程度の極大値を示している．ハードレー循環の下降域である30度付近は晴天領域なので極小値になっている．一方，950 hPaから地表までの下層では雨の蒸発のため大気を冷却するので負の値になっている．対流による加熱は，他の過程と異なり，経度方向にも大きな差があり，熱帯収束帯などの対流活動の激しい場所では6 K/日程度にも達する[4]．

顕熱は熱帯から中緯度にかけての約900 hPaより下の大気境界層では，他の過程による熱に比べ非常に大きな値（4 K/日程度）であるが，乱流の程度が小さくなる自由大気では非常に小さな値になっている．極域では，他の緯度帯とは逆に大気から地球へ熱が輸送され，大気は冷却されている．

放射加熱はそのスケールが顕熱・潜熱に比べ水平的にも鉛直的にも広がっており，このことが全球平均した場合の大気の熱収支で放射が支配的な要素になっている原因である．赤外放射冷却は中緯度～熱帯の対流圏下層で2 K/日程度の極値を示し，高度とともにゆるやかに減少するが対流圏界面付近でも1 K/日程度を保持している．高

3.4 雲・水蒸気と放射

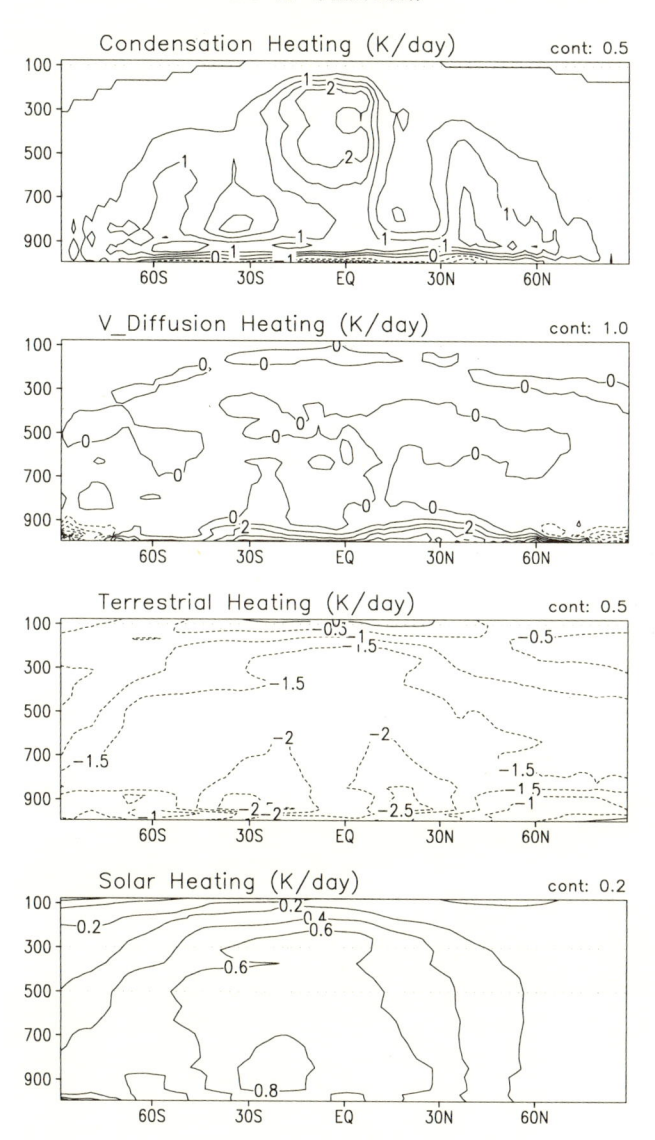

図 3.13 各種非断熱加熱率の帯状平均の緯度-高度分布
縦軸は気圧（hPa），横軸は緯度を表す．上段より凝結加熱（等値線間隔は 0.5 K/日），鉛直拡散加熱（等値線間隔は 1.0 K/日），赤外放射加熱（等値線間隔は 0.5 K/日），太陽放射加熱（等値線間隔は 0.2 K/日）．NCEP の 1979～2000 年の再解析データを使用．

緯度では冷却率の極値は 850 hPa 付近に上昇し,大きさは 1.5 K/日程度に小さくなっている.30 度付近の強い冷却(2.5 K/日程度)はハードレー循環の下降域の断熱昇温域に対応している.太陽放射加熱率は南北の広がりが赤外放射加熱率に比べ狭く,鉛直の傾きも非常に小さく,大きさも 1/3 程度である.

太陽放射と赤外放射の加熱率の和は対流圏では負となり,大気をいたるところで不安定化しようとする.地表面では,高緯度を除いて,太陽放射の吸収が赤外放射の射出より大きく,地表面温度を上げようとし,赤外放射冷却による大気の不安定化を助長する.一方,対流・鉛直拡散による潜熱・顕熱はこれらの不安定化を打ち消し,安定化させようとするものである.それらの領域は循環場(力学)の影響を強く受けて(特に対流は),特定の領域で選択的に起きる. 〔柴田清孝〕

文 献

1) J. T. Kiehl and K. E. Trenberth：*Bulletin of the American Meteorological Society*, **78**, 197–208, 1997.
2) G. L. Stephens：*Journal of the Atmospheric Sciences*, **35**, 2123–2132, 1978.
3) K. N. Liou：Radiation and Cloud Processes in the Atmosphere, Oxford University Press, pp 487, 1992.
4) M. Yanai, S. Esbensen and J. H. Chu：*Journal of the Atmospheric Sciences*, **30**, 611–627, 1973.

4. 海洋の水

4.1 海水の起源

　太陽系内で海をもつ，つまり表面に液体の水が存在する惑星は地球以外には存在しない．液体状態は一般に極めて限られた温度圧力条件下でしかとることができないから，そもそも表面に液体が存在する惑星自体が珍しい．地球は液体の水が存在するために必要な温度圧力条件を，その表面で満たしている珍しい天体である．

　海が46億年の地球史上いつ現れたのか，本当のところはよくわからない．最近（2000年末）40億年より古い鉱物の同位体比から，この時代にすでに液体の水が存在していたという証拠が提示された．また，グリーンランド西部で見つかっている地球上の最も古い岩石の1つ（約38億年前）は変成を受けた堆積岩であって，その時点で相当量の水が地表に存在したことを示している．また，後述するように，理論的にも地球形成とほぼ同時に海水が現れていて不思議ではない．おそらく地質時代を通してずっと海は存在したと考えられる．しかし，表面に液体の水が存在できる条件を長期間にわたって維持することはそれほど容易ではない．

　惑星の表面に海＝液体の水が現れるためには，① H_2O またはその材料である水素と酸素が供給され，② 供給された H_2O の一部が惑星の地表付近に存在でき，③ 地表付近の H_2O が液体になる，という3条件が必要である．①と②は水の供給の問題，③は気候条件の問題ということもできるので，その2つに分けて解説する．

4.1.1 水の供給の問題

　地球に H_2O を運び込む過程は，大気を形成する揮発性物質の運び込みでもあり，惑星の形成過程とも密接に関係している．現代の惑星形成論では，惑星が微惑星と呼ばれる 10^{15} kg（小惑星，彗星程度）から 10^{24} kg（火星程度）の天体の衝突合体によって $10^6 \sim 10^8$ 年かけて形成された，と考えられている．これを集積過程と呼ぶが，その詳細についてはいろいろな考えがあり，それに対応して H_2O をはじめとする揮発性物質の取り込みの過程についてもいくつかの可能性がある．

　取り込みの過程は大きく分けて，① 集積初期段階で太陽系内に充満していた，水素とヘリウムを主とする太陽組成の太陽系星雲ガスが，地球の重力によって捕獲され

たか，あるいは，② 地球に集積した微惑星や彗星などの固体物質の形で地球に運び込まれたか，のいずれかである．前者の過程では気体状態で取り込まれるのに関して，後者は固体物質として取り込まれる点に違いがある．大気起源論では，前者の過程で生成される大気を一次大気，後者の過程で生成される大気を二次大気と呼ぶことがある．しかし，必ずしも前者の大気が後者の大気よりも先にできるとはいえないし，実際には2つの過程が同時進行して，中間的な大気ができる可能性もある．以下では，伝統的な一次大気・二次大気という呼称を避け，前者の過程で取り込まれる大気成分を捕獲大気成分，後者過程で取り込まれる大気成分を脱ガス大気成分（脱ガスとは固体物質に含まれていた気体がしみ出すこと）と呼ぶ．

捕獲大気成分は太陽の組成と基本的に同じで，H_2 と He を主体としているが，それだけでなく He, Ne, Ar, Kr, Xe といった希ガスの含有量が現在の地球大気と比べると相対的に多い．このため，現在の大気海洋の主成分がこの大気に起源している場合には，希ガスだけが何らかの過程で失われる必要がある．しかし，これはいかにも不自然なため，大気海洋の主成分，すなわち H_2O や窒素，炭素などはこの大気には起源していないと考えられている．逆に希ガスに関してはこの限りではなく，希ガスの同位体比の研究からは地球が現在の1/2ぐらいの質量になるまでは捕獲大気をもっていたと推定されている．

脱ガス大気成分の組成はそれを担ってきた固体物質に依存する．1つの候補は彗星であり，もう1つの候補は水を含む微惑星である．彗星によって地球の水を供給するという考えは欧米を中心として盛んであったが，近年ではほぼ否定されている．根拠は重水素と水素の比である．重水素（D）とは質量数が2の水素の同位体である．現在までに観測されたのは3つの彗星でしかないが，彗星のD/H比は $3.16 \sim 0.34 \times 10^{-3}$ 程度であって，地球の海水のD/H比 1.5×10^{-4} よりも有意に大きい．軽い水素が大気から逃げることによって大気中に重水素が濃縮し，D/H比が大きくなることはあっても，小さくなることは考えにくい．同様のことはAr/H比からもいわれている．また，天体力学的には木星軌道を越えて彗星が地球に降ってくる確率は非常に低く，大量の水を供給するのは難しい．なお，彗星は一般に「汚れた雪だるま」などといわれ，氷の固まりとされるが，実際にはかなり大量の炭素を含み，H/C比は比較的水を多く含む隕石におけるH/C比とあまり変わらない．

現在では地球に水をもたらした天体は隕石のような微惑星であったと推測されている．地球の材料となった微惑星のサンプルを手にすることはできないが，その組成は初期の太陽系で形成された隕石の組成からある程度は推測できる．隕石の組成からの類推では微惑星には平均して質量比で1%前後の H_2O が含まれていてもよい．これは総量では海洋質量の40倍程度に達し，海をつくるには十分すぎる量である．隕石の組成から推定すると微惑星には炭素原子も水素原子の1/4〜1/8程は含まれていたはずで，これが放出されると一酸化炭素や二酸化炭素が非常に多い大気になる．

4.1 海水の起源

　水を含む微惑星が地球に集積すると,衝突の際の加熱で微惑星からの脱ガスが起こる.脱ガスは衝突速度がある程度以上速くないと起こらないが,だいたい月サイズ以上になると天体からの脱出速度が脱ガスが起こる最低速度を超えるので,地球が月サイズ以上になってから集積した微惑星からは,集積と同時に水の放出が起こると期待される.

　しかし,水を含む微惑星がいつから地球に集積するようになったかははっきりしない.地球軌道付近は太陽に近いために暖かく,乾燥した微惑星しかつくられなかった,という考えがある.この場合,地球形成の早い段階では乾燥した微惑星だけが最初に集まり,後になって太陽から離れた位置で形成される微惑星が集まってくる段階で初めて水が地球に供給されるということになる.しかし,地球軌道では水を含む微惑星がつくられなかった,ということも決定的根拠があるわけではない.

　水の供給時期に関して,一方の極端は最初から水を含む微惑星が集積した,という考えであり,もう一方の極端は地球の例えば99%は乾燥した微惑星の集積でできあがり,集積の最末期の1%が集積する段階ですべての水が供給されたという考えである.大気質量（5×10^{18} kg）や海洋質量（1.4×10^{21} kg）は地球質量（6×10^{24} kg）に比べて非常に小さいから,比較的少量の水に富んだ小天体衝突による供給があれば量的には後者でも十分である.現時点ではどちらが正しいか,はっきりと区別する方法はないが,そのどちらであるかによって大気やマントルの組成に差が生じることに注意をしよう.

　揮発性物質の組成や量は,地球にもち込まれ脱ガスしてからも,化学反応や地球内部への再分配,大気の散逸過程などによって変化する.この変化は,いつ地球に水が運び込まれたかに依存して変化する.地球集積と同時に揮発性物質がもち込まれる場合,特に金属鉄（現在はコアに存在）,酸化鉄（現在はマントルに存在）と水の反応が重要である.水素を多く含む捕獲大気は酸化鉄を金属鉄に還元しつつ,自身は酸化されて水蒸気を生じる.水蒸気を多く含む脱ガス大気は水蒸気が金属鉄を酸化して酸化鉄にすると同時に還元されて水素を生じる.結果として,どちらから出発しても平衡状態ではH_2/H_2O比はほぼ$1\sim10$程度となる.同様に炭素も反応してCO/CO_2比が5から50程度と,一酸化炭素が主体となる.また炭素や窒素の大部分は金属鉄に溶解し地球深部にもち去られる.一方,地球集積がほとんど終わってから揮発性物質が供給される場合,金属鉄との反応は起こらない.その結果,現在の地球大気（炭酸塩と海まで含めて考えている）に比べて炭素や窒素に富む大気ができ,大量の炭素（グラファイト）やメタンが発生する可能性がある.

　現在のマントルのC/Ar比などを説明しようとすると,9割は地球形成と同時に供給され,1割程度が集積がほとんど終わってから供給されたと考えると都合がよい.しかし,マントル中の揮発性物質の存在量がどれほど正確にわかっているか疑問があるので,現時点で明確な結論は出せない.

地球集積過程で水蒸気と鉄が反応すると，水素・一酸化炭素に富んだどちらかといえば還元的な大気が生成される．従来は脱ガス大気は酸化的と考えられてきたが必ずしもそうとはいえない．コアが形成されて金属鉄が取り去られると，やがて CO は H_2O と反応して CO_2 と H_2 になり，H_2 は徐々に大気圏外へ失われることによって，だんだん CO_2 を主体とする酸化的大気に移行する．なお，還元的大気は生命の起源にとっては好ましい要因である．アミノ酸などの生命材料物質は，還元的な大気からは雷放電の際などに比較的容易につくられるが，H_2O や CO_2 しか含まないような酸化的な大気からではほとんどつくられないからである．

4.1.2 気候条件の問題

次に地球表面に現れた H_2O が液体になる条件を検討しよう．この条件は，① 惑星放射に関する条件，地表付近に存在する ② H_2O 量に関する条件，③ それ以外の気

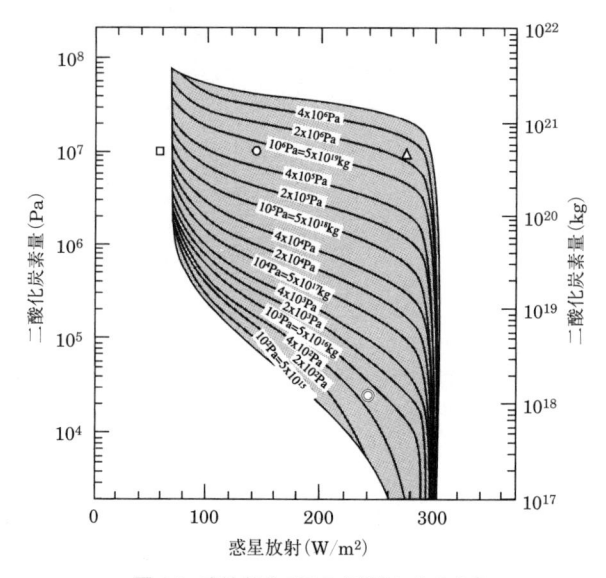

図 4.1 惑星表面で H_2O が液体になる条件

地球サイズの惑星が H_2O–CO_2 大気をもつとき，表面に液体の水が現れる条件を図示したもの．横軸は惑星放射，縦軸は大気中の CO_2 量を圧力と総質量で示した．簡単のために惑星表面の温度は一様であると仮定している．CO_2 量と惑星放射が図中の網かけを施した領域の中にあり，かつ H_2O 量が等値線で示された量よりも多ければ，惑星表面に液体の水が存在できる．網かけ領域の右端は暴走温室状態の発生条件，上端は超臨界流体（液体と気体の区別がつかない状態）で覆われる条件，左下端は表面が氷で覆われる条件で決まっている．100 気圧の CO_2 を含む原始大気をもつ惑星が，地球軌道，火星軌道，金星軌道にある場合を，それぞれ，○印，□印，△印で示した．ここでは太陽放射は現在の 70% とし，大気の反射率には雲がない場合の理論的な最小値を用いた．現在の地球大気は N_2 や O_2 を含んでいるので，そのままではこの図上に示せないが，同じ地表温度になる CO_2 量に換算して示すと◎印のあたりになる．（文献[4]を改変）

体成分の量に関する条件に分解できる．この条件を図4.1に示した．惑星放射とは惑星が宇宙空間に放射するエネルギーで，普通は惑星による反射分を差し引いた正味に受け取る太陽光線のエネルギー（太陽放射）と等しい．太陽放射は太陽からの距離の2乗に反比例するから，惑星放射に関する条件は太陽からの距離に関する条件と思ってもよい．惑星放射が大きいほど，またCO_2などの温室効果気体が多いほど地表温度は高いが，地表温度が100℃を超えても海がなくなるわけではない．蒸発した大量の水蒸気のために大気圧が高くなるので，100℃を超えても液体の水（湯）は存在できる．しかし惑星放射がある大きさより大きいと，どんなにたくさんのH_2Oが表面にあっても液体の水は存在できない大気構造になってしまう．これを暴走温室状態と呼ぶ．暴走温室状態の発生は惑星放射だけで決まっていて温室効果気体の量にはよらない．一方，惑星放射が小さすぎ，H_2O以外の温室効果気体が少なすぎると地表温度が低くなってH_2Oはすべて凍りつく．また，H_2O量が少なすぎればすべて大気中に蒸発してしまうので地表に液体の水が残らない．さらに，大気中にH_2O以外の気体が多すぎると地表温度・圧力が上がり，H_2Oは液体と気体の区別がつかない超臨界状態になってしまう．①〜③の条件は互いに関係しているから，一言でいうのは難しいが，惑星放射が70〜310 W/m^2，H_2O量が圧力に換算して10気圧程度以上，それ以外の気体量が600気圧程度以下というのがだいたいの条件といえる．

　惑星形成過程では十分に大きな量のH_2Oが地表に供給されていると考えられるので，地球形成の末期にはこの条件は満足される．この当時の太陽は現在より30％ほど暗いはずなので，もし，大気の反射率や温室効果気体の量が現在と同じであれば海にならず凍りついてしまったはずだ．しかし，前述したように地球形成過程で非常に大量のCOとCO_2が放出されていたと考えられるので，海は凝結しないばかりか高温（100℃程度）ですらあったはずだ．ところで，図の海洋形成条件のほぼ真ん中に原始地球が位置することは注目に値する．原始火星は領域の左外，原始金星は領域右端ぎりぎりにあるが太陽進化にともなって出てしまう．このことは地球では海がつくりやすかったことを意味する．

　そうとはいっても，CO_2は地表の岩石から風化によって溶け出したCaイオンと反応して，炭酸塩$CaCO_3$として固定される．こうして徐々にCO_2は減少し，温室効果は弱まっていく．このままCO_2が減少すると，いくら初期に大量のCO_2が大気中に存在したとしても，数百万年から1000万年程度，地球史的には比較的短い時間のうちに，地球全体が凍結したはずである．CO_2の減少過程を止めたのは，地球内部からのCO_2の放出である．すなわち適当な量のCO_2の脱ガスが起こることで温室効果が維持されることが必要である．

　現在の地球では，大気へのCO_2の放出は主にプレート運動を介して起こっている．プレートのわき出し口，すなわち海嶺・海膨ではマントルに取り込まれていたCO_2が地球内部から放出されている．原始地球でプレートテクトニクスが起こっていたか

否かはわからないが，CO_2は，引き続いて起こっていた微惑星衝突や，火山活動によって供給されていたと思われる．原始地球ではマントルが高温であるために火山活動は活発であったと思われる．

また，大陸が生成されると，大陸表面では上述した地表の岩石の風化が進行し，CO_2の固定に寄与する．気温が高いと風化が速く進むので，固定が放出よりも勝って大気中のCO_2量は減少し，温室効果が弱まって気温が下がる．気温が低いと風化が遅いので，放出が固定に勝って大気中のCO_2量は増大し，温室効果が強まって気温が上がる．つまり，風化と放出の組み合わせがあたかもサーモスタットのように地球の気温を調節してきたと考えられる．ただし，このサーモスタット効果は岩石が風化する時間スケールで作動するので，人為的なCO_2増大などの短期間の変動に対しては無力である． 〔阿部 豊〕

文 献

1) 阿部 豊：地球システムの形成，地球進化論1（平 朝彦編），pp. 1-54，岩波書店，1998．
2) 田近英一：大気海洋系の進化，地球進化論5（平 朝彦編），pp. 303-366，岩波書店，1998．
3) Y. Abe, *et al*.: Water in the early Earth, Origin of the Earth and Moon, (R. Canup and K. Righter ed.), pp. 413-433, The University of Arizona Press/Lunar Planetary Institute, Tucson/Houston, 2000.
4) Y. Abe: Physical state of very early earth, *Lithos*, **30**, 223-235, 1993.

4.2 海水の化学

4.2.1 海水の溶存物質と塩分

1 kg の海水をビーカーにとり加熱して蒸発させ，完全に水分を除くと約35 g の固体（塩）が残る．この塩の総量がいわゆる（古典的な）塩分（salinity）である（最近では，検定保証された塩化カリウム標準溶液に対する海水のもつ電気伝導度の比で塩分が定義されている）．海水をなめると「しょっぱい」のは，海水が食塩の成分のナトリウムイオンや塩化物イオンを含んでいるからである．実際，わが国では海水から食塩を精製する製塩業がかつて大規模に行われていた．表4.1は海水中の主な化学成分を示しているが，そのほとんどが1価と2価のイオンとして溶けている．海水の電解質溶液としての性質は約3%の食塩水に近い．水を蒸発させて濃縮してゆくと，まず硫酸カルシウム（石膏），続いて硫酸マグネシウム，塩化カリウム，そして最後に塩化ナトリウムの順で沈殿してゆく．

それぞれの海や深さで海水の化学成分がどの程度変動するかについては科学者の大きな関心事であって，古くから海水の分析が行われてきた．その結果，19世紀のなかばすぎには，表4.1に示すような主成分組成はほとんど変わらないことが次第に明らかになりつつあった．そして近代海洋学の幕開けと称される大英帝国時代のチャレ

表 4.1 海水の主要化学成分（塩分 35 の場合）

元素	イオン種	濃度 (g/kg)	濃度 (mmol/kg)	平均滞留時間 (年)
塩素	Cl^-	19.354	545.63	1.0×10^8
ナトリウム	Na^+	10.770	468.0	2.6×10^8
硫酸	SO_4^{2-}	2.712	28.23	1.1×10^7
マグネシウム	Mg^{2+}	1.290	53.15	1.2×10^7
カルシウム	Ca^{2+}	0.412	103	1.1×10^6
カリウム	K^+	0.399	10.21	1.2×10^7
全炭酸	Total CO_2	0.103	2.34	—
臭素	Br^-	0.0693	0.84	1.3×10^8
ストロンチウム	Sr^{2+}	0.0079	0.093	5.1×10^6
ホウ酸	$B(OH)_3$	0.0045	0.412	1.0×10^7
フッ素	F^-	0.0013	0.074	5.0×10^5

ンジャー号の探検航海（1873～76）の成果報告（化学分野は W・ディットマーが執筆）によって，このことは不動の事実として確立した．以来海洋学では，海水の密度を決めるうえで水温とともに重要な塩分 S を，塩化物イオンとわずかの臭化物イオンを硝酸銀標準溶液で滴定して測定した後，その合計量を塩素量 Cl として，例えば $S = 1.80655 \, Cl$ の式から求めるようになった．この方法は，1960 年代に入って以降に電気伝導度法が導入され広く普及するまで続いた．

4.2.2 海洋中の元素の平均滞留時間

地球の歴史のなかで海水の塩分や化学組成がどのように変動してきたかについては，その根拠となる材料が乏しく，時代が古くなるほどよくわかっていない．しかし，過去の海洋に生息していた貝殻をもつ生物化石の微量元素組成の研究などからは，少なくとも過去数億年の間はあまり大きな変化はなかったと考えるのが妥当である．海洋中の溶存化学成分は，風化によって大陸から河川で溶存物質として海に運ばれたものや，海底温泉などに由来するものであり，いずれ最終的には生物の取り込みや地殻物質との反応などで海洋から堆積物として除去される運命にある．海底に積もった堆積物はたかだか 1 億年もするとプレート運動によって海溝底からマントルへ引き込まれ，高温・高圧下で変成を受け溶融マグマとなって，火成活動で再び大陸地殻の構成物質にもどる．こうした循環では，ある元素の海洋への供給量 I (g/年) と海洋からの除去量 R (g/年) がつり合っていれば，海洋中の元素の総量 Q (g) は時間的に変化しないことになり，このような状態を定常状態 $dQ/dt = 0$ という．そのような動きの中で，ある元素の 1 個の原子に注目した場合，その原子が海洋に入ってから除かれるまで，つまり海洋で過ごす時間があり，滞留時間と呼んでいる．人間でいえば寿命にあたる．したがって，元素の平均滞留時間 τ (年) は海洋中の総量を毎年供給される量で割る (Q/I) または除去量で割る (Q/R) ことによって計算することができる．表 4.1 の主成分について，その平均滞留時間は最も短いフッ素でも 50 万年，長

いものでは1億年以上にもなることがわかる.

一方,海流によって海水は世界中を循環しているが,放射性炭素年代や高緯度海域で表層水が沈み込む量の見積もりなどから,深層の海水が表層水と入れ替わるのに約1000年の循環時間がかかることが知られている.これらのことから,海水の主成分は海洋中に滞留している間に少なくとも約500回以上かき混ぜられていることになる.そのため互いに均質に混じり合って,その組成が一定に保たれていることになる.化学的には,ナトリウムや塩素は水和によってそれらが周囲に水分子を強く引きつけ,極めて安定に存在するため,生物過程や化学反応ではほとんど除去されない.平均滞留時間が長いのはこのためである.このように海洋中での反応性に乏しく,塩分と比が一定に保たれている元素を保存性成分と呼んでいる.微量ながら,リチウム,ルビジウム,セシウムなどのアルカリ金属,モリブデン,タングステン,レニウムなど安定な酸素酸イオン,また炭酸錯体を形成するウランも保存性元素に分類される(図4.2参照).

4.2.3 海水中の微量元素

濃度が1 mg/kg以下の元素を一般に微量元素と呼んでいる.海水の微量元素分析の歴史は,主要元素組成が19世紀末には確立したのに比べると,1970年代のなかごろまでは,時代が進むにつれて微量元素の報告値が一定せず小さくなる傾向が見られ,苦難の連続であった.その間,第一次世界大戦後にはドイツのフリッツ・ハーバーが誤った金の濃度を信じたために,敗戦処理のため国策的に行った海水からの金の回収事業に完全に失敗するという象徴的出来事も起こった.多くの研究者の努力で現在ようやくその全貌が明らかになりつつあるが,実際にはピコモル(10^{-12} mol),フェムトモル(10^{-15} mol)といった超微量濃度で存在している元素も数多い.そのため極めて高感度な分析が必要とされるうえ,試料の採取と処理,分析操作などの際のコンタミネーション(汚染)の回避が大きな問題であった.したがって古い海水の分析表は,微量元素の濃度が途方もなく高いことが多いので注意しなければならない.

表4.2は,最新の文献に基づいて見積もった外洋海水の平均濃度と滞留時間をまとめたものである[1].現在もまだ実測値が報告されていない元素はルテニウムのみとなったが,同じ白金族元素のロジウム,パラジウム,イリジウムや金,水銀,スズなどは今後研究が進むにつれて大幅に改訂される可能性がある.また,平均滞留時間の値の不確かさは主に海洋への供給や除去のフラックスの見積もりにかかっており,1桁以上の正確さはないものもある.しかし,元素の海洋における反応性の尺度としては有効であり,難溶性のアルミニウム,トリウム,セリウムなどは50〜100年と極めて短い.したがって,それらは海域や深さで濃度が大きく変化する.

海水中の微量元素がどのような溶存化学種(表4.2参照)で存在しているかについては,直接実験的に確かめることが困難であることが多く,もっぱら熱力学的計算の結果にたよっている.溶液中の化学種を決定する重要な因子として,共存するイオン

4.2 海水の化学

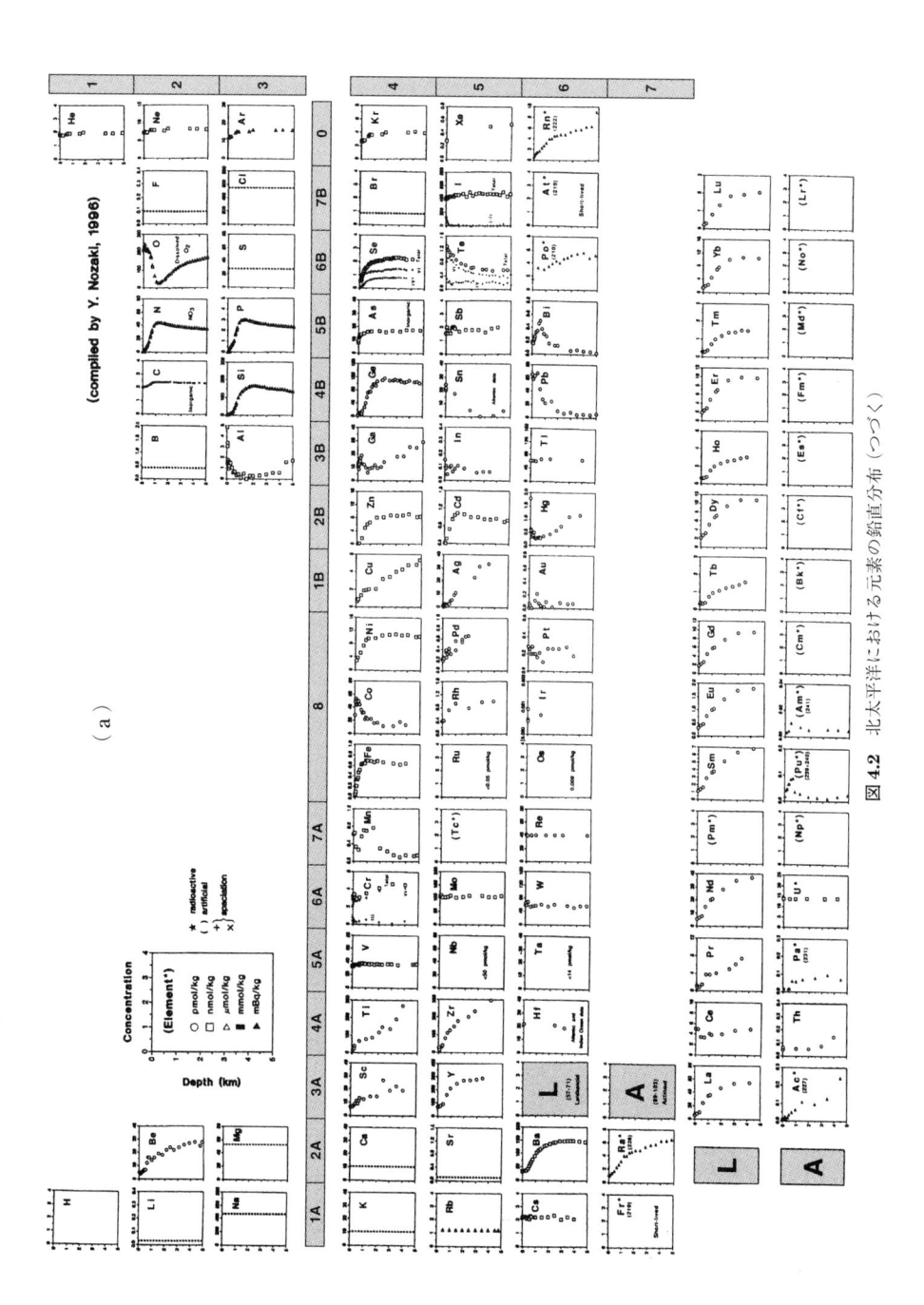

図 4.2 北太平洋における元素の鉛直分布（つづく）

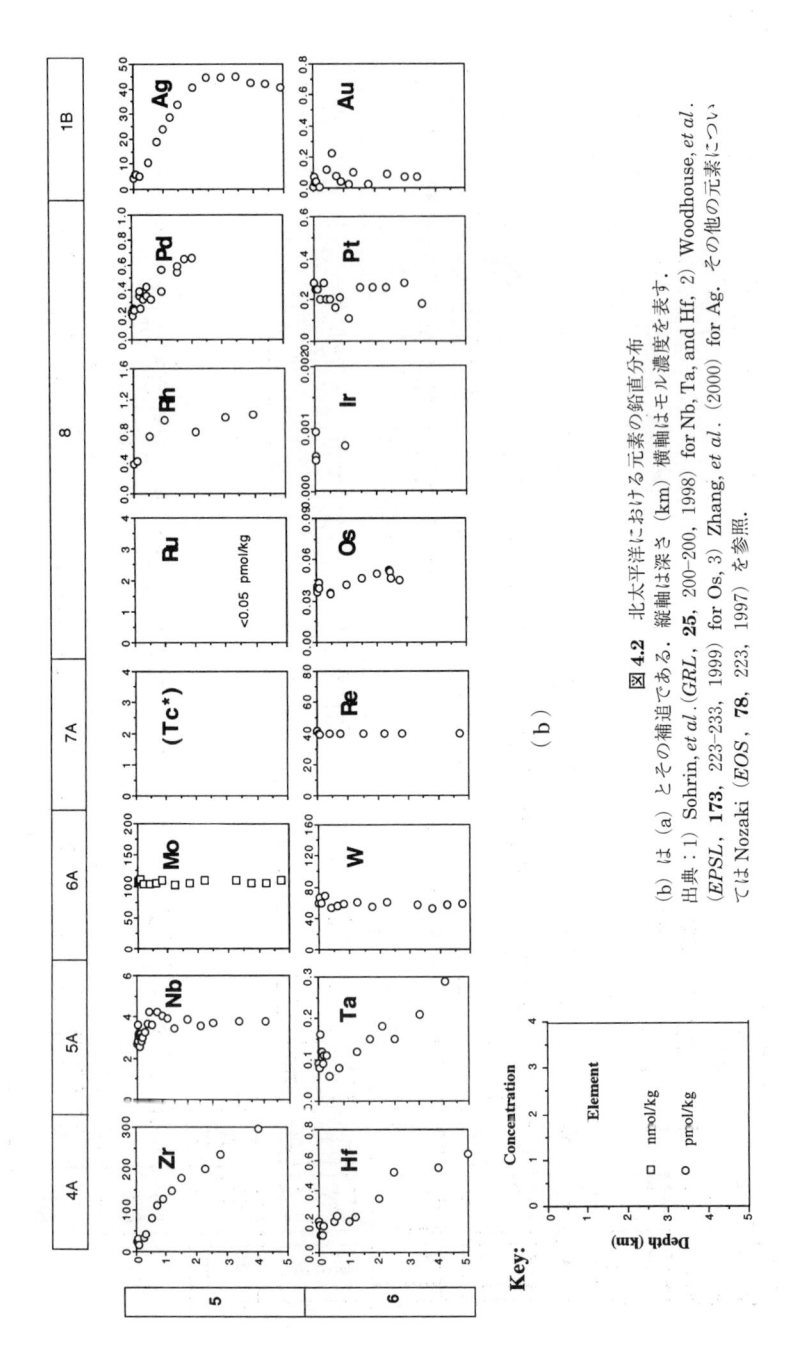

図 4.2 北太平洋における元素の鉛直分布

(b) は (a) とその補遺である. 縦軸は深さ (km) 横軸はモル濃度を表す.
出典：1) Sohrin, et al. (GRL, **25**, 200-200, 1998) for Nb, Ta, and Hf, 2) Woodhouse, et al. (EPSL, **173**, 223-233, 1999) for Os, 3) Zhang, et al. (2000) for Ag, その他の元素については Nozaki (EOS, **78**, 223, 1997) を参照.

表 4.2 海水中の元素の平均濃度と化学種,および平均滞留時間

原子番号	元素	化学種	分布様式*	平均濃度 (ng/kg)	平均滞留時間 (年)
1	水素	H_2O			
2	ヘリウム	溶存ガス	c	7.6	—
3	リチウム	Li^+	c	180×10^3	2.3×10^6
4	ベリリウム	$BeOH^+$	s+n	0.21	2×10^3
5	ホウ素	$B(OH)_3^0$	c	4.5×10^6	1.3×10^7
6	炭素	HCO_3^-	n	27.0×10^6	8×10^5
7	窒素	溶存 N_2	c	8.3×10^6	
		NO_3^-	n	0.42×10^6	6×10^3
8	酸素	溶存 O_2	n の逆	2.8×10^6	—
9	フッ素	F^-	c	1.3×10^6	5.2×10^5
10	ネオン	溶存ガス	c	160	—
11	ナトリウム	Na^+	c	10.78×10^9	1×10^8
12	マグネシウム	Mg^{2+}	c	1.28×10^9	1×10^7
13	アルミニウム	$Al(OH)_3^0$	s	30	1.0×10^2
14	ケイ素	$H_4SiO_4^0$	n	2.8×10^6	1.8×10^4
15	リン	$NaHPO_4^-$	n	62×10^3	6.9×10^4
16	硫黄	SO_4^{2-}	c	898×10^6	8×10^6
17	塩素	Cl^-	c	19.35×10^9	4×10^8
18	アルゴン	溶存ガス	c	0.62×10^6	—
19	カリウム	K^+	c	399×10^6	1.2×10^7
20	カルシウム	Ca^{2+}	ほぼ c	412×10^6	1.1×10^6
21	スカンジウム	$Sc(OH)_3^0$	(s+n)	0.70	(3×10^3)
22	チタン	$Ti(OH)_4^0$	s+n	6.5	(2×10^2)
23	バナジウム	$NaHVO_4^-$	ほぼ c	2.0×10^3	8×10^4
24	クロム	CrO_4^{2-} (VI)	r+n	210	2×10^4
		$Cr(OH)_3^0$ (III)	r+s	2	—
25	マンガン	Mn^{2+}	s	20	(3×10^2)
26	鉄	$Fe(OH)_3^0$	s+n	30	(2×10^2)
27	コバルト	$Co(OH)_2^0$?	s	1.2	3.4×10^2
28	ニッケル	Ni^{2+}	n	480	9×10^4
29	銅	$CuCo_3^0$	s+n	150	2×10^3
30	亜鉛	Zn^{2+}	n	350	(1×10^4)
31	ガリウム	$Ga(OH)_4^-$	s+n	1.2	(1×10^3)
32	ゲルマニウム	$H_4GeO_4^0$	n	5.5	2×10^4
33	ヒ素	$HAsO_4^{2-}$	r+n	1.2×10^3	5×10^4
		$As(OH)_3^0$	r+s	5.2	—
34	セレン	SeO_4^{2-}	r+n	100	2.6×10^4
		SeO_3^{2-}	r+n	55	
35	臭素	Br^-	c	67×10^6	1.3×10^8
36	クリプトン	溶存ガス	c	310	
37	ルビジウム	Rb^+	c	0.12×10^6	4×10^6
38	ストロンチウム	Sr^{2+}	ほぼ c	7.8×10^6	4×10^6
39	イットリウム	YCO_3^+	n	17	9.8×10^3
40	ジルコニウム	$Zr(OH)_5^-$	s+n	15	(1.4×10^3)
41	ニオブ	$Nb(OH)_6^-$	ほぼ c	0.35	
42	モリブデン	MoO_4^{2-}	c	10×10^3	2×10^5
43	テクネチウム	TcO_4^-	—	—	

原子番号	元素	化学種	分布様式*	平均濃度 (ng/kg)	平均滞留時間 (年)
44	ルテニウム	RuO_4^-	?	<0.005	—
45	ロジウム	$Rh(OH)_3^0$?	n	0.08	—
46	パラジウム	$PdCl_4^{2-}$?	n	0.06	$(5×10^4)$
47	銀	$AgCl_2^-$	n	2.0	$(1×10^4)$
48	カドミウム	$CdCl_2^0$	n	70	$5×10^4$
49	インジウム	$In(OH)_3^0$	s	0.01	$(1.5×10^2)$
50	スズ	$SnO(OH)_3^-$	s	0.5	—
51	アンチモン	$Sb(OH)_6^-$	ほぼ c	200	$7×10^3$
52	テルル	$TeO(OH)_5^-$	r+s	0.05	$(1×10^3)$
		$TeO(OH)_3^-$	r+s	0.02	
53	ヨウ素	IO_3^-	ほぼ c	$58×10^3$	$4×10^5$
		I^-	(r+s)	4.4	—
54	キセノン	溶存ガス	c	66	—
55	セシウム	Cs^+	c	306	$3.3×10^5$
56	バリウム	Ba^{2+}	n	$15×10^3$	$2×10^4$
57	ランタン	$LaCO_3^+$	n	5.6	$2.6×10^3$
58	セリウム	$Ce(OH)_4^0$	s	0.7	$1.5×10^2$
59	プラセオジム	$PrCO_3^+$	n	0.7	$1.3×10^3$
60	ネオジム	$NdCO_3^+$	n	3.3	$1.60×10^3$
61	プロメチウム	—	—	—	—
62	サマリウム	$SmCO_3^+$	n	0.57	$1.50×10^3$
63	ユウロピウム	$EuCO_3^+$	n	0.17	$2.1×10^3$
64	ガドリニウム	$GdCO_3^+$	n	0.9	$2.6×10^3$
65	テルビウム	$TbCO_3^+$	n	0.17	$3.0×10^3$
66	ジスプロシウム	$DyCO_3^+$	n	1.1	$4.1×10^3$
67	ホルミウム	$HoCO_3^+$	n	0.36	$5.2×10^3$
68	エルビウム	$ErCO_3^+$	n	1.2	$5.3×10^3$
69	ツリウム	$TmCO_3^+$	n	0.2	$6.0×10^3$
70	イッテルビウム	$YbCO_3^+$	n	1.2	$5.8×10^3$
71	ルテチウム	$LuCO_3^+$	n	0.23	$7.2×10^3$
72	ハフニウム	$Hf(OH)_5^-$	r+s	0.07	—
73	タンタル	$Ta(OH)_5^0$	r+s	0.03	—
74	タングステン	WO_4^{2-}	c	10	$(1×10^5)$
75	レニウム	ReO_4^-	c	7.8	$(8×10^4)$
76	オスミウム	OsO_4^0	c	0.009	$1×10^4$
77	イリジウム	$Ir(OH)_3^0$?	?	0.00013	—
78	白金	$PtCl_4^{2-}$?	(c)	0.05	—
79	金	$AuOH(H_2O)^0$	(c)	0.02	—
80	水銀	$HgCl_4^{2-}$	(s+n)	0.14	—
81	タリウム	Tl^+	ほぼ c	13	$(5×10^4)$
82	鉛	$PbCO_3^0$	s	2.7	$2.0×10^2$
83	ビスマス	$Bi(OH)_3^0$	s	0.03	$(2×10^2)$
84	ポロニウム	$PoO(OH)_3^-$	s	—	—
85	アスタチン	—	—	—	—
86	ラドン	溶存ガス	c	—	—
87	フランシウム	Fr^+	—	—	—
88	ラジウム	Ra^{2+}	n	0.00013	—
89	アクチニウム	Ac^+	s+n	—	—

原子番号	元素	化学種	分布様式*	平均濃度 (ng/kg)	平均滞留時間 (年)
90	トリウム	$Th(OH)_4^0$	s	0.02	50
91	プロトアクチニウム	$PaO_2(OH)^0$	s	—	—
92	ウラン	$UO_2(CO_3)_2^{2-}$	c	$3.2×10^3$	$3×10^5$
93	ネプツニウム	NpO_2^+	—	—	—
94	プルトニウム	$PuO_2(CO_3)(OH)^-$	(r+s)	—	—
95	アメリシウム	$AmCO_3^+$	(s)	—	—

* c:保存性元素，n:栄養塩型，s:スキャベンジング型，r:酸化還元支配型．
カッコ付きのテーマは不確かなもの．

種のほかに酸性度（pH）と酸化還元電位がある．表層海水のpHは8.3前後で弱アルカリ性であるが，それは以下に示す炭酸物質の解離平衡で制御されている．

$$CO_2(気体) \rightleftharpoons CO_2(溶液) \qquad K_0$$
$$CO_2(溶液) + H_2O \rightleftharpoons H^+ + HCO_3^- \qquad K_1$$
$$HCO_3^- \rightleftharpoons H^+ + CO_3^{2-} \qquad K_2$$

ここで，K_0は二酸化炭素の海水への溶解度，K_1およびK_2はそれぞれ炭酸の一次解離定数，および二次解離定数である．また，サンゴや貝殻などの炭酸カルシウムとの溶解平衡では次式が成り立つ．

$$CaCO_3(固体) \rightleftharpoons Ca^{2+} + CO_3^{2-} \qquad K_{sp}$$

実際の表層海水は炭酸カルシウムに対して過飽和で溶解平衡にはないが，その全溶存無機炭素（全炭酸）濃度を2 mmolとした場合の大気中二酸化炭素濃度とpHの関係が図4.3に示されている．近年，大気中の二酸化炭素濃度は化石燃料の燃焼などのために年々増加しているので，表層海水のpHは，例えば産業革命前の8.3から西暦2000年での約8.2へと次第に低下している．また，最終氷期（約2万年前）には大気中二酸化炭素濃度が190～200 ppmと低かったことが知られているので，その時代表層海水のpHは8.4以上と高かったことになる．

上記の解離反応式が示すように，大気中の二酸化炭素濃度の増加は，表層海水のpHを下げ，ひいては炭酸カルシウムを溶解する方向に働く．一方，大気と直接気体交換しない海洋の中・深層水では，プランクトンの死骸などの有機物の酸化によって二酸化炭素が生じるため，pHが低くなる．北太平洋の水深1000 m付近では，pHは7.7以下になるところもある．海水をビーカーにとり，人為的に硫酸や塩酸などを加えてpHを4.0以下にすると，炭酸物質は上記の化学平衡から事実上解離イオンとしては存在できなくなり，二酸化炭素が泡となって出てくる．1 l の海水から約50 ml の二酸化炭素を生じるが，その量を測定して全溶存無機炭素濃度を求めることができる．その他，ホウ酸，リン酸，非金属元素の酸素酸などもpHによってその存在形態を変える．

海水中の溶存イオン種を支配するもう1つの要因は酸化還元電位であり，電子の授

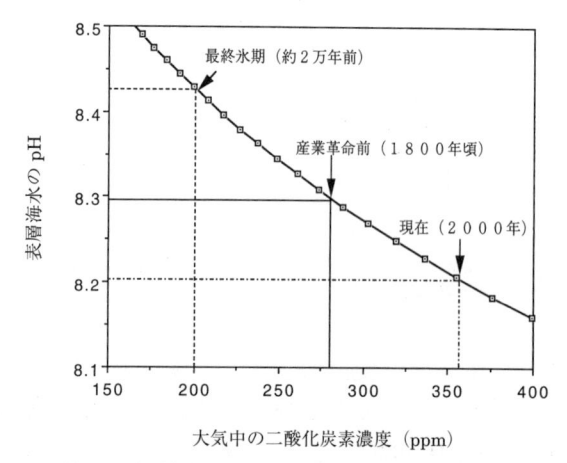

図 4.3 表層海水の pH と大気中二酸化炭素濃度の関係
平均水温を 22℃，全溶存無機炭素濃度を 2 mmol として計算したもの．

受により元素の原子価状態を左右する．現在大気の 21% が酸素であり，海面を通してわずかながら海水にも溶け込んでいる．海水中の溶存酸素は，主にプランクトンの死骸などに由来する有機物の酸化分解に使われるので，中・深層では時間が経つにつれて減少する．アラビア海やペルー沖など一部の海域を除くと外洋ではどの深さでも溶存酸素が残っているので，酸化的な環境にある．したがって，原子価状態の異なる 2 つ以上の化学種をとりうる元素は一般に高い酸化状態で存在する．そのため，例えば鉄は水酸化第二鉄，マンガンは二酸化マンガンなどとして沈着・除去されるため，海水中の濃度は極めて低い．逆に，ウランは炭酸錯体を形成する 6 価が安定なため，比較的高濃度に存在する．

しかし，クロム，ヒ素，セレン，ヨウ素，テルルなどの一部は，熱力学的には不安定な低い酸化状態で存在することも知られている．おそらく生物過程の介在で生成されたものが，酸化や粒子に除去される過程が遅いために残っているものと考えられている．また，黒海やよどんだフィヨルドなどの深層では，有機物の分解に酸素が完全に消費つくされ，さらに硝酸や硫酸，水酸化第二鉄や二酸化マンガンが還元される．その水中には 2 価の鉄やマンガン，還元的なアンモニア，硫化水素の濃度が比較的高くなる．当然ながら，このような無酸素還元環境では魚や動物プランクトンは棲息できない．

4.2.4 生物地球化学的循環

海洋中での化学物質の移動には，海水の物理的流動によるもののほかに生物過程を介した地球化学的循環がある．太陽光の届く海洋表層では，光合成によって植物プランクトンが成長し，海洋生態系の基礎となる一次生産を行っている．この過程は，プ

ランクトンの平均組成と海水中の化学成分についての関係を観測から明らかにしたレッドフィールドによって，次の当量関係式で示された．

$$106\,CO_2 + 122\,H_2O + 16\,HNO_3 + H_3PO_4 \rightleftharpoons (CH_2O)_{106}(NH_3)_{16}(H_3PO_4) + 138\,O_2$$

右辺第1項は植物プランクトンの有機物を表し，ケイ藻や円石藻などの場合にはさらに SiO_2 や $CaCO_3$ が加わる．海洋表層の光合成によって反応は右に進み，植物プランクトンの死後，沈降し，中・深層で分解することにより反応が左に進む．二酸化炭素に注目すると，この過程は表層から深層へ輸送する重要な役目を果たしていることになり，最近"生物ポンプ"と呼ぶことも多い．

植物は，光合成で106 molの二酸化炭素に対して16 molの硝酸と1 molのリン酸を必要とするが，窒素やリンなどの微量必須栄養素が1つでも不足すると成長が阻害される．これをリービッヒの最小律というが，海洋では硝酸が不足しがちであり，一般にその供給率が一次生産を支配している．最近，南極周辺海域，赤道海域，アラスカ湾など比較的硝酸が高い海域では，やはり微量必須栄養素である鉄の不足が一次生産の制限要因になっていることが明らかになっている．海洋表層での一次生産にともなう生物粒子の形成は，生物活性のある元素のみならず吸着などの過程で多くの微量元素を取り込み，深層へ沈降した後，粒子の分解とともに再び無機イオンに再生する．そして，深層からは鉛直混合や湧昇流によって再び海洋表層にもたらされる．このような循環を生物地球化学的循環と呼んでいるが，海洋中の分布を支配する最も重要な要因の1つとなっている．このような元素は栄養塩の硝酸，リン酸，ケイ酸などに似て表層で濃度が低く，深くなるにつれて徐々に増加する．北太平洋での鉛直分布[2,3]（図4.2）を見ると，そのような元素は30以上にものぼる．深層水でのそれらの元素は，表層から沈み込んでからの時間が経てば経つほど分解生成物が多くなり，濃度が高くなる．したがって，沈み込んでから間もない北大西洋深層水よりも最も古い年齢（放射性炭素年代にして約2000年）をもつ北太平洋深層水のほうがその濃度が高くなる．

4.2.5 スキャベンジング

栄養塩の分布とは逆に，表層で濃度が高く深層で低くなる微量元素も数多い．アルミニウム，コバルト，ビスマス，セリウムなどがその例である（図4.2）．これらの元素は，海水中では水酸化物などとして極めて不安定にしか存在できないため，その海洋中の平均滞留時間が200年以下（表4.2）と非常に短い．特に粒子との反応性が高く，河川から流入すると河口域でそのほとんどが除去されてしまう．そのため外洋では，主として大気圏を通して運ばれた風送塵が海洋表面に降下して溶出することで表層水の濃度を高め，中・深層へ移動する際には粒子へ吸着除去（スキャベンジングという）のために濃度が低くなると考えられている．風送塵の大気からの供給は，相対的に北太平洋より北大西洋のほうが多いため，例えばアルミニウムは大西洋のほうが濃度が高い．風送塵の輸送は，微量必須栄養素としての鉄を海洋に供給する手段としても重要であり，その意味では炭素循環とも深く関連している．

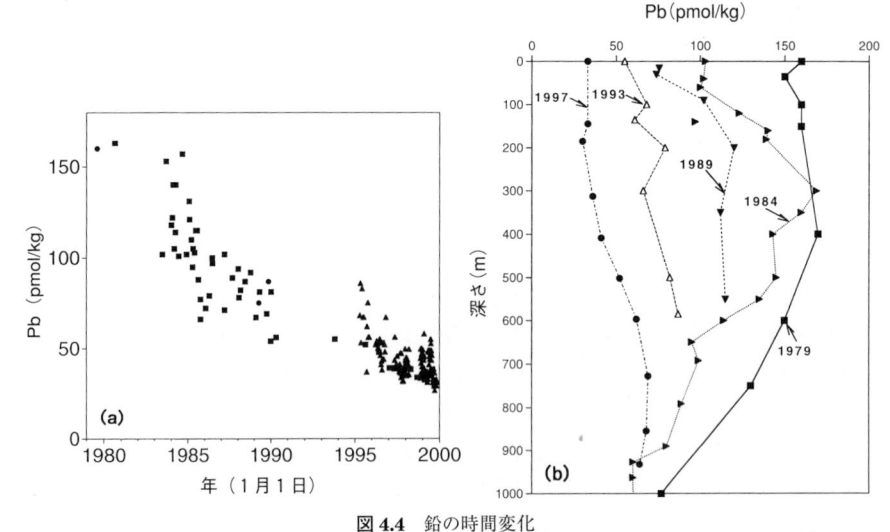

図4.4 鉛の時間変化
(a) 北大西洋サルガッソー海の海水の鉛濃度の時間変化．(b) 北大西洋バーミューダ近海での鉛の鉛直分布の時間変化．

また，ガソリンに含まれた鉛が大気に多量に放出されたためグローバルな汚染が広がったが，北大西洋では1979年をピークにその濃度が次第に減少しつつあるのが観測されている[4]（図4.4）．核実験などで放出されたプルトニウムや核分裂生成物（^{90}Sr，^{137}Cs など），あるいは有機塩素化合物や他の人為物質にもそのような例が見られるが，鉛以外の微量元素のグローバルな汚染は今のところはまだ確認されていない．

〔野崎義行〕

文　　献

1) 野崎義行：日本海水学会誌，**51**，302-308，1997．
2) Y. Nozaki：*EOS Transaction, American Geophysical Union*，**78**，221，1997．
3) 野崎義行：海洋の化学・地球化学の知識空白部，地球化学，2000．
4) E. A. Boyle：Anthropogenic trace elements in the ocean, Encyclopedia of Ocean Sciences (John Steele, *et al*. ed.) Academic press, London, 2001.

4.3 水塊構造

4.3.1 TSダイアグラムと水塊の定義

海洋学では，水塊という言葉を2つの意味で使っている．その1つは，大気の気団に対応するもので，一様な性質をもつ水（海では水温・塩分が比較的均質な水）の塊を指す場合で，遠州灘の沖合にしばしば現れる大冷水塊や，三陸沖の黒潮続流域の大

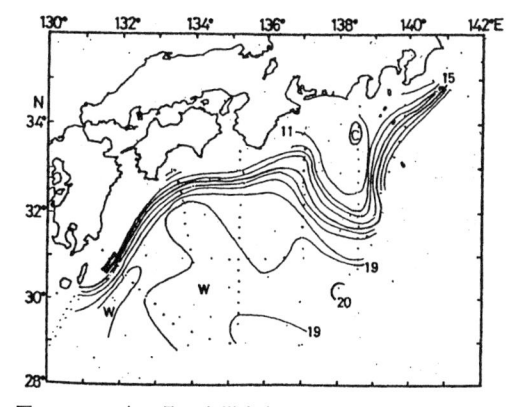

図 4.5 1990 年 7 月の本州南方での 200 m 深の水温の水平分布

気象庁観測船春風丸の観測による．200 m 水深での等水温線は近似的に表面海流の流線を表すことが知られており，黒潮は遠州灘沖に出現した大冷水塊を回って大きく蛇行している．

蛇行から切離して生じた大暖水塊などがそうである．しかし，このような場合，冷あるいは暖という文字が頭に付くのが通例で，冷水渦あるいは暖水渦という言葉が用いられることも多い．

もう 1 つの意味は TS ダイアグラムに関係するので，まず TS ダイアグラムについて述べる必要がある．海水の密度を決める要素は水温と塩分であり，海洋中の密度場は海洋中の圧力場，流速場を決めるものとして非常に重要である．そこで，水温・塩分の鉛直分布を各観測点で計測するのが，最も基本的な海洋観測となるわけである．ある特定の水温値が現れる深度は，黒潮のような海流を横切って大きく変化するのが，測定値を TS ダイアグラム上，すなわち横軸に塩分，縦軸に水温をとってプロットしてやると，かなり広い海域で水温・塩分の関係が 1 つの曲線で表されることが知られている．

図 4.5 に 1990 年 7 月の本州南方海域での 200 m 水深の水温の水平分布図（神戸海洋気象台発行海洋速報 No. 121, 1991）を示す．この水深での等温線は，近似的に表面海流の流線を表すことが経験的にわかっているが，この図から黒潮の流路が潮岬沖から南に振れて，遠州灘沖に発生している大冷水塊を迂回する形となっていることがわかる．大冷水塊のなかから黒潮を横切る 138°30′ E の観測線に沿った水温の断面分布を図 4.6 に示す．左半分の等温線が盛り上がったところが冷水塊である．例えば，10℃ の水温等値線に注目すると，その深度が，断面を横切って 200 m から 450 m まで変化しており，水温の鉛直構造は場所によって大きく変わっている．ところがこの断面内の 7 つの測点での観測値を TS ダイアグラムにプロットすると（図 4.7），大冷水塊のなかの測点（黒丸），黒潮強流帯内の測点（白丸）でのすべての観

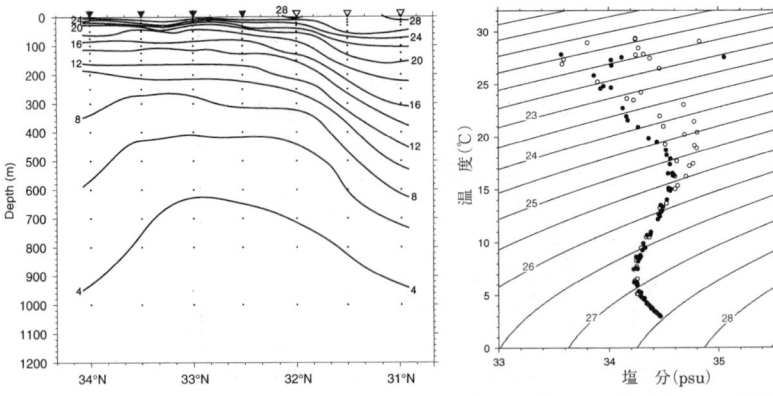

図 4.6 駿河湾沖を 138°30′E に沿った測線での水温の断面図

図中の黒点は使用した観測データの場所を示す．横軸の上に示した三角は観測点を示し，黒三角，白三角はそれぞれ大冷水塊内の測点，黒潮強流帯内の測点であることを示す．図 4.7 参照．(1990 年 7 月，春風丸の観測による)

図 4.7 図 4.6 に示された 7 つの観測点での TS ダイアグラム

黒丸は大冷水塊内部の測点を，白丸は黒潮強流帯内部の観測点によるもの．水温 15℃ 以下の部分ではすべての TS 曲線が重なっている．海洋表層では，海面からの熱の出入りや，沿岸水の影響等があり一般にデータ点は散らばるのが普通である．

測値が，浅海部分（図上方の密度の小さい部分）を除いて，ほぼ同一の曲線上に分布する．すなわち，これらすべての観測点の海洋特性は極めて類似しており，同じ水塊に属することがわかる．以前に，大冷水塊の水は三陸沖黒潮前線の下に潜り込んだ親潮の水が再浮上してきたと考えられたことがあるが，図 4.7 はそのような考えが成り立たないことを明確に示している．

海洋学上で水塊と呼ばれるのは，このように TS ダイアグラム上で一定の曲線（TS 曲線）を示す海水の集まりを指す．これに対して，最初に述べた気団に対応する一様な水温・塩分をもつ水の塊は，TS ダイアグラム上では 1 つの点で与えられることになる．このような 1 点で与えられる海水を水型と呼んでいる．なお，図 4.7 のなかに引かれている曲線群は等密度線で，付記されている数値は σ_t（密度から 1 を引いて，1000 倍したもの）の値を示す．海水の密度は深さとともに増大するから，密度の増加は深度の増加に対応する．また，海水の混合は主として等密度面に沿って起こるから，水塊の混合の度合などを調べるのに等密度は便利である．なお，密度の表し方としては逆数の比容を用いることも多い．海洋学では，1 気圧の下に断熱変化でもたらされた海水の比容から，1 気圧，水温 0℃，塩分 35.0 の比容を引いた値を 10^8 倍したものをサーモステリックアノーマリーと呼んで用いることも多い．単位は cl/t である．

4.3.2 世界の海での代表的な水塊とその分布

かなり広い海域でTS曲線が同一になる特性を利用すると，世界の水塊をいくつかのグループに分類することができる．その分類を図4.8に示す．もちろん，それぞれの水塊が厳密に1つのTS曲線に乗るわけではないので，図ではそれぞれある幅をもった領域で表してある．また，それぞれの水塊の分布を示したのが，図4.9である．斜線で示した海域は，水塊と水塊の境界域であり，そこでは隣り合った水塊が混合した水が存在している．この境界域を除くと，世界の海水特性を数少ない水塊に分類できることは驚くべきことである．これはおおまかにいって，各水塊の領域が大きな海洋循環のそれぞれのセルに対応していることによるのであるが，境界域が狭いことは海水が非常に混ざりにくい特性をもつことを示し，水温・塩分がかなり良い保存量とみなせることを示している．

図4.8は，インド洋・南および北太平洋・大西洋のそれぞれについて示しているが，前項に見た黒潮系の水は，西部北太平洋中央水に含まれる．この中央水は各大洋に現れており，いずれにも顕著な塩分極小が見られる．新しい水塊の形成は，海面を通しての熱や淡水の出入り（蒸発量と降水量の差）を通して海面近くで行われるが，この塩分極小の水は，上下の塩分より塩分が低いから，鉛直混合を通してはつくられない．この水は，寒帯・亜寒帯域で生成され運ばれてきたものであり，塩分極小付近の水を特に中層水と呼んでいる．塩分極小層の出現する深さ（密度）やその塩分濃度は大洋ごとにかなり異なっている．北大西洋の海水の塩分は，北太平洋に比べて全体に著しく高い．これは，一方では北太平洋の亜寒帯域で降水量が蒸発量を大きく上回っていること，他方では北大西洋では高塩分・高水温の地中海水の影響を受けているからである．地中海では，蒸発量が降水量を大きく上回り，高塩分水が生成されるが，この高塩分水はジブラルタル海峡の底層から大西洋に流出し，対岸のアメリカ沿岸沖まで追跡することができる．この地中海水の影響で，北大西洋では他の大洋に比べて塩分極小（中層水）があまり明確ではない．

4.3.3 日本近海での水塊構造

TS曲線は，水塊の移動とともに，混合などにより若干の変化を起こす．また，水塊の境界域では空間的に大きく変化する．その様子を日本近海の太平洋について見てみよう[7]．気象庁が行っている定期観測から8つの測線を選んで，その位置を図4.10に示してある．各測線につけた名前は便宜的なものであるが，最初のKは黒潮流域を示し，Mは黒潮前線と親潮前線に挟まれた混合水域を示している．これらの観測線で，1960年から1985年までの26年間（KJ線だけは1973年から1986年の16年間）に測られた観測値を，それぞれTSダイアグラム上にプロットしたのが図4.11(a)～(h)である．KB線（図4.11(a)）からKJ線（図4.11(e)）までは黒潮流域でとられたものである．東シナ海のKB線（図4.11(a)）では東シナ海陸棚域の沿岸水系低塩分水の影響によって，低塩分表層水が現れるとともに，表層の変動が非常に大

図 4.8 世界の海に現れる主要な水塊を TS ダイアグラム上に示したもの[6]

図 4.9 世界の代表的水塊の地理的分布[6]

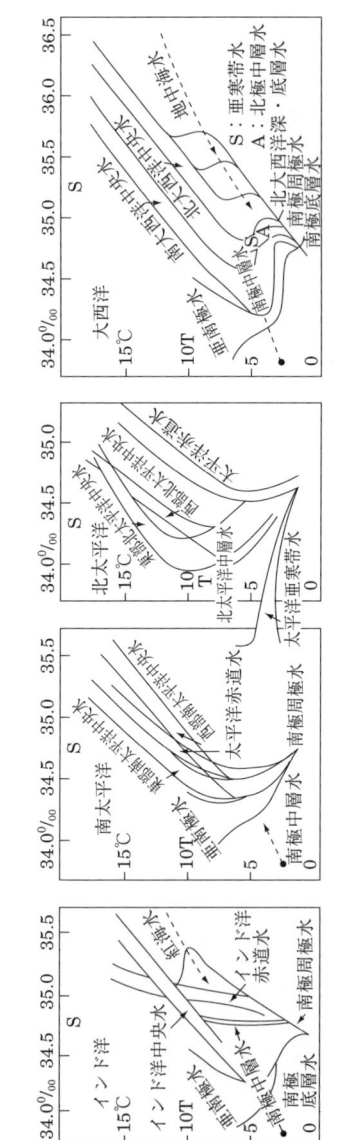

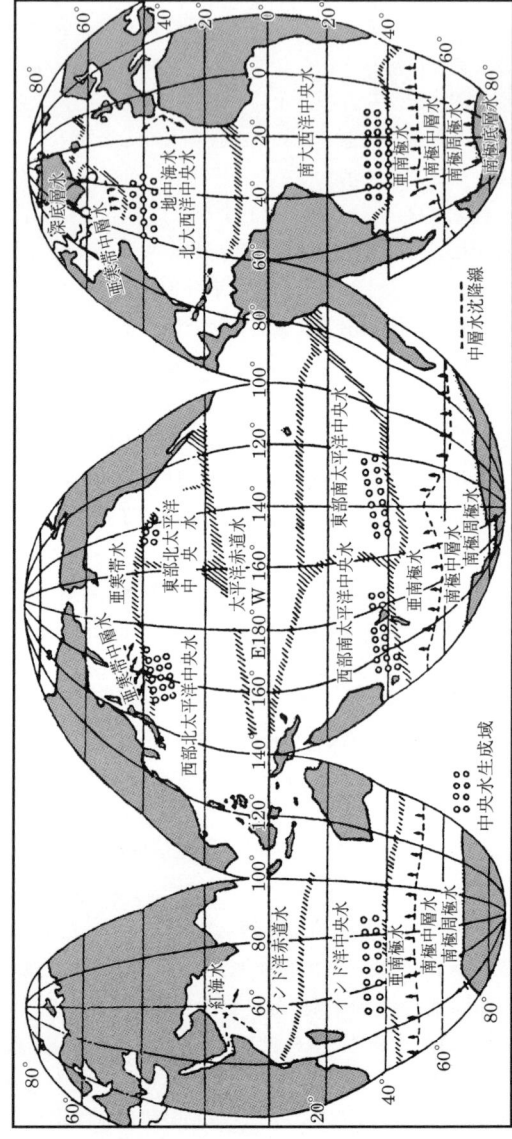

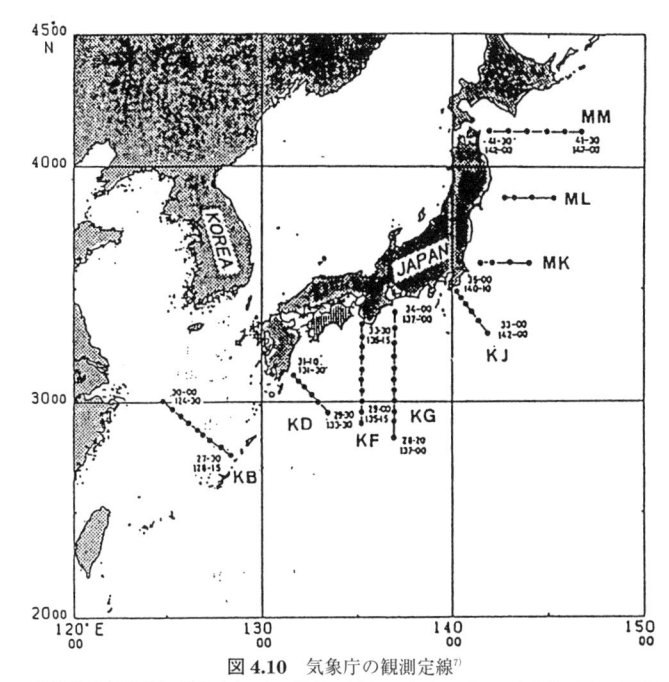

図 4.10 気象庁の観測定線[7]
定線名は便宜的に与えられているが，最初の文字 K と M はそれぞれ，黒潮流域と混合水域を示す．

きくなっており，また台湾東部とトカラ海峡が浅いために，深層部（高密度部）の TS 曲線が欠けている．このような点を除くと，KB 線から KJ 線にいたる海域では，本質的に同じ TS 曲線の型を示しているといえる．

しかし詳しく見ると，これらの水型分散図の間には系統的な差異が認められる．比較を容易にするため，各図には，I，II，IIIの3つの曲線が描かれているが，これは KJ 線 (e) の分布でデータ点の低温側のエンベロープを曲線Iで，高塩分側のエンベロープを曲線IIIで，またデータ点がほぼ連続的に分布している領域の低塩分側のエンベロープを曲線IIで示したものである．データの散らばりと，これらの曲線との相対位置を見ると，TS ダイアグラム上のデータ点の分布が，黒潮の流下方向に少しずつ低塩分側にずれていくことがわかる（特に，塩分極小・中層水付近に注目されたい）．親潮系の低塩分水が沿岸寄りに相模湾まで浸入してくること[8,9]や，黒潮続流域を横切って親潮系水が運ばれ，低温・低塩の冷水渦が亜熱帯域に現れることがしばしばあることなど，黒潮流域でも若干の親潮水の影響が存在し，流下方向に向かう低塩分化が起こると考えられる．

データ点の分散の様子は，混合水域に入ると大きく異なり，非常に大きくばらつくようになる．この傾向は測線が MK 線 (f)，ML 線 (g)，MM 線 (h) と北へ進むに

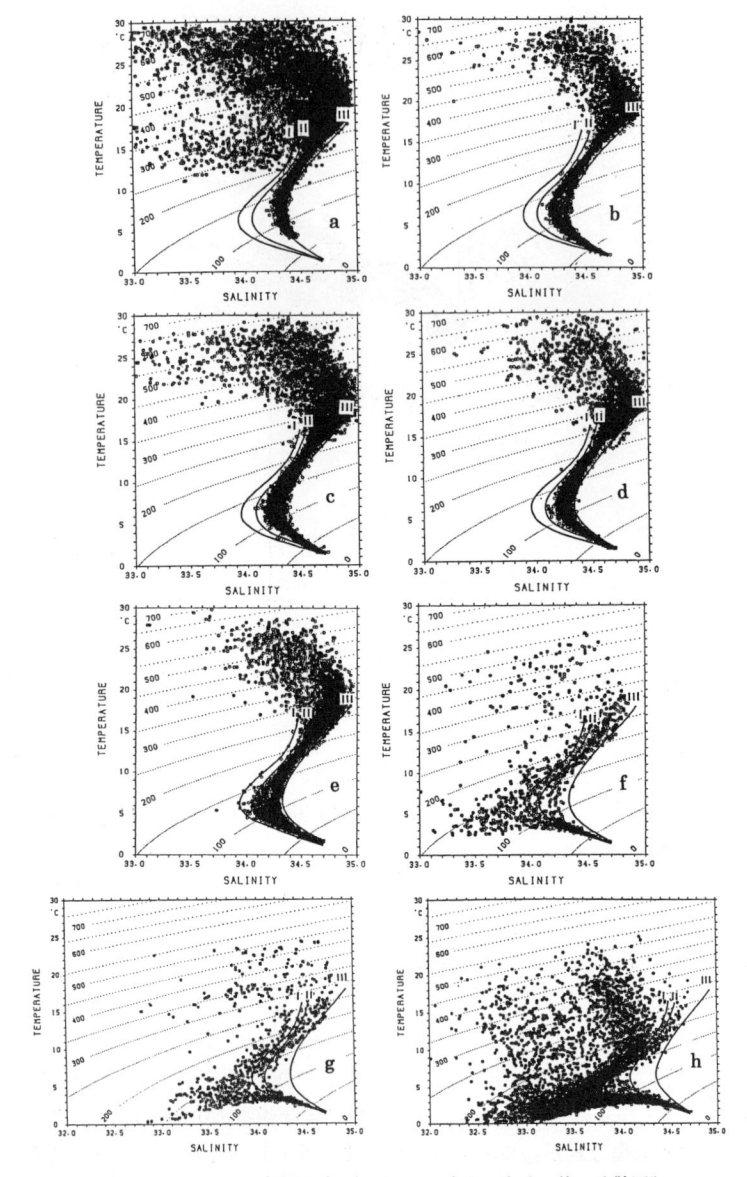

図 4.11 図 4.10 の各観測線で観測された水温・塩分の値の分散図[7]
(a) は KB 線, (b) は KD 線, (c) は KF 線, (d) は KG 線, (e) は KJ 線, (f) は MK 線, (g) は ML 線, (h) は MM 線に対するもの. この図での等密度線につけた数値は, サーモステリックアノーマリーである. KJ 線 (e) の分布で, データ点の低温側のエンベロープを曲線 I で, 高塩分側のエンベロープを曲線 III で, またデータ点がほぼ連続的に分布している領域の低塩分側のエンベロープを曲線 II で示す. 比較のため, この 3 つの曲線は他の測線に対しても示されている.

したがって著しい．特に，塩分極小層での塩分が北に向かって低くなっていくのが見られよう．また，MM線では塩分軸にほぼ平行して緩やかに弧を描く曲線上に多くのデータが並ぶが，これは親潮水（図4.8，4.9では太平洋亜寒帯水）に対応する．図4.11 (h)（MM線）で，この親潮のほかに斜め右上がりの線に沿ってデータが集中しており，両者で楔状の分布を示している．この楔の先端（交点）が塩分極小層（中層水）である．楔の上側のデータの集中した部分の上端程度まで，冬季の海面からの冷却による鉛直混合が及ぶことが示されるが，これより上部では著しい季節変化を示すことになり，TSダイアグラムの水型も大きく分散している．

KJ線で定義した3つの曲線Ⅰ，Ⅱ，Ⅲを各観測線の分散図についても同様にそれぞれ求めて相互の比較をしてみよう．ここでは図4.12に，各観測線におけるデータ点分布が密な領域の低塩分側（黒潮域）ないしは低温側（混合域）のエンベロープ曲線Ⅱを並べて表示した．この図で，黒潮水（太平洋西部中央水）の代表としてKD線に対するⅢの曲線を採用し，親潮水の代表としてMM線に対するⅠの曲線を選んで示してある．そうして，等密度面に沿って混合が起こったとき，その親潮水の百分率に応じて生成されるであろうTS曲線を同時に示してある．塩分極小層（中層水）付近で，塩分値が北に進むにつれて，低塩分化していく様子がよくわかる．黒潮が流出するトカラ海峡が浅いため，東シナ海のKB線の塩分値と，KD・KF・KG線の塩分値の間にはかなりの差がある．本州南方域のKD・KF・KG線の水塊は比較的似た性質をもっているが，房総沖のKJ線の水はかなりの親潮水の影響を受けている．さらに，北に進む混合水域に入ると塩分値は急速に低下する．また，KB線を除き，

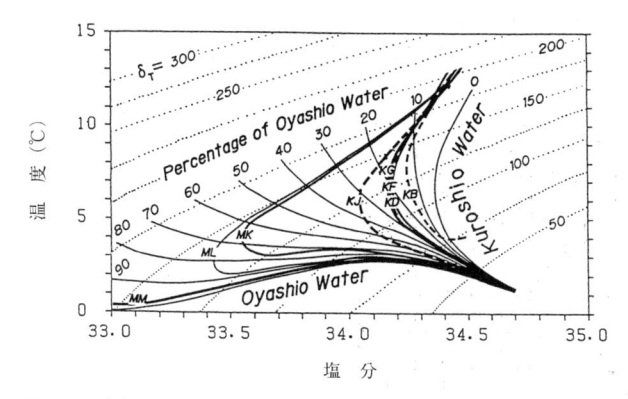

図4.12 各観測線でのデータ分布から，データ点がほぼ連続的に分布している領域の低塩分側のエンベロープ曲線Ⅱをそれぞれ求めて1枚の図に示したもの[71]
黒潮水の代表としてKD線の高塩分側のエンベロープ（曲線Ⅲ）を，親潮水の代表としてMM線の低温側エンベロープ（曲線Ⅰ）をとり，等密度線に沿って混合した場合に生じる混合水を親潮水の百分率に応じてそのTS曲線を示してある．

塩分極小層の密度が北から南に増大していることもわかる．おもしろいのは，この塩分極小層の上側と下側で混合の起こり方が著しく異なることで，下側では各測線のTS曲線が，混合比一定の百分率の線に平行する形になっており，黒潮水と親潮水の混合が，緩やかに規則的に起こっている．これに対して，上側では混合比が，それぞれの密度面によって大きく異なっている．これは，深層部では，時間をかけた混合が起こっているのに対して，上・中層では非常に大きな水塊の変質作用が働いていることを示している．

4.3.4 水塊の変質過程とTSダイアグラム

4.3.2項で述べたように，TSダイアグラムの上の曲線で定義された水塊は，世界の海洋の水を分類するうえで非常に有効なものである．しかし，4.3.2項に述べたように，詳しく見れば，水塊の性質は海面を通しての熱や淡水の交換や，水塊どうしの混合によって変化していく．TSダイアグラムは静的な表現に止まるため，水塊の変質過程を直接調べるには種々の工夫を必要とする．ここでは，水塊の変質過程を調べた研究の2例を紹介することにする．

a. 黒潮離岸域・続流域における水塊の変質

すでに述べたように，黒潮域から混合域へ遷移する場所では，著しい水塊の変質が生じている．この海域での水塊の分布特性から水塊の変質過程を論じたFujimuraとNagataの解析結果を概観してみよう[1]．

1989年10月7日から12月7日の期間に，函館海洋気象台の高風丸が実施したCTD観測点を図4.13に示す．この測点すべてでの各層の観測値をTSダイアグラム上にプロットしたのが図4.14である．なお，この図では密度σ_tを縦軸に，塩分を横軸にとって，水温については等値線で表してある．この季節には，すでに海面からの

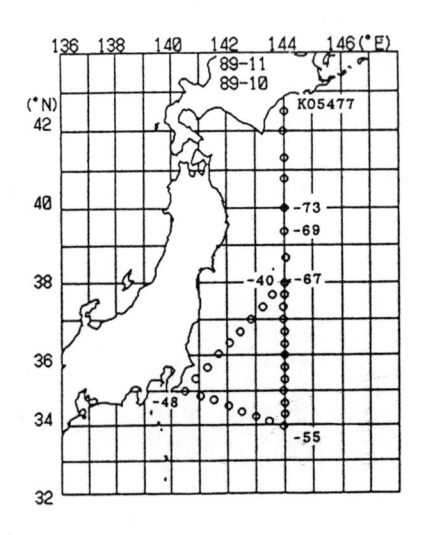

図4.13 1989年10月7日から12月7日の期間に，函館海洋気象台の高風丸が実施したCTD観測点分布[1]

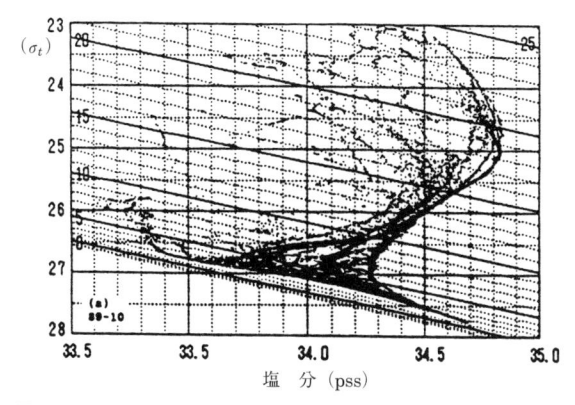

図 4.14 図 4.13 の観測点で得られたすべての水型を TS ダイアグラム上にプロットしたもの[1]
ここでは縦軸に密度 σ_t を，横軸に塩分をとって示し，水温は曲線群で示している．

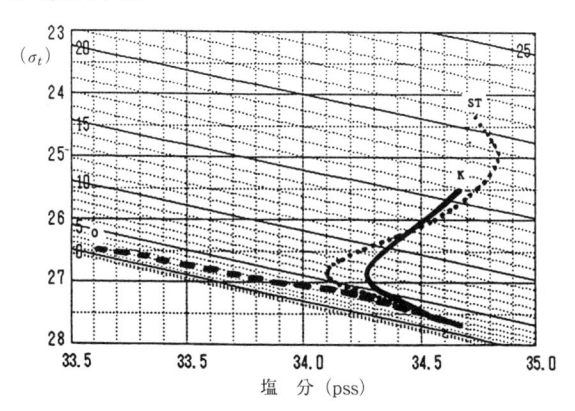

図 4.15 図 4.14 で，データ点が密に分布している部分として得られる 3 つの曲線[1]
K を付けた曲線付近のデータは黒潮の強流帯で得られたもので，ST と付けた曲線付近のデータは主として黒潮沖側あるいは黒潮続流南側の西部北太平洋水の中で得られている．太い破線は典型的な親潮水の TS 曲線である．

冷却にともなう混合により，表層の混合がかなり進んでおり，図 4.11 (h) で見た楔形の水型分布が明確に見られる．おもしろいのは，この楔形の内部にデータ点が密な 2 つの曲線が現れていることで，これを模式的に示したのが図 4.15 である．図で太い破線で示した直線状の線は親潮水である．塩分極小層（中層水）の部分で，最も塩分の高い実線 K の部分が観測された場所を調べると，それらが主として，黒潮から黒潮続流の強流帯のなかにあったことが示される．これに対して，中間の曲線 ST に沿う水型は，黒潮・黒潮続流より沖あるいは南で観測されていた．すなわち，この海

域では中層の亜熱帯の太平洋西部中層水は，親潮あるいは混合水域の水とは直接には接しておらず，その間に，両者よりもずっと塩分の高い黒潮の運んできた水が存在することを示している．

北太平洋の中層水は，その起源をオホーツク海の北西の陸棚域での冬季の活発な海氷の生成の際に生成する非常に塩辛い低温の重い水が沈み込んだものであることが知られているが，オホーツク海内部やクリル列島の間の海峡を通る際に，潮汐によって周囲あるいはより表層の水と混合して，親潮海域にもたらされるまでに，高密度の性質を保持するものの，亜熱帯の西部中央水中層の水よりも，ずっと塩分の低い水になっている．北太平洋中層水の性質をもつ水が最終的に生成されるのは本州東方の混合水域であるが，中層水の性質をもつためには，親潮の中層部分の水に何か塩分を増加させる機構がなければならない．この塩分の供給源が，ここで示した黒潮が運んでくる高塩分の中層の水なのである．

この観測のデータのうち，144°E線に沿った南北に長く伸びた観測線でとられたものだけをプロットしたのが図4.16である．図4.14に比べて全体にデータ数が減少しているのは当然だが，この減少は，図4.15で黒潮強流域に特徴的に見出された曲線Kの近くで特に著しい．図4.13の測線で南の三角形をしているところは，北上する黒潮が本州岸を離れ，東進する黒潮続流に移行するのをとらえるためのものであるので，144°Eの観測線も十分黒潮続流を横切っている．したがって曲線Kの近くのデータが少なくなったことは，黒潮に運ばれてきた高塩分の中層の水が，黒潮が黒潮続流に変わるこの海域で急速に周辺の水と混合して塩分が低下することを示している．このことは，先に述べた親潮域の塩分の低い親潮中層水が三陸東方で塩分の供給を受けて北太平洋中層水の性質を獲得するという考えを支持するものである．

それでは，黒潮の運んでくる高塩分の中層水はどのようにしてつくられたのであろ

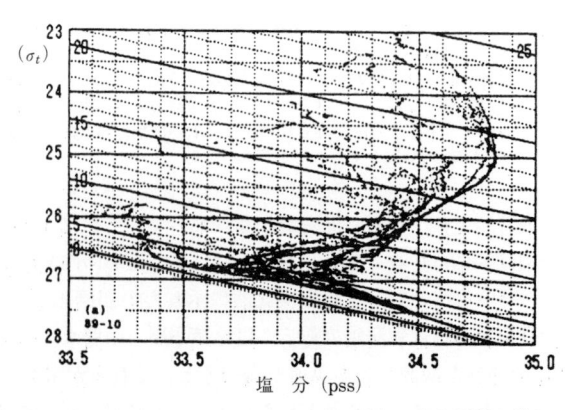

図4.16 図4.14に対応するが，144°Eに沿った南北測線で得られたものだけをプロットしたもの[1])

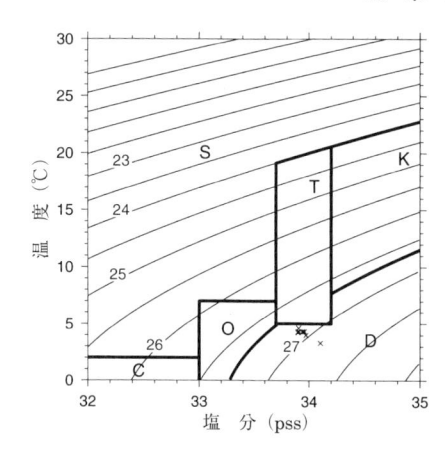

図4.17 三陸沿岸域での水塊の分類
Kの領域が黒潮水,Tが津軽暖流水,Oが親潮水,Cが沿岸親潮水,Sが表層水,Dが深層の水[2].×印で示した水型は,1986年2月に表層で観測された高密度水(図4.18)に対するもの[3].この水型は,津軽暖流水の領域のすぐ下にあり,津軽暖流水が冬季の冷却により変質してできたことを示している.

うか.三陸沖の混合水域でつくられた北太平洋中層水は,数百mの中層を時計回りに太平洋亜熱帯域を大きくゆっくり循環して,黒潮の源流域である南西太平洋にもたらされる.この循環の間に,ゆっくりと上下の高塩分の水と混合して,塩分極小の塩分が徐々に増加する.この比較的高塩分の中層水が黒潮に運ばれて混合水域近くにもたらされ,北太平洋中層水の再生産に一役買うというわけである.

b. 三陸沿岸海域での高密度水の生成

三陸沿岸海域では,黒潮水と親潮水のほかに,日本海の対馬暖流に起源をもつ津軽海峡から流出してきた津軽暖流水が海況に大きくかかわってくる.図4.17は,HanawaとMitsudera[2]が岩手県水産技術センター定期観測線の約300m以浅の観測資料を基にして求めた,これらの水が通常占めるTSダイアグラムの領域を示したものである.Kの領域が黒潮水,TTが津軽暖流水,Oが親潮水,Cが沿岸親潮水,Sが表層水,Dが深い層の水である.ただし,TS領域の低温部(下側)の水は,黒潮水と親潮水が等密度面に沿って混合した混合水である場合もある.この図で表層水と深層の水を除くと,残りの水の分類は縦線,すなわち塩分値でなされている.これは,この海域を含め亜寒帯の水塊特性は,おおまかにいって水温よりも塩分で表されることを示しており,これは黒潮水を含む亜熱帯の水との大きな差違である.

この海域における厳冬期2月の海況特性の一例として,1986年2月の水温・塩分・密度の100m水深の水平分布を図4.18に示す.北太平洋中層水の代表的な密度はσ_tで26.8であり,このような重い水は,表層では北太平洋ではほとんど見つからず,先に述べたようにオホーツク海北西部の陸棚域で冬季の結氷によってのみつくられるとされている.冬季の強い季節風のためこの沿岸近くの陸棚域で生成された氷は沖合に運ばれて,開水面(ポリニア)が現れる.海面が氷に覆われると,その断熱作用で海氷の生成率が小さくなるのであるが,開水面では海水の冷却が進み盛んに氷がつくられる.生成された海氷は次々に沖合に吹きやられてしまうため,冬季を通して活発な

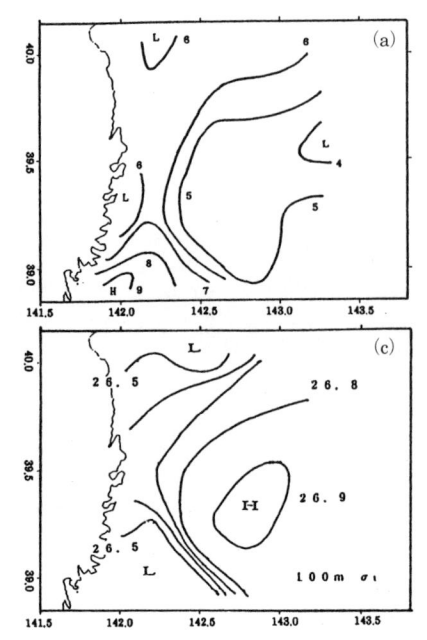

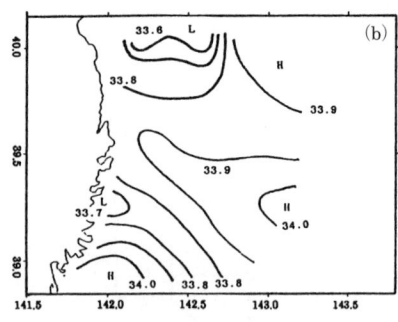

図 4.18 1986年2月の100m水深の水温 (a：℃), 塩分 (b), 密度 (c：σ_t) の水平分布[3] 北太平洋中層水の密度 26.8 を超す高密度水が認められる.

結氷が起こることになる．海水が凍るのはその真水の部分で，後にブラインと呼ばれる高塩分の水が残され，重いので沈降して中層水の起源となる．しかし，図4.18は，三陸沖で中層水に匹敵する重い水が生成されていることを示している．

図4.18で注目すべきことは，水温（上）と塩分（中）の等値線の形が異なり，北東から伸びている低温の舌状部と，南西から伸びている高塩分の舌状部の交点にあたるところに高密度水が現れていることである．水温と塩分の分布が異なることは，この部分の水は，1つのTS曲線では表せないことを意味している（かなり広い海域で，水温と塩分の関係が一定であることが，水塊の定義の基礎になっている）．したがって，この時期のこの海域で強い水塊の変質が行われていることを示す．

三陸沿岸沖の津軽暖流は夏季に強勢であり，冬季には姿を消す．初冬の12月ごろまでは弱いながらも津軽暖流が認められ，比較的塩分の高い津軽暖流水がこの海域に運ばれている．1月には津軽暖流が消滅し，2〜3月には沿岸域のほとんどが低塩分の親潮水に置き換わる．高密度水の生成は，1月に滞留した津軽暖流水が海面を通しての冷却のために冷やされて生成したものと推定される．ちなみに，図4.18の σ_t が 26.9 以上の水を，図4.17のTSダイアグラム上にプロットすると，その水型はちょうどTの領域の真下に現れる．この生成は主に1月に起こることが示され，海域が低塩分の親潮水に入れ替わった2月には，気温がずっと下がっても，高密度水の生成は起こらない．この生成された高密度水は，その密度に応じて，沖合の混合水域の中層に流

入していくと考えられるが，混合域の海況にどのような影響を与えているのか，北太平洋中層水の生成にどの程度の役割を果たしているかは，今後の研究を待たねばならない．

4.3.5 水塊分析について

TSダイアグラムを利用した解析を，一般に水塊分析と呼んでいる．しかし，縦軸・横軸に水温・塩分がとられるとは限らず，4.3.4項aに示したように密度・塩分がとられることもある．これは，海水の混合が主として等密度面上で起こることと，亜寒帯域では密度を決定する主要な要素が水温よりも塩分であることによる．水温・塩分・密度は，いずれか2つが与えられると，もう1つの量が決まるから，どの2つを両軸に選ぶかは任意である．なお，サーモステリックアノーマリーには先に述べたように，海水を1気圧の下にもたらした場合の比容から計算されるので，圧力の密度に対する効果は消去されている．海水の圧縮率は小さいから，圧力効果が大きく現れることは少ないが，成層の安定度を見るためには，圧力効果を消去しておくことが望ましい．そこで，水温の値を，海水を断熱的に1気圧の下にもたらしたときの値にとり，それから密度を計算することもしばしば行われる．このような温度をポテンシャル温度と呼び，求められた密度をポテンシャル密度と呼んでいる．最近の研究では，TSダイアグラムの縦軸にポテンシャル水温がとられることも多い．また，この場合に本質的なのは，海水を一定の圧力の下にもってくることが重要であるので，深層の海水の解析では，深い深度に対応する圧力を用いることも多い．

海水の性質を示す指標としては，水温・塩分のほかに，溶存酸素量や栄養塩類量など種々の要素がある．これらの量を縦軸・横軸にとる解析も，広い意味で水塊分析と呼ぶことができる．しかし，この場合には，密度を一方の軸にとらない限り，密度の値をダイアグラム上に表せない欠点があり，TSダイアグラムが水塊分析の基本となる．

4.3.4項において，水塊の変質過程の解析例をあげたが，TSダイアグラム上で，水型の季節変化を追うような試みもいくつかなされている（例えば大谷[4]）．筆者らも三陸沿岸域海況の季節変化を解析を行った[5]が，水塊分析のなかで季節変化などの時間変化，あるいは詳細な空間変化をどのように扱っていくかは，今後さらに検討する必要がある課題である．

〔永田　豊〕

文　献

1) M. Fujimura and Y. Nagata：*Oceanogr. Magazine*, **42**, 1-20, 1992.
2) K. Hanawa and H. Mitsudera：*J. Oceanogr. Soc. Japan*, **42**, 435-446, 1987.
3) 永田　豊, ほか：月刊海洋, **25**, 128-134, 1993.
4) 大谷清隆：沿岸海洋研究ノート, **19**, 68-80, 1981.
5) Oguma, *et al*.：*J.Oceanogr.*, **58**, 825-835, 2002.
6) H. U. Sverdrup, *et al*.：The Oceans, Their Physics, Chemistry, and General Biology, Pren-

tice-Hall, New Jersey, pp. 1087, 1961.
7) 楊　城基・永田　豊：海と空, **66**, 1-13, 1990.
8) S.-K. Yang, *et al*.：*J. Oceanogr*., **49**, 89-134, 1993 a.
9) S.-K. Yang, *et al*.：*J. Oceanogr*., **49**, 173-191, 1993 b.

4.4 海水の循環

　海の水は，東西，南北，上下に1000年もの長い時間をかけて海洋全体をめぐっている．このような海水の大規模な平均的運動を海洋大循環と呼ぶ．熱や物質，生物は海洋大循環に乗って運ばれる．海水は流れていく過程で互いに混ざり合い，あるいは大気にさらされ，その温度，塩分，各種化学成分含有量を変化させていく．特定の海域に特有の海水特性をもった，例えば北太平洋中層水といった名前で呼ばれる「水塊」を生み出すのは，大循環という流れに乗った海水の移動とその変質過程なのである．ここではこのような大規模な海水の循環を見ていく．ただし，大規模な流れといっても川のようなはっきりしたものが流れているわけではない．実際，海は半径100 km，流速10 cm/s程度の不規則な渦に満ち満ちている．大循環は時間・空間平均をとってはじめて見えてくる姿である．なおこの節に出てくる流量などの正確な見積もりは難しい．目安と思っていただきたい．

4.4.1 海水の循環量

　海流による海水輸送量はスベルドラップ（Sv，海洋学者の名前にちなむ）という単位で測る．$1\,\text{Sv}=10^6\,\text{m}^3/\text{s}$ とは，流れの断面を1秒間に100万 m^3 の水が通過することを意味する．世界中の河川を全部合わせた流量がちょうど1 Svぐらいになる．利根川の流量が0.0003 Svぐらいで，代表的な海流である黒潮の流量は，定義にもよるが，50 Sv程度である．したがって黒潮は利根川の10万倍もの輸送力をもつ．海流の流量が莫大なのは幅と深さが大きいからである．流速は速いところでも1〜2 m/s程度でたいしたことはない．ちなみに海水の全体積は $1.37\times10^{18}\,\text{m}^3$ である．河川水総流量1 Svを供給し続けても，干上がった海を今の深さにまで充たすのに4万年かかる．また，海からの年間蒸発量は $4.5\times10^{14}\,\text{m}^3$ で 14 Sv 程度である．この割合で海水をすべて蒸発させるには3000年かかる．蒸発量が河川総流量より大きいにもかかわらず海水位が下がらないのは，海上の降水があるからである．

4.4.2 海の成層状態（表層・中層・深層）

　西部大西洋における水温と塩分の南北断面分布を図4.19に示す．表層では南北の変化が激しい．温度は熱帯域の30℃近くから極域の0℃近くまで変化する．図ではよく見えないが，海面から下に潜っていくと，最初に「混合層」と呼ばれる水温一定のところがあり，その下に温度が急変する「主水温躍層」がある．その深さは緯度，経度に依存する．亜熱帯循環の中央で最も深く500 m以深に達するが，端のほう

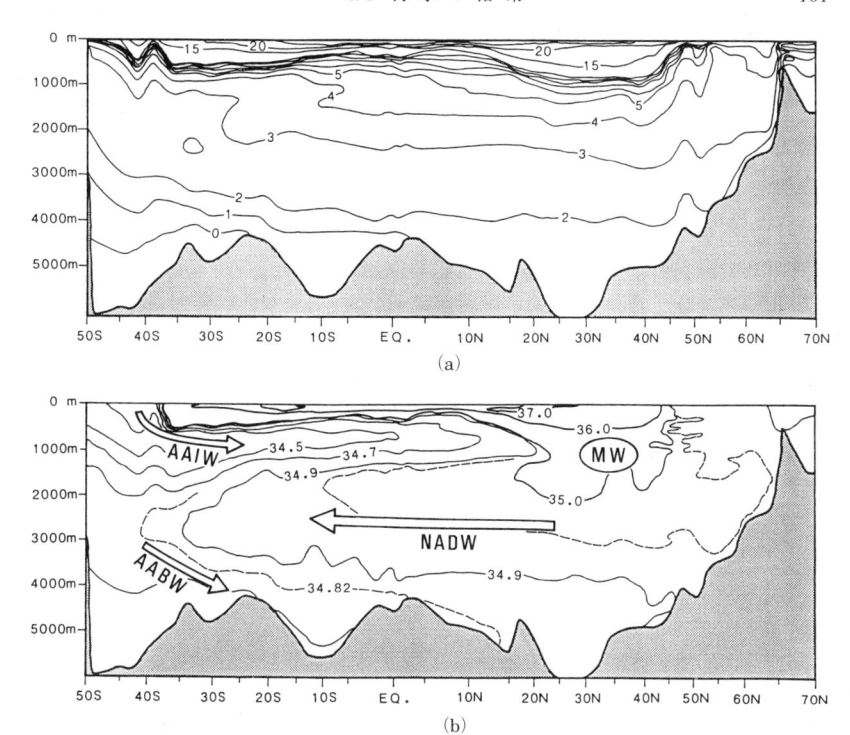

図 4.19 西部大西洋における (a) 温度 (正確には温位) と (b) 塩分の南北断面図 (文献[1,2]を改変)

ど浅い．東西断面図によれば，中心（最深部）が極端に西に片寄っており，西岸近くを除けば東のほうほど浅い．また南北40度を境に亜寒帯に入ると表面に出てなくなってしまう．主躍層から上を「表層」または「上層」という．ここでは温度，塩分が南北両半球でほぼ対称に分布している．主水温躍層の分布形状は，後に述べる表層風成循環を反映する．

主躍層より深いところを深層という．ここでは水温・塩分とも驚くほど一様である．特に水深 2000 m 程度より深いと水温が 1°C から 4°C ほどの範囲に収まる．ここを狭い意味で「深層」という．また主躍層より深く深層より浅いところを曖昧に「中層」と呼ぶ．亜寒帯より極側では中層が海面に露出しているとみてよい．

4.4.3 海洋大循環のあらまし

大気と海洋の運動のエネルギー源は太陽から受ける光にある．地球が丸く自転しているので太陽光の照射は赤道域に大きく極域に小さい．このため大気温度と密度に緯度差が生じ，大気の大規模な対流が起こる．北（南）半球では，運動している物体の右（左）向きにコリオリの転向力が働くので，大気の対流の向きも曲げられ，南北風

でなく東西風が卓越する．これが，赤道域の「偏東風」（いわゆる貿易風），中緯度の「偏西風」，高緯度の「偏東風」である．海面を吹く風が表面の水を引きずる力が表層（500 m 以浅）の海流を駆動し，水は東西南北に回る．これを「表層風成循環」という．

　大気と海洋は運動量だけでなく熱・水蒸気を交換し合う．巨大な熱容量をもつ海は熱的に巨大な慣性をもち，緩衝作用をもつ．太陽に熱せられた海は，熱を高緯度に運び高緯度の大気を暖め，寒暖の差の小さい温暖な大気温度を維持する．高緯度で大気によって冷やされた水が北大西洋グリーンランド沖と南極沖という特定の狭い海域で深く沈降し，深層・底層の水を供給する．極域起源のこの冷たく重い水は世界中の海に広がって深層を満たし，広い領域でゆっくりと湧昇し表層に戻る．これを「深層熱塩循環」という．

4.4.4 表層循環

　図 4.20 に表層付近（おおまかに主水温躍層より上）の海流図を示す．時間平均した流れと考えればよい．ただしインド洋ではモンスーンによる季節変化が大きく，流れの向きすら変わるので，夏と冬の 2 つを描くのが習慣になっている．また一般に赤道域では季節変動が大きい．すぐわかるように，南北両半球でほぼ対称な海流が見られる．太平洋，大西洋，インド洋とも同じ緯度には同じような東西流がある．その東西流が東岸と西岸で曲げられて南北流となり，「赤道循環系」，「亜熱帯循環系」，「亜寒帯循環系」を形成している．これは，表層循環の主な駆動因である風系分布を反映

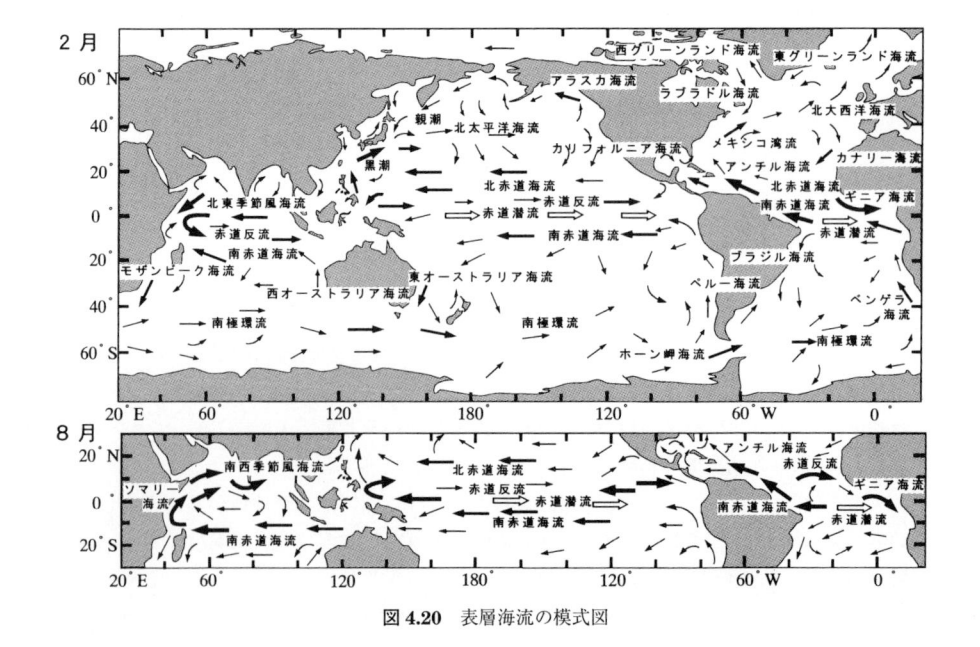

図 4.20 表層海流の模式図

したものになっている．例えば，北太平洋亜熱帯は貿易風と偏西風の間にあり，北赤道海流，黒潮，北太平洋海流，カリフォルニア海流が循環系をなす．大陸の障害なしに緯度圏を一巡しうる唯一の例外は，最大の流量（100 Sv を超える）を誇る南極環流である．南極を取り巻く南大洋を東向きに太平洋，大西洋，インド洋を結んで流れる．赤道域では循環系が狭い緯度帯で交代する．赤道の水面下 100 m 付近には赤道潜流（海面下の海流を示すため図中では白い矢印で表した）が，東向き（上空を吹く貿易風や表面の赤道海流とは逆向き）に流れる．その厚さは 200 m，幅 300 km で黒潮に匹敵する流速と流量をもつ．

注目すべきは，各循環系の西の端に世界有数の海流が発達していることである．そのよい例が黒潮や湾流である．このように海の西岸に強い海流が出現することを海流の「西岸強化」という．黒潮の流速は 1 m/s を超え，流量は数十 Sv になる．強流帯以外の平均南北流は 1×10^{-2} m/s 程度にすぎない．この速度だと亜熱帯循環の南北幅 3000 km を南に横切るのに 10 年かかる．黒潮のような西岸境界流に乗って海水が北に戻るのは数十倍も速い．したがって亜熱帯循環の水が一巡する時間は 10 年程度とみてよい．

4.4.5 深層循環

ほとんどの海水は深層水である．深層水の水質（図 4.19）は深層循環によって決まる．世界中の海から採取した水質資料を丹念に解析した結果を基に，現在では，ある程度信頼できる深層循環像ができあがっている．まず，冷たく重い水が海底まで沈み込むのは，北大西洋グリーンランド沖と南極近くという特殊で狭い 2 つの海域に限られる．なかでも南極起源の底層水のほうが冷たく重い．こうしてできた深・底層水がゆるやかに広がって世界の海の深層をみたしている．

図 4.21 はストムメルが観測と力学とを基に考えた世界中の海の深層循環の模式図である．上に述べた 2 カ所の沈降域（黒い楕円）を発した深層水は，それぞれ西岸沿いに（太い矢印）各大洋に達し，外洋に向かい湧昇しながら極向きに流れる（細い矢印）．表層循環のところで述べた「西岸強化」が深層でも生じ，西岸沿いには，観測にかかる程度の速さと密度分布をもった深層流が現れる．北大西洋で沈んだ海水は大西洋を南下し南極沖で南極底層水と合流し南大洋を東に周回しながらインド洋・太平洋に入っていく．もちろん大西洋に入るものもある．実際に，水爆実験で海に落ちた三重水素（トリチウム）が北大西洋から赤道に向かって広がる様子も観測されている．これは北大西洋で海水が深層まで沈み込む直接の証拠である．また，炭素の同位体を用いて海水の年齢（海水が表層を離れ深層に潜ってからの時間）を測定した結果によれば，北大西洋深層水が新しく北太平洋の水が古い．最も古い水は北太平洋深層の浅いほうにある．辻褄は合う．

狭い場所で沈んだ深層水が広がっていく経路は比較的よくわかっている．一方，深

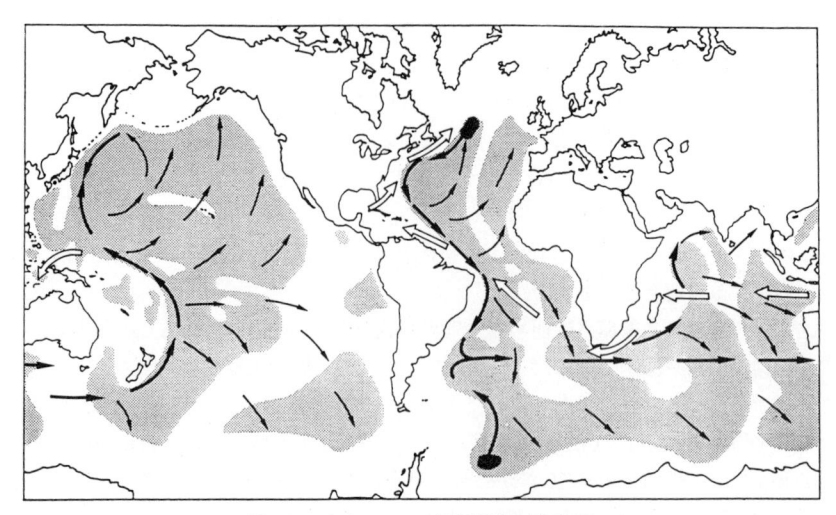

図 4.21 ストムメルの深層循環の模式図[3]

層水が広い海でゆっくり表層に湧昇し沈降点に戻ってくる経路についてはよくわかっていない．深層からインド洋，太平洋に湧昇した水が南極環流を経由して沈降点に戻るという考え方もある．最近は，太平洋に湧昇した水がインドネシアの海峡を通り，インド洋に湧昇した水を加え，アフリカ南端を通って大西洋に抜け，北大西洋の沈降点に戻る経路（暖かいコンベアベルト，図 4.21 の白い矢印）が有力視されている．

　実際の海洋循環はもう少し複雑である．例えば，図 4.19 の大西洋塩分断面には北に延びる南極底層水（AABW と表示，以下同様），その上の南に延びる北大西洋深層水（NADW），その少し上にある高塩分地中海流出水（MW）が見える．さらに南大洋の表層水からは低塩分の南極中層水（AAIW）が赤道を越えて北大西洋まで延びている．このことから，中・深層水の源は何種類もあり，密度に応じて上下に層を成すことがわかる．また海底近くを流れる深層循環にとって，地底地形ははなはだ大きい影響を及ぼす．太平洋，インド洋といった海面で見た海洋の区分けより，むしろ，海底地形で区切られた海盆内の循環，海盆間の流れといった記述のほうが実態に近い．

　次に深層循環の強さを見てみよう．一般に深層流は弱いが，深層西岸境界層では 10^{-1} m/s 程度の海流が直接観測されている．また，外洋の微弱な深層循環の強さを化学量の分布を基に推定したところでは，10^{-7} m/s の桁の湧昇速度となる．この速度で底から海面に向かって 3 km を湧昇してくるには 1000 年かかる．これは海水の年齢測定とも一応合う．対応する水平流速は 10^{-4} m/s の桁と極めて遅い．このように遅くとも，深層循環の運ぶ熱量は表層循環より大きいとされている．総流量は 30〜40 Sv の大きさで，1 つの表層水平循環系と同じかやや小さい程度である．

　なお，これまで説明してきた深層循環像は現在の間氷期のものである．1 万 8 千年

前の氷期にはもっと淀んでいたと考えられている（間氷期の温暖な気候は極域の大気を海が暖めることで維持される．逆に見ると，極域の水がよく冷やされ，深層水が大量にできて活発な深層循環が発達しているということである）．

4.4.6 海の西側に強い海流が現れる理由

最後に，海の力学の入門として，黒潮のような強い海流が海の西側に現れる理由を，できるだけ簡単に解説してみる．貿易風帯と偏西風帯に挟まれた北半球の亜熱帯風成循環を例に考えよう．

風成循環といえば風が駆動するものである．しかし風が直接作用するのはほんの表面にすぎない．海面から数十mより深い「内部域」と呼ばれる海洋の本体部分には風の直接的な駆動が及ばない．これは，コリオリの転向力が，風の影響を海面付近の薄い層（「エクマン層」と呼ばれる）に封じ込めるからである．その薄いエクマン層の水は，風の応力に比例しコリオリ係数に反比例した強さで応力に対して直角右（北半球の場合）向きに流される．この「エクマン吹送流」が水平方向に一様なら内部域の水は駆動されない．内部域を駆動するにはエクマン吹送流の地域差から生じる水の堆積や内部域への水の注入・吸い出しという間接的な働きが必要になる．

亜熱帯のエクマン吹送流は，貿易風帯で北を，偏西風域で南を向く．結果としてその間の緯度に水がたまり水位が上がる．そこで圧力が高くなるので，この高圧部を右に見るような西（東）向きの「地衡流」がその南（北）側に生じる．しかし，このままでは水位が上がり続け，地衡流も加速される一方である．水位を一定に維持するには，南北から流れ込んでくるエクマン層の水を内部域上部に排出し押し込まなければならない．そうして上から水を供給される内部域自体は，その余分な水を水平方向に吐き出し発散させなければならない．この発散する水に対して「右を向かせる」コリオリ力が働くと時計回りにひねる力が働く（もともと，偏西風・貿易風の風系は亜熱帯の海面に，時計回りにひねるような力を加えている．風のひねる力が海洋本体に直

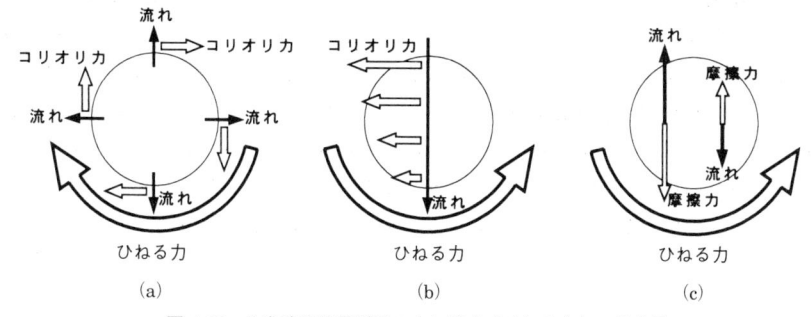

図4.22 北半球亜熱帯循環の水に働く「ひねる力」の模式図
(a) 水平発散する流れに働くコリオリ力による，時計回りにひねる力．
(b) 南下する流れに及ぼすベータ効果による，反時計回りにひねる力．
(c) 西の北上流れと東の南下流に働く摩擦力による，反時計回りにひねる力．

接及ぶわけではないが，エクマン層の水の動きを介して間接的に，風と同じ時計回りの力を海洋本体に及ぼすわけである）．これにつり合う「反時計回りにひねる」別の力がないと海水の回転（渦度という）が強まる一方で定常にならない．その力は何だろうか．

もし東西に岸がなく東西にほぼ一様になっていれば，東西流が卓越し南北流が生じない．この場合は，反時計回りにひねる力を生み出せるのは摩擦しかない（南極環流がこのような状況に近い）．一方，東西に岸がある場合は南北方向にも流れる循環ができる．南北成分があれば，いわゆるベータ効果が働く．これは地球が球面であるため高緯度側ほどコリオリ力が大きくなることに起因する効果の総称である．要するに，ベータ効果は，北（南）向きの流れを時計回り（反時計回り）にひねる力を生み出す．このため南下する海流があれば反時計回りにひねる力が生じる．したがって，風応力に起因した時計回りにひねる力を受ける北半球亜熱帯循環の水は，おおむね南に流れなければならない．これを「スベルドラップ平衡」という．

しかしすべての水が南に流れるわけにはいかない．赤道側に流れた水はどこかで極側に戻らなければならない．ところが，極向きに流れたのでは，時計回りにひねる力が働きつり合うどころではなくなってしまう．したがって別の力つまり摩擦力が必要になるが，強い摩擦力が発生しうるのは岸近くに限られる．それは東岸と西岸のどちらだろうか．北上流に対しては南向きの摩擦力が働き，南下流で占められる外洋には弱い北向きの摩擦力が働く．したがって，北上流に対して反時計回りにひねる力を摩擦が生み出すのは，西岸に北上流がある場合に限られる．この場合，摩擦が十分働くには速度勾配も大きくないといけないので流れは狭く強い．こうして，亜熱帯循環を北に戻す流れは西岸に集中する．他のところより強い風が吹いているわけでもないのに大海流として知られる黒潮や湾流が西岸に見られるのはこのためなのである．

海水の循環で取りあげるべき問題は多いが，ここでは大循環に絞った．要約すれば，大循環はおおまかに2つに分類でき，その1つは，風を駆動因とし，水平に回り，各大洋ごと・緯度帯ごとに閉じた10年規模の「表層風成循環」であり，もう1つは，密度の地域差を原因とし，上下の水を入れ替え，全球を一巡する1000年規模の「深層熱塩循環」である（「中層循環」は，いろいろな意味で上に述べた2つの循環の中間にある）．海洋大循環の実証的研究が始まったのはごく最近である．特に深層循環は変動過程などわからないことが多い．ここではあえて単純化して説明した．

〔増田　章〕

文　献

1) A. E. Bainbridge：Sections and Profiles（Geosecs Atlantic Expedition），p. 198, U. S. Government Printing Office, 1981.

2) H. Graig, W. Broecker and D. Spencer : Sections and Profiles (Geosecs Pacific Expedition), p. 251, U. S. Government Printing Office, 1981.
3) 増田　章：流れ, **12**, 369-387, 1993.

▰気象学の永遠の恋人▰

　雲をつかむ話とは，つかみ所のない話の意味であるが，昨今の地球温暖化の話では，この雲をつかまねばならなくなってきている．地球の気候は，太陽から入ってくるエネルギーと地球から出てゆくエネルギーがつりあうところで決まってくる．しかし，太陽から入ってくるエネルギーのすべてが地球に入ってくるわけではない．雲や，氷や，地面によって太陽放射は反射されるからである．このような地球規模での反射率を，惑星アルベドと呼ぶが，地球の気候を決めている重要な因子である．

　今までの観測によると，この地球のアルベドは，0.3という値で，非常に安定であることが知られている．毎年，毎年の気象の変化を見れば違っているように感じられるが，地球規模で年平均して考えるとそれほどの変化はないと考えられている．このアルベドが何ゆえに0.3であるのか，というのが，依然として大問題である．このアルベドの主たる要因が，地球上に存在する雲である．地球規模で平均すると雲量も極めて安定していることが知られている．そして，地球の雲量がどうして決まるか，ということの理解も，今後の課題となっている．

　このように考えると，気象学の諸問題がことごとく雲に関連していることがわかる．災害につながる豪雨も積乱雲という雲ができなければ起きようがないし，地球温暖化も雲の存在抜きに語りえない．この意味で，雲は，気象学の永遠の恋人であるということができる．「雲がなかったら問題は簡単なのに」と思うことはしばしばであるが，一方では，「雲がなければつまらない」という気になる．今後とも，この恋人を追いかけてゆくことになろう．　　　　　　　　　　　　(A.S.)

5. 河川と湖沼

5.1 日本の河川の特徴

5.1.1 河川とは

　地表面に落下した雨や雪解け水（気象学でいう降水）が地表を流れ，あるいは地中にしみ込んで地下水となり，それが再び地表面に現れ，定まった地域の水を集めて一連の流れを形成する．このような流れを総称して河川と呼び，流れの通路となっている部分を河道あるいは流路と呼んでいる．一方，河川法上（旧河川法：明治29（1896）年制定，新河川法：昭和39（1964）年制定，新河川法の改正：平成9（1997）年）の定義では河川とは「公共の水流及び水面」とされており，国および地方自治体の責任において，国土の保全と開発，公共の安全の保持および公共の福祉の増進をはかるために，洪水・高潮などによる災害の防止，河川の適正利用，流水の正常な機能維持，および河川環境の整備と保全を総合的に管理している．

　河川法の適応の対象とされる河川は一級河川と二級河川である．ただし，これ以外の河川で河川法の二級河川に関する規定を準用して指定された河川を準用河川と呼び，これにも該当しない河川を普通河川と呼んでいる．一級河川，二級河川，準用河川を河川法が適用される河川であることから法河川と呼び，普通河川のように河川法の適用外河川を法定外河川と呼んでいる．

　河川法において一級河川とは，国土保全上または国民経済上特に重要な「水系」で政令で指定したものにかかわる河川で国土交通大臣が指定したものをいう．二級河川とは，一級河川以外の「水系」で，地域的に見て重要であると都道府県知事が指定したものをいう．準用河川は一級河川，二級河川以外の河川で町村長が指定した河川をいう．

　ここで，「水系」という概念が河川法に入ってくるが，一般には水系とは，水源から河口に至るまでの本川と支川との集合をいう．河川法では国土保全や経済上の観点から，水系を一級水系と二級水系に分けている．一級水系とは国土保全上または国民経済上特に重要な水系で，政令で指定されたものをいい，管理は基本的には国土交通大臣が行う．二級水系とは，一級水系に指定された水系以外で，公共の利害に重要な

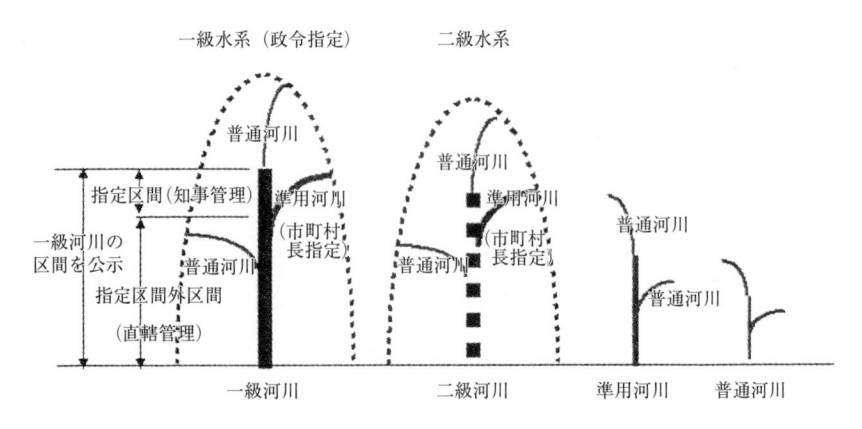

図 5.1 水系と河川の分類（国土交通省資料より）

関係があるとされる水系に対して都道府県知事が指定し，管理も都道府県知事が行う．一級水系は現在 109 水系存在するが，一級水系の中に二級河川が存在することはない．もちろん，二級水系の中に一級河川が存在することもない．しかしながら，一級水系や二級水系の中に準用河川や普通河川は存在する．例えば一級水系である淀川水系を例にとって説明しよう．淀川の上流には木津川，宇治川，桂川，鴨川，白川などの川があるが，木津川，宇治川，桂川のある指定区間は一級水系淀川の一級河川木津川，一級河川宇治川，一級河川桂川であり，国土交通大臣が管理しており，一級河川鴨川や一級河川白川は京都府知事が国に代わって管理している．鴨川や白川も河川の京都府知事が管理する比較的小規模な川であるといっても二級河川ではないのである．最終的に一級水系淀川に流れ込む川は一級河川かあるいは準用河川か普通河川なのである．これに概念的に示したものが図 5.1 である．

「川」という漢字は両岸の間を水が流れている様子を表す象形文字である．「かわ」を表すもう一つの漢字に「河」がある．日本には「河」がつく「かわ」はないが，中国には「黄河」，「永定河」，「准河」などがある．もともと中国の北方では黄河のことを「河」と呼んでいたが後になって「黄河」あるいは「大河」と呼ばれるようになり，「河」は大きい「かわ」を，「川」は小さい「かわ」を意味するようになった．一方，中国の南方では「揚子江」に代表される大きな川に「江」という文字が使用され，小さい川は「渓」や「溝」という漢字が用いられている．

5.1.2 流域とは

a. 流域の定義

河川はある定まった地域の水を集めて最終的に海や湖に流出する．このある定まった地域を「流域」または集水区域と呼んでいる．河川の水には地表水だけでなく地下水も加わっており，地下水が集まる範囲と地表水の集まる範囲とは通常異なる．した

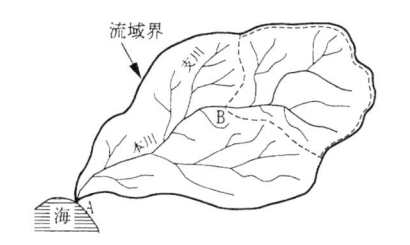

図 5.2 流域の概念図

がって地下水の流出現象を厳密に議論する場合はボーリング調査などを実施し，地下構造を明らかにしてから取り扱う必要がある．しかし，流域全体から見ると両者の流域の差異は通常それほど大きくはなく，降雨にともなう洪水現象を対象とする場合は両者の差異は特に考慮する必要はない．したがって，流域の境界は地表水が集まる範囲に対して定められる．流域と流域が接する境界を流域界または分水界という．分水界が山稜の場合は分水嶺とも呼んでいる．流域の広さを流域面積あるいは集水面積といい，河川の流域面積は通常河口付近までが範囲となるが，川のある地点より上流の流域に対しても設定でき，例えば図5.2のようにA地点における流域面積がこの河川の流域面積となり，B地点における流域面積とはB地点に集まる地表水の範囲（B地点より上流の点線で示した範囲）をいう．したがって，下流にいくほど支川が合流するごとに流域面積は段階的に増加する．ここに，支川とは2つ以上の川が合流するときに川の流量や規模などが小さい方の川のことであり，大きい方の川を本川と呼んでいる．また，本川に直接流入する支川を一次支川（小支川ともいう），一次支川に流入する支川を二次支川（小々支川ともいう）のように呼んでいる．なお，流量とはある地点の川の横断面を単位時間に通過する水の体積のことで，流量＝水の流速×横断面積（通常 m^3/s の単位で表す）である．

b. 流域の形状

流域の平面形状は流域界の形状および支川と本川の配置関係から，① 羽状流域，② 放射状流域，③ 平行流域，④ 複合流域，に分類される．

羽状流域とは，鳥の羽のように全体が細長く支川が本川の左右から交互に流入する河川流域をいう．北上川や紀ノ川がその代表的な例である．流域に豪雨があっても支川からの洪水が本川で重ならないため，洪水規模は流域が大きい割には比較的小さいといえる．しかしながら洪水の継続時間は長くなってその間に何回かのピークが現れるのが特徴である．

放射状流域とは，流域が円形または扇形をなし，支川が本川に向かって放射状に流入するような流域をいう．各支川の出水はほぼ同時に集中するため，合流後のピーク流量が大きくなる特徴がある．江の川や大和川がその例としてあげられる．

平行流域とは，細長い独立した流域の本川と支川が互いに平行して流れ，やがて合

(a) 羽状流域　(b) 放射状流域　(c) 平行流域　(d) 複合流域

図 5.3　流域分類の概念図

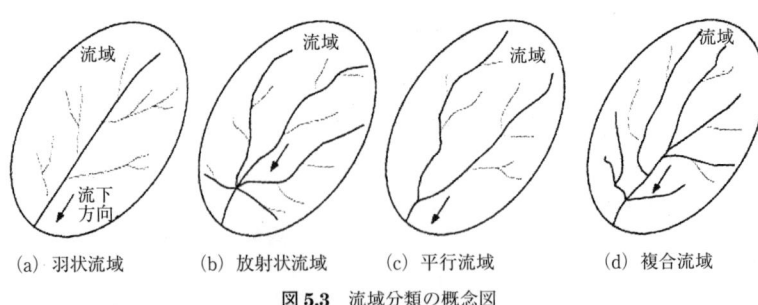

流する流域をいう．合流するまでは羽状流域，合流後は放射状流域の特性に近く，合流点およびその下流で大きな洪水が発生する危険性がある．熊本県の白川と黒川や信濃川の千曲川と犀川がその例としてあげられる．

複合流域とは，①～③の複合型をした流域であって，ほとんどの河川は羽状，放射状，平行状流域がいくつか組み合わさった複合型を呈している．なかでも羽状，放射状の複合型が多い．その例として富士川や太田川がある．流域分類の概念図を図 5.3 に示す．

c. 流域の形態を表す指標

流域と河川との形態的な関係の特性値は，河川の長さ L_m（幹川流路延長といい，本川河道に沿った河川の最上流端から河口までの距離），流域面積 A，流域界の周長 L_B，本川と支川の長さの総和 L_T などを用いて種々の指標で表される．例えば，流域平均幅 B は A/L_m で，形状係数 F は A/L_m^2 で，流域密集度 C は $2\sqrt{\pi A}/L_B$ で，河川密度 D は L_T/A で表される．B の値が同じでも細長い流域か幅の広い流域か不明であるが，F が大きい流域は河川の長さに比して流域の幅が大きいことがかわる．F および C が大きい流域ほど同一降雨に対して洪水が集中しやすいため流量が大きくなる．D は流域内に支川の数が多いか少ないかを表す指標であり，流域の地形，地質，地表の被覆状況などとも密接に関係しており治水上重要な指標でもある．一般に，透水性の高い地質を有する地域では河川密度は小さく，雨量が小さい地域や傾斜した地域，高地でも小さくなる傾向がある．

d. 流域内の河川地形

河川水には浸食，運搬，堆積の作用がある．これらの作用によって河川流域には谷，滝，河岸段丘，扇状地，沖積平野，自然堤防，後背湿地，三角州といったさまざまな自然地形が形成される．谷は地殻変動による隆起と流水の浸食作用（川底を浸食する下刻作用や河岸を浸食する側刻作用）によって河床が周辺の地盤よりも著しく低下した地形であり，幼年谷，壮年谷，老年谷といった分類がある．これらの谷の分類は浸食の進行度合をもとにした分類であるが，横谷や縦谷といった浸食の形態による谷の分類もある．

滝とは河床の一部が堅い岩石で覆われている場合，その部分が残って他の柔らかい岩石部分の河床が低下し，極端な段差を生じているところをいう．河岸段丘とは，地殻変動などにより河床が隆起して再び浸食作用により河川の一部が低下し，古い河床が小高い平地として取り残されたところをいう．河岸段丘は元来川底であり，浸透性が高いため地下水位が低く，水田には適していないが，現在では河川から水を導水して水田として利用されているところが多い．扇状地とは川が山間の谷からゆるやかな平地に出る地点を頂部として扇状に広がった地形をいい，透水性がよく地下水面が低いところにあるため水田に適さず，これまで桑畑や果樹園として多く利用されてきたが，地下水の揚水や河川からの導水あるいは扇端部からの湧水を利用した水田が扇状地で多く見られるようになった．扇状地には河床が周辺の地盤高よりも高い天井川が発達しやすい．

沖積平野とは河川によって運ばれた土砂が堆積してできた平地をいう．洪水時に河川水によって運搬されてきた土砂が氾濫して形成された平地であるため，洪水の危険度が高い．そのため，川の両岸に堤防を築いて堤内地を洪水氾濫から防御する必要がある．ここに，堤内地とは図 5.4 に示すように，家がある側であり，堤外地とは川がある側である．なお，右岸，左岸という呼び方をするが，これは河川の下流側を見て人が立ったときに左手側を左岸，右手側を右岸と呼ぶ約束による．

自然堤防とは，洪水のたびに土砂を含んだ水が河川から溢れ，河岸付近に土砂が堆積し，その繰り返しによって周辺地盤高より小高い土手が河川沿いに形成された地形をいう．溢れた水や自然堤防として堆積しなかった細かな粘土やシルトは自然堤防から離れた低い湿地で溜まり，土砂が堆積する．このような湿地帯を後背湿地という．川や海や湖に流入するところでは，流速は遅くなり，運搬してきた細かい砂や泥を堆積させる．このようにしてできた三角形状の地形を三角州（デルタ）と呼んでいる．三角州には尖状三角州，鳥趾状三角州，円弧状三角州がある．

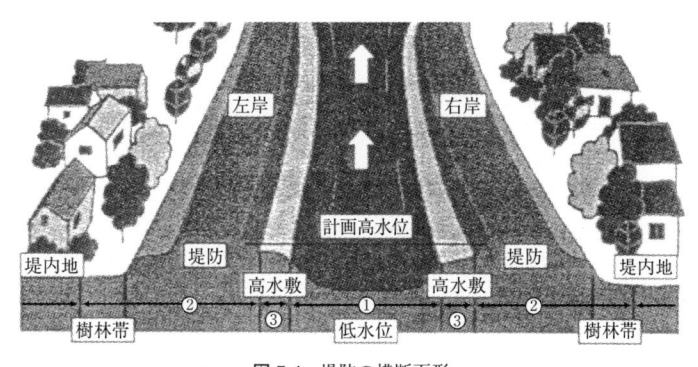

図 5.4　堤防の横断面形

5.1.3 日本の河川の特徴

日本列島は南北に細長く，列島を多数の山脈が横断しているため，河川の源流部の標高は概して高く，かつ流路延長が短いために，図5.5に示すように急勾配の河床縦断形を呈している．明治のお雇いオランダ人技師のヨハネス・デ・レーケが1891年7月の災害で被害を受けた常願寺川の復旧計画立案指導のために富山県を訪れ，常願寺川を視察した際に，「これは川ではない滝である」といったエピソードはあまりにも有名であるが，これは常願寺川を代表とする日本の急流河川は外国の大陸河川と比べると滝のように急であることを意味している．

（注：上林[8]によると「これは川ではない滝である」といったのはデ・レーケではなく富山県職員ということである．常願寺川の災害が大きくなる原因は常願寺川に滝がないため，滝による流水のエネルギー散逸が発生せず，河床が急であるため強力なエネルギーを有したまま洪水が流下することによるのだ，ということをデ・レーケが科学的に説明したことに対して，富山県の職員が滝のような急流に原因があるのだと情緒的に表現したために「これは川ではない滝である」ということになったことを上林は内務技師高田雪太郎のデ・レーケ資料から明らかにしている．)

また，気象については，年間降水量は約1800 mmで世界の平均降水量(約970 mm)の約2倍となっているものの，そのほとんどは6月上旬から7月中旬の梅雨期と7月から10月の台風期の集中豪雨などや冬期の積雪によりもたらされる．これらの河川地形的および気象的条件を反映して，日本の河川には以下のような特徴がある．

① 河川の流路延長が短くて河床勾配が急である．図5.5からわかるように国土の地形的な条件から流路延長が短く，大陸河川と比較して上流から下流への河床勾配が急であるため，山地から河口まで河川水が一気に流下するという特徴がある．

② 降雨発生から洪水の発生までの時間が短く，洪水期間も短期間である．図5.6

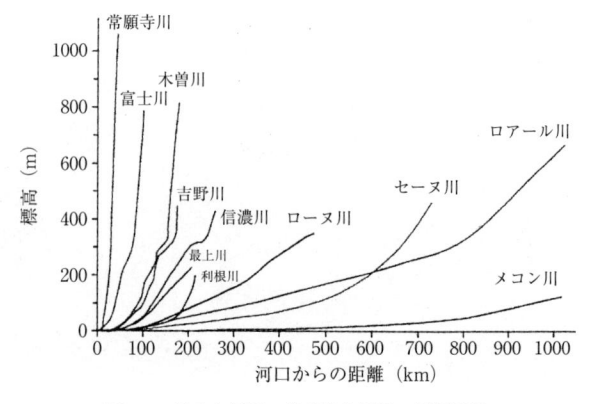

図5.5 日本と外国の代表的な河川の縦断形状

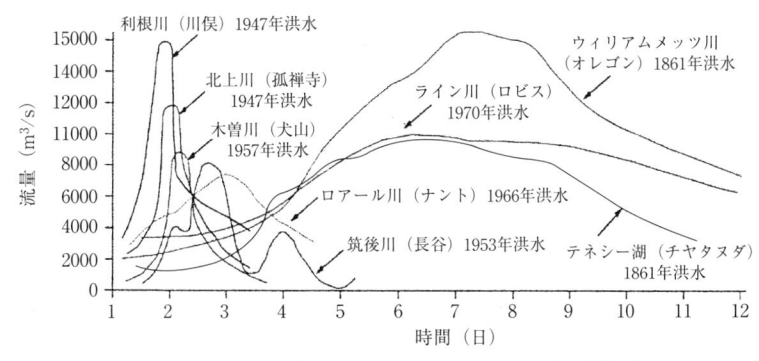

図 5.6 日本の河川と外国の河川のハイドログラフ（熊本県資料）

に示すように，日本の河川で発生する洪水は降雨があってから急に流量が増加し，1日以内に洪水のピークが発生して洪水期間は長くても2，3日である．一方，大陸の河川は徐々に流量が増加し，なだらかなピークを迎え，また徐々に流量が低減していく．中国揚子江の九江では1998年に3カ月以上警戒水位（堤防が決壊する危険性があるような水位）を超えるような洪水が発生し，結局破堤した．メコン川では2000年に大洪水が発生し，カンボジアの首都プノンペンでは警戒水位を上まわるかこれに近い水位が約3カ月続いた．このように，大陸の河川と日本の河川とでは洪水ピークの先鋭度や洪水の継続時間が極めて異なることがわかる．

③ 流量が大きく変化する．河川の流量は季節ごとに変化し，特に梅雨末期の集中豪雨や台風がもたらす豪雨によって大規模な洪水流量が生じる．一方，これらの豪雨がなければ貯水池の水が減少し，渇水となって干からびる川も出る．このように，日本の川は洪水のときの流量 Q_F と渇水のときの流量 Q_D との比 K（河況係数 $K = Q_F/Q_D$，河状係数とも呼ぶ）が大きいことが特徴である．これは川の流れの状況が年間を通して大きく変動するために，洪水防御と利水を両立させることが難しいことを意味しており，その両立をはかるためのさまざまな工夫が必要となる．多目的ダムは貯水池による洪水ピークカットと利水を両立させる手段の一つである．また，普段はあまり水が流れていないような川ではあっても洪水に対応するために十分な川幅を確保し，堤防を築くなど，構造物による対策とともに，洪水の発生が早いために避難・予警報システムや情報伝達システムを充実させるとともに，洪水ハザードマップを作成・公表して防災意識の向上をはかるなど，非構造物的な対策も重要である．なお，日本の川と世界の川の特性値を表5.1にまとめて掲載する．特に，日本の川の河況係数が外国の川のそれに比して際立って大きいことがわかる．

④ 流送土砂量が多い．豪雨，地震，火山噴火などの誘因によって多量の土砂が生産される国土の気候，地形，地質，プレートテクトニクス特性と，急峻な河道および河況係数が大きいといった特性により，生産された土砂が洪水時に多量に輸送され，

表5.1 日本とヨーロッパの主な河川の特性値

河川名	幹川流路延長 (km)	流域面積 (km²)	河川延長 (km)	基本高水流量[1] (m³/s) (基準地点名)	計画高水流量[2] (m³/s)	形状係数 F	河川密度 D	河況係数 K[3] (観測点)
天塩川	256	5,590	1,359.3	6,400 (誉平)	5,700	0.0853	0.2432	76(512) (丸山)
十勝川	156	9,010	2,386.3	15,200 (茂岩)	13,700	0.3702	0.2649	141(1751) (帯広)
石狩川	268	14,330	3,665.4	18,000 (石狩大橋)	14,000	0.1995	0.2558	68(573) (橋本町)
北上川	249	10,150	2,718.6	13,000 (狐禅寺)	8,500	0.1637	0.2678	28(159) (狐禅寺)
最上川	229	7,040	2,478.2	9,000 (両羽橋)	8,000	0.1342	0.3520	67(423) (堀内)
阿賀野川	210	7,710	2,199.4	15,500 (馬下)	13,000	0.1748	0.2853	46(190) (馬下)
信濃川	367	11,900	5,014.0	13,500 (小千谷)	11,000	0.0884	0.4213	39(117) (小千谷)
利根川	322	16,840	6,799.6	22,000 (八斗島)	16,000	0.0660	0.4038	74(1,782) (八斗島)
木曽川	227	9,100	3,005.1	16,000 (犬山)	12,500	0.1766	0.3302	106(384) (犬山)
淀川	75	8,240	4,442.4	17,000 (枚方)	12,000	1.4649	0.5391	28(114) (枚方)
四万十川	196	2,270	1,282.3	17,000 (具同)	14,000	0.0591	0.5649	662(8,920) (具同)
筑後川	143	2,863	1,407.7	10,000 (荒瀬)	6,000	0.1400	0.4917	148(8,671) (瀬ノ下)
ナイル川	6,671	3,349,000	—	—	—	0.0753	—	30 (カイロ)
テムズ川	405	12,600	—	—	—	0.0768	—	8 (ロンドン)
ライン川	1,320	224,000	—	—	—	0.1286	—	18 (バーゼル)
ドナウ川	2,860	817,000	—	—	—	0.0999	—	4 (ウィーン)

1) 基本高水流量とは，ダム，遊水池による洪水調節前の洪水流量であって，流域の治水計画の基本となる洪水流量である．
2) 計画高水流量（河道配分流量）とは，ダム，遊水池による洪水調節後の洪水流量であって，河川流路の改修計画の基本になる流量である．数値は国土交通省資料による．
3) 河況係数において（ ）内の数値は1980年までの最大流量と最小流量との比．（ ）外の数値は1971～1980年の10年間の平均値．（坂口ら，1986）

これが低平地に堆積することで河床上昇により洪水氾濫が発生しやすいという特性がある．また，大きな掃流力（土砂を輸送したり河床や河岸を浸食する力）を有するために河岸浸食，堤防決壊，護岸の破壊といった危険性が高い．

⑤ 水質が比較的良好である．黄河やメコン川の水は洪水時以外でも茶色く濁って

いる．これは生産土砂の中の微細な粘土鉱物が河床に堆積することなく河口付近まで浮遊して流れているためである．また，洪水期間が長いことや洪水終了後の流れでも河岸の土砂が浸食される程度の掃流力を有していることと浸食されやすい河岸特性も原因している．日本の河川でも洪水時には同様の濁りを生じるが，洪水が終わると土砂が生産されないために微細な粘土鉱物は川の中に取り込まれて流れてくることはほとんどなく，洪水が終了するときれいな水が流れるようになる． 〔中川 一〕

5.2 川 の 水 理

　川は水だけではなく土砂や水に溶けた融解物質などを輸送する．ここでは，洪水の水理と土砂の水理に焦点を絞って紹介する（17.1節参照）．

　川の水理を論じる際には種々の水理用語を使用するので，まず水理用語の定義について簡単に紹介しておこう．図5.7は水理量を定義した概要図である．河床に沿って流下方向に x 軸を，これと垂直上方に y 軸をとった座標系を用いる．ここに，θ は水平から測った x 軸（河床）の傾斜角である．h は水深で，河床から垂直に測った自由水面までの高さである．z_b は河床位であり，基準面から鉛直に測った河床までの高さである．θ と z_b との間には $\sin\theta = -dz_b/dx = i_0$ （i_0 は河床勾配）なる関係がある．H は水位であり，$H = h\cos\theta + z_b$ で表される．$u(y)$ は高さ y における流下方向の流速である．A は流水断面積（流積）であり，高さ y における川幅を $b(y)$ とすると，$A = \int_0^h b(y)dy$ である．B は水面幅であり，$B = \partial A/\partial h$ である．S は潤辺で，河道の横断面形において水と接している辺の長さである．重要な水理量として径深 R があり，$R = A/S$ で定義される．流速分布 $u(y)$ のままでは取り扱いにくいので，通常，断面平均流速 v を用いて流速を表す場合が多く，$v = (1/A)\int_A u dA$ で表される．したがって，流量 Q は $Q = \int_A u dA = vA$ である．縦断方向の河床変化が緩やかで，遠心力が影響しないような流れ（漸変流）においては，圧力に関して静水圧分布が成り立つと仮定できるので，高さ y における圧力 p は $p = \rho g(h-y)\cos\theta$ で表される．

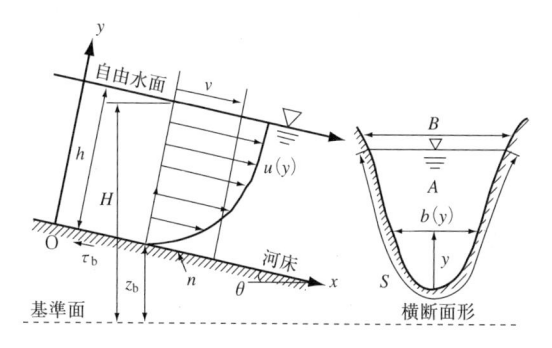

図5.7 水理量の定義

ここに，ρ は水の密度，g は重力加速度である．なお，図中の n は河床の凹凸が流れに与える摩擦抵抗の程度を示す係数で，マニング（Manning）の粗度係数と呼んでいる．また，τ_b は壁面せん断応力であり，$\tau_b = \rho g R i_0$ で与えられる．

川の流れは時間的にも場所的にも絶えず変化している．水理量が時間的に変化しない流れを定常流，時間的に変化する流れを非定常流という．また，水理量が場所的に変化しない流れを等流，場所的に変化する流れを不等流という．通常，河川の川幅や勾配は場所的に変化しており，普段は流量変化が小さいので流れは不等流に近い．等流的な流れは勾配や川幅があまり変化しない河道区間でかつ河川の流量変化が小さいときに見ることができる．また，非定常流でかつ不等流の流れを不定流といい，洪水時の河川の流れは流量変化が時間的に激しいので不定流となる．なお，非定常流でかつ等流となる流れは存在しない．

5.2.1 洪水の水理

豪雨時に河川の流量や水位がどのようになるかを知ることは治水上極めて重要である．計画降雨に対する洪水流量（計画洪水流量あるいは基本高水流量という）により堤防の高さや川幅が決定され，もし，治水安全上十分な川幅が確保できない場合などには，ダムや遊水池などにより洪水調節を行って，計画高水流量を決定し，治水上安全な川が確保される．したがって，洪水の水理解析は河川を管理する上で極めて重要な役割を演じている．そこで，ここではどのような洪水の水理解析手法があるかを簡単に紹介する．洪水の予測法としては計画降雨に対して洪水期間中の洪水流量の時間変化（ハイドログラフ）を予測する手法とピーク流量のみを予測する手法がある．なお，洪水を予測するにはまず，降雨流出解析を行い，河川の上流域でハイドログラフを作成し，これが河道内でどのように下流へ伝播していくかを調べる必要がある．すなわち，流出解析と洪水追跡とを組み合わせた解析を行ってはじめて各地点の水位や流量が求められるのである．

a. 合理式

小規模な流域（流域面積がおおよそ 50 km² 未満が目安）でかつダムなどの洪水調節施設がない河川では治水上，各基準点における洪水のピーク流量のみわかればよい場合が多い．ピーク流量を予測する手法として以下の合理式がよく用いられる．

$$Q_P = \frac{1}{3.6} f r A \tag{5.1}$$

ここに，Q_P はピーク流量（m³/s），f は流出係数，r は洪水到達時間内平均雨量強度（mm/h）であり，ある期間内の降雨が 1 時間継続するとした場合の降雨量である．例えば，10 分間に 20 mm の降雨がある場合の 10 分間内の平均雨量強度は 120 mm/h となる．ここで，洪水到達時間とは，流域の最遠点に降った雨がその流域の出口に達するまでに要する時間であり，算出方法としてはクラーヘン法，等流流速法，土研式などがある．A は流域面積（km²）である．流域内で土地利用が異なっていたり（f の

値が異なってくる），降雨量が場所的に異なっている場合には各サブ流域ごとに最大流量を求めてそれらを適切に合成することが必要となる．なお，合成合理式といって，合理式で得たピーク流量を重ね合わせてハイドログラフを作成する手法もある．

b. 貯留関数法

貯留関数法は，流出現象の非線形性を比較的単純な構造式で表現でき，しかも計算が容易であることから，広く流出解析に用いられてきた．流域が比較的大きな河川（例えば一級河川）に対して用いられる場合が多いようである．

貯留関数法の支配方程式は次の運動方程式と連続式よりなる．

運動方程式： $S = KQ_l^P$ (5.2)

連続式： $\dfrac{1}{3.6} f\, rA - Q_l = \dfrac{dS}{dt}$ (5.3)

ここに，S は流域貯留量（m³），Q_l は仮想的な流量（m³/s），t は時間，K および P は定数である．実際の流量 Q と Q_l との間には $Q_l(t) = Q(t+T_l)$ の関係がある．ここに，T_l は遅滞時間であり，K，P，T_l を実際の水文観測資料から同定すれば，与えられた降雨に対する流量を計算することができる．貯留関数法は上流域でのハイドログラフを求めるために用いられるだけでなく，河道においても K，P，T_l を同定することにより，集水域と河道とを組み合わせた貯留関数法で下流地点におけるハイドログラフを求めることができる．

c. kinematic wave 法

kinematic wave 法は雨水流下を運動方程式と連続の式を用いて水理学的に追跡する方法で，雨水流下が下流条件に拘束されないという仮定のもとに成り立っている．このモデルにおいては，流域の地形量（斜面長や勾配）と地質特性に関する量（例えば，Manning 型の表面流モデルを用いれば等価粗度）がパラメータや境界条件に含まれる．kinematic wave 法は，斜面・河道流出系の双方に適用できるため，斜面・河道とも kinematic wave 法で洪水を追跡する場合や，斜面は kinematic wave 法で，河道は dynamic wave 法で追跡するといった方法もある．しかし，下流端条件が上流の流れに影響するようなところ，例えば平野部での合流部や堰などが存在する場では kinematic wave 法を適用すべきでない．

斜面における運動方程式と連続式は以下のようになる．

運動方程式： $q_s = \dfrac{1}{n_s} h_s^{5/3} i_s^{1/2}$ (5.4)

連続式： $\dfrac{\partial h_s}{\partial t} + \dfrac{\partial q_s}{\partial x} = r_e$ (5.5)

ここに，q_s は斜面流の単位幅流量，n_s は斜面の等価粗度係数，h_s は斜面流の水深，i_s は斜面勾配，r_e は有効降雨強度である．これらの式から得られる斜面末端での単位幅流量を河道への横流入流量として与えれば，河道内での洪水追跡が行える．河道にお

いても kinematic wave 法を用いた場合，支配方程式は以下のような運動方程式と連続式となる．

運動方程式： $Q = \dfrac{1}{n} AR^{2/3} i_0^{1/2}$ (5.6)

連続式： $\dfrac{\partial A}{\partial t} + \dfrac{\partial Q}{\partial x} = q_s$ (5.7)

ここで，$AR^{2/3} = kA^p$ とおいて式 (5.7) に代入すると

$$\dfrac{\partial A}{\partial t} + \omega \dfrac{\partial A}{\partial x} = 0 \quad (5.8)$$

となる．ここに，$\omega = pv$ (v は河道内断面平均流速) である．式 (5.8) は 1 階の波動方程式であり，その一般解は $A = f(t - x/\omega)$ で与えられる．これは洪水波が流下方向に ω の速さで伝播することを表している．いま，河道断面形が幅広の長方形断面であると仮定すると，$p = 5/3$ となり，洪水波は断面平均流速の 5/3 倍の速さで下流に伝播することがわかる．この関係をクライツ-セドン (Kleitz-Seddon) の法則という．なお，運動方程式に Chezy (シェジー) 式を用いると洪水波は断面平均流速の 3/2 倍の速さで伝播する．

d. dynamic wave（不定流解析）法

河道内の水の流れは基本的には不定流である．一次元の不定流解析には以下のような運動方程式と連続式が用いられる．

運動方程式： $\dfrac{\partial Q}{\partial t} + \dfrac{2Q}{A} \dfrac{\partial Q}{\partial x} - \dfrac{Q^2 B}{A^2} \left(i_0 + \dfrac{\partial H}{\partial x} \right) + \dfrac{\partial H}{\partial x} gA + \dfrac{gn^2 Q |Q|}{AR^{4/3}} = 0$ (5.9)

連続式： $\dfrac{\partial A}{\partial t} + \dfrac{\partial Q}{\partial x} = q_s$ (5.10)

これらの式を解析的に解くことは困難であり，通常，数値解析によって任意の計算断面において流量や水位が求められる．kinematic wave は下流方向のみに伝わる洪水波であるが，式(5.9), (5.10)から求まる洪水波は下流および上流にも伝播し dynamic wave と呼ばれる．

5.2.2 移動床の水理

洪水時には流砂が活発になるため河床は変動し，種々の河床形態が発生することにより河床の抵抗特性も変化する．これによって水位も変化するため，移動床の水理現象を明らかにすることは治水上も重要となる．ここでは，移動床の水理現象にかかわる用語について紹介する．

a. 土砂の輸送形態

土砂の輸送形態は集合運搬と各個運搬に大別される．集合運搬形態には地すべり，土石流，斜面崩壊などがあり，各個運搬形態には掃流砂，浮遊砂などがある．また土

石流と掃流砂との中間的な遷移形態として掃流状集合流動がある．土石流は石礫どうしの衝突によって石礫が流動深全体に分散して流動する．掃流砂や浮遊砂は流水の流体力や乱流応力にって輸送される．

各個運搬形態は掃流砂と浮遊砂に大別されるが，浮遊砂の中にウォッシュロードを含める場合がある．掃流砂とは河床上の砂礫が転動，滑動，跳躍（サルテーション）によって移動する流砂をいう．浮遊砂とは，河床から流水中に持ち上げられた比較的細かな砂が流れの乱れ成分によって水中に拡散し，流水中に浮かびながら輸送される流砂をいう．ただし，浮遊砂のなかでも，河床構成材料（bed material）よりも細かい（河床材料にはない）粒径の浮遊砂をウォッシュロードといい，浮遊砂と区別している．ウォッシュロードは上流から浮遊しながら流下してきた微細なシルト，粘土鉱物であり，河床に堆積することはなく浮遊し続ける．一方，浮遊砂は流れの乱れの状態によって浮遊と沈降を繰り返しながら輸送される．したがって，掃流砂と浮遊砂は河床構成材料と交換しながら移動する砂礫であり，河床構成物質（bed material load）という．

b. 限界掃流力

河床に静止している砂礫が流体力によって移動し始める限界のせん断力を限界掃流力といい，そのときの流れの状態を移動限界という．河床に作用する底面せん断力をτ_bとおくと，河床に作用するせん断力と重力の流下方向成分との釣り合いから$\tau_b = \rho g R i_0$となる．これを掃流力と呼んでいる．摩擦速度の定義は$\tau_b \equiv \rho u_*^2$（u_*を摩擦速度といい，両者の関係から$u_* = \sqrt{gRi_0}$である）であるので，$(\sigma - \rho)gd$で掃流力を無次元化すると$\tau_* = \tau_b/(\sigma - \rho)gd = u_*^2/sgd$となる．これを無次元掃流力という．ここに，$s = (\sigma - \rho)/\rho$であり，$\sigma$は砂礫の密度，$\rho$は水の密度，$d$は砂礫の粒径である．限界掃流力を$\tau_{bc} = \rho u_{*c}^2$，無次元限界掃流力を$\tau_{*c} = u_{*c}^2/sgd$で表すと，移動限界時の力の釣り合いから$\tau_{*c}$は$u_{*c}d/\nu$の関数であることがわかる．ここに，$u_{*c}$は限界摩擦速度，$\nu$は水の動粘性係数であり，$u_{*c}d/\nu$を限界砂粒レイノルズ数もしくは限界粒子レイノルズ数と呼んでいる．τ_{*c}と$u_{*c}d/\nu$との関係をシールズ（Shields）ダイアグラムという．τ_{*c}の概略値は$u_{*c}d/\nu > 10$の範囲内で0.04～0.06である．移動限界に関しては岩垣式（1956）がある．

c. 流砂量

1）掃流砂量　河道の単位幅，単位時間当たりに輸送される掃流砂の量を掃流砂量という．また，掃流砂量を与える式を掃流砂量式という．掃流砂量式に関しては，多くの研究成果がある．個々の砂礫の確率的な運動を問題にせず，平均的な量を対象として掃流砂量式を求めているものを，次元解析的な手法によるものも含めて，決定論的モデルと呼ぶ．これに対してアインシュタインは，掃流砂の運動を河床での長い休止時間（rest period）と比較的短い運動時間（跳躍距離，step length）に着目し，図5.8に示すように休止時間と跳躍距離の2つの確率変数の組み合わせで掃流砂量を

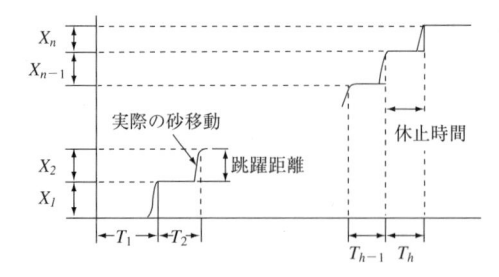

図 5.8 アインシュタインによる掃流砂の移動モデル

巧みに表現しうることを見いだした．この取り扱いを確率過程モデルと呼ぶ．このモデルは現象に対して忠実であり，非定常・非平衡状態での流砂量式を求めるうえでも便利である．

決定論的モデルには，粒子に作用する揚力が粒子の重量に打ち勝つとき粒子は浮上するという条件を取り込んだ揚力モデル，移動している砂粒の平均移動速度は，砂粒に働く抗力と摩擦抵抗の釣り合いから求まり，流砂自身の衝突や流砂と河床面との衝突によって生じる河床面でのせん断応力から流砂量が求まるとした抗力モデル，次元解析によって流砂に関する無次元パラメータを求め，そのパラメータ間の関係を実験データによって調べて流砂量式を誘導した次元解析モデル，掃流砂粒の移動をサルテーション形式による輸送と考え，サルテーション機構の解析から掃流砂量式を誘導した跳躍（サルテーション）モデルなどがある．

確率過程モデルには，確率過程モデルの構成において，休止時間と跳躍距離といった構成要素の分布形の確率とこれらの組み合わせで説明したラグランジュモデルや，砂粒子の離脱確率密度と跳躍距離を構成要素とした確率過程モデルのオイラー的解釈を与えたオイラーモデルなどがある．

通常，掃流砂量は以下のように無次元表示されることが多く，これを無次元掃流砂量という．無次元掃流砂量 Φ は無次元掃流力 τ_*，無次元限界掃流力 τ_{*c}，および無次元有効掃流力 τ_{*e} の関数として表されることが多い．

$$\Phi = \frac{q_b}{\sqrt{(\sigma/\rho - 1)gd^3}} = f(\tau_*, \tau_{*e}, \tau_{*c}) \tag{5.11}$$

ここに，q_b は掃流砂量，τ_{*e} は無次元有効掃流力であって，河床波が発生したときに有効に作用する掃流力を無次元表示したものである．

2) 浮遊砂量　河道の単位幅，単位時間当たりに輸送される浮遊砂の量を浮遊砂量という．浮遊砂は水深方向に濃度分布 $c(y)$ をもっており，通常，河床近傍ほど濃度が高い．河床近傍のある基準面 $y = a$ における浮遊砂濃度を基準面濃度 c_a という．浮遊砂量 q_s は

$$q_s = \int_a^h c(y) u(y) dy \tag{5.12}$$

で求まるが，基準面濃度，浮遊砂濃度分布および流速分布を決定する必要があり，これについて数多くの研究成果が報告されている．c_a としては普通，底面濃度 c_B が用いられる．c_B を算定するモデルは以下の2つに大別できる．

① 浮上する粒子のフラックスと沈降する粒子のフラックスが等しいとおくモデル
② 底面濃度を掃流砂層の濃度に接続するモデル

浮遊砂濃度分布についてはラウス（Rouse）分布式が有名である．平衡状態にある河川の浮遊砂濃度分布に関する基礎方程式は次式で与えられる．

$$\varepsilon_s \frac{dc}{dy} + w_0 c = 0 \tag{5.13}$$

ここに，ε_s は粒子の拡散係数，w_0 は粒子の沈降速度である．流速分布が対数則

$$\frac{u(y)}{u_*} = \frac{1}{\kappa} \ln \frac{y}{y_0} \tag{5.14}$$

で表され，拡散係数が流体の渦動粘性係数 ε に比例すると仮定すると，拡散係数は

$$\varepsilon_s = \beta \varepsilon = \beta u_* \kappa y \left(1 - \frac{y}{h}\right) \tag{5.15}$$

となる．ここに，κ はカルマン定数（$\kappa = 0.4$），y_0 は粗度高さ，β は比例定数である．式 (5.13) を $y=a$ から y まで積分すると，下記のような浮遊砂濃度分布式が得られる．

$$\frac{c}{c_a} = \left(\frac{h-y}{y} \cdot \frac{a}{h-a}\right)^z \tag{5.16}$$

ここに，$Z = w_0/\beta \kappa u_*$ であり，$\beta = 1$ とおいたものがラウス分布式である．

d. 河床形態

流水と河床との境界面は，掃流力などの流水の特性や粒径などの河床材料特性とともに直線河道か湾曲河道かといった河道の地形特性などによってさまざまなスケールで変化する．例えば貯水ダム下流の河床低下や上流の河床上昇は河道の広範な範囲で生じる河床変動であり，大規模河床形態と呼ばれている．また，蛇行，砂州，構造物周辺の河床変動（例えば橋脚まわりの局所洗掘）などは中規模河床形態と呼ばれている．砂州には交互砂州（単列砂州），複列砂州，うろこ状砂州（多列砂州），固定砂州などがあり，河川の横断方向にも波状の形状をもつ河床を砂州という．蛇行は大規模河床形態に分類される場合もある．また，河床波と呼んでいる砂漣，砂堆，反砂堆など，河床材料の粒径や流れの水深スケールで発生する小規模河床形態がある．河床波の特性は表5.2のように分類されている．また，Garde-Raju[3] による小規模河床形態の領域区分は図5.9のとおりであり，中規模河床形態の領域区分は岸・黒木[9] によると図5.10のようである．

e. 土石流

土石流とは，水と土砂礫との渾然一体となった混合物が水の作用によって一種の連

表 5.2 小規模河床形態（河床波）の分類

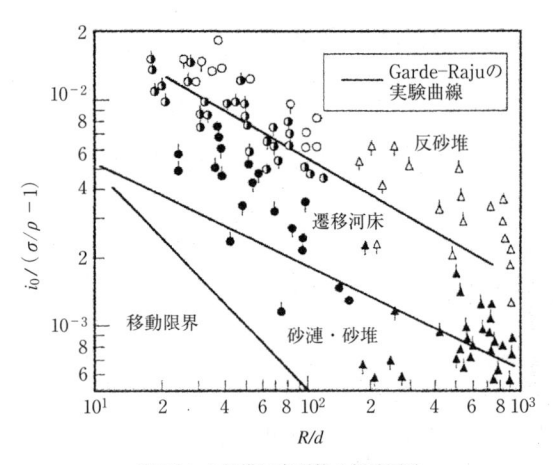

名　称	形状・流れのパターン		移動方向	備　考
	縦断面	平面図		
小規模河床形態	砂　漣			下流	波長・波高が砂粒径と関係する
	砂　堆			下流	波長・波高が水深と関係する
	遷移河床				砂漣・砂堆・平坦河床が混在する
	平坦河床				
	反砂堆			上流 停止 下流	水面波と強い相互干渉作用をもつ

図 5.9 小規模河床形態の領域区分

続体であるかのように時速 30〜40 km といったかなりの速さで集合的に移動する現象である．土石流は渓床勾配が 15 度以上の渓流で発生し，石礫どうしの衝突効果により石礫が流動深全体に分散して流動するが，それ以下の勾配では水のみの層と土砂を含んだ層とが分離した状態で流動する掃流状集合流動か掃流の形態をとって流動する．土石流の流動中の特徴を列挙すると，① 先端は段波状にふくらみ，巨礫が集中

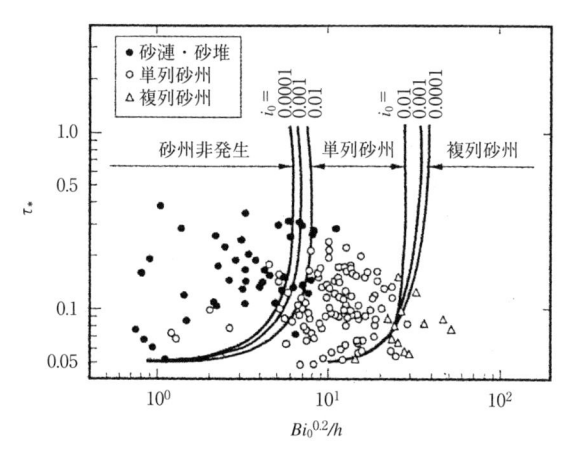

図 5.10 中規模河床形態の領域区分[9]

する．② 表面には巨礫が集まり，先端部の巨礫のみからなるように見える．③ 土石流の後部は小さい砂礫を多く含み，石礫濃度も薄くなる．④ いくつかの波が間欠的にやってくる．⑤ 横断形は先端部の中央部分が盛り上がり，後部では窪んでいる．⑥ 底面付近では流速は小さく，表面で大きい．⑦ 直進性が強い．⑧ 大きな流体力を有し，破壊力が大きい．土石流の堆積過程の特徴は，① 谷の出口のように勾配が急に緩くなり，幅が急に広くなるところへ出ると，堆積して土石流扇状地を形成する．② 一気に広がって堆積するのではなく，扇頂部を中心として首振り運動しながら扇状に広がって堆積する．このような状態では破壊力は弱く，木造家屋は土石に埋まるが建ったままでいられることが多い．③ 石礫の大きさは扇頂部で小さく，扇端部で大きくなる傾向がある．

　土石流の発生原因には，① 河床堆積物の浸食，② 天然ダムの決壊，③ 崩土や地すべり土塊全体あるいは一部の流動化がある．土石流発生の誘因としては，豪雨，地震，火山噴火などがある．

　土石流は，勾配が15度以上の渓流の流域面積が5ha以上で河床に2m以上の石礫が堆積している渓流で特に発生しやすい．土石流の発生の危険性があり，1戸以上の人家（人家が0戸でも官公署・学校・病院・駅・旅館・発電所などのある場所を含む）に被害を生ずるおそれがある渓流を土石流危険渓流という．土石流危険渓流が存在する所では土石流の氾濫・堆積によって土砂災害が発生する危険性が高い．平成13年4月に施行された土砂災害防止法（正式名称は，土砂災害警戒区域等における土砂災害防止対策の推進に関する法律．土石流，地すべり，急傾斜地の崩壊が対象）では都道府県知事が土砂災害警戒区域（土石流発生のおそれがある渓流において，扇頂部から下流において勾配が2度以上の区域）および土砂災害特別警戒区域（土石などの移動により建築物に作用する力の大きさが，通常の建築物が土石などの移動に対して

住民の生命または身体が著しい危害が生ずるおそれのある破壊を生ずることなく耐えることのできる力の大きさを上回る区域）を指定し，土砂災害から住民の生命を守るため，危険の周知，警戒避難体制の整備，住宅などの新規立地の抑制，既存住宅の移転促進などのソフト対策を推進することになっている．

　土石流の流動機構を記述するにはせん断応力と圧力の構造をモデル化する必要がある．せん断応力について概念的に記述すると，

$$\tau = C_0 + \tau_y + \tau_c + \tau_d + \tau_f \tag{5.17}$$

と書ける．ここに，C_0 は粘着力，τ_y は降伏応力，τ_c は粘性応力，τ_d は粒子どうしの衝突による応力，τ_f は粒子間の間隙流体の乱流応力であり，石礫を直径 d の球と仮定してせん断応力を一般的に表示すると

$$\tau = C_0 + \tau_y + \mu \frac{du}{dy} + \frac{\pi}{12}\sin^2\alpha_i(1-e^2)\sigma\frac{1}{b}d^2\left|\frac{du}{dy}\right|\frac{du}{dy} - \rho\overline{u'v'} \tag{5.18}$$

となる[15]．ここに，μ は粘性係数，α_i は石礫の衝突角，e は石礫の反発係数，σ は石礫の密度，b は粒子間距離を表すパラメータであって，$(bd)^3$ で1粒子が占める空間の大きさを表したもの，u'，v' はそれぞれ x および y 方向の流速の乱れ成分であって，$-\rho\overline{u'v'}$ は間隙流体のレイノルズ応力である．なお，$\tau = C_0 + \tau_c$ とするモデルをビンガム流体モデル，$\tau = \tau_d$ とするモデルをダイラタント流体モデル，$\tau = \tau_y + \tau_d$ とするモデルを擬ダイラタント流体モデルと呼んでいる．なお，p_d については Bagnold[1]，高橋[11]，椿ら[14]，江頭ら[5]，高橋ら[13]等，多くの研究成果がある．

　土石流の圧力 p について概念的に記述すると，

$$p = p_w + p_s + p_d \tag{5.19}$$

のように書ける．ここに，p_w は間隙流体の圧力，p_s は粒子の静的な骨格圧力，p_d は粒子衝突に起因する圧力である．なお，降伏応力 τ_y は $\tau_y = p_s\tan\phi$（ϕ は粒子の内部摩擦角）である．p_w については静水圧近似が仮定されることが多い．p_d については粒子衝突によるエネルギー保存の関係から

$$p_d = \frac{\pi}{12}\sin^2\alpha_i e^2 \sigma \frac{1}{b} d^2 \left(\frac{du}{dy}\right)^2 \tag{5.20}$$

である[6,7]．p_s については，土石流中の石礫濃度と関係すると考えられ，研究者によっていくつかのモデルが提案されている（例えば Egashira et al.[2]，高橋ら[12]）．

〔中川　一〕

文　　献

1) R. A. Bagnold：Experiments on a gravity free dispersion of large solid spheres in a Newtonian fluid under shear, *Proc. Roy. Soc.*, **A 225**, 49–63, 1954.
2) S. Egashira, K. Miyamoto and T. Itoh：Constitutive equations of debris flow and their applicability, Proc. of the 1 st International Conference on Debris-Flow Hazards Mitigation：Mechanics, Prediction, and Assessment, *ASCE*, 340–349, 1997.

3) R. J. Garde and G. Ranga Raju：Regime criteria for alluvial streams, *Proc. of ASCE*., **89**, HY 6, 153-164, 1956.
4) 岩垣雄一：限界掃流力に関する基礎的研究，（Ⅰ）限界掃流力の流体力学的研究，土木学会論文集，41, 1956.
5) 江頭進治・芦田和男・矢島　啓・高濱淳一郎：土石流の構成則に関する研究，京大防災研年報，第32号B-2, 487-501, 1989.
6) 金谷健一：粒状体の流動の基礎理論（第1報,非圧縮性の流れ），日本機会学会論文集（B編），**45**, 507-512, 1979.
7) 金谷健一：粒状体の流動の基礎理論（第2報,発達した流れ），日本機会学会論文集（B編），**45**, 515-520, 1979.
8) 上林好之：日本の川を甦らせた技師デ・レーケ, pp.272-279, 草思社, 1999.
9) 岸　力・黒木幹男：中規模河床形態の領域区分に関する理論的研究，土木学会論文報告集, 1984.
10) 坂口　豊・高橋　裕・大森博雄：日本の川, p.225, 岩波書店, 1986.
11) 高橋　保：土石流の発生と流動に関する研究,京大防災研究所年報，第20号B-2, 405-435, 1977.
12) 高橋　保・里深好文：石礫型及び乱流型土石流の一般理論とその実用化モデル，砂防学会誌, **55**, (3), 33-42, 2002.
13) 高橋　保・辻本浩史：斜面上の粒状体流れの流動機構，土木学会論文集，No.565/Ⅱ-39, 57-71, 1997.
14) 椿東一郎・橋本晴行・末次忠司：土石流における粒子間応力と流動特性，土木学会論文報告集，No.317, 79-91, 1982.
15) 宮本邦明：Newton流体を含む粒子流の流動機構に関する基礎的研究，立命館大学学位論文, 39-72, 1985.

5.3　湖沼・貯水池の特徴

5.3.1　湖沼・貯水池

　湖，沼，池，貯水池などは，陸地で囲まれた（一部では海につながっていることがあるとしても）地表のくぼ地に常時溜まっている水域で，面的な広がりをもっている．広がりがあって溜まっていることから，川のように特定の方向の顕著な流れは通常見られない．比較的大きなものを湖といい，小さいものを沼や池というようであるが，感覚的な区別であって明瞭な定義はない．
　貯水池は人工的に作られた水溜りで，灌漑用水のための種々の規模の池や，ダムによって堰き止められて作られたダム湖などがある．規模の大きな貯水池は，天然の湖と区別せずに「湖」と命名されることが多い．ただし，河川を堰き止めたダム湖では，流れをもつというもとの川としての性質を残している場合がある．
　天然の湖の成因は多様である．その主なものをあげると次のようである[1,2]．
　① 構造性：地殻の変動によって生じた湖で，一般的には深い．バイカル湖（シベリア）やタンガニーカ湖（アフリカ東部）などがその例である．わが国の琵琶湖や諏訪湖もそうである．
　② 火山性：火山の噴火口やカルデラに水が溜まってできた湖で，一般に湖面は小さく水深は大きい．十和田湖，摩周湖，蔵王・御釜などがある．また，火山の噴出物

表5.3 世界と日本の主な湖[3]

(a) 世界の湖

名称	所在	成因	面積(10^3 km^2)	平均水深 (m)
カスピ海	ユーラシア	構造	374.000	209
スペリオル湖	北アメリカ	氷河	82.367	148
ビクトリア湖	アフリカ中央部	構造	68.800	40
アラル海	中央アジア	構造	64.100*	15
ヒューロン湖	北アメリカ	氷河	59.570	53
ミシガン湖	北アメリカ	氷河	58.016	84
タンガニーカ湖	アフリカ東部	構造	32.000	572
バイカル湖	シベリア	構造	31.500	740
グレートベアー湖	カナダ北部	氷河	31.153	72
グレートスレーブ湖	カナダ北部	氷河	28.568	73

(b) 日本の湖

名称	都道府県（支庁）	成因	面積 (km^2)	平均水深 (m)
琵琶湖	滋賀	構造	670.3	41.2
霞ヶ浦	茨城	海跡	167.6	3.4
サロマ湖	北海道（網走）	海跡	151.9	8.7
猪苗代湖	福島	構造	103.3	51.5
中海	島根・鳥取	海跡	86.2	5.4
屈斜路湖	北海道（釧路）	火山	79.3	28.4
宍道湖	島根	海跡	79.1	4.5
支笏湖	北海道（石狩）	火山	78.4	265.4
洞爺湖	北海道（胆振）	火山	70.7	117.0
浜名湖	静岡	海跡	65.0	4.8

*面積の変動が激しい．

によって河川が堰き止められてできた湖も火山性の湖であるが，特に堰止め湖といわれることがある（磐梯山と裏磐梯湖沼群．焼岳と大正池もそうであったが土砂の堆積により事実上消滅したといわれる）．

③ 氷河性：氷河の侵食作用によってできたくぼ地に水が溜まった湖や，氷河の運んだ堆積物で堰き止められてできた湖である．五大湖（北米）やスカンジナビア半島の多くの湖がその例である．

④ 堰止め性：上に火山の噴出物による堰止めをあげたが，それ以外にも河川の浸

食・堆積作用や地震や地すべりによる崩壊で河川が堰き止められてできた湖のことである．堰止めは必ずしも安定ではなく，崩壊すると下流に大きな被害をもたらす．

⑤ 海跡性：海湾の一部が漂砂の堆積や土地の隆起などにより分離されてできた湖で，浜名湖や八郎潟調整池などがある．

世界および日本の主な湖（貯水池を除く）を湖面積の順にあげると表5.3のようである[3]．

5.3.2 湖沼の水

湖の水は淡水であることが多いが，塩水である湖（塩湖）も存在する．特に乾燥地域では，河川の流末が湖になっていてそこから流出する河川がなく蒸発によって流入水量とのバランスがとられている場合，流入した塩分はそのまま残留しその濃度は次第に増す．海面より400m近くも低い湖面標高をもつ死海（イスラエルとヨルダンの国境）では塩分濃度は300 g/l に達し（海水の10倍の濃度），湖面に浮かびながら読書ができるといわれる．青海湖（中国）も流出河川をもたない湖で，塩分濃度は現在では10 g/l ぐらいのかすかに塩気を感じる程度といわれる．青海湖では流入水が減少していて水面は低下傾向にあることに加え，湖水の濃縮とともに結氷期間が短くなりその分蒸発が増えており，さらにそこへ人工的な水利用が重なるので，塩湖化がいっそう促進されるのではないかと懸念されている[4]．

海跡湖のように海に近い湖では，海に通じている河川や水路から海水が湖へ遡上し，湖水と入り混じって汽水性となっていることが多い．中海・宍道湖や小川原湖がその例である．汽水湖の塩分濃度は，地形，流入水量，潮汐，気象（風や気圧変化）などによって複雑に変化する．汽水性の湖は独特の豊かな生態系をもっていて，その維持保全のため汽水性を適正に保つことが重要な課題となっている湖が多い．

湖に関する大きな問題の一つは水質劣化の進行である．湖の水質の全般的な状態は，富栄養（eutrophic），中栄養（mesotrophic），貧栄養（oligotrophic）という栄養状態によって表される．その区別は，栄養塩（窒素，リンなど）の濃度や藻類の種類・量などのいくつかの指標を組み合わせて行われるが，必ずも定説的に決まっているわけではない．例示すれば，阿寒湖や十和田湖は貧栄養湖（水質的に良好）であり，霞ヶ浦や諏訪湖は富栄養湖（水質劣化が進んでいる）といわれる．

湖は一般に閉鎖性が強く，水の入れ替わる速さ（一定の容積―いまの場合は湖の容積―を流入水量で除した値で，その逆数を回転率という）が低い水域である．流入した各種の栄養塩負荷は湖において化学変化や生物変化を受け，流出するか，沈降堆積するか，湖内に滞留する．湖周辺の人間活動が活発になるに従い栄養塩負荷の増加はこれまでのところ不可避的であり，それに加えて湖は閉鎖性が強くいったん水質が悪化すると回復がむずかしいことから，多くの湖で水質の問題が深刻化している．

湖は深くて栄養塩の少ない貧栄養湖から中栄養湖を経て次第に浅い富栄養湖になり，さらには湿原へ遷移すると一般的にいわれる．ただし，これは数百年から数万年

かけて起こる変化である．現在では，人為活動により極めて短時間のうちに湖の富栄養化が進行し，水利用や環境・景観などに障害をもたらしていることが問題とされている．

5.3.3 湖沼の水文

湖への水の流入には，河川などの表面流入，地下湧水，湖面への降雨があり，流出には，河川，地下流出，蒸発がある．流入水量と流出水量の差によって，風や波浪による変化を除いた平均的な湖水面の上昇あるいは下降（水文学的な水位変化）が生ずる．

多くの湖では，河川などの表面流の流入が最も大きな水源であるが，ビクトリア湖（アフリカ中央部）では水源の76%が湖面への直接降雨であるといわれ，また石灰岩地域では湖底流路や湖底湧水が水源である例が多いという[1]．

湖の水収支には不確定な要素が多く定量的な把握は容易ではない．図5.11は水文流出解析や蒸発散に関する現地観測などによって琵琶湖とその流域の年間水収支を解析した例である[2]．このうち，「地域」とあるのは琵琶湖流域（滋賀県のほぼ全域）に関する量である．琵琶湖の流域面積は湖面も含めて3850 km^{2}であり，この流域に降った雨が100以上の流入河川を通じて琵琶湖に入る．琵琶湖への年流入量は計44.6億m^{3}で，河川からが67%，湖面への降雨が27%，湖岸からの地下水が6%と見積もられている．一方，流出は，唯一の流出河川である瀬田川への放流，京都市の水源となっ

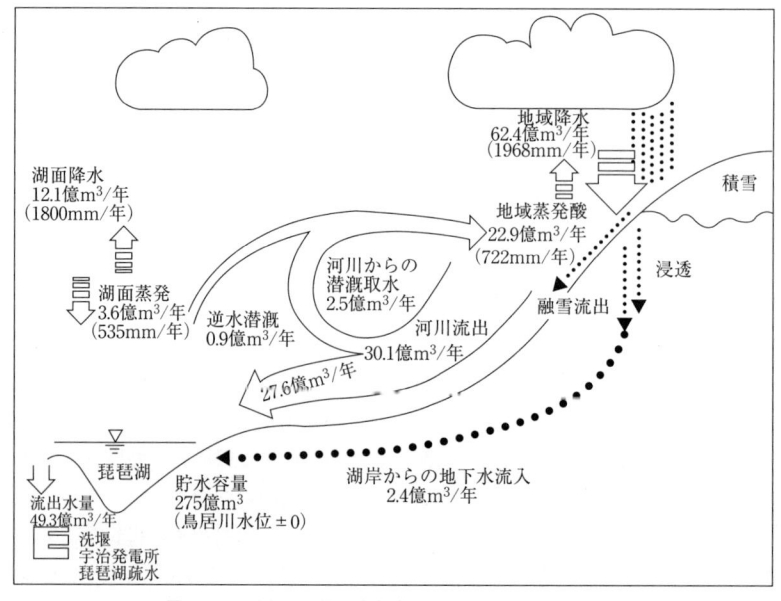

図5.11 琵琶湖流域の水収支（1977～1985年の平均）[2]

ている琵琶湖疏水（最大取水流量は約 22 m³/s）および宇治川発電（最大取水流量は約 50 m³/s）で，合計が年 49.3 億 m³ となっており，これらの流入および流出水量がバランスして琵琶湖の水量 275 億 m³ が維持されている．図の結果は琵琶湖のような大きな湖の水収支評価として注目するべき成果であるが，水文諸量の算定にはいまだ不確定な要素が多く今後の研究が待たれる．

もう少し全体的に見るための量として先にあげた回転率がある．湖の容積を年間の平均流入流量で割れば，何年で湖の水が入れ替わるかの指標が得られ，その逆数が年回転率である．五大湖（北米）の例では，最大のスペリオル湖では 190 年（年回転率は 1/190），最小のエリー湖で 3 年といわれる．日本では，支笏湖が最大で約 60 年，琵琶湖は約 5 年（年回転率 0.2）である．ただし，このような指標は湖の中で水が常に完全に混合した状態で順に押し出されてゆくことを前提にしているから，後で述べるような水の密度の違いによる滞留などは考慮されていない．

湖への流入・流出の興味深い例として，トンレサップ湖（カンボジア）があげられる．この湖の流出河川であるトンレサップ川はメコン川の支川である．乾期の終わり（5 月ごろ）にはトンレサップ湖の水位は 2～3 m に低下し，湖面積は 3000 km² 程度に縮小するが，雨期（6 月から 10 月）にはメコン川の洪水の一部がトンレサップ川を逆流してトンレサップ湖に流入する．その結果，雨期の終わりの 10 月には，湖の水位は 10～11 m に上昇し，湖面積は 10,000 km² にまで膨れ上がる（メコン川の洪水の 1/4 に当たる 600 億 m³ が流入するといわれる）．雨期が終わり乾期になれば，トンレサップ湖に蓄えられた水はトンレサップ川を通じてメコン川に流出し（水量はトンレサップ湖周辺の他の河川から流入する分も含めて 850 億 m³ といわれる），メコンデルタ下流部の灌漑，舟運，塩水遡上の防止などに貢献している．このように，トンレサップ川は流出河川であるとともに流入河川でもあって，トンレサップ湖はこの川を通じてあたかも呼吸するように，雨期に洪水を吸い込み乾期にそれを吐き出し，メコン川下流部において自然の流量調節機能を果たしている．

5.3.4 湖沼における成層

a. 成層

湖を水理的に特徴づけるのは成層（stratification）の存在である．成層とは，水の密度の違いによって比較的重い水が下方に，比較的軽い水が上方に位置し，湖水の密度分布が水深方向に層状態をなすことである．

このような密度の違いは，例えば塩分などの溶存物質濃度の違いによっても生ずるが，湖において最も一般的には水温の違いによってもたらされる．すなわち，水温が 4℃ 以上では水温が高いほど水の密度は小さいため，比較的軽い水温の高い水が表面に近い位置を占め，水温が水深方向に連続的に低下するような成層状態を示す（成層が十分発達すれば，上層と下層で水温が不連続的に変化する 2 層状態になることがある）．水温分布は一般に図 5.12 のようであり，上層および下層において水温がほぼ一

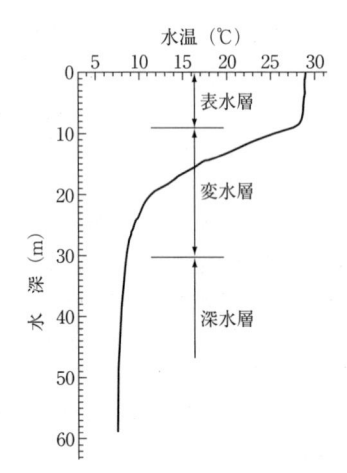

図 5.12 湖における夏季の水温分布（2000 年 8 月 23 日，琵琶湖南比良中央測点）

定の領域をそれぞれ表水層（epilimnion）および深水層（hypolimnion）と呼び，その間の水温が徐々に変化する領域を変水層（水温躍層，metalimnion または thermocline）と呼ぶ．

図において表水層の水温を 28℃，深水層の水温を 7℃ とすると，その密度差は 3.67 kg/m^3 で，百分率にすると 0.367% の差である．このように密度の違いは一見ごくわずかであるが，このわずかな差が流れに対して極めて大きな影響を与える場合があり，湖の水理的な挙動を複雑かつ豊かにしている．成層による密度差およびそれによって生ずる特徴的な流れはさらに，水質や生態の挙動にも大きく影響している．

b. 成層過程

成層のできる理由は大きく分けて2つある．一つは，流入河川であり，もう一つは表面における太陽熱の受容である．わが国の多くの湖においては，春から夏にかけて河川水の水温は上昇し，この水は湖の水より軽いため表層に流入する．さらに，この季節では太陽熱の受容が活発になり，太陽からの放射熱の多くは表層で吸収されその水温を上昇させる．このようにして，表層の水温は高くなって下層との差が大きくなる結果，上層が軽く下層が重いという安定性を増した成層となり，水深方向の対流・混合は抑制される．このため，表層の高い水温が下層へは伝わりにくくなり，表層に多くの熱が蓄えられ成層はますます発達する（成層期）．成層が最も顕著になるのは真夏から8月にかけてである．このとき表水層の厚さは5～30 m の程度である．秋になると，表面においては熱の受容より放出・冷却の方が大きくなり，表層の水温は低下し始める．河川水もまた水温が低下し始め，湖内においてその水温とほぼ同じ水温の層に流入するので，変水層からの冷却も始まる．このようにして，成層は徐々に弱まり，表層から深層にわたる循環が生じ（循環期），冬には水深方向に水温がほぼ一様な状態になる．湖においてはこのような水温分布の変化が毎年繰り返されている．

ダム湖のような人工的な貯水池では，成層過程に放流制御の影響が加わる．わが国のダム湖では，洪水期制限水位に下げるための放流が通常5月ごろに行われている．この放流によりダム湖の水が入れ替わる（放流による回転率が1になる）程度の容量の小さいダム湖が少なくなく，このようなダム湖では放流口の標高より上の貯水池水はほぼ入れ替わる結果，水温躍層は放流口の標高にほぼ等しい位置に現れることになる．

c. 成層による湖の分類

以上の成層過程は中緯度の低地にある湖について一般的にいえることである．水の密度は4℃で最大になるから，寒冷地や高地で表面水温が4℃以下に低下する場合にも表面密度が下層より小さくなって成層が生ずることがある．また一方，湖が浅く表水層だけが形成され成層が現れない湖もある（湖の深浅を成層が生ずるかどうかで判断する場合がある）．さらに，夏の日射の強い昼間，水面からごく浅い層（1m程度）に躍層が現れることがある．これは一次躍層と呼ばれており，夜間には消滅する．

年間を通じた成層の状態により湖を分類すると表5.4のようである[2]．全季成層型は年間を通じて成層している湖で，例えば下層に濃度の高い塩水があれば水温とは関係なく成層が常に現れることがある．二季成層型は夏季と冬季に成層が現れる湖で，わが国でも高地寒冷地では現れると考えられる．一季成層型の夏季成層型が最も一般的であろう．中間型は比較的浅く一次躍層が現れるような湖，混合型は成層が見られず密度が水深方向に一様な浅い湖である．

d. 成層と安定性

成層している湖では，比較的重い水が下層にあり，比較的軽い水が上層にあるから，静的な意味では安定している．流れのある場では安定性は次のリチャードソン数 Ri によって判定される．

$$Ri = -\frac{g}{\rho} \cdot \frac{\partial \rho / \partial z}{(\partial u / \partial z)^2} \tag{5.21}$$

ここに，ρ は密度，g は重力の加速度（9.8 m/s²），u は流速，z は鉛直上向きの座標である．この数は浮力による安定性（分子）と流れのせん断による不安定性（分母）の比で表されており，Ri がある程度以上であれば安定と判断される．ただし，その具体的な数値は密度分布や流速分布によって異なり，一般的には1程度以上といわれ

表5.4 成層による湖沼の分類[2]

---
1. 成層型
   (1) 全季成層型
   (2) 二季成層型
   (3) 一季成層型（夏季成層型，冬季成層型）
2. 中間型
3. 混合型

ているだけである．いうまでもなく，静止している場合は $\partial \rho / \partial z$ が負であれば，すなわち上方へいくほど密度が小さくなっていれば，上記のように安定である（静的安定）．

安定な成層状態のもとでは，浮力の作用により軽い水は下方へ行きにくく重い水は上方へ行きにくいから，水の上下方向の運動は抑制される．この結果，先に述べたように，上下方向の対流・混合も抑制され上下間の物質や熱の移動も小さくなる．成層が極端に発達して2層状態になった場合，上下の水層はそれぞれ別の流体であるかのような挙動を示すことがある． 〔井 上 和 也〕

5.4 湖沼の水理

湖の水理として，水面の変動や湖流があげられる．このような水理現象には，湖の地形，風や日射などの気象，流入・流出水量，水温などが影響しており，また湖の水理現象は，生態，水質あるいは漁業などの社会経済活動に影響を及ぼしている．

湖においてはこれまでは，水が溜まっていること，流入と流出により徐々に水が入れ替わることだけが水理としてとらえられていたが，湖に関する水質や生態が問題になるに従い，湖の中で水はどのように流れているかといった内部での種々のスケールの水理が最も基礎的現象として注目されるようになった．以下では主に琵琶湖を例にして，湖の水理現象のいくつかを紹介する．

5.4.1 表面モードと内部モード

成層が存在するとき，静水圧分布による圧力 p は次式で表される．

$$p = \rho_0 g \eta - \int_z^\eta \Delta \rho g dz \tag{5.22}$$

ここに，η は基準水位から図った水面の高さ，ρ_0 は基準となる密度，$\Delta \rho = \rho_0 - \rho$ で基準密度 ρ_0 と実際の密度 ρ との差である．また，静水圧成分のうち，$\rho_0 g z$ は水の水平運動に寄与する圧力ではないので，通常はこれを取り除いている．

第1項は，水面の上昇下降と基準密度によって生ずる圧力で順圧（barotropic）成分といわれ，第2項は密度の非一様性（$\Delta \rho$）によって生ずる圧力で傾圧（baroclinic）成分といわれる．

順圧成分は水表面の変位によって生ずる圧力であることから，この成分によって生ずる水の運動を表面モードという．また，表面モードの流れでは密度の非一様性は考えなくてもよく，成層の存在を無視して湖全体を一様な密度の水として取り扱うことができる．一方，傾圧成分によって生ずる流れは内部モードといわれ，当然，密度の非一様性が重要な役割を占める．内部モードの流れでは，水面の変位は考えなくてもよいとされ，水表面は静止しているとすることが多い．

5.4 湖沼の水理

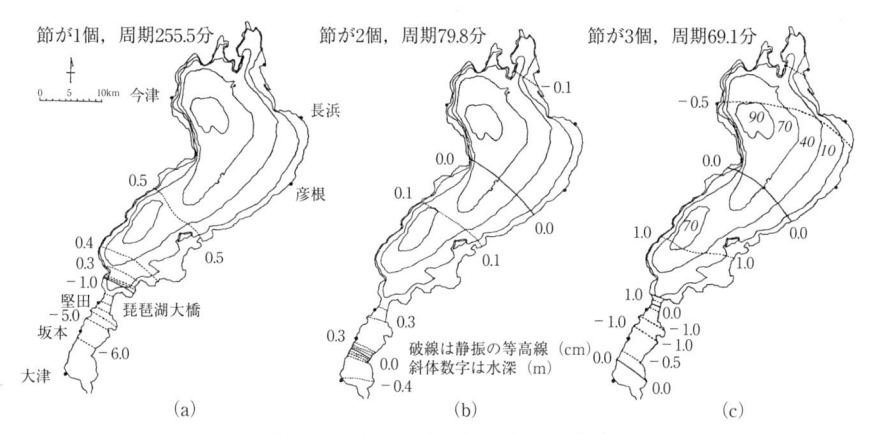

図 5.13 琵琶湖の表面静振（平面分布）[5]

5.4.2 表 面 静 振

湖面に風が吹くと風下に水が吹き寄せられ風下側に上昇する水面勾配が生ずるが，風が変化すると風の作用（水面に作用する力）と水面勾配による圧力差に不均衡が生じ，その結果水面が振動する．このような要因によって発生し湖岸を腹とする定常波を静振（セイシュ，seiche）という．水槽を揺すったときに生ずる水面の波と同じ現象が，強風の吹送や気圧の変化によって湖でも生ずるのである．

今里[5]は琵琶湖における表面静振を表面モードとして解析した．図 5.13 はその結果の一例で，図中の実線が静振の節（水面が変動しない箇所）を表し，破線が静振の等高線である．図の (a)，(b) および (c) がそれぞれ節の数が1個，2個および3個の静

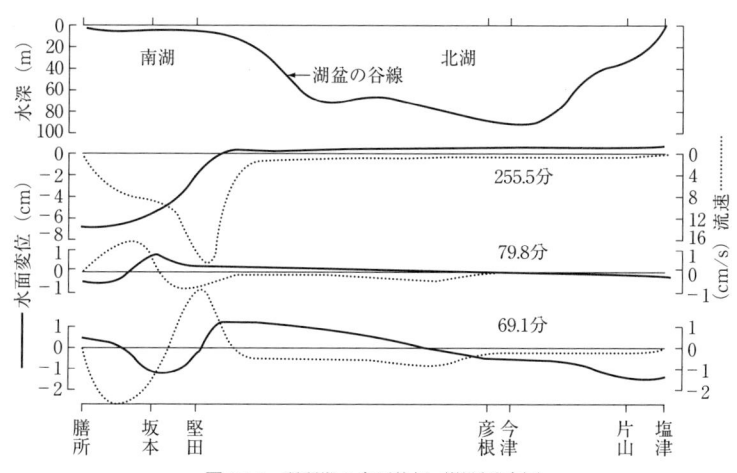

図 5.14 琵琶湖の表面静振（縦断分布）[5]

振を表していて，それらの周期はそれぞれ255.5分，79.8分および69.1分である．また，図5.14はこれらの静振による水位および流速の谷線（湖の横断図の最深部を連ねた線）に沿った最大値の分布を示したもので，実線が水位，破線が流速である．この図から，周期255.5分の静振は主として南湖（堅田より南で平均水深は3.7m）で顕著なことがわかる．この周期約4時間の静振は南湖でしばしば観察されていて，静振の腹の当たる大津では振幅は20cm以上になることがある．北湖（堅田より北で平均水深は44.3m）では従来70分程度の静振が認められていたが，今里は南湖も含めた解析により，上記のようにこの静振が79.8分と69.1分の2つに分離できることを示した．

5.4.3 内部静振

内部静振とは，成層が発達して2層状態になっているとき，その境界面（内部境界面という）が，表面静振と同じような理由により振動する現象である．2層状態の上層の密度を ρ_1，下層の密度を ρ_2 とするとき，内部モードでは重力の加速度は $\varepsilon g h_1/(h_1+h_2)$（ここで，$\varepsilon=(\rho_2-\rho_1)/\rho_2$，$h_1$ および h_2 は上層および下層の水深）で作用するから，内部静振による境界面の振幅は，表面静振の振幅に比べて極めて大きい．ただし，内部静振が表面水位に及ぼす影響は無視しうる程度である．

内部静振は，表面静振と同様な方法によって解析できるが，表面静振とは異なり湖がある程度大きいと内部静振に地球自転の影響（コリオリ力）が加わり，回転性の内部静振が現れる．金成[6]は琵琶湖沿岸のいくつかの地点において水深方向の水温分布を観測し，風の吹送後に水温躍層付近の水温が時間的に急変すること，およびその変化の位相が北湖の周辺に沿って反時計回りに伝播していることを見いだした．金成はこのような水温の急変が内部静振によって生ずることを明らかにするとともに，位相の伝播は傾斜した内部境界面が北湖の中央部に鉛直な軸をもって回転して生ずるものであって，これが内部ケルビン波で周期は約66時間（2.7日）であることを明らかにし，数値モデルによって確かめた．図5.15は数値実験によって得られた内部ケルビン波の振幅と位相の分布である．

5.4.4 環　流

湖を周回する環流は多くの湖で観測されている．琵琶湖北湖においては古くから北湖の北部を軸とする反時計回りの環流が認められている．最初にそれが確認されたのは1925年の神戸海洋気象台による琵琶湖の総合的な調査においてであり，図5.16がその結果である．北から順に，第一環流（反時計回り），第二環流（時計回り），第三環流（反時計回り）といわれる[2]．

その後，漂流板やADCP（acoustic doppler current profiler）による観測および数値モデルなどによる研究が行われ，環流には以下のような特徴のあることが見いだされている[7]．

① 第一環流は成層期の浅水層に安定的に存在し，流速は30～40cm/sに達する．

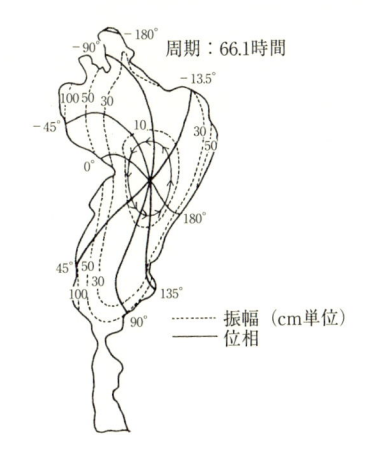

図 5.15 琵琶湖の内部ケルビン波[6]

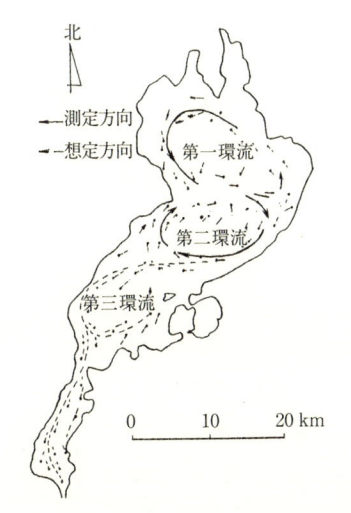

図 5.16 琵琶湖の環流(神戸海洋気象台, 1925)[2]

② 第二環流も成層期に安定的に存在する．
③ 第三環流の存在や安定性は明瞭でない．
④ 冬季には環流は存在しない．

環流は水平方向の圧力勾配と地球の自転によって生ずるコリオリ力とのバランスから決まる地衡流としての性格があると考えられる．環流の成因に関しては風成論と熱成論が考えられている．風成論は湖面に作用する風のせん断応力によって環流が発生するとするものであり，熱成論は水深によって熱容量が異なることから湖岸と湖中央とで生じた水温差が環流を引き起こすとするものである．現在のところ，琵琶湖の環流に関してはその持続機構までを含めた解明はまだできていないといえる．

5.4.5 密度流

密度流とは密度の違いが運動の主因となっている流れで，例えば淡水より重い海水が淡水湖に進入するときなどに見られる．琵琶湖では浅い南湖と深い北湖の間で密度差による交流があり，内部静振によって北湖の底層水が南湖に流入する場合と，水深が浅く熱容量が小さいため冬季に早く冷却し相対的に重くなった南湖の水が北湖に密度流として進入する場合とがある．前者は成層期に強風があった場合に限られており，また静振であるので北湖から南湖に進入しても再び北湖に還流するから，長期的に見れば交流にはそれほど寄与しないと考えられている．一方後者は湖底に沿って進入しひとたび発生すれば数日間は持続し，実質的な交流を起こすことが観測的に認められている．琵琶湖においては，北湖から南湖へ，そして南湖から瀬田川へ流出するのが基本的な流れであるが，上記の交流はそれとは逆向きであり，特に汚濁の進んでいる南湖の水が比較的良好な水質をもつ北湖に進入することが問題とされる．

図 5.17 は密度流が南湖から北湖へ進入する様子をシミュレーションによって解析した例である[8]．南湖と北湖の間に仮想的な仕切を設け，南湖の水温を 11℃，北湖表層の水温を 13℃ の静止した湖と設定した後，仕切を取り除いて密度流を発生させた

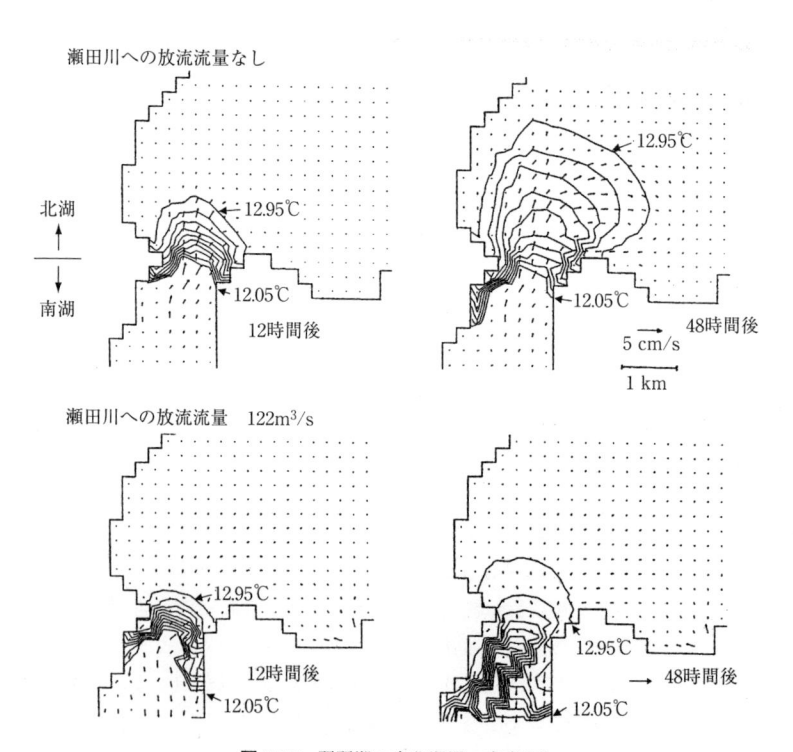

図 7.17 琵琶湖の南北湖間の密度流[8]

結果で,湖底の水温分布と流速をあわせて示している.瀬田川からの放流がないときは,密度流は時間の経過とともに北湖へ相当進入し,しかもコリオリ力の影響によりやや右(東)に偏る傾向が見られる.一方,瀬田川からの放流があるとき,放流は南向きの流れを発生させるため,密度流の北湖への進入はかなり抑制されている.密度流が発生しやすい初冬には瀬田川の流量は年平均値より減少していることが多いので,この期間に密度流が発生すれば相当量の南湖の水が北湖に進入するようである.

〔井上和也〕

文　献

1) 堀内清司:湖沼,地球科学講座9 陸水(山本荘毅編), pp.181-259, 共立出版, 1968.
2) 岩佐義朗編:湖沼工学, pp.3-211, 山海堂, 1990.
3) 国立天文台編:理科年表, pp.606-609, 丸善, 2002.
4) 滋賀県琵琶湖研究所編:世界の湖(増補改訂版), pp.72-74, 人文書院, 2001.
5) 今里哲久・金成誠一・国司秀明:びわ湖の水の流動に関する数値実験的研究,京都大学防災研究所年報, 14 B, 451-464, 1971.
6) S. Kanari: Internal Waves in Lake Biwa (II), Numerical Experiments with a Two-layer Model, Bulletin of Disaster Prevention Research Institute, Kyoto University, No. 22, 69-96, 1973.
7) 遠藤修一・渡邊美和・奥村康昭:診断モデルによって推定されたびわ湖の湖流の季節変化,滋賀大学教育学部紀要,自然科学, **45**, 43-56, 1995.
8) 廣瀬昌由:細粗格子を用いた湖流の数値解析法の研究,京都大学大学院工学研究科修士論文, 1990.

▧可視化物質としての雲▧

　地球の上には，さまざまな風が吹いている．非常に小さいスケールから，地球規模の風まで，様々な形態をとって風は吹いている．日本の上を西から東に強い風として吹いているジェット気流は，地球規模の風の代表であるし，アメリカなどで有名なトルネード（竜巻）は，小さいスケールの風の一例である．そのほかに，木の葉を揺らす風の息も，より小さいスケールの風も存在する．

　風とは空気の運動である．そして，空気は，残念ながら人間の目には見ることはできない．しかし，このような流れを何とかして目にしたいという気になってくる．流れを見ることを可能にすることを，「流れの可視化」という．地上では，吹流しや風船などを流して，空気の流れを測定してきた．しかし，地球規模で空気の流れの可視化を行うことは不可能であった．

　そこで考えられたのが，人工衛星にカメラを載せて，可視化の道具として雲を使うというアイディアである．この試みは，非常に大きな成功となった．テレビで放送される「ひまわり」の雲画像を見れば納得されることであろう．誰にでも，ダイナミックに動く空気の流れが見てとれる．このことは，地球に生まれた人間の特権であり，地球が水惑星であることの御利益の1つと考えられる．すなわち，「地球はひとつ」ということが実感できるからである．　　　　　　　　　　　　（A.S.）

6. 地下水

6.1 地層と地下水

6.1.1 地層の間隙と間隙率

砂あるいは礫などの粒子間の空間，また固結岩石の亀裂，節理などの空間を総称して間隙（interstices）という．間隙は地下水を通過させ，貯蔵する機能を有するとともに，地下水と地層との間での熱や物質交換の場を提供する．また間隙は地下水の存在を規定する最小のオーダーでもある．

さて，間隙は成因的に見て大きく初生的な間隙と2次的な間隙に分けられる．前者は地層の生成時に形成されたもので，堆積起源（sedimentary origin）と火成起源（igneous origin）がある．堆積起源の間隙は粘土，砂，礫などの砕屑物が水域や陸域に堆積したときに形成され，その構造が保持されているものであり，火成起源の間隙は溶岩の冷却時にできる割れ目，噴出時期を異にする溶岩の境界部などに形成されるものである．2次的な間隙は岩層の形成後にできるもので，断層破砕帯，炭酸塩岩類の溶解によってできた空洞あるいは岩石の節理などがそれである．

また間隙はその形状から裂か（罅）性のものと多孔質性のものに区分され，それぞれ裂か水（fissure water）と地層水（stratum water）を含む．図6.1にMeinzer. O. E（1923）による間隙のいろいろなタイプを示しておく．

地層の全容積中に占める間隙容積の割合が間隙率（porosity, n）である．また粒子の全実質容積に対する間隙容積の比を間隙比（void ratio, e）と称する．通常間隙率はパーセントで示し，間隙比はそのまま小数で表すことが多い．なお圧密などの問題を取り扱う場合は分母が変化しない間隙比で表示したほうが都合よいのでもっぱらこちらのほうが利用されている．なお両者の関係は，

$$n=\frac{e}{1+e} \quad \text{および} \quad e=\frac{n}{1-n}$$

である．

多孔質性媒体において，粒子の大きさが均一でかつ，その配列が同じなら間隙率は粒径の大きさにかかわらず一定である．この場合，最も密に配列した状態が菱形配列

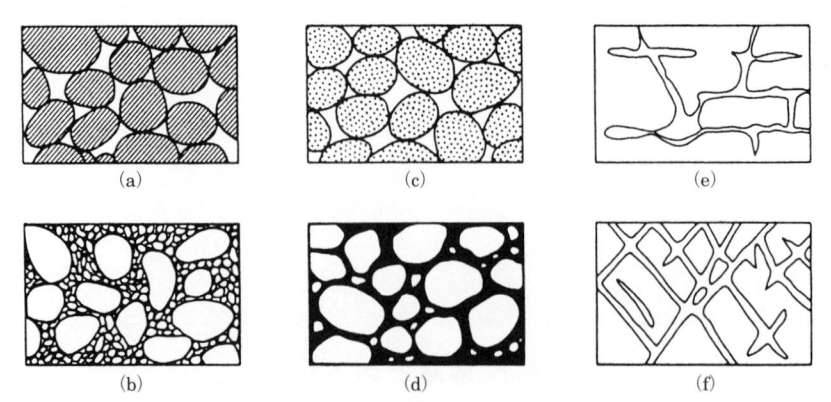

図 6.1 間隙のタイプ（Meinzer, 1923 による）
(a) よく淘汰された間隙率の高い堆積物．(b) 淘汰のよくない間隙率の低い堆積物．
(c) 淘汰のよい多孔質粒子からなる間隙率のきわめて高い堆積物．(d) よく淘汰されているが，鉱物質が間隙を充塡しているため，間隙率が低くなっている．(e) 溶食作用による間隙．(f) 亀裂や割れ目などの間隙．

(rhombohedral array)で，間隙率が25.9%，最も粗に配列した状態が方形配列（cubic array）で，47.64%と計算されている．実際には構成粒子の不均一性や土層構造などのためにさまざまな値を示す．一般には粒径分布の不ぞろいの著しい礫層に比べて，ほぼ均一な粒径からなる粘土，シルト層などの細粒質層のほうが間隙率は大きい．

次に固結岩の場合も含めて，間隙率の大きさを左右する要因を示すと次のようである．

① 固結岩の場合：固結度，溶解の程度，岩石の割れ目の状態
② 未固結岩の場合：パッキング，粒径，均一性，配列，粒径分布，セメンテーション

ここで，パッキングは地層の堆積状態や堆積深度によって異なり，特に後者にあっては上載荷重のために間隙が押しつぶされ，一般に深度とともに減少する傾向がある．

円磨度も間隙率を左右する．角ばったゴツゴツした礫では大きいが，亜円礫〜円礫では粒子はかえって密に配列しやすくなり，間隙率は減少する．均一性については先にも触れたように，それが良いものほど大きい．

セメンテーションは粘土鉱物，カルサイト，ドロマイト，あるいは石英分などにより粒子間隙が充塡され，固結される現象である．同一岩層でも古いものほど間隙率が小さくなるのはそのためである．

図6.2は実際の河成沖積堆積物の粒径と間隙率，産出率，残留率の関係を示したものである．図中産出率が粒径の大きい部分で低下するのは，粒径が大きくなるにつれて細粒物質の混入の影響を受ける割合が大きくなるためである．しかし間隙率は細粒

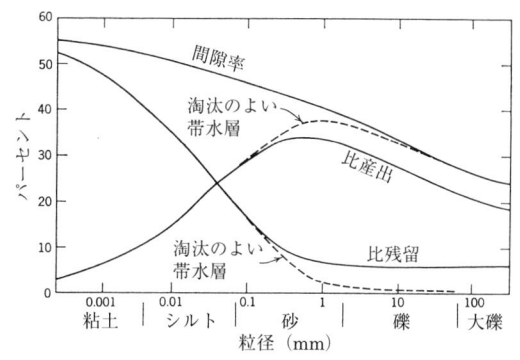

図 6.2 間隙率,比産出率,比残留率の関係[22]

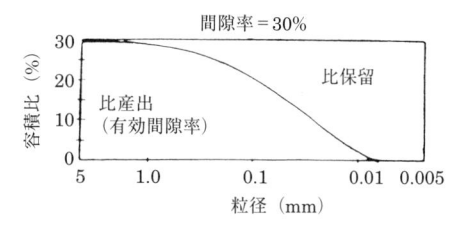

図 6.3 粒径による有効間隙率の相違(Tolman, 1937 による)

物質の混入によって逆に増大する.

間隙水のうち,重力の作用により排出しうる水量の地層全容積に対する割合を産出率(specific yield)と呼んでいる.これは有効間隙率(effective porosity)と同義のように使用されている.一方重力の作用に抗して間隙中に残留する水量の割合を残留率(specific retention)と呼んでいる.これは土粒子表面に吸着している水分や土粒子間の小間隙に集積している水分などのさまざまな様態の水分を合わせたものであるが,この量は一定容積の地層にあっては固相の全表面積が大きい細粒の地層ほど多くなる.間隙率,産出率,残留率の関係を模式的に示せば図6.3のように表すことができる.なお表6.1に代表的な岩石,地層の間隙率,比産出率の一般値をあげておく.

6.1.2 水文地質単元

ここでいう水文地質単元とは「地理的,空間的にある広がりを有する地下水現象にかかわる水文地質要因の単位」と考える.したがって,このように定義した水文地質単元には表6.2に示したように,地下水現象のスケールに対応するいくつかのオーダーが考えられる.

いうまでもなくこれらの各項目は地下水現象が連続的であることからみておのおの別個に考えるべきではなく,互いに関連しあうものとしてとらえる必要がある.また

表 6.1 代表的な地層の間隙率[2]

(a) 未固結地盤

地層	間隙率 (λ %)	有効間隙率 (λe %)	地層	間隙率 (λ %)	有効間隙率 (λe %)
沖積礫層	35	15	洪積砂礫層	30	15～20
細砂	35	15	砂層	35～40	30
砂丘砂層	30～35	20	ローム層	50～70	20
泥粘土質層	45～50	15～20	泥層粘土層	50～70	5～10

(b) 岩盤 (多数の実測値を整理)

岩質	風化程度	間隙率 (λ %)	岩質	風化程度	間隙率 (λ %)
花崗岩	新鮮 かなり風化の進んだもの	0.3～5 10～25	安山岩		1～7
はんれい岩	新鮮 かなり風化の進んだもの	0.2～1 3～18	玄武岩	割れ目がないもの 少し割れ目のあるもの	0.1～5 5～7
石灰岩	新鮮 多孔質なもの	0.5～1 10～27	タフ (大谷石)	普通 多孔質なもの	20～25 25～50
頁岩	固結度の高いもの 固結度の低いもの	0.4～3 3～10	砂岩	固結度の高いもの 固結度の低いもの	0.6～7 20～42

問題によっては,すべての水文地質単元に同時にかかわるようなものもあるはずである.故にこの表に示した事項は現実の問題において何が重点的に考慮されるべきであるかの1つの目安を示すものとして理解しておく必要がある.

さて,地下水の存在を規定する最小の水文地質単元は地質学的には部層,あるいは単層に相当するが,地下水の貯留と産出という視点から Walton (1970),あるいは Davis と DeWiest[22] は以下のように区分している(透水係数とのおよその関係が表 6.3 に示されている.なお帯水層を "滞水層" と書いてあるケースがしばしば見受けられるが,これは誤りなので使わないほうがよい).

① 帯水層 (aquifer):飽和された透水層で,通常の動水勾配で十分な水を移動させることができる地層.

② 半帯水層 (aquitard):飽和された半透水層で,水の移動も産出もわずかである.しかし地域的な流動を考える場合は重要である.

③ 難帯水層 (aquiclude):飽和された難透水層で,通常の動水勾配ではほとんど水の移動が行われない.

表 6.2 地下水現象にかかわる水文地質単元のオーダー[19]

	規模	大	中	小
地下水現象	地下水の動態	地下水の地域間移動	地下水の層間移動	地下水の層内移動 "水みち" あるいは裂か (罅) での水の動きなど
	地下水の産出	地下水盆または地下水域単位の産出量	漏水, 絞り出し量	(被圧状態) 弾性貯留量 (不圧状態) 単位体積産出量
	パラメータ	地下水盆の産出率	漏水係数	透水係数 (透水量係数) 帯水層の弾性係数 有効間隙率
水文地質要因	水文地質単元	地下水盆 地下水域 (堆積盆単位)	帯水層系統 (層群, 累層単位)	帯水層ユニット (単層, 部層単位)
	配慮すべき事項	地下水盆の区分 涵養域 流動域 などの区分 滞留域 開放系 閉鎖系 などの区分	帯水層群の層位学的関係	帯水層の連続性 (微細構造) 帯水層の組成, 組織, 構造, 地層の一様性
関係するタイムスケール		←――― 一般に大きい　　　　　一般に小さい ―――→		

④ 非帯水層 (aquifuge): 水の移動も貯留もほとんど行われない.

以上の区分は後に述べる透水性を基とした区分に比べて明確に定量化しにくい概念を基としているのでかなり曖昧なものといわざるをえない. また地下水の存在とその性質を規定している機能から加圧層あるいは制限層 (confining bed) という用語がしばしば用いられ, これによって下端のみを支えられ, 上方は不飽和帯を経て大気と接している地下水を不圧地下水 (unconfined groundwater), 上下端を限られている地下水を被圧地下水 (confined groundwater) と称しているが, これも後に述べるように対象とする地下水の時間的, 空間的規模によっては大きな意味をなさなくなる.

6.1.3 帯水層の不均一性と不等方性

1つの帯水層の中でも空間的位置や方向によって透水性などの物性が異なる. 前者を不均一性, あるいは異質性 (heterogeneity) と称し, 後者を不等方性, あるいは異方性 (anisotropy) と称する. これらの性質は地層の堆積時の非一様性からみてほとんどの場合にあてはまると考えたほうがよい. Freeze (1978) によれば, 不均一性について次の3通りをあげている.

① layered heterogeneity: 粘土の薄いはさみなどが介在しているような場合.
② discontinuous heterogeneity: 断層やスケールの大きな層序学的なギャップが

ある場合.

③ trending heterogeneity：三角州や扇状地の堆積物に見られるもので，上流側より下流側への堆積物の性状の変化が著しい場合.

帯水層の不均一性と不等方性が最も問題となるのは汚染物質の地中での挙動に関してであろう．このことに関しては後に詳述する．

6.1.4 地下水盆

groundwater basin の訳語として地下水盆という用語を初めて使用したのは君島八郎 (1919) で，彼はその著書の中でこれを「周辺と底が不透水性の地盤によって囲まれた一種の地下貯水池である」と説明している．

酒井軍治郎[3]もだいたいこれに近い説明を行っている．要約すると次のようである．

「その周辺を地下水文学的不連続線によって囲まれている1つの地下水域であるが，地下水包蔵体に見られるような排水地帯を有せず，自然の状態での地下水の流動は見られない．地下水の流動はそこでの地下水の開発が排水域のように作用したときに発生し，また涵養地帯が存在する場合には初めてその機能が発揮される」

榧根勇 (1973) はこれらとは異なる次の見解を述べている．

「groundwater basin は地下水の地域的流動システムによって決定されるもので，地質構造と無関係にでも存在しうる．さらに季節により，また人為的な揚水により，流動システムが変化するので，その形態は固定的なものとはならない」また，「groundwater basin の訳語として地下水盆という言葉が使われているが，以上のように考えると，"盆"という語は底を有する地質構造を連想させ，実際には相互にほとんど干渉しあうことのない複数の地下水体を同一貯水池中の水のような連続体と誤解することになりかねないので，必ずしも適切とは思われない」

もともと groundwater basin という言葉自体にも明確な定義が下されているわけではなく，例えば Todd (1959) は，

「groundwater basin という用語は実際にはかなりルーズに用いられており，またその言葉の曖昧さの故に明確かつ一般的な定義づけもされていない」と述べている．彼によれば，groundwater basin とは「1つの大きな，あるいは結合され，相互に関係づけられた，いくつかの帯水層を含む自然地理的単元」であり，「実質的な地下水補給に備えうる地下水貯蔵体を含む1つの地域」である．

上記の諸見解は堆積盆の地質構造を重視するか，それにはかかわらない地下水流動系を重視するかに分かれるが，筆者は混乱を避けるため，地下水盆を「容水地盤の地質系統別の堆積盆地構造にしたがって設定されるもの」とし，「1つの地下水流動系によって括られる地域」を地下水域として区別している．地下水盆と地下水域は地理的に一致する場合もあり，1つの地下水盆の中に複数の地下水域が存在することもある．これは地下水の流動系が自然条件のみならず，人為条件によっても変化することから当然といえる．

6.2 地下水の流動

6.2.1 地層の透水性

地層が地下水を通過させる能力を透水性といい，それを定量化したものを透水係数（hydraulic conductivity）という．これは基本的には間隙，粒径，円磨度，パッキングなど，地層本来の物性にしたがうものであるが，厳密にはそれ以外に流体の密度，粘性などによっても変化する．しかし地下水問題では実際上これらを無視して，「単位動水勾配のもとで，単位の断面積を通して単位時間に流れる水量」と定義している（厳密には水温の影響を受けるので室内透水試験では標準温度（20℃）値に統一することとしている．なお動水勾配を動水傾度と呼ぶ場合もある）．

多孔質媒体を通過する水量と動水勾配との関係は図6.4のようであって，ある範囲内では両者の間に比例関係が成立する．すなわち，

$$V = \frac{Q}{A} = -k\frac{dh}{dl} \tag{6.1}$$

ここで，V はフラックス，Q は流量，A は断面積，dh/dl は動水勾配，k は比例定数．

この関係はフランスの水理技術者 Henry Darcy（1856）により，砂の濾過に関する実験の過程で確かめられたもので，ダルシーの公式（ダルシー則）と呼ばれ，上式の比例定数が透水係数で，次元は $[LT^{-1}]$ である．

ダルシーの公式が乱流状態では成立せず，水頭損失が比例関係以上に大きくなることはよく知られている．自然の地下水の流れではこのような状態にはならないが，揚

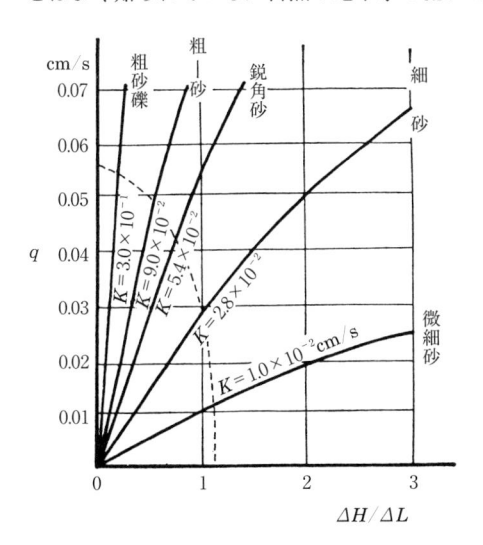

図 6.4 動水勾配とフラックスの関係[17]

表 6.3 堆積物の種類と透水係数[16]

透水係数 k (cm/s)								
10^2	1.0	10^{-1}	10^{-2}	10^{-3}	10^{-4}	10^{-5}	10^{-6}	10^{-7}
礫	砂または砂礫				細砂・シルト, シルトと砂の混合物		不透水土, 例えば風化帯	
帯 水 層					難帯水層		実用上非帯水層	

水試験の際には井戸近傍では乱流状態になるケースが多いものと思われ，このような状態で算出された透水係数は実際より過小に評価される危険性が生じる．一方小さい動水勾配（10^{-3}オーダー）でも，それとフラックスとの間に直線性が得られないことが指摘されている．そしてこのような低動水勾配ではビンガム塑性流動をなすという考えも出され，また動水勾配がある値以上にならないと流動を開始しない，いわゆる始動勾配が存在することも指摘されている．このような現象は緻密な粘土層などで顕著で，極性を有する水分子は電荷している土粒子の影響のため，結晶水の性質を示し，自由水のそれより高い粘性を有している．したがって低動水勾配ではその運動が著しく阻害されることになる．

透水係数は地下水流動の定量的評価に際しては不可欠の要素であり，またそのような立場から地層を透水層（permeable layer），半〜難透水層（semi-permeable layer），不透水層（impermeable layer）に区分することがある．しかし最近のように汚染物質の運搬者としての地下水が問題となるとともに，透水性に関しては現実に則した認識と評価が求められるようになっている．（従来の認識レベルでは透水層として括られていたものでも，実際にはそのすべてにまんべんなく地下水が流れているわけではない．また逆に不透水層として括られているような地層でも選択的な地下水流動をゆるす構造は存在する．汚染物質の流動に際してはこのようなところが問題となる．）なお参考までに表 6.3 に堆積物の種類と透水係数，および先に説明した帯水性区分のおよその関係を示しておく．

6.2.2 地層の貯留性

a. 比 貯 留

単位の静水頭低下（あるいは上昇）に対応して，単位体積の帯水層から流出する水量（あるいは流入する水量）を比貯留（specific storage）と称する．次元はその定義から明らかのように [L^{-1}] である．

いま，ある大きさの静水頭低下に応じて被圧帯水層中の貯留水が湧出する機構を考えると次の2つのプロセスが考えられる．すなわち，

① 水頭低下 → 有効圧力の増大 → 帯水層の圧縮 → 地下水の産出
② 水頭低下 → 水の膨張 → 地下水の産出

比貯留 S_s はこれらの和として表され，次式で与えられる．

$$S_s = \rho g(\alpha + n\beta) \tag{6.2}$$

ここで，ρ は流体の密度，g は重力の加速度，α は帯水層の圧縮率，n は間隙率，β は水の圧縮率.

しかし水の圧縮率にかかわる ② による産出量は，帯水層の圧縮率にかかわる ① による産出量に比べてはるかに小さく，一般には $n\beta$ の項は無視してもよい.

Domenico と Mifflin (1965) が与えている比貯留の値を表 6.4 に引用しておく.

表 6.4 比貯留値[2]

地盤・岩盤および地層の種類	比貯留量 S_s (l/m)
plastic clay （塑性粘土）	$1.9 \times 10^{-3} \sim 2.4 \times 10^{-4}$
stiff clay （しまった粘土）	$2.4 \times 10^{-4} \sim 1.2 \times 10^{-4}$
medium hard clay （やや硬い粘土）	$1.2 \times 10^{-4} \sim 6.3 \times 10^{-5}$
loose sand （緩い砂）	$9.5 \times 10^{-5} \sim 4.6 \times 10^{-5}$
dense sand （密な砂）	$1.9 \times 10^{-5} \sim 1.2 \times 10^{-5}$
dense sandy gravel （密な砂礫）	$9.5 \times 10^{-6} \sim 4.6 \times 10^{-6}$
rock, fissured, jointed （割れ目・断層岩）	$6.4 \times 10^{-6} \sim 3.0 \times 10^{-7}$
rock, sound （堅岩）	$\sim 3.0 \times 10^{-7}$
上総層群	5×10^{-5}
成田層群	$1 \times 10^{-4} \sim 2 \times 10^{-3}$

b. 貯留係数

貯留係数 (storativity, storage coefficient) は被圧帯水層と不圧帯水層とでその物理的意味が異なるので両者を分けて考える必要がある.

まず被圧帯水層における貯留係数は，「帯水層の表面に垂直に作用している静水頭が単位量だけ減少（または増大）したときに帯水層の単位表面積から出てくる（または入る）水量と定義される. この定義からわかるように，貯留係数の次元は無次元である. また帯水層の厚さを m とすれば，貯留係数 S は，

$$S = m \cdot S_s \tag{6.3}$$

である.

さて，帯水層の水理定数のなかで，その取り扱いにいちばん苦労するのはこの被圧地下水の貯留係数である. それはこれを正確に求めるための技術的側面に加えて，水頭変化に応じて発生する帯水層の性状の時間的，空間的変化過程によって，その値が変化するためである. 例えば，水頭変化に伴う被圧帯水層の不圧帯水層化，帯水層中に挟在する粘土あるいは加圧層の圧縮，他の帯水層からの漏水，涵養域からの誘発涵養の増大などが関係する.

次に不圧地下水の貯留係数は，「地下水面の単位低下量（または単位上昇量）に対して，帯水層の単位表面積から出てくる（または入る）水量」と定義される.

不圧帯水層の貯留係数は別に産出率 (specific yield) と呼ばれ，また不圧貯留係数 (unconfined storativity) ということもある. なおこれは有効間隙率と同義のように用いられることもあるが，前者は水の産出という現象をとおして認識されるものであ

るのに対して，後者は水の流動を可能ならしめる間隙の割合を示し，本来は異なる概念のものである．なお，不圧地下水の貯留係数は一般に 0.01～0.1 のオーダーで，被圧地下水のそれに比べてはるかに大きい．

6.2.3 地下水の流速と流向

地下水の流動を定量的に把握するのは必ずしも容易ではない．直接的な方法としては食塩や色素などによるトレーサー法が昔からよく用いられているが，トレーサーを投入するための井戸，またこれを検出するための観測井の工事に多額の経費を要するうえ，観測自体にも長時間を要するのが欠点である．このため比較的取り扱いと解析が容易な流向流速計による単一孔井での測定法が多種考案されている．例えばトレーサー投入後，その移流拡散を追うもの，水温を指標とするもの，水中テレビによる浮遊微粒子を追跡するものなどがある．しかしこれらの流向流速計はいずれもごく限られたスペースでの動きを追っているため，実際の地下水流動をどこまで正確にとらえているか，疑問とする点も多い．

間接的な方法とは地下水面図から流向を求め，ダルシー式をフィールドに適用して，動水勾配，透水係数，有効間隙率から流速を計算するもので，次式による．

$$V = \frac{Q}{A} = k \cdot I \tag{6.4}$$

ここで，V は濾速，Q は流量，A は流動断面積，I：動水勾配．

なお濾速から真の流速 V_0 を求めるには，有効間隙率でこれを割ってやらなければならない．

地下水の流向流速は揚水や灌漑などによる人為的擾乱のほか，降水の浸透や地下水面，河川水位の変動などの自然的要因による影響も受ける．図 6.5 は灌漑水の導水によって地下水面の形が大きく変化する例である．また図 6.6 はごくわずかに離れているところで流向流速が大きく異なっている例で，この方法の限界（代表性など）と留意点が示されている．

6.2.4 地下水流動系

地下水流動系という概念が定着するようになったのはさほど古いものではなく，わが国では地盤沈下問題に関連して，地下水盆管理，あるいは帯水層管理という意識が高まってきた 1960 年代後半からである．そのベースとなったのは Tóth (1963) が地下水流動シミュレーションによって示した図 6.7 のモデルであろう．図の右側が地形的に高く，分水界を形成し，左側が谷部に相当する．図の右半分は地下水の涵養域にあたり，左側が流出域になり，全体として広域流動系を形成する．

図 6.8 は地下水面に起伏をもたせた場合である．地下水面の起伏は大きくは地形に支配されるので，例えばローカルな谷と丘が対峙している場合にはそれに応じた地下水の流れが形成されることが多く，このような場合を局地流動系と称している．さらに広域流動系の中にあっていくつかの局地流動系を含む場合を中間流動系として区別

している．

地下水流動系を正確に描き出すためにはピエゾメータによる地下水ポテンシャルの3次元情報が不可欠であるが，このような情報を得ることは一般に容易ではなく，数

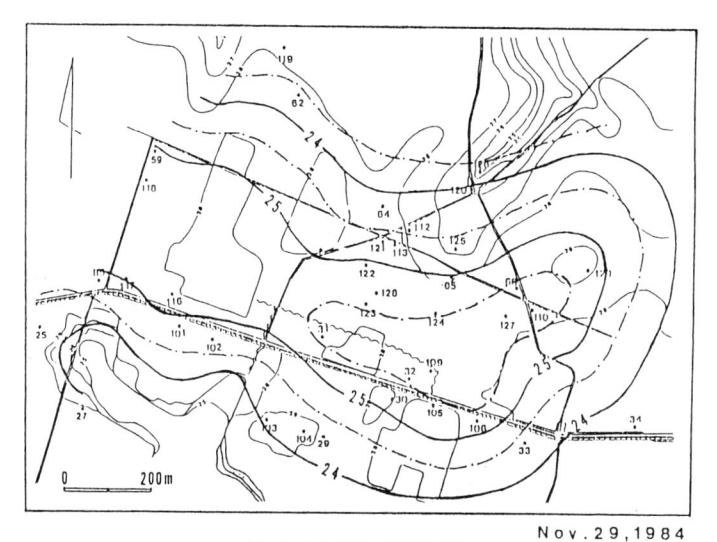

(a) 地下水面図（非灌漑期）　Nov.29,1984

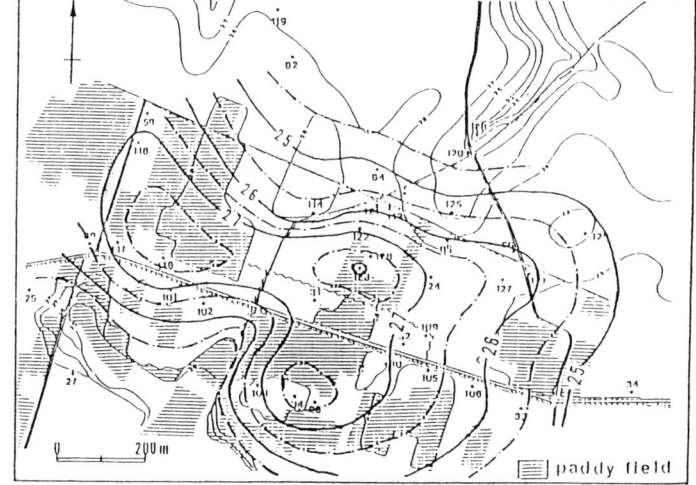

(b) 地下水面図（灌漑期）　May.12,1984

図 6.5 灌漑期，非灌漑期によって地下水面の形が異なる例（新藤，1985 による）(a) が非灌漑期，(b) が灌漑期，両者の差は 2〜4 m に達する．

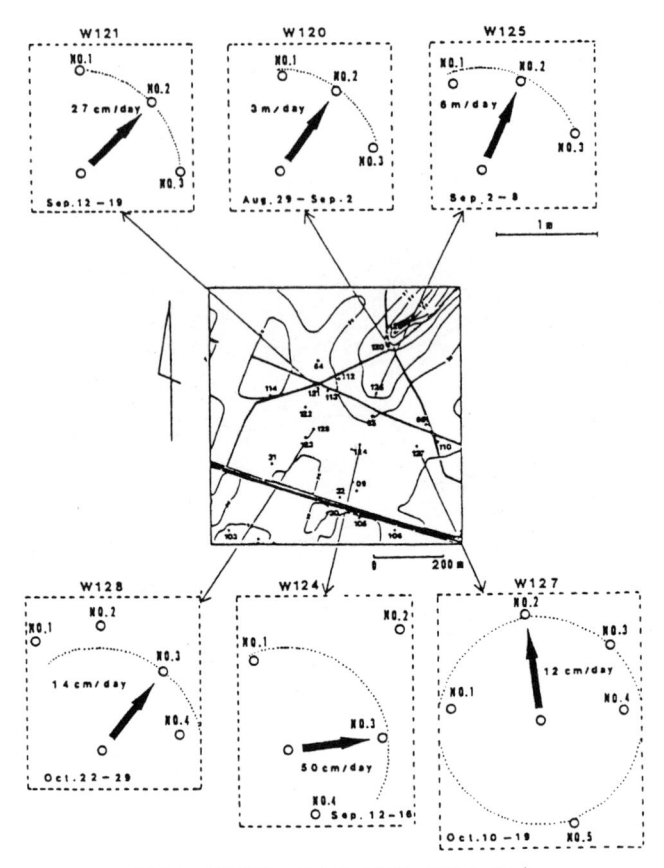

図6.6 流向流速の局地性（新藤，1985による）

値実験的な結果を提示するにとどまっているものが多い．さらにシミュレーションの産物として描き出された結果がどれほど現実を再現しえたか追跡された例も少ない．

わが国の場合，これまで関東平野をはじめ，濃尾平野，大阪平野などで地下水流動系の解析の例が知られているが，地下水盆管理などの実用に供しうるレベルまでには至っていない．ここでは地質構造，地下水産出量，地下水質などの実際の観測値から工業技術院（現産業技術総合研究所）地質調査所工業用水グループが描いた関東平野の水文地質区分の例を図6.9に引用しておく．

6.3　地下水盆の水収支

6.3.1　水収支とは

一定地域，一定期間内における水の流入量 Q_r，流出量 Q_d，貯留量 S_t の量的関係を

6.3 地下水盆の水収支

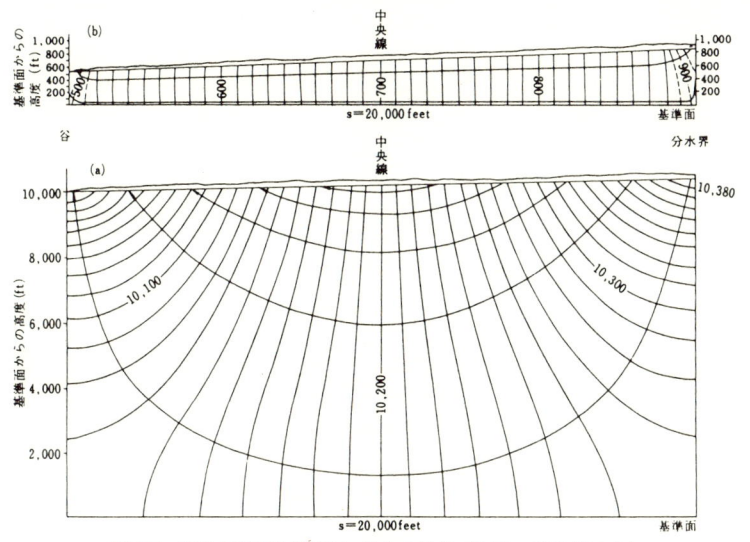

図 6.7 地下水面に起伏がない場合の流線（Tóth，1962 による）

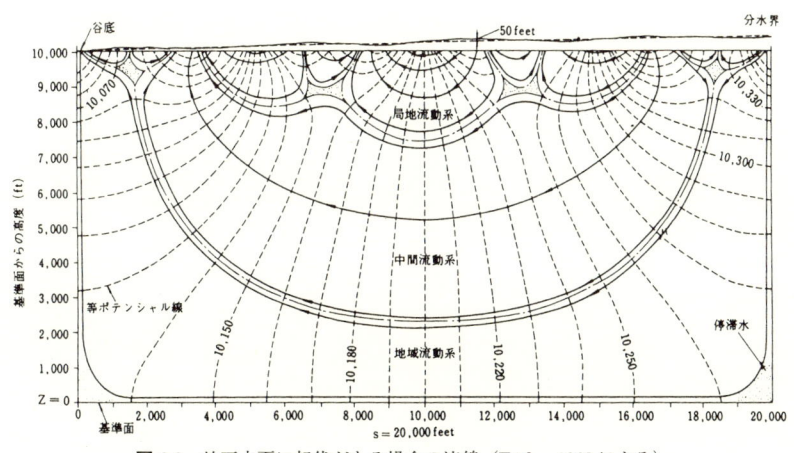

図 6.8 地下水面に起伏がある場合の流線（Tóth，1962 による）

水収支といい，基本的には次式で表される．

$$\frac{dS_t}{dt} = Q_r - Q_d \tag{6.5}$$

地下水盆単位でいえば，地下水盆の面積を A，水位低下速度を dh/dt，地下水盆の産出率を S' として，

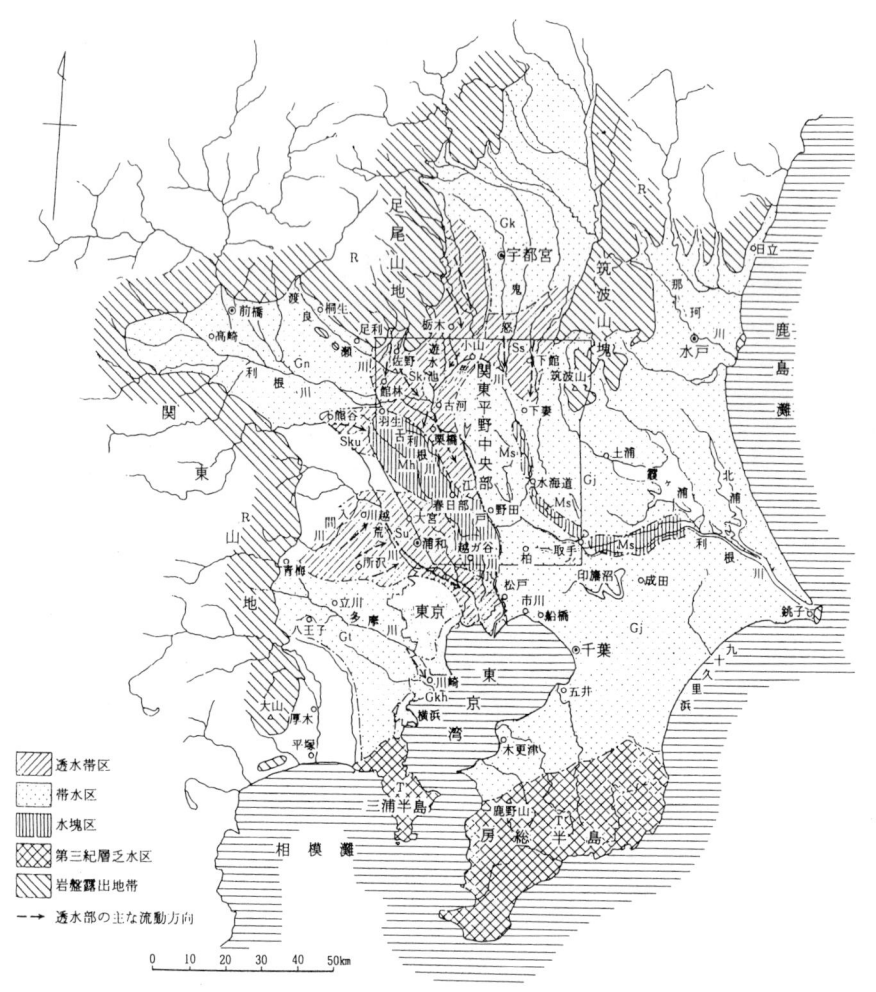

Sk：古河透水帯区　Ss：下館透水帯区　Sku：熊谷透水帯区　Su：浦和透水帯区
Gk：鬼怒川帯水区　Gn：中利根帯水区　Gj：常総台地帯水区　Gt：多摩・武蔵野帯水区
Gkh：京浜地帯帯水区　Mh：古利根水塊区　Ms：新利根水塊区　T：第三紀層非帯水区　R：岩盤山地

図 6.9 関東平野の水文地質区分[11]

$$\frac{dS_t}{dt} = AS' \cdot \frac{dh}{dt} \tag{6.6}$$

または

$$\frac{dh}{dt} = \frac{Q_r - Q_d}{AS'} \tag{6.7}$$

と表せる．なお Q_r 項には地下水流入量，降雨浸透量，地表水浸透量のほか，水道漏水などの人工的な涵養量が含まれるものとし，Q_d 項には地下水流出量，揚・排水量などが含まれるものとする．

6.3.2 留意点

式（6.7）中でその取り扱いが最も難しいのは地下水盆の産出率 S' である．これはすでに定義した貯留係数そのものではなく，水位低下にともなって生じる帯水層の変形（圧密による変形や弾性変形）を含み，さらには他の帯水層からの誘発的涵養が加わる場合があるからである．それらはいずれも時間の関数であり，言い換えれば水収支期間の長さによって変わるものである．以上のほかに厳密には地下水盆の面積 A も揚水規模による影響圏の拡大縮小，あるいは流動系の変化の影響を受ける．したがってこれらの値は周辺条件の変化を考慮して，補正してゆくべきものと考えたほうがよい．

6.4 地下水障害

6.4.1 地下水位低下，地下水の枯渇，地盤沈下

式（6.7）に示されているように，地下水流入量（涵養量）より流出量が多ければ，貯留量を食い潰すかたちとなり，水位低下につながる．一般に地下水盆の被圧地下水のモデルは図6.10のように閉じた系として表すことができる．すなわちこれにまったく人工が加わらなければ，本来はほとんど停滞していると考えるのが妥当である．地下水流動は揚水というインパクトによって生じた地域間，あるいは帯水層間の水頭差を補償するかたちで行われるのである．この際，それと揚水量との間に生じるタイムラグが水位上昇として現れるので，一般に地下水揚水量が増大する夏期に水位が低下し，揚水量が減少する秋期から冬期にかけて上昇するという現象が出現する．水位上昇が前年度の水位に復さないまま次の揚水増大期に至り，これが継続すれば水位低下が累積して，ついには地下水の枯渇ということになる．わが国ではこのような極端な現象は見られないが，中国華北平原の一部では実際にこのような現象が報告されている．

地下水位の低下はそれ自体が地下水障害といえるが，これに起因して発生する地盤変位や地盤沈下は典型7公害の1つとして環境影響評価のなかでも重要な位置を占めている．

地盤沈下の主原因が地下水揚水に起因するものとして，これをすでに昭和初期において実際に観測し，かつ圧密理論に基づいてその機構を明らかにした和達清夫の仕事は銘記すべきものといえる．彼は多数の観測結果を整理して，地下水位と地盤沈下速度とが直線関係にあり，かつ沈下速度が0となる水位が存在することに注目し，沈下速度は，次式によって表されるとした．

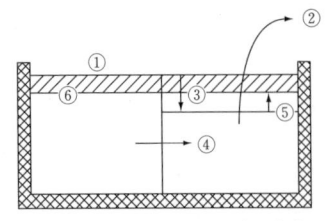

①が最初の状態．②の揚水によって，③の水位最低下が惹起される．③の水位差を補うかたちで④の移動が起こる．この時点で②の揚水が停止したとすると，⑤の水位上昇が起こり，最終的に⑥の水位で平衡にいたるが全体として斜線の部分が減少したことになる．

図 6.10 地下水盆における被圧地下水のモデル（新藤，1979 による）

$$-\frac{dh}{dt}=k(p_0-p) \tag{6.8}$$

ここで，p_0 は沈下速度 0 のときの水位（標準水位），p はそのときの水位である．また k は比例定数である．（和達が注目した沈下速度と地下水位の直線関係は一般に沈下の初期段階で認められる現象といえる）

なお，この研究は主として西大阪地区の地盤沈下を対象として進められたもので，当時すでに現在のものと同様に地盤沈下による井戸の抜けあがり現象を利用したシステムを採用していた．

地盤沈下が地下水揚水に起因するものとする考えが一般に認められるようになったのは第二次世界大戦末期における首都圏地域の工場群の壊滅によって地下水の汲み上げが止まり，それとともに地下水位が回復し，地盤沈下の停止が認められるようになってからのことである．そのあたりの状況は図 6.11 からよく理解できる．

いったん休止した地下水位の低下と地盤沈下は戦後の産業の復興とともに再発し，昭和 30 年代後半以降の地下水揚水規制の強化をみるまでは増進の一途をたどってきた．東京湾岸地域のうちで，とりわけ著しい地盤沈下を示した地域は図 6.12 に示したいわゆるゼロメートル地帯と呼ばれている東京低地で，最大累積沈下量は明治 25 年以来 457.95 cm（江東区南砂 2 丁目）に達し，沈下の激しかった昭和 30 年代後半から 40 年代前半では年間の沈下量は 200 mm 以上に達した．

地盤沈下などの地下水障害の防止を目的とした，工業用水法（昭和 31 年法律第 146 号）や建築物用地下水の採取の規制に関する法律（略称ビル用水法，昭和 37 年法律第 100 号），および各地方自治体の公害防止条例などによる地下水揚水規制が昭和 30 年代後半から相次いで施行されたため，臨海部の地盤沈下は現在では低減，あるいは終息しているが，逆にその周辺の内陸部での沈下が目立ち始めている．関東地方の例では埼玉県中北部から栃木県南部にかけた平野部，茨城県南部の平野部がこれに該当し，地盤沈下対策に迫られている．このあたりの地盤沈下は降雨量の少ない年に激しく，多い年には緩やかとなる傾向が見られ，図 6.13 に示されているように農業用井戸の稼動状態と密接に関係していることが明らかである．

6.4.2 塩　水　化

村下敏夫（1982）によれば，地下水の塩水化とは「直接的あるいは間接的に地下水

6.4 地下水障害

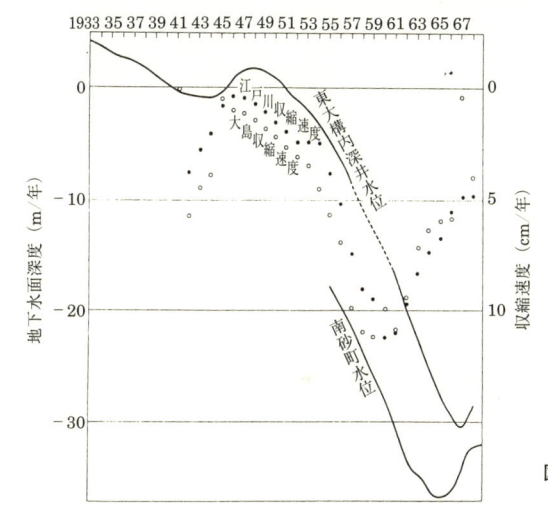

図 6.11 地下水位と収縮速度[12]

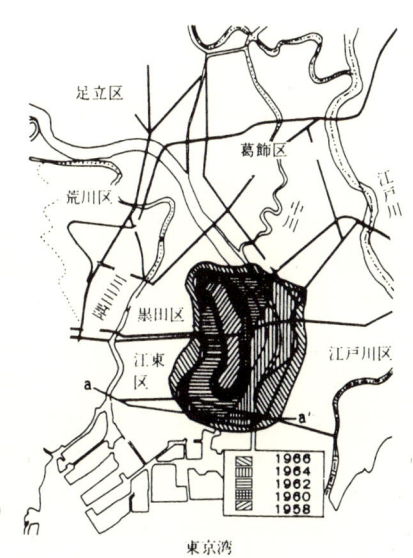

図 6.12 海水準以下の地域変遷（いわゆる0m地帯）（東京都，1969による）

に加えられた人為的インパクトに起因して地下水の塩化物イオンが増加する現象」と定義される．ここで直接的とは地下水利用によって生じた水位低下に起因して海水や化石塩水が帯水層に浸入する場合であり，間接的とは大掛かりな土木工事，例えば港湾の建設などによって帯水層が破壊され，そこから海水が浸入するような場合である．
 わが国の主な地下水盆は海岸平野にあることが多く，このようなところでは図6.14

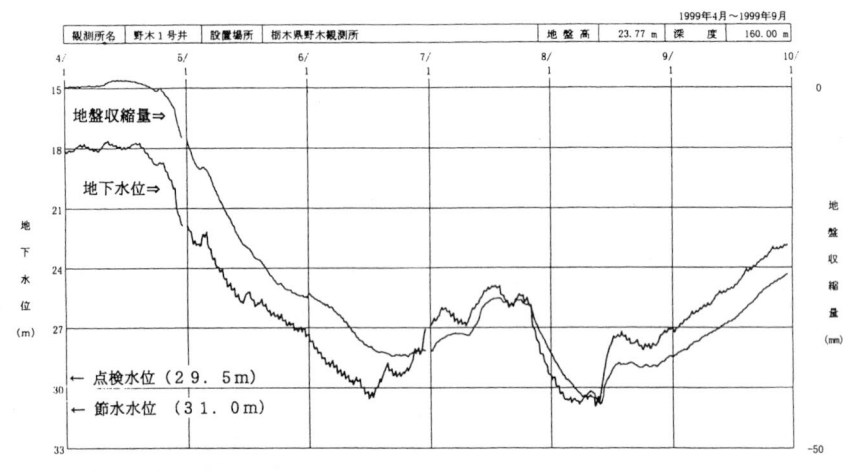

図 6.13 北関東の地盤沈下（関東平野北部地盤沈下防止等対策調査資料, 2000 による）

に示したように地盤沈下と塩水化が同時に進行するケースがみられる.

6.4.3 地下水汚染

カドミウム，シアン，鉛，水銀，六価クロム，ヒ素やそれらの化合物，有機リン化合物，PCB，有機塩素系化合物などの有害物質が，それらの管理や処理の不手際から地下水に漏出して地下水汚染を引き起こすケースが多くなってきた．なかにはそれらを故意に地中に投棄する悪質なケースもある．一方，最近は産業廃棄物の処分地にまつわる環境問題，とりわけ水質汚染も深刻になっている．殺虫剤や殺菌剤などの農薬散布や化学肥料の施肥に起因する土壌・地下水汚染も深刻になっている．

有機塩素系化合物による土壌・地下水汚染は，わが国では昭和57年ごろからいわゆるハイテク汚染の典型として知られるようになり，それ以降環境庁（現環境省）の手により毎年全国的規模で汚染の実態調査が行われてきた．図6.15は全国的なその動向を示したものであるが，汚染判明件数は増加の一途をたどっており，またその地域も図6.16に示したように全国に広がっている．

汚染物質の地中での挙動は浸透〜降下の場である不飽和帯と，流動〜滞留の場となる飽和帯に分けて考えるのがよい．図6.17はこれを模式的に示したもので，そのプロセスは次のようである．

地表から浸入した汚染物質は蒸発と降下浸透の影響を受けて出現する土壌水分の"発散型ゼロフラックス面"で停滞する．大雨時などでこのゼロフラックス面が一時的に消滅した折りに汚染物質は下方に移動するが，飽和帯上では上下変動を繰り返す地下水面と降下浸透水との間に出現する"収束型ゼロフラックス面"で再び停滞する．汚染物質は地下水面の上下変動とともに移動を繰り返し，結果としてここに長期間滞

6.4 地下水障害

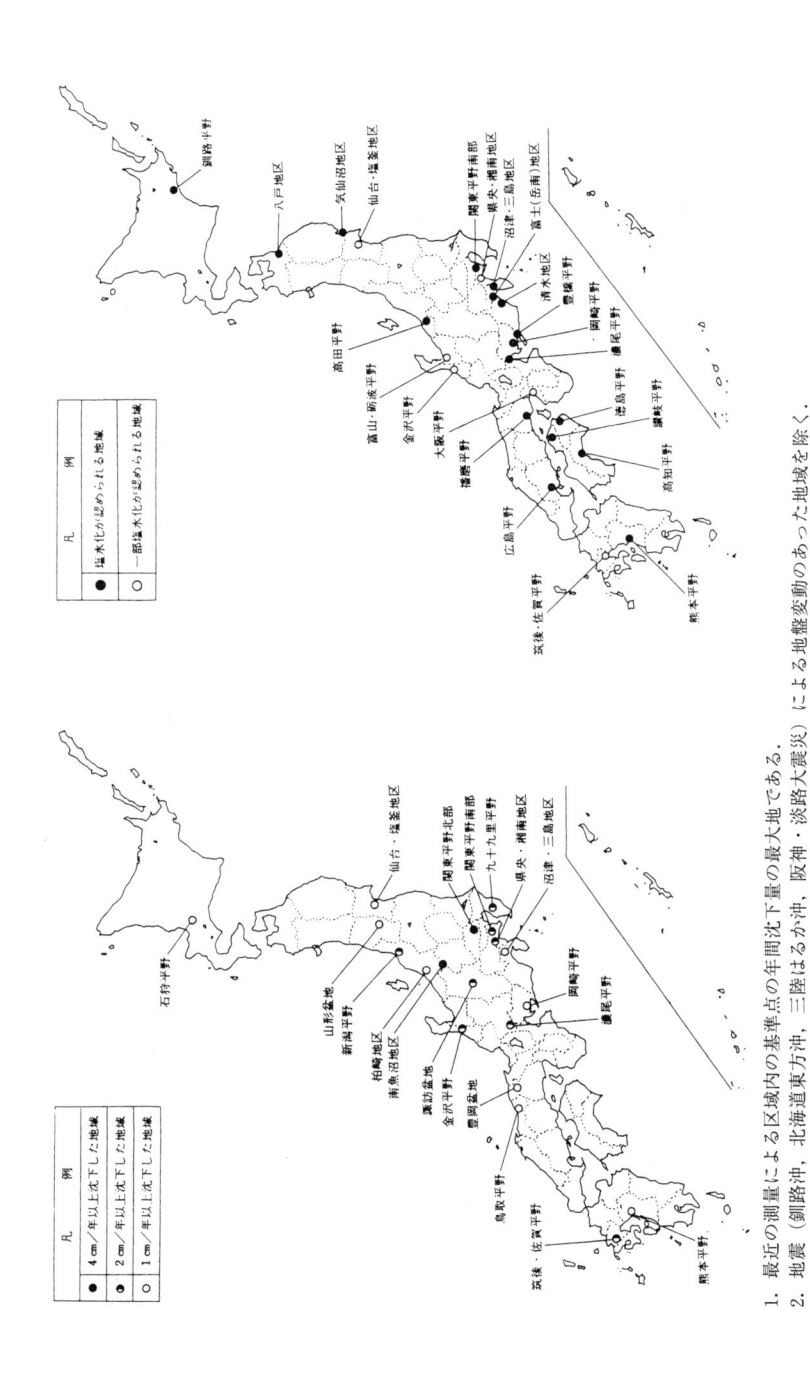

図 6.14 全国地盤沈下と塩水化の状況 (水資源白書: 日本の水資源, 1997 による) 左が地盤沈下地域, 右が塩水化地域.

1. 最近の測量による区域内の基準点の年間沈下量の最大地である.
2. 地震 (釧路沖, 北海道東方沖, 三陸はるか沖, 阪神・淡路大震災) による地盤変動のあった地域を除く.

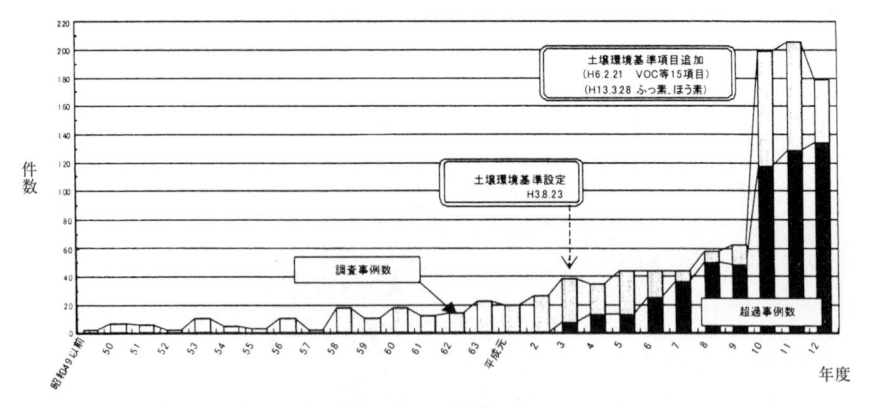

図 6.15 年度別の土壌汚染判別事例数（環境省環境管理局水環境部資料，2003 より）

留することになる．しかし一挙に大量の汚染物質が地下に侵入した場合にはかなり早い時期に第一の不透水層上にまで到達し，ここで滞留する．特に溶解度が低く，比重が大きい有機塩素系化合物などは不透水層上の凹所に残留し，地下水汚染を長期化させることになる．

地下水汚染を対象とした地下水学ではこれまでのものと異なり，汚染物質の移流・拡散，吸着・脱着，反応・分解などの現象と水循環，水文地質環境を考慮した新しい展開が必要である．

6.4.4 建設工事にともなう地下水障害

地下鉄工事，建築物基礎工事，排水路工事など，都市域ではさまざまな地下掘削工事が行われている．また郊外では傾斜地の切り土や，盛り土などの造成工事が行われている．それらは直接的，間接的，あるいは質的，量的に地下水に影響を与える．例えば大掛かりな地下工事の際の地下水排水工，遮水工，地中壁工などに起因する地下水位低下，涸渇，流動阻害，地下水と河川の交流遮断，下水路工や不浸透面積の拡大にともなう浸透阻害，圧気シールド工に起因する熱汚染や酸素欠乏事故，薬液注入工による地下水汚染など，多種多様の障害が発生する．

地下水の流動方向を遮断するような大規模な地下構造物は，その上流側では地下水位の異常な上昇をもたらす一方，下流側では水位低下をもたらし，時には地下水を涸渇させることもある．前者の例として平成3年（1991）の秋の気象庁の観測史上2位といわれる記録的な降雨がもたらしたJR武蔵野線での出水災害をあげることができる．このとき，同線新小平駅では線路が隆起して長期間不通になったほか，図6.18に示したように，周辺の各所で地下水の噴き出しや地盤の陥没が発生した．これらの事故は同線のトンネル部分が地下の遮水壁のように働いて武蔵野礫層中の地下水の流動を阻害したために発生したものである．現在はこの部分から上流に向かって水平孔を多数施工し，常時日量1000 m^{3}あまりの地下水を排水している．

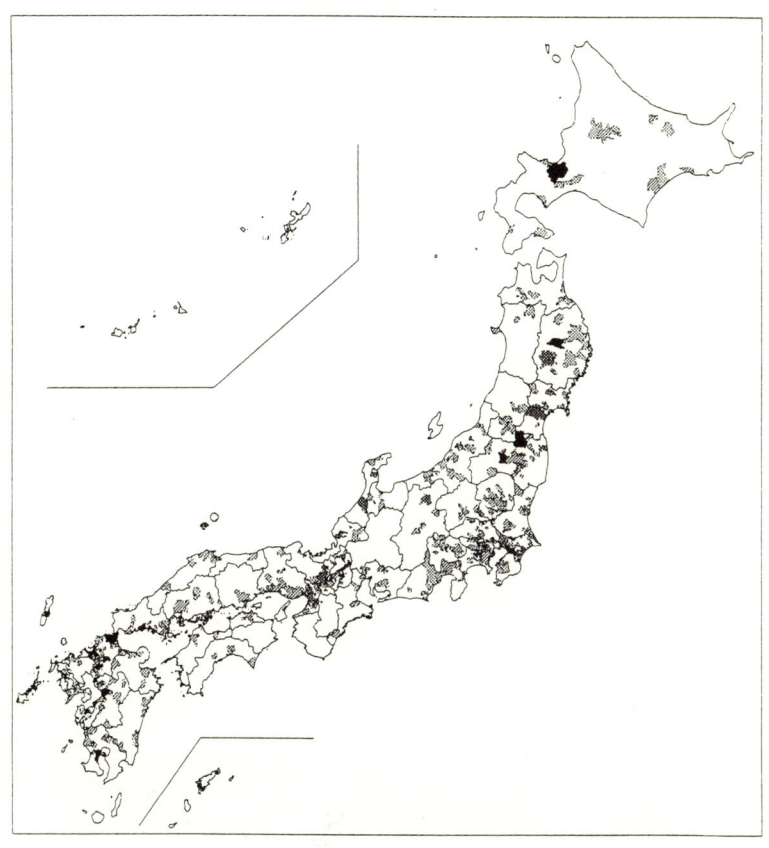

図 6.16 地下水汚染マップ[1]

平成元年度より水質汚濁防止法に基づく地下水質の常時監視が行われていくこととなり都道府県が毎年測定計画を策定して地下水質の測定を行っている．平成8年度の測定結果では，トリクロロエチレン，テトラクロロエチレン他6項目について新たに評価基準を超える井戸 (78箇所，超過率1.9%) が見られたほか，依然として地下水汚染が継続している状況である．図は，平成8年度の概況調査・定期モニタリング調査の結果をまとめたもの．範囲は市町村単位．

6.5 地下水調査

6.5.1 地下水調査の項目

地下水に関係した調査項目には次のようなものがあるが，1つの調査でこれらのすべてが関係する場合もあり，またこのなかのいくつかが重点的に行われる場合もある．

162   6. 地　下　水

水の動き	帯	汚染物質の動き	地質・地形条件
灌漑水の浸透など／大降雨時はまた／↑蒸発散／ゼロフラックス面／↓降下浸透	不飽和帯	汚染物質の浸透，移動における Prefered pass way などの役割 （滞留）水，物質ともに停滞	間隙構造　大きさ　配列　分布など
	懸垂水帯	（残留）物質のみ停滞　汚染物質の降下浸透，移動における Prefered pass way などの役割 （滞留）	層構造　粘土の挟み　葉理・層理　堆積相　連続性など
ゼロフラックス面／また地下水涵養の域降下／↓地下水面の降下／↑地下水流出の域上昇	飽和帯 〜	（集積）汚染塊，汚染域の形成 （集中）	地質構造　層位・層準　不整合　断層など
←------------------------------			堆積盆／流域地形（地下水盆，地下水域）

図 6.17　水と物質の動き，およびそれにかかわる地質条件[10]

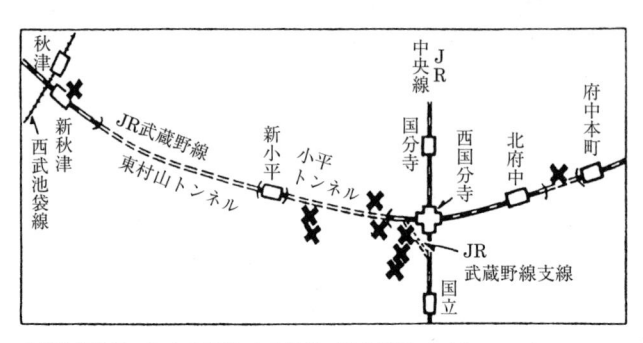

図 6.18　JR武蔵野線沿線における陥没・出水箇所（読売新聞 多摩版，1991年10月20日付より作図）

それらは地下水調査の目的によって選択される．
［地下水体に関する調査］

量の調査 ｛ 揚水量調査
　　　　　 地下水位調査
　　　　　 水収支調査

質の調査 ｛ 水質調査

　　　　　 水温調査

移動の調査 ─┬─ 垂直方向の移動調査
　　　　　　　│　（不飽和帯での水分移動機構の調査など）
　　　　　　　│
　　　　　　　└─ 水平方向の移動調査
　　　　　　　　　（トレーサーによる調査，流向流速計による調査など）

［地下水の容器に関する調査］
　地形調査
　地質調査 ┬─ 表層地質調査
　　　　　 ├─ 物理探査
　　　　　 ├─ 試錐調査
　　　　　 └─ 水文地質調査（帯水層試験）
　土質調査 ┬─ 透水試験
　　　　　 ├─ 粒度試験
　　　　　 └─ その他関連項目

［外的影響因子の調査］
　自然的因子の調査 ┬─ 水文環境の調査
　　　　　　　　　 └─ 水文気象の調査
　人為的因子の調査 ┬─ 直接的影響の調査（地下水利用調査，灌漑水の調査など）
　　　　　　　　　 └─ 間接的影響の調査（土地改変による浸透流出機構の調査など）

［総合解析］
　地下水のモデル化，シミュレーションなど

6.5.2　地下水調査の留意点

a.　調査の準備段階での留意点

　まず調査目的とそれに対する処方箋，方法の確立が重要である．一口に地下水調査といっても何を対象とした調査かによってさまざまなアプローチの仕方があり，それに応じて調査計画，方針，規模および各項目の精粗，重点項目などが決まってくる．問題によってはある項目だけをいたずらに詳しく調査しても，結果的にほとんど効いてこないといったことも起こりうることに留意すべきである．

　調査に際して対象地区についてはもちろん，同一テーマについても既存資料の収集に相当の手間をかける必要がある．これは作業の無駄を省くといったことのほかに調査者の個人的な独断を避けるためでもある．

　地下水位調査，流動調査などでは既存の井戸などが利用されるが，本調査に先立って個々の井戸について井戸深，口径，地質など関連する諸項目のほか，井戸施工年度

などをあらかじめ把握しておくことが肝要である．

b. 調査の実施段階での留意点

初めに述べたように，地下水現象の複雑性から調査によってすべてを明らかにすることはまず不可能といってもよく，ある部分では推測の域にとどまるのはやむをえない．しかし少なくともその推測を裏づける資料は必要である．言い換えれば1つの現象に対してある仮説をたて，これを一つ一つ検証してゆくというやり方である．これは調査の能率を高めるためにも必要である．

次に期待される結果の精度と調査の精度との関係および整合性の問題である．すなわち調査を細かくやればそれだけ良い結果が得られるとは限らず，場合によってはむしろ結果の精度の向上より結論の速さが要求されることすらある．特に環境に関連した問題ではこのようなケースになることが多い．調査計画も問題の性質によってはこのことを考慮して決めるのがよい．

そのほか，基本的な事項にもかかわらず，意外にないがしろにされているものに聞き込み調査がある．ここでは地下水にかかわる自然的要因のほかに社会的な要因も同時にキャッチされるので，必ず行っておくべきである．観測をともなうものについては可能な限り，長期にわたって続けるべきである．これは地下水が常に変動するものであると同時に，先にも述べたように，その現象には必ずいわゆるタイムラグをともなうからである．（ここでいうタイムラグとは地下水揚水などの外部インパクトが与えられてから，その影響が顕在化するまでの時間的ずれを意味している．地下水の循環速度は地表水のそれに比べて著しく小さいので，環境影響評価の事後調査などでは少なくとも1年以上の継続観測が必要である．地下水汚染などが懸念されるような場合にはさらに長期の追跡が必要となる．）

c. 調査結果の評価段階での留意点

問題にもよるが，1つの結論に至る過程を単一のものには考えずに複数の手順を考えるのがよい．また可能な限り繰り返しの調査，結論の確認のための調査を行うのがよい．なお，理論と実際の関係の問題であるが，両者が常に一致すると考えるのは危険である．地下水の理論は自然条件を極度に単純化し，しかも仮定をいくつも設けているわけであるから合わないほうがむしろ当たり前と考えたほうがよく，この"合わなさ程度"から自然の特性をキャッチできることもある．とかく結果に至る仮定や前提条件が置き忘れられ，数値や数式のみが一人歩きすることもあるので注意する必要がある．

6.5.3 地下水調査の規模

どのような規模で地下水調査を行うかについては，調査の目的，要求される問題の範囲のほかに調査対象域の自然的社会的条件によってさまざまである．いまこれを地域的な視点からとらえれば，広域的調査と局所的調査とに分けられ，時間的な視点からとらえれば，長期的調査と短期的調査に分けられる．また調査を段階的に進める場

郵 便 は が き

恐縮ですが切手を貼付して下さい

1 6 2 - 8 7 0 7

東京都新宿区新小川町6-29

株式会社 **朝倉書店**

愛読者カード係 行

●本書をご購入ありがとうございます。今後の出版企画・編集案内などに活用させていただきますので，本書のご感想また小社出版物へのご意見などご記入下さい。

フリガナ お名前		男・女	年齢 歳

	〒	電話	
ご自宅			

E-mailアドレス

ご勤務先 学校名	(所属部署・学部)

同上所在地

ご所属の学会・協会名

ご購読 新聞	・朝日 ・毎日 ・読売 ・日経 ・その他（ ）	ご購読 雑誌	（ ）

書名（ご記入下さい）

本書を何によりお知りになりましたか

1. 広告をみて（新聞・雑誌名　　　　　　　　　　　　　　　　　）
2. 弊社のご案内
   （●図書目録●内容見本●宣伝はがき●E-mail●インターネット●他)
3. 書評・紹介記事（　　　　　　　　　　　　　　　　　　　　　）
4. 知人の紹介
5. 書店でみて

お買い求めの書店名（　　　　　　　　市・区　　　　　　　　書店）
　　　　　　　　　　　　　　　　　　　町・村

本書についてのご意見

今後希望される企画・出版テーマについて

図書目録，案内等の送付を希望されますか？　　　　　・要　・不要
　　　　　・図書目録を希望する
ご送付先　・ご自宅　・勤務先
E-mailでの新刊ご案内を希望されますか？
　　　　　・希望する　・希望しない　・登録済み

ご協力ありがとうございます。ご記入いただきました個人情報については、目的以外の利用ならびに第三者への提供はいたしません。

朝倉書店〈環境科学関連書〉ご案内

水環境ハンドブック

日本水環境学会編
B5判 760頁 定価33600円(本体32000円)(26149-7)

水環境を「場」「技」「物」「知」の観点から幅広くとらえ，水環境の保全・創造に役立つ情報を一冊にまとめた。〔目次〕「場」河川／湖沼／湿地／沿岸海域・海洋／地下水・土壌／水辺・親水空間。「技」浄水処理／下水・し尿処理／排出源対策／排水処理（工業系・埋立浸出水）／排出源対策・排水処理（農業系）／用水処理／直接浄化。「物」有害化学物質／水界生物／健康関連微生物。「知」化学分析／バイオアッセイ／分子生物学的手法／教育／アセスメント／計画管理・政策。付録

環境緑化の事典

日本緑化工学会編
B5判 496頁 定価21000円(本体20000円)(18021-7)

21世紀は環境の世紀といわれており，急速に悪化している地球環境を改善するために，緑化に期待される役割はきわめて大きい。特に近年，都市の緑化，乾燥地緑化，生態系保存緑化など新たな技術課題が山積しており，それに対する技術の蓄積も大きなものとなっている。本書は，緑化工学に関するすべてを基礎から実際まで必要なデータや事例を用いて詳しく解説する。〔内容〕緑化の機能／植物の生育基盤／都市緑化／環境林緑化／生態系管理修復／熱帯林／緑化における評価法／他

水　の　事　典

太田猛彦・住　明正・池淵周一・田渕俊雄・眞柄泰基・松尾友矩・大塚柳太郎編
A5判 576頁 定価21000円(本体20000円)(18015-2)

水は様々な物質の中で最も身近で重要なものである。その多様な側面を様々な角度から解説する，学問的かつ実用的な情報を満載した初の総合事典。〔内容〕水と自然（水の性質・地球の水・大気の水・海洋の水・河川と湖沼・地下水・土壌と水・植物と水・生態系と水）／水と社会（水資源・農業と水・水産業・水と工業・都市と水システム・水と交通・水と災害・水質と汚染・水と環境保全・水と法制度）／水と人間（水と人体・水と健康・生活と水・文明と水）

環境リスクマネジメントハンドブック

中西準子・蒲生昌志・岸本充生・宮本健一編
A5判 584頁 定価18900円(本体18000円)(18014-4)

今日の自然と人間社会がさらされている環境リスクをいかにして発見し，測定し，管理するか――多様なアプローチから最新の手法を用いて解説。〔内容〕人の健康影響／野生生物の異変／PRTR／発生源を見つける／*in vivo*試験／QSAR／環境中濃度評価／曝露量評価／疫学調査／動物試験／発ガンリスク／健康影響指標／生態リスク評価／不確実性／等リスク原則／費用効果分析／自動車排ガス対策／ダイオキシン対策／経済的インセンティブ／環境会計／LCA／政策評価／他

生態影響試験ハンドブック ―化学物質の環境リスク評価―

日本環境毒性学会編
B5判 368頁 定価16800円(本体16000円)(18012-8)

化学物質が生態系に及ぼす影響を評価するため用いる各種生物試験について，生物の入手・飼育法や試験法および評価法を解説。OECD準拠試験のみならず，国内の生物種を用いた独自の試験法も数多く掲載。〔内容〕序論／バクテリア／藻類・ウキクサ・陸上植物／動物プランクトン（ワムシ，ミジンコ）／各種無脊椎動物（ヌカエビ，ユスリカ，カゲロウ，イトトンボ，ホタル，二枚貝，ミミズなど）／魚類（メダカ，グッピー，ニジマス）／カエル／ウズラ／試験データの取扱い／付録

●環境一般

世界遺産 屋久島 —亜熱帯の自然と生態系—
大澤雅彦・田川日出夫・山極寿一編
B5判 288頁 定価9975円（本体9500円）（18025-X）

わが国有数の世界自然遺産として貴重かつ優美な自然を有する屋久島の現状と魅力をヴィジュアルに活写。〔内容〕気象／地質・地形／植物相と植生／動物相と生態／暮らしと植生のかかわり／屋久島の利用と保全／屋久島の人、歴史、未来／他

HEP入門 —〈ハビタット評価手続き〉マニュアル—
田中 章著
A5判 244頁 定価4725円（本体4500円）（18026-8）

公害防止管理者試験・水質編では,BODに関する計算問題が出題されるが、これは簡単な微分方程式を解く問題である。この種の例題を随所に挿入した"数学苦手"のための環境数学入門書。〔内容〕指数関数／対数関数／微分／積分／微分方程式

ランドスケープエコロジー
武内和彦著
A5判 260頁 定価4095円（本体3900円）（18027-6）

農村計画学会賞受賞作『地域の生態学』の改訂版。〔内容〕生態学的地域区分と地域環境システム／人間による地域環境の変化／地球規模の土地荒廃とその防止策／里山と農村生態系の保全／都市と国土の生態系再生／保全・開発生態学と環境計画

環境のための数学
小川 束著
A5判 160頁 定価3045円（本体2900円）（18020-9）

公害防止管理者試験・水質編では,BODに関する計算問題が出題されるが、これは簡単な微分方程式を解く問題である。この種の例題を随所に挿入した"数学苦手"のための環境数学入門書。〔内容〕指数関数／対数関数／微分／積分／微分方程式

シリーズ〈緑地環境学〉1 緑地環境のモニタリングと評価
恒川篤史著
A5判 264頁 定価4830円（本体4600円）（18501-4）

"保全情報学"の主要な技術要素を駆使した緑地環境のモニタリング・評価を平易に示す。〔内容〕緑地環境のモニタリングと評価とは／GISによる緑地環境の評価／リモートセンシングによる緑地環境のモニタリング／緑地環境のモデルと指標

シリーズ〈緑地環境学〉4 都市緑地の創造
平田富士男著
A5判 260頁 定価4515円（本体4300円）（18504-9）

制度面に重点をおいた緑地計画の入門書。〔内容〕「住みよいまち」づくりと「まちのみどり」／都市緑地を確保するためには／確保手法の実際／都市計画制度の概要／マスタープランと上位計画／各種制度ができてきた経緯・歴史／今後の課題

国際環境共生学
東洋大学国際共生社会研究センター編
A5判 176頁 定価2835円（本体2700円）（18022-5）

好評の「環境共生社会学」に続いて環境と交通・観光の側面を提示。〔内容〕エコツーリズム／エココンビナート／持続可能な交通／共生社会のための安全・危機管理／環境アセスメント／地域計画の視点／コミュニティネットワーク／観光開発

環境共生社会学
東洋大学国際共生社会研究センター編
A5判 200頁 定価2940円（本体2800円）（18019-5）

環境との共生をアジアと日本の都市問題から考察。〔内容〕文明の発展と21世紀の課題／アジア大都市定住環境の様相／環境共生都市の条件／社会経済開発における共生要素の評価／米英主導の構造調整と途上国の共生／環境問題と環境教育／他

農村自然環境の保全・復元
杉山恵一・中川昭一郎編
B5判 200頁 定価5460円（本体5200円）（18017-9）

ビオトープづくりや河川の近自然工法など，点と線で始められた復元運動の最終目標である農村環境の全体像に迫る。〔内容〕農村環境の現状と特質／農村自然環境復元の新たな動向／農村自然環境の現状と復元の理論／農村自然環境復元の実例

流域環境の保全
木平勇吉編
B5判 136頁 定価3990円（本体3800円）（18011-X）

信濃川（大熊孝）、四万十川（大野晃）、相模川（柿澤宏昭）、鶴見川（岸由二）、白神赤石川（土屋俊幸）、由良川（田中滋）、国有林（木平勇吉）の事例調査をふまえ、住民・行政・研究者が地域社会でパートナーとしての役割を構築する〈貴重な試み〉

●地球環境

環境都市計画事典
丸田頼一編
A5判 536頁 定価18900円（本体18000円）（18018-7）

様々な都市環境問題が存在する現在においては、都市活動を支える水や物質を循環的に利用し、エネルギーを効率的に利用するためのシステムを導入するとともに、都市の中に自然を保全・創出し生態系に準じたシステムを構築することにより、自立的・安定的な生態系循環を取り戻した都市、すなわち「環境都市」の構築が模索されている。本書は環境都市計画に関連する約250の重要事項について解説。〔項目例〕環境都市構築の意義／市街地整備／道路緑化／老人福祉／環境税／他

地球環境ハンドブック（第2版）
不破敬一郎・森田昌敏編著
A5判 1152頁 定価36750円（本体35000円）（18007-1）

1997年の地球温暖化に関する京都議定書の採択など、地球環境問題は21世紀の大きな課題となっており、環境ホルモンも注視されている。本書は現状と課題を包括的に解説。〔内容〕序論／地球環境問題／地球／資源・食糧・人類／地球の温暖化／オゾン層の破壊／酸性雨／海洋とその汚染／熱帯林の減少／生物多様性の減少／砂漠化／有害廃棄物の越境移動／開発途上国の環境問題／化学物質の管理／その他の環境問題／地球環境モニタリング／年表／国際・国内関係団体および国際条約

都市環境学事典
吉野正敏・山下脩二編
A5判 448頁 定価16800円（本体16000円）（18001-2）

現在、先進国では70％以上の人が都市に住み、発展途上国においても都市への人口集中が進んでいる。今後ますます重要性を増す都市環境について地球科学・気候学・気象学・水文学・地理学・生物学・建築学・環境工学・都市計画学・衛生学・緑地学・造園学など、多様広範な分野からアプローチ。〔内容〕都市の気候環境／都市の大気質環境／都市と水環境／建築と気候／都市の生態／都市活動と環境問題／都市気候の制御／都市と地球環境問題／アメニティ都市の創造／都市気候の歴史

地球環境科学
樽谷 修編
B5判 184頁 定価4200円（本体4000円）（16031-3）

地球環境の問題全般を学際的・総合的にとらえ、身近な話題からグローバルな問題まで、ごくわかりやすく解説。教養教育・専門基礎教育にも最適。〔内容〕地球の歴史と環境変化／環境と生物／気象・大気／資源／エネルギー／産業・文明と環境

大気環境学
真木太一著
B5判 148頁 定価4095円（本体3900円）（18006-3）

気象と環境問題をバランスよく解説した参考書。大気の特徴や放射・熱収支、熱力学、降水現象、都市気候などを述べた後、異常気象、温暖化、大気汚染、オゾン層の破壊、エルニーニョ、酸性雨、砂漠化、森林破壊などを図を用いて詳しく解説

環境流体シミュレーション
河村哲也編著
A5判 212頁 定価4935円（本体4700円）（18009-8）

地球温暖化、砂漠化等の環境問題に対し、空間・時間へスケールの制約を受けることなく、結果を予測し対策を講じる手法を詳説。〔内容〕流体力学／数値計算法／環境流体シミュレーションの例／火災旋風／風による砂の移動／計算結果の可視化

役にたつ化学シリーズ9　地球環境の化学
村橋俊一・御園生誠編著
B5判 160頁 定価3150円（本体3000円）（25599-3）

環境問題全体を概観でき、総合的な理解を得られるよう、具体的に解説した教科書。〔内容〕大気圏の環境／水圏の環境／土壌圏の環境／生物圏の環境／化学物質総合管理／グリーンケミストリー／廃棄物とプラスチック／エネルギーと社会ほか

講座 文明と環境 〈全15巻〉
梅原 猛・伊東俊太郎・安田喜憲 総編集

21世紀へ向かって
新たな文明のパラダイムを提示

1. **地球と文明の周期**
   小泉 格・安田喜憲編
   A5判 280頁 定価5460円(本体5200円)(10551-7)

2. **地球と文明の画期**
   伊東俊太郎・安田喜憲編
   A5判 224頁 定価5040円(本体4800円)(10552-5)

3. **農耕と文明**
   梅原 猛・安田喜憲編
   A5判 260頁 定価5040円(本体4800円)(10553-3)

4. **都市と文明**
   金関 恕・川西宏幸編
   A5判 336頁 定価5460円(本体5200円)(10554-1)

5. **文明の危機** ―民族移動の世紀―
   安田喜憲・林 俊雄編
   A5判 292頁 定価5460円(本体5200円)(10555-X)

6. **歴史と気候**
   吉野正敏・安田喜憲編
   A5判 288頁 定価5460円(本体5200円)(10556-8)

7. **人口・疫病・災害**
   速水 融・町田 洋編
   A5判 296頁 定価5460円(本体5200円)(10557-6)

8. **動物と文明**
   河合雅雄・埴原和郎編
   A5判 288頁 定価5880円(本体5600円)(10558-4)

9. **森と文明**
   安田喜憲・菅原 聰編
   A5判 272頁 定価5460円(本体5200円)(10559-2)

10. **海と文明**
    小泉 格・田中耕司編
    A5判 232頁 定価5040円(本体4800円)(10560-6)

11. **環境危機と現代文明**
    石 弘之・沼田 眞編
    A5判 208頁 定価5040円(本体4800円)(10561-4)

12. **文化遺産の保存と環境**
    石澤良昭編
    A5判 288頁 定価5460円(本体5200円)(10562-2)

13. **宗教と文明**
    山折哲雄・中西 進編
    A5判 212頁 定価5040円(本体4800円)(10563-0)

14. **環境倫理と環境教育**
    伊東俊太郎編
    A5判 228頁 定価5040円(本体4800円)(10564-9)

15. **新たな文明の創造**
    梅原 猛編
    A5判 240頁 定価5040円(本体4800円)(10565-7)

ISBN は 4-254- を省略　　　　　　　　　　　　　(表示価格は2006年11月現在)

朝倉書店
〒162-8707 東京都新宿区新小川町6-29
電話　直通(03)3260-7631　FAX(03)3260-0180
http://www.asakura.co.jp　eigyo@asakura.co.jp

合には，予備調査，詳細調査があり，場合によっては検証のための調査が行われる．

広域的調査は少なくとも1つの地下水域を含み，全体として1つの水収支区を形成するスケールの調査である．局所的調査は特定の土木工事などに関連するような範囲の調査である．

長期的調査は少なくとも1水文年にわたる期間を考え，それ以下を短期的調査と考える．予備調査はある計画の立案と比較案の検討までの段階に必要な資料の入手を目的としたものであり，詳細調査または本調査は詳細設計およびその施工に必要な資料を提供しうるレベルの調査である．

検証のための調査は予測値と実際値を比較し，問題点を探ることはもちろん，類似の問題の参考となることが期待されるので，できるだけ実施するのが望ましい．特に地下水機構の検証と，そのモデルの固定化のためには必要である．

6.6 環境影響評価法における地下水の位置と視点

1983年に「環境影響評価の実施について」が閣議決定されたことを契機として，地方公共団体においても環境影響評価に関する条例，要綱が次々と制定されたが，そこでの地下水の位置付けは典型7公害の1つとされている「地盤沈下」の中，また自然環境の保全にかかわる「地形・地下水」，あるいはその他の「水象・水文など」の中で分散，あるいは重複して扱われるケースが多かった．

1993年に「環境基本法」が制定されたのを受けて評価制度の見直しが始まり，1999年（平成11年6月）に「環境影響評価法」が全面施行されたが，そこでの地下水は環境の自然的構成要素である水環境の1つとして，その「良好な状態の保持」の対象とされるようになった．

ここで地下水にとって良好な状態とは，もともと有している次の特質にあるといえる．

① 温度安定特性
② 水質安定特性
③ 水量安定特性

地下水アセスメントの視点は開発行為にともなうこれらの特質への影響を予測し，それが許容量を超えればそれを軽減あるいは回避する手段を提案することにあるといえる．この際，これらに直接かかわる開発行為による影響にとどまらず，それらのバックグラウンドとしての地下水循環の変容についても視野に入れて評価すべきである．例えば地表水と地下水の交流を遮断するような大掛かりな河川工事は単にその場所での影響にとどまらず，循環という広がりをとおして地域地下水の水質変化や水収支に影響を与え，また大規模な地下工事，例えば地下シールド工事などは還元状態にある地下環境を酸化状態に変化させ，その折りの化学反応により，地下水の温度や水質に

大きな変化をもたらすことがある．以上の例は環境影響評価を地域的広がりや連鎖的事象を考慮したうえで行うべきことを示している． 〔新藤静夫〕

文　献

1) 環境庁：健全な水循環の確保に向けて，健全な水循環の確保に関する懇談会報告，1998.
2) 建設産業調査会：地下水ハンドブック，1979.
3) 酒井軍治郎：地下水学，朝倉書店，1965.
4) 新藤静夫：土と基礎，**667**，25-36，1972.
5) 新藤静夫：地学雑誌，**85**(2)，15-44，1976.
6) 新藤静夫：地学雑誌，**89**(6)，18-29，1980.
7) 新藤静夫，ほか：霞ヶ浦北岸出島台地における地下水流動系の解析（1報～3報），文部省「環境科学」特別研究　地域環境要因としての地下水（代表：榧根　勇），1984，1985，1986.
8) 新藤静夫，ほか：地下水環境における地形地質要因と物質の挙動，及びそれらにかかわる人為要因について，文部省「環境科学」特別研究　合成有機化合物による地下水汚染機構の解明に関する基礎的研究（代表：村岡浩爾），79-100，1986.
9) 新藤静夫，ほか：地下水の存在にかかわる自然要因と人為要因—特に地中における物質の挙動を中心として，水資源研究センター報告，53-77，1987.
10) 新藤静夫：地層と地下水汚染，化学物質による地下水汚染と水質基準改定の動向，第22回日本水環境学会セミナー資料，60-74，1993.
11) 地質調査所：関東平野中央部水理地質図および説明書，1-20，1962.
12) 東京都公害研究所編：公害と東京都，1970.
13) 土質工学会編：土質工学用語解説集，土質工学会，1969.
14) 南関東地方地盤沈下調査会：南関東地域地盤沈下調査総合報告書，1974.
15) 平田健正編：土壌・地下水汚染と対策，日本環境測定分析協会，1995.
16) 村下敏夫：地下水学要論，昭晃堂，1962.
17) 八幡敏雄：土壌の物理，東京大学出版会，1975.
18) 和達清夫：西大阪の地盤沈下について（第2報），災害科学研究所報告第3号，410-451，1940.
19) 渡部景隆編：応用地質学，国際科学振興財団，1981.
20) P. A. Domenico：Concept and Models in Groundwater Hydrology，McGraw-Hill，1972.
21) R. A. Freeze and J. A. Cherry：Groundwater，John Wiley & Sons, 1979.
22) S. N. Davis and R. J. DeWiest：Hydrogeology，Prentice-Hall，1966.
23) J. Tóth：*J. Geophys. Res*.，**68**，4795-4812, 1963.

7. 地形と水

7.1 地形と水の相互作用

　惑星としての地球を構成する水は，その存在様式によって，大気中の水，海水，陸水（河川水，湖沼水，地下水，地中水，氷河，氷床），岩石内部水などに大別される．いずれの存在様式の水も地形と密接な相互作用を示す[1〜4]．

　地形とは，固体地球（岩石圏）と流体圏（大気圏および水圏）の境界面すなわち地表面の起伏形態である．地表面には地球内部および地球外部から諸種のエネルギーが加わっている．それらのエネルギーをもち，かつ地形を改変する能力をもつ自然現象を地形営力と総称する．地形営力は，そのエネルギーの根源をなす独立営力（重力，地球内部熱，太陽熱，月引力，隕石落下およびコリオリ力）とそれによって惑星地球の構成物質（岩石，水，大気）が動かされて2次的，3次的，…，n次的に生じた従属営力に大別される[1]．地球内部の独立営力に起因する従属営力は，地殻変動，地震，火山活動などであり，内的営力と総称される．地球外部に起因する従属営力は，風，河流，氷河，波や流れなどであり，外的営力と総称される．地形は，これらの地形営力によって固体地球，特にその表面部を構成する岩石（地形物質と総称）が動かされて移動した結果として，地表面の起伏形態が変化して生じたもので，今後も変化する．その形態変化を地形変化，その変化過程を地形過程，そしてある地域における地形変化の歴史を地形発達史とそれぞれ呼ぶ．

　水の運動は最も重要な外的営力である．水はその流体力と化学的な溶解能力によって，地形物質を動かす．地形過程における水の役割は，侵食，運搬，堆積，溶食に大別される．風，河流，氷河，氷床，地下水，海の波と流れなどの流体力によって，① 地形物質が既存の場所からばらばらの岩屑として除去され，その場所の高度を低下させる過程を侵食，② 顕著な地形変化をともなわずに，岩屑が別の場所に運ばれる過程を運搬，③ 流体力が弱まったために，岩屑が別の場所で降下，沈殿，定着して静止し，その場所を高くする過程を堆積，そして ④ 岩石が化学的に溶解して除去される過程を溶食，とそれぞれ総称する．一方，「水は器に従う」から，流体としての水の流れ方（流量や流速）やあり方（水体の量および三次元的形態）は，地形に強く制

約される．

　地表面の起伏は，ゴルフボールのような幾何学的起伏ではなく，山脈や平野などが不規則に配置している．しかし，特定の地形過程で形成された特定の形態をもつ部分すなわち地形種（例：山脈，成層火山，段丘，扇状地，砂嘴など）ごとに区切ると，地表面は規則的に配置する多数の地形種で構成されている[1]．地形種は，規模（面積，起伏）の大きいものほど，一般に長期間で形成され，しかもその特有の形態を構成している地形物質（土と岩）は厚くかつ複数である．地形種には形成過程における階層性がある．例えば，関東平野は段丘と低地で構成され，その低地は扇状地，蛇行原，三角州などの地形種に分類され，さらにそれらは自然堤防，後背低地，新旧の流路跡地などに細分される．

　日本の地形を中規模の地形種に区分すると，高度，起伏状態および成因の異なる5種の地形種すなわち山地，丘陵，火山，段丘（台地ともいう）および低地に大別される（図7.1）．地形過程における水の基本的な役割および水の存在状態はこれら5種の地形種によって異なる．例えば，山地，丘陵および段丘の高度は地盤の隆起量で与えられるが，それらの起伏つまり尾根と谷は河川の侵食で形成される．火山の初生的高度は火山噴出物の定着量で与えられるが，その侵食による解体は普通の山地とほぼ同様である．河川沿いの低地の大部分は河川の運搬した砂礫の堆積で形成される．海はこれら5種のいずれかの地形種に接し，波と流れの侵食・運搬・堆積過程を通じて岩石海岸や砂浜海岸を形成している．河川の流路形態や地下水の存在状態もこれら5種の地形種で異なる．

　かくして，水は地形を変化させると同時に，地形によってその運動を制約されるので，地形と水は相互作用をもつといえよう[5,6]．

　そこで，この章では，地形と水の相互作用という観点から，地形過程における水の役割と水の運動に与える地形の影響を概観する．

　なお，水，特に陸水のあり方は，気候と密接に関係しており（第2章と第10章を参照），氷雪気候地域では氷床や氷河，地中氷の形で，また乾燥気候地域では塩湖や深層地下水の形で存在し，内部河川はない．この章では，おもに日本つまり温帯湿潤気候地域における地形と水の相互作用について述べる．

7.2　水の働きによる地形の形成

　河流や氷河，氷床は重力にしたがって高所から低所に流れるので，その侵食・運搬過程によって高所を低くさせ，堆積過程で低所を高める．一方，波は重力に逆らって浜を遡上するので，平均静水面（海面または湖面）より高い堆積地形（例：浜堤）や侵食地形（例：波食窪）を形成する．そのような水の運動による侵食・運搬・堆積過程で形成される地形種を，山地・丘陵，火山，河成低地および海岸地形に大別して以

7.2 水の働きによる地形の形成

中地形類の5大区分	地形と地質の概略的断面図（日本の場合）	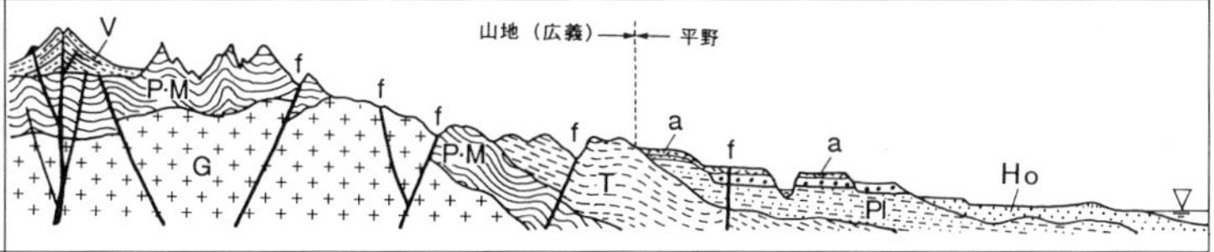 火山	山地（狭義）	丘陵	段丘（台地）	低地
名称		火山	山地（狭義）	丘陵	段丘（台地）	低地
形態的特徴		火口（山頂部）を中心に対称的形態をもつ高まりまたは円形の凹地であり，原形は山地より滑らかである．	主要な尾根と谷底の比高が約300m以上の大起伏地であり，30度以上の急傾斜地が多く，平坦地はほとんどない．	付近の山地より低く，主要な尾根の高さがほぼ揃っており，主要な尾根と谷底の比高が約300m以下である．	低地より一段と高い高台で，周囲または一方を急崖で囲まれた平坦地である．その平坦地は百年に一度起こる程度の出水・高潮でも冠水しない．	河川や海ぞいの低い平坦地で，人工堤防がなければ百年に一度起こる程度の大規模な出水や高潮のときに冠水する．砂丘とサンゴ礁も低地に含められる．
構成する地形種		各種の火山体，火山原面，溶岩流原，火砕流原，火山岩屑流原，火山麓扇状地，火口，カルデラなど．	尾根，谷，前輪廻地形（山頂平坦面，小起伏面），地すべり・崩落地形，崖錐，沖積錐，断層地形など，谷底は幅狭く，谷底低地は断片的に発達する．	山地とほぼ同じ．ただし，谷底に段丘や谷底低地が連続的に発達する．急傾斜地より緩傾斜地が多い．	段丘面と段丘崖，階段状に数段の段丘面が発達する場合が多い．段丘面は大小の谷に刻まれて分離している．	扇状地，蛇行原，三角州，干潟，河川敷，自然堤防，後背低地，浜堤，砂丘，堤間低地，潟湖跡地，波食棚，流路跡地，支谷閉塞低地など．
起こりやすい自然災害		活火山では噴火，降灰，古い火山では山地と同じ．	地すべり，崩落，落石，土石流，雪崩．	山地と同じ．炭坑地域では落盤・沈下．	段丘面では比較的に少ない．段丘崖では山地と同じ．	洪水，内水，高潮，津波，漂砂，地盤沈下，地震時の砂の液状化．
地下水のあり方		山地に同じ．ただし山麓に豊富で良質な湧水，火口・噴気孔付近では毒水．	裂か水，洞穴水などのみで，地下水は深く，少ない．山地の内部では高圧の地下水がある．	山地と同じ．ただし被圧地下水があるが，量は少ない．	丘陵と同じ．まれに宙水．	主に自由地下水で，まれに被圧地下水がある．扇状地や微高地以外では浅くて豊富．海岸では塩水がある．
主要な農業的土地利用		山地と同じ．	自然林，人工林，草地，荒地（裸岩地）	人工林，草地，果樹園，茶畑，桑畑，普通畑．	丘陵に同じ．他に段丘面では灌漑による水田	微高地では丘陵と同じ．それ以外の平坦地では水田，養魚場など．

V：火山噴出物，P・M：古生界・中生界，G：深成岩類，T：第三系，Pl：更新統（洪積層），Ho：完新統（沖積層），f：断層，a：火山灰層．

図7.1 日本における中地形の5大区分と若干の特徴[1]

下に概観する．

7.2.1 山地・丘陵と水

a. 河川の侵食過程と河谷の発達

山地と丘陵に降った雨水は，地中に浸透するほか，表面流として斜面を最大傾斜方向に面的に流れるが，斜面の微起伏に従って集中し，それが浅くて細長い雨溝（リル）を形成する．斜面の三次元的形態は9種の基本型に分類されるが（図7.2），谷型斜面（集水斜面）では，表面流の集中が著しく，斜面の下方ほど流体力を増して斜面を侵食し，降雨のときのみ流水のあるガリーという涸谷を生じる．降雨の度にガリーが深くなり，その底が恒常的な地下水面に達すると，地下水を水源とする恒常流すなわち河流が発生する．支流をもたない河流（谷）を一次水流（または一次谷）と呼ぶ（図7.3）．河流は支流を加えて，下流ほど次数と流量を増し，流体力を高めて，活発に河床を下方侵食（下刻）し，侵食谷（河谷）を生じる．河川は蛇行する性質があり，侵食谷は下流に至るほど蛇行の振幅・波長を増して穿入蛇行という河谷を生じる[3]．

侵食谷が深くなると，その谷壁斜面，特に穿入蛇行の攻撃斜面は急傾斜になるから，

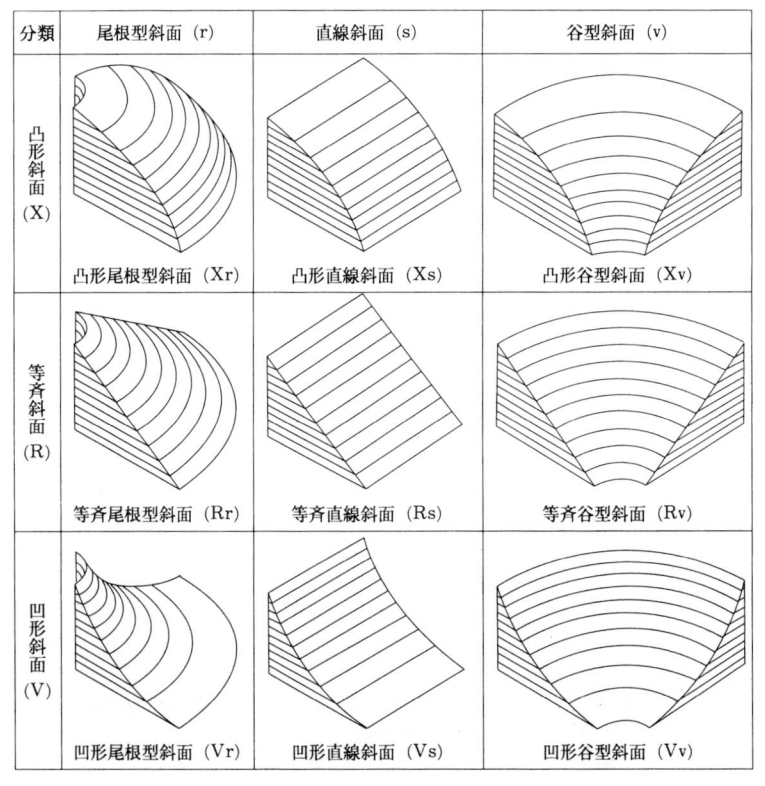

分類	尾根型斜面 (r)	直線斜面 (s)	谷型斜面 (v)
凸形斜面 (X)	凸形尾根型斜面 (Xr)	凸形直線斜面 (Xs)	凸形谷型斜面 (Xv)
等斉斜面 (R)	等斉尾根型斜面 (Rr)	等斉直線斜面 (Rs)	等斉谷型斜面 (Rv)
凹形斜面 (V)	凹形尾根型斜面 (Vr)	凹形直線斜面 (Vs)	凹形谷型斜面 (Vv)

図 7.2 斜面の9種の基本型[1]

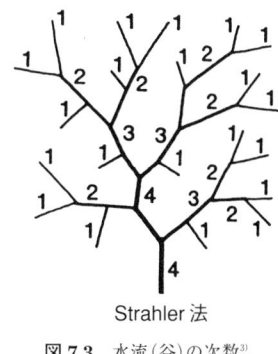

図 7.3 水流（谷）の次数[3]

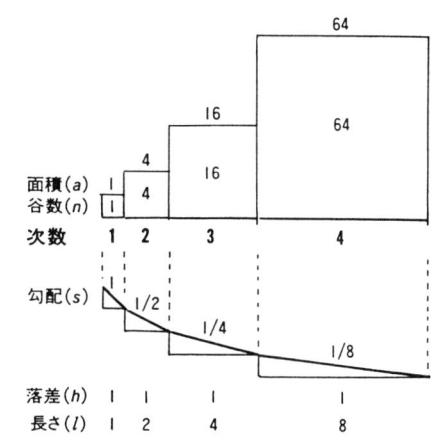

図 7.4 理想的な水系での次数と流域面積，谷数，河床勾配，落差，流路長の関係の模式図[7]

その斜面で落石，崩落，地すべり，土石流（これらを一括して集団移動と呼ぶ）が発生し，谷壁斜面が緩傾斜になる．集団移動で生産された砂礫はいずれは谷底に運ばれ，河流によって溶流，浮流および掃流（滑動，転動，躍動）の様式で下流に運搬され，かつその砂礫が研磨材や衝撃材の役割を果たして，河流の侵食力を高める．そのため，河床が低下し，谷壁斜面が急傾斜となって，再び集団移動が発生する．このような地形過程の繰り返しによって河谷は深く，大きな断面積をもつようになる．つまり，河谷は河川侵食と集団移動の2つの地形過程で拡大されるが，集団移動で供給された砂礫が河川によって下流に運搬されない限り，河床低下が起こらないから，谷壁斜面での集団移動も起こらず，河谷は成長しない．よって，河谷の形成には河川による侵食・運搬過程が第一義的に重要である．

新しい河谷では，その谷底がV字形断面形をもち，いつも冠水している欠床谷をなし，滝や早瀬があって，河床縦断形は滑らかではない．河床が十分に低下した古い谷では，河床縦断形が滑らかになり，河床勾配が小さくなる．そのころから河川は著しく蛇行するようになり，主要な侵食過程は下刻から側方侵食（側刻）に変わる．その結果，谷底幅が拡幅され，大規模な出水時にのみ全体が冠水するような谷底侵食低地が形成される．ただし，谷底侵食低地も厚さ数m以下の薄い砂礫層に被覆されている．

個々の地点における河流または河谷の規模は，支流の数を基本とする次数で表される（図7.3）．その次数と流域面積，河床勾配，土砂流送量などとの間にはいくつかの規則的な関係が知られている（図7.4）．

河谷は無限に数多く，また拡幅するわけではない．隣り合う谷が相互に生存競争をするので，単純な山地斜面では流域長の0.5倍より大きな流域幅をもつ谷は形成され

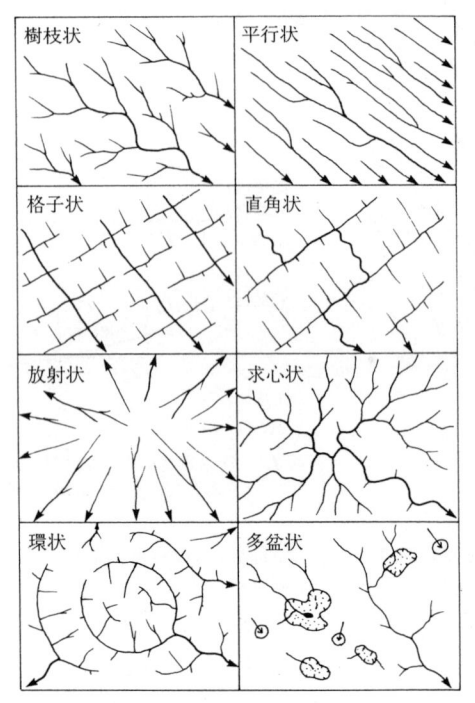

図 7.5 山地における主な河系模様[3]

表 7.1 主要な河系模様とその特徴[3]

河系模様	岩石・地質構造	頻出する地形場	流出特性*
樹枝状 dendritic	相対的に均質な岩石	種々の侵食階梯の普通の山地・丘陵	漸移的に上昇
平行状 parallel	均質な岩石と単純な構造	平面的な単純斜面, 段丘や火砕流台地	緩く上昇し, 一定
格子状 trellis	褶曲した対侵食抵抗性の異なる互層	壮年期〜老年期的な山地・丘陵	漸移的に上昇
直角状 rectangular	直交方向の断層・節理系, 花崗岩	老年期的な山地, 開析準平原	階段的に上昇
放射状 radial	火山, 貫入岩体	火山, 貫入岩体, ドーム状山地	緩く上昇し, 一定
求心状 centripetal	相対的に均質な岩石	沈降盆地, 侵食カルデラ	急激上昇
環状 annular, concentric	堆積岩ドーム構造, 貫入岩体周囲	中央火口丘をもつカルデラ底, ドーム	急激上昇
多盆状 multi-basinal	石灰岩, 火山岩, 破砕岩	石灰岩台地, 地すべり堆, 火山, 砂丘帯	池沼で湛水

*谷口におけるハイドログラフの出水時における立ち上がりの形状.

ず，ほぼ同規模の谷が等間隔に発達する[3]．また，穿入蛇行の波長は流域面積と比例関係にあるが，局所的に蛇行波長が急変している区間は，差別侵食，侵食復活，地殻変動などに起因する投影谷床勾配の急変区間である．

山地や丘陵の全体における河谷の発達状態は，河系模様（図7.5，表7.1），谷密度（一定面積内の谷の本数や長さ），起伏量（一定面積内の最高点と最低点の高度差）などで表される．それらの地域的差異は岩石物性，地質構造ならびに地形発達史を反映している．

b. 河川による差別侵食

河川の侵食地形は河川の侵食力と岩石の抵抗性との相対的関係に制約される．1本の河谷では，抵抗性の小さい岩石より大きい岩石のほうが侵食されにくいので，後者の分布地区で滝や早瀬が生じたり，谷底幅が狭くなっている．かくして，抵抗性の異なる岩石が接している地域では岩石間あるいは地質構造を反映した差別侵食地形が生じる[3]．この場合の抵抗性は，単に岩石の力学的強度ばかりでなく，透水係数などの物理的性質にも制約される．一般に強度の大きい岩石は急傾斜な斜面をもつ高い山地を構成する．また透水係数の高い岩石も雨水や表面流を浸透させて，その侵食力を低下させるので，谷密度の小さな高い山地を構成する．したがって，構成岩石の力学的抵抗力（いわば積極的抵抗性）と透水性（いわば消極的抵抗性）の組み合わせによって，異なった形態をもつ山地や丘陵が形成される（図7.6）．日本では岩盤透水係数が $10^{-4} \sim 10^{-3}$ cm/s 以上であると，岩石の力学的強度とは関係なしに，低谷密度で，

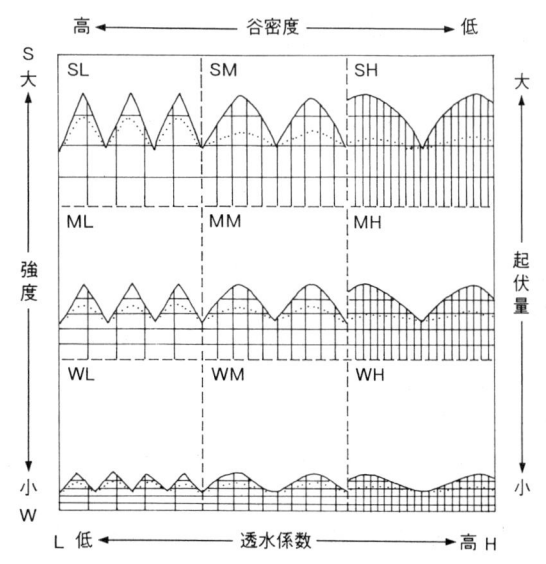

図7.6 岩石の強度と透水係数の組み合わせから見た丘陵地形の模式図[3]

尾根の丸い丘陵が生じている．

　抵抗性の大きな岩石の分布する山地・丘陵に，断層破砕帯が存在すると，それに沿って直線谷が生じている場合が多い．断層破砕帯は，断層運動によって破砕した岩片や粘土が厚さ数mm〜数mで板状に存在する地質的不連続帯である．断層粘土は難透水層で，破砕部分は高透水層である．そのため，断層破砕帯を境に地下水のあり方が異なる．断層破砕帯に高圧の地下水が存在することもあれば，逆に地下水が抜けて存在しないこともある．断層破砕帯は凝集性に乏しいので，河川侵食を受けやすいから，断層破砕帯に沿って直線谷（断層線谷と呼ぶ）が発達し，その上流の鞍部を隔てて反対側の直線谷に続くことが多い[4]．

　特殊な差別侵食地形として石灰岩のカルスト地形がある．石灰岩は炭酸ガスを含む水で溶食され，カルスト地形という特殊な地形を生じる．地下水の流れる節理や断層に沿って溶食が進み，割れ目が拡大し，石灰洞が形成される．そのため，雨水や表面流はその割れ目から石灰洞に吸い込まれてしまうので，石灰岩の山地には恒常的な河川が発達せず，周囲の非石灰岩の山地より高い石灰岩台地（例：秋吉台）や石灰岩尾根（例：武甲山）が生じる．

c. 山地・丘陵における地下水の役割

　山地や丘陵の斜面では，地震，豪雨などにともなって，落石，斜面崩壊，地すべり，土石流などの集団移動が発生する．それらのうち，斜面崩壊（崖崩れ）や地すべりの発生は，雨水の浸透水による地下の間隙水圧の上昇を誘因とする場合が多い．そのため，斜面崩壊や地すべりは豪雨や長期的降雨の間ばかりではなく，その数日あるいは数週間後に発生することが少なくない．

　山地や丘陵では，一般に構成岩石が固結しており難透水性であるから，地下水は岩盤の割れ目（節理や断層）に沿って裂か（罅）水として存在する．しかし，透水性の高い岩石（例：新第三紀以新の砂礫層，火山砕屑岩，節理の多い溶岩など）もある．難透水性の地層（例：泥層）と高透水性の地層（例：砂層，礫層）がサンドイッチのように互層し，かつ傾斜していると，高透水性地層の中に被圧地下水が発達することがある[8]．

　日本では，現在は氷河が存在しないが，最終氷期（現在から約1.9万年前）には日高山地や中央高地にカールや短い氷河が発達し，カールなどの氷食地形を形成していた．現在では，北海道や本州の高山地域で地中氷の凍結融解にともなう周氷河作用や多雪地域における雪崩などによる雪食が見られる．

7.2.2 火山と水

　地下からマグマ（1100℃内外の高温の岩石溶融体）が噴出して固化して生じた火山噴出物は溶岩，火砕流堆積物，降下火砕堆積物などに分類される．火山地域には，そのほかに，火山体の破壊・開析（侵食）にともなって火山噴出物が2次的に再移動した火山岩屑流（火山泥流）の堆積物があり，火山ガスや温泉水の昇華・沈殿物もあ

る．それらの定着・堆積で生じた高まり（火山）および火山体の爆発・陥没で生じた凹地（火口，カルデラ）を一括して火山地形と呼ぶ[4]．

火山活動における水の役割は重要である．マグマには水が溶けていて，マグマ溜りに加わる封圧が低下すると水が発泡し，マグマ溜りの蒸気圧が上昇して噴火を起こす．マグマが多量の水（海水や地下水）に接触すると，激しいマグマ水蒸気爆発が起こり，既存の火山体や基盤岩石が吹き飛ばされて，爆発カルデラ（例：1888年の磐梯山）やマール（例：秋田県の目潟）という凹地を形成する．また，火口湖をもつ火山や雪氷に被覆された火山で噴火が起こると，急激な火口湖溢水（例：インドネシアのクルート火山）や雪氷融解（例：十勝岳）で火山岩屑流が発生する．噴火直後の非固結の火山砕屑物は豪雨にともなって泥流や土石流となり，火山麓に面的に流下する．これらの水を含む土砂の急激な流下は火山麓に甚大な被害をもたらす．

火山噴出物は一般に透水係数が高い．固結した溶岩や溶結凝灰岩にも節理が多い．そのため，火山では，雨水が急速に浸透するので，河谷の発達が遅く，浸透水は伏流水となって火山麓に湧出する（例：富士山麓の湧水群）[9]．しかし，火山体の形成後，1万年以上も経過すると，火山噴出物が風化して，その透水係数が低下するから，普通の山地と同様に恒常流が発達し，その侵食によって放射谷が発達する．

火山地域の温泉は，地下水がマグマに起因する地熱や火山ガスで熱せられて地表に湧出するものである．したがって，侵食の進んでいない新しい火山には温泉がなく（例：富士山），元の火山体の10％以上が侵食されかつ熱源の残っている古い火山の，開析谷の谷底部（例：箱根湯本）や侵食で露出した過去の火道付近（例：熱海）に大湧出量の温泉がある[10]．火山ガスや熱水によって広範囲に変質した基盤岩石の上に重なる火山には，大規模な地すべり地形が多い（例：八幡平）．そのようなタイプの地すべり地域はしばしば大規模な地熱地帯であり，地熱発電所（例：松川地熱発電所）の候補地となる．

7.2.3 段丘および河成低地と水

a. 段丘と水

平坦地が急崖に部分的に囲まれて階段状または卓状になっている高台を段丘（または台地）と呼ぶ．その平坦地を段丘面，急崖を段丘崖とそれぞれ呼ぶ．段丘面は，過去の低地（谷底低地，河成堆積低地，海成堆積低地など）が地盤の隆起運動，氷河性海面変動，気候変化などに起因する河川の侵食復活や海岸線の沖合への後退によって離水した地形である．段丘崖は河川（本流および支流）または海の侵食崖である．なお，火山麓や火砕流台地あるいは土石流や地すべりの定着地形も侵食谷に刻まれると，段丘に類似した地形になる．しかし，それらは特別の原因が起こらなくても，必然的に侵食されて段丘状になった地形であるから，普通には段丘に含めない．

段丘面は砂礫層の堆積面であるから，段丘はその堆積物の厚い砂礫段丘と薄い（約3m以下）岩石段丘に大別される．前者は堆積低地，後者は侵食低地のそれぞれ段丘

		網状流路 braided channel	蛇行流路 meandering c.	分岐流路 anabranching c.	網状分岐流路 anastomozing c.	直線状流路 straight c.
流路の平面形状の模式図		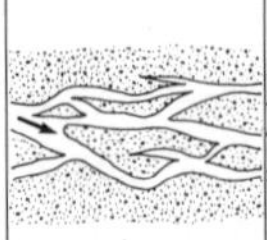	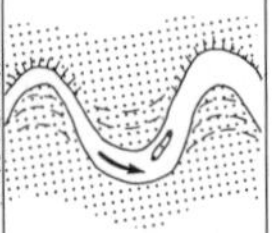	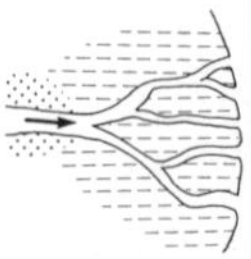	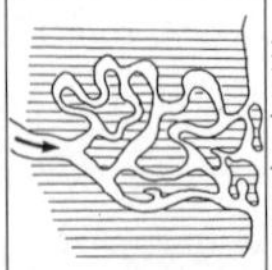	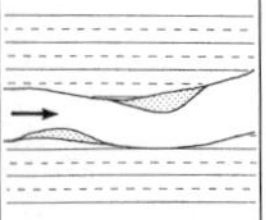
流路の状態	低水時	2本以上の流路で,多数の寄州と中州(礫堆)をともなう	1本の流路で,寄州と小さな中州(砂堆)をともなう	下流に分派した2本以上の流路で再合流しない	分岐した2本以上の流路が下流で再合流する	瀬と淵をもつ1本の流路で寄州(砂堆)をともなう
	高水時	礫堆を含む河川敷全体が冠水し1つの流れになる	中州も冠水し河川敷全体が1つの流れになる	派川は結合せず分派したままである.川中島も稀に冠水	派川は結合せず分派したままである.川中島も稀に冠水	1つの流れで寄州も冠水する
屈曲度		<1.05	>1.3	>1.5	>2.0	<1.05
水面幅／水深		>40	<40	<20	<10	<40
河床勾配		$10^{-1}\sim10^{-3}$	$10^{-3}\sim10^{-4}$	$<10^{-4}$	$0\sim10^{-4}$	$<10^{-4}$
流速と流体力		高	中	中～低	最低	低

図 **7.7** 低地河川の流路形態[2]

化したものである．段丘面には大河川がなく，河川の氾濫や海の暴浪による水災害は起こらない．また，日本の段丘面は高透水性の火山灰層（関東ローム層など）に被覆されている場合が多い．したがって，段丘面の水田化には灌漑用水が必要である．

段丘の地下水は，砂礫段丘では深いが多く，岩石段丘では浅いが少ない．砂礫段丘にも局所的に地下浅所に地下水が存在することがある．その地下水体は宙水と呼ばれ，砂礫層に挟まれたレンズ状の泥質層に支えられている．火山麓や火砕流台地の地下水も砂礫段丘に類似しているが，宙水は知られていない．

b．河成低地と水

山地・丘陵・段丘を刻んで河谷を形成している河川が低地に出る地点を谷口と呼ぶ．谷口から下流では，流路幅の拡大による水深減少にともなう掃流力の減少により，河川の地形過程における主要な役割は侵食から堆積に転化する．河川の流路形態はその流送物質の粒径と河床勾配の組み合わせに対応して，自らの流路形態（図7.7）を網状流路，蛇行流路，分岐流路などに変え，それらの流路区間にそれぞれ特有の次のような地形種を形成する（図7.8）．

1) **扇状地**　谷口から下流では，出水時に，まず礫が堆積し始め，河床を高め，流路からの溢流水が流路の両側に礫を堆積して自然堤防という高まりを生じる．次の

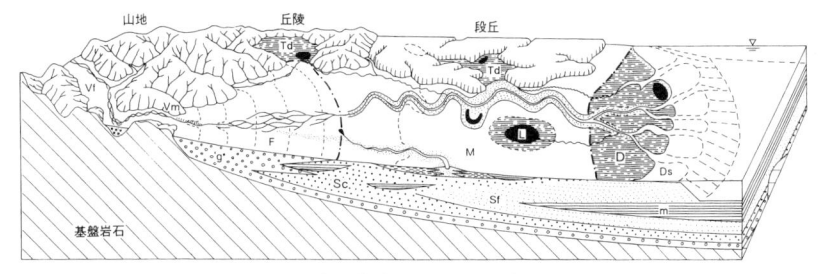

図 7.8 河成堆積低地における 5 種の地形種[2]
Vf：谷底堆積低地，Vm：谷口，F：扇状地，M：三角州，Ds：水底三角州，L：湖沼，Td：支谷閉塞低地，g：礫層，Sc：粗粒・中粒砂層，Sf：細粒砂層，m：泥層．太鎖線は扇状地，蛇行原および三角州の境界線である．

出水時には，高まった河床や自然堤防を避けて低いほうに，河流が流れて，そこでも礫を堆積して河床を高める．その過程が繰り返されると，河川は谷口を中心として振子のように流路を変えるから，谷口を中心とする同心円的等高線で表現される礫の堆積地形すなわち扇状地が形成される．扇状地は 10^{-3} 以上の勾配をもつ．河川は網状流路の礫床河川で，水無川の場合も多い．扇状地の扇央部では地下水面が深く，扇端部に伏流水が湧出して扇端泉列を生じている．ただし，半径 5 km 以上の大きな扇状地は緩勾配であり，扇央部でも地下水が比較的浅部で得られる．

2) 蛇行原　扇状地の末端から下流では，河川は 1 本にまとまって，蛇行流路をもつ砂床河川になる．蛇行流路の両側には，出水時の溢水で生じた砂質の自然堤防が形成され，その背後に細砂や泥の堆積によって後背低地という低湿地が生じる．蛇行流路とその両側の自然堤防および後背低地で特徴づけられた河成堆積低地を蛇行原と呼ぶ．蛇行原には，蛇行流路の移動・蛇行切断などにより，三日月湖やその流路跡地，さらに埋め残された後背湖沼やその埋積による後背湿地が発達する．

3) 三角州　蛇行原より下流では，河川は下流に枝分かれてして分岐流路となり，三角州が発達する．三角州は，分岐流路，その両岸の低い自然堤防とその背後の後背低地，後背湿地で特徴づけられ，細砂と泥で構成されている．三角州の前面には干潮時のみ陸地となる干潟（水中三角州）が発達し，そこに河川の流れる澪が生じている．三角州の分岐流路は，その河床が高潮位の海面より低いので，感潮河川である．

内湾に流入する大河川では，谷口から河口までの間に，扇状地，蛇行原および三角州がそろって発達する（例：木曽川）．しかし，深い海に流入する河川では，河川の流送した砂や泥が海の波と流れによって容易に侵食されてしまうので，三角州が発達せず（例：天竜川），あるいは蛇行原も発達せずに扇状地が海に直面している（例：黒部川）．また，上流に大規模な盆地があると，その内部で扇状地と蛇行原が形成され，谷口から下流では扇状地を欠き，蛇行原が谷口から発達することもある（例：最上川）．

4) **谷底堆積低地**　谷口から上流にも，過去の谷が砂礫で埋積されて生じた谷底堆積低地がしばしば発達する．そのような砂礫の堆積は，河川の下流における地盤の隆起，集団移動堆積物や火山噴出物による堰止などにより，湖沼が形成されたり，河床勾配が減少したことに起因する．谷底堆積低地を縁どる山麓線は屈曲に富み，低地に囲まれた島状丘陵が見られることもある．谷底堆積低地は網状流路の礫床河川の流れる扇状地的な低地と蛇行流路の砂床河川の流れる蛇行原的な低地に大別される．両者が河川の上流から下流にそろって発達することも多い．盆地底も谷底堆積低地と同様の地形種に区分される．

5) **支谷閉塞低地**　本流の形成する堆積低地に流下する支流では，その谷口がしばしば本流の堆積物（地形種では主に扇状地や自然堤防）に堰止められて，出水時に本流が支流に逆流して支谷閉塞湖沼（例：印旛沼，霞ヶ浦）が形成され，それが次第に埋積して支谷閉塞低地が形成される[2]．そこは泥炭を含む軟弱地盤で構成される場合が多い．

7.2.4　海岸地形と水

海岸は浜の続く砂浜海岸と磯の続く岩石海岸に大別される．海岸では波と沿岸流などの流れの強さおよび向きと海岸を構成する物質の抵抗力との相対的関係によって，種々の堆積地形や侵食地形が形成される（図7.9）．

砂浜海岸では，河川の供給した砂礫と岩石海岸の侵食で生産された砂礫が沿岸流によって汀線方向と沖合方向に運搬される．その砂礫の移動状態を漂砂と呼ぶ．漂砂が汀線方向の一方に卓越すると，流入河川の河口部が漂砂の下流方向に曲がり，河口偏倚を生じる．漂砂によって運ばれた砂礫が，岬から湾口に向かって突き出すように堆

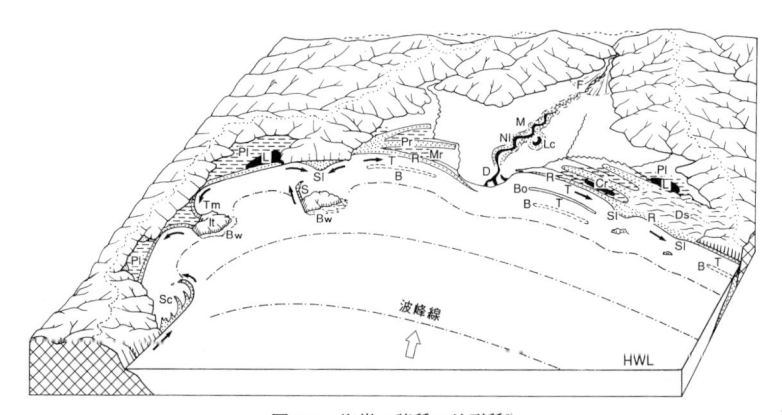

図7.9　海岸の諸種の地形種[2]
F：扇状地，M：蛇行原，D：三角州，Pr：堤列低地，Ds：砂丘帯，Pl：潟湖跡地，L：潟湖，R：浜堤，Mr：堤間湿地，Cr：堤間水路，B：沿岸底州，T：沿岸溝，Bo：沿岸州，S：砂嘴，Sc：複合砂嘴，Sl：尖角州，Tm：トンボロ，It：陸繋島，Bw：波食棚，Nl：自然堤防，Lc：三日月湖

積すると砂嘴が生じる（例：三保半島）．砂嘴が対岸の海岸に達すると，湾が外海から完全にまたは一部（潮口と呼ぶ）を残して閉塞され，潟湖（ラグーン）になる．潟湖は，潮口および砂嘴内部を通過する海水と河川の淡水の混じった汽水湖である場合が多く，感潮する．

　砂浜海岸は，主な堆積物の粒径によって，礫浜，砂浜，泥浜に分類される．海浜堆積物が波の遡上によって陸地に打ち上げられると，それが積み重なって浜堤と呼ばれる高まりが生じる．これは，いわば海の自然堤防である．波の遡上限界高度（≒浜堤の高度）は，粒径が 1 cm 程度のときに最大（約 7～9 m）であり，それより細粒または粗粒であると低くなり，2 m 内外となる．つまり，浜堤は細礫で構成される礫浜の背後で最も良く発達し，泥浜や巨礫の浜にはほとんど発達しない．

　地盤の隆起や海水準の低下により汀線が沖合に後退すると，その汀線の背後に新しい浜堤が形成され，古い浜堤の間に堤間湿地と呼ばれる細長い低湿地が生じる．数列の浜堤と堤間湿地の並走する平野は堤列平野と呼ばれる（例：九十九里平野）．浜堤は畑や集落に，堤間湿地は水田や蓮田，養魚場などにそれぞれ利用されている．砂浜を前面にもつ堤列平野には，海岸砂丘が発達していることがある．海岸砂丘は高さ数十 m に及び，凹地や小突起をもつので，それらのない浜堤と容易に区別される．

　浜堤や海岸砂丘は高透水性礫層や砂層で構成されているので，そこでの地下水のあり方では一般にガイベン-ヘルツベルクの法則が成り立つと考えられる[8]．すなわち，海面から淡海水境界面までの深さ H と地下水面の海面からの高さ h の関係は，$H = \rho_0 h/(\rho - \rho_0)$，で表される．ただし，$\rho$ は海水密度，ρ_0 は淡水密度である．つまり，H は h の約 40 倍であり，地下水の汲み上げで h が小さくなると，地下水体の厚さ $(H+h)$ は急激に減少する．

　岩石海岸では，波により海食崖の基部が侵食され，海食崖が崩壊する．その繰り返しで海食崖が後退すると，その前面に波食棚という平坦な磯が形成される（図 7.9）．波食棚は弱抵抗性の基盤岩石の場合ほど広く発達する．

7.3　地形とその変化に制約される水のあり方

　水は地形を上述のように変化させるけれども，基本的には「器に従う」から，出水時や暴浪時以外の平水時における水の流れ方と水体の形態は地形に完全に制約される．したがって，地形変化にともなって，水の流れ方や水陸の配置，水のあり方が以下のように変化するのは当然である．

　山地と丘陵では，①活褶層運動の変位の累積あるいは集団移動（特に地すべり，崩落，土石流）による河川の転流・堰止，湖沼形成，地下水変化，②河川争奪・蛇行切断による河川・地下水の転流，③本流堆積物による支流の堰止に起因する支谷閉塞湖沼の形成などが起こる．火山地域では，火山噴出物による河川の転流・堰止や湖

沼形成が起こる．段丘では開析谷の発達にともなう地下水の変化が顕著である．低地では，① 河川の転流・蛇行切断などによる三日月湖の形成，② 河口閉塞・河口偏倚をともなう海岸線の変形による地下水の水質変化や感潮河川の変化，③ 地盤沈下による土地の水没などが起こる．海岸では，① 砂嘴の発達による潟湖の形成，② 尖角州の発達による沿岸流の変化，③ 陸繫島の形成による海岸流の遮断などが起こる．堆積地形の形成は水域を縮小させ，地盤の隆起運動は海岸線を後退させ，地盤の沈降運動は海岸地帯を水没させる．

これらの地形変化にともなって，河床勾配や地下水位，海底勾配が変化するので，河川および波と流れの侵食・運搬・堆積過程が変化し，それが新たな地形変化を生じる．例えば，河川過程が堆積から侵食に転じて河床を低下させて，低地を段丘化したり，逆に侵食から堆積に転じて谷底堆積低地を生じたりする．それらの地形変化に関連して流路形態も変化し，網状流路から蛇行流路へ，逆に蛇行流路から網状流路へと変化する．海岸過程でも同様な変化が起こり，海岸段丘や海成低地が形成される．地下水位の変化は，湖沼の形成・消滅，石灰洞の埋没，新たな地下水面に対応した石灰洞の形成などをもたらす．かくして，地形と水との相互作用は両者が調和するまで進行する．

7.4 水陸配置の人工的改変

人類の生活生産活動の立地を制約する要因の1つに地形と水との相対的関係（水陸配置）がある．そのため，古来，水陸配置を人間にとって都合のよいようにするために，種々の目的で人工的に地形を改変する各種の構造物が建設されてきた（表7.2）．しかし，水陸配置の大規模な変更は，水に関連の深い生物環境や水質の変化をはじめ，河川や海岸における侵食・堆積の場を変化させ，地形変化をもたらす．特に，河川水および地下水の流域変更あるいは海域の過度の縮小をともなうような構造物の建設

表7.2 地形と水の相対配置を変更するための人工的地形改変と構造物

目　的	水に関連する構造物
自然災害防止	治水工（砂防堰堤など），河川堤防，制水工，河道改変（瀬替），遊水池，防波堤，海岸護岸工
用水確保	井戸，取水堰，集水工，河川ダム，地下ダム，海湾ダム，上下水道，発電用水路，灌漑・排水路，冷却水取水・排水工
舟運確保	運河（内陸，地峡，沿岸），舟運ドック，港湾施設，掘込港
陸上交通確保	橋梁，水底トンネル
水域の陸地化	埋立，干拓，人工海岸
多目的	河川の大ダム

は，広域的・長期的な地形および環境変化をもたらす．その種の環境変化を防止するためには地形と水との相互作用の広域的・長期的視点に立つ研究が不可欠である[11]．

〔鈴木隆介〕

文　献

1) 鈴木隆介：建設技術者のための地形図読図入門，第1巻，読図の基礎，古今書院，1997.
2) 鈴木隆介：建設技術者のための地形図読図入門，第2巻，低地，古今書院，1998.
3) 鈴木隆介：建設技術者のための地形図読図入門，第3巻，段丘・丘陵・山地，古今書院，2000.
4) 鈴木隆介：建設技術者のための地形図読図入門，第4巻，火山・変動地形と応用読図，古今書院，2004.
5) 塚本良則：森林・水・土の保全—湿潤変動帯の水文地形学，p.138，朝倉書店，1998.
6) 恩田裕一ほか：水文地形学—山地の水循環と地形変化の相互作用，p.267，古今書院，1996.
7) 貝塚爽平：発達史地形学，p.286，東京大学出版会，1998.
8) 山本荘毅：新版地下水調査法，p.490，古今書院，1983.
9) S. Yamamoto：Volcano Body Springs in Japan, p.264, Kokon-Shoin, 1995.
10) 湯原浩三：地熱地域を持たない火山の地形学的・水文学的特徴とその潜在熱エネルギーを利用するための人工熱水系，地熱，**11**，31-39，1974.
11) 日本地形学連合編：JGU地形工学シリーズ1，地形学から工学への提言，p.162，古今書院，1996.

■地下水由来のヒ素汚染■

　近年，アジアの多くの地域で地下水由来のヒ素汚染が深刻になっている．特にバングラデシュでは，全住民の約半数にのぼる数千万人が慢性ヒ素中毒のリスク人口とされている．同国の大多数の住民は，1970年ころまで川や貯水池などの表層水を飲用しており，細菌汚染による下痢症などが乳幼児に多発し，年間に20～30万人もが死亡していた．

　この状況を解消するため，ユニセフなどの国際機関の援助により井戸が掘られるようになった．ところが，多くの地域で地下水中のヒ素濃度が高かったうえに，井戸水を大量に汲み上げることにより地下水層が還元状態になり，黄鉄鉱に含まれるヒ素が溶出したものと考えられている．世界保健機関（WHO）による飲料水中のヒ素の安全基準である $0.01\,mg/l$ に対し，バングラデシュなどでは $0.05\,mg/l$ を暫定基準にしているものの，このレベルをも超える井戸水が多いのが現状である．慢性ヒ素中毒の主症状は皮膚の色素沈着・角化であり，進行すると皮膚癌，さらには膀胱癌などの内臓癌に転移し，死にいたることもある．

　現在，飲料水からヒ素を除去する，ヒ素濃度の低い井戸をつくる，雨水を利用するなど対策が少しずつ進められているが，状況はむしろ悪化している．とくに井戸水を利用するようになってから年数が短い地域では，被害がさらに増す可能性が高い．地下水由来のヒ素中毒は，インド，中国，ネパール，ヴェトナムなどのアジア諸国だけでなく，チリ，メキシコ，アルゼンチンなどのラテンアメリカ諸国でも起きている．

(R.O.)

8. 土壌と水

8.1 土壌水の形態と挙動

8.1.1 土壌水の形態
a. 間隙と土壌水

土壌水は，土壌間隙中に存在する．土壌の全体積 V に対する間隙体積 V_p の比率 V_p/V を間隙率（void ratio）または孔隙率（porosity）と呼び，工学系では前者，ペドロジー系では後者をよく用いる．多くの堆積土の間隙率は 50% 前後であるが，関東ローム（火山灰堆積土）は約 80% 以上あり，世界でも珍しいほど大きい．粘土は水を多く含むと膨張し，乾燥すると収縮し，また荷重によっても体積が著しく変化するので，間隙率は一定ではない．

b. 粒子接点の水

土粒子を，図 8.1 のように水との接触角が 0 度のなめらかな半径 r の球形粒子で模式的に表す[1]．

接点水は 2 つの主曲率半径 r_1, r_2 をもち，もし界面が球形の一部であると近似できれば，それぞれ幾何学的に $r_1 = r\tan\theta - r_2$, $r_2 = r(\sec\theta - 1)$ の関係がある．その逆数の差し引きに水の表面張力 γ を乗じた値

$$\Delta p = \gamma\left(\frac{1}{r_1} - \frac{1}{r_2}\right) \tag{8.1}$$

は大気と接点水との圧力差であり，図 8.1 のような形態で保持される水は負圧状態

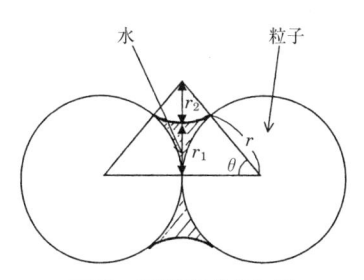

図 8.1 球形粒子接点の水[1]

($\Delta p<0$)である.これをヤング-ラプラス式という.接点水のこのような形態は,固液界面の付着力,気液界面の表面張力によってもたらされる.

c. 土粒子表面の水

土粒子表面へ吸着する土壌水もある.土粒子表面の大きさは乾土1g中の総表面積で表し,これを比表面積(specific surface)と呼び s で表す.平均半径 r (cm) の球形粒子の比表面積はおよそ $s=10^{-4}/r$ (m²/g) であり,例えば $r=10^{-5}$ (cm) のとき $s=10$ (m²/g) と推定される.実際の土粒子形状は球形ではなく,なめらかでもないから,ガスの単分子吸着量などを測定して厳密に s 値を算出する.土粒子表面の水は,クーロン力,ファン・デル・ワールス力,化学結合力などによって吸着されるので,通常の水よりエネルギーが低い.

8.1.2 土壌水の状態とポテンシャル概念

実際の土壌水は,毛細管や球形粒子の充填体中ではなく,より複雑な間隙構造中に存在するので,土壌水の存在形態を幾何学的に表現することは不可能に近い.そこで,土壌水の状態は化学ポテンシャルを用いて定義する.すなわち,「基準状態にある純水の化学ポテンシャルに比較した土壌水の化学ポテンシャルの低下量」を土壌水の状態と定義する.土壌水の化学ポテンシャルは,溶質の存在,水と土壌固相との相互作用,狭い間隙における毛細管作用などにより,純水の化学ポテンシャルより低下して平衡している.そこで,以下のポテンシャル(単位はすべて J/kg)をそれぞれ定義する.

1) 浸透ポテンシャル(osmotic potential)ψ_o　土壌水中に溶質が存在することによる化学ポテンシャルの低下量をいい,

$$\psi_o = -\pi RT \sum_{i=1} m_i \tag{8.2}$$

で表す.π は浸透係数(理想溶液では1),R は気体定数(8.314 J/K·mol),T は絶対温度,m_i は溶質の成分の質量モル濃度(mol/kg)である.

2) マトリックポテンシャル(matric potential)ψ_m　固相表面の吸着力,土粒子接点水の気液界面(メニスカス)形成などによる化学ポテンシャル低下量をいい,

$$\psi_m = -\frac{2\gamma \cos \delta}{R \rho_w} \tag{8.3}$$

で表す.γ は水の表面張力(J/m²),δ は濡れの接触角(0に近い),R は間隙水の気液界面等価毛管半径(m),ρ_w は水の密度(Mg/m³)である.

3) 重力ポテンシャル(gravitational potential)ψ_g　重力は保存力なので,その寄与を化学ポテンシャルの形でまとめることができ

$$\psi_g = gz \tag{8.4}$$

で表す.g は重力加速度(m/s²),z は基準位置からの高さ(m)である.

4) 合成ポテンシャル ψ_t, ψ_w　土壌水の化学ポテンシャルを低下させる要因を

合計した量，$\psi_t = \psi_o + \psi_m + \psi_g$ を全ポテンシャル（total potential）という．また，$\psi_w = \psi_o + \psi_m$ を水分ポテンシャル（water potential）と呼ぶこともある．ほかに，空気圧ポテンシャル，荷重ポテンシャル，静水圧ポテンシャル，などが加わることもある[2]．

8.1.3 水分特性曲線

土壌水のマトリックポテンシャル ψ_m と体積含水率 θ（cm^3/cm^3）との関係は，土壌によって異なる．この関係を示すのが水分特性曲線であり，図8.2にその実例を示す．ψ_m の単位は単位質量当たりエネルギー（J/kg），単位体積当たりエネルギー（Pa），水柱高さ（cmH_2O, mH_2O）などで，互換性を有する．水柱高さで表した ψ_m の絶対値をサクション h，h を cmH_2O 単位としたときの常用対数 $\log h$ の値を pF と呼ぶ（水分ポテンシャル ψ_w の絶対値の常用対数を pF と呼ぶ研究者もいる）．

図8.2には3種類の土壌の水分特性曲線が示されている．マトリックポテンシャルの低下に対し，急激に含水率が低下する肩の位置，すなわち，飽和土壌からの排水過程においてその土壌の最大間隙に外気が侵入し始めるときのマトリックポテンシャルの値を空気侵入値（air entry value）という．水分特性曲線の勾配 $-d\theta/d\psi_m$ の値を比水分容量（specific water capacity）という．

水分特性曲線の近似式として最も多く使用されるのは，ファン・ゲニヒテンの式[4]

$$\frac{\theta - \theta_r}{\theta_s - \theta_r} = \left[\frac{1}{1 + (\alpha h)^n}\right]^m \tag{8.5}$$

である．ここで，θ_r は当てはめ曲線を推定しようとする含水率の下限値，θ_s は飽和体積含水率，α, n, m は実験的に決められるパラメータである．

水分特性曲線は，排水過程と湿潤状態とでは異なる曲線をたどる．このようにたどった経緯によって異なる状態を示す性質をヒステリシス（hysteresis，履歴現象）とい

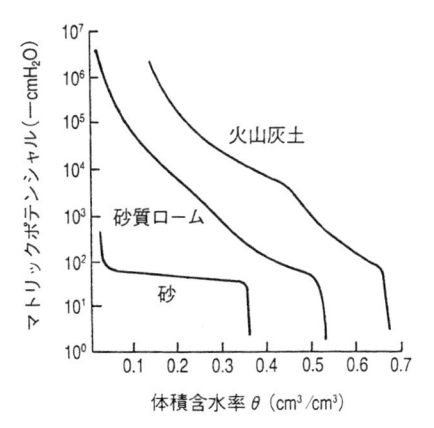

図 8.2 土壌の水分特性曲線[3]

い，インクボトル効果，濡れの角度，封入空気などによって起こることが知られている．

8.1.4 土壌水分量の測定

土壌水分量は，体積含水率 θ (cm^3/cm^3)，含水比 ω (g/g)，飽和度 S (cm^3/cm^3) などによって表される．土壌水分量測定法としては，炉乾法が最も簡便で，精度も高い．このほか，テンシオメータ法，熱伝導プローブ法，ガンマ線水分密度計法，中性子水分計法，電気抵抗法，TDR 法（time domain reflectometry）などがあり，いずれも炉乾法と比較したキャリブレーションを要する．圃場の土壌水分量を不攪乱状態で測定する方法としては TDR 法が優れている．この方法では，土壌の比誘電率 ε を測定し，体積含水率 θ を，3次式

$$\theta = -5.3 \times 10^{-2} + 2.92 \times 10^{-2}\varepsilon - 5.5 \times 10^{-4}\varepsilon^2 + 4.3 \times 10^{-6}\varepsilon^3 \tag{8.6}$$

で推定する[5]．この式に当てはまらない土壌として，火山灰土壌や高有機質土壌があげられている．

8.1.5 飽和土壌中の水分移動

a. ダルシー則

間隙がすべて水で満たされている土壌を飽和土壌という．飽和土壌中の水移動は，ダルシー則

$$q_w = -K_s(\nabla \psi_p + 1) \tag{8.7}$$

で表される．ここに，q_w は水のフラックス（単位時間，単位断面積を通過する水の体積 cm^3/cm^2·s，すなわち cm/s），K_s は飽和透水係数（cm/s），ψ_p は圧力水頭（cmH$_2$O），∇ はベクトル演算子 $\boldsymbol{i}\partial/\partial x + \boldsymbol{j}\partial/\partial y + \boldsymbol{k}\partial/\partial z$，$\boldsymbol{i}, \boldsymbol{j}, \boldsymbol{k}$ は x, y, z 方向の単位ベクトルを表す．

b. 飽和透水係数

土壌を土粒子の粒径別に大別してそれらの飽和透水係数を比較すると，粗砂は 10^{-2} cm/s 以上，細砂はおよそ 10^{-3} cm/s，シルトは 10^{-3}〜10^{-5} cm/s，粘土は 10^{-6} cm/s 以下である．飽和透水係数の値は，土壌の間隙率，間隙サイズ分布，間隙屈曲度，水の粘性係数，水の密度，温度などの関数である．

フィールドの土壌を多数採取してそれらの飽和透水係数の平均値を求める際には，飽和透水係数の対数値を用いると度数分布が対称形に近づくので，対数平均を算出することが推奨されている．

飽和透水係数は試料サイズに影響されるので，やや大きめの試料を採取することが推奨される．著しく亀裂が発達したシルトロームの場合，高さ 5 cm のサンプルではばらつきが大きすぎ，高さ 17 cm 以上のサンプルではばらつきが少なかったことが報告されている[6]．

同じ土壌が圧縮を受けたり膨張したりして乾燥密度が変化する場合，その土壌の飽和透水係数と乾燥密度との関係は

$$\frac{K_\mathrm{s}'}{K_\mathrm{s}} = \left[\left(\frac{\tau \rho_\mathrm{s}}{\rho_\mathrm{b}'} \right)^{1/3} - 1 \Big/ \left(\frac{\tau \rho_\mathrm{s}}{\rho_\mathrm{b}} \right)^{1/3} - 1 \right]^2 \tag{8.8}$$

で推定される[7]．ここで，K_s' は土壌の乾燥密度が ρ_b' であるときの飽和透水係数，K_s は土壌の乾燥密度が ρ_b であるときの飽和透水係数，ρ_s は土粒子密度，τ は固相の形状を表すパラメータ（$0 < \tau \leq 1$）である．砂の τ 値は 0.9～1.0，粘土や団粒構造をもつ土壌は 0.5～0.8，関東ローム心土は 0.2 が最も良く適合する[8]．

土壌の飽和透水係数は時間の経過にともなっても変化する．この変化には，団粒の崩壊，気泡の溶解，微生物の増殖，ガスの発生などが影響している（8.3節参照）．

飽和透水係数には異方性もある．例えば，中間泥炭土の飽和透水係数を測定してみると，鉛直方向飽和透水係数は約 10^{-4} cm/s であるのに対し，水平方向のそれは 10^{-3}～10 cm/s であった[9]．

8.1.6 不飽和土壌中の水分移動

a. バッキンガム-ダルシー則

不飽和状態の水は，飽和状態の水より動きにくい．不飽和状態の土壌中の水移動は，バッキンガム-ダルシー則

$$q_\mathrm{w} = -K(\theta)(\nabla \psi_\mathrm{m} + 1) \tag{8.9}$$

で表される．ここに，$K(\theta)$ は不飽和透水係数（cm/s），θ は体積含水率，ψ_m はマトリックポテンシャル（cmH$_2$O）を表す．

b. 不飽和透水係数

不飽和透水係数は，図 8.3 のように土壌の含水率によって著しく変化する．

不飽和透水係数は，間隙サイズ，間隙屈曲度，間隙の分岐や合流形態，土粒子の表面状態，体積含水率またはサクション，水の粘性係数，体積含水率などに依存する．

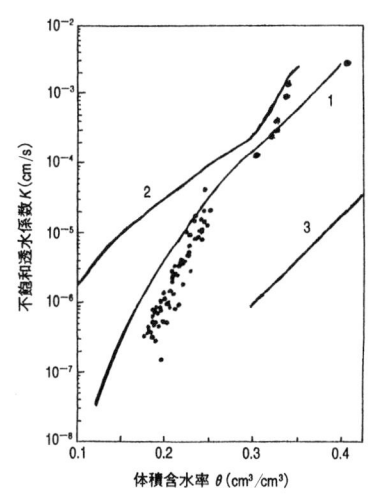

1：まさ土（●：測定値，実線：推定値）
2：砂（測定値）
3：砂壌土（測定値）

図 8.3 土壌の不飽和透水係数[3]

不飽和透水係数と体積含水率の関係 $K(\theta)$ ではヒステリシスは一般に少なく，不飽和透水係数とサクションの関係 $K(h)$ ではヒステリシスの影響が大きい．

不飽和透水係数を表す近似式には，ガードナーの式 $K(h)=a/(h^n+b)$，キャンベルの式 $K(\theta)=K_s(\theta/\theta_s)^m$ などがある．ここで a, b, n, m などはそれぞれの式で定義されるパラメータであり，実験的に決められる．近年最も良く用いられるファン・ゲニヒテンの式は，

$$K_r(\Theta)=\Theta^{1/2}[(1-(1-\Theta^{1/m})^m]^2 \tag{8.10}$$

であり，式（8.5）と対応していることが特に支持される理由となっている．Θ は相対含水率 $(\theta-\theta_r)/(\theta_s-\theta_r)$ であり，式（8.5）の左辺に等しい．$K_r(\Theta)$ は相対透水係数で，不飽和透水係数を飽和透水係数で除したものである．m は水分特性曲線で求められるパラメータである．

c. 不飽和水分移動式の定常解

バッキンガム-ダルシー式（8.9）を定常不飽和流に適用する場合，マトリックポテンシャル ψ_m に関して直接積分

$$\int_0^z dz = -\int_0^{\psi_m} \frac{K d\psi_m}{q_w+K} \tag{8.11}$$

が可能である．式中の K を ψ_m の関数として与え，q_w の値を入力すれば，積分の結果 ψ_m のポテンシャルプロフィルが得られる．

d. 不飽和水分移動の基礎方程式

不飽和水分移動基礎方程式は，バッキンガム-ダルシー則の式（8.9）を連続の式に代入して得られる次式

$$\frac{\partial \theta}{\partial t}=\nabla(K(\theta)\nabla\psi_m)+\nabla K(\theta) \tag{8.12}$$

であり，リチャード式と呼ばれる．また，水分拡散係数 D を

$$D(\theta)=K(\theta)\frac{\partial \psi_m}{\partial \theta}$$

と定義し，これを式（8.12）に代入した式

$$\frac{\partial \theta}{\partial t}=\nabla(D(\theta)\nabla\theta)+\nabla K(\theta) \tag{8.13}$$

を拡散型の水分移動基礎方程式という．適当な初期条件と境界条件のもとでこの式を解けば蒸発，浸潤，再分布，排水などにともなう非定常不飽和浸透流を解析することができる．しかし，不飽和浸透流は解析解を得られない場合が多く，総じて数値解法の有用性が高い．

e. 成層土壌中の不飽和水分移動

成層土壌中の不飽和水分移動は，各層の不飽和透水係数がマトリックポテンシャルの関数なので，飽和水分移動より複雑に変化する．成層土壌中の層境界面では流れの

入射角や境界面におけるサクションによって決まる屈折現象が起こり，ある条件下では屈折角が90度に近づき，境界面に沿った横流れ現象が起こることもある．一般に，境界面における流れの屈折は $K_1/K_2=\tan\alpha/\tan\beta$ に従う[10]．ここで，K_1 は入射側の不飽和透水係数，K_2 は屈折側の不飽和透水係数，α は入射角，β は屈折角である．

f. 深層土壌中の不飽和水分移動

深層土壌中の不飽和流では，含水率やマトリックポテンシャルの勾配が非常に小さい．このような深層領域での不飽和流は，$\nabla\psi_m=0$ と近似でき，このような流れを重力（卓越）流という．この場合，式 (8.9) は $q=-K(\theta)$，式 (8.12) は

$$\frac{\partial\theta}{\partial t}=\nabla K(\theta) \tag{8.14}$$

となり，この式は特性曲線法によって解かれる[1,10]．

8.1.7 土壌の不均一性と土壌水分

フィールドの土壌は，図 8.4 に概念的に示したように，乾燥亀裂や地表のクラスト，植物根痕跡，人為的土層改良痕跡，小動物の穴など，多様な不均一構造を有しているので，飽和流，不飽和流はこれらの影響を強く受ける[10]．

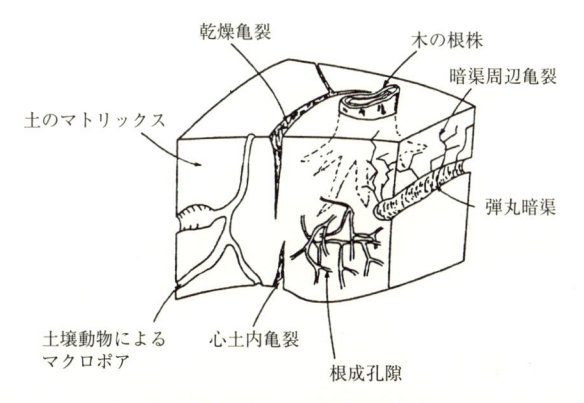

図 8.4 土壌中のマクロポア概念図[1]

このように土壌中を一様に流れない土壌水分移動を不均一流（preferential flow）と総称し，短絡流（bypassing flow），フィンガリング流（fingering flow），集積流（funeled flow）などに分類する．短絡流は土壌中の亀裂やマクロポアを通過して，通常の飽和・不飽和浸透流より早く遠くへ移動する流れ，フィンガリング流は舌状流，部分流などと同義語で，主に粗粒土や砂層中に生ずる流れである．集積流やフィンガリング流は局部的に土壌水が集積する場合に生ずる流れで，近年注目されている現象である[1,10]．

〔宮﨑　毅〕

文　献

1) 宮崎　毅：環境地水学, pp.196, 東大出版会, 2000.
2) W. A. Jury, *et al*.：Soil Physics, pp.48-52, John Wiley & Sons, 1991.
3) 中野政詩, ほか：土壌物理環境実験法, pp.52, 72, 163, 東大出版会, 1995.
4) M. Th. van Genuchten：*Soil Sci. Soc. Am. J*., **44**, 892-898, 1980.
5) G. C. Topp, *et al*.：*Water Resources Research*, **16** (3), 574-582, 1980.
6) J. L. Anderson and J. Bouma：*Soil Sci. Soc. Amer. Proc*., **37**, 408-413, 1973.
7) 宮崎　毅・西村　拓：農業土木学会論文集, 174, 41-48, 1994.
8) T.Miyazaki：*Soil Science*, **161** (8), 484-490, 1996.
9) 井本博美, ほか：土壌の物理性, **87**, 19-26, 2001.
10) T. Miyazaki, *et al*.：Water Flow in Soils, pp.18-20, Marcel Dekker, 1993.

8.2　土壌水による物質移動

　土壌水に溶解した化学物質（溶質）は，土壌水の流れとともに土壌中を移動する．そのため土壌汚染，地下水汚染といった環境問題において，土壌中の物質移動の予測は重大な課題である．土壌中の溶質移動は，間隙中を複雑に流れる土壌水とともに移動する溶質が，吸着や離脱といった土粒子との相互作用を繰り返しながら移動する極めて複雑な現象である[1~3]．そこで，土壌中の溶質移動の予測には，前節で示した土壌水の移動を予測したうえで，溶質移動モデルを用いて解析を行う必要がある．さらに溶質移動の予測が難しい点は，対象とする問題の観測スケールや時間スケールが異なる場合が多く，それぞれのスケールにおいて土壌の性質が不均一に分布していることである．本節では，初めに最も広く用いられている移流分散式（CDE, convection dispersion equation）を概説し，いくつかの計算例を用いて，溶質移動物性値の濃度分布に及ぼす影響を論じる．また溶質移動が土壌水の流れに及ぼす影響として，透水性と溶液の関係を述べる．そしてある程度大きなスケールの圃場を対象に，土壌水の流れが不均一な場合の予測手法を概説する

8.2.1　移流分散式

　土壌中の溶質の移動は，土壌水の流れとともに移動する移流と，濃度勾配に比例したフラックスの生じる分子拡散によって生じる．さらに移流について注意してみると，その微視的流速は，間隙の大きさや形状，またその連結分岐の様式，さらに間隙内部の流速分布などにより，移流の平均速度に対して分散する．そのため溶質も分散して前後に広がりを示す．この種の溶質の広がりは，水理学的分散と呼ばれている．水理学的分散は，分子拡散と同様に濃度勾配に比例したフラックスが生じると考え[3]，溶質分散係数（または単に分散係数）D を分子拡散係数 D_p と水理学的分散係数 D_h の和 $D=D_p+D_h$ で与える．このような移動形態に加え，土壌中の溶質は，土粒子との吸着や離脱を生じるので，土粒子への吸着量を S としたときの移流分散式（CDE）は，

$$\frac{\partial}{\partial t}(\theta c + \rho_b S) = \frac{\partial}{\partial x}\left(\theta D \frac{\partial c}{\partial x} - \theta v c\right) \tag{8.15}$$

となる.ここで,θ は体積含水率,ρ_b は土壌の乾燥密度,c は溶質濃度,t は時間,x は位置,そして v は平均間隙流速であり,θv は水分フラックス J_w に等しい.なお水理学的分散係数 D_h は,均質な土壌では v にほぼ比例し,

$$D_h = \lambda v \tag{8.16}$$

と表す.λ は分散長と呼ばれ,長さの次元をもち,水理学的分散の混合スケールを与える.水理学的分散係数 D_h は,平均間隙流速 v の増加にともない増加するので,流速が十分早い場合は,分子拡散の効果を無視することができる.

土粒子への吸着等温線がフロインドリッヒ式で表されるとすると,

$$S = K_d c^n \tag{8.17}$$

K_d と n は定数である.さらに θ と ρ_b が一定で定常水分流れのとき式 (8.15) は,

$$R\frac{\partial c}{\partial t} = D\frac{\partial^2 c}{\partial x^2} - v\frac{\partial c}{\partial x} \tag{8.18}$$

ここで,遅延因子 R は,

$$R = 1 + \frac{\rho_b K_d c^{n-1}}{\theta} \tag{8.19}$$

このような CDE を適当な初期・境界条件のもとで解くとき,多くの場合,数値解法が必要である.なお,土粒子への吸着が線形,すなわち式 (8.17) で $n=1$ のとき,R が定数となって,式 (8.18) は線形な方程式となり,半無限大の土壌のさまざまな初期,境界条件に対し解析解を得ることができる[4].また,式 (8.14) を,代表的な長さ L と濃度 c_0 を用いて無次元化すると,

$$R\frac{\partial C}{\partial T} = \frac{1}{P}\frac{\partial^2 C}{\partial X^2} - \frac{\partial C}{\partial X} \tag{8.20}$$

ここで,$T = vt/L$, $X = x/L$, $C = c/c_0$,そして $P = vL/D$ はペクレ数である.ペクレ数は分散のタイムスケール L^2/D の移流のタイムスケール L/v に対する比を与える.また観測スケール L に対する P は,ブレナー数とも呼ばれる[2].CDE では,観測スケール L の増加にともない P が増加し,すなわち分散のタイムスケールが相対的に増加して,分散項が移流項に対して相対的に小さくなるのが特徴である.無次元時間 T は,単位面積当たりの長さ L に存在する水分量 $L\theta$ に対する積算流入水量 $v\theta t$ の比に等しいため,ポアボリュームと呼ばれている.

まず,土粒子と反応がない($K_d = 0$ すなわち $R = 1$)溶質について,分散の影響を考える.図 8.5 は,土壌表面に 3 日間,濃度 c_0 の溶質パルスを与えたときの深さ L での流出液濃度の変化を示す.この流出液濃度曲線は,ブレイクスルーカーブ(BTC)と呼ばれている.分散係数の増加にともない溶質の広がりは増加する.その広がりは,ベル型のなめらかなカーブとなるのが CDE の特徴である.通常,分散係数は BTC

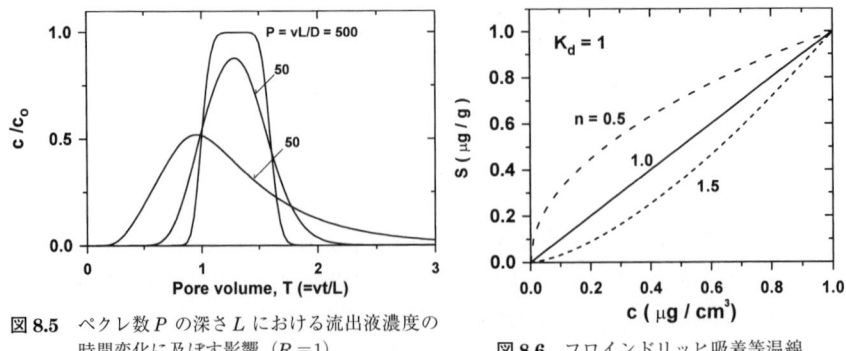

図 8.5 ペクレ数 P の深さ L における流出液濃度の時間変化に及ぼす影響 ($R=1$)

図 8.6 フロインドリッヒ吸着等温線

から決定されるが, CDE の仮定の成立する均一な土壌では, 測定位置 L にかかわらず D は一定である.

このような拡散, 水理学的分散の効果に加え, 溶質が土粒子と反応する場合は, その吸着特性も濃度分布に影響を及ぼす. 図 8.6 は式 (8.17) の n を変化させたときの吸着等温線である. n が小さくなると, 低濃度での吸着量が大きくなる. $n=1$ は線形吸着である. 図 8.7 はこのような吸着特性をもつ溶質を, 土壌表面に 3 日間のパルスとして与えたときの, 10 日後の濃度分布および吸着量分布である. n が小さいほど溶液濃度 c は小さく, また土粒子への吸着量 S は大きい. $n=0.5$ のとき, 溶液濃度の前線は 30 cm 付近にあり, また前線の濃度勾配は大きい. それに対し $n=1.5$ では, 前線は 100 cm 以上に達し, その分布は末広がりなものである. このように吸着線の形状は, 溶質濃度分布に大きな影響を及ぼす[5].

非定常な水分移動にともなう溶質移動に適用する場合は, 水分移動式のリチャーズ式と連立させ, 各時刻の体積含水率 θ と間隙流速 v を計算した後, 式 (8.15) を用いる. 図 8.8 は, 初期含水率 θ が 0.2 であり初期濃度が 0 であるシルトロームの土壌

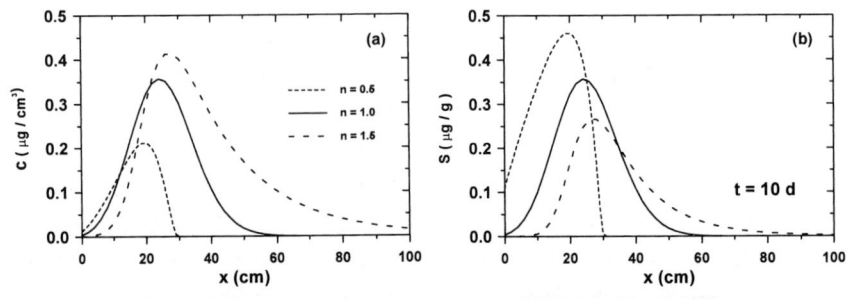

図 8.7 吸着特性の (a) 濃度分布および (b) 吸着量分布へ及ぼす影響
$v=25$ cm/d, $D=25$ cm^2/d, $\theta=0.4$, $\rho_b=1.4$ g/cm^3, $K_d=1$, $c_0=1$ μg/cm^2.

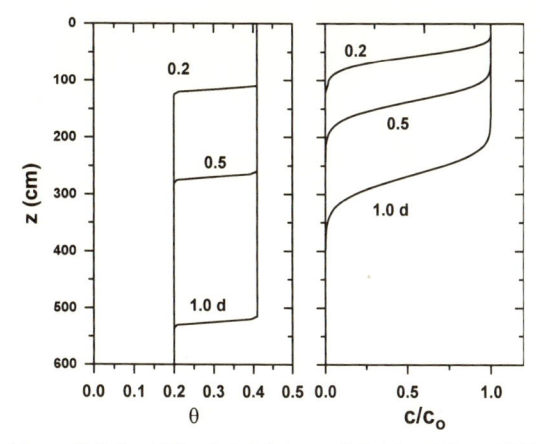

図 8.8 塩溶液の浸潤にともなう水分・溶質分布の変化の計算値

表面に，濃度 c_0 の塩溶液（$R=1$）を 5 cm 湛水として与えたときの水分分布，溶質濃度分布の経時変化の計算結果である．時間の経過にともない水分および濃度前線が下方へと移動する．しかし，溶質は初期水分と混合しながら移動するので，水分前線に比べて濃度前線が大きく遅れるのが CDE の特徴である．

8.2.2 土壌溶液と透水性の関係

土壌中を溶質が移動すると，土壌水の濃度や組成が変化する．この溶液の変化は，土粒子に吸着するイオンの組成を変化させるので，土粒子の分散や膨潤を引き起こし，微細構造が変化する．この微細構造の変化は，土壌の透水性に大きな影響を及ぼす．特に粘質な土壌の透水性は，溶液の濃度と組成に大きな影響を受ける．この土壌溶液と透水性の関係は，乾燥地における難透水性のソーダ質土壌の改良を目的に，古くから研究が行われてきた．

図 8.9 に Na-Ca 混合溶液の組成と濃度が透水性に及ぼす影響について，溶液の塩濃度および土粒子の Na 吸着割合（ESP, exchangeable sodium percentage）と砂壌土の飽和透水係数の関係を示す[3,6]．ESP=0 の Ca 飽和土では，透水係数は溶液の濃度によらず一定であるのに対して，ESP が増加して Na の吸着分率が増加する（ソーダ質化する）と，透水係数が減少し，そして透水係数の濃度依存性が顕著となる．多くの土壌において，ESP≧15 の場合に，透水性の低下が著しい．

このような透水性の変化は，土壌中の粘土粒子が形成している微細構造と密接に関係している．粘土粒子が分散状態では透水性が低下し，凝集状態では透水性は増加する．この粘土粒子の分散と凝集を大きく左右する要因は，土壌に吸着している陽イオンの価数と溶液の塩濃度に加えて，粘土のもつ荷電の質と量である．土壌の荷電特性は，粘土鉱物の種類に依存し，通常，単位質量当たりの荷電量の指標である陽イオン

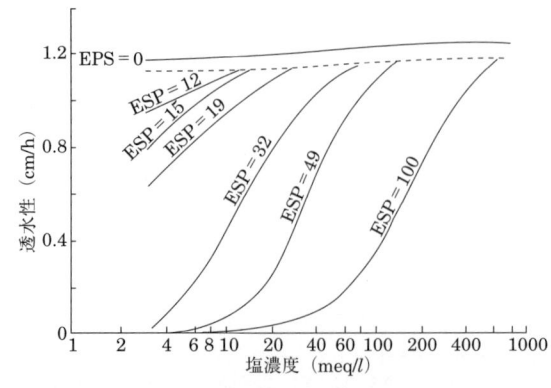

図 8.9 土壌溶液の濃度と Na 吸着割合（ESP）の飽和透水係数に及ぼす影響[6]

交換容量 CEC が大きいほど凝集しにくい．そして吸着している 1 価のイオンの吸着割合が高い（ESP が大きい）ほど土壌は分散しやすい．一方，多価イオンの価数や割合が高くなると分散しにくい．そのため乾燥地でよく見られるソーダ質土壌は非常に分散しやすいのに対して，熱帯や亜熱帯でよく見られる赤色で 3 価の Al イオンが多い酸性土壌は分散しにくいことが多い．

土壌中を溶質が土粒子との相互作用を繰り返しながら移動するとき，土壌の微細構造が変化し，透水性を大きく変化させる可能性がある．そして透水性の変化は，土壌水の流れとともに移動する移流による溶質移動量を変化させる．そのため，さまざまな土壌における土壌溶液と透水性に関するデータの蓄積が必要である．

8.2.3 圃場スケールの溶質移動

より大きな圃場スケールの溶質移動を考える場合，土壌の性質が空間的に不均一であることを考慮する必要がある．表 8.1 は，土壌の物理性の不均一な程度を，圃場における水分および溶質移動実験の結果をまとめたものである[7]．表中の変動係数（CV, coefficient of variation）が大きいほど不均一の程度が大きい．間隙率や水分保持特性といった性質は比較的均一であるのに対し，土壌の透水に関する性質は，特に土壌

表 8.1 圃場における水分および溶質移動に関する特性の変動係数[7]

特　性	測定数	変動係数 CV (%)	特　性	測定数	変動係数 CV (%)
間隙率	4	7〜11	水分浸潤速度	5	23〜97
乾燥密度	8	3〜26	溶質濃度		
砂あるいは粘土の割合	5	3〜55	溶質移動実験	6	60〜130
0.1 Bar での水分量	4	4〜20	自然状態	3	13〜260
15 Bar での水分量	5	14〜45	溶質移動速度		
pH	4	2〜15	不飽和定常水分流れ	3	36〜75
飽和透水係数	12	48〜320	湛水	2	78〜194

の状態が飽和に近いほど不均一の程度は大きい．これはさまざまな形態で発達したマクロポアーの存在が原因と考えられている．

このような大きなスケールでの圃場全体の溶質挙動の予測を行う場合，水分の流れの状態に応じた取り扱いが必要である．ここでは，簡単のため，鉛直下方に定常な水分流れの生じている不均一圃場中における土粒子と反応しない溶質（$R=1$）の移動を考える．圃場の平均間隙流速を$\langle v \rangle$，観測スケールをLとするとき，観測タイムスケールは$\tau_c = L/\langle v \rangle$である．一方，土壌表面に投入された溶質は，水分流れと垂直な水平断面方向に徐々に混合していく．この水平断面方向の溶質の混合タイムスケールτ_mとする．この溶質の混合程度に応じて，3つの段階に分類することができる[8]．

観測タイムスケールが混合タイムスケールに比べ十分大きいときは（$\tau_c \gg \tau_m$），溶質の混合は十分進んで断面方向の濃度は均一になる．このとき平均濃度$\langle c \rangle$の溶質移動は，溶質分散係数Dが一定になり，圃場の平均間隙流速$\langle v \rangle$を用いた式(8.15)と同様の通常の1次元CDEとなる．

$$\frac{\partial \langle c \rangle}{\partial t} = D \frac{\partial^2 \langle c \rangle}{\partial x^2} - \langle v \rangle \frac{\partial \langle c \rangle}{\partial x} \tag{8.21}$$

一般に，CDEの適合が良い圃場は，比較的均一である．なお帯水層の分散長$\lambda (= D/\langle v \rangle)$は，数cmから数百m以上と著しいばらつきを示すことが報告されており，CDEの適用自体に問題がある場合も多い[10]．

一方，観測タイムスケールが混合タイムスケールに比べて十分に小さいとき（$\tau_c \ll \tau_m$）は，断面方向の溶質の混合を無視することができる．このとき，図8.10に示すように圃場全体を互いに相互作用のないチューブの束とみなすことができ，ストリームチューブモデル（STM, stream tube model）と呼ばれている[8]．このSTMでは，それぞれのチューブ内のローカルな溶質移動を，例えばCDEで表し，不均一なローカルのパラメータを確率密度分布関数（pdf）で与える．間隙流速vのみが不均一な定常水分流れにおいて，断面積Aの圃場の平均濃度が，vに関するアンサンブル平均に等しいと考えると，

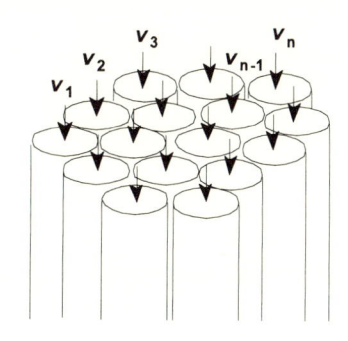

図8.10 ストリームチューブモデルの概念図

$$\langle c(x,t)\rangle = \frac{1}{A}\int_A c(x,t)dA = \int_0^\infty c(x,t;v)f(v)dv \qquad (8.22)$$

流速分布に対数正規分布を仮定した計算例では,流速分布の広がりと形状は,平均濃度$\langle c\rangle$の挙動に大きな影響を及ぼすことを示している[9].

さらに観測タイムスケールと混合タイムスケールがほぼ同じオーダーである$\tau_c\approx\tau_m$の場合も含めた総括的な取り扱いには,統計的な取り扱いに基づく確率モデルが必要である.空間的な相関をもって分布するローカルな特性を確率密度分布関数(pdf)で与え,ローカルな溶質移動モデルを空間的に平均化することで,平均濃度$\langle c\rangle$に関するマクロな溶質移動式を求めることができる.数学的な取り扱いの詳細は文献を参照されたい[11,12].

〔取出伸夫〕

文献

1) M. Kutílek and D. R. Nielsen:Soil Hydrology, pp. 274-324, Catena Verlag, 1994.
2) 中野政詩:土の物質移動学,pp. 45-85, 東京大学出版会,1991.
3) D. Hillel:Environmental Soil Physics, pp. 243-273, Academic Press, 1998.
4) F. J. Leij, J. Šimůnek, N. Toride and T. Vogel:Agricultural Drainage, pp. 361-403, American Society of Agronomy, 1999.
5) G. H. Bolt and M. G. M. Bruggenwert(岩田進午ほか訳):土壌の化学,pp. 140-156, 学会出版センター,1978.
6) B. L. McNeal and N. T. Coleman:*Soil Sci. Soc. Am. Proc.*, **30**, 308-312, 1966.
7) W. A. Jury, A. R. Gardner and W. H. Gardner:Soil physics:fifth edition, pp. 218-293, John Wiley & Sons, 1991.
8) 取出伸夫:水文・水資源学会誌,**10**, 485-497, 1997.
9) F. J. Leij and M. Th. van Genuchten:Soil Physics Companion, pp. 189-248, CRC Press, 2002.
10) L. W. Gelhar, C. Welty and K. R. Rehfeldt:*Water Resour. Res.,* **28**, 1955-1974, 1992.
11) G. Dagan:Flow and Transport in Porous Formations, Springer-Verlag, 1989.
12) L. W. Gelhar:Stochastic Subsurface Hydrology, Prentice-Hall, 1993.

8.3 微生物と土壌水

8.3.1 土壌中の微生物

土壌微生物は,細菌(bacteria), 放線菌(actinomycetes), 糸状菌(カビ,fungi), 藻類(algae)に大別される.特に細菌の種類と数が最も多く,1gの土壌に$10^6\sim10^9$個くらい存在する.土壌中では,普通の畑には10a当たり約700kgの土壌微生物がいて,このうちの70~75%をカビ,20~25%を細菌が占め,微生物以外のミミズなどの土壌動物は通常5%以下である[1].糸状菌は,数μmの胞子が発芽して細長い菌糸になり,その長さは数μmから数mmにまで達する.一方,細菌の大きさは数μmのオーダーであり,1個体当たりの質量は,長い菌糸をもつ糸状菌のほうが大きいので,微生物量を個体数で見ると,一般に糸状菌よりも細菌のほうが数多く生息してい

る．微生物量を質量で見ると，畑では糸状菌が数多く存在するが，水田では嫌気的条件下になるため，酸素を必要とする糸状菌は急激に減少し，嫌気的条件下で生息可能な細菌が多くなる．

微生物は，酸素を必要とする好気性細菌（aerobe）と，酸素を必要としない嫌気性菌（anerobe）に分けられ，後者はさらに酸素の存在下では生息できない絶対嫌気性菌（obligate anerobe）と，酸素が存在してもしなくてもどちらでも生息できる通性嫌気性細菌（facultative anerobe）に分けられる．

エネルギー源と栄養要求性に基づいて微生物を分類すると，エネルギー源によって自ら光合成を行う光合成微生物と，化学合成によってエネルギーを得る化学合成微生物に分けられる．土壌中では表面を除いて光が到達しないため，化学合成微生物がほとんどである．化学合成微生物は，炭酸を炭素源とする独立栄養微生物（autotrophs）と，有機物を炭素源とする従属栄養微生物（heterotrophs）に分けられる．

土壌中の細菌は，主に土の固相表面に付着したコロニー（細菌集合体，colony）として存在し，液相中で個別に浮遊したり，バイオフィルムになって固相を取り囲んだりしているものは全体の5%以下といわれている[2]．

8.3.2 微生物と透水性の関係

土壌中の微生物は，有機物分解，硝化作用（nitrification），脱窒作用（denitrification），アンモニア化成（ammonification）など，窒素にかかわる化学反応をはじめとしてさまざまな化学反応を起こすだけではなく，土壌水の移動にも影響を及ぼしている．特に，土壌微生物が増殖することにより土壌の透水係数が低下することが知られている．

アリソン[3]は，土壌を充填したカラムに水を連続的に流すと，最初に透水係数が急激に低下し，続いてしばらく上昇し，再び透水係数がゆっくりと低下することを示した．初期の透水係数低下は，土壌の分散や膨潤によって土壌構造が変化し透水係数が低下するためである．続く透水係数の増加は，土壌中の封入空気が浸透水中に溶解したり外部へ排出されたりすることによる．最後の段階における透水係数の長期的減少は，団粒構造の崩壊と土粒子の分散化による粗大間隙の目詰まり（clogging），微生物の増殖や代謝生成物の集積による間隙の目詰まり（bio-clogging），微生物による土壌有機物分解による土粒子の分散化などによると考えられている．

8.3.3 関東ロームの飽和透水係数と微生物

宮崎ら[4]は，隣接した畑地，水田，林地の関東ローム表土と心土を不攪乱採取した．この試料を，実験室内で24時間水で飽和して飽和透水係数を測定した後，湿った砂のベッドに100時間静置し，引き続き24時間飽和と飽和透水係数測定および100時間静置の作業を何回も反復した．その際，30試料に対しては殺菌剤としてアジ化ナトリウム NaN_3 を溶解させた水（殺菌水）を用い，他の30試料に対しては濃度1%のサッカロース水溶液（栄養水）を用いた．すなわち，殺菌水処理と栄養水処理の両

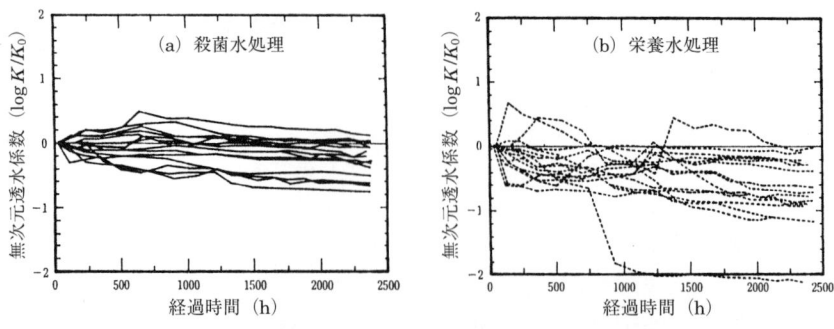

図 **8.11** 初期透水係数 K_0 に対する透水係数 K の比の対数[4]

者に有意差があれば微生物の影響があり，有意差がなければ微生物の影響はないといえる．図 8.11 はそれらの比較図であり，各試料につき測定時の飽和透水係数 K を初期値 K_0 割った値の常用対数（$\log K/K_0$）を縦軸とした．図 8.11 より，栄養水処理をした試料群の飽和透水係数のほうが栄養水処理群より激しく低下したことがわかり，微生物活動によるものであろうと推定できた．

8.3.4 微生物増殖とガス発生の影響

微生物活動による透水係数低下の原因は，糸状菌を中心とする微生物細胞および代謝生成物による間隙の目詰まりと，微生物が発生するガスによる土壌間隙の閉塞とが考えられる．Gupta と Swartzendruber[5]は，石英砂を用いた浸透実験で，透水係数が低下する際にガスの発生が起きてないことを証明し，ガスの発生よりも菌体による間隙の目詰まりが重要であるとした．一方，Poulovassilis[6]は，粘土を使った実験で，微生物により透水係数が低下した試料のガスを除去すると透水係数が急激に上昇してほぼもとの値に復活することを示し，透水係数の減少は微生物が発生したガスによってもたらされたとした．このように，試料によってガスの発生が透水係数低下の要因となるかどうかが左右される．

そこで，Seki ら[7]は，透水係数の低下と微生物によるガス発生との関係をより明確に示すために，厚さ 1 cm の関東ローム土壌試料を用意し，これに栄養水（グルコース溶液 50 μg/cm³）または殺菌水を流して気相率変化，透水係数変化，微生物数変化などを測定した．図 8.12 は，このときの土壌試料中の気相率変化，および同時に測定した飽和透水係数の時間変化である．

図 8.12 は，試料中の気相率（●）が 3.6% から 30.6% へと増加し，透水係数は 2～3 オーダー低下したこと，また，殺菌剤添加にともなって気相率が 5% 以下に戻り，透水係数も増大したことを示している．この実験では，浸透水中にグルコースとクロラムフェニコール（chloramphenicol）を溶解させると細菌を殺して糸状菌を増殖させることができ，グルコースとサイクロヘクシマイド（cycloheximide）を溶解させると糸状菌を殺して細菌を増殖させることができることを利用して，このような処理

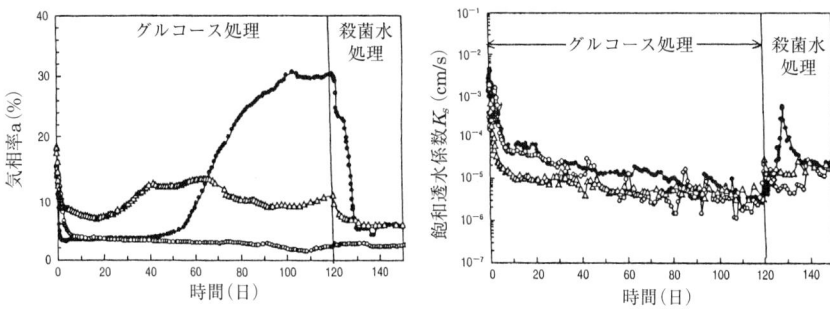

図 8.12 連続浸透中の気相率変化と透水係数変化[7]
● 細菌と糸状菌をともに増殖させた場合.
○ 糸状菌のみを増殖させた場合.
△ 細菌のみを増殖させた場合.

のもとでの気相率変化も測定し,それぞれ(○)と(△)によって図 8.12 に示した.初期には細菌の増殖による飽和透水係数低下が著しく(△),後期には糸状菌の増殖による飽和透水係数低下が著しい(○).飽和透水係数の減少や回復は,糸状菌と細菌の増殖・減衰度合とガス発生(メタンと考えられる)による気相率増加などとの兼ね合いで決まるようである.

〔宮﨑　毅・関　勝寿〕

文　献

1) 西尾道徳:土壌微生物の基礎知識, p.24, 農文協, 1989.
2) R. W. Harvey, et al. : Appl. Environ. Microbiol., **48**, 1197-1202, 1984.
3) L. E. Allison : Soil Science, **63**, 439-450, 1947.
4) 宮﨑　毅, ほか:農業土木学会論文集, **155**, 69-76, 1991.
5) R. P. Gupta and D. Swartzendruber : Soil Sci. Soc. Am. Proc., **28**, 9-12, 1964.
6) A. Poulovassilis : Soil Sci., **113**, 81-87, 1972.
7) K. Seki, et al. : Europian Journal of Soil Science, **49**, 231-236, 1998.

8.4　作物と土壌水

8.4.1　作物が吸収する水

　土壌中に水が十分にあるときは,根は土壌水を容易に吸収し,その合計量に等しい蒸散量は日射,温度などの気象要因によって決まる.しかし,土壌水がある程度以下まで減少してしまうと,根の吸水速度および蒸散速度は低下し,土壌中に水を残したままで作物は枯死する.水はポテンシャルの高いところから低いところへと流れるため,蒸散をしている植物においては,土壌,根,葉の順に水ポテンシャルは低くなる.土壌の水ポテンシャルは,毛管力に代表される土粒子と水との相互作用に基づくマトリックポテンシャルと,土壌水に含まれる溶質の存在による浸透ポテンシャルからな

る．わが国の畑では，浸透ポテンシャルの影響は一般に無視できる．一方，植物の水ポテンシャルは浸透ポテンシャルと圧ポテンシャルからなっている．土壌も植物も，水分が失われると水ポテンシャルは低下し，植物の場合はしおれる．植物がしおれ，湿った場所に植物を置いても回復しなくなるときの水分状態を永久しおれ点といい，-1.5 MPa のマトリックポテンシャル値がよく使われる．しかし，しおれとマトリックポテンシャルの関係を十分に検討した例は少なく，この値を用いるのは昔からの慣例である．

蒸散や光合成が低下し始める土壌水分状態は，作物によって異なり，おおまかに -50 kPa から -100 kPa の範囲である．この土壌水分状態をわが国では生長阻害水分点と呼んでいる．野菜ではより高い水ポテンシャルで蒸散が低下するという報告が多い．蒸散や光合成が低下する原因として，かつては土壌中の水が動きにくくなるためと考えられていたが，土壌水運動理論を根の吸水現象に適用してみると，水移動の難易では説明がつかない．これは，植物に物理的，機械的な考え方を単純に適用したことによる問題であり，最近では根が土壌水分状態を感知し地上部に化学的な信号を送り，気孔の制御などを行っていると考えられている．

生長阻害水分点より高水分の水を作物は自由に吸収できるが，畑作物の根は土壌中で呼吸もしているため，土壌空気は大気と連続している必要がある．単位体積の土壌に含まれる空気の体積を表す気相率でこの限界値を示すと，作物の耐湿性や土壌の種類にもよるが 10～20% となる．一方，畑の土壌は大小さまざまの孔隙を有しており，多量の灌水や降雨で一時的に水で満たされた大きな孔隙は，根に吸水されることなく排水により空気と置換されていく．排水の良い土壌では，多量の降雨後 2 日目で排水速度が蒸発散程度となり，呼吸のための気相率も確保されている．そこで，この土壌水分状態を圃場容水量と呼び，畑作物が水を吸水できる上限としている．

以上のような考え方に立って，圃場容水量から永久しおれ点までを有効水分と呼び，その一部である圃場容水量から生長阻害水分点までを易有効水分と呼ぶ．

永久しおれ点，生長阻害水分点に相当するマトリックポテンシャルにおける体積含水率は，直径 5 cm 高さ 1～2 cm 程度の円筒に乱さない状態で畑土壌を採取し，加圧板法によって求める．圃場容水量は，本来は降雨後の根群域に含まれる水分の量の測定から求められる数値であるが，加圧板法による -3 kPa または -6 kPa 相当の体積含水率で代替することもある．

8.4.2. 根量分布と吸水

ポット栽培のように根が一様に分布し土壌水分も均一な場合には，培地の易有効水分量は圃場容水量から生長阻害水分点の水分量（それぞれの体積含水率×ポットの体積）を単純に引けばよく，簡単に求めることができる．しかし，実際の根量は深さとともに変わるため，有効水分量は単純には求めることができない．

作物の根量分布は，作物種，土壌，気象条件を受けて変化する．根量を 1 cm³ の土

壌中に含まれる肉眼で見ることができる根の長さ（根長密度）で表すと，土壌表面から深さ10 cmまでに含まれる根量は数cm程度となるが，深さとともに急激に減少する．根群域の深さを根長密度0.5 cm/cm^{3}とすると，ダイズ，トウモロコシは1 m未満，コムギは1 mを超え，葉菜類は30 cm未満が多い．

このように，畑では作物の根量は深さ方向に一定でないため，降雨により土層が十分湿った後しばらくしてから土層水分分布を見ると，作土に少なく，下層土に多いということになる．したがって土層全体が同時に生長阻害水分点となるようなことはない．圃場容水量から蒸散が低下し始めるときまでに吸水される水分の割合は，根群域を4等分すると，上から4：3：2：1となるという報告も多い．わが国の気象条件では，作土（地表から20～30 cmの厚さ）全体が永久しおれ点の水分量になることはない．ただし，出芽直後の根が作土表面にしかない状態では，水分が少なすぎたり，根と土壌との接触が不十分であったりして吸水できずに枯死することはある．

わが国の代表的な畑土壌である黒ぼく（墟）土の根群域の湿ったときと乾いたときとの水分変化量は約100 mmである．日蒸発散量を3 mmとすると，この土は植物の必要とする水を1カ月以上もたくわえておくことができるということになる．土壌のもつ保水能力こそが，雨の頻繁にない陸地での植物の生育を可能としている．

8.4.3 灌　　漑

灌漑の基本は土壌の保水能力を利用して，作物が吸収した水量を再び畑に与えるということである．多くは，作土が生長阻害水分点に達したとき，根群域の土壌水分を圃場容水量になるまで灌水する．この場合は下層土に有効水分を多く残しながら，作物の光合成が低下するということになる．この灌水量がすなわち畑の易有効水分量とみなされる．灌水量をこれ以上多くしても，それは排水によって根群域下方に水が失われるだけである．しかし，農民が水量を測ったり適正に管理することは難しく，過剰灌漑により地下水が上昇し，土壌中の気相率が確保できなくなる湿害や塩の上昇による浸透ポテンシャルの低下に起因する塩害が生じている畑地が半乾燥地に見られる．代表的な畑地灌漑法は，畦底に水を流す畝間灌漑であり，作物に利用されない水の損失は大きい．

灌漑のやり方としては，圃場容水量付近の多水分で管理したり，生長阻害水分点付近の少水分で管理したりすることもある．いずれの場合も，少量多頻度灌漑となり，スプリンクラーなどが使われる．このような灌漑法とは異なって，最近は作物の必要とする水分を連続的に供給するという考え方もある．代表的なのは点滴灌漑である．この方法では，保水性の小さな砂や礫質土壌，水が浸み込みにくく，乾燥亀裂の発達しやすい粘土分の多い土壌にも適用できる．しかしながら点滴灌漑では，当然大きな投資が必要であり，ムギやダイズのような土地利用型農業生産には適さない．

〔長谷川周一〕

■ 森林の水源涵養機能 ■

「緑のダム」という言葉に代表されるように，森林の水源涵養機能が注目されている．森林は洪水を緩和する，水資源を貯留する，水質を浄化する……といった具合である．確かに，地山が剥き出しの「はげ山」と比べると，その効果は大きい．しかしながら，現在の日本の山はどこも緑で，はげ山はほとんど存在しない．何しろ世界でトップクラスの森林大国なのだから．したがって，現在これ以上は望めないほどに森林の水源涵養機能は十分発揮されている．それなら，なぜこれほどに緑のダムが「モテる」のだろうか．

それは，過去に日本人が緑のダムの機能を渇望した時代が長く続いたからである．すなわち，日本中のあちこちに「はげ山」が存在した時代が 300 年も続いたからである．人口が 3000 万人ほどしかなかった江戸時代には，日本中に原生林が存在していたと思うだろう．しかし，里山の大部分は「はげ山」か，それに近い粗悪な潅木の山だったのである．当然，山崩れは多発し，毎年洪水の氾濫があった．治山治水が国是であり，人々は森林の水源涵養機能や崩壊防止機能にすがっていた．そんな状況は 50 年前まで続いていたのである．

やがて，人々が生活のすべてを森林に頼る時代が過ぎ去り，化石燃料をはじめとする地下資源に頼る時代になった．そのため，山に緑が復活し，水源涵養機能が発揮されるようになった．しかし人々は，今度は温暖化と廃棄物で苦しんでいるのである．

なお，森林の機能の最大の特徴は多面的な機能を総合的に発揮することにある．1 つひとつの機能には限界があり，単独の機能のみを追求することは得策ではない．森林（植生）は自然環境を構成する要素の 1 つであるからである． （T. O.）

9. 植物と水

9.1 植物細胞の成長と水

9.1.1 細胞の吸水成長

　草花を育てるためには水やりが最も大切であることは誰もが知っている．植物の成長に水は必須である．草花が元気に育っていくのを見ると，草花の茎などは主に縦方向にだけ伸びていることに気づく．種から芽をふいて間もない幼い植物では縦方向だけに成長する傾向が顕著である．言い換えれば，成長が盛んなとき植物はおおむね縦方向に1次元的な成長をするということができる．食材として用いるモヤシの成長はこの例である．

　一般的に植物が成長するときの様式は大きく2つに分けられる．1つは細胞の数が増えることによる成長で，茎や根の頂点などにおいて起こる．もう1つは細胞が大きくなることによる成長で，茎や根の頂点から少し離れた位置で起こる．茎の成長は各細胞の成長の合計で，細胞が縦に伸びるので，茎が縦方向に1次元的な成長をする．1次元的に成長している茎の部分を縦方向に切り裂いて断面の細胞を観察すると細胞の数はほとんど増えていないが細胞は縦方向に伸びていることがわかる．このような細胞の伸びによる成長を伸長成長と呼ぶ．葉やイモなどでは細胞が2次元や3次元的に大きくなって成長することがあり，これらを細胞の拡大成長と呼ぶ．細胞の伸長成長や拡大成長は細胞の体積の増加である．体積の増加分はほぼ細胞外から吸収された水によっている．水ぶくれ成長ということができる．水が細胞に吸収されて起こる成長であるから吸水成長とも呼ばれている．

　動物細胞と植物細胞の大きな違いは，植物細胞には細胞壁，液胞，葉緑体があることである．葉緑体は光合成装置であり，吸水成長と直接には関係が少ない．これに対して細胞壁と液胞は吸水成長の主役である．吸水成長の主役である細胞壁と液胞が植物特有の構造であることから吸水成長は植物に特有の成長であるといえる．細胞壁は細胞膜の外側にあって，主としてセルロース，ヘミセルロース，ペクチンなどの多糖からなっている．粘弾性的な性質をもっていて，その性質が吸水成長の制御に大きな役割を果たしている．液胞は細胞内にあり液胞膜で取り囲まれた水のタンクである．

細胞分裂によって生み出されたばかりの若い細胞はほとんど液胞をもたないが,成長にともなって発達し,十分に成長した細胞では細胞の体積のほとんどが液胞で占められるまでになる.液胞は水だけを含んでいるわけではなく無機イオン,アミノ酸,有機酸,糖およびその他の物質を含んでいる.

9.1.2 浸透圧と水ポテンシャル

吸水の原動力は液胞液のもつ浸透圧である.一般的には液胞の溶質濃度は0.2〜0.4 M である.1 M は約24〜25気圧の圧力に相当するので,液胞液はその濃度に相当する浸透圧をもっている.比較的濃度の低い水溶液では浸透圧と溶質濃度は比例する.細胞質は液胞に比べて水溶液の量が少ないので,細胞の浸透圧的な働きの主役は液胞である.

切り出した幼植物の茎切片を高い浸透圧の溶液に浸すと水は細胞から外に出ていき切片は収縮する.この切片を浸透圧の低い溶液に移すと今度は水を吸って伸展する.このように水移動は細胞の内外の浸透圧差によって引き起こされる.吸水成長は基本的にこれと同じように細胞内外の浸透圧差によって起こる.

浸透圧は溶液の濃度と吸水の関係についてだけ考察するときにはそれほど不便なパラメータではないが,細胞壁の性質や水の流れが受ける抵抗は浸透圧では表せない.そこで,広く一般的に使えるパラメータが求められる.そのようなパラメータとして水ポテンシャルが浸透圧と結びつけられる.水ポテンシャルは水の化学ポテンシャルを水のモル体積で割ったものである.モル体積とはモル数当たりの水の体積である.水の化学ポテンシャルは水の自由エネルギーを水のモル数で割ったものである.自由エネルギーは束縛されていない出し入れが可能なエネルギーという意味で名づけられた熱力学的な値である.熱力学の第2法則によれば,自由エネルギーは取り出しうるエネルギーの最大値で実は完全に自由ではない.取り出し利用できるエネルギーを別にエクセルギーと呼ぶことがある.水ポテンシャルである化学ポテンシャルをモル体積で割った値は,(自由エネルギー÷モル数)÷(体積÷モル数)で,自由エネルギーを体積で割った値と同じになる.エネルギーの単位は力かける長さで,体積の単位は長さの3乗である.すなわちエネルギーを体積で割ったものは力かける長さ割る長さの3乗で,力を F,長さを L とすると,$F \times L/L^3$ である.それは力を長さの2乗で割ったものすなわち F/L^2 と等しい.L^2 は面積の単位だから,面積当たりの力すなわち圧力と同じである.水ポテンシャルは圧力と同じ単位をもつ.ちなみに水の化学ポテンシャルと水ポテンシャルはまぎらわしいが異なった定義の値である.

ポテンシャルは力を生じる場での位置のエネルギーで,潜在的なエネルギーである.高い山のうえにあるボールは重力場において高いポテンシャルをもつ.そのボールが転げ落ちると,ポテンシャルエネルギーはボールの運動エネルギーに顕在化する.化学ポテンシャルの高い状態にある物質のもつ潜在的なエネルギーもポテンシャルの低い状態に移る過程で,その物質の移動や熱などのエネルギーに顕在化する.このとき

のエネルギー変換は完全な可逆ではない．ポテンシャルエネルギー，すなわち自由エネルギーが低下する方向にのみ起こる．すなわち水は水ポテンシャルの低い状態の方向に向かって変化あるいは移動する傾向がある．純水の水ポテンシャルの値を0とすると水溶液の水ポテンシャルはそれより低く負の値となる．溶液の水ポテンシャルは圧力の単位をもっていて，値の絶対値は浸透圧と等しい．

　野菜の漬け物をつくるため塩漬けにすると細胞の外の浸透圧が高くなり，細胞の浸透圧が外に比べて低く水が細胞外に出る．野菜を低い水ポテンシャルの塩溶液につけたので，それに比べ水ポテンシャルの高い細胞の水が外に出るのである．これに対して，細胞の外に純水などの水ポテンシャルの高い液を置くと，水は外に比べて水ポテンシャルの低い細胞に向かって流れ込む．

　水が細胞に吸収され細胞の体積が増えると，細胞の最も外側にある細胞壁は引き伸ばされる．細胞壁が引き伸ばされると反作用の力によって細胞内に圧力が生じる．水に圧力がかかると水のエネルギーが増加するので水ポテンシャルが高くなる．圧力によって細胞の水ポテンシャルが高くなるということは，圧力が細胞内に流れ込もうとする水を押し返すように働くと言い換えることができる．細胞壁の反作用によって細胞内に生じる圧力を膨圧という．膨圧と細胞壁圧の大きさは作用反作用の関係から等しい．同じことがゴム風船をふくらませるときにも起こる．ゴム風船を吹いてふくらませると風船が引き伸ばされてその反作用で風船内に圧力が生じる．針で穴をあけると空気が飛び出して風船が破裂する．内部の圧力は空気を押し出すように働いている．

　細胞が吸水し続けると細胞内の圧力が上昇し，細胞の水ポテンシャルが高まっていく．ついには細胞の外の水ポテンシャルに等しくなり，水の流入は止まる．細胞内外の水ポテンシャルが等しくて水の流入すなわち吸水成長が起こっていないときに細胞壁がゆるむと細胞壁圧が低下し，それと等しい膨圧すなわち細胞内の圧力が低下する．細胞内の圧力が低下するので水流入が再び促進され細胞の体積増加が起こる．このように膨圧が浸透圧よりも小さくなると吸水方向に水移動が起こる．このとき細胞内の水ポテンシャルは細胞の外の水ポテンシャルよりも低い．

　液胞液の浸透圧と細胞壁圧のバランスによって吸水成長の駆動力が決まる．浸透ポテンシャルと圧力ポテンシャルの差が吸水のための水ポテンシャルである．吸水成長が起こる条件は液胞液の浸透ポテンシャルが低くなる（浸透圧が高まる）か細胞壁の圧力ポテンシャルが低くなる（細胞壁圧が小さくなる）かである．

　水が通ってくる経路が親水的であるときには経路の構成要素が水和したり，疎水的であるときには水を排除して経路が狭められたりして水ポテンシャルを生じ成長に影響する．この水ポテンシャルをマトリックポテンシャルと呼ぶ．浸透ポテンシャルと圧力ポテンシャルにマトリックポテンシャルを加えて成長のための水ポテンシャルが得られる．しかし，マトリックポテンシャルは直接に測定しにくいので成長に関して十分に考察されていない．

9.1.3 吸収される水の経路

植物全体でいえば，水は根から吸収されて地上部に送られる．茎など地上部の細胞はその水を吸収する．細胞の最外部は細胞壁であり，水は細胞壁を通って細胞内に達する．おのおのの細胞の細胞壁はお互いにつながっている．細胞壁がつながり一体化した細胞膜の外の部分をアポプラストという．アポプラストを構成している細胞壁は，網目状につながっている多糖からなる．網目の大きさはいろいろな分子量の分子の透過を調べることによって数 nm であると推定されている．この大きさの網目では水移動にはほとんど抵抗がない．

一方，細胞質も原形質連絡を通してつながっている．原形質連絡の連絡路は一般に約 2 nm の大きさで水の通過にはほとんど抵抗がない．特別な場合には原形質連絡を通して RNA やタンパク質，場合によってウイルスなどかなりの高分子が通過することもある．おのおのの細胞の細胞質は原形質連絡を通して水に関してはひとかたまりにつながっているといえる．細胞質がつながり一体化した部分をシンプラストという．

水はアポプラストを通過してシンプラストの表面に達する．アポプラストとシンプラストの境には細胞膜がある．さらに細胞質と液胞の間には液胞膜がある．細胞膜や液胞膜は脂質二重膜で水の透過には大きな抵抗がある．しかし，膜には水の透過経路として水チャンネルタンパク質が埋め込まれている．水チャンネルタンパク質は膜を貫通して穴を形成している．水チャンネルの穴を通る水の透過にはほとんど抵抗がない．2 価水銀イオンなどの SH 試薬（スルフヒドリル試薬）は水チャンネルタンパク質と反応して水透過を阻害するので水チャンネルの役割を調べるために利用される．細胞が吸収する水は根で吸収されて道（導）管を通して蒸散流にのって地上部に送られる．さらに道管からアポプラストを通してシンプラストに取り込まれ，最終的には各細胞の液胞に吸収される．液胞に取り込まれるまでの経路での水移動の抵抗が吸水成長の速さを決める．

9.1.4 成長の制御

吸水成長は植物ホルモンによって制御されている．オーキシン，ジベレリンおよびブラシノステロイドは吸水成長を促進し，アブシジン酸，エチレンおよびジャスモン酸は吸水成長を抑制する作用をもっている．先に述べたように吸水成長が促進されるためには液胞液の浸透圧が高まるか細胞壁の力が小さくなる必要がある．オーキシンが伸長成長を促進するときには細胞壁の抵抗の力が減少することによって成長が促進される．吸水が起こるのでこのとき液胞の浸透圧はむしろ低下する．ブラシノステロイドも細胞壁に作用を及ぼすという．細胞壁の性質は応力緩和，クリープ，定速引張りなどの力学的性質の測定によって調べられている．一方，ジベレリンが成長を促進するときには浸透圧が高まるかまたは浸透圧低下が抑制される．これは浸透物質の合成や取り込みを促進することによっている．加えてジベレリンは細胞壁圧を減少したり，水チャンネルタンパク質の遺伝子発現を促進する．ほかに植物病原菌類がつくる

生理活性物質であるフシコクシンやコチレニンは，オーキシン作用の一部とよく似た作用を細胞壁に及ぼし吸水成長を促進する．また，糖類や塩類が成長を促進することがあるが，これらの物質が吸収されて液胞に溜って浸透圧を高めることにより吸水成長を促進する．
〔山本良一〕

文献

1) 増田芳雄編：絵とき植物生理学入門，オーム社，1988.
2) 山本良一：植物細胞の生長，培風館，1999.

9.2 植物の耐寒性と水

9.2.1 序説

a. 植物の温度

植物は大地に根をはり，動物のように自在に動けない．このためさまざまな環境ストレスにさらされる．これらのストレスに対応し，何らかの耐える能力を進化の過程で獲得してきたと考えられる．低温への適応もその一例である．早春咲くザゼンソウは，外気温がマイナスの温度でも，花序だけが25℃に保たれる[1]（図9.1）．これは，極めてまれな例外で，一般的には，植物の組織温度は外気温とほぼ同程度と考えてよい．植物は水分含量が高いため，当然，マイナスの温度下では，細胞内の水が凍結する可能性があり，水の動向が凍結温度下での生存に大きく影響する．ここでは，植物の耐寒性と水のかかわりを，次の3つの側面から概説する．植物の凍り方，低温馴化と水，凍結の制御である．

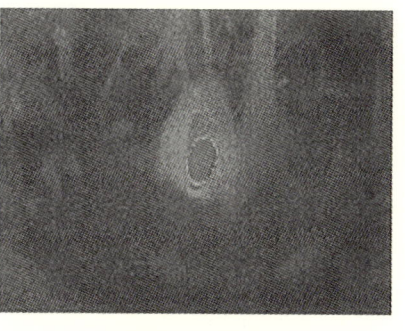

図9.1 ザゼンソウ（左）と赤外線カメラによる解析画像（右）
花序の部分だけが発熱し，それ以外の部分はほぼ外気温に近い．岩手大学農学部・伊藤菊一氏撮影．

b. 耐寒性，耐凍性と低温馴化

耐寒性とは，厳密には0℃以下の温度に耐える性質のことを指す．耐凍性とは，耐寒性の中で細胞外凍結（次項参照）に耐える性質のことを指す．一方，耐冷性は0℃以上の低温に耐える性質を意味する．バナナやトマト，サツマイモなどの熱帯性，亜熱帯性植物は耐冷性さえもたないものが多いが，コムギやブナ，ヤナギなど温帯性〜寒帯性の越年植物は冬季，$-10 \sim -70$℃程度に耐える．-70℃に耐えるヤナギでも，夏の生育期間中の耐寒性は低い．生育期間中は夏型の細胞（9.2.3項参照）であり，耐寒性を発揮するには，冬型の細胞に変換する必要がある．この過程は，秋，低温や短日条件下にさらされることで起こる．この耐凍性が増加する過程を低温馴化といい，逆に春，耐寒性が低下する過程を脱馴化という．

9.2.2 水の挙動から見た植物の凍結様式

細胞内に氷晶ができると細胞が機械的に破壊され死んでしまう．これを細胞内凍結という．細胞内凍結を避けるため，耐寒性をもつ植物組織はさまざまな戦略をとる[2,3]（図9.2）．細胞外凍結（図9.2の（1-2））では，氷晶が細胞間隙（細胞の外）にでき，細胞は脱水収縮される．このとき，細胞壁と細胞膜が氷に対する障壁（氷は透さないが，水は透す）となっており，細胞内液と細胞外の氷との蒸気圧差が原動力となって，

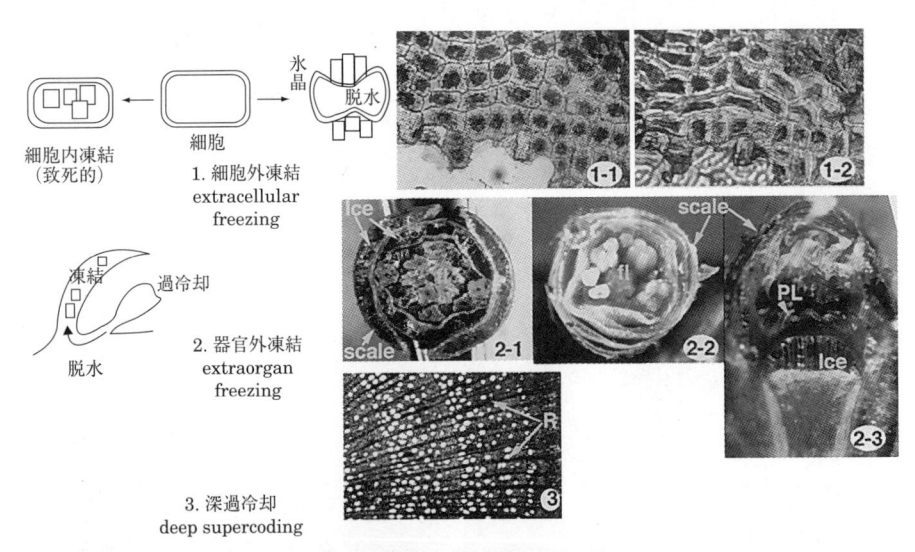

図9.2 植物の凍結様式のいろいろ

越冬中の植物，特に木本植物の各組織には種あるいは組織に固有の凍結様式があり，その組織の耐寒性を規定する重要な要因である．
上段：細胞外凍結（エゾニワトコ皮層細胞）．4℃（1-1）．細胞がペシャンコになっている，-20℃（1-2）．
中段：器官外凍結．ハナミズキ花芽鱗片に氷が集積する，-15℃（2-1）．融解直後のエゾムラサキツツジ花芽の鱗片に水玉が見える（2-2），カラマツ葉芽の葉原基の下に氷が集積する，-15℃（2-3）．
下段：過冷却するリンゴ枝の木部柔細胞（3, R）．

細胞内の水が急速に細胞外に移動し，凍結する．その結果，細胞内溶質が濃縮されて浸透圧が上がり，細胞外の氷との蒸気圧バランスがとれたところで水の移動が止まる．温度がさらに低下すると，氷との蒸気圧差が新たに生じ，これを解消するまで細胞内液から水が移動する．融解時には，細胞間隙の氷が融け，細胞内に急速に戻る．細胞外凍結では，このように低温，氷晶形成，急速な脱水および復水などのストレスが細胞にかかる．器官外凍結（図9.2の(2-1〜2-3)）は，ツツジなどの花芽やカラマツの葉芽などに見られ，氷に対する障壁が器官レベルにあり，器官丸ごと緩やかに脱水され，氷は特別の部位に集積する．器官内には，氷晶ができない点が重要で，花や苗条の原基や種子などの未分化で重要な組織によく見られる[2,3]．温帯性落葉樹の木部柔細胞（図9.2の(3)）などでは，凍結温度下でも細胞が脱水されず，$-15 \sim -40$℃程度まで過冷却状態で耐寒する．これは雲の微小水滴が過冷却するのと似た原理（核になる物質がないと水は理論的には-40℃付近まで過冷却する）によるが，安定して過冷却する点で異なる．上記3つのほかに乾燥状態での耐寒も凍結様式の1つとしてとらえることができる．この方法は種子の一部に見られるが，乾燥状態（含水率20%以下）で，つまり凍りうる水がない状態で寒さに耐える．これらの凍結様式は植物種や組織に特異的で，耐寒性機構の重要な機構の1つとなっている．いずれの凍結様式においても，水や氷の挙動は異なるが，致死的な細胞内凍結の回避という点では一致している．

最近，われわれの研究室ではNMR（核磁気共鳴）マイクロイメージング（別名：NMR顕微鏡）を利用した植物の凍結様式の解析を試みている[4〜7]．この方法の原理は医療用のMRI（磁気共鳴画像化装置）と同じで，非破壊的に植物の内部組織を画像として観察できる．実用解像度は$15 \sim 100 \mu m$で，組織器官レベルでの解析には十分である．各凍結温度での水の密度分布を画像化すると（図9.3），凍結した水はシグナルがでないため画像から消える一方（黒くなった部分），細胞内の未凍結水の量に応じて，コントラストが得られる（過冷却する組織は白く残っている）．例えば，レンゲツツジ花芽の器官外凍結（図9.3）では，過冷却する小花や髄の部分と細胞外凍結する芽鱗片や枝の皮層部が明瞭に区別される（各組織における典型的なシグナル強度の変化を図9.3の右に示した）．さらに詳細に観察すると，凍結部位と過冷却部位の境界バリヤや過冷却部位が脱水されていく過程など植物組織における微細な凍結の制御が目で確認できる[4,5]．また，これまでわからなかった微細な組織の過冷却なども明らかになるなど，新境地を拓く優れた手法である．

9.2.3 低温馴化と水

a. 量的変化

一般的に，多年生植物の含水量は夏の生育期間中の植物は高く（木本の場合，生重量当たり70%以上），冬には低い（木本の場合，同50%程度）．つまり，秋から冬にかけて大幅な水分の減少が生じる[3]．これは，主に蒸散と吸水のバランスや通洞組織

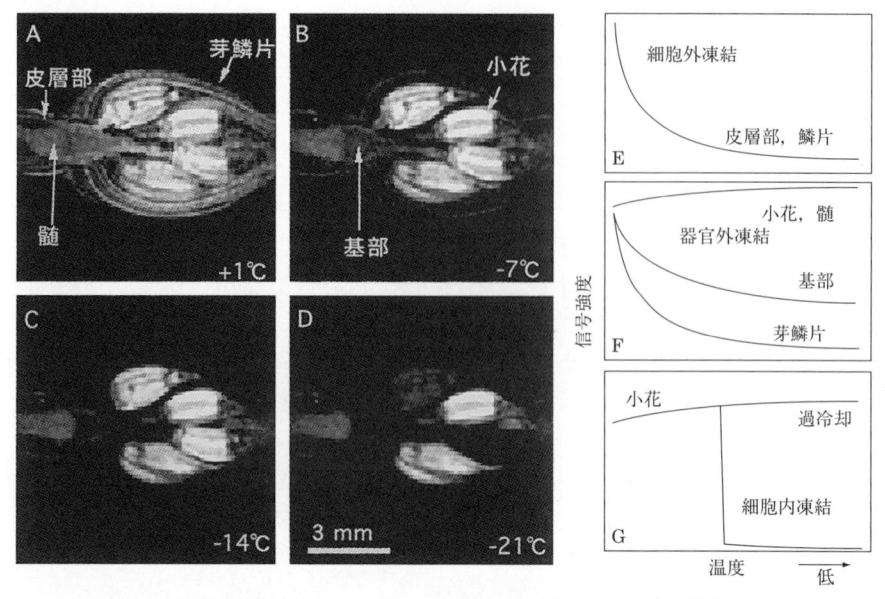

図 9.3 NMR顕微鏡によるレンゲツツジ花芽の凍結様式の画像化と信号強度解析

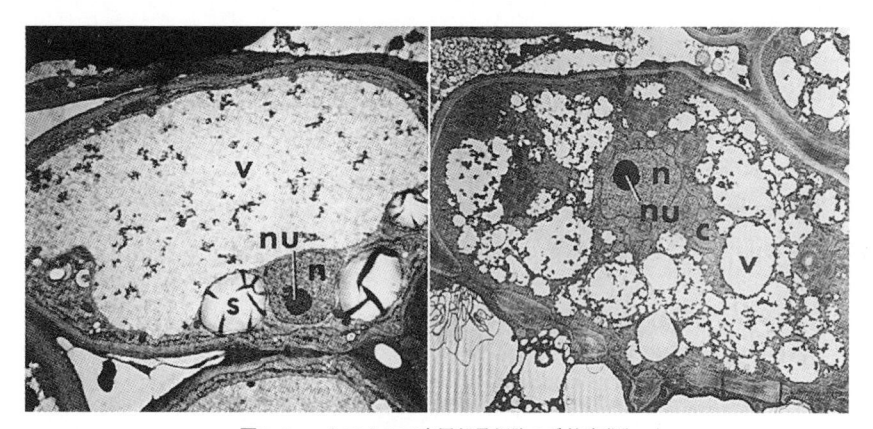

図 9.4 ニセアカシア皮層部柔細胞の季節変化[8]
夏型細胞（9月8日：左）と冬型細胞（1月16日：右）．冬には液胞（V）が小型化し，葉緑体（C）をはべらせた核（N）が中心にある．

の変化，細胞内浸透圧物質の増加，細胞の形態学的変化などの結果として生ずる．クワやニセアカシアの皮層細胞のように耐凍性の高い植物細胞では，低温馴化にともない液胞の小型化が生じ，いわゆる夏型の細胞から冬型の細胞に転換する[8]（図9.4）．耐凍性が中程度の植物組織では，液胞が大きなままで耐寒性が増加する細胞もあるので，必ずしも，一般則ではない．

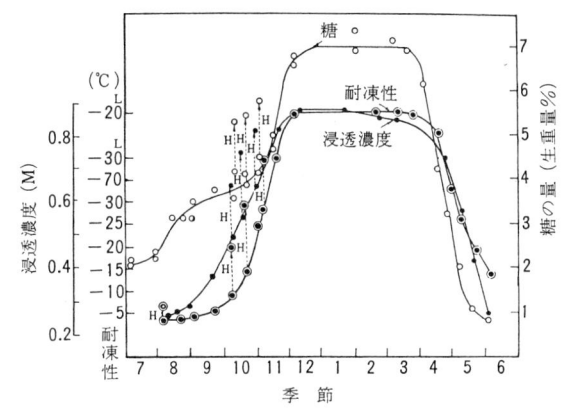

図 9.5 ニセアカシア皮層部靭皮組織における糖の量,細胞浸透濃度と耐凍性の関係[9]
H は 0℃ で 2 週間低温処理した場合の変化を示す.

b. 質的変化

細胞内液の水自体の性質変化も考えられるが,多くは溶質の変化による.低温馴化中に,糖（単糖～四糖）やプロリンなどの適合溶質が蓄積し,細胞の浸透圧が増加することが知られている[9]（図 9.5）.その役割の 1 つは,細胞外凍結の際,細胞内浸透圧が高ければ,細胞外の氷と細胞内水の蒸気圧のバランスが早く達成され,脱水の程度が減り,細胞の収縮率,変形率の緩和に寄与すると考えられる[10].現在,最も有力な細胞外凍結による傷害機構は,細胞の脱水収縮が細胞膜と内膜系の近接,融合を引き起こし,融解の際に膜傷害が生じるというものである[11].細胞内浸透圧の増加はこのような危険性を減らすと考えられる.

一方,蓄積する各適合溶質の特異的役割や細胞内分布などは未解明の部分がある.糖は脱水に際し,膜系や酵素の水和水に置き換わることにより,保護効果を発揮すると考えられている[12].ショ糖とラフィノースは乾燥状態での水のガラス化を促進する可能性が指摘されている[13].プロリンなどは,ストレスにともなうフリーラジカルの解消に役立つと予想される.低温馴化にともない増加する溶質には,可溶性タンパク質もある[3,9].代表的なものが,COR やデヒドリン（dehydrin）である[14,15].これらの機能は,他のタンパク質の保護や膜との相互作用[15~17]などが予想されているが,耐凍性における役割が実証された例は少ない.

9.2.4 アポプラストでの水の凍結制御

水は核になる物質がない場合,過冷却する性質をもっている（9.2.2 項）.これは植物細胞内の水も同じである.細胞外凍結が成立するためには,高い凍結温度で,細胞外が常に先に凍ることが必要条件である.自然界ではさまざまな条件で植物体の凍結が開始される.霜や雪から凍結が伝搬する場合もあり,植物体上に棲息する微生物

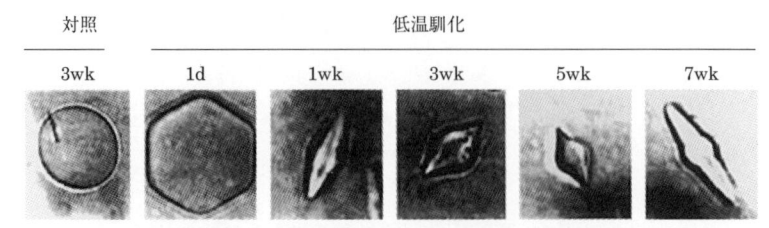

対照	低温馴化				
3wk	1d	1wk	3wk	5wk	7wk

図 9.6 ライ麦葉の細胞間隙からの抽出液の不凍活性[20]
低温馴化が進むにつれて不凍活性が高まり，特定の氷晶型をとる．

（氷核活性細菌や一部のカビ）などが高い温度で凍結を誘発する氷核活性（氷晶核形成能）をもっていて，凍結が誘引される場合もある[7,9,18]．しかし，これらがない場合でも，耐寒性をもつ植物は−2〜−6℃で凍結が開始される．これはどうしてであろうか．筆者らが約500種の植物種組織の氷核活性を調べたところ，耐寒性をもつ植物では，必ず氷核活性の高い組織が存在する（特に図9.2の2-1〜2-3に見られるような氷ができる組織）一方，耐寒性をもたない植物では，氷核活性が低いことがわかった[6]．植物組織固有の高い氷核活性がどんな物質によるものかはよくわかっていないが，植物組織の凍結を偶然にまかせているのではないことは確かである．

植物体内にできた多数の氷晶は，氷点下でも小さい氷が融合し，大きな氷晶に発達しようとする（再結晶）．発達する氷晶は植物細胞にダメージを与えかねない．ところが，植物のアポプラストには，このような氷の再結晶や氷の成長を抑える作用のある物質（不凍タンパク質）の存在が知られている[19,20]（図9.6）．不凍タンパク質は氷結晶の特定のプリズム面に張りつき，氷晶の成長を阻害すると考えられており[7]，今後の実証が待たれる．一方，木部柔細胞のように過冷却で耐寒する細胞には，過冷却を促進する物質等の存在が予想されるが，これまでのところ，ほとんど情報がない．

本節に概説したように，高い耐寒性をもつ植物体内の水の凍結は，さまざまな機構により，微細に，確実に制御されていると考えられる．その機構の多くは未解明である．近年，地球温暖化が問題になっているが，長期的には約3000万年前から地球は寒冷化している[9]．人類の時代，第四紀（過去200万年）は氷河期が繰り返し，植物が最も寒さにさらされた時代でもある．陸上植物が出現する以前の先カンブリア代にも3回ほど全地球を氷が覆うほどの氷河期があったとされる[21]．生物はこれらの凍結温度に耐え，生育する仕組みを獲得してきたと考えられる．これらの解明は，耐寒性機構やその進化を解き明かすだけでなく，産業利用上も興味深い． 〔石川雅也〕

文献

1) K. Ito：*Plant Sci*., **149**, 167-173, 1999.

2) M. Ishikawa, *et al.*: Plant Cold Hardiness and Freezing Stress, Vol. 2 (P.H. Li and A. Sakai, eds), p 325-340, Academic Press, 1982.
3) A. Sakai and W. Larcher: Frost Survival of Plants, Springer-Verlag, 1987.
4) W. S. Price, *et al.*: *Aust. J. of Plant Physiol*., **24**, 599-605, 1997.
5) M. Ishikawa, *et al.*: *Plant Physiol*., **115**, 1515-1524, 1997.
6) M. Ishikawa, *et al.*: Cryopreservation of Tropical Plant Germplasm (F. Engelmann and H. Takagi eds), p 22-35, IPGRI, 2000.
7) 荒田洋治:水の書, pp.153-172, 共立出版, 1998.
8) M. K. Pomeroy and D. Siminovitch: *Can. J. Bot*., **49**, 787-795, 1971.
9) 酒井　昭:植物の分布と環境適応, 朝倉書店, 1995.
10) T. H. H. Chen, *et al.*: *Plant Physiol*., **75**, 720-725, 1984.
11) 藤川清三:植物細胞工学, **14**, 319-328, 1992.
12) J. H. Crowe, *et al.*: *Ann. Rev. Physiol*., **54**, 570-599, 1992.
13) K. L. Koster: *Plant Physiol*., **96**, 302-304, 1991.
14) M. F. Thomashow: *Ann. Rev. Plant Physiol. Plant Mol. Biol*., **50**, 571-600, 1999.
15) T. J. Close: *Physiol. Plant*, **100**, 291-296, 1997.
16) J. Danyluk, *et al.*: *Plant Cell*, **10**, 623-638, 1998.
17) N. N. Artus, *et al.*: *Proc. Natl. Acad. Sci. USA*, **93**, 13404-13409, 1996.
18) R. E. Lee, Jr., *et al.*: Biological Ice Nucleation and its Applications, APS press, 1995.
19) D. Worrall, *et al.*: *Science*, **282**, 115-117, 1998.
20) W-C, Hon, *et al.*: *Plant Physiol*., **109**, 879-889, 1995.
21) 田近英一:科学, **70**, 397-405, 2000.

9.3　植 物 の 蒸 散

9.3.1　蒸 散 の 意 義

　植物は土壌中の水を根で吸収し, 葉の表面から水蒸気として大気中に放出している. 植物による水蒸気の放出を蒸散 (transpiration) と呼ぶ. 根で吸収した水の一部は細胞成長や光合成などに使われるが, ほぼ99％が蒸散により放出される. 葉の表面にある気孔 (stoma, *pl*. stomata) からの蒸散を気孔蒸散, 気孔以外の表皮からの蒸散をクチクラ蒸散と呼んでいるが, 植物体からの蒸散は通常ほとんどすべて気孔からの蒸散によっていると考えてよい. 蒸散は根で吸収した水や栄養塩類を植物体の隅々まで速やかに輸送するのに貢献している.
　植物は日中太陽光を浴びている. 太陽光には温度を上昇させる赤外線が含まれている. また, 葉に吸収された可視光のエネルギーの多くは熱エネルギーに変わるため, 太陽光を浴びた葉の温度は上昇する. しかし, 水は水蒸気になって気孔から放出される際に, 葉から気化熱 (20℃で586 cal/g) を奪うため葉温の上昇は低く抑えられる. 都市域における公園の樹木や街路樹は, 蒸散作用により周辺の空気の乾燥を防いだり, 気温の上昇を抑えるのに役立っている.
　根は根毛を発達させて土壌粒子の隙間に入り込んでいる. そのため, 植物は土壌中の水を効率良く吸収することができ, 土壌から大気への水の輸送に大きく貢献してい

る．特に，森林による水の輸送は陸上の水の循環にとって極めて重要である．

9.3.2 植物における水の流れ

植物体を介した水の流れは，土壌から根，根から葉，葉から大気へと進む．このような水の流れを保証しているのは大気と土壌の水ポテンシャルの差である．例えば，気温20℃で相対湿度60%の場合，大気の水ポテンシャル（浸透ポテンシャルによる）は-68.7 MPaである．一方，土壌の水ポテンシャルは通常$-0.01 \sim -0.03$ MPa程度であるため，水ポテンシャルの高い土壌から低い大気へと水は移動することになる．

土壌は細かい粒子からなっていて，その隙間に毛管現象で水が入り込んでいる．水は表面張力により土壌粒子に吸着してマトリックポテンシャルが生じる．降雨で飽和した土壌中の水が重力などで自然に流れ出た後の含水量を野外容水量というが，含水量がこれ以下に低下すると，土壌の水ポテンシャルはマトリックポテンシャルのみで決まることになる．一方，根による吸水の原動力は，主に，蒸散によって生じる道(導)管内の負の圧力(圧ポテンシャル)である．土壌中に水が残っていても，水ポテンシャルがある水準以下に低下すると植物は水を吸収できなくなる．植物の根が水を吸収できなくなる土壌の水ポテンシャルの閾値を永久しおれ点と呼ぶが，一般に，土壌の水ポテンシャルが-1.5 MPa程度まで低下すると吸水できなくなるといわれている．土壌から吸収された水は根の道管内に移動するが，道管に到達するには数層の細胞を横切る必要があり，植物体内での水の移動のなかでここの抵抗が最も大きい．

根の道管に入った水は茎および葉の道管を通って葉肉細胞，気孔へと輸送される．蒸散により道管内の水が上方に移動するとき，根での吸水の際に生じる抵抗のために，道管内の水に負圧がかかっている．さらに，道管内の水には重力による下向きの力も働いている．しかしながら，道管内の水のつながりは切れずに上方に移動する．これは水の凝集力によると説明されている．途中に気泡が入って水のつながりが切れると凝集力は失われ，気泡の下にある水の移動は止まる．しかし，水中に細かな気泡が入った場合には，凝集力は低下しても蒸散を持続することができる．水の凝集力だけではなく，根圧，道管の細胞壁の多孔構造によるマトリックポテンシャル，道管内の水に含まれる塩による浸透ポテンシャルなども道管内の水の移動にかかわっていると考えられる[1]．

葉に到達した水は葉肉細胞の細胞間隙や気孔で水蒸気となり，大気中に放出される．葉の表面はクチクラ層に覆われているが，クチクラはほとんど水蒸気を通さないので，気孔の密度と大きさが蒸散速度を決める最も大きな要因になる．

9.3.3 気　孔

気孔は，光合成の基質である二酸化炭素（CO_2）の吸収場所でもあり，気孔の密度と大きさは光合成の律速要因になっている．植物は，ほかに，二酸化硫黄，二酸化窒素，オゾンなどのいわゆる大気汚染ガス（特に，水に溶けやすく，代謝・分解されやすいガス）も気孔から吸収しており，汚染大気の浄化に役立っている．

9.3 植物の蒸散

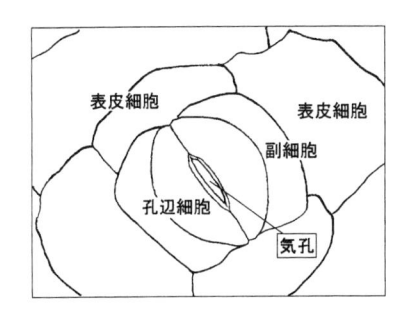

図 9.7 ツユクサの閉じ気味の気孔および気孔装置の外見図

気孔は1対の孔辺細胞に囲まれた孔で，葉の表側の表皮と裏側の表皮に多数存在するが，裏側の気孔密度が表側より高いものが多い．なかには気孔が表面，裏面のどちらか一方のみに存在する植物もある．孔辺細胞は一般に副細胞に囲まれている（図 9.7 参照）が，ソラマメのように副細胞をもたない気孔もある．これらは表皮細胞から分化した細胞で，それぞれ特徴的な形をしている．また，表皮細胞，副細胞には葉緑体がないといわれているが，通常の孔辺細胞には葉緑体が発達している．孔辺細胞と副細胞からなる構造を気孔装置と呼ぶ．気孔の下側（葉肉細胞側）には葉肉細胞や副細胞，孔辺細胞で囲まれた空間があり，これを呼吸腔という．気孔装置の形や並び方は植物種によりさまざまである．

気孔の開閉運動は孔辺細胞の膨潤・収縮によって引き起こされる．ソラマメ，ツユクサなどの一般的な気孔の場合，孔辺細胞の気孔側（内側）の細胞壁は厚く伸びにくいのに対し，外側の細胞壁は比較的伸びやすい．また，細胞壁のセルロース微繊維は放射状に配列していて，その方向には伸びにくい．そのため，水を吸収して膨潤すると，孔辺細胞は外側に向かって凸に反った形になり気孔が開く．細胞壁のこのような構造は気孔の開閉運動に不可欠で，成長が活発な葉の孔辺細胞では，毎日午前中に，放射状に配向したセルロース微繊維が新たに合成されている[2]．トウモロコシの気孔装置の形はソラマメやツユクサなどとは大きく異なっているが，気孔の開閉運動はやはり孔辺細胞の細胞壁の特徴的な構造に依存している．

孔辺細胞とその周囲の副細胞あるいは表皮細胞との間に水ポテンシャルの差が生じると，これらの細胞の間で水の移動が起こり気孔の開口あるいは閉口運動が起こる．孔辺細胞の水ポテンシャルの変化は，主に孔辺細胞の液胞中における浸透ポテンシャルの変化による．孔辺細胞の浸透ポテンシャル変化を支配している溶質は K^+, Cl^-, リンゴ酸，ショ糖などで，孔辺細胞が K^+ や Cl^- を吸収したり，リンゴ酸やショ糖を合成して液胞に蓄積すると浸透圧が上昇（浸透ポテンシャルが低下）し，周囲の細胞から水を吸収する．逆に，K^+, Cl^-, リンゴ酸などを放出したり，リンゴ酸，ショ糖がデンプンに転換して葉緑体に蓄積すると，液胞の浸透ポテンシャルが上昇して水を放出する．

9.3.4 蒸散速度を制御する環境要因

蒸散速度 J_w は次式で示すように葉内の水蒸気濃度と周囲の大気中の水蒸気濃度の差 ΔC_w に比例する[3]．

$$J_w = g_{w,l} \cdot \Delta C_w$$

$g_{w,l}$ は水蒸気が葉から表皮組織を通して大気へ移動する際の移動しやすさを示す係数で，水蒸気に対する葉コンダクタンスという．あるいは，水蒸気の輸送経路を電気回路になぞらえ，表皮を水蒸気移動の抵抗とみなして次のように表すことができる．

$$J_w = \frac{\Delta C_w}{r_{w,l}}$$

ここで，$r_{w,l}$ は水蒸気に対する葉抵抗である．気孔および気孔以外の表皮の抵抗をそれぞれ気孔抵抗 $r_{w,s}$，クチクラ抵抗 $r_{w,c}$ とすると，

$$\frac{1}{rr_{w,l}} = \frac{1}{r_{w,s}} + \frac{1}{r_{w,c}}$$

となる．$1/r_{w,s}\,(=g_{w,s})$ を気孔コンダクタンス，$1/r_{w,c}\,(=g_{w,c})$ をクチクラコンダクタンスという．葉コンダクタンスはこれらのコンダクタンスの和 $g_{w,l} = g_{w,s} + g_{w,c}$ になるが，クチクラコンダクタンスは気孔コンダクタンスに比べてはるかに小さいため，葉コンダクタンスはほぼ気孔コンダクタンスに等しい．気孔コンダクタンスは気孔の密度，気孔の大きさの平均に比例する．また，ΔC_w は呼吸腔内と大気中の水蒸気濃度の差に等しくなる．

蒸散のほとんどは葉の気孔を通して起こるので，蒸散速度は気孔から大気への水蒸気の拡散速度を制御する要因によって決まる．気孔の大きさは，昼に大きく夜に小さいといった日周変化を示すが，環境要因や植物の生理状態にも影響される．また，水は根で吸収されるので，根での吸水速度が低下すると気孔コンダクタンスも低下する．

a. 湿　　度

相対湿度100％の大気の水ポテンシャルは0であるが，いま，周辺空気が乾燥して呼吸腔内の相対湿度が99％まで低下したと仮定すると，20℃では，呼吸腔内の水ポテンシャルは-1.35 MPaまで低下する．この水ポテンシャルはほぼ0.4 Mのマンニトール溶液の水ポテンシャル（浸透ポテンシャル）に相当する．孔辺細胞がこれ以下の低い水ポテンシャルにさらされると，不可逆的な損傷を被る可能性がある．気孔周囲の水ポテンシャルが-1.4 MPa程度まで低下すると気孔は速やかに閉じるので[4]，呼吸腔内の相対湿度はほぼ100％に維持されることになる．

気孔からの水蒸気の放出速度は呼吸腔内と周辺大気中の水蒸気の濃度差に比例するが，呼吸腔内の相対湿度は常にほぼ100％に保たれているので，蒸散速度は大気中の湿度に依存することになる．一方，図9.8に示すように，気温の上昇により飽和水蒸気濃度は大きく上昇する．したがって，相対湿度は同じでも，温度が高くなるほど呼吸腔内の水蒸気と大気中の水蒸気の濃度差は大きくなる．葉が太陽光を浴びると葉温

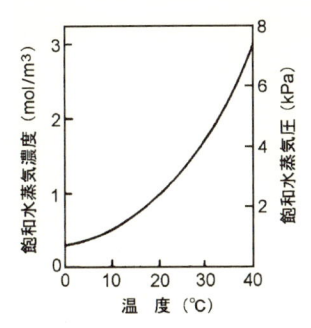

図9.8 大気中の飽和水蒸気濃度と温度の関係

は周囲の気温よりも高くなる．そのため，呼吸腔内と大気中の水蒸気濃度差はさらに広がり，蒸散はいっそう活発になる．

b. 風　速

葉の表面に沿って動きの遅い空気の層がある．これを葉面境界層と呼ぶ．葉面境界層は水蒸気の輸送の抵抗として働き，この抵抗を葉面境界層抵抗と呼ぶ．植物葉周辺の空気の流れが遅い場合には葉面境界層抵抗は大きく蒸散の律速要因になるが，風速が大きくなるにつれて葉面境界層は薄くなり，風速が2 m/s程度になると境界層抵抗は気孔抵抗に比べて無視できるほど小さくなる．しかし，風速が極端に高くなると，表皮細胞や葉肉細胞は強制的に水を奪われ，葉はしおれてしまう．

c. 光

光照射により気孔は開く．特に，青色光と赤色光が有効である．波長280 nm付近の弱い紫外光も気孔の開口を促進する．また，緑色光は青色光の効果を打ち消す作用がある．青色光は孔辺細胞原形質膜にあるH^+ポンプを活性化し，H^+を細胞外に放出させる．この結果，原形質膜の外側が内側に比べて正になる膜電位が生じる．この膜電位により原形質膜上の内向きのK^+チャンネルが開いて孔辺細胞内にK^+が流入する．これにともなってCl^-の吸収，リンゴ酸の合成などが起こり，孔辺細胞の浸透ポテンシャルが低下して気孔が開く．赤色光は孔辺細胞の光合成に利用され，H^+放出のためのエネルギー生成，リンゴ酸生成のための還元力の供給などに寄与している．

砂漠などの乾燥地域に生育するCAM植物は，夜間に気孔が開いてCO_2を吸収する．夜間には葉温と気温の差が小さいので，葉内と大気中の水蒸気濃度の差は日中と比べて小さい．そのため，蒸散速度は比較的低く，植物からの水の流出を最小限に抑えることができる．

d. 温　度

植物が正常に生育できる範囲内で，一般に温度が高いほうが気孔はよく開く．孔辺細胞内の光合成，呼吸などにかかわる代謝活性はH^+ポンプの活性化，リンゴ酸合成などを制御しているが，これらの代謝活性は温度に依存している．根からの吸水も温

度に依存している．特に低温では水の吸収が顕著に低下し，結果として気孔は閉じる．これも主に根の呼吸活性の低下によっていると思われるが，温度が下がると水の粘度が増大して水が移動しにくくなることも関与していると考えられる．

e. 二酸化炭素などのガス状物質

大気中の CO_2 濃度は気孔開閉に大きな影響を与える．一般に，通常の温度では CO_2 濃度が高いと気孔は閉じ，低いと気孔は開く．特に，トウモロコシは CO_2 濃度の影響を強く受ける．この場合，CO_2 濃度が上昇しても，気孔が閉じて CO_2 の吸収速度（光合成速度）が増加しないので成長は促進されない．いわゆる大気汚染ガスである二酸化硫黄によって気孔が閉じるものがある．二酸化窒素やオゾン，あるいはこれらの混合ガスの場合にも，気孔が閉じることが多いが，逆に気孔が開く場合もある．

植物ホルモンのアブシジン酸（ABA）は気孔を閉じさせ，オーキシン，サイトカイニンは開かせる方向に作用する．オーキシンは CO_2 による気孔閉鎖を軽減する．二酸化硫黄による気孔閉鎖の場合，ABAが関与していることが多い．オーキシン，サイトカイニンのいずれもABAによる気孔閉鎖を軽減する．

f. 乾　　燥

大気や土壌が乾燥すると根あるいは葉でABAの生成が促進される．根や葉で生成したABAは孔辺細胞に輸送され気孔を閉じさせる．一方，乾燥ストレスを受けた植物では，まず，葉緑体やプラスチドに蓄積しているABAが細胞外に放出されることが報告されている．このABAが気孔に輸送されて気孔閉鎖を導くことになる．このような2段階の仕組みにより，ABAは植物を乾燥から守る最も重要な要素の1つになっている．

〔近藤矩朗〕

文　献

1) 桜井英博，ほか：植物生理学入門，三訂版，pp. 232–243，培風館，2001.
2) M. Fukuda, *et al*.: *Plant Cell Physiol*., **39**, 80–89, 1998.
3) W. Larcher: Physiological Plant Ecology, Third Edition, Springer, pp. 242–245, Springer, 1995.
4) N. Asai, *et al*.: *Plant Cell Physiol*., **40**, 843–849, 1999.

10. 生態系と水

10.1 水と植生

10.1.1 植生と水との関係を知るための生態学的基礎知識

a. 根の機能間に存在するトレードオフ

　トレードオフは生態学的に重要な概念の1つであり，こちらを立てればあちらが立たず，という二律背反となる関係のことである．この関係は，分子レベルから生態系レベルまで，生物のさまざまな階層で見られる．

　トレードオフ関係は，1つの器官がもっている複数の機能の間にも存在する．根はその典型的な例である．根は，無機栄養の吸収，水の吸収，そして地上部の力学的な支持という機能をもつ．力学的な支持能力は，土壌の硬さなどに左右されるため，取り扱いが難しい．そのため，ここでは無機栄養と水の吸収を取り上げる．無機栄養，特に植物にとって最も不足しがちである無機窒素は，土壌の表層近くに局在する資源である．無機窒素は土壌有機物の微生物的分解によって生成する．土壌有機物は，主に落葉・落枝から形成されるため，土壌の表層近くに多く集積している．そのため，無機窒素は土壌の表層近くに局在することになる．一方，水はむしろ土壌の深い場所に多く存在する資源である．したがって，根を土壌の表層近くに形成すれば，無機窒素の吸収には都合がよいが，水の吸収には不利になりやすい．一方，根を土壌の深い場所に形成すれば，水の吸収には都合がよいが，無機窒素の吸収には不利となる．このようなトレードオフがあるため，すべての機能についてオールマイティーな根をつくることはできない．

b. 茎における水の通導性に関連するトレードオフ

　植生の違いを決定している要因を知るためには，水の通導器官としての茎の役割と，それに関連したトレードオフの存在も知っておく必要がある．

　植物の茎には，道管や仮道管という管状要素でできた通導組織がある．水は通導組織の中を，物理的な水ポテンシャルの勾配に従って移動する．環状要素の総断面積が等しい通導組織があった場合，個々の管状要素の管径は大きければ大きいほど，その組織の通導性は良くなる．これは，圧力勾配が同じならば流速は管径の4乗に比例す

るという，ポアズイユの法則によって説明される．したがって，管径が大きいために水の通導能力の高い植物は，根で水を吸収できる限り，葉の気孔を大きく開けても水ストレスを受けにくい．容易に気孔を開けられる結果として，この植物の光合成速度は大きくなる．その反面，直径の大きな管状要素は，冬期に凍結融解によるエンボリズムを引き起こしやすいという，冬でも葉を維持している常緑樹にとって特に問題となる欠点をもつ[1]．環状要素内の水は$-4℃$以下になると凍結する．このときに気泡が生じ，これが融解後も環状要素内に残って水の通導性を低下させてしまう現象が，凍結融解によるエンボリズムである．つまり，管状要素には，管径が大きいほど夏期の良好な環境での光合成には有利であるが，大きな管径は冬期に凍結融解によるエンボリズムを生じさせ，これによる強い水ストレスを常緑樹に引き起こすという，トレードオフの関係が存在する．

c. 植生のなかで見られる水をめぐった競争：ゲーム論的理解

植生は競争状態にある植物が集まって構成されている．こうした植生の機能を考える場合には，「ゲーム」という視点が有効である[2]．植物が水という資源をめぐって競争する場合にも，ゲームという視点は適用できる．

光合成を行う植物は，気孔を開いて二酸化炭素を葉内に取り込む．気孔を開くと葉と大気中の水蒸気圧差にしたがって，葉から大気中へと水の蒸散が起きる．C3植物の場合，1gの有機物をつくるために1000gもの水が失われることがある．ゲームという概念を用いない場合，土壌中に存在する水の量が限られている状況では，できるだけ蒸散量を少なくし，水を長もちさせるような節水型の植物が適応的であるように思うかもしれない．

しかし，水をめぐった競争をゲームという視点をもって考えると，節水型の植物は決して有利ではない．まず，水は植物体外にある資源である，ということが重要である．このため，根を同所的に混在させている植物たちにとって，水は等しく利用可能な資源となる．また，光合成速度は蒸散量に比例するか，もしくは飽和型となる増加関数である，ということも重要である．まず，節水型の植物を想定する．この植物が水の蒸散を抑えるために気孔を閉じると，光合成速度は必然的に低下する．ここでゲームの相手として，同じ場所に根を混在させている水浪費型の植物を考えよう．この植物は，気孔を開けることでしばらくの間は高い光合成速度を維持できるが，大量の水を蒸散させてしまう．やがて土壌中の水が欠乏し，両方の植物が等しく水ストレスを受けるようになる，これ以降は，どちらの植物も気孔を大きく開くことはできず，光合成量はともに非常に小さくなり，場合によっては葉を維持できなくなる．ところで，気孔を十分に開けなくなるまでの生長量は，水浪費型の植物のほうが大きい．したがって，浪費型の植物がゲームの勝者となり，最終的にこのような植物しか生き残らない．競争を植物間のゲームとしてとらえると，「競争が存在する以上，植物は光合成速度を低下させてまで節水することは不利である．」ということになる．一般的

10.1.2 植生とその機能を決定する要因としての水

a. 植生のなかでの根の張り方

日本のような湿潤な気候条件のもとに成立する植生では，水を吸収するために土壌深くまで根を伸ばすことの利点はあまりない．そのため，植物の根の多くは，むしろ無機窒素をうまく吸収できるように，土壌の表層30 cm 程度の深さまでに形成される．木本は稚樹のうちはゴボウ根と呼ばれる直根を形成する場合が多いが，個体が生長するにつれ地表近くの側根の割合が多くなり，最終的には直根は枯死してしまう．これは湿潤な熱帯林でも同様であり，根の大半は地表面近くに存在している（図10.1）．一方，半乾燥地では，5 m 以上の深さをもつ根が形成されることがある（図10.2）．

b. 植生タイプと水の蒸散

多くの植生では，降水のかなりの部分が蒸散によって失われる（表10.1）．場合によっては，降水によって供給された水の80％程度が蒸散によって失われることさえある．また，植物が存在する場合の蒸発散量は，同じ環境にある裸地に比べて大きいことが多い．そのため，植生がある場合の1年を通した河川の総流量は，同じ環境にある裸地の場合よりも基本的に少なくなる．この現象の究極要因は，「競争が存在するならば，将来を見通した水の節約よりも，目先の生産を優先させるべきである」というゲームの概念を用いた生態学的説明に求めることができる．

図 10.1 ボルネオの熱帯山地林で見られた根返り
土壌の表層から15 cm 程度の深さまでにほとんどの根が分布するため，非常に薄い土壌の層だけが根返りによって持ち上がっている．

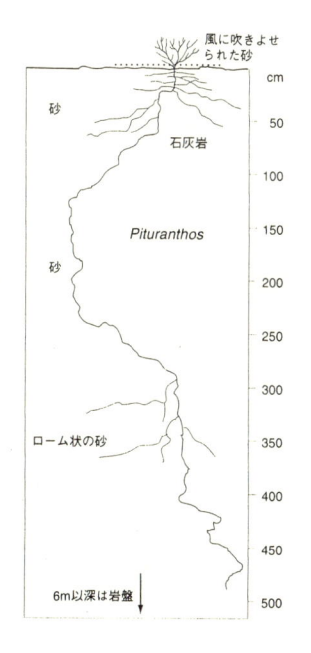

図 10.2 半乾燥地で観察された根の分布[3]

表 10.1 植生タイプ別の水収支[3]

植生タイプ	地域	降水量 (mm/年)	蒸発散量 LF (降水量に対する%)	排水量（表面流出水と地下水）(降水量に対する%)
森林地域				
熱帯原生多雨林	北オーストラリア	3900	38	62
熱帯多雨林	アフリカ，東南アジア	2000～3600	50～70	30～50
熱帯落葉樹林	東南アジア	2500	70	30
竹林	ケニヤ	2500	43	57
疎林のあるサバンナ	コンゴ	1250	82	18
落葉樹林（低地）	中央ヨーロッパ	600	67	33
	北東アジア	700	72	28
針葉樹林（低地）	中央ヨーロッパ	730	60	40
	北東ヨーロッパ	800	65	35
山地林	アンデス南部	2000	25	75
	アルプス	1640	52	48
	中央ヨーロッパ	1000	43	57
	北アメリカ	1300	38	62
草原				
サバンナ	熱帯	700～1800	77～85	15～23
ヨシ	中央ヨーロッパ	800	>150	—
牧草	中央ヨーロッパ	700	62	38
高山草原	（通年）	1000～1700	10～20	80～90
	（生育期）	500～600	25～40	60～75
ステップ	東ヨーロッパ	500	95	5
荒地				
半砂漠	亜熱帯	200	95	5
乾燥砂漠	亜熱帯	50	>100	0
ツンドラ	北アメリカ	180	55	45
乾燥した山地草原	北アルゼンチン	370	70～80	20～30

逆に，水を節約することが重要となる植生も存在する．それは植物の個体密度が高くならないような，乾燥が激しくまた貧栄養である環境に成立する植生である．こうした環境では，水をめぐった競争が起きにくい．この場合，できるだけ水を節約するような形質も進化できる．例えば，多肉のCAM植物であり，これは蒸散の起きにくい夜間にしか気孔を開かない．

c. 常緑樹の分布とエンボリズム

緯度に沿った植生の変化，特に常緑樹の変化は劇的である．常緑樹の分布は，温暖な熱帯から暖温帯までは常緑広葉樹が中心であり，寒冷な冷温帯以北では常緑針葉樹が中心となっている．これまで，こうした常緑樹の分布域の違いは細胞の耐凍性の違いを反映している，と考えられてきた．しかし，現実に分布している常緑広葉樹の北限は耐凍性から予測される北限よりも南にあることが多い[4]．このことは，耐凍性だけでは常緑樹の分布の違いを説明できないことを示している．

一方，凍結融解によるエンボリズムの存在は，常緑広葉樹の分布の北限および常緑

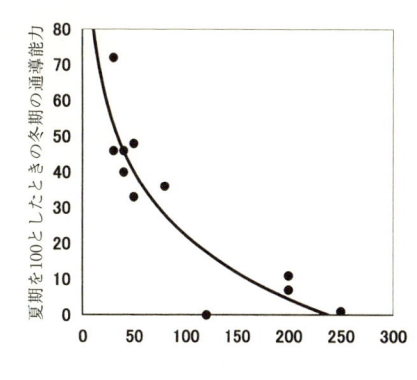

図 10.3 環状要素の直径と冬季の通導性の関係（種子田，未発表データ）

針葉樹の分布の南限について，合理的な説明を与える．一般に常緑広葉樹は道管をもっているが，この管径はかなり大きい（$100\mu m$ 程度）．この大きな管径をもつ道管は，水の通導には都合がよいため夏期の光合成速度を高めることに役に立つが，冬期のエンボリズムを引き起こしやすい．一方，常緑針葉樹は仮道管をもっているが，この管径は $30\mu m$ 以下であることが多い．管径の小さな仮道管は，夏期には管径の大きな道管よりも水を通しにくいため相対的に光合成速度を下げてしまうが，冬期のエンボリズムを回避することができる（図 10.3）．したがって，凍結融解によるエンボリズムが起きない熱帯から暖温帯では，生産性の高い常緑広葉樹が優占する．一方，エンボリズムが容易に起きる冷温帯以北では，光合成速度は低いがエンボリズムによる冬期の水ストレスを回避できる常緑針葉樹が優占する．このように，常緑樹の分布域は水に関係した性質によって制限されていると考えられる．

落葉樹は冬期に葉を落としてしまうため，凍結融解によるエンボリズムはそれほど落葉樹の生存にとっての問題とはならない．そのため，落葉樹の分布に関しては，水以外の要因も重要である．

また，草本の場合，寒冷地でも葉を地表面に密着させたロゼット状態で越冬できる種は多いが，茎を維持したまま越冬できる種はほとんど存在しない．草本の茎に形成される道管の管径は基本的に大きいため，この現象にも凍結融解によるエンボリズムがかかわっている可能性が高い．

〔館野正樹〕

文献

1) J. S. Sperry, et al. : Ecology, **75**, 1736-1752, 1994.
2) J. Maynard-Smith : Evolution and the Theory of Games, Cambridge University Press, 1982.
3) W. Larcher : Okophygiologie der Pflanzen, Springer, 1994.
4) A. Sakai : Low Temp. Sci., **B 38**, 1-14, 1980.

10.2 湖沼と河川の生態系

10.2.1 水域生態系の特徴

水域では，栄養塩が水中に広く存在するため，底生生物に加え，水中に浮遊する生物が多い．一方，水は太陽光を吸収する性質をもつため，水中部深所では光が届かなくなる．一般に，水中植物の光合成活動が可能な光量が届く深さ（水表面の光量の約1%が届く範囲）を沿岸帯とし，それより深い水域（沖帯）と区別する．その限界深度は，セッキ・ディスク（直径25 cmの白色円盤）で測られる透明度の2～3倍に相当する．沿岸帯では，大型水生植物や付着藻類が光合成を行って生態系の生物生産を支え，沖帯では浮遊性の植物プランクトンが生物生産を担う．このように水域の生産者の存在様式は，地面から生育する植物に生物生産をたよっている陸上生態系とは大きく異なる鉛直構造を示す．

10.2.2 湖の生態系

湖の沖帯生態系は，表層部と底層部に大別できる．光合成活性をもつ植物プランクトンなどは，光が届く表層部（有光層）で，水中の溶存栄養塩や陸上や大気中から供給される栄養塩を利用して生物生産を行う．一方，バクテリア類は他生物の排泄物や遺骸を分解利用して食物連鎖への栄養塩回帰を担う．生態系の消費者である動物プランクトンや魚類などはこれらに依存した食物連鎖を形成する．なお，植物プランクトンはその大きさによって，メガ（直径2 mm以上），マクロ（200 μm～2 mm），ミクロ（20～200 μm），ナノ（2～20 μm），ピコ（<2 μm）と分別されることが多く，近年はバクテリアとともに，微小なナノ，ピコプランクトンの水中生態系での役割が見直されている．

湖の沖帯底層部では，光合成による生物生産が少ないか，行われないため，水底に生息する微生物や動物はもっぱら表層部より沈降してくる栄養物質に頼って生活をする．

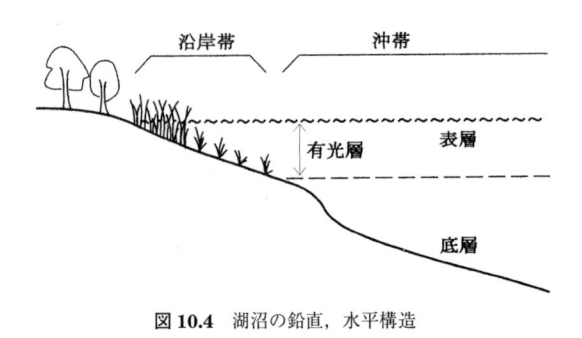

図 10.4 湖沼の鉛直，水平構造

湖の沿岸部は，水域と陸域の境界部，あるいはその両域の架け橋としてのエコトーン（推移帯）と呼ばれ，湖の中央部への水や物質の出入りを制御する重要な働きをもっている．

沿岸部に生育するヨシや水草などの水中の茎の表面積は，湖底面積の2～3倍あるといわれ，そこにはさまざまな付着生物が多数住み着き，大型植物のみならず，微小・小型生物が，沿岸部の栄養塩循環に大きく寄与している．さらに大型水生植物は，魚の産卵場，仔稚魚の生育場所，微生物から水鳥にいたる生物の生息場所・隠れ場所を提供し，さらに湖岸の侵食防止などの働きももつ．

なお，水域と陸域の境目の水際は一定ではなく，季節的に，あるいは一時的に変動する．つまり降雨などによって水位が高くなれば新たな水域が生じ，湖の水位が下がると水域は減少し，新たな陸域が生じる．このような不安定な水際は，水中植物，また陸上植物の生活に大きな影響を与えている．そこでは，干出に弱い水生植物は水際には生育できないし，水没に弱い陸上植物は水際付近には生育できない．ヨシなどは干出にも水没にも強い植物である．また，雨後に形成された一時的な浅い水域で産卵する魚類も多い．

10.2.3 河川の生態系

河川は，地表面に落下した雨や雪の水が海や湖へ一方向的に流れる場所である．河川生態系と湖生態系の大きな違いは，前者では水の流れによりたえず栄養塩が供給され，流出することである．したがって河川の生物は，流れている栄養物質をトラップして生活しなければならない．このように河川に住む生物は，水流があること，あるいは海や湖とつながった系であること，などを前提とした独特の生活様式を進化させてきた．かつ，河川に生息する生物は，その流水量が降雨の状態によって大きく変動するため，たえず変化する環境に対応できる形態や生活様式を備えている．

10.2.4 河床構造と生物群集

河川の流れは一様ではなく，周辺地形や流路の蛇行状態によって，浅くて流れの速い瀬や，深くて流れの緩い淵が生ずる．一般には，瀬の下には淵があり，淵の下には次の瀬がある，というように瀬と淵が交互に出現する．

可児藤吉（1944）は，水生昆虫の生態研究の過程で，河川の構造に注目した．河川構造をまず淵と瀬に分け，瀬をさらに平瀬と早瀬に分け，淵と瀬の分布様式や瀬から淵への流れ込みの状態により，河川形態の区分を行った．つまり，川の1つの蛇行区間に多くの瀬と淵が交互にある場合をA型とし，1つの蛇行区間に瀬と淵が1つずつしかない場合をB型とした．また，瀬から淵へ水が滝のように落ち込むようにして流れ込んでいる場合をa型，多少波立ちながら流れ込んでいる場合をb型，ほとんど波立たずに流れ込んでいる場合をc型と名づけた．

河川構造は，河床勾配，河床材料の流掃・堆積の関係により定まる．上記の型を組み合わせたAa型は，1つの蛇行区間の間に落ち込み型の流れが多数あるタイプで，

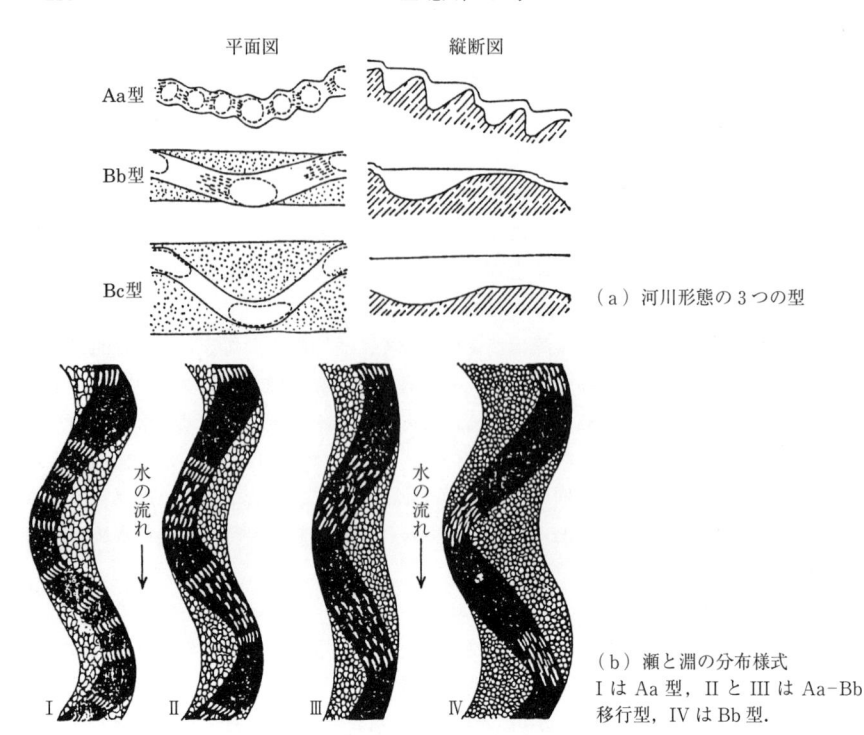

図 10.5 可児の河川分類（文献3)を改変）

(a) 河川形態の3つの型

(b) 瀬と淵の分布様式
I は Aa 型，II と III は Aa-Bb 移行型，IV は Bb 型.

河床勾配の大きな上流域に見られる．また，Bb 型は中流域に見られ，典型的には1つの蛇行区間に淵，平瀬，早瀬が1組配置される．Bc 型は，河床勾配が緩く砂泥の堆積しやすい下流域に対応している．

瀬は，流れが速く，川底に礫や岩が積み重なる．淵は，流れが遅く，砂泥や落葉が堆積している．連続していながら異なった環境である瀬や淵には，それぞれの環境に適応した生物が住んでいる．

瀬にはアユなどの遊泳力の強い魚類が流れに抗して定位し，偏平な体型をしたヒラタカゲロウ類の幼虫が石面上を自在に滑行することができ，石礫の表面に生育する珪藻類を食べている．また，礫と礫の間の隙間には，網を張り，流されてくる餌を受けとめて食べているヒゲナガカワトビケラ類やシマトビケラ類の幼虫がいる．

淵には，遊泳力の乏しいドジョウ類などが底をはい，川底の砂泥にはトンボ類の幼虫が身を潜め，モンカゲロウ類の幼虫が穴を掘って生活している．また，オオサンショウウオなどが深い淵の岩陰や穴に潜む．

10.2.5 淡水域の閉鎖性

淡水生態系は，陸と海により互いに隔離された状態にある．さらに湖沼学の先達

フォーレル（1841〜1912）はその著書『一般湖沼学』[1]（1901）の中で，湖の特徴として「湖はすべての面から閉鎖された容器ではない」としながらも，「湖は小宇宙，つまり種々の生物の生活活動が平衡状態を保つ，自足の世界である」と閉鎖的な観点を指摘している．

とりわけ，古い地質時代より隔離されて存続してきた湖（古代湖）では，陸上部の島嶼で見られるのと同様に，各湖で多様な形態，生活様式をもつ固有種が多く分化している．世界で最も古い（数千万年）とされるシベリア大陸のバイカル湖には約30種のカジカ類の魚類などが，次いで古い（数百万年）とされるアフリカ大陸のタンガニイカ湖やマラウィ（ニアサ）湖には200〜500種のシクリッド類の魚類などが生息し，いずれも大半が固有種である．琵琶湖はこれらに次ぐ古さ（約50万年）をもち，ゲンゴロウブナ，ホンモロコ，ビワコオオナマズなどの魚類，セタシジミ，イケチョウガイ，ヤマトカワニナのような貝類など，多くの固有種が生息する．

しかしながら，湖はその強い閉鎖性がゆえに，汚染物質や過剰な栄養塩が流入すると，これらの物質が湖に貯留されるため，生態系に長期間にわたって悪影響を及ぼす．

10.2.6 水域の連続性

河川に住む生物は，川がたびたび増水するという条件のもとで，それぞれの生活様式を確立し，上下流の移動をするものが多い．河川が増水すると，例えば水生昆虫の幼虫はどうしても下流へ流されるが，羽をもつ成虫が上流へ移動し，幼虫の流下を補償する．

また，一生のうちに川と海の間を回遊する魚類も多い．アユのように，淡水で生まれた稚魚がすぐに海へ下り，海でしばらく成長した後，淡水に戻って成長し産卵をするような生活様式を両側回遊という．ウナギのように，海で生まれ，淡水で成長した後に産卵のために再び海へ下る生活様式を降河回遊という．一方，サケのように淡水で生まれ，海に下って成長し，産卵のために再び淡水へ戻る生活様式を遡河回遊という．サクラマスやサツキマスも，仔魚が川を下り，かなり成長するまで海で過ごすが，これらマス類には一生海へ下らない陸封型がいて，それぞれヤマメ，アマゴと呼ばれる．

また，湖沼に住む魚類も周辺河川との間を回遊して生活しているものも多い．こうした回遊する生活様式をもつものにとって，ダムや堰などその移動の障害となるものがあると，種を維持できなくなる．

10.2.7 水域と陸域のつながり

水域に住む生物にとって，生活の場として水中環境が重要なことはもちろんだが，水域周辺のあらゆる環境が各種の存続に重要な要素になっている．

例えば，河川に住む水生昆虫では，卵から成虫までの全生活史を水中で過ごすものはむしろ少なく，トンボやカゲロウ，トビケラなど多くのものは少なくとも成虫期を陸上ですごし，川岸の樹木や草本の葉陰で休息する．これら成虫の生活にとっては，

河川の周辺の陸上環境が必要がある．また，ゲンジボタルのように水中で生活していた幼虫が水から出て，川岸の土中で蛹になるものもいる．これらにとっては，土手の土壌環境が重要である．このように水中環境のみならず，周辺の環境全体に頼っている水生昆虫は多い．

また川に住む魚では，例えば，イワナやカワムツなどの魚たちは餌のかなりの部分を陸上から落ちてくる昆虫に頼っている．つまり彼らにとっては，餌となる昆虫がたくさん住めるような川岸環境になっているかどうかが重要な条件である．コイなどは，川底の貝や水生昆虫幼虫などの底生動物を食べて生活しているが，それらの餌生物のうち，水生昆虫は一生のうちある期間は陸上環境を利用しているし，そのほかの動物でも食物連鎖を通じて間接的に陸上の生物との関係をもっている．

一方，川岸に網を張って生活しているクモ類は，川から羽化してきた水生昆虫の成虫が主な餌としている．ヤマセミやカワセミは水中へダイビングして小魚を捕り，カワガラスは水中に潜って水底の水生昆虫をあさる．キセキレイなどは，浅い岸際の石の上をめぐりながら水中の昆虫を食べたり，羽化してきた水生昆虫の成虫を捕食する．このように，水域と陸域の生物群集がつながりをもち，双方の生態系が互いに影響を及ぼしあっているので，これらの生態系は切り離して考えることができない．

〔遊磨正秀〕

文　献

1) F. A. Forel：Handbuch der Seenkunde：allgemeine Limnologie, Bibliothek geographische Handbücher, Stuttgart, 1901.
2) A. J. ホーン・C. R. ゴールドマン：陸水学，京都大学出版会，p.638, 1994.
3) 可児藤吉：渓流性昆虫の生態，可児藤吉全集，全一巻，思索社，1944.
4) 水野信彦・御勢久右衛門：河川の生態学，築地書館，p.247, 1972.
5) 西條八束：小宇宙としての湖，科学全書 45，大月書店，p.197, 1992.

10.3 海洋生態系

10.3.1 海洋生態系を構成する生物

海洋生態系（marine ecosystem）は海洋に生息する生物とそれらをとりまく環境から構成される巨大なシステムである．16万種ほどの生物が平均水深 3865 m, 容積 14 億 m^3 の生息域に 3 次元的にあまねく分布している．これらの生物は生活様式に応じて，水中で浮遊あるいは遊泳して自由に生活する漂泳生物（pelagos）と海底に住む底生生物（ベントス，benthos）とに大別される．漂泳生物のうち魚類やイカ類，哺乳類など強い遊泳力をもつ動物はネクトン（遊泳生物，nekton）と呼ばれ，回遊などかなり長い距離を能動的に移動する．一方，遊泳力をもたないか，あっても小さいために水の動きに逆らって自らの位置を保持できない生物はプランクトン（浮遊生物，

plankton)と呼ばれ，細菌プランクトン(bacterioplankton)，植物プランクトン(phytoplankton；単細胞性または群体をつくる微細藻類）および動物プランクトン（zooplankton；原生動物，クラゲ類，小型甲殻類，軟体動物などほとんどあらゆる分類群）に分けられる．プランクトンには生活史を通して浮遊生活をする終生プランクトン（holoplankton）のほかに，ネクトンやベントスの幼生期など生活史のある期間に限り定期性プランクトン（一時性プランクトン，meroplankton）として浮遊生活する種が少なくない．また，たまたま浮遊した付着性微細藻類などのような臨時性プランクトン（tychoplankton）も含まれる．エビ類，稚魚，オキアミ類などのようにやや大型の種は遊泳力がネクトンとプランクトンの中間的であるためこれらと区別してマイクロネクトン（micronekton）と呼ばれる．海面直上あるいは直下には海水中とは異なる独特の生物群が存在し，プランクトンと区別してニューストン（水表生物，neuston）と呼ばれる．

底生生物には基底の表面に生息する表在ベントス（epibenthos）と砂中や泥中など基底の内部に住む内在ベントス（endobenthos）に大別される．海底でなくても船底や橋梁など人工構造物，あるいは他の生物体などに固着あるいは付着している付着生物（attached organism）もベントスの一部である．以上の生活様式による生物の類別は便利な概念なので広く使われているが，それぞれの区別は慣用的であり厳密ではない．

10.3.2 生息環境

海洋は陸との距離が離れるにしたがって海浜域（shore region），沿岸域（neritic region），外洋域（oceanic region）に分けられる．海浜域は陸に接した海域で海岸線から水深20〜60m程度までを指す．藻場やサンゴ礁，干潟，河口域，砂浜，岩礁，内湾域など多様な水理条件や底質の環境が含まれ，水温や塩分の時空間変動が激しい．海浜域は陸からの栄養塩類の流入を直接受けるのに加え，潮流や波浪によって底層の栄養物質が巻き上げられ，一方で水深が浅いので十分な光量があるため海藻（大型藻

表10.2 海洋における生物の生産量と生物量[1]
一次生産については単位面積当たりで，動物については全球当たりで表示．重量は乾燥重量を表す．

海域	面積 (10^6 km²)	一次生産者			動物		
		生産量 P (g/m²/年)	生物量 B (kg/m²)	$P:B$ 比 (/年)	生産量 P (10^6 t/年)	生物量 B (10^6 t/m²)	$P:B$ 比 (/年)
外洋	332.0	125	0.003	42	2500	800	3.1
湧昇域	0.4	500	0.02	25	11	4	2.8
大陸棚	26.6	360	0.01	36	430	160	2.7
藻場とサンゴ礁	0.6	2500	2	1.3	36	12	3.0
入江	1.4	1500	1	1.5	48	21	2.3
海洋合計	361	152	0.01	15.2	3025	997	3.03
陸域合計	149	773	12.3	0.063	909	1005	0.90

類），海草（顕花植物）および植物プランクトンによる一次生産が極めて高い（表10.2）．富栄養化した内湾ではしばしば赤潮（red tide），すなわちプランクトンの大量発生による海面の着色現象が起こる．海浜域は埋め立てなどの人工構造物や汚染物質の流入，海面養殖など人類活動の影響を直接受ける海域である．

沿岸域は大陸棚上に相当する海域であり，海浜域に次いで一次生産が高い（表10.2）．近年，有害プランクトン，すなわち貝毒（shellfish poisoning；プランクトンにより毒化した貝を食べると原因生物の違いに応じて麻痺，下痢，記憶喪失などの症状を生じる）の原因種や赤潮発生により漁業被害をもたらす種の分布域が海浜域や沿岸域で拡大しており，原因究明や防除などが全球的な問題となっている．

水深約 200 m の大陸棚縁辺部より沖合の外洋域は全海洋面積の 92%，全容積の 99% を占め，陸からの物質流入の影響が少ない海域である．漂泳区は鉛直的に海面から水深 200 m までを表層域(epipelagic zone)，200〜1000 m を中層域(mesopelagic zone)，1000〜4000 m を漸深層域(bathypelagic zone)，4000〜6000 m を深層域(abyssopelagic zone)，それ以深を超深層域（hadalpelagic zone）に分けられる．底生区では浅いほうから潮間帯（littoral zone，低潮線まで），亜沿岸帯（sublittoral zone，陸棚外縁部まであるいは水深 200 m まで），漸深海底帯(bathyal zone，4000 m まで)，深海底帯（abyssal zone，6000 m まで），超深海底帯（hadal zone，6000 m 以深）に分けられる．光は水中で急激に減衰するため，太陽光を利用した有機物生産，すなわち一次生産（基礎生産，primary production）は表層域に限られる．光合成生産に十分な光量が到達する層を真光層（euphotic zone，有光層ともいう）と呼ぶ．その下限は表面光量の 1〜0.1% が到達する深さであり，植物プランクトン量やそのほかの懸濁物質量，溶存物質濃度が低いほど深くなり，最大で 150 m 程度である．有機物生産に注目すると真光層は生産層（production layer）と言い換えることができ，それ以深はもっぱら有機物の消費と分解が進むため分解層（reproduction layer）となる．同様の層分けは海浜域や沿岸域でも適用されるが外洋域に比べて透明度が低いので真光層ははるかに浅い．海浜域は浅いので海底まで真光層である場合が多いが，赤潮の発生した内湾域では水深 1 m に満たないことがある．

中層域にも生物が検知できる程度の可視光は到達し，その下限は 600〜1000 m 程度である．その深さまでを真光層の別名と紛らわしいが有光層（photic zone）と呼ぶ．有光層ではエビ類や魚類など発光性の種が多く生息しており，同種間あるいは異種間の情報伝達手段として光を利用している．それよりも深くなると無光層(aphotic zone) となり生物にとって光のない世界が海底まで続く．光以外に鉛直的に大きく変化する環境要因として水温と水圧があげられる．圧力は 10 m ごとに約 1 気圧ずつ一様に増加するが，水温の変化は一様ではない．一般に表層ほど暖かく水深とともに低下するが，表層域に位置する季節的水温躍層（seasonal thermocline）と中層域に位置する永久水温躍層（permanent thermocline）で急激に低下し，水深 1000 m 以

深では 3～4℃ 以下の低温の世界が広がっている．

大洋底の拡大域など地殻活動が活発な海域では海底から熱水が噴出し，それに含まれる硫化水素を利用した化学合成によって有機物を生産する細菌が増殖する．これを一次生産者として光エネルギーによらない独特の生物群集が存在する．ハオリムシ類やシロウリガイ類はこれらの細菌を共生させて熱水噴出口（hydrothermal vent）付近に高い生物量を維持している．また，海底から冷湧水が発生する付近にも類似の生物群集が存在する．

このように海洋には多様な環境が存在し，それぞれに応じて多くのサブシステムが存在する．生物の生活様式から浮遊生態系，漂泳生態系，底生生態系などが区別され，生息域から内湾生態系，海浜生態系，岩礁生態系，干潟生態系，藻場生態系，沿岸生態系，表層生態系，中層生態系，深層生態系など，水温からは熱帯生態系，亜熱帯生態系，亜寒帯生態系，極域生態系などが区別される．また生物活動に強い影響を及ぼす物理現象として海水が深いところから浅いところへ上昇する湧昇（upwelling）が起こる海域には下層から豊富な栄養物質が供給されるため独特の生物群集が形成されるので湧昇生態系として区別される．さらに生物地理学視点から海域を分けた生態系区分が提案されている[1]．各生態系はサブシステムとして特徴的な群集組成をもち，物質循環系あるいはエネルギー流系として機能し，全体として海洋生態系という巨大なシステムを形成している．

10.3.3 生 物 生 産

海洋生態系を構成しているすべての生物は一次生産者に由来する有機物に依存しており，一次生産力の大小は生態系全体の生産力を規定する．全球的な一次生産力の分布は一般に外洋で小さく沿岸域で高い（表 10.2）．単位面積当たりでみると藻場とサンゴ礁および入江が高く，湧昇海域，沿岸域がこれに続き，外洋域では低い．入江や藻場，サンゴ礁などの海浜域では海草や海藻が繁茂し重要な一次生産者であるが，大陸棚，湧昇域および外洋域では植物プランクトンが一次生産を担っている．外洋域は面積が広いため海洋全体の有機物生産量に占める割合は高く，湧昇域および大陸棚をあわせると，植物プランクトンによる一次生産は海洋全体の 9 割以上を占める．熱水噴出口などの化学合成細菌による一次生産量は局所的には重要であるが，海洋全体としては極めて小さい．海域による一次生産力の違いを規定している主要因は，下層から，あるいは水平方向から真光層への硝酸塩，アンモニウム塩，リン酸塩，ケイ酸塩などの栄養塩類（nutrient salts）や鉄などの供給の大きさであり，熱帯・亜熱帯外洋域では欠乏傾向にある．鉄などの微量金属はチリなどの大気からの降下物としての供給が重要である．

表 10.2 には一次生産力を生物量で割った回転率（$P:B$ 比）が示されている．これは年間の生物量の入れ替わり回数で，世代交代やそれにともなう物質の回転速度（turnover rate）の目安となる．海洋全体の平均は 15.2 で陸上の 241 倍である．特

に外洋域や湧昇域，大陸棚では$P:B$比が高い．これらの海域では植物プランクトンが一次生産を担っており，一方，藻場や入江など海草や海藻が主な一次生産者である海域では$P:B$比が低い．なぜ植物プランクトンの生産では$P:B$比が高いのであろうか．これは水という媒質に生息する生物の特質に負うところが大きい．すなわち，光合成生物は光を得るために表層付近に浮遊していなければならないが，水中では小さい個体ほど浮遊しやすく，大きな個体は沈降しやすい．このため植物プランクトンは必然的に細胞サイズが小さい．生物は個体サイズが小さいほど世代時間（generation time）が短い傾向があるので植物プランクトンの$P:B$比は大型藻類や陸上植物と比べるとはるかに大きいことになる．さらに植食者や肉食者の個体サイズは，漂泳生態系では「大が小を食う」連鎖が一般的であるため食物連鎖（food chain）の低次から高次の段階に向かうほど大きくなる（図10.6）．結果として低次の栄養段階ほど世代交代が速く，高次ほど遅いことになる．この食物連鎖における個体サイズと世代時間の関係は，陸上の草や木など比較的大型の一次生産者がより小型の草食者に食べられるような食物連鎖とは大きく異なっており漂泳生態系の大きな特徴である．一次生産者の高い$P:B$比はそれを餌とする動物についても高い$P:B$比となって現れ，平均すると海洋動物では陸上動物の約3倍である（表10.2）．このように高い$P:B$比は少ない生物量で大きな生産を上げていることを示しており，漂泳生態系の生物資源の更新力が高いと言い換えることができる．漁獲漁業は資源のもつ再生力の強さに依存した産業といえる．

10.3.4 物質循環

図10.6には生きている生物体相互の「食う-食われるの関係」である生食連鎖（grazing food chain）を構成する生物の個体サイズと世代時間の関係が示されているが，このほかに生物体の死骸やその破片，排出物およびそれらの分解物などの有機物粒子（デ

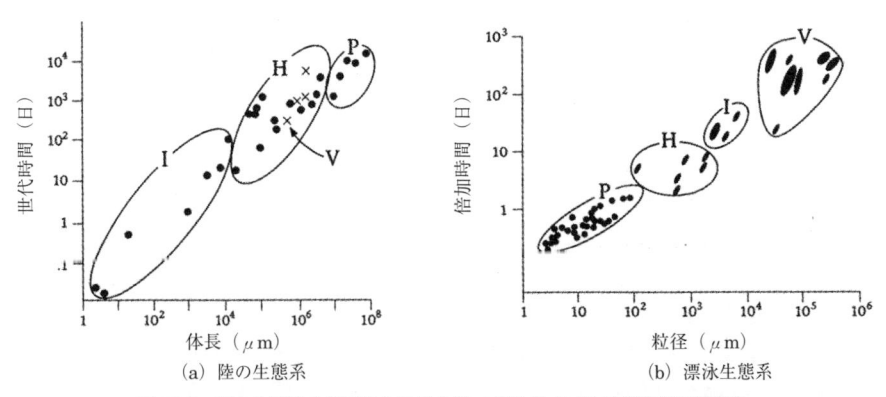

図10.6 陸上と漂泳生態系における生物の個体サイズと世代時間の関係[3]
P：植物プランクトン，H：植食者，I：無脊椎動物（主に肉食者），V：脊椎動物．

トリタス，detritus）を食う腐食連鎖（detritus food chain）も重要な経路である．一方，海水中にはさまざまな有機物が大量に溶けており，その炭素量は生物体を含めた全懸濁態（粒子状）有機炭素量の30～50倍程度である．そのほとんどはフミン酸などの難分解性物質であるが，一部は植物プランクトンからの細胞外滲出や動物プランクトンの摂餌にともなう漏出（sloppy feeding）などによって海水中に供給されるアミノ酸やペプチドなど比較的低分子の有機物である．従属栄養性の細菌はこのような溶存有機物を取り込んで増殖し，細菌は鞭毛虫など従属栄養性の原生動物に食われる．この経路は，そのままでは他の生物が利用できない溶存有機物を細菌という粒子に変えることで食物連鎖に組み込む機能を果たしており，微生物ループ（microbial loop）と呼ばれる．このような溶存有機物の濃度は低いが，供給とともに速やかに消費されるためである．

　真光層で生産された有機物はどのようにして中深層の従属栄養生物（heterotroph）に分配されるのであろうか．これには主に食物連鎖と粒子の沈降の2経路がある．動物プランクトンやマイクロネクトンの多くは昼間下層にいて夜間上層に移動する日周鉛直移動（diel vertical migration）を行う．生息深度の異なる動物の鉛直移動範囲が重なって，上層の動物が下層の動物に捕食されることが順次起こると有機物が深層に運ばれることになる．もう一つの経路である粒子の沈降では生物の死骸や糞粒，マリンスノーなど大型の粒子が重要である．サイズが小さいため沈降しにくい植物プランクトンは植食者に食われることによって糞粒という大型粒子になって1日当たり数十～数百mの速度で急速に下層に沈降する．また，表層で植物プランクトンが大量に発生すると，それが直接深層に沈降することも知られている．

　光合成により生産された有機物の大半は表層内で植物プランクトン自身や従属栄養者の呼吸によって無機化されるが，一部は上述のように中深層に輸送される．海面では下層へ向かう有機炭素量に見合う量の二酸化炭素が大気から補給されることになり，結果として光合成から出発する一連の生物過程によって大気中の二酸化炭素が深層へと輸送される．炭酸カルシウムの殻をつくる生物の死骸の沈降も含めて海面から深層への炭素の輸送を担う生物の活動全体を総称して生物ポンプ（biological pump）という．海洋は年間2Gtの炭素を大気から吸収するが，物理的化学的な吸収に加えて生物ポンプによる二酸化炭素の吸収量の評価が現在の大きな課題となっている．

〔古　谷　　　研〕

文　献

1) A. L. Longhurst：Ecological Geography of the Sea, pp.398, Academic Press, 1996
2) R. H. Whittaker and G.E. Likens ed.：*Human Ecology*, **1**, 299–369, 1973.
3) J. H. Steele：Ecological Time Series（T.M. Powell and J.H. Steele eds.）, p.10, 1995.

10.4 水辺の生物の保全

10.4.1 「保全」とはメタ個体群存続の保障

　生物多様性の保全は，遺伝子，種（個体群），生態系，景観という生物学的階層のそれぞれにおいて追求すべき目標とされているが，遺伝子のレベルから個体群のレベルまでの生物学的階層における生物多様性の保全の実践的な目標は，それぞれの種の内部に明瞭に認められる地域メタ個体群を絶滅させないことである[1]．地域メタ個体群は，系統進化的な視点からは「生物学的種」と言い換えることもできる．すなわち，生態的タイムスケールにおいて遺伝子プールを共有する個体の集合を意味する．メタ個体群という概念は，個体の空間的な位置が重要な生態的特性であることを理論化したものである．すなわち，遺伝子プールを共有する個体がそれぞれの間の生物学的関係において均等ではなく，それぞれが占める空間的な位置に大きく依存すること，その依存関係は空間構造を反映して階層性をもつことなどが込められた概念である．メタ個体群の構造は，個体群内の個体の空間的な配置に依存した遺伝子流動を規定し，種内の遺伝的変異のあり方を強く支配する．

　一般に，野生の生物の個体群では，個体は空間的に不連続な分布を示す．その不連続な空間構造は，生息・生育可能なサイトが不連続に分布すること，あるいは生物の移動能力，分散力には限りがあり，移入した地点からゆっくりとまわりに広がっていくことなどによって生じたものである．固着性で個体が自由に移動することのない植物では，特にその傾向が顕著である．

　近隣にまとまって生育している個体の集まりを個体群の最小単位として扱い，局所個体群と呼ぶ．局所個体群のなかでは，配偶，あるいは親子関係という形での個体の結びつきが強く，遺伝子の交流が頻繁に起こっている．局所個体群とその近くに存在する別の局所個体群との間では，たまに配偶が起こったり，個体が移動することにより，ときどき遺伝子の交流が起こるが，その頻度は，局所個体群の内部での交流に比べれば小さい．そのような，いわばやや弱い相互作用で結ばれている局所個体群の集まりを局所個体群の上位集団と考える．その上位集団が，さらにまれな遺伝子の交流を通じて他の上位集団と結ばれていることもある．そのように，個体間の相互作用の強弱に応じて，何階層かにわたる上位グループ群が認識できる．その階層的な個体群の集合における最上位の個体群グループがメタ個体である．つまり，メタ個体群は，個体間，個体グループ間の遺伝子や個体の交換という形の相互作用の及ぶ範囲，すなわち共通の遺伝子プールを認識できる範囲であるということができる．

　水辺は，環境の不均一性が大きく，また攪乱の影響を頻繁に受けることから，通常，そこに生息・生育する生物は，局所個体群の新生，絶滅が短いサイクルで生起するダイナミックなメタ個体群を構成している．

局所個体群の新生と絶滅の過程であるメタ個体群のダイナミクスは，メタ個体群の存続や遺伝的変異性だけでなく，生物間相互作用によって互いにかかわりあう複数の種の共存や進化にも重大な影響を及ぼす．その意味でも，メタ個体群のダイナミクスは生物保全に関して特別な意味をもつと考えられている．

メタ個体群ダイナミクスに関する最も単純なモデルでは，生育場所が多数のパッチ（小区画）に分かれており，それらが局所個体群に占められているか，あるいは空いた状態にあるか2つの状態のいずれかをとるとするものである．ある時点で局所個体群によって占有されているパッチの割合を p，ある時間内にいずれかの局所個体群からの移入個体によって空きパッチが新たに占有される確率を m，あるパッチを占有している局所個体群が絶滅によって消失する確率を e とすると，p の経時変化は次式で表すことができる．

$$\frac{dp}{dt} = mp(1-p) - ep$$

このモデルからの帰結は極めて単純明快である．メタ個体群が存続するためには，$m > e$，すなわち現存局所個体群当たりの新局所個体群の新生確率がその絶滅確率を上回っていなければならないということと，メタ個体群としての安定な平衡状態は，潜在的に利用可能なパッチのうち $p = 1 - e/m$ が局所個体群によって占有されている状態であるということである．現在では，メタ個体群のさまざまな特性について，より現実に即した，という意味ではやや複雑な現象をも取り入れた多様なモデルが開発されつつあるが，水辺の生物の保護を考えるときの基本的な指針を得るためにはこのような単純なモデルに基づく理解で十分であるといえる．すなわち，多くの生物が一時的な局所個体群の集合としてのメタ個体群を構成している水辺では，その保全は，局所個体群の新生率を高めること，あるいは絶滅率を低下させること（局所個体群の平均寿命を長くすることと言い換えることもできる）のいずれかによって達成できるということである．

10.4.2 絶滅を防ぐためには

次に，メタ個体群の存続を大きく支配する局所個体群の絶滅，あるいはメタ個体群をその内部構造を問わずに1つの個体群と考えたときの絶滅可能性について考えてみよう．

どのような生物にも当てはまる原理は，個体数の少ない「小さな個体群」は，偶然の効果で絶滅しやすいということである[2]．そのような小さな個体群の危険性，つまり個体群の絶滅可能性についてのモデルシミュレーションを用いた分析が，個体群生存可能性分析（PVA）である．それは，分析対象とする個体群が将来の任意の期間にわたって存続する可能性あるいはその裏返しとして絶滅する可能性を予測するものである．PVAでは，偶然性＝確率的な変動性を十分に考慮したシミュレーションが行われる．その際に考慮すべき4種類の確率的な変動性は，次のようなものである．

① 環境確率変動性：物理的・生物的環境の変動は，適応度（成分）の平均値を変化させ，絶滅を引き起こす可能性がある．適応度に影響を及ぼすさまざまな環境要因が影響を与えるが，実際の分析においては，これを操作的にとらえて，同一個体群の個体群動態パラメータの時間変動（分散）によってその大きさを評価する．

② 天災：山火事，洪水，地震，台風など，個体群全体の運命に大きな影響を与える事象である．極端な環境変動性ととらえることもできるが，まれな事象のため，十分な標本抽出によってその効果を分析することができないため予測が難しいという点で①とは異なる．

③ 個体群統計確率変動性：標本抽出効果の一種であり，集団の平均的な適応度や繁殖成功度の安定性にもかかわらず，特定の個体が生存や繁殖に成功するか否かは偶然性の支配を受けるということに由来する変動性である．50個体以下の小さな個体群では，この効果が顕在化するが，実際にこれだけが原因となって絶滅が起こることはないと考えられている．

④ 遺伝的確率変動性：集団が小さい場合には遺伝的浮動による遺伝子頻度の偏りや近交弱勢が個体群の運命に大きな影響を及ぼす可能性がある．有効な個体群の大きさが100個体以下の個体群では，対立遺伝子頻度は，遺伝的浮動により，大きな予測不能の変動を示す．

小さな個体群は，偶然の効果によって絶滅する危険性が極めて大きいため，絶滅を防ぐためには個体数の少ない状態になるのを避けることが実践的な課題となる．個体群の大きさを維持するためには，当然のことながら個体の誕生率が死亡率を下回らないようにすればよい．したがって，その環境のもとでの個体群統計学的な調査に基づき，個体数の変動に大きな効果をもたらしている生活史段階を明らかにし，死亡率を抑え，あるいは繁殖成功度を高めるような対策を考えることが必要である．特に後者，すなわち，健全な繁殖，更新を保障するような環境条件が保障されているかどうかが，多くの水辺の生物の保護にとっても鍵となる．

10.4.3 水辺のエコトーンと生息・生育条件の保障

水辺という環境を考えた場合，そこで生活する動植物の保護にとって最も重要な生息・生育の条件がエコトーンの環境条件の維持である[3]．

水辺は，水と陸の2つの生態系の出会う場所である．水と陸とでは，生物が暮らす場としての無生物的環境が非常に大きく異なる．自然の水辺には，その2つの異質な環境を緩やかな環境勾配でつなぐ移行帯（エコトーン）が存在する．水辺のエコトーンにおいては，水深が深い方向に向かって，ヨシ，ガマ，マコモなど，植物体の一部が水面より高い空中に出る抽水植物，アサザ，ヒツジグサ，ヒシなど，水中にのみ茎があり水面に葉を浮かせる浮葉植物，クロモ，エビモ，オオカナダモなど植物体全体を水中に沈めて生活する沈水植物が見られる．それらの水草はいずれも水底に根を下ろしている．ウキクサ，ホテイアオイ，ノタヌキモなど，根が水底に固定されず浮遊

する浮遊植物以外のこれらの水草は，その生育が水深に大きく依存する．

そのため，さらに陸側に見られる湿性植物群落を含めると，水辺には水から陸へと次第に植物の種類が移り変わる植物の多様性の高い植生帯が成立する．自然の水辺の植生帯に見られる水草は，気候帯やその水系の地史的な由来，過去と現在のヒトによる干渉，水質などの条件の違いに応じて，それぞれの陸水系に特有な水草が生育する．また，水位の変動にともない，それぞれの場所の環境が変化するので，多くの水辺の生物は，一時的な局所個体群の集合としてのメタ個体群構造をつくって存続している．

特定の動物は，特定の範囲の植物を餌，さらには生活や繁殖に必要な構造や資材として利用するため，植生帯の保護は生息環境の保障を通じて動物の保護の前提ともなる．

空間的な環境の勾配に加えて，水位が季節に応じて緩やかに変化することも水辺の移行帯の特徴である．水辺の植物も動物もそのような自然の季節的な水位変化にその生活史をみごとに適応させている．ところが，今では日本の多くの湖沼から移行帯としての水辺の植生の成立と維持に欠かせない空間的にも時間的にも「緩やかな環境勾配」が失われた．利水や治水のための護岸工事と自然の季節変動とはかけ離れた人工的水位操作がその原因である．日本に自生する水草の1/3が絶滅危惧植物となっているという凄まじい状況の主要な理由は，水辺のエコトーンの喪失である．

かつて水辺のエコトーンで生活していた動植物が消えたことは，単に生物多様性の衰退を意味するだけではない．その喪失とともに，水から陸へと過剰な栄養を戻す機能を担っていた多様な生物の連携プレーが失われ，湖沼の自浄作用が大きく損なわれたとみなければならない．水草が水から栄養塩を吸収して旺盛に成長し，その水草を虫が食べ，その虫あるいは水草を直接鳥が食べて，その鳥が陸で糞をしたり他の鳥獣の餌になる，そんな当たり前の生き物の営みの連鎖が失われれば，当然のことながら陸水生態系の健全性は失われることになる．

10.4.4 外来生物が脅かす存続

さらに，生物学的侵入，すなわち本来その地域に生息していなかった生物が何らかの人為によってもたらされて野生化することが水辺の在来の生物に与えている影響も見逃すことができない．生態系というシステムは，その要素となっている種だけでなく，それらの間の膨大な生物間相互作用がシステムの構造や機能を決めるうえで重要な役割を果たしている．自然の生態系では，長い年月をかけて，構成種それぞれが互いに淘汰圧として影響を及ぼしながら進化することによって生物間相互作用のネットワークが発達しており，特定の環境のもとでは比較的安定な平衡が保たれている．ところが侵入生物は，進化の篩にかかっていない新たな生物間相互作用を，先住の在来生物との間に突如としてつくり出す．それは，時として，在来生物を絶滅に導くような不安定な関係となる．侵入生物が優位に立つ競争関係，捕食-被食関係，寄主-寄生者（病原生物）関係などが，在来種の絶滅の危険を高める[4]．

すでにわが国の水辺には多様な外来種が野生化しており，そのなかには，アメリカザリガニ，スクミリンゴガイ，オオクチバス，ブルーギルなど，在来生物の保護上の大きな問題を引き起こしているものも少なくない．新たな外来種の侵入を許さず，侵入が認められた場合には初期のうちに根絶し，さらにすでに定着した外来種についてもその影響を抑制するための駆除を行うなど，外来種の管理を積極的に行うことなしには，もはや水辺の生物を保護したり，生態系の健全性を保つことができない事態となっている．

〔鷲谷いづみ〕

文　献

1) 鷲谷いづみ・矢原徹一：保全生態学入門，pp.144-148，文一総合出版，1996.
2) 鷲谷いづみ：生物保全の生態学，pp.95-120，共立出版，1999.
3) 鷲谷いづみ：よみがえれアサザ咲く水辺——霞ヶ浦からの挑戦（鷲谷いづみ・飯島　博編），pp.72-78，文一総合出版，1999.
4) 鷲谷いづみ：生物保全の生態学，pp.48-57，共立出版，1999.

10.5　森林と水環境

10.5.1　森林と環境

「森林」のイメージは人それぞれに異なるが，一般には「樹木の密生したところ」，森林科学や林業では「林地と林木の総称」と定義されている．生態学的には，「樹木を中心とした，陸域で最も規模が大きく，複雑な生態系である」ということができる．

森林は「植生」の一様式であるので，地質・地形，気候とともに「自然環境」を構成する一要素である．そして，10.1節で述べたように，自然環境，特に気候の影響を受けて森林のタイプが決まる．

一方で，森林の劣化や消失が洪水や土砂災害を引き起こし，地球の温暖化の原因の1つにあげられているように，森林は自然環境に大きな影響を及ぼす．その理由は，以下のような森林生態系の特徴に起因している．すなわち，①緑色植物による光合成生産を基本として，食物連鎖，共生と競争のバランス，自己施肥機能，自己制御性などをもつ「自立した系」である．②陸上に巨大な空間を占有し，多量の生物を収容しうるとともに，独特の森林環境を形成している．③水循環，その他の物質循環，それらを支えるエネルギー移動・変換など，森林の内外をめぐる多彩な循環が存在する．

このうち，②の特徴は，森林が，「強靭な維管束系によって支えられている，巨大な物理構造をもつ永年性の緑色植物」であるという基本的特性をもつ「樹木」の集団であることにより発揮されている特徴であり，③の特徴を考慮すると，植生のなかでも森林は，特に外部の自然環境や人間生活に及ぼす影響が大きい存在であるといえる．

10.5 森林と水環境

森林が人間に及ぼす影響のうち，人間社会にとって都合のよいものは「森林の社会的機能」あるいは「森林の多面的機能」と呼ばれる．農林水産大臣の諮問を受けて森林の多面的機能を総合的に議論した日本学術会議の答申文（2001）によれば，森林の多面的機能は，①生物多様性保全機能，②地球環境保全機能，③土砂災害防止機能/土壌保全機能，④水源涵養機能，⑤快適環境形成機能，⑥保健・レクリエーション機能，⑦文化機能，⑧物質生産機能に分類される．

このうち，①は，通常，森林が遺伝子レベル，種レベル，生態系レベルなど，各種のレベルの生物多様性を維持する機能をいうが，4億年を超える陸域生態系の進化の結果として生まれた人類の「ふるさと」である森林が生物多様性を維持することは，生物進化の歴史を踏まえて現存する生物（人類を含む）を，その環境も含めて維持し，その将来を保障するという「根源的な意味」をもっている．そして，多様性の各種のレベルのなかでも，生態系レベルの多様性は水環境（水分条件）の多様性によって発現することが多い．特に，水辺に近い森林は，水辺から離れて存在している森林に比べて豊かな生物種をもち，種レベルの多様性に富んだ貴重な森林といえる（10.5.2項参照）．

一方，②，③，④，⑤は森林の環境保全機能（狭義）と総称されるもので，いずれも森林が自然環境の構成要素として機能していることから発揮される物理的機能であり，人類の生命・財産，生活の維持に必要な本質的機能といえる．特に，④の水源涵養機能は，通常，森林が水循環にかかわる地域（流域）環境の構成要素として機能した結果発揮されるもので，森林が「緑のダム」と呼ばれるゆえんである（10.5.3項参照）．また，地球規模の水循環に及ぼす森林の影響は，「地球気候システムを安定させる機能」として②の地球環境保全機能の一部を担っている（10.5.4項参照）．さらに，④の土砂災害防止/土壌保全機能（17.5節および17.6節参照）や気候緩和機能（⑤の一部）も水と関わりをもつ森林の環境保全機能である．

なお，⑥および⑦は日本人の「こころ」にかかわる森林の機能であり，特に⑦の文化機能は，かつて森の民であった日本人の歴史性・民族性を形成した，もう1つの根源的機能と位置づけられている．さらに，木材生産に代表される⑧の物質生産機能は，環境保全機能などとトレードオフの関係にある「異質の原理」に基づく機能と総括されている．

10.5.2 水辺の森林

世界の森林は気候条件（降水量と気温）によっていろいろなタイプに分類されるが，同じタイプの森林であっても，当該森林の立地条件（地形，地質，水分条件など）によってその種・個体群の種類や組成は異なる．例えば，石灰岩や蛇紋岩の地域にはそれぞれ特異な種が出現するし，尾根や谷，あるいは斜面の部位によって種構成は異なる（地形条件によって種構成が異なる主な原因は，その水分条件が異なるからである）．

特に，河畔，渓畔，湖畔などの水辺に生育する森林は，頻繁に起こる地形的攪乱や水域生態系との相互作用などにより，水辺から離れて存在している通常の森林に比べて種数も多く，また多湿を好む種が存在するなど，多様性豊かな森林を形成している．そのため，優れた景観を有するとともに，水域生態系の保全にも役立っている．したがって，水辺林の保全は多くの人々の関心の的となっている．

a. 水辺林の種類・構成樹種

水辺林は，その成育する水環境の相違によって，① 山間の渓流周辺の狭い氾濫原（土石流や掃流土砂によって形成された低い段丘や砂礫堆）や崖錐上に発達する渓畔林，② 山地河川の広い氾濫原や扇状地（掃流土砂の堆積地），平地河川の氾濫原（高水敷）に発達する河畔林，③ 湖沼の周辺や湿地に発達する湿地林に区分される．このうち，前2者は洪水などによる突発的な土砂移動と密接な関係があるが，湿地林は長期的な湖沼の（細粒土砂による）地形変化の影響を受ける．

日本で水辺林が比較的多く残されている北海道地方・東北地方・中部山岳地方などを例にとると，山地渓畔林を構成する代表樹種としては，トチノキ，カツラ，サワグルミなどがあげられるほか，場所によってはオヒョウ，シオジなどが混じる．山地河畔林や扇状地上では，ハルニレ，ドロノキ，オオバヤナギ，オノエヤナギ，ケショウヤナギなどが代表樹種となる．また，平野の河畔林では，ネコヤナギ，カワヤナギ，アカメヤナギなどの各種ヤナギ類が主役となる．さらに，湿地林はハンノキ，ヤチダモなど嫌気的環境に耐性をもつ樹種で構成される．

なお，関東以西の平地河川には人工の河畔林ともいえる水害防備林が存在する．山梨県笛吹川の万力林や徳島県吉野川の水害防備林が有名で，竹林やマツ林，ケヤキ林が多い．

b. 水辺林の構造と機能

水辺林が多く残されている渓流や山地河川，扇状地河川では，砂礫堆，土石流段丘，掃流段丘，崖錐などの上に，その地形の成立年代に対応した樹齢をもつ一斉林として，かつ，それぞれは流路に沿って細長く，列状に存在している．したがって，河川全体としては多様な林齢の林分（群落）がパッチ状あるいはモザイク状に存在する．それぞれの林分の特徴は流路からの距離や高さの影響を強く受ける．砂礫堆上や河岸近傍では，先駆性の広葉樹が中心の，若齢で樹種数の少ない一斉林となる．流路から離れるにしたがって，成立年代の古い，したがって高齢で樹種数の多い林分となり，時には針葉樹が混交している．当然のことながらこれらの河畔林の更新は，河川の大規模な土砂移動，つまり，流路の変動によることが多い．

水辺林は河川や湖沼の地形，土砂移動，水質等に影響を及ぼすばかりでなく，そこでの生態系に極めて重要な影響を及ぼしている．例えば，水生昆虫や魚に対しては，① 水面を樹冠で覆うことにより日射をさえぎり水温の上昇を抑える，あるいは藻類の繁茂を抑える．② 落葉や落下昆虫が水生昆虫や魚の餌になる．③ 倒流木は淵や滝

を形成し，魚類や両生類の生息場所構造を多様にする．また，④斜面からの濁水を濾過し，水質浄化に役立つ．さらに，近年は水辺林の存在が沿岸の生態系を保全している役割も注目されている．

c. 水辺林の保全

近年，水辺林の保全は，景観の保全の面や森林の生物多様性保全の面ばかりでなく，水域生態系の保全に関しても不可欠であることがわかってきて，森林・自然環境保全上の重要な課題となっている．すなわち，水辺域（ライパリアンゾーン）全体の保全が必要であり，その際，水域と陸域の各種相互作用や河床間隙水域（ハイポレイックゾーン）での水の移動，さらには，ある程度の土砂移動や地形変動さえも許容する保全が不可欠であることがわかってきた．

しかるに，従来の河川や渓流の管理は治水・利水を重視した管理であり，水辺林や水域生態系の保全は二の次であった．昭和時代の末期になって，ようやく環境の保全を重視した河川管理が始まり，近自然河川工法や多自然型川づくり，ビオトープ造成事業などが本格化したが，河畔林・渓畔林の保全はいまだ十分ではない．今後，水辺域全体の構造や機能の解明をいっそう進めるとともに，水辺林や水域生態系の保全を含む自然生態系の保全と従来の治水・利水を調和させた，新しい河川事業/砂防事業/治山事業の実行が強く望まれる．

10.5.3 森林の水源涵養機能[3〜5]

a. 森林と水循環

陸域における水循環を降水過程，流出過程，蒸発過程に大別すると，森林は主に流出過程と蒸発過程に影響する．すなわち，降雨は森林の樹冠に遮断され，一部は樹冠遮断蒸発として大気中に戻る．樹冠を通過した降雨や樹幹流は地表に達し，健全な森林では落葉落枝層を通過してほぼ全量が森林土壌内に浸透する．地中に浸透した水は大雨のときは主に浅い地中流として，降雨後は主に地下水流として河川に流出し，最終的には海洋に到達する．一方，晴天時には主に樹木の蒸散作用によって，土壌中の水が大気中に蒸発する．なお，大陸に見られる数十万 km^2 を超える森林地帯の存在は大気大循環に影響を及ぼし，このような場合には降水過程にも影響する（10.5.4項参照）．

このように，森林は，主に森林土壌の働きにより雨水を地中に浸透させ，ゆっくりと流出させる．そのため，洪水を緩和するとともに川の流量を安定させる．また，森林から流出する水は濁りが少なく，適度にミネラルを含み，中性に近い．このように，森林の存在が川の流量や水質を人間社会にとって都合がよいように変えてくれる働きを森林の水源涵養機能という．水保全機能とも呼ばれる．広義の森林の水源涵養機能は，通常，洪水緩和機能，水資源貯留機能/水量調節機能（以前は渇水緩和機能と呼ばれていた），水質浄化機能などのサブ機能に分類されている．

b. 洪水緩和機能

洪水緩和機能は，森林が洪水流出ハイドログラフのピーク流量を減少させ，ピーク流量発生までの時間を遅らせ，さらには減水部を緩やかにする機能であり，主に雨水が森林土壌中に浸透し，地中流となって流出することによって発現する．すなわち，森林がない場合に比べ，山地斜面に降った雨が河川に流出するまでの時間を遅らせる作用である．しかしながら，大規模な洪水では，洪水がピークに達する前に流域が流出に関して飽和に近い状態になるので，このような場合，ピーク流量の低減効果は大きくは期待できない．

c. 水資源貯留機能

水資源貯留機能は，上述の機能を水利用の観点から評価したもので，無降雨日に河川流量が比較的多く確保される機能，言い換えれば，森林があることによって安定した河川流量が得られる機能である．一般に，わが国の河川は急流であり，貯水ダムの容量も小さい．このため，洪水流量の大部分は短時間に海まで流出する．そこで，森林が流出を遅らせることは，無効流量（海に捨てている水）を減少させ，利用可能な水量を増加させることを意味し，水資源確保上有利となる．

上述の2つの機能は，森林流域からの流出と森林が消失した荒廃流域（代替流域として都市流域が用いられる）からの流出を比較したとき明瞭に示され，森林を「緑のダム」と称する根拠となっている．しかし，流況曲線上の渇水流量に近い流況では（すなわち，無降雨日が長く続くと），地域の気候条件や先行する降水量にもよるが，河川流量がかえって減少する場合がある．このようなことが起こるのは，森林の樹冠部の蒸発散作用により，森林自身がかなりの水を消費するからである．

以下に，森林の取り扱いが河川の流出形態を変化させる作用に関して重要な点を列記する．

① 森林を伐採しても，地表面が撹乱されなければ，洪水ハイドログラフの形は大きくは変化しない．すなわち，皆伐直後であっても，雨水が森林土壌中に浸透する状態であれば，ピーク流量や直接流出量はあまり変化しない．森林の洪水緩和機能は，主に森林土壌が雨水を地中に浸透させる働きによるからである．

② 世界中のどんなタイプの森林でも，流域の森林を伐採すると，河川の年流出量は増加する．つまり，森林は水を消費する．また，その増加量は森林の伐採率に比例する．

③ 同一の気候条件では，広葉樹林より針葉樹林のほうが，伐採による年流出量の増加量は大きい．つまり，針葉樹林は広葉樹林より水を多く消費する．

④ 森林の成長により，流況曲線上の豊水流量や平水流量で日流量が増加するが，渇水流量近傍では日流量が減少する場合も観測されている．

d. 水質浄化機能

一方，水質浄化機能は，森林を通過する雨水の水質が改善され，あるいは清澄なま

ま維持される機能である．これらは，森林土壌層での汚濁物質濾過，土壌の緩衝作用，土壌鉱物の化学的風化，飽和帯での脱窒作用，さらには A_0 層（落葉落枝およびその腐食層）や林床植生の表面侵食防止機能等によって達成される．

e. 森林の水源涵養機能を理解するためのポイント

以上のような森林の水源涵養機能の仕組みは，森林の働きを森林土壌の働きと樹冠部の働きに分離してみると理解しやすい．また，降雨が河川に流出するまでには地形条件や地質条件，あるいは気候条件などの影響を受ける．それらを森林の作用と誤解しないように注意する必要がある．さらに，森林は水を生み出すわけではないこと，渇水流量が減少する場合もあること，しかしながら，水資源確保上有利であることなど，一見矛盾する事実を含めて，森林の水源涵養機能を正しく理解することが必要である．結局，私たちが知っている森林の水源涵養機能は，降水量が多く，急流河川の多い日本の自然条件下，河川流量の 20% 程度を利用している日本の社会条件下でとくに有効な機能といえる．

10.5.4 森林と気候システム

森林の樹冠はアルベド（日射の平均の反射率）が小さいので，他の土地利用より多くのエネルギーを吸収するが，一方で蒸発散作用を活発に行って潜熱として消費するエネルギーを増加させるので，結果的には湿潤な夏の気温を低下させる機能がある．また，乾燥した冬にはエネルギーを顕熱として消費せざるをえず，逆に気温を上昇させる可能性が指摘されている（この意味で北方林は気温を上昇させる）．このように，森林には気温を緩和する作用が見込まれ，一般には森林の快適環境形成機能として認識されている．

夏，ヒートアイランドと呼ばれる大都市内で，公園などにまとまった森林が存在すると，その内部は気温の低下と木陰の効果により絶好の憩いの場となる．近年積極的に進められている屋上緑化などの都市緑化の試みは，こうした森林の気候緩和効果を積極的に利用しようとしたものである．

一方，すでに述べたように，大陸規模での森林の広がりは非蒸発面としての陸域を海面と同様の蒸発面に変えることになるので，大気大循環にも影響を及ぼし，地球気候システムの安定化に貢献しているといえる．これは森林の地球環境保全機能の一部である．温暖化の話は将来の話であり，しかも，本質的には化石燃料の消費に起因する話であるが，森林の消失による気候システムの不安定化は現在の話であり，注意を要する．

〔太田猛彦〕

文　献

1) 日本学術会議：地球環境・人間生活にかかわる農業及び森林の多面的な機能の評価について（答申），pp.53-89，日本学術会議，2001．
2) 太田猛彦・高橋剛一郎編：渓流生態砂防学，pp.16-26，東京大学出版会，1999．

3) 太田猛彦：森林と水循環, 森林科学, No.18, 26-31, 1996.
4) 太田猛彦・服部重昭監修：地球環境時代の水と森, pp.51-109, 日本林業調査会, 2002.
5) 太田猛彦：森林の水源涵養機能と水源林の管理, 山林, No.1430, 10-17, 2003.

■田んぼはメダカの学校■

　田んぼには，カエル，ドジョウ，タニシ，メダカなど多くの生き物が棲んでいる．その数と種類は豊富で，同じ農地でも畑とはかなり違う．しかし現在，田んぼの生き物の数は激減しており，とうとうメダカが絶滅危惧種に指定された．そのなかでメダカを保全していこうという運動が市民や農民の間に広がっている．それは身近の生き物たちを大切にしていこうという運動でもある．

　田んぼにメダカがいなくなったのにはいろいろの要因がある．小川はコンクリート水路として整備され，産卵する植生やよどみが失われた．灌漑・排水との関係で時期によっては水がなくなることも起きる．大雨の後には急流になり，メダカが避難する場所もない．また田んぼと排水路の間には大きな落差ができ，メダカが田んぼと水路の間を自由に行き来することは難しくなった．田んぼ自身も稲作期以外の時期にはなるべく水を落として，乾燥させるようになった．これは機械を自由に使えるようにするためである．さらに雑草を防ぐために除草剤が使用されるので，メダカの生息環境は悪化した．

　それで水路の中に植物を植えたり，深みを作り，大雨の時にメダカが避難する小さな池を作るといった水路の復元が始まった．さらに稲作が終わった後も湛水したり，農薬を使わないようにする．このような生態系保全型稲作は一般的な営農ではまだ容易ではない点があるが，取り組んでいる農家も増えつつある．また，このようなメダカやカエル，ミジンコなどを積極的に育てている田んぼを支援し，さらに自らの手で生態系保全型稲作を楽しみながら行う市民グループも生まれてきている．

(T.T.)

II

水 と 社 会

11. 水資源

11.1 水需要と水源別水利用

11.1.1 水循環と水利用

われわれは，水循環のなかで雨水が地表に達してから海に至るまでの間に，流域にさまざまな形で存在している水を資源として生活・産業などに一時的に利用し，汚したり，位置や温度を変えるといった形で水の質を変化させ排水をこの循環に戻すことにより生活している．

ところが，資源として利用できる水の量は，雨や雪の降り方，地形，地質などの自然条件により季節的にも地域的にも大きく異なるし，生活や産業にともなう水需要は，地域により，また時代によりその社会経済的状況を背景として生み出されるので，水需給はいつでもどこでも満足されるとは限らない．すなわち，このことから水の需要は水に対する価値観によって推移し，水の供給は水循環の変動を平滑化する技術水準の推移に依存するので，水資源問題は時代の社会経済的状況に依存する時代性をもっているといえる．

わが国にあっては，古くから平時の豊かな川の水を利用して低平地を中心に水田稲作を進め，人口を養う食糧供給を担いながら発展の基礎を築いてきたことから，明治以前にすでに利用可能な水量はかなりの部分を農業用水が占めることになった．明治以降，社会が農業はもとより工業化，都市化に向かうとともに，人口がこの100年の間に3千万人から1億2千万人に急増したことから，水需要は農業セクターにとどまらず，発電，工業，生活各セクターに拡大した．そしてこれら各セクターの急激な需要に対応すべくダムなどを中心とする水資源開発・利用がおおいに進められた．表11.1はダム年鑑[1]から抽出した専用ダム（洪水調節，灌漑，上水，工水，発電のいずれかの単目的ダム）と多目的ダムの開発状況であり，この間の事情を物語っている．

11.1.2 水需要と水使用量

ところで，水需要量とは，本来各水需要セクターが求める要求量を意味するが，需要量そのものを潜在需要までも含めて計測することは極めて困難であることから，使用水量で需要量を代替せざるをえない．もちろん島嶼部などの地域や渇水時などの状

表11.1 ダム開発の状況

ダムの種別	竣 工 年 度										
	1603 | 1602	1868 | 1867	1868 | 1899	1900 | 1925	1926 | 1945	1946 | 1955	1956 | 1965	1966 | 1975	1976 | 1985	1986 | 1995	1996 | 1995
専用ダム	35	472	80	197	401	187	266	199	133	113	160	2083
多目的ダム				1	12	25	89	127	135	131	344	520
合　計	35	472	80	198	413	212	355	326	268	244	504	2603

況のように水供給に制約がある場合は，使用水量で需要量を代替することができないのは当然である．その意味で通常時にあっては両者はほぼ同じ内容をもっていると考えるとともに，必ずしも水需要量を水使用量で代替できない場合は，変動特性などの検討による補正など，データの吟味が必要である．

以下では上記の意味での水使用量データに基づいて，わが国の水源別水利用および各水需要セクターの需要実態を概観してみる．

11.1.3 水源別水利用と水使用の現況

わが国の最近30年間の年平均降水量は1718 mm（昭和46年から平成12年の全国約1300地点の資料をもとに国土交通省水資源部で算定）である．降水量から蒸発散によって失われる量を差し引き，国土面積を乗じた水資源賦存量は最近30年の平均で約4200億 m^3/年であり，10年に1回生じる渇水年に相当する年（30年で3番目に少ない年）は約2800億 m^3/年となっている．人口1人当たりの水資源賦存量を地域別に見ると，関東，近畿，山陽，北九州，沖縄地域が全国平均に比べて小さく，特に関東地域では全国平均の約1/4しかなく，水資源賦存量の地域間でのアンバランスが大きい[2]．

また，わが国の河川は比較的流域面積が小さく，かつ勾配が急であるため流出が速く，また気象的には降雨が梅雨，台風など季節的に集中することから，安定的に取水できる流量が少なくならざるをえないが，それでも各地域の地形，地質や降水量の時間的な変化を受ける流量や地下水を水資源として開発し利用してきている．

水資源としての開発・利用にあっては自流水を利用するのが最も安定でかつ安価であるが，それ以上に需要がある以上何らかの開発手段を講じて生み出さなければならない．開発はダム貯水池などによる同一水系内の時間的流況調整によるもの，流況調整河川や流域変更による複数水系間の空間的流況調整によって行われるほか，地下水利用によるもの，高度利用としての再利用や合理化，雨水利用や海水淡水化などの未利用水資源の活用など多岐にわたる．

表11.2にはこうした水源別水資源開発とその利用量，および特性を示している[3]が，現状使用量では灌漑が主要水源とする河川自流水が633億 m^3/年と圧倒しており，ついでダム，堰などによる河川開発水140億 m^3/年と地下水129億 m^3/年が多く，再利

11.1 水需要と水源別水利用

表 11.2 水源別水利用

水資源開発手法	現況使用量	特　性
河川（自流）	633 億 m³/年	安定, 安価
河川開発（ダム, 堰など）	140 億 m³/年	開発量大
地下水	129 億 m³/年 都市用水　90 億 m³/年 農業用水　39 億 m³/年	安定, 安価 水質良 恒温性
下水・産業廃水の再生利用	0.92 億 m³/年 （下水処理場場外再利用） 0.05 億 m³/年 （河川との開放系循環方式） 0.67 億 m³/年 （個別および地区循環方式）	未利用資源の有効活用 恒温性
雨水利用	不　明	未利用資源の有効活用 治水対策
海水淡水化	0.33 億 m³/年 離島用　0.04 億 m³/年 工業用　0.28 億 m³/年	潜在利用可能量大 降雨の影響なし
合理化, 転用	不　明	資源の有効利用
節　水	不　明	資源の有効利用

用水 1.64 億 m³/年やその他未利用資源の活用は現況ではまだ少ない．平成 14 年版水資源白書から水資源の利用状況を概述すると以下のようである[4]．

図 11.1 は水資源賦存量と水源別開発による水利用量を描いたものである．渇水年で見ると水資源賦存量約 4200 億 m³/年（渇水年で 2800 億 m³/年）に対し，河川水，地下水などを通じて農業用水，生活用水，工業用水（淡水補給量）として平成 11 年の値で 877 億 m³/年の水を使用している．次に各水需要セクター（あるいは使用形態別に図 11.2 のように区分する）で見ると，都市用水で 299 億 m³/年，農業用水 579 億 m³/年である．

昭和 50 年以降のこれら水使用量の推移を見たものが図 11.3 である．生活用水は水道により供給される水の大部分を占めているが，水道普及率も平成 11 年度末で 96.4％ に達し，生活用水使用量を給水人口で除した 1 人 1 日平均使用量の平成 11 年値は有効水量ベース（水道による給水のうち，漏水などによるロスを除いて需要者において有効に受け取った段階の水量）で 322 l/人・日となっている．その推移をみると平成元年から平成 11 年までの 10 年間では年平均 0.4％ の伸びとなっている．生活用水の使用量の特徴として，気候，生活様式，経済社会活動の変化などによって変動することがあり，月別 1 日平均上水給水量は気温の高い 7，8 月の夏期に増加し，気温の低い冬期に減少する傾向や，一般に給水人口規模別の上水道の 1 人 1 日平均給水量は給水人口の多い大都市ほど大きくなる傾向が見られる．しかし，最近では 1 人 1 日平均給水量の人口規模の違いによる差が少なくなってきている．

11. 水　資　源

(単位：億m3/年)

蒸発散

降水量は昭和46年〜平成12年のデータをもとに国土交通省水資源部が算出．降水量は，平均年降水(1718mm/年)に国土面積(378千km^2)を乗じた値．

単位面積当たりの蒸発散量は，全国平均で597mm/年となる．

降水量 6500	年間使用量 877	2300
		(3323)
		水資源賦存量 4200

水資源賦存量は，理論上，人間が最大限利用可能な量をいう．
水資源賦存量は昭和46年〜平成12年のデータをもとに国土交通省水資源部が算出．

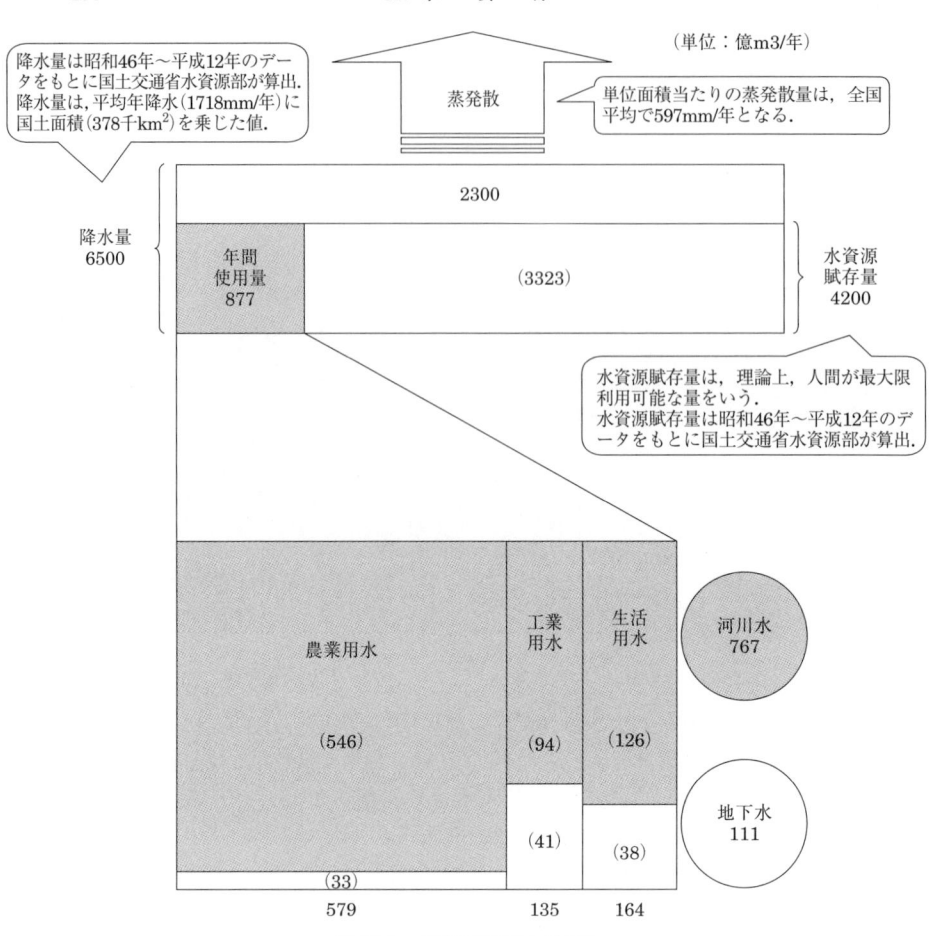

農業用水 (546)	工業用水 (94)	生活用水 (126)	河川水 767
(33)	(41)	(38)	地下水 111
579	135	164	

図 11.1　水資源賦存量と使用量

　工業用水の使用状況は，平成11年の全業種合計の淡水使用量では550億 m^3/年であるが，河川水や地下水などとして新たに取水した量である淡水補給量でみると，約135億 m^3/年であり，その差は回収水量であり，回収率は78％にまで達している．
　工業用水は工業活動に負うところが大きく，淡水使用量は昭和40年代までは高度経済成長にともない着実に増加したが，昭和50年代に入り産業構造の変化などにより横ばい傾向で推移している．回収率は昭和40年代に大幅に上昇したものの，昭和50年代中ごろから頭打ちが見られ，その後は微増を続けている．その結果，淡水補給量は昭和40年代後半までは増加し続けたものの，昭和49年以降は減少または横ばい傾向で推移している．
　農業用水の主要部分を占める水田灌漑用水は，水田の作付け面積が減少しているも

11.1 水需要と水源別水利用

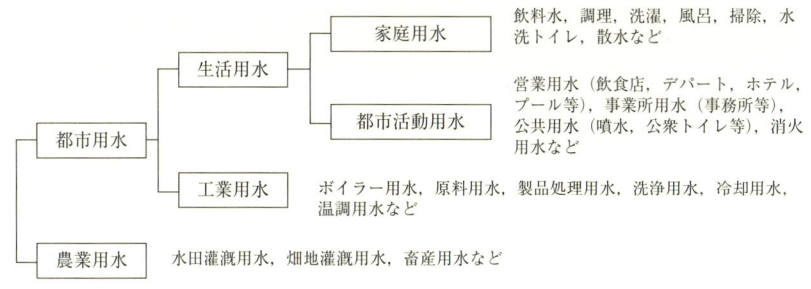

```
                      ┌─ 家庭用水      飲料水，調理，洗濯，風呂，掃除，水
                      │                洗トイレ，散水など
          ┌─ 生活用水 ┤
          │          │                営業用水（飲食店，デパート，ホテル，
          │          └─ 都市活動用水   プール等），事業所用水（事務所等），
都市用水 ─┤                            公共用水（噴水，公衆トイレ等），消火
          │                            用水など
          │
          └─ 工業用水    ボイラー用水，原料用水，製品処理用水，洗浄用水，冷却用水，
                         温調用水など

農業用水    水田灌漑用水，畑地灌漑用水，畜産用水など
```

図 11.2 水使用形態の区分

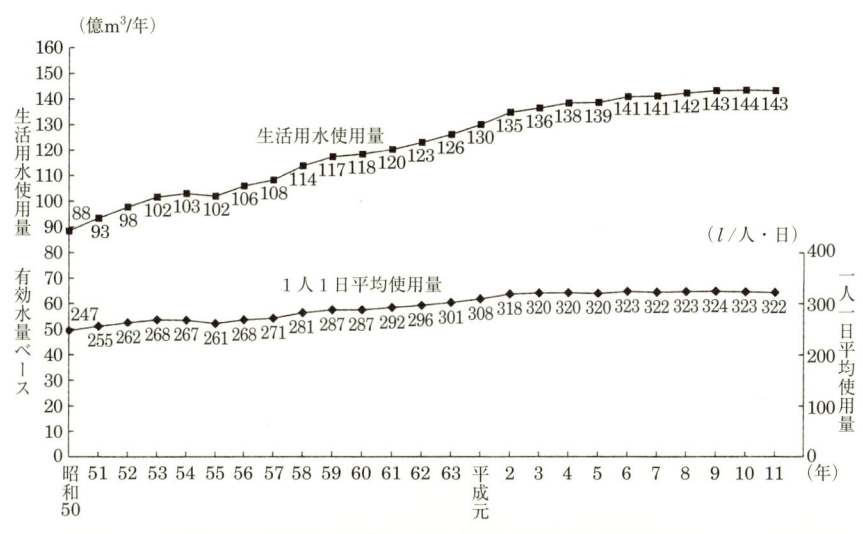

図 11.3 生活用水使用量の推移（国土交通省水資源部調べ）

のの，水路の水位を確保するための水量が必要であることや，水田利用の高度化や水田の汎用化にともなう単位面積当たりの用水量の増加，都市化にともなう農業用水の水質悪化対策や汎用化のための用排水分離にともなう反復利用率の低下など増加要因もあり，需要量はほぼ横ばい傾向にある．畑地灌漑用水は，灌漑施設の整備面積の増加などにともない，今後とも増加すると推測されている．その他の用水として冬期に著しい降積雪のある地域での克雪対策としての消・流雪用水や，マス，アユ，ウナギ，錦鯉，金魚などの孵化や内水面養殖に使われる養魚用水がある．加えて水の位置エネルギーを利用して発電を行う水力発電用水がある．水力発電による発電電力量は全発電電力量の約1割を占めている．

11.2 水利権と水資源の開発・配分

水循環に支配される水資源の存在状態と人間サイドの水需要を知って，量・質・経済性などの側面から需要に見合う水を安定的に供給し利用するための計画が水資源計画である．わが国では水資源の大半は河川水に負うところが大きく，しかも新規の水需要はそのほとんどを河川水に水源を求めているので，ここでは河川水を中心に水量的側面に焦点をあてた水資源計画を考える．

11.2.1 水資源計画の基本フレーム

図 11.4 は水資源開発計画の策定プロセスをトータルな形で描いた基本フレームである．需要量が予測されると，渇水頻度などの利水安全度を一応の目安として設定された基準渇水流況に対して水資源開発・運用計画をたて，基準渇水流況よりもさらに厳しい異常渇水（超過渇水）に対しては渇水対策あるいは渇水調整を行うという考え方である．水利用水準が上がると他の水源や他の代替手段，例えば再利用や合理化・高度化利用，さらには節水などが導入されることがある．

流域全体での水需給計画ができると，より具体的に水資源開発施設の規模・配置計画（ダムなどの施設をいくつ，それぞれをどのくらいの規模で，どこに配置するか），ダム貯水池群の運用計画，段階的施設建設計画などが策定され，これに基づいて再度安全度の評価や経済的評価を行う．さらに，排水の反復再利用，河川・湖沼・河口や海域の水質への影響を考慮した水資源配分計画をたて，地区別・用途別の需給バランスをはかった後，水道事業体などによる水供給計画へと受け継がれる．この間，量的

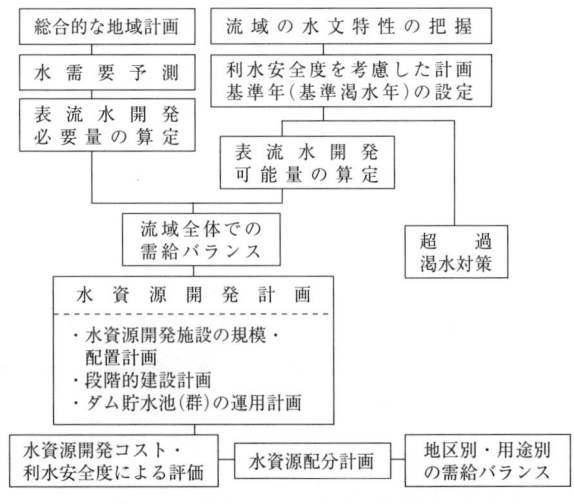

図 11.4 水資源システムの計画・管理策定プロセス

バランスに加え，経済的バランスとしての便益費用分析，さらに水質へのインパクトを考慮した下水道，環境整備計画とも整合がとれた水資源開発・配分計画となるよう留意する．

11.2.2 開発水量の算定

わが国では明治以前にすでに渇水時においても利用可能な水量は農業水利によって専用され，利水者間の長い相剋と調整の過程で極めて高度かつ合理的な水利秩序が形成されていた．長い歴史の上に培われた水利慣行が根強く定着しており，水利権調整においても慣行的な水利権を優先せざるをえない背景がある．

水利権とは河川などから水を取り入れる権利をいうが，長年の慣行によって成立している慣行水利権と，河川法に基づく許可を得た許可水利権に分けられる．これらの水利権とは別に，水源となる水資源開発施設が完成していないため，河川流量が豊富なときのみ可能となる取水を不安定取水といい，安定的な水利用の阻害要因となっている．

こうした背景をふまえ新規開発水量を算定する際，現行の計画では正常流量を満たした上で新規開発水量を確保する施設計画で実施されている．すなわち，正常流量は維持流量に既得の水利流量，すなわち下流における流水の占用のために必要な流量を加えたものである．ここに維持流量は，河川のもつ正常な機能を維持するために必要な流量であり，舟運，漁業，景観，塩害の防止，河口閉塞の防止，河川管理施設の保護，地下水位の維持，動植物の保存，流水の清潔の保持などを総合的に考慮し，渇水時において維持できるよう定めるものであるが，その算定は容易でなく明確ではない．最低 100 km^2 当たりの $0.1 \sim 0.3 \text{ m}^3/\text{s}$ の維持流量を確保したいとの考えもある．一方，既得の水利流量は許可水利権および慣行水利権をその実態を十分に調査し，目的，水量，取水期間などを明らかにして算定されなければならない．そして水資源開発施設の建設によって新たに河川から取水することが可能となる流量を新規開発水量といい，基準点で正常流量を確保した後に確保することになる．利水計画ではこれらをあわせて確保流量といっている．

以上のことから確保流量は図 11.5 のように構成される．

11.2.3 現行の利水計画

河川表流水の水資源開発は流量変動を吸収して平準化する貯留施設の建設を中心になされてきた．その代表がダム貯水池であり，図 11.6 に示すようにダムの建設によっ

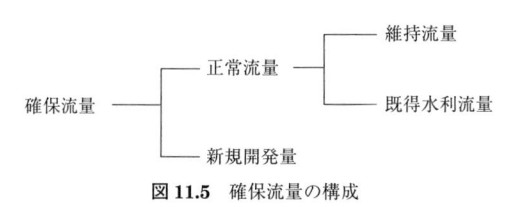

図 11.5 確保流量の構成

て流量が多い時期にダムにためた水量を流量が少ない時期に自然の流量に上乗せして放流することにより，安定して取水できる水量を増加させることによって開発されてきた．古くから造られてきたため池もダムの一種である．

まず，計画基準点が選定される．すなわち，既往の水文資料とりわけ流量データが十分に得られ，しかも低水に関する計画に密接な関係のある地点が選定される．次に開発水量の算定は，この基準点で図11.6にあるように①+②の目標流量を確保するとしたときの貯留施設での水収支計算によって行われる．

新たにダムを計画する場合，最も基本となる単一ダム，単一基準点の場合(図11.7)について具体的に計算手法を述べると以下のようになる．なお，計算は，通常半旬(5日)単位で行われる．

いま，ダム流入量 Q_1，基準点流量 Q_2，確保流量 Q_k，必要容量 V（ただし初期値=0.0 msd（m³·s/日））とすると,

基準点不足流量： $Q_3 = Q_k - Q_2 \geq 0.0$
基準点余剰流量： $Q_4 = Q_2 - Q_k \geq 0.0$
ダム必要補給量： $Q_5 = Q_3$
ダム貯留可能量： $Q_6 = Q_4$ と Q_1 のどちらか小さいほう（なぜなら，貯留可能な流量は，基準点の余剰流量に制約されるとともに，ダム流入量の範囲内という制約を受けるからである）

として

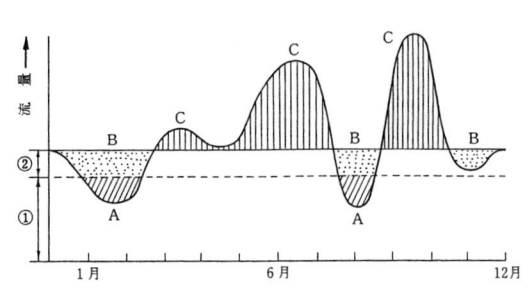

① 流水の正常な機能を維持するために必要な流量，② 新規開発水量．
A 流水の正常な機能を維持するために必要なダム補給量
B 新規需要量を開発するために必要なダム補給量　　ダムによる補給量
C の一部をダムに貯め込む

図 11.6 ダムによる水資源開発の概念[8]

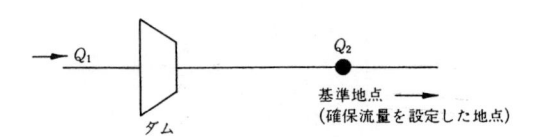

図 11.7 単一ダム・単一基準地点系

11.3 ダムの運用操作

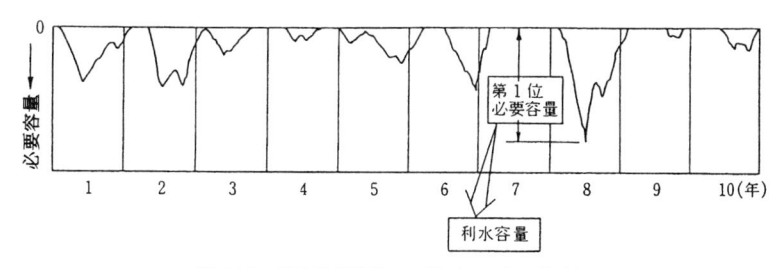

図 11.8 利水計算結果の一例（10 カ年の場合）

$$\text{ダム必要容量} \quad V = VB + (Q_5 - Q_6) \times N \geq 0$$

ここに，VB は前半旬の必要容量，N は半旬の日数，必要容量の単位は msd であり，これに 86,400 秒をかけると m³ 単位となる．

以上の水収支計算式にしたがって計算を実施し，計算対象期間が 10 カ年であれば第 1 位の必要容量を，20 カ年であれば第 2 位の必要容量をもってダム容量（利水容量）を決定する（図 11.8）．

既設ダム群（あるいは既計画ダム）に新規ダムを計画する場合，そのダム容量の決定はいくぶん複雑になるが，新規ダムの基準地点，基準地点の確保流量，新規開発水量などを定めることにより基本的には同様の手順で算定される．

11.2.4 数理計画手法の適用

最適化問題は目的関数および制約条件から構成されており，最適化問題の解，いわゆる最適解を見出す方法を最適化手法と呼んでいる．水資源の開発・配分問題を数理計画モデルとしてモデル構成するとともに，それに最適化手法を適用し，解の導出をはかる研究も多い．

こうした最適化手法は，大きくはモデル構成が線形か非線形か，確定的（決定論的）か確率論的か，静的か動的か，集中型パラメータ系か分布型パラメータ系か，に分類されるが問題によってはこれらの組み合わせで展開されるので，それに応じた適当な最適化手法を選択することになる．例えば，空間的な配置計画，すなわち施設の種類・規模・位置を決める問題には線形計画法（LP, linear programming）がかなり有効であり，やや複雑な場合にあっても非線形関数の線形近似で定式化し，混合整数計画法で解くことができる場合が多い．さらに決定変数として時期が加わる施設の拡張や段階計画になると，規模の経済性その他非線形効果が大きくなり，LP は無力となり，この場合には動的計画法（DP, dynamic programming）などが適用されることが多い．

11.3　ダムの運用操作

ダム貯水池による流量調整は，水資源の開発と有効利用のための種々の方策のなか

気象現象 → 降雨現象 → 降雨流出 → 河道流下
　　　　　　　　　　　　　　　　　　　　↓
流下 ← 放流 ← ダム操作 ← 貯水池流入

図 11.9　現象システム

でもその効果が大きい．ダム操作を現象の流れのなかで位置づけると図11.9のようになる．すなわち，ダム操作はインプットである流入量をダム貯水状態をふまえながらアウトプットとしての望ましい放流量に変換する制御システムといえる．この制御システムにあっても入力の状態評価で既知の入力情報に対する計画操作から未知入力に対する狭義の実管理，いわゆる実時間操作があり，また，制御システムの広がりとして単一ダム・単一評価地点系から複数ダム・複数評価地点系による水系一貫した制御まである．さらには，操作目的として低水時の水量だけを対象とした単一目的から，水量はいうに及ばず各種水質・環境条件をも同時に満たすような多目的操作まである．水系一貫した，実時間での多目的操作が，いわゆるダム統合管理と位置づけられるものであろう．

ここでは主に低水流量を対象とした現行での低水管理と取水制限ルールの設定について述べる．

11.3.1　現行の低水管理と取水制限ルール

最も効果的な操作は，水系によって異なるが，多くの場合，ダム貯水池容量を最大限に活用し，無効放流を最小限にして安定的に用水補給するとともに，渇水時にはあらかじめその規模を確実に予測して適正な用水補給（取水制限）を行い，渇水の被害を最小限に止めることである．このような最適操作はダムへの流入量および残流域流量の予測が過去の流況を再現するごとく正確に行われうるならば操作ルールを固定せずに，その都度最適な統合操作も可能であろう．

実際はそうではない．そこで現行では過去の流量時系列（短い場合は模擬発生流量時系列を用いる）という確定値を用いた利水計算を時系列的に逆向きに展開する逆マスカーブを適用する方法や，最適化手法の適用，さらには貯水池運用のシミュレーション計算の実行とその結果から最適化をはかる方法など，いくつかの方法がとられている．ところで最適操作の1つの評価として，無効放流をいかに少なくするかがある．貯水池の運用において無効放流を少なくする方法としてダム配置からいえることは，

① 直列ダムでは下流側から優先的に使用する．

② 並列ダムでは貯水効率の良いダム（貯水容量に比べて流域面積および降水量の大きいダム）から優先的に使用する，また，基準地点に近いダムを微調整に使用する，

がある．

実際には，これらダム群が混在しており，また，ダムの規模，内容なども多様であるので，この運用は単純ではないが，渇水時の流量制限方式との組み合わせで実用化

の程度があがる．通常，平常時においては計画上の確保流量を満足するような操作を行っているが，低水管理にあってはダム貯水池による渇水調整が，取水制限ルールあるいは節水ルールの作成として図11.10に示すような手順で検討されている．利水計算については現行の利水計画における利水容量設定のところですでに述べたが，ここではこの方法を時系列的に逆向きの形で展開する逆マスカーブによる確保容量曲線の作成となる．これは［ダムからの放流量］－［ダムへの流入量］を時点をさかのぼって累加するもので，累加値が負になった時点で累加値を0におきかえて累加していき，ダムが枯渇しないために前もって貯留しておかなくてはならない各時点の貯水量を示すもので，既往の各年の実績流量データをもとに，おのおの1本の確保容量曲線が求められる．これを別途，各時点ごとに各年の確保容量を順序統計的に並べかえ，同じ確率値をもつ点を1年にわたって結べば一定の確率をもった確保容量曲線が得られるというものである．

貯水池の運用はその年の流況に対してダムが枯渇しないように計画の安全度を保つように実施されるので，具体的には1/10計画確率に相当する各時点における確保水位と利水最高水位（常時満水位・制限水位）の間に貯水位がくるように運用される．図11.11がそれで斜線部分が通常の運用ゾーンとなる．ところが，流入量が少ないと確保水位より貯留水位が低くなるので，そのときは計画時点の利水安全度を下回るが，その程度に応じて渇水調整として取水制限率あるいは節水率を設定して検討することになる．すなわち

$$V_t^j = V_{t+1}^j + (1-\alpha)O_t^j - I_t^j$$

（ここに，V_t^j, V_{t+1}^jはj年目の流況に対する時点t, $t+1$における確保容量（流域単位で表す），I_t, O_tは時点$t \sim t+1$における流入量，放流量，である）として$\alpha \times 100\%$制限に基づく各年の確保容量曲線を同様に求め，これに対する順序統計確率値を

$$V_t^k = k\ 番目最大値\ \{V_t^j\} \qquad (j=1, 2, \cdots, N)$$

（ここにNは既応資料年数，kは確率順位である）とすると，N年中k番目の渇

図11.10の内容：
利水計算による各年の時期別必要補給容量曲線（確保容量曲線）あるいは確保水位曲線（最低水位曲線）の作成
↓
時期別の1/5, 1/10, 1/20等の確率規模別必要補給容量あるいは確保水位の算定
↓
容量あるいは水位ランク別取水制限率の設定
↓
取水制限あるいはシミュレーション結果から最低水位，不足日数，不足%・日，平均取水制限率などを指標とした総合評価
↓
取水制限ルールの設定

図 11.10 取水制限ルールの策定手順

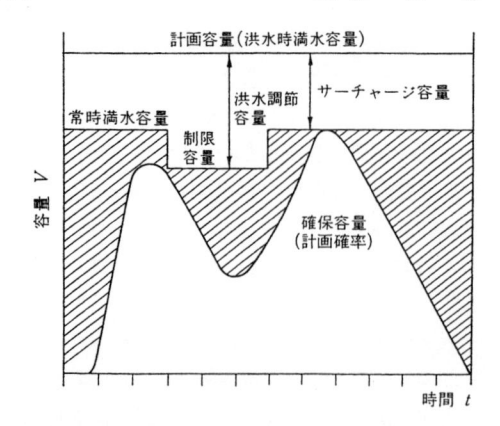

図 11.11 利水運用ゾーン[5]

確率流況に対して，$\alpha \times 100\%$ の節水を行ったときにはダムが枯渇しない容量が確保されていることになる．$\alpha=0$ のときは節水のない計画規模の確保容量曲線になっていることはもちろんである．

図 11.12 はあるダムで上記計算を行い $\alpha=0$，10，20，30％ 節水率曲線を描いたものである．等節水率曲線の間のゾーンでは下側の曲線の節水率を用いると，この曲線群はその時点以降，計画確率年 (k/N) 程度の流況であれば貯水池が枯渇しないという節水運用曲線群となる．

以上は逆マスカーブ法をベースにした確率確保容量曲線による節水ルールの策定法[5]であったが，単一ダム単一基準地点の場合はその基礎となる利水計算そのものが単純であるが，複数ダム複数基準地点の場合や多目的ダムの場合などにはどうであろうか．利水計算が複雑になるとともに，ダム間の配分ルール，いわゆるスペースルールの採用などが入ってくるが，基本的にはその算定手順に大きな差はないと思われる．

統合管理にあっての実操作は流況に再現性がなく管理上，将来の流況を予測できないことから低水管理上，永遠の課題ともいえるが，補給時は各施設の貯水量比率で必要補給量を配分し，貯留時は空容量比率で貯留可能量を配分，というルールを基本と

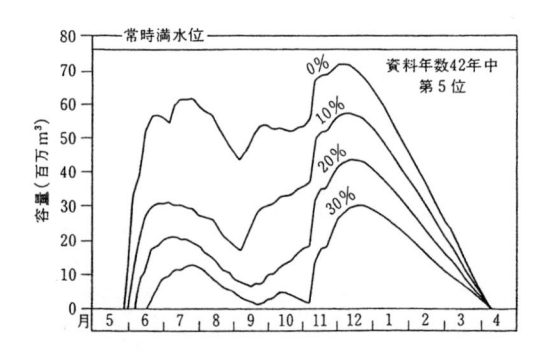

図 11.12 確率確保容量による節水曲線[5]

しながらも，現状では将来の流況として無降雨状態や過去の渇水時の降雨をもとにした流況シミュレーションを実施し，それに節水運用シミュレーションをした結果などを支援情報として総合的に判断するということになる．

11.3.2 低水時のダム補給量決定へのファジイ推論の適用

最近，理論的とはいえ実用レベルへの接近を意図してAI（人工知能）技術を駆使した実時間操作手法の展開が試みられている．

現実の複雑な問題解決の一端をコンピュータに肩代わりさせようとするのが人工知能といわれる分野であるが，そこには多くの知識，いわゆる専門家（エキスパート）がもっている専門分野の経験やノウハウを大量にコンピュータにたくわえ（知識ベースという），現実問題の世界での事柄とマッチングするものを選び出し，それらを組み合わせることによって問題を解こうとしている．

ところで知識や情報を使って問題を解くことを推論というが，知識を組み立てているという記号のもつ意味が常にはっきりしているとは限らない．とはいえ，人間は思考（推論）や対話（情報交換）を通して記号のもつ意味について考え，対話しながらかなり難しいことまでうまく処理している．そこには記号の意味解釈に幅，いいかえればあいまいさがあるからともいえる．

ファジイ（fuzzy）とはもともと「ぼやけた」とか「あいまいな」という意をもつ言葉であり，言葉の意味のあいまいさをコンピュータで処理する立場から登場してきた．

低水管理においてファジイ推論が導入される背景には，天気や熟練者の思考といったなかにあるあいまいな言葉を数値として出力することにより，未知の要素の多いうえにダムからの流下時間による基準地点の流量変化の推定などにタンクモデルなどの数値モデルの活用だけでなく経験豊かな技術者の判断効果を期待でき，ひいてはダム補給量決定の支援情報システムになりうるとの考えによる．もちろん人間の経験的判断を操作のよりどころにしてシステムを構築するのであるから，人間の経験的判断のレベルが低ければシステムのレベルも低くなるが，現在の経験豊かな技術者のいる間にその経験と判断をシステム化しておく必要がある．

いま，現実の大河川における低水管理の実態として図11.13のようなフローが考えられる．すなわち対象河川のダム補給量は，基準点の確保目標と流水到達時間後の流量との不足分をダムから補給するものであり，現在のダム放流量を増加・減少させて補給することとしている．基準地点の予測流量は，ダムからの流水到達時間が30時間程度であるため，上流地点の流量や気温，天気，支川からの流出量などを勘案して，担当者の経験に基づいた流量の推定が行われている．また，ダム補給量決定は，貯水池への流入量と貯水池の空容量の比率（以下，空容量比）が一定になることを基本に，日々の流水状況や長期間の降水量傾向，貯水量の実態などを勘案して決定している．このように，管理者は流域の情報を経験などで得たルールに基づいて空間的，

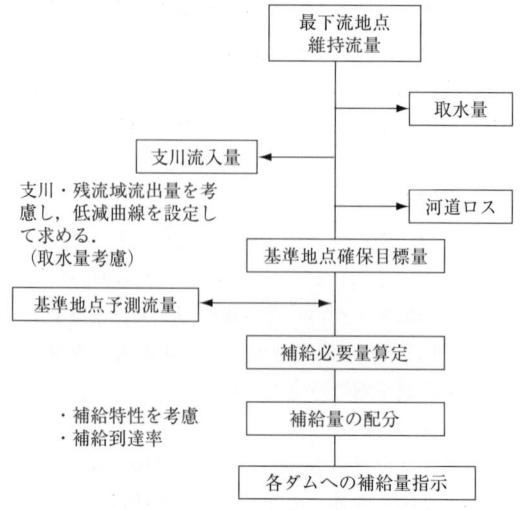

図 11.13 低水管理フロー

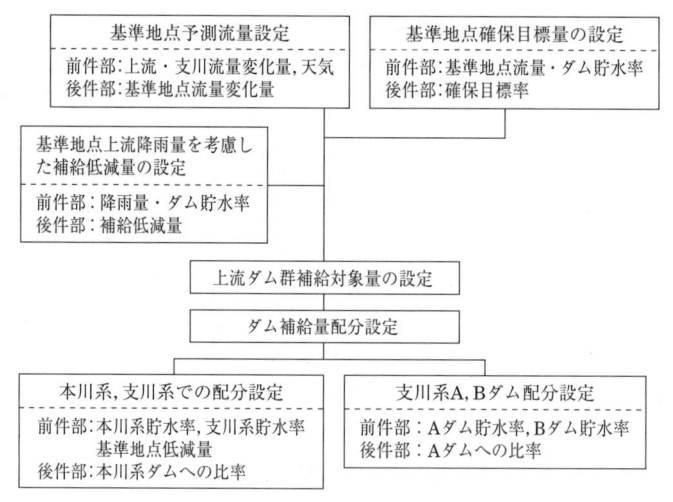

図 11.14 ファジイ推論を適用したダム補給配分モデル

時間的な状況を把握したうえでダム放流量を意思決定している．専門家の意思決定過程を表現するためには，明確に定義できない各指標をそれぞれグレード化し，グレード値の値により判断しているものと推測できる．

このことを図 11.14 のようにファジイ推論を適用したダム補給配分モデルとして構築している．ファジイ推論ならびに図中の具体的なルールおよびメンバーシップ関数の設定，適用結果などについては文献[6]を参照されたい．

11.4 渇　　　　水

　渇水は供給が需要を下回る出来事であり，そのアンバランスが大きく，長く続けば続くほど事態が深刻になる性質をもつ．国土庁長官官房水資源部発行の水資源白書では用語の解説として渇水を水資源の開発供給サイドと利水者サイドから以下のように説明している．

　一般には，水資源としての河川の流量が減少あるいは枯渇した状態をいうが，水資源の開発サイドにおいては，流域の降水量が相当程度の期間にわたって継続して少ないことから，河川への流出量が減少し，河川の流量が維持流量と取水量の双方を満足する流量より少ない期間が継続する状態のことをいう．

　一方，利水者サイドにおいても，流域の降水量が相当程度の期間にわたって継続して少ないことから，河川への流出量が減少し，かつダムなどの水資源開発施設からの補給についても，貯水量の減少により通常の補給を行うことが困難となり，利水者が平常時の取水方法で通常必要な量の取水を完全には行えなくなった状態のことをいう．

　いずれにしても渇水は水需給の一時的アンバランスをいい，その一時的アンバランスをどの程度の水準まで我慢するか，すなわち，どのくらいの渇水の可能性に備え，それを未然に防ぐか，ここに利水安全度の概念がでてくる．と同時に渇水は洪水などと違って時間的に長期にわたる積分型の被害形態をもち，その期間が長くなればなるほど心理的にも社会経済的にも厳しさを増す性質をもち，その被害の計量化がむずかしい，いやらしい災害といえる．

11.4.1　多発化する渇水とその背景

　図11.15は最近20年（昭和57年から平成13年の間）で渇水の発生した年回数を渇水影響マップとして描いたものである[7]．首都圏，中部圏，近畿圏，中国，九州などを中心として全国各地で2～3年に1回の割合で，いわゆる都市型渇水が発生しており，多発化の傾向を示している．

　以下では，こうした渇水をもたらす背景をいくつかとりあげる．

　1)　少雨化と変動性　　年降水量が昭和35年ごろから最近にかけて少雨傾向にあり，極端に少ない年に主だった渇水が発生している．また，近年の年間総降水量のばらつきが大きくなっており，年間総降水量と夏期降水量との間に相関があることを考えると気象条件的にも渇水に見舞われる可能性が高くなってきている．

　2)　河川水利用水準の上昇と不安定取水　　全国年降水量と水道の渇水発生地区数の関係を見ると，なるほど降水量が減少するにつれて渇水の発生地区数は増加しているが，同時に年代別に見た場合，同様な降水量であっても年代が進むにつれて渇水発生地区数が増加していることが注目される．年代が進むにつれて水需要が増加してい

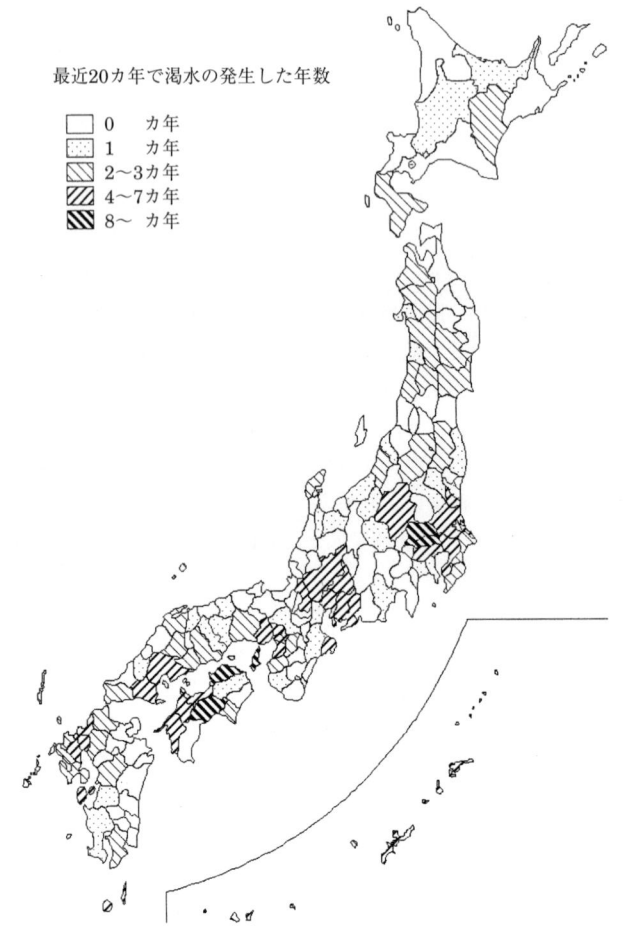

最近20カ年で渇水の発生した年数

☐ 0 カ年
⋯ 1 カ年
▨ 2〜3 カ年
▧ 4〜7 カ年
▦ 8〜 カ年

(注) 1. 国土庁調べ．
2. 昭和57年から平成13年の間で上水道について断減水のあった年数を図示したものである．

図 11.15　最近20年で渇水の発生した状況[2]

ることが大きくかかわっている．

一方，水資源開発は長期間を要することから，都市化の進展などによる都市用水の需要増大に水資源開発が追いつかず，施設の完成までの間は，河川流況の安定化がなされないまま，やむをえず取水されているものがある．このような取水は，河川流量が豊富なときには取水できるが，流況が悪化したときには取水できないものであり，たちまち渇水被害を被ることになる．

3) 基準流況の設定　　11.2.3項でも述べたように，現行の利水計画で定める水

資源開発施設の規模については最近 10 年あるいは 20 年の水文データの渇水第 1 位あるいは第 2 位をとって決定されているが，その決定された貯水池容量は資料期間のとり方により変動し，豊水期に定められた貯水池容量では最近の少雨傾向の流況では確保流量を満たすことができない場合がある．

4) 気象・水文予測の不確かさ　計画上の利水安全度は 1/10 であっても，実管理にあってはそれ以上の渇水が生じるかもしれない．それ以上の渇水が生じてもダムから補給しなければならないし，ユーザーもまたそれを期待しているであろう．したがって，計画を上回る渇水も想定し，上回る渇水のときはあらかじめある時期から補給を制限して貯水量を温存しておかなければならないし，しかもその時期は早いほど有利といわれている．

渇水を早い時期から確実に予測することが困難であるとすれば，そして計画を上回る渇水に対してもある程度の安全度を確保しようとすれば，あらかじめ制限ルールを決めておくことが必要である．このことは逆に，計画以内でも場合によっては制限がかかることを意味している．

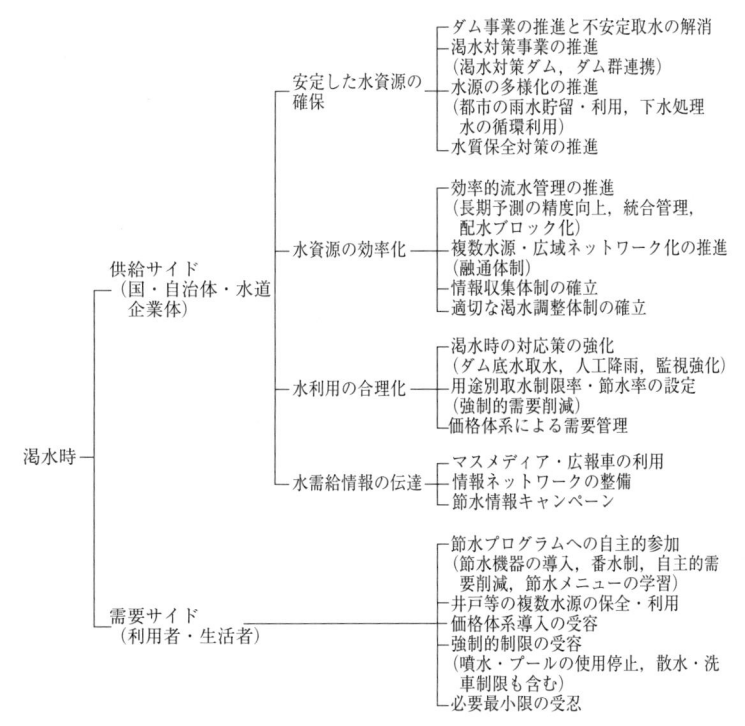

渇水時
- 供給サイド（国・自治体・水道企業体）
  - 安定した水資源の確保
    - ダム事業の推進と不安定取水の解消
    - 渇水対策事業の推進（渇水対策ダム，ダム群連携）
    - 水源の多様化の推進（都市の雨水貯留・利用，下水処理水の循環利用）
    - 水質保全対策の推進
  - 水資源の効率化
    - 効率的流水管理の推進（長期予測の精度向上，統合管理，配水ブロック化）
    - 複数水源・広域ネットワーク化の推進（融通体制）
    - 情報収集体制の確立
    - 適切な渇水調整体制の確立
  - 水利用の合理化
    - 渇水時の対応策の強化（ダム底水取水，人工降雨，監視強化）
    - 用途別取水制限率・節水率の設定（強制的需要削減）
    - 価格体系による需要管理
  - 水需給情報の伝達
    - マスメディア・広報車の利用
    - 情報ネットワークの整備
    - 節水情報キャンペーン
- 需要サイド（利用者・生活者）
  - 節水プログラムへの自主的参加（節水機器の導入，番水制，自主的需要削減，節水メニューの学習）
  - 井戸等の複数水源の保全・利用
  - 価格体系導入の受容
  - 強制的制限の受容（噴水・プールの使用停止，散水・洗車制限も含む）
  - 必要最小限の受忍

図 11.16　渇水時の水資源対策

11.4.2 渇水対応策

図11.16は従来からとられてきた渇水対策,平成6年渇水時にとられた対策,それらを経験して考え出された対策,さらに地域の水利用の動向やその将来予測などをふまえハード・ソフトを連携した対策,供給サイド・需要サイド相まっての対策などを総合したものである.

以下では,これら渇水対応策のいくつかをとりあげ概述する.

1) **渇水対策ダム** 異常渇水へのハードな施策対応の1つとして,現在,渇水対策ダムが考えられている.通常の治水容量,利水容量のもとに渇水対策容量を通年容量として確保し,通常の利水運用では使用せずに備蓄をはかり,異常渇水時のみに使用するものである.図11.17にその運用を含めて渇水対策ダムの考え方を示している.

2) **渇水調整** 渇水調整とは,渇水時において利水者からの必要水量を確保できなくなった場合の取水制限などにかかわる利水者間の調整であり,河川法第53条に規定されている.

河川法で規定している渇水調整は取得が困難となった場合の事後的な対応である.また,当事者間が相互に他の水利使用を尊重して協議によって解決することを基本とするものである.すなわちその原則は互譲の精神で水を融通しあうことである.最近は水需要が逼迫し,渇水が生じるおそれが大きくなる一方,水利用はダムなどの人工的施設の操作に大きく依存せざるをえなくなってきており,渇水時の水使用の調整はただ単に水使用が困難となったときの利水者相互間の調整だけでなく,あらかじめダ

計画基準年
現在の計画ダム容量は,計画基準年に安定して水利用ができるよう容量が定められている.

計画基準年を越える渇水時の実態運用
異常渇水に対する備えがないことから,ダム容量を使い切らないうちに渇水調整をせざるをえないため,実質安全度が低下している.
また,それでも異常渇水には対応できない.

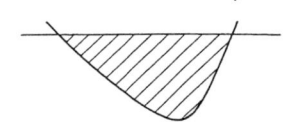

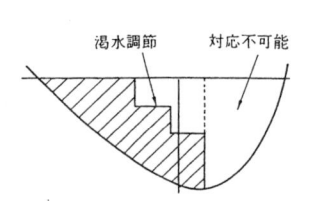

渇水対策ダム
渇水対策容量を確保することにより,通常のダム容量を使い切ることができ,実質安全度が計画通り確保できる.
また異常渇水時においても必要最小限の水を確保できる.

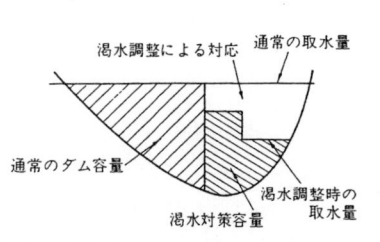

図 **11.17** 渇水対策ダムの考え方

ムの貯水状況，河川の流況，気象の状況などを総合的に勘案したうえでの事前の対応が必要となってきている．

　このため，渇水が予想される河川においては，渇水時の水利使用の調整の時期および方法などについての協議を行うため，河川管理者，関係利水者らから構成される渇水調整協議会などの組織が設立されており，この協議会において事前の対応を含めた渇水調整について協議し，取水制限など取水制限時期および方法を決定するという方法がとられている例が多い．

11.4.3 需 要 管 理

　渇水時には供給水源が減少しているので需要側の水管理として需要を削減するプログラムも計画的・施策的に考えておく必要がある．漏水防止策，節水型機器の導入・普及，料金体系と価格設定方式などが考えられる．

　その他，節水型社会システムの形成や，渇水時のダムなどによる流況調整をより合理的かつ効率的に実施するために精度の高い渇水流況予測が望まれる．

11.5　水資源の高度化

　流況の平滑化により利用可能水量を増加させるのが水資源確保の標準手段であるが，地域によっては水源特性により，また都市域の水需給の逼迫に応じて，未利用水源との活用・連携を含む種々の方法により合理化・高度化がはかられている．ただ，いずれの方法も現時点での開発水量当たりのコストは割高にならざるをえない状況にあろう．

11.5.1　水資源開発の高度化

1)　下水処理と水資源開発の合併事業　　下水処理を高度処理し，河川管理上支障のない範囲で河川維持用水とも振り替え，新規に河川水の取水を可能にするものであ

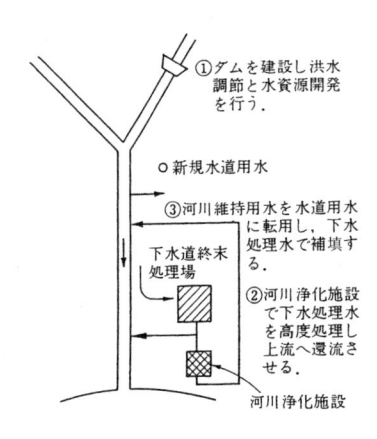

図 11.18　水資源開発の高度化事業概要図

る．図11.18にはその高度化事業の概要を示しているが，ダムによる補給と河川水を浄化施設で浄化し，河川水質を改善することによって，本川維持流量の転用により都市用水の確保と下流部の正常な機能の維持と増進をはかろうとするものである．

2）ダム群連携活用　隣接する既設ダム群を連絡水路で連結し，無効放流を他ダムに貯留することにより既設ダム容量の有効利用を行う．

3）既設ダムの再開発・再編成　貯水池容量を増大させるための既設ダムのかさ上げおよび貯水池内の堆積土砂などの浚渫，さらには掘削が考えられる．当該ダムのかさ上げ，改造などの技術的・経済的実行可能性が新規ダムとの代替案比較として検討される必要がある．

また，流域内の既設ダムと新規ダムの貯水容量の効率的な利用をはかるべく，ダムの新設とあわせ既設ダムとの容量振替えや運用を変更し，全体としての最適な編成を行うことをダム群の再編成という．松原・下筌ダムではダム完成後貯水池の運用を変更，具体的には利水施設整備をはかるとともに，発電の貯水池運用計画を変更し，流水の正常な機能維持と新規水道用水の供給をはかっている．

11.5.2 地下水の高度利用

1）地下ダム　地下ダムとは地中に止水壁などを設けることによって地下水利用の規模を拡大しようとするもので，止水壁によって無効に流出している地下水を有効に利用できるほかに，特に海岸近くでは，止水壁によって地下水揚水にともなう海水の逆流を防ぐこともできる．

目下のところ，わが国では島嶼部，半島部に限られており，既設地下ダムの代表的なものに長崎県野母崎地下ダム，沖縄県宮古島皆福・福里・砂川地下ダム，福井県常神半島にある常神地下ダムがある．

わが国では限られているが，世界に広がる乾燥・半乾燥地域では大規模な地下ダム建設可能地があり，豊かな太陽エネルギーを電力源として地下水揚水がはかれる地下ダムは水源として農業用水，都市用水に活用される高度水利用技術である．

2）表流水と地下水の連結利用　従前，地下水利用は地下水と表流水を個別の水源として扱ってきたが地下ダムの効率的な運用方式として地上ダムと地下ダムを組み合わせた連携運用がはかられないかとの考えがある．

通年一定の利水容量をもつ地下ダムと洪水期，非洪水期別の利水容量をもつ地上ダムを連携運用することによって利水容量の効率化がはかれないかとするものである．

11.5.3 下水処理水の再利用

1）雑用水利用　雑用水利用とは，生活用水の中で低水質でも支障のない用途に雨水や下水の再生水など水道水質と比較して低水質の水を利用することである．下水道の普及にともない，大量の排水が処理場に集積され，近年の下水高度処理技術により，この排水を都市の低水質で差し支えない用途の需要の供給源にすることができる．しかし，雑用水が水洗トイレ用水など，利用用途が限られていることや，二重配管や

水処理・維持管理にコストがかかることなどから，雑用水使用量は平成11年度末で水道用水供給量との比較で約1.0%と量的にはかなり少ない．

2) 環境用水への補填　下水道整備が進むにつれて点源負荷の河川への流入が減り，河川水質が高まったことは事実であるが，都市河川にあっては自流量が乏しくなってきており，濃度的には水質汚染が悪化する傾向にもある．都市河川の平常流量の確保をはかるとともに，生態系の保全および水質制御として下水処理水を環境用水として導入することが試みられており，さらに下水処理の高度化とあわせ，水辺空間の形成に必要な親水用水，せせらぎ用水の確保水としても導入し，流水復活・清流復活に下水処理水が水循環システム再生に寄与すべく検討されている．

11.5.4 海水の淡水化

海水中の塩分を除去することにより海水を淡水化することができるが，その方法として逆浸透法，電気浸透法のような特殊な膜の性質を利用して除去する方法，蒸発法，LNG冷熱利用法のように水の相変化（水から蒸気または氷への変化）を利用して塩分を分離する方法，および透過気化法のようにこれらの方法を組み合わせた方法[8]がある．いずれの方法も相対的に大量のエネルギーを必要とする．大容量造水プラントとなるとスケールメリットが効き，造水コストでみる限り上水の原水価格並になるが，まだまだコスト高である．目下のところ海水の淡水化の実用化は省エネルギータイプの逆浸透法および中小規模に適した透過気化法による技術開発が進められている．

わが国では離島の水源および工業用水等の一部として利用されているが，世界的には太陽エネルギー，石油エネルギーの豊富な中近東を中心に海水淡水化プラントの整備が進められており，それらのプラントの1/3以上は日本のメーカーによるもので，わが国のこの分野の技術開発はトップレベルにある．

11.5.5 需要管理

1) 節水型機器の導入・普及　炊事用水の削減をはかる節水コマ，風呂水の再利用のための簡易ポンプなどの機器，節水型トイレ機器・節水型シャワーヘッドなど各種節水機器の利用を奨励し，節水意識の普及・啓発を促進する．企業においても，水使用量の監視，リサイクル，再利用，冷却などの利用，機器の変更など節水努力に努める．

2) 料金体系と価格設定方法　節水を促進する料金および価格設定戦略としては，使用量が増えるほど高くなる逓増型料金体系に加え，季節（ピーク）料金，量による追加料金アップおよび節水に対する各種の奨励料金の採用などがある．

〔池淵周一〕

文　献

1) (財)日本ダム協会：ダム年鑑2002, pp. 618-619, 2002.
2) 国土交通省土地・水資源局水資源部：平成14年版 水資源白書, pp. 46-50, 2002.

3) 虫明功臣：国土庁水資源基本問題研究会資料，1997.
4) 国土交通省土地・水資源局水資源部：平成14年版 水資源白書, pp.51-63, 2002.
5) 許士達広・下田 明：水文・水資源学会誌, **8**(3), 285-296, 1995.
6) 中山 修, ほか：水文・水資源学会誌, **7**(4), 277-284, 1994.
7) 国土交通省土地・水資源局水資源部：平成14年版 水資源白書, p.290, 2002.
8) 国土庁長官官房水資源部：平成10年版 水資源白書, pp.141-146, 1998.

12. 農業と水

12.1 農業の水利用

12.1.1 灌漑の必要性

灌漑は，世界の農業において必要不可欠なものとなっている．それは，世界の農業生産量の40%が全農地の18%にすぎない灌漑農地から産出されること，途上国に限ってみれば穀物の60%が灌漑農地で生産されていることに端的に示される．

灌漑は，作物収量の安定化と増収という2つの効果をもつ．例えば，タイ国における稲作を例にとり，その単収を天水田（雨季作）と灌漑水田（雨季作および乾季作）で比較してみよう．図12.1で示されるように，灌漑のない天水田の米の単収は年々大きく変動し，安定性を欠いているのに対して，灌漑水田（雨季作）の単収は年間の変動幅が小さく，かつ収量は約2倍となっている．

9つの途上国における米の総生産量の増加に関連する4つの要因（面積，品種，施肥，灌漑）の分析結果によれば，面積増加が34%，改良品種が22%，施肥が22%，灌漑が25%の寄与率となっている（表12.1）．この数値は1960年代から70年代の

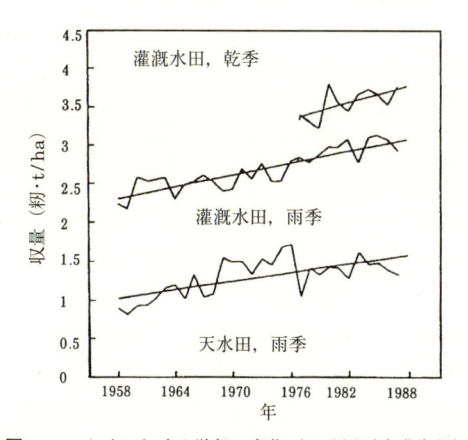

図12.1 タイにおける単収の変化（タイ国王室灌漑局）

表 12.1 東南アジア，南アジアにおける過去 10 年間の米増産に対する諸要因の寄与率

	収量の年間伸び率 (%)		生産量に対する寄与率 (%)					
			1954-56〜1964-66		1964-66〜1979-81			
	1954-56〜1964-66	1964-66〜1979-81	面積	収量	面積	収量		
						改良品種 (MV)	施肥	灌漑
バングラデシュ	1.9	1.1	39	61	50	7	23	20
インド	0.3	1.9	81	19	14	23	31	32
インドネシア	1.9	3.2	34	66	37	23	20	20
マレーシア	2.2	2.0	58	42	47	na	na	na
パキスタン	1.1	3.6	77	23	40	na	na	na
フィリピン	0.7	3.8	68	32	19	26	31	24
スリランカ	1.6	3.2	56	44	31	23	21	25
ビルマ	1.0	3.3	63	37	9	35	19	37
タイ	0.9	0.4	68	32	63	13	10	14

出典：IRRI（1986）：International Rice Research, 25 Years of Partnership.

ものであり，80 年代以降は面積の増加は大きく鈍化していることから，21 世紀を展望したとき灌漑の農業生産に対する役割はますます大きくなる．

12.1.2 農業で利用する水

1995 年において，世界で利用されている水の総量は 3800 km^3 と推定されている．このうち灌漑用水には 2500 km^3 が利用され，残りの 1300 km^3 が産業と飲用（都市）に供されている．比率でいうと灌漑が約 70%，産業用が約 20%，飲用（都市）が約 10% を占める．世界規模で見ると，今後，飲用水の供給を大きく拡大することが期待されている（世界水ビジョン，2000 より）．それは，世界人口のうち 5 人に 1 人が安全で手ごろな価格の飲用水を利用することができず，特に人口増加が続く途上国ではそうした事態がさらに深刻化することが予想されるからである．

わが国に目を転じると，2001 年における水の総使用量は 88 km^3 といわれており，部門別では農業用水に 58 km^3，工業用水に 14 km^3，生活用水に 16 km^3 が使われている．それぞれの総使用量に占める比率は 66%，15%，19% であり，世界と同様に農業用水が最も多量の水を利用している（国土交通省『水資源白書：平成 14 年版』）．

12.1.3 地域用水

農業用水は作物生産のための灌漑用水のみならず，農村部の生活や地場産業，生態系保全などに利用されている．こうした農業用水に含まれる，灌漑用途以外の水の利用を総称して地域用水という．地域用水は次の 3 つからなる（表 12.2）．

第一は，地域活動用水である．地域活動用水とは農村地域の各種地場産業と生活条件の維持・改善に使われる用水であり，比喩的にいえば上水道に含まれる都市活動用水に似通った性格をもっている．すなわち，農村地域の地場産業と生活様式のあり方に応じて，その利用形態が時代とともに変化するという性格を帯びた用水である．

表 12.2 農業用水の分類[2]

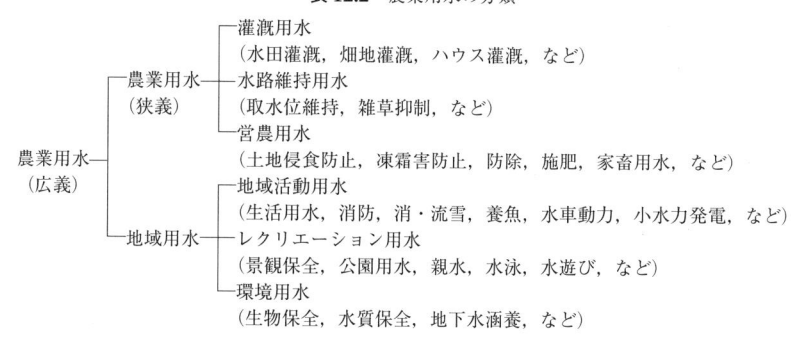

- 農業用水（広義）
  - 農業用水（狭義）
    - 灌漑用水
      （水田灌漑，畑地灌漑，ハウス灌漑，など）
    - 水路維持用水
      （取水位維持，雑草抑制，など）
    - 営農用水
      （土地侵食防止，凍霜害防止，防除，施肥，家畜用水，など）
  - 地域用水
    - 地域活動用水
      （生活用水，消防，消・流雪，養魚，水車動力，小水力発電，など）
    - レクリエーション用水
      （景観保全，公園用水，親水，水泳，水遊び，など）
    - 環境用水
      （生物保全，水質保全，地下水涵養，など）

　第二は，レクリエーション用水である．レクリエーション用水とは農村地域にある親水公園，堀，湖沼池，水路などの景観の維持とアメニティのために必要な用水である．この種の地域用水は，大都市住民の地方都市および中心集落への新規参入，あるいは農業集落における非農家所帯の増加が進むにつれて，需要の拡大が見込まれる用水である．

　第三は，環境用水である．水があらゆる生命活動を支えていることは，誰しもが認めるところだろう．環境用水とは農村地域における動植物の生命活動の維持のための，やや一般化すれば生物多様性を保全するための用水である．このことに付随して，水循環の健全性を維持するための汚濁希釈用水も環境用水に含まれると解される．

　途上国においても飲用（村人および家畜），水浴，家事・洗濯，家禽の飼養，魚の養殖，魚の採捕，食用水生植物の栽培，水車動力，舟運などの地域用水の利用が見られ，さらに水路空間は子どもたちには格好な遊び場を提供している．

12.1.4 水利慣行

　農業用水の利用をめぐる紛争や論争（水論という）を経験するなかで，利水者集団の相互間もしくは利水者集団の内部で慣習的に成立した水利用の規範（水利秩序）を水利慣行という．水利慣行は，河川や水路では上流と下流あるいは左岸と右岸の利水者集団間，ため池などの貯留施設では池敷の提供者と非提供者あるいは地主層と自作農層の間などの利害対立を背景に形成された．また，用水のみならず排水方法についても各種の水利慣行が成立した．

　水利慣行の多くは，渇水時もしくは洪水時の利水・排水方法の取り決めをその内容としている．それゆえに，何らかの技術手段によって渇水や洪水が緩和されると，すでに成立していた水利慣行は社会的な意味を失うが，新たな条件下で再び新たな水利慣行が形成されるというように，水利慣行は質的な変化を遂げながら存続すると考えられる．

12.1.5 水　利　権

わが国の近代法では，河川や湖沼の水は公水とされており，公水を特定の者が利用するときは水利権を取得しなければならない．公水は国家が管理するから，国家は一定の手続きのもとに利用者に対して水利権を認可することになり，これを許可水利権という．

慣習に基づいて継続的な水利用が行われている場合は，慣習法の精神から社会的に承認された水利権とみなされる．わが国のケースでは，明治期の河川法の成立（1896年）以前から水利用の事実があった利水者に対して水利権を認め，これを慣行水利権と称している．

水利権は排他的・独占的な権利であり，他者による権利侵害から擁護されている．また，一般に水利権の取得においては先行の水利権者の権利が優先する．すなわち，後発の利水者は先発の利水者の権利をおかさない範囲でのみ，その水利権が認められる．

世界に目を転じると，河岸の土地の優先的な水利用を認めた沿岸権，飲用・永年作物などの水利用を優先する水利権などがある．〔水谷正一〕

12.2　農業用水の管理

12.2.1　水管理と水利システム

水管理という用語は集水域および水源貯水池の管理，水質管理，場合によっては洪水管理といった広い内容を指すことがあるが，ここでは農業用水の管理という意味に限定して用いる．農業の水利システムは施設システムと社会システムの統合としてとらえることができる．水管理を考えるときも，施設システムと社会システムに分けて考えると理解しやすい．

農業用水の施設システムは，貯水池，ダム（堰堤），頭首工（堰），幹線用水路，分

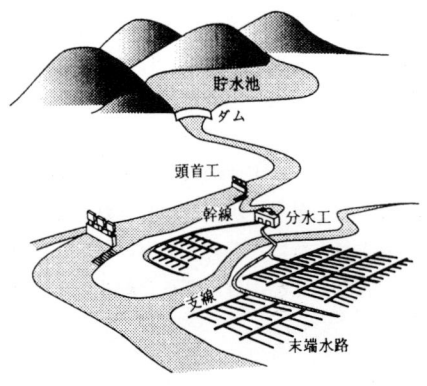

図12.2　水源施設から末端圃場までの水の経路と一連の施設群[2]

水工，支線用水路，末端水路，揚水機場（用水もしくは排水），排水路などから構成される（図12.2参照）．こうした施設システムの管理は，維持管理と操作管理の2つからなる．維持管理は水利施設の機能を維持するために行われるすべての行為のことであり，これにより水利施設は老朽化から免れ耐用年数が伸延する．操作管理は取水，送水，配水，分水，排水にかかわる水利施設の具体的な操作行為のことであり，その内容は後述する社会システムによって規定されるとともに，水利施設の物的な機能水準の制約を受ける．

施設システムに必要な資材も維持管理に深い関係をもつ．伝統的な技術，在地の技術でつくられた施設システムは身近な資材，例えば土，木材，石礫，筵（むしろ），柴などを用いているため，その入手は比較的容易でほとんど経費を要しない．しかし，近代的技術でつくられた施設システムは大規模かつ高性能で，現地調達が不可能な資材を用いるため，農民集団だけで購入・修理することは困難である．

水管理の社会システムは，水管理の社会組織と社会的なルールからなる．ここで水管理の社会組織は利用者による水利組合（日本の場合，土地改良区およびその連合体，一部事務組合，申し合わせの水利組合など）と公的機関（農林水産省，水資源開発機構，都道府県，市町村など）の2つに大きく分かれる．また，水管理の社会的なルールは，水にかかわる各種の法制度（例えば水利権についての法律，改修事業のための法律，水利組合に関する法律など），水利集団間の水利用にかかわるルール（水利慣行など），利水者間の水利用にかかわるルールなどをその内容とする．

12.2.2　社会システムと施設システムの関係

社会システムと施設システムの関係は，次のように考えるとわかりやすい．まず，施設システムを実質的に管理をしているのは誰か，ということである．その「誰か」に当たるのが社会組織といってよい．ここで「実質的」とは，「管理の責任と権限の所在」から判断できる．国や地方政府が実質的な責任と権限をもっている場合は国家管理（あるいは公的管理），利用者（農民）集団からなる水利組合がもっている場合は農民管理ということになる．もし特定の個人が責任と権限をもっていれば個人管理だし，民間会社の場合は会社管理となる．

次に，水管理の内容を知る必要がある．水管理には維持管理，操作管理，費用・資材の調達，水利用で発生する内外の紛争の処理などが含まれる．これらに関連した行為の具体的内容と行為を律する社会的ルールが，水管理の中味を構成する．

施設システムの新設も管理の責任と権限に深く関係する．途上国では国家が新設を行う場合，ほとんどが国家管理となる．農民集団がそれを行う場合は農民管理になると考えてよい．しかし，途上国で一般的に見られるこうした方式も，わが国では事情を異にする．わが国では，国家的事業（国営事業，都道府県事業）によって複数の取水口の合口を含む施設システムの新設と大幅な改修が取り組まれてきた．しかし，特別な場合を除き，その後の管理は国家もしくは都道府県へ移行することはなかった．

施設システムの管理は農民組合（土地改良区など）に委託管理される形をとり，既存もしくは新設の農民組合が管理するという形式がとられている．これは施設システムの新設もしくは大幅な改修事業は，農民が土地改良区を通じて申請するという法律上の仕組みと，事業認可時点であらかじめ事業完了後の管理方式を定めておかねばならず，多くの場合，土地改良区（申請者）が水管理を行うこととされたからである．

12.2.3 水管理の諸形態

水管理に責任と権限をもつ社会組織には国家，農民組合，個人，会社などがあることを先に述べた．こうした水管理の社会組織と社会的なルールをあわせ考えた場合，社会組織と実際の利水者の間にはいくつかの特徴的な関係が見出される．いまここで，水管理における社会関係を水管理形態と呼ぶことにすれば，水管理形態には統制，自治，契約，信託などがある．

統制とは，国家管理に特徴的な水管理形態であり，水管理の責任と権限が国家に集中する一方で，利水者には限定した水利用の権利と義務（例えば，労役提供もしくは低額の水利費の支払いに対する受水の権利）が付与されるという水管理の社会関係である．こうした形式は，古代の中国，1950年代以降に途上国で建設された大規模水利システムで多く見られる．

自治とは，水利組合の構成員である農民が水管理のあらゆる責任と権限をもつ水管理形態をいう．インドネシア・バリ島の水利組織スバック，北タイ・チェンマイ盆地のムアンファーイ，朝鮮半島の水利契，わが国の土地改良区および申し合わせの水利組合などがこれに相当する．

契約とは，水管理の責任と権限は水管理機関（民間会社など）が有し，水管理機関が利用者と従量料金制に基づいて水利契約を結び，水の配分を行う水管理形態をいう．アメリカ・カリフォルニア州にその典型が見られ，現代の中国における大規模水利システムにはその萌芽が見られる．

信託とは，農民の自治的な水利組合が，近代化・高度化した施設システムの操作管理と維持管理を技術者集団である管理機関に信託するという水管理形態である．近年，わが国でつくられた大規模水利システムにおいて，この形式の水管理形態が生まれている．

なお，水管理形態には社会組織が一元的な場合と重層的な場合がある．わが国で広く見られる土地改良区−農業集落−農家という水利システムは2つの重層的な社会組織，すなわち土地改良区と農業集落からなる（ここで，土地改良区と農業集落の関係および農業集落と農家の関係は自治的である）．途上国に見られる大規模の水利システムの多くは，国家−農民という一元的な社会組織である．しかし1980年代以降，途上国政府はこうした水利システムを国家−農民グループ（水利組合）−農民という重層的な社会組織に改編しようと試みている．この場合，国家−農民グループの関係は統制だが，農民グループ−農民の関係では自治を目指している．

12.2.4 施設システムの維持管理

施設システムの機能を維持するとともに通水量を確保するために，日常的，季節的，年次的もしくは緊急時に行う堰や水路，分水施設の点検・補修・修理を総称して維持管理という．

日常的な維持管理は灌漑施設に流付するゴミ・草などの除去が中心である．季節的な維持管理は水路内や法面に繁茂した植物の藻刈り，水路に溜まった土砂の浚渫などで，灌漑期の直前や雨季・洪水期の前に行う．年次的な維持管理は灌漑施設の点検と補修，ため池などの貯留施設では泥上げがその内容をなす．揚水施設，遠方監視・操作機器，ダムに付帯する諸施設などでは，定期点検と補修がマニュアル化されている．

緊急時に行う維持管理は多くの場合，異常な出水によって灌漑施設が破壊されたときに行う修理をいう．特に，灌漑作物の作期に水利施設が壊れた場合は緊急性が高く，迅速な対応が必要とされる．

12.2.5 水　利　費

農業用水の利用者が，農業用水の管理者に支払う水使用の対価を水利費という．

わが国では経常賦課金と特別賦課金という2種類の水利費がある．経常賦課金は土地改良区（水利組合）の管理運営費に，特別賦課金は水利施設の改良事業費等に充当される水利費である．それゆえに経常賦課金は毎年徴収されるが，特別賦課金は事業を行ったときの借入金の返済に当てるため，返済期間においてのみ徴収される．近年では水利費の支払いは金納が一般的となったが，かつては物納（米）や労役提供で代替することもあった．水利費の賦課方法には面積均等割，面積等級割，水量割などがある．モンスーンアジアの国々にはさまざまな形態の水利費が存在する．最近は金納が導入されつつあるが，維持補修のための資材および労役の提供といった形態の金銭に代わる負担行為が一般的である．

12.2.6 水管理への農民参加

小規模で伝統的な農業用水では，水の直接的な利用者である農民が水利施設を建設し，維持管理を行うことがある．また，水利施設を新設・更新・改良する場合，政府が資金・資材・技術を提供するとしても，利水者である農民が事業内容を検討したり，事業後の維持管理を担うことがある．こうしたことを総称して水管理への農民参加という．1980年代以降，途上国で水管理への農民参加が強く唱えられるようになった．その主なる目的は，1950年代から国家主導で建設された大・中規模灌漑システムにおいて，政府が直接担っていた維持管理の一部もしくは全部を農民管理に移行し，国家の財政支出を縮減することにある．また，1990年代になると世界銀行は途上国における構造調整策の一貫として灌漑システムの民営化を提唱し，その一手段として国家型水管理から参加型水管理（PIM, participatory irrigation management）への移行を進めている．これらの取り組みの評価は，今後の検証に待たねばならない．

〔水　谷　正　一〕

文　献

1) 農業土木学会：農業土木ハンドブック，改訂 6 版，農業土木学会，2000．
2) 丸山利輔，ほか：水利環境工学，朝倉書店，1998．
3) マイケル・M・チェルネア編著（「開発援助と人類学」勉強会訳）：開発は誰のために—援助の社会学・人類学，(社)日本林業技術協会，1998．
4) 今村奈良臣，ほか：水資源の枯渇と配分，農文協，1996．
5) 志村博康編：水利の風土性と近代化，東京大学出版会，1992．
6) 玉城　哲・旗出　勲：風土—大地と人間の歴史，平凡社，1974．

12.3　灌漑用揚水機具

12.3.1　揚水機具の種類と適用区分

　揚水機具は古くから地域の住民により，主として地域にある材料によって自作されて用いられてきた簡易揚水機具をはじめ，近代的技術によって設計・製作されるポンプに至るまで，それぞれの使用条件・使用目的に合致すべくその種類は極めて多い．またポンプに限ってみても，口径 20 mm 程度から 4200 mm ぐらいまであり，その大きさの幅も極めて広い．これらの揚水機具の種類を示すと図 12.3 のようになる．

　揚水機具の最も基本的な適用条件は，水を揚げる高さ（揚程といい，m で示す）と単位時間に揚げる水量（揚水量または吐出量といい，l/min，m^3/s などで示す）の 2 つである．表 12.3 は各種揚水機具のおよその適用区分である．

12.3.2　揚水機具開発の歴史

　簡易揚水機具は 4000 年前ぐらいの昔から開発されたものであるが，現在でも世界各地，特に開発途上地域においてよく利用されているものである．そしてそれを駆動する動力の主たるものは依然として人畜力と水車・風車等のローカルエネルギーである．

　ポンプが開発されたのは今から 400 年ぐらい前であり，最初のそれは容積型の往復式ピストンポンプで，続いて容積型の回転式ポンプが開発されている．これに遅れること 100 年ぐらいに遠心力を利用するターボ型ポンプが構想され始め，さらに約 100 年を経過して渦巻ポンプが開発された．その間に蒸気機関を動力とする往復式ポンプの全盛時代を迎えた．そして現在は，19 世紀の終りごろより実用化されはじめた内燃機関や電動機とマッチングした各種のターボ型ポンプが広く利用されるようになっている．

12.3.3　ポ　ン　プ

a.　ポンプの揚水原理

　ポンプ（pump）の揚水システムは，その本体が一定位置に固定され，その前後に装備される吸込管・吐出管とから構成される固定システムである．その密閉された閉鎖空間の中で，ポンプ要部（容積型（displacement pump）ではピストンやベーン，

12.3 灌漑用揚水機具

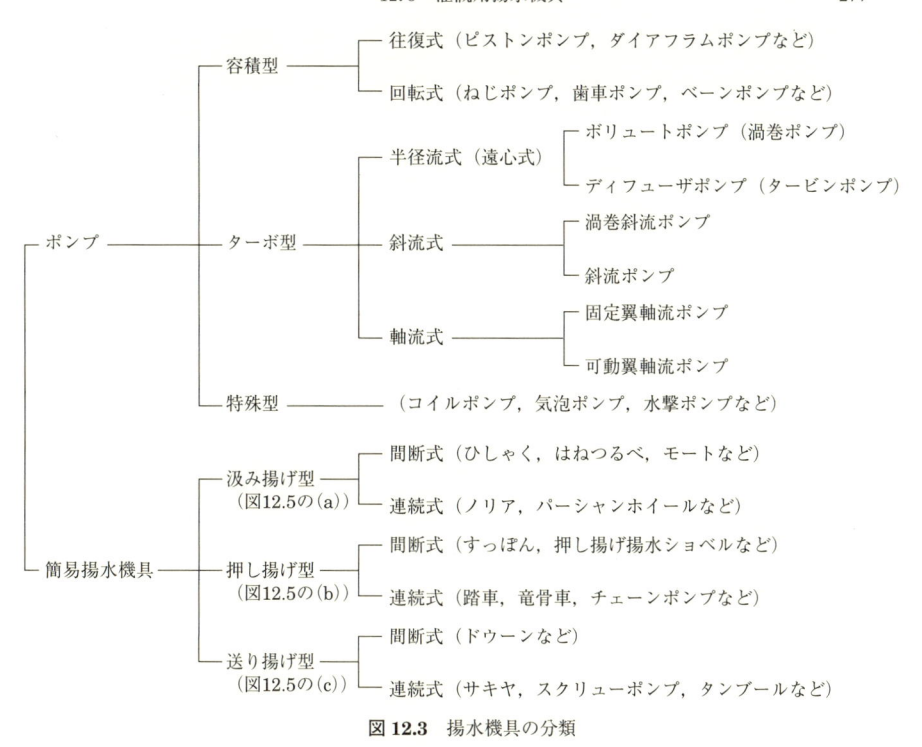

```
                    ┌─ 往復式（ピストンポンプ，ダイアフラムポンプなど）
         ┌─ 容積型 ─┤
         │          └─ 回転式（ねじポンプ，歯車ポンプ，ベーンポンプなど）
         │                            ┌─ ボリュートポンプ（渦巻ポンプ）
         │                ┌─ 半径流式（遠心式）─┤
         │                │            └─ ディフューザポンプ（タービンポンプ）
         │                │            ┌─ 渦巻斜流ポンプ
─ ポンプ ─┼─ ターボ型 ─┼─ 斜流式 ──┤
         │                │            └─ 斜流ポンプ
         │                │            ┌─ 固定翼軸流ポンプ
         │                └─ 軸流式 ──┤
         │                             └─ 可動翼軸流ポンプ
         └─ 特殊型 ─────（コイルポンプ，気泡ポンプ，水撃ポンプなど）

                      ┌─ 汲み揚げ型 ─┬─ 間断式（ひしゃく，はねつるべ，モートなど）
                      │（図12.5の(a)）└─ 連続式（ノリア，パーシャンホイールなど）
                      │
─ 簡易揚水機具 ──┼─ 押し揚げ型 ─┬─ 間断式（すっぽん，押し揚げ揚水ショベルなど）
                      │（図12.5の(b)）└─ 連続式（踏車，竜骨車，チェーンポンプなど）
                      │
                      └─ 送り揚げ型 ─┬─ 間断式（ドウーンなど）
                       （図12.5の(c)）└─ 連続式（サキヤ，スクリューポンプ，タンブールなど）
```

図 12.3 揚水機具の分類

ターボ型（turbo pump）では羽根車）の運動により，水にエネルギーが与えるられ，水はシステムの中を流動して揚水される．

b. 容積型ポンプ

このポンプは，密閉した容器内で要部の運動により水に体積変化を与えて揚水作用を行わせるもので，ポンプ要部の運動方法により，①往復式と②回転式に分けられる．要部は①の場合は，ピストン・プランジャーなど，②の場合は，ねじ・歯車・ベーンなどの回転子である（図12.4(a)）．

灌漑用としては極めて小規模な場合を除いて容積型ポンプが利用されることはほとんどない．しかし，ターボ型ポンプと比較して1台で高い揚程が得られることと，回転数の変動に対してポンプ効率が変動しないという特性をもっている．

c. ターボ型ポンプ

ポンプの駆動軸に対する水の通過方向によって，①半径流式，②斜流式，③軸流式に分けられる．ポンプ本体内で，それぞれに特有な羽根車が回転することにより，水に圧力エネルギーと速度エネルギーを与えて揚水作用を行わせるものである．軸方向から入った水が，①は軸に直角方向に，②は軸に斜め方向に，③は軸と平行方向

表12.3 各種揚水機具の適用区分（大略）

		揚　水　量		
		小揚水量 (0.1～6 m³/h) (0.002～0.1 m³/min)	中揚水量 (6～36 m³/h) (0.1～0.6 m³/min)	大揚水量 (36 m³/h 以上) (0.6 m³/min 以上)
揚程	高揚程 (9 m 以上)	(ピストンポンプ) 半径流ポンプ チェーンポンプ	(ピストンポンプ) (ベーンポンプ) 半径流ポンプ チェーンポンプ	(ピストンポンプ) 半径流ポンプ
	中揚程 (1～9 m)	半径流ポンプ パーシャンホイール ノリア はねつるべ	(ピストンポンプ) (ダイアフラムポンプ) 半径流ポンプ チェーンポンプ パーシャンホイール モート ノリア サキヤ	(ピストンポンプ) (ダイアフラムポンプ) 半径流ポンプ 斜流ポンプ 軸流ポンプ サキヤ スクリューポンプ
	低揚程 (1 m 以下)	ひしゃく 振りつるべ すっぽん 押し揚げ揚水シャベル ドウーン 竜骨車 踏車 タンブール	振りつるべ ノリア サキヤ ドウーン 竜骨車 踏車 タンブール	軸流ポンプ ノリア サキヤ ドウーン 竜骨車 踏車 スクリューポンプ

(　)：容積型ポンプ，　□：ターボ型ポンプ，　＿＿：簡易揚水機具．

に通過する．（図 12.4(b)）．

　半径流ポンプ（radial-flow pump）は，羽根車による遠心力に依存するので遠心ポンプ（centrifugal pump）と呼ばれたり，ケーシングの形状から渦巻ポンプ（volute pump）といわれたりする．通常は水を片側から吸い込む片吸込み型であるが，大水量には両吸込み型で対応する．渦巻ケーシングと羽根車の間に固定した案内羽根を設けたものをディフューザポンプ（diffuser pump）あるいはタービンポンプ（turbine pump）という．半径流ポンプは基本的には高揚程のポンプであるが，いっそうの高揚程化をはかったものがディフューザポンプである．さらに高揚程が求められるときは水の通路を直列に連結した多段ポンプ（multi-stage pump）とする．

　斜流ポンプ（mixed-flow pump）は，その英語名が示すように半径流ポンプと軸流ポンプの両特性（前者が小水量・高揚程を，後者が大水量・低揚程をねらう）を兼ね備える．したがって，高いポンプ効率を維持しながら，軸流ポンプよりも高い揚程に対応でき，半径流ポンプよりも大水量をこなせるという広い適用範囲をもつポンプである．

　軸流ポンプ（axial-flow pump）は，羽根車の形状からプロペラポンプ（propeller

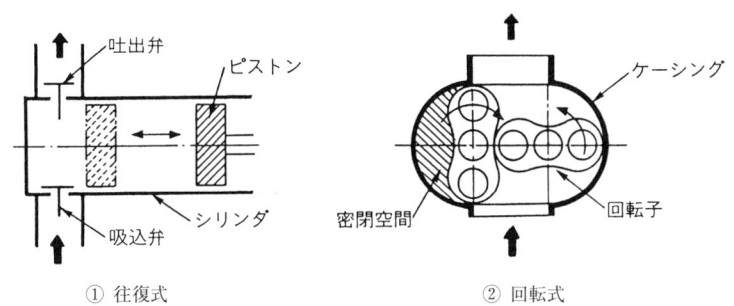

(a) 容積型ポンプ / ① 往復式 / ② 回転式

(b) ターボ型ポンプ

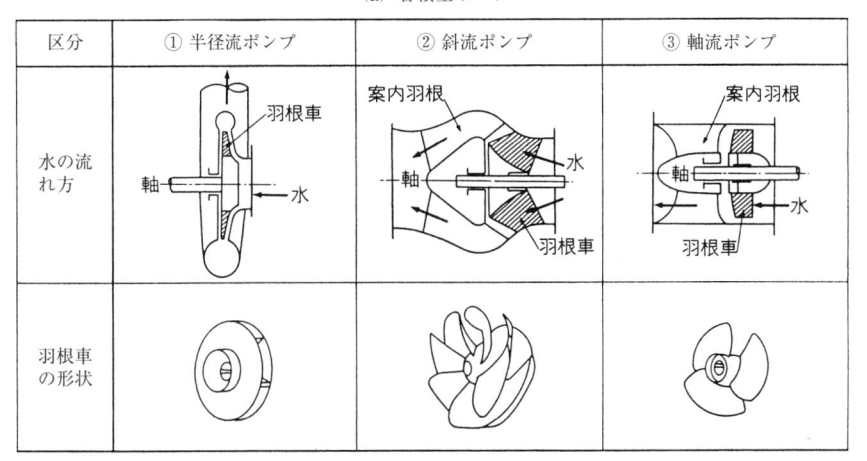

区分	① 半径流ポンプ	② 斜流ポンプ	③ 軸流ポンプ
水の流れ方			
羽根車の形状			

図12.4 ポンプの揚水作用

pump)ともいわれる．このポンプは低揚程・大水量が要求されるとき最も有効なポンプである．したがって，もっぱら地域排水用のポンプとして位置づけられている超大型のポンプである．しかし，ターボ型ポンプのなかでケーシング・羽根車ともに最も簡単な構造であり，低揚程の灌漑用ポンプとして現地製作も比較的容易であることに着目する必要があろう．かつて日本の水田でよく用いられたバーチカルポンプ(vertical pump)は軸流ポンプの一種である．

d. 特殊型ポンプ

1) 容積型・ターボ型と異なる揚水原理によるものとして，① コイルポンプ (coil pump)，② 再生ポンプ (regenerative pump)，③ ジェットポンプ (jet pump)，④ 空気揚水ポンプ，(air–lift pump)，⑤ 水撃ポンプ (water hammer pump, hydraulic ram)，などがある．

2) 特殊なターボ型ポンプとして，① 水中モーターポンプ (submersible motor pump)，② チューブラーポンプ (tubuler pump)，③ 深井戸ポンプ (deep–well

pump），などがある．

　3）ポンプ駆動方式の特殊なものとして，① 水車ポンプ（water turbine pump），② 流水駆動ピストンポンプ（current-drive piston pump），などがある．

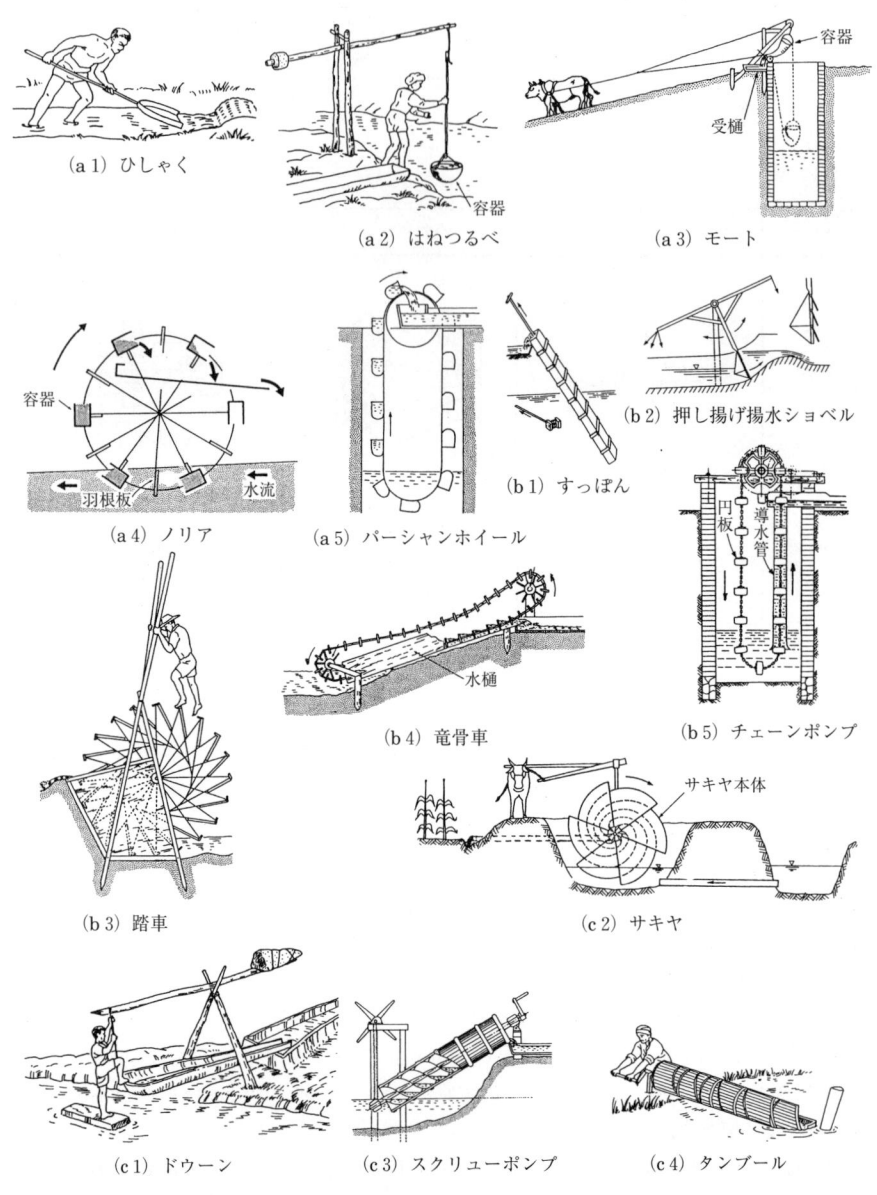

図 12.5　簡易揚水機具例（図 12.3 参照）

(a1) ひしゃく　(a2) はねつるべ　(a3) モート
(a4) ノリア　(a5) パーシャンホイール　(b1) すっぽん　(b2) 押し上げ揚水ショベル
(b3) 踏車　(b4) 竜骨車　(b5) チェーンポンプ
(c1) ドゥーン　(c2) サキヤ　(c3) スクリューポンプ　(c4) タンブール

12.3.4 簡易揚水機具

a. 簡易揚水機具の揚水特性

ポンプが密閉空間の中で水にエネルギーを与えて揚水するのに対して，簡易用水機具は開放された空間において，機具の要部（水の容器に相当する部分）の運動によって，水を直接的に運び揚げるものである．ポンプは空気が混入するとその性能が著しく低下するか揚水不能となる．しかし，簡易揚水機具の場合は気圏と水圏が絶えず混じり合って作用するのでポンプのような心配はなく，むしろ撹拌によって環境浄化の効果が期待できる．また，水に雑物が混じっていてもポンプほどの悪影響はない．

現在，揚水機具として近代的なターボ型ポンプの利用が盛んであるが，簡易揚水機具の価値も見直される必要があろう．これは極めて古い時代から工夫されて用いられてきたものであり，現地の人々が現地の材料で製作でき，安価で維持管理にも問題が少ない．さらに，ターボ型ポンプには据付け高さに厳しい制約があったり，その運転回転数の変動によってポンプ効率が大きく変動するのに対して，簡易揚水機具は寛容である．したがって，ローカルエネルギーで直接駆動しやすいことも環境保全上からも魅力的である．

b. 簡易揚水機具の種類

要部の運動によって以下の3種に分類される[1]．

① 汲み揚げ型：容器で直接水を汲み取り，その容器ごと水を揚げる（図12.5(a)）．

② 押し揚げ型：水の通路としての樋や管を固定し，その中を板片などを上方に移動させて水を押し揚げる（図12.5(b)）．

③ 送り揚げ型：容器が姿勢（傾き方）を変えることによって，汲まれた水が容器中を送り流されつつ揚水される（図12.5(c)）．

〔佐野文彦〕

文 献

1) 庄司英信：揚水機と灌漑排水，pp.3-4, 養賢堂，1965.
2) 佐野文彦：小規模灌漑と揚水機具―地球にやさしい灌漑手法, pp.89-206, 農業土木事業協会, 1998.

12.4 水田と水

12.4.1 水田の構造と水の流出入

整備された水田の標準的な構造は図12.6のようになっている[1,2]．水田の区画は長方形で，長辺が100 mで短辺が30 m, 面積が30 aである．大きなものでは面積が100 a（=1 ha）のものもあるし，30 aよりも小さい区画のものもある．日本の農家の平均水田所有面積は1 ha以下なので，30 aの標準区画ではわずか3枚程度に相当する．

区画の短辺方向には農道と用水路，排水路が接続している．図では中央に排水路があり，反対側に農道と用水路がある．この構造ではトラクターやコンバインなどの農

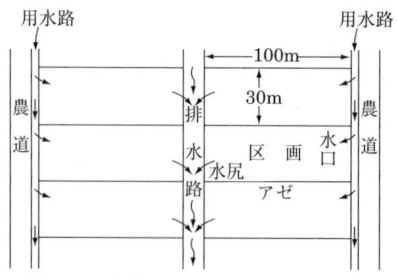

図 12.6　整備された水田区画と水路・道路

業機械は農道から直接各区画に入ることができる．もしも農道が接続していないと，機械は直接その区画に入れなくなり隣の水田を通って入ることになるが，所有者が異なるとそれも難しくなる．

　灌漑用水は用水路で運ばれ，用水路から各区画に直接入る．用水路と水田の間に設けられた取水口（水口（みなくち））を開けたり，閉めたりして流入水量をコントロールする．水田の水を排水したいときには排水路と水田の間にある排水口（水尻（みなじり））を開けて排水する．普通，稲作期間の湛水している時期には排水口は閉じておく．稲作が終了した後は，雨水を排水するために開けておくことが多い．このように水田の中の水は「水口」と「水尻」の開け閉めによって管理されており，農家は各区画の水を湛水したり，排水したり自由に操作できる．このような用水路と排水路が別になっているシステムを「用排分離型」という．

　なお水田には用水路と排水路が各区画に接続していない水田もある（図12.7）．傾斜地に多い棚田はこのような構造のものが多い．そこでは水は上部の田から下部の田へと流れていく．これを「田越し灌漑」という．各区画の水口と水尻の水量をうまく調整することで，全部の区画に水が適切にいきわたるようにする．それでこのシステムであると全部の農家が協力して水管理を行う必要があり，一部の区画にだけ水を入れたり，排水することはできない．

　もう1つの型が「用排兼用型」である（図12.7）．1つの水路が用水路と排水路を

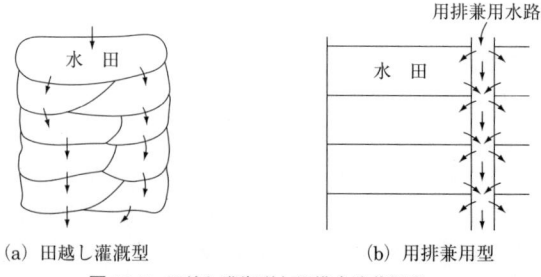

（a）田越し灌漑型　　　　　　（b）用排兼用型

図 12.7　田越し灌漑型と用排水路兼用型

兼ねるものである．傾斜地では水路の上流部から取水し，下流部で排水する．平坦地では水路の水位差が少ないので，取水するときには水路に堰をつくって水位を高くして水を入れる．

12.4.2 水田の用水量と水収支

水田の中の水の流入と流出を図示したのが図 12.8 である．流入する水は灌漑用水と降雨である．流出する水は排水路への地表流出と地下への浸透，それに水面からの蒸発と葉面からの蒸散がある．水面蒸発と蒸散の和を「蒸発散」といい，これらの量的な収支を「水田の水収支」という．

水田の中ではこれらの水収支の項目が1日ごとに変化するので，水田表面にたくわえられている水（湛水）の量が変動する．湛水量 H は水深で表されるので，その変動量 ΔH は次式で表される．

$$\Delta H = (I+R)-(S+P+ET) \tag{12.1}$$

ここで，I は灌漑水量，R は降雨量，S は地表流出水量，P は浸透水量，ET は蒸発散量で，いずれも水深 mm で表示する．

R は気象条件で変化し，時期や年によってかなり変動するので，干ばつや冠水が起きやすい．それを防ぐのが灌漑であり，排水である．

稲作期の水位が一定の時期には $\Delta H=0$ だから式 (12.1) は

$$I+R=S+P+ET \tag{12.2}$$

地表流出が止められていれば $S=0$ で

$$I+R=P+ET \tag{12.3}$$

この場合水田で必要な水量は浸透量と蒸発散量の和となり，それに見合った灌漑水量と降雨量が必要になる．

蒸発散量は時期や地域によって若干変化するが，日本での値は 4〜6 mm/日[3]で，平均値は 4.9 mm/日となっている．一方浸透のほうは土壌の種類や地下水位の条件によってかなり大きく変化する．粘土質の土壌では不透水性で水はほとんど浸透しないので P は数 mm/日以下になる．砂質の土壌では水は浸透しやすく浸透量は膨大になり，100 mm/日を超えることもあるので，このような地域では浸透を抑制することが行われる．ブルドーザーなどの重機械で転圧したり，粘土を混入したりして浸透量を 20 mm/日以下にしている[1]．したがって日本の水田の必要水量は 10〜30 mm/日の範囲に入るとみられる．100 日間の稲作期間では 1000〜3000 mm になる．

12.4.3 水田用水量

上述した水田の必要水量が降雨によって供給されれば灌漑水量は必要でない．しかし日本の平均年降雨量は約 1800 mm なので一般的には降雨だけでは不足する．それに降雨は毎日平均して降るわけではない．大雨のときには水田から溢れて出てしまうので，役に立つのは降った雨の一部である．さらに降雨量は年によって大きく変化し，小雨の年には干ばつになる．そこで干ばつに備えるために灌漑施設が昔から整備され

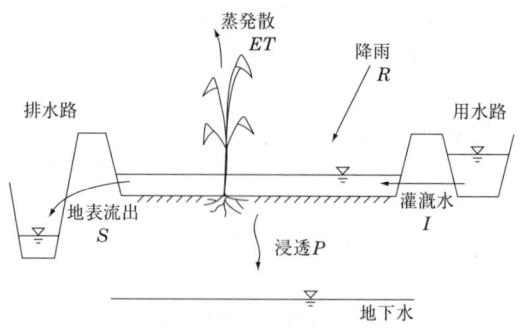

図 12.8 水田の水収支

てきたのである.
　さらに田植えの前の最初に水田に水を入れる際には上記の用水量のほかに表面に湛水するための水と乾いた土を湿らすための水が必要になる．この時期には後述するシロカキという作業を行うので，これを「シロカキ用水量」といっているが，ほぼ100～150 mm である．
　以上が 1 枚の水田の中の用水量であるが，このほかにその水田まで送水する過程での損失水量がある．水路での浸透や蒸発である．さらに途中の水路や調整池を満たすための水量も必要である．
　広い水田地帯の用水量になるともう1つの要因がある．それは反復利用と循環灌漑である．反復利用とは排水路へ流出した水や浸透した水が再び他の水田で使われることである．実際の水田ではこの反復利用がかなり行われている．もしもこの反復利用が徹底的に行われていると，灌漑必要水量は減少し蒸発散量に限りなく近づく．また地下へ浸透した水が地下水を涵養し，その地下水を工業や都市が使っている場合も多い．
　循環灌漑は排水路に堰と揚水機を設けて，排水を再び用水へ戻すことである．こうすれば地域から流出する水は極めて少なくなる．水資源に乏しい地域ではこのような循環灌漑を行ってきたが，この灌漑方法では肥料や農薬の流出を少なくできるので，最近は環境にやさしい灌漑方法として取り上げられている．

12.4.4 排 水 改 良
　水田でトラクターやコンバインのような機械を使うためには田面が乾燥していて走行できることが必要である．それで水田の排水改良が行われる[2]．特に収穫期の刈取り作業では，田面を湛水した状態から乾燥した状態へ速やかに変えることが求められる．
　水尻の排水口を開けて排水をするが，長さが 100 m もある水田ではかなりの排水時間が必要で，さらに田面に凹凸があると水たまりが残って排水がうまくいかない．

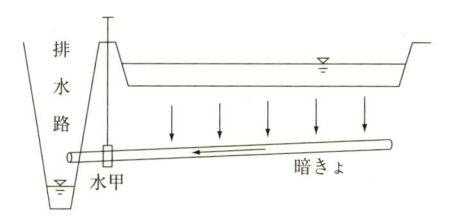

図 12.9 水田の暗きょ排水

それで大きな区画の水田では田面の凹凸をなくし均平にすることが重要で，日本だけでなく欧米の農家も田面の均平に努力している[2]．トラクターやブルドーザー，それにランドレベラーが使われる．

それでも収穫期に降雨の多い地域では排水不良になりやすいので，日本では「暗きょ排水」が整備されている．水田の土中 80～100 cm の深さに排水管を埋めて水が排水路へ流れやすくする方法である（図 12.9）．排水管には土管や塩ビ管が使われている．さらに田面水が暗きょ管へ流下しやすいように，暗きょ管を埋める際に掘った溝にモミガラなどの透水性の良い材料を充填している[2]．水はこの部分を通って暗きょ管に到達し，その後管を流れて排水路へ排水される．なお排水をしない時期には暗きょ管の末端にある水甲（バルブ）を閉じて，水の流れを止めておく．

近年，水田を中心とした生態系に関心が強まっており[4,5]，圃場整備や排水改良によってメダカ，ドジョウ，カエル，トンボなどの生育環境である水田生態系が変化していることが指摘され，その改善に向けての研究調査や市民活動が始まっている[2,6～8]．

〔田渕俊雄〕

文　献

1) 山崎不二夫：農地工学（上），東大出版会，1971.
2) 田渕俊雄：世界の水田 日本の水田，山崎農業研究所刊，農文協販売，1999.
3) 中川昭一郎：水田用水量測定法，畑地農業振興会，1967.
4) 守山　弘：水田を守るとはどういうことか，農文協，1997.
5) 宇根　豊：百姓仕事から見た自然環境，農村ビオトープ（杉山恵一・中川昭一郎監修），pp. 35-54，信山社サイテック，2000.
6) 水谷正一：農業水利と農村環境，同上，pp. 55-69，2000.
7) 中川昭一郎：圃場整備と生態系保全，同上，pp. 70-82，2000.
8) 立川周二：水田の昆虫相，同上，pp. 135-146，2000.

12.5　農業と水質問題

農業と水質問題には 2 つの側面がある．1 つは生活排水や工場排水により農業用水が汚濁されることで，もう 1 つは農業で使用する肥料や農薬，それに家畜糞尿に起因する窒素が流出することである．肥料や家畜糞尿中の窒素の流出は水系の硝酸汚染や

湖沼の富栄養化の原因になるので，現在大きな問題になっている．

12.5.1 農業用水の汚濁

日本の高度経済成長にともなって工場排水や生活排水による水質汚濁により農業用水も大きな被害を受けた．図12.10は農林水産省が調べた農業用水の汚濁面積の推移である．昭和45年には被害面積は20万haにも達した．その際の汚濁原因は工場排水がトップで次が都市排水，鉱山と続いている．その後規制強化や処理施設の整備により工場排水による汚濁は減少し，現在はそのほとんどが都市排水による汚濁である．これは下水道の整備が遅れていることを示しているが，生活排水が未処理のまま河川や水路，ため池に流出することが原因である．また浄化槽で処理されていてもその処理性能が不十分である場合が多い．

農業用水路の水質調査によると農業用水基準を満たしているものは40%弱である[3]．地域では関東地方の窒素濃度が悪い状況にある．ため池の水質調査でもCOD濃度が基準を満たしているのは42%にすぎない状況である．

対策としては，生活排水の処理施設の整備が基本であるが，農業側でも「水質保全対策事業」が行われている．具体的には汚水が用水路へ流入しないようにするための用排水路の分離，水源転換，浄化施設の整備である．また自然浄化機能を活用して水質浄化をはかる親水公園，浄化水路，休耕田活用などもある[1]．

12.5.2 肥料中の窒素の流出

a. 畑 地

畑地に施肥された窒素は作物に吸収されるが，一部は降雨による浸透水に含まれて地下へ溶脱する．そして地下水の窒素濃度を上昇させるが，その流下過程で下層土に

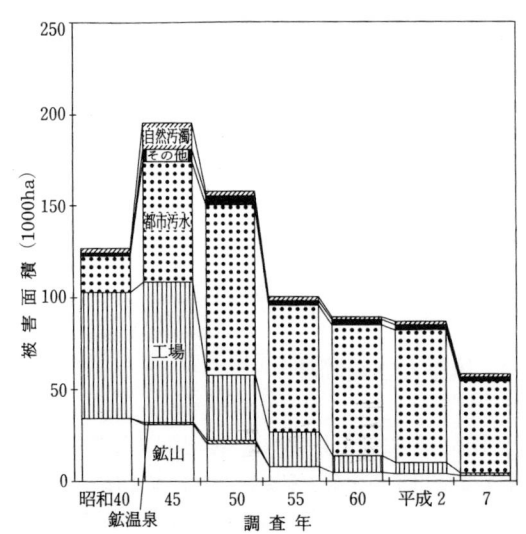

図12.10 農業用水の汚濁原因別面積の変化（農林水産省調査）[3]

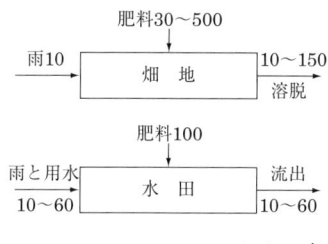

```
       肥料30〜500
          ↓
雨10  ┌──────┐ 10〜150
─────→│ 畑 地 │─────→
      └──────┘  溶脱

       肥料100
          ↓
雨と用水 ┌──────┐ 流出
─────→│ 水 田 │─────→
10〜60 └──────┘ 10〜60
         kg/ha・年
```

図 12.11 畑地・樹園地と水田からの窒素流出の概略値[3]

も窒素を蓄積していく．

茨城県農業研究所が多肥の野菜畑で浸透水の硝酸性窒素濃度を4年間測定した例では無窒素区では濃度はほとんど0であったが，標準施肥区では濃度は次第に上昇し40 mg/l に達した．さらに年間 500 kg/ha 程度の窒素を施肥した多肥区では 60 mg/l にも達した[3]．このように多肥の畑地では硝酸性窒素の溶脱が大きい．

溶脱窒素量の施肥量に対する割合を「溶脱率」というが，畑地での溶脱率は一般に 30% 前後といわれている．畑地での施肥窒素量は作物によって異なり，大豆や甘藷では 30 kg/ha と少ない．しかし野菜では 300 kg/ha も施肥する作物もあり年に2作では 500 kg/ha を超える．茶園などの樹園地でも施肥量は大きいので，多肥の作物を栽培する畑地や樹園地からの溶脱が問題になる（図 12.11）．

年間 500 kg/ha の施肥量で溶脱率 30% とすると，溶脱窒素量は 150 kg/ha になる．この溶脱量 150 kg/ha を年間浸透水量（降水量から蒸発量を引いた水量）で除すると，流出水の平均濃度が求まるが，浸透水量 1000 mm の場合で 15 mg/l になる．したがってこれらの地域では地下水の硝酸性窒素濃度が環境基準の 10 mg/l を超える可能性がある．対策として施肥量を減らすことや多肥の作物を連続して栽培しないことが推奨され，さらに肥料成分がゆっくり溶け出す新しい型の肥料の開発が行われている．

b. 水　田

水田の施肥量は 100 kg/ha 以下のことが多く，それほど多肥ではない．また灌漑用水による窒素の流入があることが畑地とは異なる．水田への窒素の流入は降水と用水，排出は浸透と地表排水である．湿田では田植え時期の落水による地表排出が大きい[3]．これは施肥直後に窒素濃度の高い田面水を落水することにより生じる．一方，乾田では浸透による排出が大きい．これらの排出を防ぐために施肥方法や水管理の改善が行われている．

また用水と降水による流入窒素量もかなり大きい．汚れた窒素濃度の高い水を大量に使っていればその流入窒素量は非常に大きくなる．場合によっては用水によって流入する窒素量のほうが浸透と地表排出による排出窒素量よりも大きくなる．それで排出負荷量と流入負荷量との差，「差し引き排出負荷量」を求め，差し引き排出負荷量

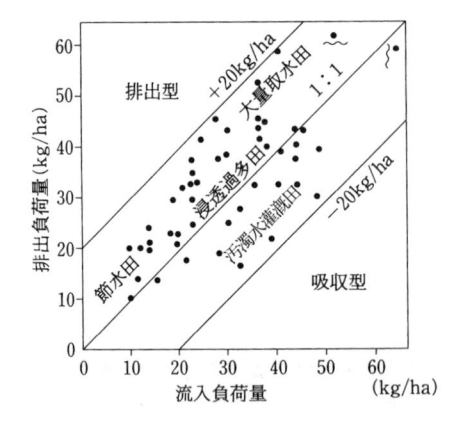

図 12.12 水田における窒素の流入と排出[3]

がプラスの水田を「排出型」，マイナスを「吸収型」と呼ぶ．吸収型の水田は窒素を除去して浄化を行っていることになる．

各地で調査された結果では水田での流入負荷量も排出負荷量もかなりの変化幅がある．およそ 10～60 kg/ha の範囲に分布しており，水田のタイプを反映している（図 12.12）．

水田では流入水の窒素濃度が高い場合には窒素が除去されて，水田は浄化役を演じる．水田が湛水によって還元状態になり，それで脱窒が生じるからである．植生や藻類による吸収もあるので，かなりの窒素量が除去される[3]．それで休耕田を活用した窒素除去の試験が行われている[4]．

12.5.3 家畜糞尿の窒素排出

放牧されているウシについては，牧草を食べて生育し，糞尿は草地で肥料になるので，窒素は循環している．しかし畜舎で飼われている家畜は購入飼料で飼われ，糞尿が排出する．堆肥にして農地へ使うのが最善であるが，多頭飼育なので畜産農家の農地だけでは使いきれなくなっている．その結果素掘り貯留池に貯留したり野積みなどが生じる．

これらから地下へ浸透した糞尿中の窒素は硝酸性窒素に変わり，地下水へ流入した後，低地へ流出し，河川を流下する．素掘り貯留池のある地域の地下水や湧出水の硝酸性窒素の濃度はかなり高くなる．多頭飼育の養豚場がある地域で測定した結果では，素掘り貯留池を用いている地域では硝酸性窒素濃度はその地域の養豚頭数密度が増大すると直線的に上昇し，10 mg/l 以上の値が各地で検出された[3,5]．しかし糞尿が堆肥にされて農地で利用されている地域では低い濃度になった．ウシの放牧地も同様に低い濃度になった．

その地域での窒素収支が水質環境に大きな影響を与える．飼養頭数密度の高い地域では家畜糞尿の量が過大になり，農地で使える量を上回ることも生じる．糞尿の処理・

利用を適正にするとともに，窒素収支のバランスをはかる必要がある．

12.5.4 地下水の硝酸汚染

1982年の環境庁の調査では10%の地区で環境基準値10 mg/l以上の高濃度の硝酸性窒素が検出され，1991年の農林水産省の調査では15.4%の地区で10 mg/l以上であった．1992年の茨城県のデータでは26%であった[6]．

多肥の畑地，樹園地ならびに畜産の高密度飼養地域では地下水の高濃度の硝酸性窒素が記録されている．静岡県の茶園地域では20 mg/lを超える値が記録され，多肥の畑地と畜産が存在する地域である宮古島では平均6.7 mg/l，岐阜県各務原では平均5.9 mg/lの硝酸性窒素濃度が記録され，いずれも最高値は10 mg/lを超えていた[6]．埼玉県櫛引でも同様であった．その他の地区でも10 mg/lを超える濃度がかなりの割合で検出されており，汚染が全国的な広がりをもっている．このように高密度畜産と多肥の畑地・樹園地の存在する地域ではその地下水と河川の硝酸汚染には十分な配慮が必要である．

このほか農業では灌漑にともなう塩害が問題になる．日本のような湿潤地域では問題にならないが，乾燥地域では大きな問題になっている．灌漑によって供給された水が地下へ浸透して地下水位を上昇させると，地下水に含まれている塩分が地表に出てきて作物に被害を与えるようになる．それで浸透をなるべく少なくするか，排水をよくして地下水位が上昇しないようにする．しかし排水の中には塩分が多量に含まれているので，その排水先が問題になる．河川に放流すれば下流で塩害が生じる．それでアメリカやオーストラリアでは蒸発池を造って蒸発させることも行われている[1]．

〔田渕俊雄〕

文　献

1) 田渕俊雄：世界の水田　日本の水田，農文協，1999.
2) 志村博康，ほか：新農業水利学，朝倉書店，1987.
3) 田渕俊雄，ほか：清らかな水のためのサイエンス，農業土木学会，1998.
4) 田渕俊雄，ほか：農業土木学会誌，**64** (4)，27-32，1996.
5) 志村もと子，ほか：農業土木学会論文集，**182**，17-23，1996.
6) 田渕俊雄：農業土木学会誌，**67** (1)，59-66，1999.

▨水のもつ資源特性▨

　水は循環資源である．この循環資源としての特性は，その量的利用にあっては，自然のもつ気象・水文現象の変動性にさらされているわけで，われわれはその変動性を平滑化する技術をもって水資源の開発等を図っているわけであるが，時には自然の異常性に見舞われ，一時的に水需給のアンバランスをもたらす．いわゆる渇水の生起である．

　一方，われわれは水あるいは河川がもつ環境資源としての特性も意識・無意識を問わず利用している．河川は土地利用のなかでも自然度の高い場であり，その縦断的な連続性，横断的な広がり，その間を流れる水量，これらを併せもつことにより自然環境の形成や空間形成に貢献しており，その利用が図られる．

　こうした環境資源としての利用にあっては，水量はもとより水質の良さが望まれるのはもちろんである．と同時に，この環境資源は利用の仕方を誤ると，その機能が低下し，時には枯渇する可能性も秘めている資源でもある．とりわけ，水は循環資源であり，その利用は流域にあっては，上下流間で，地域間であるいは地区間で，といったいろいろな単位で循環しながら利用されており，空間的にある段階で水に加えられた影響が，河川にあっては高きから低きに流れるがゆえに，また自然の浄化機能を超えた負荷がかけられると，その後の様々な水利用の働きに大きな影響を及ぼすことになる．

(S.I.)

13. 水　産　業

13.1　水　産　生　物

　生物の起源は海洋にあるといわれ，生物進化は長い間海洋で進行してきた．現在では海洋よりは陸上に生息する種が圧倒的に多いが，高位の分類（門）で見ると，水生生物のほうが多様性に富んでいる．特に動物では線形動物以外はすべて水中に生息する．一方，植物では，アマモなどごく少数の種子植物を除けば，すべて藻類である．体の大きさも，微細なバクテリアから現存動物中最大のシロナガスクジラに至るまでさまざまである．体の構造や生態，あるいは生理状態は，水と空気の性質の違いに応じて，陸上生物と水生生物では著しく異なる．水生生物は，一部を除けば水中で進化を遂げてきたが，2次的に水中生活を送るようになった生物でも陸上の祖先型とは異なった水環境への適応を示す．なお，水産生物とは人間によって現在利用されているもの，あるいは潜在的に利用される可能性を秘めているものを指すが，水産に有害な生物も時には水産生物ということがある．生物生産という観点から見ると，バクテリア，原生生物，植物プランクトンは，それぞれ食物連鎖を通して人と間接的に結びつき，餌料生物として養殖の対象となったりする場合もあるが，通常は水産生物とはいわない．

13.1.1　系統分類から見た区分

　植物では水産生物といえる分類群は，褐藻綱(コンブ類，ワカメ類，カジメなど)，紅藻綱（テングサ類，フノリ類，アサクサノリなど）などで，食用ばかりではなく，生理活性物質の生成でも注目されている．逆に赤潮などにより漁業に被害を与える植物としては，藍藻類，珪藻類，渦鞭毛藻類などの海藻があげられる．また，養殖魚への餌生物として微細藻類が栽培される．

　無脊椎動物としては，海綿動物（モクヨクカイメン），刺胞動物（クラゲ類，サンゴ類），軟体動物（腹足類—アワビなどの巻貝，アサリなどの二枚貝類，頭足類—イカ・タコ類），環形動物（多毛類—ゴカイなど），節足動物（鰓足類—ミジンコなど，カイアシ類，蔓足類—フジツボ類など，軟甲類—エビ・カニ類など），棘皮動物（ウニ類，ナマコ類），脊椎動物としては，無顎類（ヤツメウナギ類，メクラウナギ類），

軟骨魚類（サメ・エイ類），硬骨魚類（肉鰭類—シーラカンス・肺魚類，条鰭類—上記の魚類を除く現存の魚類），両生類（カエル類など），爬虫類（カメ類，ワニ類，ヘビ類），鳥類（水鳥），哺乳類（鯨類，海獣類）があげられる．このうち，水産生物として重要な分類群は，軟甲類（エビ・カニ類），頭足類（イカ・タコ類），魚類で，なかでも魚類の漁獲量が圧倒的に多く，80%以上を占める．

13.1.2 生息域から見た区分

塩分濃度は水産生物の生理を支配する浸透環境として重要である．水産生物の生息場所は，海水域，淡水域，汽水域，あるいは海水域，陸水域，河口域に3分割される．海水とは一般に塩分濃度が35前後，淡水は1以下（定義によっては3以下），汽水は両者の中間に位置して1〜30ぐらいの塩分濃度をいう．塩分濃度耐性は生物の種によって異なり，広い範囲にわたって生存可能な広塩性と狭い範囲の塩分濃度でしか生きられない狭塩性とに分けられ，汽水で生活する生物は広塩性を示すものが多い．淡水域は地球表面積の1%にも満たないから，生物の種数およびバイオマスは海水域が圧倒的に多い．しかし，分類群でおおいに異なり，魚類の例でいえば，淡水域に出現する種類は，およそ2万5千種のうち，40%に及ぶ．また，海水と淡水を回遊する種類も多く，サケのように海水から淡水に入り産卵するもの（遡河回遊），ウナギのように淡水から海水に移動して産卵するもの（降河回遊），アユのように産卵に関係なく淡水と海水を往来するもの（両側回遊）などがいる．しかし，多くの無脊椎動物や脊椎動物は狭塩性を示す．水中では陸上ほど温度差がないが，生存しうる温度範囲は種によって異なる．広い範囲の水温に耐える生物は広温性といわれ，狭い範囲の生息水温に住む生物は狭温性といわれる．生物が好適に生活する水温範囲を適水温という．このため，多くの生物種または近縁種の地理的分布は東西方向に帯状になる．熱帯に住む生物は高温に適応し，寒帯の生物は低温に適応する．哺乳類や鳥類のような恒温動物もいるが，大多数は変温生物である．植物は光合成に必要な光が届く水深でしか生息できないが，動物のなかには数千mの深海に生息可能なものもいる．深度が増すにつれ光の強さが減衰するから，体色や生活様式は生息水深により大きく変化する．昼夜で生息水深を大きく変える動物の移動を深浅回遊または垂直回遊という．光の届かない深海や洞窟内の動物には目が退化したものが見られる．

13.1.3 生活様式から見た区分

生物，特に動物の運動能力に関連する生活様式から生物を区分する方法があり，生態学的には系統分類よりはこの分類法がよく用いられる．

水環境中を浮遊し，水の流れに漂う生物をプランクトン（浮遊生物）という．珪藻などの藻類は植物プランクトンといわれ，水中での生物生産の基幹となるから，基礎生産者と呼ばれる．基礎生産は光合成に依存するから，光の届く浅い水深や栄養塩類の多い水域で盛んに行われる．動物プランクトンは，一生浮遊生活をする終生プランクトンと生活史の初期の段階で浮遊生活を送る一時プランクトンに分けられる．終生

プランクトンは節足動物のカイアシ類や毛顎類のヤムシなどが含まれ，植物プランクトンを消費し，自身はさらに上の食物段階の餌となり，植物プランクトン同様生物生産上重要な役割を演じる．二次生産者または一次消費者といわれる．一時プランクトンは，多くの魚類，棘皮動物，軟体動物，フジツボやゴカイの幼生に見られる．固着生活を送る生物は無論のこと，遊泳性の魚類などでも，このような生活様式は，分布域拡大の手段として役立つ．多かれ少なかれ，垂直回遊を行い，浮力維持のためのさまざまな適応が見られる．

水の動きに逆らって泳ぐ能力をもつ生物をネクトン（遊泳生物）という．頭足類，大型の甲殻類，魚類，ウミガメ類，水生哺乳類などが含まれる．海鳥もまたネクトンに分類されることがある．比較的大型の動物が多く，遊泳を可能にするさまざまな水中適応が見られる．大規模な移動は回遊と呼ばれ，それぞれの生理・生態的な特性に応じ，産卵（分娩）回遊，　索餌（採餌）回遊，越冬回遊などと呼ばれる．クロマグロのように太平洋を横断したり，ヒゲクジラ類のように熱帯から南極海に移動するものまでいる．ハダカイワシ類のように，遊泳能力が弱く，プランクトンとネクトンの中間に位置する動物をマイクロネクトンと呼ぶ．

水底で固着生活を送るか，水底を移動する生物をベントス（底生生物）という．海藻や海草などの植物，ゴカイ，貝類，エビ・カニ類，ウニ・ヒトデ類などの動物が当てはまる．有用水産生物が多く，また高次捕食者の餌生物として重要である．ベントスのうち，エビ・カニのように水底の基質表面に生活するものを表在性，基質中に生活するものを埋在性という．また，フジツボやイソギンチャクのように移動しないものを固着性という．

13.1.4 水環境への適応

一部の分類群を除けば，生物の比重はほぼ水に等しいから，浮力の恩恵を受け，移動に際しあまりエネルギーを消費せずにすむ．水の比熱の高さは，生物の体温を一定に保つ働きがあるから，変温性の生物に有利である．音は空気中の4倍の速さで伝播するから，視界の悪い水中では視覚よりも聴覚が極めてよく発達するし，遠いところから交信や餌の探知を行うことができる．逆に水の粘性は大きいから，泳ぐ際に抵抗が大きくなるが，この摩擦抵抗を減じるため体形が変化したり，鰭や肢などの遊泳器官がよく発達する．また，水の酸素濃度は低く，極めて広い酸素交換の場を必要とするため，鰓のような呼吸表面が広い器官が発達する．水中生活に欠かせない浸透圧調節能力もよく発達し，それぞれの生物群で独特の調節機能をもっている．サケのように淡水と海水を行き来する生物では，ホルモンを使い浸透圧の切り替えを行っている．

生物生産という面では，陸と比べるとバイオマスは極めて小さく，また基礎生産量も少ないが，動物の生産量は多いという特徴をもつ．また，食物段階が一般に陸上よりは多いから，特定の種類への依存度が低く，特に外洋では安定した食物連鎖を維持できる．

〔谷内　透〕

13.2 漁　　　　　業

13.2.1 漁業生産の概要

漁業は「経済的行為として自然の水界に生息する魚類その他の動植物を採捕する営み」である[1]．養殖業を漁業に含めることもあるが，通例両者は区別され，本文でも上記の定義に従う．

a. 日本の生産量

初めに漁業統計上の漁業区分について触れておく[2]．大きくは海面と内水面（湖沼・河川）に分けられ，前者は，遠洋漁業，沖合漁業，沿岸漁業の3部門に分類される．遠洋漁業とは，遠洋底びき網，以西底びき網，遠洋かつお・まぐろまき網，遠洋まぐろはえ縄，遠洋かつお一本釣，遠洋いか釣などがある．11種が定義されているが，母船式さけ・ます，いか流し網はすでに行われていない．沖合漁業とは，10t以上の動力船を使用する漁業のうち，遠洋漁業，定置網漁業および地びき網漁業を除いたものをいう．沖合底びき網，大中型まき網，近海まぐろはえ縄，近海かつお一本釣などがある．沿岸漁業とは，漁船非使用，無動力船および10t未満の動力船を使用する漁業ならびに定置網漁業および地びき網漁業をいう．

日本の漁業生産量は戦後一貫して増加していたが，1984年の1161万t（養殖業を除く）を最高として，1980年代末から減少に転じた．これは沖合漁業と遠洋漁業の漁獲量の減少による．沖合漁業では，その主要種であるマイワシが，最盛時には日本の漁獲量の1/3以上を占めていたほどであったが，80年代末から急減し始めたこと，そして遠洋漁業については，諸外国の200カイリ経済水域設定などにより年々操業条件が厳しくなってきたことによる．これに対して，沿岸漁業は200万t前後の漁獲量をあげ，比較的安定していたが，1997年から減少傾向にある．

2001年の漁獲量は481万tで，養殖生産量とあわせると613万tであった[2]．魚種別では，イワシ類，サバ類，スルメイカ，サンマ，スケトウダラ，カツオ，マグロ類が主要種であり，これらで漁獲量の半分近くを占める．

b. 世界の生産量

総漁獲量は，1990年代においても引き続き徐々にではあるが増加しており，97年には9391万tを記録した．しかし，翌98年には8728万tと前年に比べ700万t近くも減少した[3]．この減少の大部分は南米のペルーカタクチイワシ漁獲量の600万t減によっており，これは，1997〜98年に起きた最大級のエルニーニョの影響と考えられている．1999年から再び増加し1999年は9320万t，2000年は9485万tであり，世界の養殖生産量を加えると1999年は1億3747万t，2000年は1億4180万tになる．

漁業生産量の90％以上は海面からで，残りが内水面からである．国別では，中国，

日本，アメリカ，ロシア，ペルー，インドネシア，チリが主要国であり，世界の生産量の半分を占める．特に近年の世界の総生産量の増加は中国の生産量増加が支えている．中国，日本，ロシアを含む北西太平洋は世界最大の漁業生産域になっており，その生産量は2314万t（2000年）となっており，この値は大西洋全域と同等でインド洋全域の約3倍である．

魚種別に見ると，ニシン・イワシ類が全漁獲量の25%を占め最も重要な魚種になっている．日本の生産量で見たのと同様に，タラ類，アジ・サンマ類，カツオ・マグロ類，サバ類が多く，以上で50%を超える．このように日本のみならず世界の漁業生産を支えているのは海洋の表層を回遊する小型・大型の魚類である．これらのうち，特にイワシ，サバ・アジ・サンマなどの小型回遊魚は海洋環境の変化の影響を受けその資源量を大きく変動させる．

13.2.2 漁業の技術と方法

実際に魚を捕らえる漁労は，魚群を探索→操業位置を決定→漁具を展開し魚群を捕獲する，という過程を経る．場合によっては光や餌で集魚して後に捕獲することもある．この過程で漁獲を効果的に行うためにさまざまな漁獲技術が使われている．

a. 漁　具

捕獲に用いる道具である漁具とその展開法である漁法は本来一体のもので相互に関連しているので「漁具漁法」ともいわれるが，ここでは「漁具」に漁法の意味も含んで扱うこととする．漁具は次の3つに大別される．それぞれ主なものをあげる．対象魚種の生態・行動にあわせて用いられる．

① 網漁具：ひき網—底びき網，船びき網，地びき網．まき網—巾着網，揚繰網．刺網，流し網．敷網—棒受網，四つ手網．定置網．

② 釣り漁具：船から1本ずつ釣り下げて釣る，かつお一本釣，いか釣．船から曳航して釣る，引き縄．釣り針をつけた多数の枝縄を長い幹縄につけて釣る，はえ縄．

③ 雑漁具：網や釣り以外の漁具で，小規模漁業で用いられる．たこ壺，あなご筒，かに籠，突きん棒，採貝などがある．

b. 副　漁　具

上記の主漁具に対して，それらに付随して用いられ，漁獲効果や操業効率を増すための道具，装置をいう．

① 漁労機械：投網，揚網作業を機械化するもので，まき網のパワーブロック，はえ縄のラインホーラ，刺網のネットホーラ，底びき網のトロールウィンチ，いか釣やかつお釣の自動釣り機がある．

② 漁業計器：漁業の操業に使われる各種の電子機器で，魚群の存在や動きを探知する魚群探知機やスキャニングソナー，漁具の形状や動きをモニターするネットレコーダやネットゾンデ，潮の流れを知るドップラー潮流計，などがある．

③ 集魚灯：夜間に光に集まってくる性質をもつアジ，サバ，イワシ，サンマ，イ

カなどを集めて漁獲の効率を高めるための装置である．

c. 漁業情報

漁獲対象とする魚類が，いつ，どこで，どのくらいいるのかという事前の情報は効率的な漁業生産をはかるために不可欠である．今日では，日本沿岸，沖合の漁海況情報がさまざまの規模で収集・処理・解析され広報されている．人工衛星データも利用され，漁場位置と密接な関係をもつ水温分布などの海洋情報も提供されている．コンピュータ技術や情報通信技術の進歩に支えられ，漁海況情報システムの高度化が進んでいる[4]．

d. 漁獲技術の今日的問題

1995年FAO会議は「責任ある漁業のための行動規範」(Code of conduct for responsible fisheries) を採択した．これは，生態系や生物多様性を考慮した生物資源の持続可能な利用に基づく効果的な漁業の管理と持続可能な発展を目指すためのものである．そのなかで，混獲投棄 (by-catch and discards) と流失漁具による漁獲（ゴーストフィッシング，ghost fishing）の問題を指摘し，改善を勧告している．漁具は一般には非選択的で漁獲対象魚種以外の生物種まで捕獲してしまい，これらは投棄されることになる．FAOは世界の漁業における投棄量は2400万tにのぼると推定している．これを解決する道は容易ではないが混獲防止やゴーストフィッシングを減らすための新たな漁獲技術の開発が漁業の維持・発展のため緊急の課題になっている．

13.2.3　TAC制度による新たな漁業管理

1994年に国連海洋法条約が発効し，漁業資源管理のための国際的な新たな枠組みが確立された．この条約では，沿岸国に対し，距岸200カイリ内の生物資源についての排他的経済水域（EEZ, exclusive economic zone）を設定する権利を与える一方，その水域における漁獲可能量（TAC, total allowable catch）を定めて適切な保存管理措置をとることを義務づけている．わが国も1996年，同条約を批准，発効となった．1996年にEEZが設定され，1997年からTAC制度による漁業管理方策が導入された．隣国の韓国，中国とはEEZを前提とした新たな漁業協定が協議され，領土問題もからみ交渉は難航したが，韓国とは1999年2月から，中国とは2000年6月から新協定が発効に至った．しかし，両国が操業できる広大な暫定水域を設定するなど，資源管理上の問題は積み残されている．

わが国では事実上すべての漁業は国あるいは都道府県の許認可の下に行われる．それには，農林水産大臣の許可など（指定漁業，承認漁業，届出漁業），知事の許可（知事許可漁業）あるいは免許（漁業権漁業）によるものがある．これにより漁船の数や大きさ，漁場，漁期，漁具などを規制した漁業管理が行われている．この従来の制度に加えて，新たにTAC制度を取り入れることにより総量規制による管理が行われることになった．TAC制度の対象魚種である「特定海洋生物資源」は，漁獲量が多く国民生活上で重要な魚種，資源状態が悪く緊急に管理を行うべき魚種，日本周辺で外

国漁船により漁獲されている魚種，のなかで TAC を設定するのに十分な科学的知見が蓄積されているものから順次国が定めるとされている[5]．すなわち，TAC 制度は魚種別に 1 年間の漁獲可能量を定め，それを国と都道府県管理分に配分し，その範囲内で漁業を行う制度である．当初の 1997 年では，サンマ，スケトウダラ，マアジ，サバ類（マサバ，ゴマサバ），マイワシ，ズワイガニの 6 魚種を対象にして，1998 年からはスルメイカを加えて，7 魚種を対象にして運用されている．　　〔青木一郎〕

文　献

1) 能勢幸雄：漁業学，東京大学出版会，1980．
2) 農林水産省統計情報部：平成 13 年漁業・養殖業生産統計年報，農林水産省統計情報部，2003．
3) FAO：Yearbook 2000, Fishery Statistics—Capture Production, FAO, 2002.
4) 為石日出生：漁業と資源の情報学（青木一郎・竹内正一編），pp. 9-21，恒星社厚生閣，1999．
5) 水産庁：平成 9 年度漁業白書，農林統計協会，1998．

13.3　増　養　殖

　増養殖とは「増殖」と「養殖」を重ねた造語であり，現在は，増殖は漁業資源，すなわち無主物を増やすための行為，養殖は自己の所有する水産生物を商品にまで育成する行為として定義されているが，古くは大規模な養殖を増殖と呼ぶこともあった．集約性に差はあるものの，いずれも水域の生産に人為を加える行為であるため，まとめて「増養殖」と言い習わされている．

13.3.1　増　殖

　増殖事業では，天然の生産力を活用し対象とする資源生物群を増大・維持させるために，稚仔を放流（植物の場合は播種）する直接的な方法のほか，水環境の改善も行われる．そのうち水質にかかわるものとしては肥料成分を添加する「施肥」があり，一時的に肥料を撒く方法のほか長期間微量の成分を溶出させる方法がとられている．主にノリなどの植物の生長を促すことを目的とするが，水塊の基礎生産力を上昇させる効果もある．

　施肥が栄養塩の不足する場合に行われるのに対し，反対に内湾など海水の停滞しやすい場所で富栄養化によって溶存酸素濃度が低下する，赤潮が発生するなどの問題が認められる場合には，物理的な手段によって大規模に海水の交流を促す必要がある．水産土木技術には水路を開削する「開水路工」，海底に溝を掘る「作澪・導流工」，波が運ぶ海水を利用する「波浪利用導水工」，成層によって底層水が貧酸素化する場合にエアカーテンなどで海水を混合させる「成層破壊工」がある．

13.3.2　養　殖

　水産養殖の対象は，植物ではワカメ，コンブ，ノリなどの海藻類と，動物では魚類・エビ類・二枚貝類が中心になっている．これらのうち，水中に溶解している栄養塩を

利用して生長する海藻類や，天然で発生する植物プランクトンなどを摂餌する二枚貝類は自然水域を区画して養殖場にしている．一方，魚類やエビ類の養殖は，海藻や二枚貝と異なり人為的に給餌を行うので残餌や排泄物が多くなり，また代謝量が大きいために酸素をより多く必要とする．このため生け簀（いけす）の中，あるいは陸上の池・水槽といった人為的な環境下で養殖が行われている．

a. 養殖場

海藻の場合，海水中の窒素・リンなど栄養塩のほか炭酸（光合成のための炭素源）の濃度が生長の制限要因になり，特にアサクサノリは生長が早いため，それらの補給促進のため流速が早く（20 cm/s 以上）風浪の強い場所が養殖場に選ばれる．

貝類のうち養殖対象種はカキ，ホタテガイ，アコヤガイ（真珠貝）などの二枚貝であり，通常多くの貝を筏（いかだ）から垂下して養殖される．これらは水中に懸濁している植物プランクトンなどの有機物粒子を網目状の鰓で濾しとって食べるため，特に食用とする種類には基礎生産量の多い海域のほうが身入りが良い．一方，真珠母貝であるアコヤガイは，もともと静穏で水質汚濁のない海域に分布する貝であるため，内湾など海水交換の悪い水域に筏を設ける場合には，汚染や貧酸素水塊の発生に注意する必要がある．

b. 生け簀養殖

わが国で最も早く養殖対象になった海産魚はハマチ（ブリの幼名）であるが，初期には入江を堤で仕切り，一部に設けた網を通じて海水が交換する養殖場に魚を放養していた．これを築堤式養殖場と呼ぶが，この場合，海底に堆積する残餌や糞は分解する過程で溶存酸素を消費するのみならず，そのために還元状態になった底土は海水中に多く含まれる硫酸塩を還元して猛毒の硫化水素を発生させ，数年のうちに養殖ができなくなっていた．現在，海での魚類養殖は，ほとんどが海面に浮かべた円形または多角形の枠をもつ網生け簀で行われているが，これは，網目を通過する海水によって酸素の補給と排泄物の運搬除去が自動的に行われるからである．また，魚が生け簀の内部を周回することが遠心力の発生を促し，生け簀内部の汚れた水を外に押し出すとともに底部中心から新鮮な海水を取り込ませる．

生け簀養殖では，残餌や糞は生け簀直下の海底に堆積しやすく，分解速度よりも堆積速度が大きい場合には年々堆積する有機物が増加，溶存酸素を消費する結果，築堤式養殖場と同様な底泥の無酸素化と硫化水素の発生が起きる．これを，「養殖場の自家汚染」と呼んでいる．

c. 陸上養殖

水生動物の養殖にとって最も重要な要素は「酸素の補給」と「排泄物，特に有毒なアンモニアの無害化」であるが，陸上養殖にはその方式によって3種類の養殖形態がある．

1) 止水式養殖　　魚を放養して後，養殖池の水を交換しない方式であるが，交換

する場合でも1日の換水率（注水量/池容積）がおよそ0.5以下であれば止水式養殖に含められている．酸素の補給と排泄物の無害化は，主に水中の植物プランクトンの光合成と微生物の機能によって行われるため，池の中の生態系の安定が必須の条件になる．例えば，養殖生物から排泄されるアンモニアや，有機物の微生物分解によって生じたアンモニアは栄養塩として植物プランクトンに吸収され，一方植物プランクトンは光合成によって酸素を供給し養殖生物のみならず微生物の呼吸も助けている．したがって池は屋外に設けられ，通常は地面を掘り下げて簡単な土止めを施したものが多い．生態系の安定を考慮すると，有機物負荷をあまり高くできないために放養密度を低くする必要があり，また加温もできないなどの理由からわが国では次第に減少している．

海水や汽水で止水式養殖を行う場合には，水中に含まれる硫酸塩が溶存酸素濃度の低い底層水や底泥中で還元され硫化水素が発生しやすく，東南アジアで盛んなエビ養殖では数年で池が使用不能になることが多い．

2) 流水式養殖　　注水とともに等量の排水を常時行う方式であり，1日の換水率が0.5以上になるものをいうが，0.5から2までのものを半流水式，それを超えるものを流水式として区別することが多い．酸素の供給は，水面からの溶解よりも流入する水の溶存酸素によってなされ，残餌や排泄物は排水によって池から運搬除去される．換水率を高くすれば，池の水質は用水のそれと近似したものになるので，マス類など低酸素や水質悪化に弱い種類の生物も養殖可能になる．加温する場合には熱エネルギーも大量に流出することになるので養殖コストが高くなるが，アンモニアの蓄積に比較的強いウナギでは，半流水式にすることによりコストの低減が可能である．

3) 循環濾過式養殖　　飼育水槽の水を濾過槽に導き，砂やプラスチックなどの濾材の間隙を通過させた後に再び飼育水槽に戻す方式である．この循環はポンプにより連続的に行われるが，その過程で，水中のアンモニアは濾材表面に膜状に付着している硝化細菌の働きで亜硝酸を経て無害な硝酸にまで酸化される．水資源と熱エネルギーの再利用を目的に開発された方式であるが，最近は排水や廃棄物処理の面での優位性が注目されている．他の養殖方式に比較すると集約性が高く，硝化反応には十分な溶存酸素が必要なため強制的な曝気が必要であり，濾材表面の細菌膜が発達しすぎると水の流通が悪くなり細菌が死滅するため定期的な濾材の洗浄が欠かせない．観賞魚の小型水槽で普及しているほか，ヒラメ，トラフグ，オコゼなど高級魚の養殖にも利用されている．

長期間の飼育では硝酸濃度が次第に高くなる結果，pHの低下が硝化細菌の機能を低下させ，また養殖生物に異常が現れることがあり，飼育槽へのサンゴ砂や貝殻の投入，あるいは薬品による中和が必要になるが，脱窒細菌の作用により水中の窒素を気体化させ大気中に飛散させることで硝酸濃度を低く保つ方法もある．〔日野明徳〕

13.4 水産業と水環境

13.4.1 水産業と水環境のつながり

　水環境,すなわち,水をめぐる環境は,さまざまな面からとらえることができる.例えば,埋め立てによる干潟などの場の喪失をはじめとして,海流や温度などに関する物理的環境,海水を構成する化学成分のほか,火山などの自然活動や農業,工業,日常生活などの人間活動にともなって河川経由,大気経由または直接水域に流入する種々の物質などに関する化学的環境,そこに住む生物相互の生物的環境に分けて考えることができよう.こうした水環境は,水産業にとっても極めて重要である[1].

　水環境の変化はそこに生息している水産生物にさまざまな影響を及ぼす.沿岸の埋め立てによる干潟や藻場の喪失は水産生物の産卵や生育にとって極めて重要な場の消失をもたらすため,水産生物,ひいては水産資源に直接大きな影響が及ぶと考えられるほか,海流の流軸(流路)の変化は,周辺海域の水温の変化を通じて,プランクトンの質的および量的変化,さらにはそのプランクトンを捕食する回遊魚などの魚類群集の変化にまで及ぶ可能性がある.また水温の変化は卵の孵化率や稚仔魚の生残率などに影響を及ぼすほか,海藻類の分布などにも影響して磯焼けをもたらす場合があるとの指摘もある.また最近,水温の上昇がサンゴの白化現象の一因であるという指摘がなされている.さらに,海域などに流入する各種物質(無機物質および有機物質)のなかには水産生物に対して急性あるいは慢性の毒性を示すものがあるほか,最近では内分泌撹乱作用(環境ホルモン作用)を有する化学物質の存在も指摘されている.また富栄養化などにより増殖したアオコや赤潮プランクトンが産生する毒素などによってその水域の生物が斃死するなどの2次的な影響が生じる場合もある[1].

　このように,水環境の変化は水産生物に直接的に作用して,あるいは種間関係を通じてそれが増幅される結果,水産資源の減少や枯渇を招く可能性がある.また時には,そのような水環境の変化(とりわけ,水質汚染)に端を発した水産生物への悪影響が(悪影響が必ずしも顕在化していなくても,その可能性が報道された場合などにおいて)消費者心理に作用してその水域の水産物に対する買い控えなどをもたらし,いわゆる風評被害として,水産業関係者に対して間接的に影響する場合もある.

　現在までに水産業への影響が指摘され,報道などを通して社会問題となってきたものを項目別に掲げると,国土開発にともなう沿岸の埋め立てによる浅海域(藻場や干潟)の喪失[2]のほか,農地開発にともなう赤土の流入とサンゴ礁の縮小,窒素やリンの流入による水域の富栄養化[3,4],富栄養化と関連したアオコや赤潮の多発[5],有機水銀中毒であった水俣病事件に代表される重金属汚染[6,7],核兵器開発のための核実験(大気圏での核爆発)や原子力発電所からもたらされる放射性核種[8],発電所から出される温排水[9],重油などの原油由来の油による汚染(油臭魚問題を含む)[10],PCBをは

じめとする有機塩素化合物や有機スズ化合物（TBT および TPT）などの人工化学物質による汚染[11〜13]）であろう．

以下に，水環境の変化，特に水質汚染がもたらした水産業への影響（直接的および間接的影響）のうち，代表的な事例として，チッソ水俣工場の廃液に含まれていた有機水銀が原因で起きた水俣病事件[6,7]，ロシアのタンカー「ナホトカ号」転覆・沈没事故による日本海の重油汚染，PCBをはじめとする有機塩素化合物や有機スズ化合物（TBT および TPT）などの人工化学物質による魚介類の汚染（いわゆる，環境ホルモン問題）[13]）を簡単に紹介する．

13.4.2　水質汚染がもたらした水産業への影響

1）　水俣病事件：工場廃水による有機水銀中毒事件[6,7]

チッソ水俣工場がアセトアルデヒドの製造工程で生じたメチル水銀を含む工場廃液を，無処理のままで水俣湾に垂れ流していたことが原因で，水俣湾および不知火海の魚介類に著しい水銀（メチル水銀）汚染を引き起こした．高濃度にメチル水銀を蓄積した魚介類を食べたネコが狂ったように踊り出したり，自ら海に飛び込んだりするなどの異常な行動を示し，その被害（メチル水銀中毒）が周辺の住民にも及んだ．水俣病が多発したのである．工場廃水の停止を求めた漁民らの行動にもかかわらず，水俣病の原因が工場廃水にあるとの政府の認定が遅れて工場廃水の垂れ流しを差し止めることができないままメチル水銀汚染が拡大し，甚大なメチル水銀中毒が水俣だけでなく不知火海沿岸の住民にも及んだ．これまでに少なくとも 1200 名を超える死者と多数の水俣病・胎児性水俣病患者，さらに多くの未認定患者（水俣病であると政府に認定されていない患者）を出し，被害の実数は不明であると指摘されている[6,7]．

水俣病事件では，1956 年（昭和 31 年）に第 1 号患者が発生した後，工場側が調査研究のために必要な関係資料を示さず，また熊本大学医学部研究班の有機水銀原因説に対して一部の学者らがそれを否定するなどして激しく対立した結果，1968 年（昭和 43 年）に政府が水俣病の原因が工場廃水であるとして水俣病を公害病として認定するまでに 12 年を要した．またその間，被害の拡大とともに水俣病患者とその家族に対してさまざまな偏見や理不尽な差別が起きた．一方，水俣病患者らによってチッソに対して損害賠償を求める裁判が各地で起こされたが，裁判所による事件の解決前に亡くなる患者も少なくなかった．そのため，1990 年（平成 2 年）以降，裁判所による和解勧告が東京訴訟のほか，福岡訴訟，京都訴訟並びに関西訴訟でもなされた．1995 年（平成 7 年），政府与党が環境庁の調停案を基にした最終解決案を患者側に提示し，患者団体らがこれの受諾を決定して，1996 年（平成 8 年），患者各派とチッソが和解協定書に調印した．水俣病事件は史上最悪の公害事件として世界中に知られ，同時に今後の環境行政や環境汚染に対する調査研究などの取り組みに対して多くの教訓を残している．

2）　「ナホトカ号」転覆・沈没事故：タンカー事故による日本海の重油汚染

1997年1月2日，島根県・隠岐の東方沖合を航行中のロシアのタンカー「ナホトカ号」が暴風雨のために転覆し，船体が2つに破断して沈没した．この事故で，積載していたC重油のうち，ドラム缶約3万1000本分が流出して日本海を広範に汚染した．また9府県の約1000 kmに及ぶ海岸に重油が漂着した．また破断した船首付近が漂流して福井県・三国町の海岸に漂着した．重油が漂着した海岸ではフナムシやフジツボ類，ヤドカリ類などの潮間帯に生息する移動能力の小さな動物や底生生物を中心に斃死などの被害が生じ，またイワノリをはじめとする海藻類にも枯れたり，出荷できなくなるなどの被害が生じた．アワビ類やサザエ，ウニ類などの藻食性動物に対する影響も危惧されたが，実態は必ずしも明らかでなかった．重油が付着して出荷できなくなった水産物や風評被害による売上げの減少のほか，漁業者らが海岸に漂着した重油の回収処理などのために操業できない日が多かったなどのため，数億円規模の被害が生じた．

3) 有機塩素化合物や有機スズ化合物などによる汚染：環境ホルモン汚染[13]

1996年3月にアメリカで出版された"Our Stolen Future"（邦題：奪われし未来）[14]が契機となって，環境ホルモンに対する注目と関心が各国で広がり，高まった．環境ホルモンは，従来の毒性学で閾値として知られてきたレベル以下の極低濃度でも生物に影響を及ぼすことがあり，また曝露から相当の長期間を経てその影響が顕在化する場合があるなど，その汚染や影響を調べる研究手法とともにそれらを未然に防ぐための取り組みに対して大きな課題を提示している[14]．またこうした環境ホルモンの作用に関する特徴はほぼすべての生物に対して共通すると考えられるため，環境ホルモンによって汚染された魚介類を摂取した際の人体への影響だけでなく，水産資源としての生物そのものに対する影響として，例えば，生息量（すなわち，資源量）の減少という形で影響が顕在化する可能性も包含している[13]．また海洋があらゆる物質の最終到達場所であることを考慮すると，環境ホルモンによる汚染は看過できない問題である[13]．

生物の体内に広く残留が認められる人工化学物質の代表例として知られるPCBやDDTなどの有機塩素化合物は，その多くが環境ホルモンとして知られている[14]．イルカやアザラシなどの海生哺乳類にはこうした有機塩素化合物が高濃度に蓄積されていることが知られている[13]．かつて日本国内では海産生物のPCB汚染にともなう風評被害が生じたことがあったが[11]，有機塩素化合物の環境ホルモン作用によると疑われる異常が海産生物に顕在化しているかに関する調査研究事例は少ない[13,14]．一方，五大湖周辺では著しいPCB汚染とともに魚類や魚食性鳥類における各種の異常（外部形態，生殖行動，甲状腺機能などに関する）が報告されている[14]．

また，船底防汚塗料などに使用されてきた有機スズ化合物（TBTおよびTPT）が原因となって海産巻貝類にインポセックスと呼ばれる雌の雄性化現象が全国的に顕在化してきた[13]．インポセックスとは雌の巻貝に雄の外部生殖器が形成されて発達する

現象で，重症になると産卵不能に至る場合がある[13]．TBTやTPTによってほぼ特異的に引き起こされ，かつ1 ng/l 程度の極低濃度でも誘導される[13]．イボニシやバイでインポセックスに付随した生息量の減少が起きたと見られる[13]．また，最近，インポセックスと類似の雌の雄性化に象徴される内分泌攪乱現象がアワビ類において観察された[13]．このアワビ類における内分泌攪乱現象も有機スズ化合物が原因であることが移植実験と室内実験によって確認され[15,16]，アワビ類資源の減少との関連についても研究が進められている[13]．

〔堀口敏宏〕

文献

1) 清水 誠編：水産と環境, p.102, 恒星社厚生閣, 1994.
2) 吉田陽一編：漁業と環境—水域別の現状と問題点, p.156, 恒星社厚生閣, 1984.
3) 日本水産学会編：沿岸域の富栄養化と生物指標, p.155, 恒星社厚生閣, 1982.
4) 村上彰男編：漁業から見た閉鎖性海域の窒素・リン規制, p.155, 恒星社厚生閣, 1986.
5) 吉田陽一編：水域の窒素：リン比と水産生物, p.152, 恒星社厚生閣, 1993.
6) 宇井 純：公害原論 (合本), 亜紀書房, 1988.
7) 原田正純：水俣病, 岩波書店, 1972.
8) 江上信雄編：放射能と魚類, p.398, 恒星社厚生閣, 1973.
9) 有賀祐勝・川崎 健他編：温排水と環境問題, p.226, 恒星社厚生閣, 1975.
10) 日本水産学会編：石油汚染と水産生物, p.154, 恒星社厚生閣, 1975.
11) 日本水産学会編：海洋生物のPCB汚染, p.112, 恒星社厚生閣, 1977.
12) 里見至弘・清水 誠編：有機スズ汚染と水生生物影響, p.174, 恒星社厚生閣, 1992.
13) 川合真一郎・小山次朗編：水産環境における内分泌攪乱物質, p.129, 恒星社厚生閣, 2000.
14) T. Colborn, et al. : Our Stolen Future, p.306, Dutton, U.S.A., 1996.
15) T. Horiguchi, et al. : *Marine Environmental Research*, **50**, 223-229, 2000.
16) T. Horiguchi, et al. : *Marine Environmental Research*, **54**, 679-684, 2002.

▨ 江戸の水道 ▨

　江戸幕府が開かれるに当たって1590年に神田上水が開設され，人口の増加とともに井の頭池の湧水を20 km導水して，1629年には江戸の人々が生活用水を利用できるようになった．しかし，さらに人口が増えるにつれて水が不足するようになり，多摩川上流の羽村から34 kmの導水路を建設した．この玉川用水が1654年に完成して，毎秒約6 m^{3}の水が導水されるようになった．1787年の江戸の人口は約200万人といわれており，ロンドンの90万人やパリの70万人の人口に比べると世界最大の都市であった．毎秒6 m^{3}ということは，1人1日250 l 程度の水を利用していたことになるから，今日の一般家庭の使用水量とそれほど大きな差異がない，かなり余裕のある水量が供給されていたことになる．

　玉川用水など日本各地で利用されていた用水は，素堀か礎石積みの開水路で導水し，街中に入ると木樋や土管，石管などで導水し，町中にはりめぐらした溜枡・共同井戸に送り，ここから水をくみ上げて利用していた．多摩川の水をそのまま街中へ送っていたのであるから，井戸には土砂が堆積し，江戸っ子にとって井戸掃除は大事な役割ということになっていた．

　河川水をそのまま利用していても感染症が頻発しなかったのは，鎖国制度もあってコレラ菌やチフス菌がまだ日本に侵入していなかったからである．欧米でも今日のような水道が整備されるようになったのは，コレラ菌やチフス菌が大航海時代を経て，アフリカやアジアから持ち込まれるようになってからである．江戸の末期になると，長崎を経てコレラ菌が持ち込まれ，明治に入ると毎年2万人以上がコレラに罹患するという事態となった．横浜ではこの対策として，明治20年に今日と同じ水道がすべての資材をイギリスから輸入して完成したのである．　　　（Y.M.）

14. 工業と水

14.1 工業用水の用途

14.1.1 工業用水の使用区分と使用量

　工業用水とは，あらゆる業種の工場の中で使用される水の総称である．区分としては，回収水と補給水に大別される．

　回収水とは，工場内で一度使用した水を循環使用しているものを示す．

　補給水とは，水源より供給された水を一過性で使用するものまたは，循環系内で蒸発やブローなどで失われる分を系外から補給するものを示す．

　全工業用水の使用量は，平成13年では，147,979千m^3/日であり，補給水と回収水の割合は，補給水を100とすると回収水は366となる．

　業種別の補給水・回収水（淡水）の使用量と回収水の比率（回収率）を表14.1に示す．

14.1.2 補給水の水源と使用水量

　補給水の水源としては，工業用水道・上水道・井戸水などがあげられる．水源別の使用水量を表14.2に示す．

　表からもわかるように，水源別に見ると工業用水道が最も高い比率を占めている．しかしながら，工業用水道は，供給能力の60%程度しか使用されていないのが現状である．

　過去30年間，全工業用水道の使用量は約3倍増になっているが，補給水の使用量はほとんど変わらない．ただし，回収率は約36%から約79%と倍増している．すなわち，用水の増加分を補給水の増加で対応するのではなく，回収率の向上で対応してきたといえる．

14.1.3 用　　　途

　工業用水は，多業種にわたり使用されているが，用途としては，共通項目としてあげられる．それらは，製品処理用水および洗浄用水，冷却・温調用水，ボイラー用水，原料用水などである．

　用途別の工業用水の使用量（淡水）と比率を表14.3に示す．

表 14.1 業種別補給水・回収水（淡水）の使用量（平成 13 年）

業　種	補給水 (1000 m³/日)	回収水 (1000 m³/日)	計 (1000 m³/日)	回収率 (%)
食料品	2586	1639	4225	38.8
飲料・たばこ・飼料	823	259	1082	23.9
繊維工業	1377	295	1672	17.6
衣服・その他の繊維製品	79	7	86	8.1
木材・木製品	46	8	54	14.8
家具・装備品	33	104	137	75.9
パルプ・紙・紙加工品	8372	6890	15262	45.1
出版・印刷・同関連産業	103	151	254	59.4
化学工業	7845	42852	50697	84.5
石油・石炭製品	835	8092	8927	90.6
プラスチック製品	898	1633	2531	64.5
ゴム製品	214	736	950	77.5
なめし革・同製品・毛皮	12	1	13	7.7
窯業・土石製品	886	2573	3459	74.4
鉄鋼業	3614	34862	38476	90.6
非鉄金属	663	1899	2562	74.1
金属製品	473	484	957	50.6
一般機械器具	452	914	1366	66.9
電気機械器具	1522	3776	5298	71.3
輸送用機械器具	752	8838	9590	92.2
精密機械器具	105	34	139	24.5
その他	45	193	238	81.1
合　計	31741	116238	147979	78.6

（経済産業省工業統計表より）

表 14.2 補給水の水源別使用水量（淡水）（平成 13 年）

	工業用水道	上水道	井戸水	その他	合　計
使用水量 (1000 m³/日)	12652	2105	8252	8732	31741
比　率 (%)	39.9	6.6	26.0	27.5	100

（経済産業省工業統計表より）

表 14.3 用途別使用水量と比率（平成 13 年）

	製品処理用水および洗浄用水	冷却・温調用水	ボイラー用	原料用水	その他
使用水量 (1000 m³/日)	24836	115961	1791	547	4843
比　率 (%)	16.8	78.4	1.2	0.4	3.3

（経済産業省工業統計表より）

　用途別としては，冷却水が全体の 7 割以上を占めている．冷却水は，各業種においてその使用量が膨大であるため，水使用の合理化が行われている．その結果，回収率も高く，9 割近くまで循環使用されるまでに至っている．
　使用量の多い 2 つの用途について記す．

① 製品処理用水および洗浄用水：製品の処理および製造工程で使用する洗浄用水を示す．

各業種のなかで本使用量の割合が高いのは，「パルプ・紙・紙加工品」であり半分近くを占め，用途の主体となっている．その理由は，すべての製造工程を水スラリー（水に原料を懸濁させた状態）および溶液（薬品の水溶液）の形で行うためである．一度使用した水を再度使用するのは困難であり，かつ多額のコストが必要となる．したがって，再使用するよりは補給水を使用することとなる．

② 冷却・温調用水：冷却水は，直接・間接的にプロセスや冷媒を冷却する目的で使用される．使用量の比率としては，全体の7割以上を占めている．各業種においてその使用量は膨大であり，産業界に与える影響は大きい．

14.1.4 水処理プロセス

工業用水は，前述のように大きく分けて4種類の用途に使用されている．業種・工場ごとに水源および要求される水質はさまざまである．必要とする水質により，どの水源を使用し，どのような水処理プロセスが必要になるかも異なる．

ここに，各用途別に一般的に必要となる水処理プロセスを表14.4に示す．

表 14.4 用途別水処理プロセス

	凝沈	濾過	活性炭	イオン交換	RO	膜
製品処理用水および洗浄用水	○	○	○	○	○	○
冷却水		○	○	○	○	○
ボイラー用水	○	○		○	○	○
温調用水	○	○				

例えば，製品処理用水および洗浄用水の用途で食料品の業種では，基本的には水道法による飲料適以上の水質が必要となる．水源が，河川水であれば，凝集沈殿濾過の処理が必要になる．また，上水であっても，異臭味除去が要求される場合は，オゾン・活性炭処理のような高度処理が必要となる．

ボイラー用水としては，ボイラーの圧力や種類により要求される水質が異なる．スケール防止や腐食防止を目的とすることは共通である．水質としては上水並以上であり，さらに軟水から高度な純水まで要求される．したがって，凝集沈殿濾過からイオン交換の処理が必要となる．

〔片山敦美〕

14.2 冷却用水の水質

前節で述べたように，工業用水のうちで最も使用量の多いものは冷却用水である．冷却用水はその使用量が各種工場の中で膨大であるために，工業用水（河川水，井水を含む）の取得費用の削減や水資源の制約などにより循環使用されることがほとんど

である.

　冷却水の循環使用にともない系内の蒸発により水中の溶解塩類が濃縮し，その結果スケール，スライムや腐食によるさまざまな障害が起こりやすくなる．そのため冷却水系統の運転においては冷却水の水質管理が最も重要になる．

14.2.1　冷却水の水質

　冷却水中の溶解塩類や不純物はスケール，スライムや腐食などの障害の重要な因子である．特に，冷却水の循環系では蒸発による濃縮のため水中の溶解塩類や不純物の濃度が高くなり，冷却用水として不適切な水となってしまう．このため，水質の各項目と障害の関係を明らかにし，その上で適切な水質管理を行うことが望ましい．以下に各水質項目について述べる．

　1）pH　冷却水系で使用される金属は低pH領域で腐食傾向が強まり，高pH領域でカルシウム（Ca），マグネシウム（Mg）やシリカ（SiO_2）などに起因するスケールの析出が起こりやすくなることから，pH値は6～8の範囲内にあることが望ましい．

　pH値だけで腐食やスケール傾向を推測することはできず，硬度成分など他の成分とあわせて論ずべきである．これについては後述する．

　2）電気伝導度（導電率）　電気伝導度は水中の溶解塩類の総量を表しているものと考えてよい．溶解塩類は先に述べたように，腐食やスケールなど障害の因子であり，電気伝導度の高い水はそれら障害が発生しやすい水といえる．

　電気伝導度の低い水を補給水として供給できるなら循環冷却水の濃縮倍数を高めることができ，水損失を少なくすることが可能となる．また，電気伝導度や前項のpHは日常的に簡単に測定できるため，水質の管理に利用しやすい．

　3）塩素イオン　塩素イオンは腐食に関与する重要な因子である．高濃度の塩素イオンを含む井水や海水が配管や機器を腐食させることは広く知られている．

　なお，冷却用水に海水を使用している場合もあるが，このときは機器や配管の材質をあらかじめ耐腐食性のものとしている．

　4）硫酸イオン　塩素イオンと同様に腐食性を与えるものであり，高濃度の硫酸イオンを含む水は冷却用水として不適当である．

　硫酸イオンは塩素イオンより少ない場合が多く，硫酸イオンが多い場合は大気中の亜硫酸ガス（SO_2）が混入している可能性がある．

　5）Mアルカリ度（酸消費量）　Mアルカリ度は重炭酸イオン（HCO_3）を示す数値であり，カルシウムなどの硬度成分と炭酸カルシウムスケールを生成し障害となることが多い．

　6）硬度　硬度はカルシウム（Ca）とマグネシウム（Mg）の総和であり，pH, Mアルカリ度などと関連してスケール成分となる．これらスケールは冷却装置伝熱部に付着し伝熱効果を低下させるなどの障害を引き起こす.

7) イオン状シリカ　シリカもスケールの主要成分である．一般に pH が中性の領域でシリカの溶解度は約 100 mg/l といわれており，冷却水の濃縮倍数が大きくシリカ濃度がこれを超える場合はシリカ成分が析出し障害を引き起こす可能性がある．

シリカが 50 mg/l 程度であっても部分濃縮や，水温，流速などによりシリカスケールが発生する可能性がある．特に井水の中にはシリカ濃度が高い場合があり，井水を補給水とする場合はこのシリカスケールに注意を要する．

8) 遊離炭酸　遊離炭酸とは水中に溶解している炭酸ガス（CO_2）のことである．一般に水中の遊離炭酸が多いと腐食性を有する．pH が中性領域にある一般の河川水や井水中の遊離炭酸はさほど多くないが，まれに井水中には高濃度含まれることがある．この水を一過式の冷却水として使用する場合は腐食障害が発生することがあるため注意を要する．

9) 鉄，マンガン　井水によっては鉄，マンガンを多く含む場合がある．これらは酸化されるとコロイド状の不溶物となり，冷却水系に沈積して障害を発生させる．また，生成した鉄スケールが二次腐食の原因となることもある．

10) アンモニウムイオン　冷却水系は直射日光を受けたり，比較的高温水のため，バクテリアや藻類が増殖しやすい環境にあり水中や大気中から混入したバクテリアは容易に増殖しスライムを生成することが多い．

アンモニアを多く含む水は有機汚染を受けたものが多く，これらはバクテリアの栄養源となるためバクテリアや藻類の成長を増長させることになる．

一方スライム防止用に冷却水に注入される滅菌剤の次亜塩素酸ソーダはアンモニアに消費されるため，その注入量が多くなってしまうという不利も生ずる．

11) 過マンガン酸カリウム消費量　過マンガン酸カリウム消費量は水中の有機物量を示す概略の指標である．この値が大きい場合は，バクテリアや藻類の栄養源となる有機物が多いことからスライム障害に注意する必要がある．

12) 濁度　濁度とは水の濁りであり，濁度の大きい水は水中に含まれるコロイド状の懸濁物や細かい土砂を多く含む．濁度がかなり大きい場合は冷却水系で土砂の沈積による障害やポンプなどの機器類を摩耗させる原因となる．

14.2.2　冷却水の管理

a. 冷却水質の管理指標

前項で述べたように冷却水の各水質項目はスケールや腐食障害の要因となるため，水質管理の目安として表 14.5 のような基準で管理されることが多い．この中で循環水とは冷却水系を循環する水であり直接冷却機器や配管に触れることから，この水質を管理する必要がある．

補給水とは循環系内で蒸発やブローなどで失われる分を系外から補給する水のことであり，循環水水質と補給水水質の比が濃縮倍数となる．表 14.5 の補給水質の基準値は，一般に冷却水系においては 2～5 倍の濃縮比で運用されることが多いことを考

表 14.5　冷却水水質基準（日本冷凍空調工業会，1994）

項　目		循環式冷却水系		傾　向	
		冷却循環水	補給水	腐食	スケール生成
基準項目	pH	6.5〜8.2	6.0〜8.0	○	○
	電気伝導度（mS/m）	80以下	30以下	○	○
	塩化物イオン（mgCl/l）	200以下	50以下	○	
	硫酸イオン（mgSO$_4$/l）	200以下	50以下	○	
	Mアルカリ度（mgCaCO$_3$/l）	100以下	50以下		○
	全硬度（mgCaCO$_3$/l）	200以下	70以下		○
	カルシウム硬度（mgCaCO$_3$/l）	150以下	50以下		○
	イオン状シリカ（mgSiO$_2$/l）	50以下	30以下		○
参考項目	鉄（mgFe/l）	1.0以下	0.3以下	○	○
	銅（mgCu/l）	0.3以下	0.1以下	○	
	硫化物（mgS/l）	検出せず	検出せず	○	
	アンモニウムイオン（mgNH$_4$/l）	1.0以下	0.1以下	○	
	残留塩素（mgCl/l）	0.3以下	0.3以下	○	
	遊離炭酸（mgCO$_2$/l）	4.0以下	4.0以下	○	

○印は腐食またはスケール生成傾向に関係する因子であることを示す．

慮して示されている．

実際においては補給水の水質が悪いと濃縮倍数を低く抑えた運転をせざるをえず，補給水量の増大や障害防止のために各種薬品（インヒビター）の注入によるコストの上昇が発生する．これを避けるために補給水源の適正な選択が重要となる．

b. ランゲリア指数

冷却水の水質がスケール析出の傾向にあるか腐食させる傾向にあるかをおおよそ判断する目安として，ランゲリア指数がよく用いられる．

冷却水中のスケールの大部分は炭酸カルシウム（CaCO$_3$）によるものであることから，その水の炭酸カルシウムが飽和状態にあるかを見るもので次式にて計算する．

$$I_s = \mathrm{pH} - \mathrm{pH}_s$$

ここで I_s はランゲリア指数，pHは実際のpH値，pH$_s$ は飽和pH値．カルシウム硬度，Mアルカリ度，全溶解固形分，水温の関数として求められる．

I_s が正であれば冷却水はスケールが生じやすく，負であればスケールは形成されずむしろ腐食を生じやすいと判断する．

14.2.3　水質障害の防止

水質障害を防止する方策としては補給水の水質良化をはかるか冷却循環水で対策をとるかの2通りが考えられる．

補給水側では濁度や鉄・マンガンの除去の水処理が行われる程度であり，溶解塩類の低減はコスト面からあまり行われない．

冷却循環水の対策としてはブロー量を多くして濃縮倍数を下げる，pH調整を行う，

障害防止用インヒビターを注入するといった方法がとられる．

a. スケール防止

炭酸カルシウムスケールの生成防止のためには，循環水のランゲリア指数を求めpH値を調整する．また，ポリリン酸塩を主成分とするスケール防止剤の注入もよく行われる方法である．

鉄・マンガンや濁質分による沈積・付着防止に対しては補給水側での水処理で対応する．循環水の一部を濾過することにより系内の濁度や鉄を低下させることもある．

b. 腐食防止

循環水のランゲリア指数が負となり系内が腐食傾向にある場合は，アルカリ剤を注入しpH値やアルカリ度を高くしランゲリア指数を適正に保つ必要がある．また，防食剤を注入して金属表面からの金属の溶出を抑制する方法も行われている．

循環水の塩素イオン，硫酸イオンが高すぎる場合は濃縮倍数を下げた運転を行う．

c. スライム防止

冷却循環水系統は日光，水温，水中の栄養分などの面からバクテリアや藻類が繁殖しやすい環境にある場合が多い．これら環境を改善することはかなりたいへんであることから，殺藻剤として次亜塩素酸ソーダの注入が実用的である．注入法としては連続的に行うよりも間欠的に高濃度で注入するほうが効果的であり，トータルの使用量が少なくてすむ．なお，次亜塩素酸ソーダの過剰注入は系内の金属類の腐食を招くことがあるので注意を要する．

〔赤木慶一〕

14.3 超純水

14.3.1 超純水とは

一般的に「水」と呼んでいる液体は，溶質が溶媒（水）に溶けている状態の水溶液を指している．すなわち，溶媒である水は，いろいろな溶解性の物質を分子やイオンの状態で含んでおり，その濃度も千差万別である．

理論的に純粋な水は，酸素原子(O)1個と水素原子(H)2個からなる水分子（H_2O）と，わずかに解離した水素イオン（H^+）と水酸基イオン（OH^-）からなっており，その他の不純物をいっさい含んではいない．さらに詳しくは，水素結合された水分子が，数個から数十個の塊となったクラスターと呼ばれる集団を形成している．

しかし，実際の水は，さまざまな不純物を含んでいる．これらの不純物を現状の技術で可能な限り除去し，理論純水に近づけたものが「超純水」と呼ばれている．ここで純水と超純水との違いについて説明すると，純水が単にイオン成分のみを除去したものであるのに対して，超純水は固形物やガス成分および微生物などのすべての不純物を可能な限り除去した水であり，現状の技術で実現しうる，限りなく理論純水に近づけた水を指す．したがって，超純水と呼ばれる水は，化学的に定義された物質を指

表 14.6 LSI集積度と要求水質[1]

年代		1980		1990			2000		
水質項目		64 KB	256 KB	1 MB	4 MB	16 MB	64 MB	256 MB	1 GB
デザインルール(μm)		3	2	1.2	0.8	0.5	0.35	0.25	0.13
抵抗率 (MΩ・cm)		15〜16	17〜18	17.5〜18	>18	>18.1	>18.2	>18.2	>18.2
微粒子 (個/ml)	0.2 μm	50〜150							
	0.1 μm		50〜150	10〜30	5〜10	<5	<1		
	0.05 μm				<10			<1	<1
	0.03 μm						<10	<5	<5
生菌 (個/l)		500〜1000	50〜200	10〜50	<10	<1	<0.1	<0.1	<0.1
TOC(全有機体炭素)(μg/l)		500〜1000	50〜100	30〜50	<10	<2	<1	<0.5	<0.5
溶存酸素 (μg/l)			50〜100	30〜50	<50	<10	<5	<1	<1
シリカ (μg/l)		20〜30	10	5	<1	<1	<0.5	<0.1	<0.1
重金属イオン (ng/l)			〜1000	100〜500	<100	<10〜50	<5	<1	<1

すわけではなく,水質的にある幅をもったものの総称である.言い換えれば,その時々における技術レベルによって実現しうる最高純度の水である.

14.3.2 LSIの集積度と超純水水質の変遷

LSI製造プロセスにおいて,超純水の役割は洗浄であり,極めて高純度の水を使用することで,洗浄工程で逆汚染が生じない水質が必要である.

ICの集積度と超純水の水質への要求はともに発展関係にある.すなわち表14.6に示したように,ICおよびLSIの配線パターン寸法が微細化し集積度が上がってくると,要求される超純水の水質がより厳しいものになるという繰り返しによって,現在の超純水の水質は極めて理論純水に近いものとなってきた.イオンのみならず微粒子や溶存ガス,さらに微生物に至るまでフリーなものが必要になってきた.

14.3.3 最近の超純水

このような極めて高純度の水を製造するためには,複雑な処理工程を必要とし維持管理のコストもたいへんである.このため最近では,洗浄方法の改善も含めたウェット洗浄プロセスの見直しが行われている.これ以上の水質の向上とそれを達成するための,コストとのバランスが求められている.過剰な水質の向上よりは,いかに超純水製造のランニングコストを下げるかに,開発のベクトルが向かっていると思われる.

14.3.4 超純水の製造方法

超純水を製造するための原水は,多くのミネラル成分を含んだ井水,河川水,湖水,さらには伏流水といろいろな水が利用されている.当然,半導体製造工場の立地条件によって,コスト的に見合う原水が用いられる.多くの場合,井水および河川水であるが,水の処理を考えた場合,できる限り水処理に負荷となる成分が少ないことが好ましい.

図14.1に示したように超純水の製造は,主として固形物である懸濁質成分を除去

14.3 超純水

```
原水 → 前処理システム → 一次純水システム → 二次純水システム（サブシステム） → ユースポイント
                                              ↑_____循環_____↓
```

図 14.1 超純水製造システム

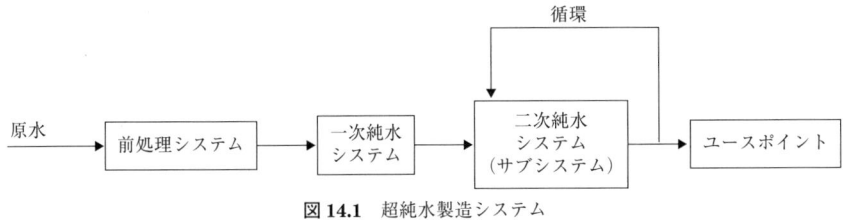

表 14.7 代表的な処理技術と除去可能な不純物

	前処理				脱塩処理				精密濾過		脱ガス		殺菌		
	凝集沈殿	凝集濾過	砂濾過	活性炭	イオン交換樹脂(IEX)	電気透析(ED)	逆浸透(RO)	電気式脱塩	精密濾過(MF)	限外濾過(UF)	脱炭酸(ストリッピング)	脱気(膜・真空)	UV 254	UV 185	オゾン(O₃)
濁度・SS	○	○	○	△			○		○	○					
色度	○	○		○						△					○
臭気				○		△		△		△					○
油分	△			○											
界面活性剤				○						△					
有機物	△	△		○	△		○	△		△				○	○
鉄	○	○			○	△	○								
マンガン	△	Mn砂○	Mn砂○		○	△	○	△							
重金属	△				○	△	○	△							
イオン類					○	○	○	○							
溶解性シリカ					○	△	○	○							
コロイダルシリカ	△						○		△	△					
CO₂											○	○			
DO												○			
バクテリア							○		○	○			○	○	○
病原性微生物		○					○		○	○					
THM（前駆物質）	△			○											
THM				○			△								
有機塩素化合物				○			△			△					

○：除去可能，△：一部除去可能．

する前処理システムと溶解性イオン成分，溶存ガス成分を除去する一次純水製造システムと，さらに高純度の純水（超純水）を製造し，純度を維持する二次純水製造システム（通常サブシステムと称する）に大別される．

表14.7に代表的な処理技術とその処理技術により除去可能な不純物の種類を示した．

14.3.5 前処理システム

前処理システムは，原水に含まれる懸濁物と有機物の一部を除去し後段の一次純水製造システムの逆浸透膜，イオン交換樹脂を懸濁物汚染，有機物汚染から保護することを目的としている．鉄，マンガンもこの前処理で除去する．

懸濁物を除去する方法として，凝集・沈殿がある．これは，凝集剤と呼ばれる薬剤を添加することで，懸濁物の表面電荷を中和し微細な粒子の塊（フロック）を形成させることで，沈降を速めて沈殿分離する方法である．沈殿部に加圧空気を送りフロックに微細気泡を付着させ，浮上分離する方法もある．

凝集・沈殿などで除去しきれなかった懸濁物を取り除くために濾過を行う．濾過は，清澄濾過といわれる砂濾過が一般的であるが，最近では除濁用の精密濾過膜（MF膜），限外濾過膜（UF膜）が開発され使用されることもある．

活性炭は，有機物の一部と残留塩素を除去する目的で使用される．

14.3.6 一次純水製造システム

前処理された原水を，逆浸透膜（RO膜）やイオン交換樹脂を用いてイオン成分を除去し，比抵抗 $10\sim15\,\mathrm{M}\Omega\cdot\mathrm{cm}$ の純水とする．同時に溶存ガス（酸素，炭酸ガス，窒素）の除去，微粒子，有機物（TOC）の大部分を除去する役割を担っている．

RO膜は，イオン成分のほかシリカ，微粒子，有機物，コロイダル物質，微生物などが同時に除去できる非常に優れた技術である．超純水水質の向上は，RO膜の技術の進歩とともにあったといえる．

最近は電気式脱塩装置が出現し，RO装置の後段に設置することで，比抵抗 $10\sim17\,\mathrm{M}\Omega\cdot\mathrm{cm}$ の純水が得られるようになった．

イオン交換樹脂は，有機物溶出の低い樹脂やシリカ除去性能の高い樹脂すなわち，低溶出高性能な樹脂の採用と再生方法の改善などにより，安定して比抵抗 $15\,\mathrm{M}\Omega\cdot\mathrm{cm}$ 以上の純水が得られている．

溶存酸素（DO）の除去を主な目的とした脱気方法には，真空脱気，膜脱気，窒素脱気，触媒樹脂脱気などがある．

14.3.7 二次純水製造システム（サブシステム）

一次純水を超純水の水質に仕上げるのが目的である．サブシステムは，水温を一定にするための熱交換器，微量な有機物の分解および殺菌のための低圧紫外線酸化装置，微量のイオンを除去するための非再生型イオン交換ポリシャー，微粒子除去の最終フィルタである限外濾過膜（UF）などで構成されている．

サブシステムで製造された超純水は，配管を経由してユースポイントへ送られる．超純水は停滞すると容器や配管からの溶出成分で純度の低下を生じる．したがって超純水の水質を安定して維持するために，ユースポイント使用水量の20～30%を過剰通水し，常に循環処理を行っている． 〔斉藤孝行・中島　健〕

文　献
1) 角田光雄監修：洗浄技術の新展開，p.134，シーエムシー出版，2002.

14.4　工業における用水の循環利用

14.4.1　循環利用の基本原理

a.　間接水と直接水

用水の循環利用を検討する際，最初に行うのが間接水と直接水の仕分けである．

① 間接水：直接汚染物質に触れない用途に使われる水．熱交換器やジャケット冷却水などが代表的な例である．

② 直接水：水が直接汚染物質に触れてしまう用途に使われる水．

用水の循環利用が普遍的に行われているのは間接水系である．これは汚染物質の系内持込みがないので循環水の水質を維持しやすいからであり，直接水系の循環を行う場合には汚染物質の除去装置を系内に組み込む必要が生じる．

用水の循環利用を行う場合には蒸発にともなって溶解塩類の濃縮が生じるので，腐食・スケール析出・スライム発生などが発生しないよう水質管理を行う必要がある．

b.　水循環の原理

図14.2に間接水循環系の基本フローを示す．

間接水は基本的に冷却水に使われるので間接系循環系は冷却塔を中心として形成される．

冷却塔における蒸発によって循環水の塩類は濃縮する．塩類が限度以上に濃縮する

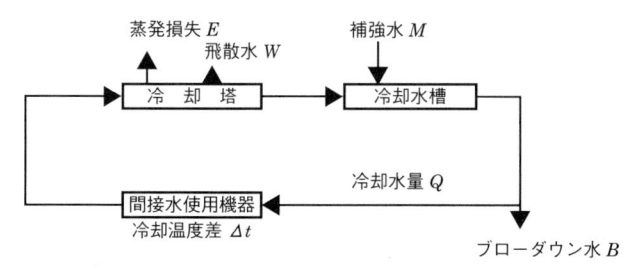

図 **14.2**　間接系循環系の基本フロー

表 14.8 水の蒸発潜熱

水温 (℃)	蒸発潜熱 (kcal/kg)	水温 (℃)	蒸発潜熱 (kcal/kg)
0	597.3	60	563.2
10	591.7	70	537.3
20	586.0	80	551.3
30	580.4	90	545.2
40	574.7	100	539.0
50	569.0		

と系内の機器や配管に腐食やスケール析出などの障害が生じるので，適度にブローダウンを行って濃縮を抑える必要がある．

このとき系内の水量（ホールドアップ水量）が一定となるように補給水 M を供給する必要がある．

$$M = B + E + W$$

ここで，M は補給水量(m^3/h)，B はブローダウン水量(m^3/h)，E は蒸発損失(m^3/h)，W は飛散水量 (m^3/h)．

蒸発損失 E は以下の式で求められる．

$$E = \frac{Q \times \Delta t \times C_p}{H_v}$$

ここで，Q は冷却水量(m^3/h)，Δt は冷却温度差(℃)，C_p は水の比熱($1\,kcal/kg\cdot℃$)，H_v は水の蒸発潜熱 (kcal/kg)[1]．

飛散水 W は冷却水量に対し冷却塔の性能によって決まる比率を掛け合わせた値となる．

$$W = K \times Q$$

ここで，K は飛散損失係数（－）（一般的には 0.003 を用いることが多い）．

c. 水質設定と水質管理

循環水質は腐食やスケール析出が生じないように設定される．

表 14.9 日本冷凍空調工業会の冷却水水質基準

基準項目	対象水	循環水		一過水
		循環水	補給水	一過水
pH ($\mu S/cm$)		6.5〜8.2	6.0〜8.0	6.0〜8.0
電気伝導度 (mS/m)		80 以下	30 以下	70 以下
塩化物イオン (mgCl/l)		200 以下	50 以下	50 以下
硫酸イオン (mgSO$_4$/l)		200 以下	50 以下	50 以下
M アルカリ度 (mgCaCO$_3$/l)		100 以下	50 以下	50 以下
全硬度 (mgCaCO$_3$/l)		200 以下	70 以下	70 以下
カルシウム硬度 (mgCaCO$_3$/l)		150 以下	50 以下	50 以下
イオン状シリカ (mg/l)		50 以下	30 以下	30 以下

実用的には塩素イオン濃度，シリカ濃度，TDS などの値が経験値以内となるよう管理されることが多い（表 14.9 参照）[2]．

ある水質項目について管理値と補給水の値の比率を濃縮倍率といい，濃縮倍率はブローダウン水量によって調整される．

$$B = \frac{E}{N-1} - W$$

ここで，B はブローダウン水量（m³/h），N は濃縮倍率（－）

$$N = 1 + \frac{E}{B+W}$$

濃縮倍率は工業用水補給の場合に通常 2～5 の範囲であるが，補給水の水質が良好な場合には 10 倍程度まで濃縮することもある．また純水補給の場合は理論的には無限大まで濃縮可能であるが冷却塔でのイオンの取り込みや配管経路でのロスがあり，ロスプラスアルファ分補給する場合が多い．

ブローダウン水は塩濃度の多い清澄な水なので洗浄水などに使用される（カスケード使用）．

14.4.2 循環利用の事例

1) **製鉄所製鋼工場**　製鋼工場では高炉で生産された粗鋼に酸素を吹き込み炭素成分を分離調整している．

炉体の冷却水，ランス（酸素吹き込み口）冷却水，補機類の冷却水，吹錬時に発生する排ガスの集塵水などが循環利用されており，戻水率（全使用水量に対して循環水量の占める割合）は 93％ 以上に及んでいる．

図 14.3 に製鋼工場の循環水フローを示す．炉体冷却水，ランス冷却水は完全密封系として純水を使用する．

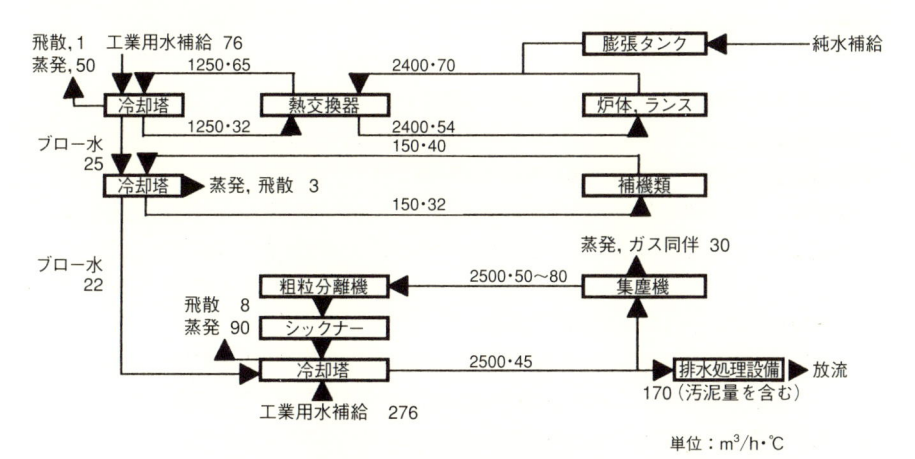

図 14.3　製鋼工場の循環水フロー

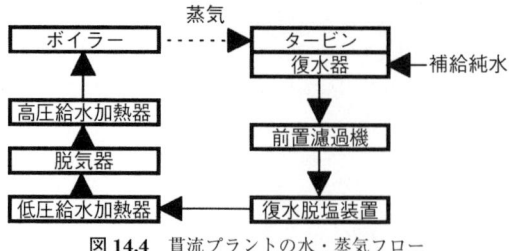

図 14.4 貫流プラントの水・蒸気フロー

戻水（温水）は熱交換器を介して間接冷却され，二次冷却水は冷却塔で放熱される．二次冷却系には工業用水が補給され，ブローダウン水は補機冷却系の補給水としてカスケード使用される．

集塵水系では吹錬ガスに含まれる酸化鉄を主体とした濁質を集塵機で取り込むため，これらを分離するための粗粒分離機やシックナーを設置する．また冷却塔も閉塞が生じないよう充填材のない型式が採用されている．

集塵水系のブローダウン水中には重金属類が含まれているので排水処理設備を設置して排水規制を満足するための処理を行った後に放流する．

2) **火力発電所** 火力発電所では機器冷却水など多くのプラント用水が循環利用されているが，代表的な循環利用は貫流プラントの水・蒸気系統である．図 14.4 に貫流プラントのフローを示す．

タービンで発電に使われた蒸気は復水器で純水に戻される．復水中の微量な不溶解成分（クラッド）は前置濾過機で除去され 0.1 ppb 以下に処理される．

前置濾過機はプレコートフィルタが多く使われているが，操作性が優れた電磁フィルタやカートリッジフィルタを改良して濾過効率を向上させたプリーツフィルタなどが使われ始めている．

復水脱塩装置はカチオン交換樹脂とアニオン交換樹脂を混合状態にして充填した脱塩塔に復水を通水し，プラントに供給する給水の水質維持を目的とした装置である．

機能は混床式ポリッシャーと同様であるが，復水中のイオン濃度は非常に低いので高流速通水（$LV=80～135$ m/h）するのが特徴である．

発電ユニットに超臨界圧の貫流ボイラーが使われるようになって，汽水循環系はより高度な水質が要求されるようになっており復水脱塩装置の設置は不可欠となっている．

復水脱塩装置の再生は，塔外再生方式が採用されている．

塔外再生方式は脱塩塔から別に設置された再生専用の塔に樹脂を移送して再生するため再生薬品の残留による水質悪化の心配がないが，カチオン交換樹脂とアニオン交換樹脂の分離など技術的に難しい面がある．

3) **製紙工場** 製紙工業は製鉄とともに典型的な用水型産業であり，水量負荷が

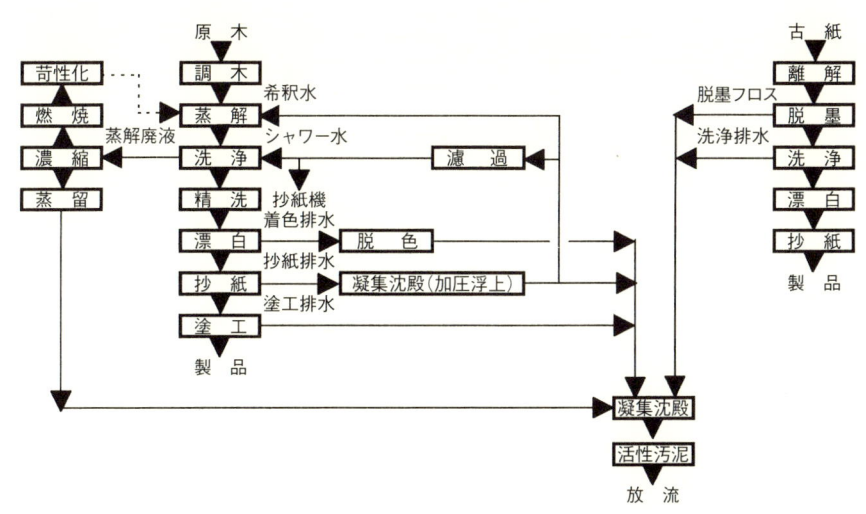

図 14.5 紙パルプ工場の水利用の現状

大きいため周辺環境へ及ぼす影響が懸念されたことから，従来から環境影響を最小限とする努力が行われてきた．

非汚染系水循環はもとより，水量の多い抄紙工程の排水（白水）の回収再利用，発生源対策といわれる各工程での内部循環などが積極的に行われ，戻水率は75～80%に及んでいる（図14.5参照）[3]．

表14.10 晒しクラフトパルプ工場の工程別清水使用量
(単位：m^3/風乾パルプトン)

工　程		古い工場	新しい工場	最新設計
蒸　解		1.1	1.0	0.2
洗浄・精選		4.2	1.8	0.2
漂　白	酸性段	25.0	21.0	5.0
	アルカリ段	30.0	10.0	5.0
	薬品製造	0.5	0.8	0.2
パルプスラリー製造合計		60.8	34.6	10.6
抄　紙	リジェクト	1.3	1.3	0.2
	全　般	5.2	4.9	0.2
抄紙合計		6.5	6.2	0.4
エバポレータ		0.7	0.6	0.2
回収ボイラー		2.1	0.6	0.2
廃棄物および発電用ボイラー		4.9	0.9	0.5
苛性化		2.6	1.3	0.3
回収・動力合計		10.3	3.4	1.2
工場合計		77.6	44.2	12.2

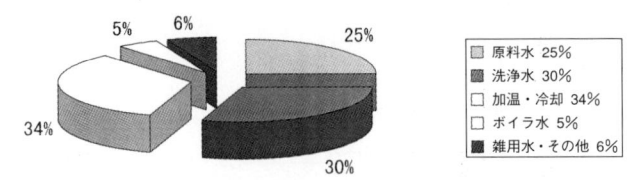

図 14.6 飲料水工場での水使用割合

晒しクラフトパルプ工場の清水原単位は古い工場が 77 (m^3/風乾パルプトン) であるのに対し最新設計では 12 (m^3/風乾パルプトン) に改善されている．工程別清水使用水量は漂白工程で，抄紙工程，洗浄工程，精選工程の順となっている（表14.10）[4]．

ダイオキシン問題を契機に環境汚染防止の気運が高まり，用水・排水を可能な限り減少させることが検討されている．

海外では完全クローズドをうたった工場も出現しており，国内でもクローズド化に向けて工程ごとの見直しが進められている．

特に漂白工程は従来の塩素晒しから塩素を使わない ECF 漂白法（elementary chlorine free process）に移行しつつあり，塩素による障害がなくなった代わりに内部循環による無機物や有機物の濃縮によるスケール析出やスライム発生問題を解決する必要にせまられている．

濾液分別機能をもった漂白洗浄機は汚染物質の濃縮した一次濾液と汚染物質の少ない二次濾液の2種類に分別することができ二次濾液のみを系内循環することで濃縮を防いでいる．一次濾液は前の工程で使用することで水利用効率をさらに向上させている．

4) 飲料水製造工場　飲料水製造工程では，飲料となる原料水以外に熱殺菌工程の冷却水や空缶・空壜の洗浄水，あるいは貯蔵タンク・配管の洗浄水などさまざまな用途に水が使用されている（図 14.6 参照）．

これらのうち，冷却水や空缶・空壜の洗浄に使われた水は基本的に製品液と非接触のため汚染度も低く比較的容易に回収再利用可能である．一方貯蔵タンク・配管の洗浄に使われた水は原料の残留分の持ち込みや，洗浄剤成分の混入があるため有機物濃度・塩類濃度が高く回収には適さない水質となる．主な製造機器から排出される排水について，その特徴を表 14.11 にまとめる．この表に記載されていない排水についても，CIP（機器洗浄，cleaning in place）排水のうち濃度の低下したリンス排水，用処理設備の砂濾過器・活性炭吸着塔の洗浄排水などは回収して再利用されている実績がある．

飲料水工場における回収再利用の，実績例について図 14.7 に示す．この例では，回収再利用の実施前には日量 4300 m^3 の清水を利用していたが，回収設備の導入によって使用水量を半分近くまで削減でき，水道料金，排水料金の低減に効果をあげている．

〔藤田和雄・安達　晋〕

表14.11 飲料水工場で発生する排水の特徴

製造機器	製造機器の働き	排出水の特徴
リンサー	製品充填前の空缶・空壜の内面を洗浄する	有機物濃度・塩類濃度の増加がなく、清澄な排出水となる
フラッシュパストライザ	充填する製品（内容液）を加熱殺菌するプレート式熱交換器．加熱後冷却水を使用することがある	プレート式熱交換器で製品液とは非接触の冷却水が温排水として発生するため、水質は非常に良好である．液温は50℃以上の高温となる
パストライザ	充填後の製品を60〜80℃まで加温殺菌した後、再度室温まで冷却する装置である．加温、冷却ともシャワー水を温調して行う	充填時に製品外面に内容液が多少付着することがあり、これをシャワーで洗浄するため排水の有機物濃度が上昇する．（過マンガン酸消費量が5〜20 mg/l 程度上昇する）また、水温も40〜50℃になる
ウォーマ・クーラ	炭酸飲料のように低温充填された製品を室温まで加温する装置をウォーマ、逆にホット充填された製品を室温まで冷却する装置をクーラという．温調方法はパストライザと同様シャワー水による	パストライザと同様の排水となる．特にウォーマは補給水量が少なくなるため、有機物濃度が高くなる傾向がある
レトルト	缶製品を殺菌のため圧力容器内で蒸気加温する装置である．殺菌後冷却水によって室温まで冷却を行う．冷却水は通常2〜3回繰り返し利用される	パストライザと同様、缶外面の付着物により排出水の有機物濃度が上昇する．蒸気により100℃以上まで加温しているため、冷却排水の水温も60〜80℃と高温になる

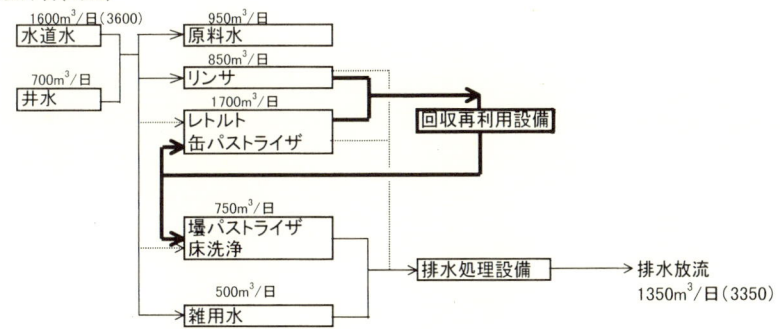

図14.7 飲料水工場における水回収の実施例

（注） 1. 数値は使用水量を示す．回収利用前の数値が異なるところは（ ）内に実施前の数値を示した．
   2. 太線は導入された回収設備、点線は導入前の設備を示す．

文　　献

1) 化学工学会編：化学工学便覧, 丸善, 1999.
2) 日本冷凍空調工業会年報, 1994.
3) 紙パルプ技術協会編：紙パルプ技術便覧, 1992.
4) S. Chandra：*TAAPI Journal*, **80**(12), 37, 1997.

15. 都市と水システム

15.1 上　水　道

　飲料水をはじめ生活用水の確保は人の生存にとって不可欠なものである．こうした生活用水の確保は地域全体の活動として，水道のような施設でも地域住民が主体となって営まれてきている．そして，日本では約 12000 の水道のほとんどが地方自治体によって運営され，国民の 95% 以上が水道水を利用するようになっている[1]．

　良質でより快適な水道水を常に供給するため，水道法により水質基準が定められ，この水質基準を満たすことができる水道施設を整備し，水道水を常時供給することを水道事業者に求めている．一般的に水道は地方自治体が運営しているが，その運営は水道料金で行う，いわゆる独立採算制で運営される事業であることを原則としている．

　日本の水道水に対する信頼感は，ボトル水や家庭浄水器の急速な販売量の増加が示すようにゆらいでいる．その理由として，首都圏や関西地域での恒常的な異臭味を呈する水道水の供給があることや，1996 年に起きた埼玉県越生町でのクリプトスポリジウムによる大規模な集団下痢症の発生や散発的に発生している水系感染症，あるいは，水道水から多くの化学物質や農薬が検出されていることがあげられよう．

　一方，わが国の人口構造も社会の成熟度が高まるにつれて大きく変化し，飲み水を含め生活環境中の化学物質等の影響を受けやすい高齢者の占める割合がますます高くなってきている．また，人口の高齢化とともに女性の生涯出産数はますます低くなってきている．そして数少ない子供が健やかに成長することが社会にとって重要になってきている．子供たちも高齢者と同じように生活環境中の化学物質などの影響を受けやすい．そして，高齢者や子供たちは，水道水をそのまま飲用する量が多く，水道水の安全性を考えるときの対象としなければならない．

　水道の歴史は，水系感染症との戦いである．汚染された水を供給すればコレラやチフスなどの水系感染症が発生することから，清浄な水道原水を確保するか，水道原水中の汚染物質を除去するかの対策がとられてきた．

15.1.1　水需要構造

　水道施設は需要者が任意の時点で必要な水量を確保できることを前提として計画さ

れている．1日最大給水量が計画水量の基本的な単位となり，水道施設の規模などを規定する計画水量が求められる．計画1日最大給水量は，計画給水人口に計画1人1日最大給水量を乗じて求められる[2]．

計画給水人口とは計画年次における給水人口のことであり，計画給水区域内の常住人口を基として，計画年次における人口を推定し，この推定人口に給水普及率を乗じて決定される．計画年次とは水道計画の目標年次のことであり，上水道および用水供給では計画年次より10～15年後を，簡易水道では10年後を目標年次とすることとしている．

わがの人口増加は西暦2013年に1億3625万人で最大に達し，その後約1億2300万人で静止人口に達すると推定されている．したがって，国全体の人口増加は大きくないため，人口の自然増を主たる要因とする一般的な人口推計法を適用することの意義は低くなってきている．また，給水普及率はすでに全国平均で約97%に達しており，計画目標年次における給水普及率の変化はあまり大きくない地域が多いこととなる．このように，今後のわが国の安定化社会における計画給水人口の推計方法は，社会的な要因の変化を考慮したものとならなければならない．

1人1日最大給水量は図15.1に示すように約470 l でほぼ定常に達している．過去においては大都市と小都市との間の給水量の較差は1.2～1.3倍程度あったが，近年ではその較差が少なくなってきている．大都市では全給水量の多くを占める業務営業用水や工場用水が経済構造の変化，合理的水利用の普及，節水思想の普及によって減少したことが原因である．小都市では家庭に洗濯機，風呂，水洗便所が普及して都市型の生活様式が広まったため，大都市と生活用水の使用水量に較差がなくなったこと

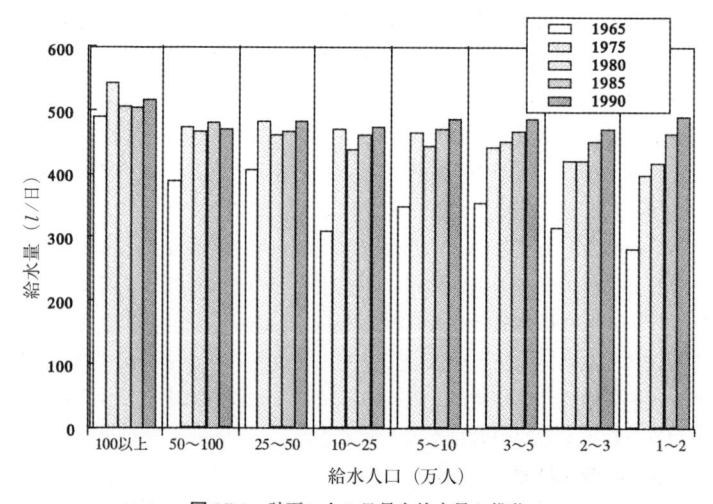

図15.1　計画1人1日最大給水量の推移

が原因である．

1人1日最大給水量は常住人口を基に算出するものであるため，上記のように事業所用水の影響を反映することとなる．このほか，観光人口や消・融雪用水あるいは苗代用水に水道水を利用する地方では主要都市に比べ水量が多くなる．また，水道が普及していても伝統的な水源である井戸を併用している地域では水量が少ない[3]．

なお，給水量は有効水量と無効水量から構成され，有効水量はさらに有収水量と有効無収水量から構成される．無効水量は配水管や給水管からの漏水などによって生ずる水量であり，有効無収水量は管洗浄や消火用など有効に使用された水量であるが料金収入をともなわなかった水量のことである．なお，給水人口が2001人以上の水道事業にあっては公共消防のため消火栓の設置が義務づけられている．

計画給水量の算定は常住人口1人当りの使用水量を基に算定するため，都市の規模やその特徴あるいは一般家庭の水使用特性を反映したものとなりがたい．特に，水道の使用形態が社会構造の変化を反映して変わり，ひいてはこれが計画給水量の変化をもたらすことになる．したがって，1人1日最大給水量という単一の原単位のみで需要水量を推定することの妥当性が低くなってきている．そのため，使用水量を用途別に区分し，各用途別水量ごとに使用水量をそれらに影響を与える要因を明らかにして推定し，それらの結果を総合化して計画給水量を求める方法が定着しつつある．

15.1.2 水源システム

水道水源としては天水，地下水，湧水，伏流水，河川水，ダム・貯水池水および湖沼水が用いられている．天水は離島など河川水や地下水が得られないごく限定された地域で利用されているにとどまっているが，外国では香港やスペインが都市用水源として用い，開発途上国の飲用水源としても用いられている．また，沖縄県北谷浄水場のように日量40,000 m^3 の海水淡水化施設もあるが，その施設数は約40施設と少ない状況にある．

1965年における年間総取水量は約80億 m^3 であり1998年では約160億 m^3 にまで増加している．この間において，最も取水量が多かった河川自流水の占める割合が低下し，湖沼・ダム（ダム放流水も含む）に依存する割合が増加の一途をたどり1985年においては河川自流水の32.7%を超える36.8%に達し，ダムを水源とする割合が最も高くなった．すなわち，この間の取水量の増加分の水量のほとんどがダム開発によっていることを示している．いずれにしても，河川の自流水および湖沼，ダム水など地表水の全取水量に占める割合は70%であり，渇水の影響を受けやすい．

1970年代までは地下水開発により地下水の取水量が増加したが，地盤沈下対策などにより新規の地下水開発が停滞し，地下水の依存する割合は約20%程度で変化はあまり大きくない．また，伏流水も伏流水を涵養する河川水の水質劣下による障害が見られるようになったこともあり，新規開発が少なく全取水量に占める割合は低下の傾向にある．

水道の規模別水道水源の構成比は図15.2に示すとおり，規模の大きな水道事業体や用水供給事業では河川の自流水やダム水に依存する割合が高い．特に給水人口100万人以上の水道や用水供給では全取水量の50%以上がダムに依存している．これは，給水量に対応できる原水を取水できるのは大河川やその流域に開発したダムに限定されるからである．一方小規模な水道では，必要とする水量が少ないため地下水に依存している割合が高い．

水道水源として具備していなければならない条件は次のようである．将来とも計画水量が確保できること，水質が良好で，浄水処理を経済的に行えること．特に小規模な水道ではこの条件が重要となる．導水など水輸送に要する費用が経済的であることなど，水道施設全体で建設費，維持管理費が少なくてすむこと．地表水，特に河川水では水利権の獲得が容易であること．

このような観点から小規模な水道では地下水が水源として最も適しており，一般的に塩素消毒のみあるいは除鉄・マンガン処理を行うことで給水でき，水質的にみて良好で安定している．しかし，地下水は一度汚染されるとその回復は実質的に不可能であるため，当該井戸の地下水の涵養地域の工場や住宅の排水の処理状況を常に把握するとともに必要な対策を講じなければならない．

標準的な浄水処理システムは除濁と消毒を目的としているため，流域内で事故などにより化学物質が排出された場合には対応が非常に困難である．したがって，流域内の事業場における化学物質の使用状況を把握するとともに，事故などによってそれら

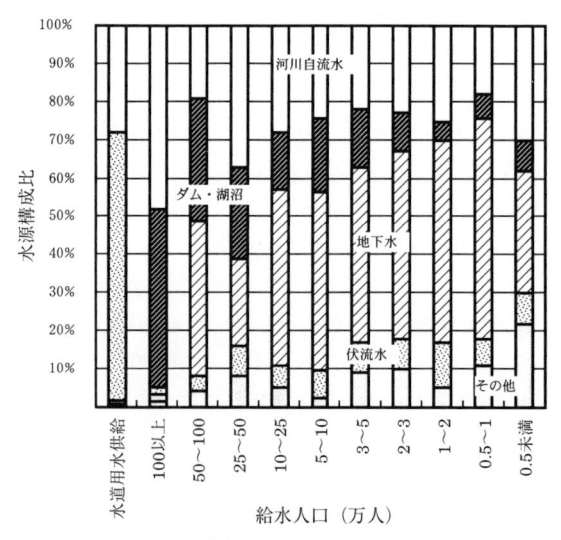

図15.2 水道水源の規模別・種類別構成比

が排出されないような対策を講じさせるようにしなければならない．また，湖沼・ダムにおいては藻類の栄養塩類である窒素およびリンの濃度が高くなると，湖沼・ダムは富栄養化し，藻類が異常増殖し浄水処理に各種の障害を及ぼすとともに，水に異臭味が存在するようになる．

　流域管理は事業場や都市排水を管理することばかりでなく，水源地域の開発を抑制したり，水源林の整備を行うことも含まれる．これにより，地表面の浸食にともなう懸濁物質の流出を防止し安定な水質を確保できるとともに，降雨の一次流出を減少させ，水量の安定確保をもはかることができる．

15.1.3　浄水システム

　浄水処理システムは，種々の単位プロセスを組み合わせ，原水中に存在する不純物を除去したり，性状を変えたりして，水道水として望ましい水質にまで質変換する総合的な水処理システムである．水処理に用いられている単位プロセスは大きく，分離プロセス，成長プロセス，無害化プロセスおよび希釈プロセスに分類することができる[4]．

　原水中の不純物質の種類とその存在量に適した単位プロセス群を適正に組み合わせて水処理システムを構築することになるが，不純物質の処理性は不純物質の寸法，化学的特性（例えば水との親和性）および濃度に支配される．

　水中の成分のうち，$0.45\,\mu\mathrm{m}$ のメンブレンフィルタを通過する成分を水処理工学的には溶解性成分として扱い，濾紙に抑留される成分を懸濁成分として扱っている．溶解性成分や微コロイド成分に属する不純物はイオン交換，吸着，逆浸透など固液相間の移動操作や膜分離操作などによって水から分離される．コロイド成分に対しての直接的な分離操作は限外濾過膜による分離操作以外にない．限外濾過膜は $0.1\,\mu\mathrm{m}$ 以下の細孔によって分離し，特別の技術を要しないため，小規模水道で維持管理技術者を確保できない水道で多用されるようになってきている．

　浄水処理のように大量の水を処理する場合には，コロイド成分をなんらかの形で集塊させ，粒子を成長させて沈殿や濾過などの一般的な単位操作を適用できるように調整の方法がとられている．すなわち，凝集・フロック形成である．当然のことながら，数十 $\mu\mathrm{m}$ 以上の懸濁粒子については濾過，遠心分離，沈殿という固液分離操作によって分離が可能である．

　溶解性の成分でも酸化剤やアルカリ剤を用いて，それらを不溶化する凝析処理を行った後，上記の凝集・フロック形成操作を行えば水から除去することができる．例えば，溶解性のリン，鉄，マンガンなどの除去である．

　細菌類は懸濁物質であるため，凝集沈殿濾過処理によってある程度まで除去することができるが，完全に水から除去することはできない．そのため，水中から除去はしないが，塩素あるいはオゾンのような酸化剤を用いて細菌類の活性を停止させる不活化処理を適用することとなる．

現在，浄水処理システムとして多用されているのは図15.3に示す前塩素処理・凝集沈殿濾過・後塩素処理からなるシステムである．

凝集・沈殿・砂濾過・塩素処理という標準的な浄水処理は，水道原水中の一次成分であり単成分でもある懸濁性物質を除去し，その後に残存する細菌類を塩素で殺菌するという単純なシステムである．したがって，異臭味物質，農薬やトリハロメタンなどの微量化学物質を除去対象とする高度浄水処理が必要となってきている．

高度浄水処理として，生物処理，オゾン処理，活性炭処理（生物活性炭を含む）が現在，実用化のレベルにある．これらの高度浄水処理の単位操作を最も水質の良い浄水を得ることを目的として，凝集・沈殿・砂濾過という標準的な浄水処理システムに用いられていた単位操作と組み合わせた，高度浄水システムの一例を示すと図15.3のようなものである[5]．

高度浄水処理施設は処理対象物質以外に共存する他の各種物質の影響を強く受ける．そのため高度浄水処理を導入するためには少なくとも四季を通じての実験を行い，必要なデータを得た後，施設の計画設計を行うことが必要となってくる．しかしながら，わが国でも多くの実施例や実験例があるので，効率的な実験や調査を行うこ

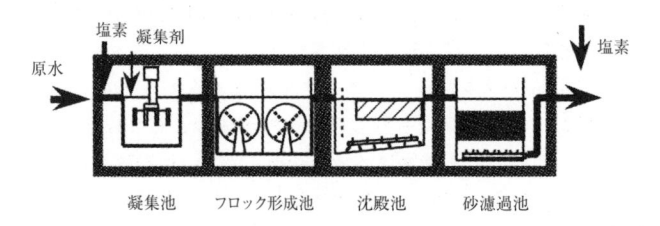

(a) 標準的な浄水処理システム

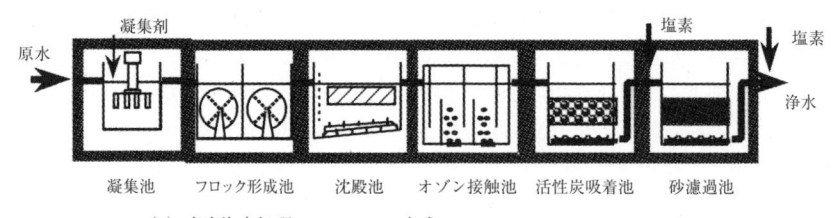

(b) 高度浄水処理システムの一方式

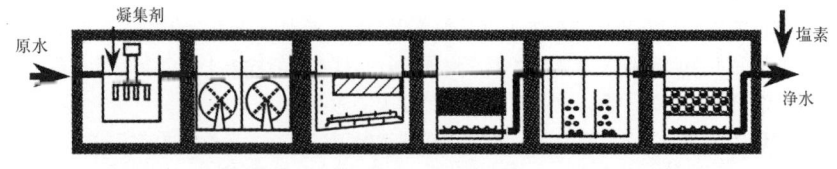

(c) 高度浄水処理システムの一方式

図15.3 浄水処理システムの構成（伊藤・眞柄原図）

とができるようになっている.

　オゾンは塩素処理より強い酸化剤であり, 原水中の還元性物質を酸化する能力を有しており, ジオスミンや 2 MIB のような臭気物質や MBAS のような有機物を酸化する能力を有している. しかし, 浄水処理に用いられているオゾン注入条件では, これらの物質を完全に酸化分解できないし, アンモニア性窒素も分解することもできない. そのため, 臭気物質を例にとってみると, 臭気度 20 度程度がオゾン処理の限界であるし, また, 分解生成物がアルデヒドのような健康有害物質であったり, 塩素化有機物の前駆物質量を増加することもある.

　凝集沈殿後に残留している懸濁物質を除去するのに通常, 急速濾過が行われているが, 濾過砂の代わりに粒状活性炭を用いることによって, 砂濾過と同じような濁質除去と生物活性炭による有機物の吸着・除去を期待することができる. この生物活性炭によってそれまでの各単位操作で除去しきれなかった, あるいは生成した有機物を除去することになる. 生物活性炭という名称が示すように, その処理に生物が関与しているため, 水温の影響を受けること, 生物の代謝廃物が残存することや生物によって有機物が完全に分解しきれないため, 100% の除去率が期待できないなどの限界を有している.

　砂濾過水を再びオゾン酸化し, 活性炭処理を行えば, 残存する有機物, THM など塩素化有機物もほぼ完全に除去でき, 最終的には給配水系の塩素消費量に対応するための塩素処理を行うことによって, 一連の高度浄水処理は完結するのである. ここで特に重要なことは, 高度浄水処理水の塩素要求量が非常に少ないということである. そのため, 塩素注入量が少なくすむため, 現在のような塩素臭が強いため「水道水はおいしくない」という意見は生じなくなる.

15.1.4　送配水システム

　浄水を利用地点まで輸送するシステムが送配水システムである. 浄水場から利用地点, すなわち市街地までの距離が長いときや給水区域が広い場合に, 配水システムを効率的に設定するため給水区域内に複数の配水池を設ける. このような場合の浄水場から配水池までの水輸送システムを送水システムという. 水需要者は必要な水量と水質の水を必要とするときに給水栓から取り出しうることを要求する. この要求に応えるようにするのが配水システムである.

　配水基地は時間的に変動する需要水量と, 一定流量で取水, 浄水されて供給されてくる水量との差を調整するための貯留量と, 給配水に必要な圧力を与える施設群からなる. すなわち, 配水池, 配水塔, 高架タンク, ポンプ施設などから構成される. 配水池は給水区域のできるだけ中央に, 配水上有利な高所があればそこに配置することが適切である. 地形・地勢上, 1つの配水池では配水圧を均等にできないことが多いので, 配水管網の構成に配慮して複数の配水池を設けることとなる. 配水池の容量は, 計画 1 日最大給水量の 8〜12 時間分とすることが多い.

配水管系は，配水基地から需要点の給水設備まで浄水を輸送分配する施設であり，街路に沿って網目状に配置されるので配水管網という．給水区域は地形・地勢や需要量の偏在などによって複数の配水区域から構成される．配水管はそれぞれの配水区域へ必要な水量を送る配水本管とそれぞれの配水区域を構成する配水支管からなる．

配水管路の水圧は，最大静水圧として 740 kPa，最小動水圧としては三階建ての建物まで直接給水するとすれば 150 kPa が必要であり，管路の破損を防止するため最大動水圧は 500 kPa 程度となっている[6]．

地下に埋設した無数の継手などで接合されている管路で給配水を行うのであるから，ある程度の漏水が発生することはやむをえない．漏水の種類としては管の破損，継手の脱落などによって大量の水が噴出する事故出水から，小規模な破損によって地上や，地下の下水へ流出する中程度のもの，継手の不良などによってわずかな量の点滴漏水までいろいろある．

水道管路の経年劣化にともない，歴史の古い水道事業体を中心に管路の更新が行われている．これらの事業体では，漏水防止，破裂事故防止，赤水など濁水防止，通水能力低下防止，さらには耐震性向上などを目的として年間全管路延長の 1〜2% が毎年更新されている．

15.1.5 給水システム

水道事業体は水道利用者の要に応じて配水システムを需要地点まで設置する．具体的には水道メーターまでと考えてよい．これ以降については需要者の負担で設置される私有財産である．しかし，水道事業者は水量，水圧およびその確保について責任を果たすため，給水に当たっては給水装置の構造，材質について水道法に定める基準に適合しているかどうか審査する義務を有している．

給水方式には直結式給水と受水槽式給水とがある．直結式給水とは給水装置の末端である給水栓まで配水管の直圧を利用して給水する方式である．受水槽式給水とは受水槽を設け，水をいったんこれにためてから給水する方式である．

受水槽式給水では受水槽と高置水槽を設けるが，これらの全容積が 10 m³ 以上の容積を有するものは簡易専用水道となり，設置者は法に定められた維持管理業務を行わなければならない．また，給水設備の維持管理については建築物における衛生的環境の確保に関する法律（ビル管理法）および建築基準法によりその構造に関する要件が定められている．受水槽以下の設備については特に維持管理が徹底して行われないと飲料水が汚染される可能性が非常に高い．したがって，受水槽以下の設備についての構造上の基準も維持管理が容易に行いやすいことを念頭において定められている．

〔眞柄泰基〕

文献

1) 日本水道協会：水道統計，平成10年度版，2000．
2) 日本水道協会：水道施設設計指針と解説，2000．
3) 日本水道協会：改訂水道のあらまし，1993．
4) 丹保憲仁：新体系土木工学　上水道，技報堂，1980．
5) 水道技術研究センター：浄水技術ガイドライン，2000．
6) 厚生省：水道施設の技術的基準を定める省令，2000．

15.2　下水道・浄化槽

15.2.1　下水道・浄化槽の役割

　20世紀後半における都市域での資源とエネルギーを大量に消費する商業活動の活発化，娯楽センターの増加などは，三次産業の隆盛，いっそうの都会への人口集中を加速化した．生活の快適化を追求して，都市内水辺は道路やビルにつくり変えられた．そこから排出される汚水や廃棄物の処理処分が環境管理において無視しえなくなり，都市施設としての下水道の建設が不可欠なものになった．下水道では，住人の生命と財産を保全するため，都市内の生産活動・都市生活にかかわるすべての汚水が対象とされ，雨水対策が要求された．人口密度が数十人/haから数百人/ha程度の都市地域において建設が進められた．ただ，人口密度が必ずしも高くない都市周辺部では，下水道建設にはあまりにも時間と経費が掛かることと，しばらくの間ともかく近代生活の指標である水洗便所が利用できる生活を確保するため，戸別に浄化槽の設置が進められた．

　下水道の建設は各都市の固有公共事業とされ，都市建設の一部であることから都市計画法に基づいて計画される．昭和33年には下水道法が新しくなり，建設が各地で始められた．さらに昭和45年公害国会で下水道法が改定され，その際流域別総合下水道計画が規定され，建築基準法施行令第32条にも反映された．

　平成11年度末の都市人口規模別下水道実施状況を図15.4[1]に示すが，平成12年度末の普及率は61%程度である．平成11年度末では，東京都，神奈川県，北海道，大阪府，兵庫県，京都府などは普及率が79%を超えているが，23%以下の県は三重県，高知県，徳島県，最後が和歌山県（8%）となっている．

　下水道未整備地域での疫学的安全性を確保し，屎尿処理・処分を実行するため，昭和28年に清掃法が定められた．収集屎尿を処理する屎尿処理施設が地方自治体によって建設され，日本独特の屎尿処理技術の展開が進められた．一方，同じ目的で，昭和58年には浄化槽法が成立し，設置，点検，清掃，および製造を規制するとともに，工事業者の登録制度ならびに清掃業の許可制度を設定した．以来，各地での下水道の普及とともに生屎尿の収集量は低下し，屎尿処理場の規模・数は低減傾向にあり，収集浄化槽汚泥の処理施設へと性格を変えつつある．

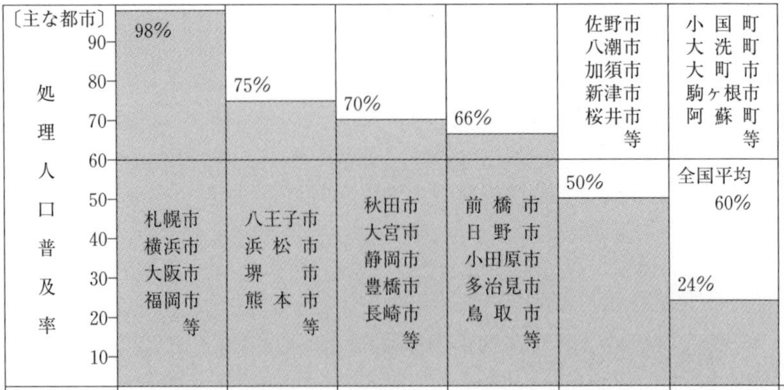

[主な都市]					佐野市 八潮市 加須市 新津市 桜井市 等	小国町 大洗町 大町市 駒ヶ根市 阿蘇町 等	
処理人口普及率	98% 札幌市 横浜市 大阪市 福岡市 等	75% 八王子市 浜松市 堺　市 熊本市 等	70% 秋田市 大宮市 静岡市 豊橋市 長崎市 等	66% 前橋市 日野市 小田原市 多治見市 鳥取市 等	50%	全国平均 60% 24%	
人口規模	100万人以上	50〜100万人	30〜50万人	10〜30万人	5〜10万人	5万人未満	計
総人口(万人)	2,513	666	1,755	2,616	1,557	3,500	12,607
処理人口(万人)	2,471	496	1,233	1,723	776	848	7,548
総都市数	11	10	45	161	225	2,778	3,230
実施都市数	11	10	45	161	221	1,743	2,191
未着手都市数	0	0	0	0	4	1,035	1,039
供用都市数	11	10	45	161	208	1,243	1,678
未供用都市数	0	0	0	0	13	500	513

総都市数 3,230 の内訳は，市 672，町 1,989，村 569（東京都区部は市に含む）．
処理人口は四捨五入を行ったため，合計が合わないことがある．

図 15.4 日本の都市人口規模別下水道実施状況（平成 11 年度末）

15.2.2 下　水　道

a. 下水道の種類と目的

国土交通省所管の下水道法にいう下水道施設は，雨水流集システム以外に，都市汚水を流集する排水管路と汚水処理のための終末処理場とからなる．類似システムとして，農林水産省所管の農村集落廃水処理施設があり，環境省所管の開発団地汚水のためのコミュニティープラントなどがあるが，ここでは取り上げない．

1) 下水道の目的　　下水道の目的は，昭和 45 年まで，①（生活）環境の改善，②洪水や浸水対策であった．これらはローマ以来の都市下水道の目的であり，下水道機能は人の生命と財産を保全するための道具と位置づけられた．昭和 40 年代に始まった公害問題の顕在化は，昭和 45 年の通称公害国会で，多くの公害関連法規の改正を促し，下水道法も水環境悪化を防止するための社会的施設と位置づけられ，③水域水質の環境基準遵守が目的に追加された．さらに 21 世紀初頭にあっては，④生態系保全と水資源の有効利用，ならびに快適で豊かな，持続可能な都市（生活）域の創造

に寄与することが謳われている.

2) 下水道の種類　　下水道とは,「下水を排除するために設けられる排水管,排水渠その他の排水施設（灌漑排水施設を除く）,これに接続して下水を処理するために設けられる処理施設（屎尿浄化槽を除く）,又はこれらの施設を補完するために設けられるポンプ施設その他の施設の総体をいう.」また下水とは,「生活若しくは事業に起因し,若しくは付随する廃水（以下汚水という）又は雨水をいう」と定義されている.下水道には下水道法上,公共下水道,流域下水道,都市下水路の3種類がある.

i) 公共下水道：主として市街地における下水を排除し,または処理するために,地方公共団体が管理する下水道で,終末処理場を有するものまたは流域下水道に接続するものであり,汚水を排除する排水施設の相当部分が暗渠である構造のものをいう.ただ,性格ないし規模により以下のような種類がある.

① 単独公共下水道　　原則として市町村が建設・管理するもの.

② 流域関連公共下水道　　下水処理を流域下水道にゆだね,流域下水道に接続するための下水道（管きょ(渠)）を市町村が建設・管理するものを指す.

③ 特定環境保全公共下水道　　市街化区域外に設置され,自然保護下水道や農山漁村下水道（処理人口およそ10000名程度まで）,簡易な公共下水道（処理人口およそ1000名）など.

④ 特定公共下水道　　当該計画汚水量のうちおおむね2/3以上が関連事業者の活動に起因する汚水で占められるものを指す.昨今,新規事業として設置するものはない.

ii) 流域下水道：もっぱら地方公共団体が管理する下水道により排除される下水を受けてこれを排除し,処理するために地方公共団体が管理する下水道で,2つ以上の市町村の区域からの下水を排除するものであり,かつ終末処理場を有するものをいう.

iii) 都市下水路：市街地の浸水防止のために地方公共団体が管理している下水道で,原則,内径0.5 m以上の排水管きょで,集水面積が10 ha以上のもの.

b. 流集システム

流集システムには,家庭汚水の流集システムと雨水流集システムとの組み合わせにより2種類ある.

1) 合流式　　生活空間内の家庭汚水と雨水とを1本の下水管で流集する.ローマ以来,最も基本的汚水流集システムである.晴天時には汚水を全量処理場まで流し処理するが,降水時には下水（晴天時流量）が一定程度（3倍）以上希釈されれば,3倍量までのものは処理するが,それ以上のものは自然水域に放流できる仕組みとなっているものである.降雨を排水するため,比較的大口径の下水管を設置する.晴天時には家庭汚水のみが下水管内を浅水深で流れ,固形物が沈殿しやすく,腐敗を起こしやすいこと,雨天時には無処理の汚水が希釈されてはいるが直接自然水系に放流され,

汚染を引き起こす可能性があるなどが指摘されている.

2) 分流式　昭和30年から40年代にかけ，降水による内水の迅速な排除を目的として道路側溝や雨水管の整備，ポンプ場の設置が進められた．結果として，雨水対策はかなり完了した．最近の下水道建設では，汚水のみを流集する管渠の建設が進められることが多い．雨水と汚水とを別々の管で流集する方式を分流式と呼ぶ．降雨時に汚水が雨で薄められて直接自然水系に流出することがないことから有機性汚濁防止ならびに疫学的安全性対策上昭和40年代後半から推奨されてきた．雨水放流による水質悪化いわゆるノンポイントソースによる水域汚染が，指摘され，面源汚濁負荷の低減対策が問題となっている．

下水道先進都市では，初期には合流式で一部地域が建設され，後には上流部が分流式で建設されたため，これらが混在して管理運営されていることがあり，水系汚濁防止上これらの分離が大きな問題となってきている．

c. 汚水処理

1) 処理目標　処理の目標は時代とともに変化し，下水道に求められる技術的機能も変化してきた．昭和45年までの下水処理にあっては，少なくとも汚水を浄化して自然に捨てることが最大目標であり，水系伝染病の低減，防止が主眼であった．昭和40年代，所得倍増と高度成長の結果，人は毎日の生活に事欠かなくなったものの，環境の悪化が著しくなった．水環境についても，魚の住処がなくなり，硫化水素の発生をともなう有機性汚濁問題，重金属問題など，従来の病原性微生物に関する疫学対策だけでなく，人の住環境である水辺の改善が欠かせなくなった．下水道に水環境管理のための水質基準を満たすための道具としての責務が負わされ，都市水環境の改善が期待された．現在，都市域の水辺には従前の景観や生態系の一部が復元されつつある．

これからの下水処理の目標は，さらに進めて，下水を処理して捨てる施設と位置づけるのではなく，水資源・含有資源を生かして使う施設として生まれ変わる必要がある．結果として，① 有機物資源の回収利用，② 細菌，ウイルス，さらに病原性原生動物群などにかかわる疫学問題と安全性確保，③ 栄養塩除去と再利用，④ 水資源としての有効的再利用があげられ，処理システムについても省エネ・省資源から見た適正な処理プロセスの再構築などがあげられる．

2) 処理法と技術基準（下水道法施行令）　昭和45年時点で下水道に課せられた主要目標は，一義的に有機性汚濁防止と疫学的安全性の確保である．全国一律に全うすべき技術基準として与えられた処理施設の技術基準は下水道法施行令に表15.1[2]のように示されている．

表に示すごとく，下水の処理法を技術的に大別するとき，簡易処理，中級処理あるいは高級処理に分けられる．簡易処理とは単純沈殿処理であり，特異な都市でしか採用できない．中級処理とは，生物処理であるが有機物除去レベルは高くなく，十分で

表15.1　下水道法施行令に見られる水質の技術上の基準

区分＼項目	通称	水素イオン濃度(pH)	生物化学的酸素要求量 BOD(mg/l)	浮遊物質量 SS(mg/l)	大腸菌群数(個/ml)
活性汚泥法，標準散水濾床法その他これらと同等程度に下水を処理することができる方法により下水を処理する場合	高級処理	5.8～8.6	20 以下	70 以下	3000 以下
高速散水濾床，モディファイドエアレーション法その他これらと同程度に下水を処理することができる方法により下水を処理する場合	中級処理	5.8～8.6	60 以下	120 以下	3000 以下
沈殿法により下水を処理する場合	簡易処理	5.8～8.6	120 以下	150 以下	3000 以下
その他の場合		5.8～8.6	150 以下	200 以下	3000 以下

いねいな処理が求められない場合に利用される．高級処理とは，処理水水質がBOD 20 mg/l 以下，SS 70 mg/l 以下が可能な処理法であり，標準活性汚泥法で代表される．本法は生物分解可能な有機物（BOD物質）を土壌微生物によって分解させ，90％ないし95％の除去が可能な，操作上柔軟性の高い処理方法である．1914年アメリカで実用化され，今日も多用されている古典的な水処理技術である．本法の基本発想は，汚水中の有機物を微生物により分解させて微生物を増殖させ，活性を有する微生物群を分離・回収し，汚水へ種付けするための返送工程を付加したことであり，これにより連続処理を可能にしたのが特徴である．今日の標準的な終末処理場のフローシートを図15.5[3]に示すが，水処理系と汚泥処理系とからなる．活性汚泥法の開発当初の基本理念は，日々増殖する微生物（余剰汚泥）は海や山に直接投棄処分するものであった．安価に処分できることが有利な方式であった．その後，余剰汚泥の処理・処分（焼却，溶融，灰投棄，再利用など）に著しい時間とコストが必要となった．今日では，処理場内の有機物の挙動を十分解析し，創エネルギーや資源の有効利用（メタン発酵や有機酸発酵，あるいはコジェネレーションなど）の立場から，水処理系と汚泥処理系の融合した最適プロセスを再考すべきときと考えられている．

　資源循環利用の立場からより安全で高度な処理を目指し，高度処理が各地で検討され始めている．処理のターゲットは，人の生命あるいは水系生態系の保全・再生に影響を与える可能性のある物質の除去であり，希薄有機物の低減（COD成分の低減），窒素・リンの低減，病原性生物（ウイルス，細菌，原生動物など）に関する疫学的安全性の確保，ベンゼンなどVOC，環境ホルモンや有機塩素化合物など有毒・有害化学物質の低減などがあげられる．表15.2[4]は，高度処理の目標と対象物質および除去

(a)

(最初沈殿池)　沈砂池から送られてきた汚水をゆるやかに流し，沈殿しやすい固形物を沈殿させる．

(エアレーションタンク)　汚水にふわふわした海綿状の活性汚泥を加え空気を吹き込むと，活性汚泥中の微生物の働きにより，汚物は活性汚泥になって沈殿しやすくなる．

(最終沈殿池)　海綿状になった活性汚泥を沈殿させ，きれいな上澄みの水は消毒施設へ送られる．

(消毒施設)　最終沈殿池より送られてきた上澄み水は，塩素を注入して消毒し，滅菌したのち放流する．

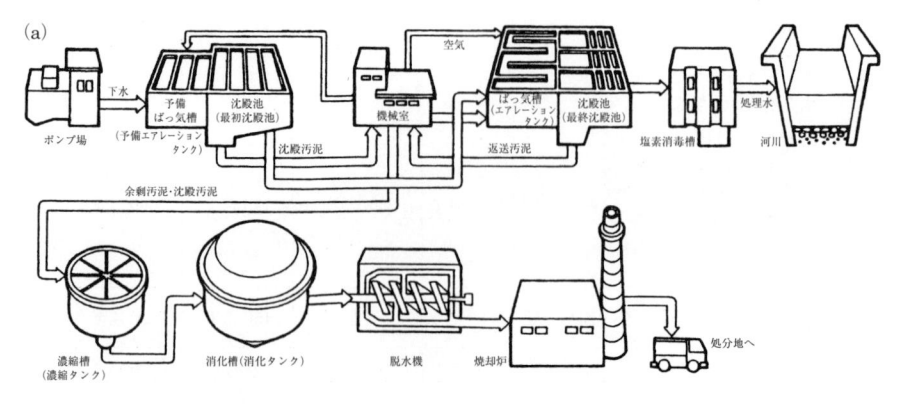

(b)

(汚泥消化槽)　最初沈殿池や最終沈殿池の汚泥はこの槽に送り込まれ，発酵させて安全無害なものにする．また，水分を減らして量を少なくする．

(脱水設備)　脱水機で汚泥は脱水され，これをさらに発酵させて肥料に使ったり，あるいはそのまま埋め立てなどで処分されることもある．

(焼却炉)　脱水された汚泥は焼却され，その灰は埋め立て処分されたり，建設資材化などへ有効利用される．

図 15.5 処理フローシート
(a) 水処理系，(b) 汚泥処理系．

表 15.2 高度処理の目的と除去対象物質および除去プロセス

目的	除去対象項目		除去プロセス
環境基準達成水道水源対策など	有機物	浮遊物	急速濾過，マイクロストレーナー，スクリーン 凝集沈殿，限外濾過，精密濾過
		溶解性	活性炭吸着，凝集沈殿，逆浸透，オゾン酸化
	栄養塩類	窒素	生物学的硝化脱窒法
			生物学的窒素リン同時除去法
			凝集併用型生物学的窒素除去法
		リン	凝集沈殿，凝集剤添加活性汚泥法
			嫌気好気活性汚泥法，晶析脱リン法
再利用	濁度		凝集・砂濾過，精密・限外砂濾過
	溶解性物質		逆浸透
	微生物		消毒（NaOCl，オゾン，紫外線），精密・限外濾過，逆浸透
	色度		オゾン，活性炭吸着

プロセスの例を示している．

15.2.3 浄化槽

下水道未整備地区であっても水洗便所を利用したいとの希望を叶えるために家庭用の浄化槽が開発された．昭和58年浄化槽法の制定により，推進体制にかかわる各種環境が整備された．浄化槽は建物の機能の一部であることから，建築基準法に浄化槽の性能（設置区域あるいは対象人員）の規定が設定された．便所汚水だけを対象とする単独浄化槽がまず利用された．その後，各地の水質汚濁の汚染源に関する調査から，有機物ならびに栄養塩（窒素，リンなど）の排出源として家庭の雑排水（台所，風呂，洗濯などの汚水）が汚染源として著しいことが指摘され，各家庭から発生する水洗便所汚水と雑排水とを合わせて処理することが望ましいとの立場から，微生物処理する合併浄化槽が開発された．平成12年6月には浄化槽法の一部が改正され，屎尿のみを処理する単独浄化槽は除去され，合併浄化槽は水域水質保全に資するものとして意義づけされた．なお，建築基準法の施行令第32条に見る汚濁物処理性能に関する技術的基準に基づく処理性能と処理法が表15.3[5]のように示されている．

平成7年時点には建設省告示（2094号）によって，建設大臣が指定した浄化槽の処理性能区分は，表15.3のように第1区分から第11区分となっている．さらに，建設大臣が指定する構造基準に水質汚濁防止法規制に対応する機能を有する施設として第12区分があり，また第1区分から第12区分までと同等な機能を有するものが第13区分と位置づけされている．浄化槽の構造を下水処理場と比較すると，最初沈殿池をもたないこと，汚泥は持ち出し，別途処理することが特徴である．また，平成8年5月に浄化槽工業会とその浄化槽メーカーに対し，厚生省から単独浄化槽の製造の廃止と合併浄化槽の供給体制の整備を，平成10年を目処に行うよう要請がなされた．平成11年3月には同工業会から厚生省へ浄化槽メーカー22社のうち20社が平成11年4月以降単独浄化槽の製造を廃止するとの報告がなされている．以後，各県での条例や要綱などの制定の取り組みにより合併浄化槽普及が進展することが期待される．合併浄化槽設置の全国普及率は，昭和6年度末には1.3%であったものが，平成10年度末で47.6%[6]，平成11年度末65.9%[6]となり，平成12年3月時点では71.2%[7]（新構造基準による）にまで上昇した．なお，（合併浄化槽の）設置比率[5]が高い県は長野県，岩手県，京都府，滋賀県，岐阜県などで98%以上となっている．低い県は下から沖縄県，青森県，新潟県22.8%などであり，第4位の奈良県が52.4%であるのに比し著しく引き離され，今後かなりの努力を要することが示されている．

現在，浄化槽の種類は建築用および処理能力によって，A（家庭タイプ：戸建て住宅用で，$2 m^3/d$ まで）とB（一般タイプ：すべて建築，水量制限なし）とに区別され，また大略的には性能から見て表15.4[8]のようにI型からIV型に大別されている．

I型は主として有機物除去を，II型，III型は栄養塩除去を主目的としている．なお，IV型は備考に記載のように必要機能を適時選択して付与するものである．ちなみに，

表 15.3 屎尿浄化層の技術的基準と処理法（平成7年改正）

告示区分		処理性能					処理方式
		BOD除去率(%)以上	BOD濃度(1 l につきmg)以下	COD濃度(1 l につきmg)以下	T-N濃度(1 l につきmg)以下	T-P濃度(1 l につきmg)以下	
第1	単独	65	90	—	—	—	分離接触ばっ気 分離ばっ気 散水濾床
	合併	90	20 20	— —	— 20	— —	分離接触ばっ気 嫌気濾床接触ばっ気 脱窒濾床接触ばっ気
第2	合併	70	60	60	—	—	回転板接触 接触ばっ気 散水濾床 長時間ばっ気
第3	合併	85	30	45	—	—	回転板接触 接触ばっ気 散水濾床 長時間ばっ気 標準活性汚泥
第4	単独	55	120	—	—	—	腐敗槽
第5	単独	SS除去率55%以上	SS濃度250(1 l につきmg)以下	—	—	—	地下浸透
第6	合併	90	20	30	—	—	回転板接触 接触ばっ気 散水濾床 長時間ばっ気 標準活性汚泥
第7	合併	—	10	15	—	—	接触ばっ気・砂濾過 凝集分離
第8	合併	—	10	10	—	—	接触ばっ気・活性炭吸着 凝集分離・活性炭吸着
第9*	合併	—	10	15	20	1	硝化液循環活性汚泥 三次処理脱窒・脱リン
第10*	合併	—	10	15	15	1	硝化液循環活性汚泥 三次処理脱窒・脱リン
第11*	合併	—	10	15	10	1	硝化液循環活性汚泥 三次処理脱窒・脱リン

*第9, 10, 11の硝化液循環活性汚泥方式においては日平均汚水量が10 m³以上の場合に限る.

表15.4 性能区分

区　分		pH	大腸菌群数	BOD	T-N	T-P	SS	n-Hex	COD	その他
Ⅰ	BOD除去型	○	○	○						
Ⅱ	窒素除去型	○	○	○	○					
Ⅲ	窒素・リン除去型	○	○	○	○	○				
Ⅳ	その他	○	○	※	※	※	※	※	※	※

(単位：大腸菌群数（個/ml），pH（-），それ以外は（mg/l））

備考 1. Ⅳ型（その他）の※については，適時，必要な水質項目を選択可能とする。また，その他の新しい評価項目（例：トリハロメタン生成能など）については，適宜，追加可能とする。
　　 2. 処理水質は申込み値によるが，事実上，原則として以下の基本値を用いることとする。
　　　　BOD［20，15，10，5］，T-N［20，15，10，5］，T-P［2，1，0.5，0.1］

図15.6　小規模合併浄化槽のミニチュアモデル[6]

浄化槽工業会のホームページから，小規模合併浄化槽のミニチュアモデルを図15.6に例示する。　　　　　　　　　　　　　　　　　　　　　　　　〔宗　宮　　功〕

文　献

1) 建設省都市局下水道部監修：日本の下水道，平成12年度版，「都市規模別下水道処理人工普及率」，p.45．
2) 建設省都市局下水道部監修：日本の下水道，平成12年度版，「放流水水質の技術上の基準」，p.62 改訂．
3) 建設省都市局下水道部監修：日本の下水道，平成12年度版，「終末処理場の仕組み」，p.35 改訂．
4) 建設省都市局下水道部監修：日本の下水道，平成12年度版，「高度処理の目的と除去対象物質及び除去プロセス」，p.187．
5) 金子光美編著：水質生成学，pp.138-139 を一部改変，技報堂出版，1996．
6) (社)型式浄化槽協会：ホームページ，「浄化槽の概要」(http://www.katajoh.or.jp/jokaso/index.html)．
7) 厚生省水道環境部浄化槽対策室：平成12年度浄化槽行政組織等調査結果，全国浄化槽行政担当係長会議資料，平成13年3月．
8) (財)日本環境整備教育センター：調査研究部レポート「窒素除去型・小容量型小型合併処理浄化槽の登録及び普及の状況」，p.13，2000，9月11日（(財)日本環境整備教育センター大森氏の私信）．

15.3 建築物内給排水と雑用水道

15.3.1 建築・地域の給排水の変遷

はじめに人は，水辺に居を構えた．生きるために水を得ることが先決であったためである．その後，設備機器などが工夫されて，天水や井水が利用されるようになり，都市が発達して水道水が利用されるようになった．しかし個別の建築物に水道が引き込まれるようになってから高々100年ほどの歴史しかない．比較的最近になって給湯が格段に普及し，局所式から中央式へ拡大するとともに，コジェネレーションなどによる地域的規模の給湯も導入されてきている．さらに現在では，水資源の逼迫により，雑用水道の導入と雨水利用が推進されている．

初期には，使用水量の増大が文明のバロメータといわれたが，現在は節水と水の有効利用，省資源と省エネルギーが課題となっている．一方，水景施設の導入などを含めて，多様な水利用が行われており，水質管理も重要な課題となっている．

排水系統については，ごく初歩的な水流式の便所が，古い時代から見られたが，建築物の中に排水設備が導入されたのは，かなり最近のことである．現在では，排水の再利用や雨水利用も導入され，多様な対応が必要になってきている．

15.3.2 建築物内の給排水衛生設備の概要

a. 用語の変遷

現在の空気調和・衛生工学便覧の前身である衛生工業便覧の初版は，昭和8年に出版されているが，その中では衛生部門としてまとめられており，その後の改定版でも衛生編，衛生設備などの編として扱われ，給水設備，排水設備などが，それぞれ独立した設備として記述されている．

その後，給排水設備といわれるようになったが，この用語は昭和24年刊行の桜井省吾著「給排水設備便覧」に見られる．公には，昭和33年に衛生工業協会（現在の空気調和・衛生工学会）の中に，給排水設備規準委員会が設置されたころから採用されたようである．その内容は，給水・給湯・排水・通気・衛生器具などが主たるものであった．昭和42年に刊行されたHASS 206-1967給排水設備規準の内容も，これらによって構成されている．ただし，消火設備とガス設備を加えた場所も多く，現在でもその傾向は残されている．

昭和40年に空気調和・衛生工学会では「空気調和・衛生設備の実務の知識」を刊行し，技術者の参考として好評を得たが，これを分冊として，昭和46年に「給排水・衛生設備の実務の知識」が刊行された．以来，給排水・衛生設備という用語が多く用いられるようになった．内容はそれまでの給排水設備に，屎尿浄化槽，排水処理，厨房設備などが加えられたものとなっている．

昭和60年11月に制定された建築設備士の制度において，給排水衛生設備という用

語が用いられたが，この用語は筆者や篠原隆政が，その著書に採用していたものであり，特に衛生思想の重要性を盛り込むという意味が考慮されたものである．また，それまで含められていた消火設備を，防災設備の一部として別だてにする意味もあった．これを受けて，空気調和・衛生工学会では，昭和63年4月から，それまでの給排水設備規準委員会を，給排水衛生設備委員会に名称変更した．その内容は，給水，給湯，排水・通気，衛生器具設備，厨房や医療その他の水にかかわる特殊設備などであり，最近はごみ処理設備を含むものと考えられている．

平成2年に刊行された空気調和・衛生用語辞典でも「給排水衛生設備」を主たる用語としている．衛生という用語が，本来の意味からやや異なった狭い意味を表すように見られて好まれなかった時期があるが，生命を守るということ，あるいは衛生的環境を実現するという，この設備の本来の目的を考えると，新たな意味づけを含めて給排水衛生設備という用語が最適であると考えられる．たまに給排水給湯設備という書き方を見かけるが，これは意味の取り違いによる誤りである．現業の中では現在でも衛生設備という用語がしばしば使われている．

b. システムの概要[1]

給排水衛生設備システムの概要は，図15.7に示すとおりである．水や湯を供給する系統，使用した水やごみを排出する系統があり，その接点に衛生器具設備と特殊設備がある．給水と給湯の圧力バランスや，供給系と排出系の水量バランスなど，相互に密接な関連性が存在するところが，この給排水衛生設備システムの特徴である．従来は都市レベルの水道および下水道と，建物内の給排水衛生設備を考えるのが普通であったが，街区または団地など地域的な規模にも同様の考えを適用することができ，こうした中規模レベルの給排水衛生設備システムも重視されるようになってきている．その理由は，給水の水準向上，災害時などの飲料水確保，排水の再利用などが主要な課題になってきたためである．

このなかで衛生器具設備は，供給系と排出系の接点にあるばかりでなく，インテリアなど建築との関連も深く，給排水衛生設備システムとこれを使用する人との接点でもあり，中心的で重要な設備である．すなわち，人の意志によって器具が利用され，その結果として負荷が生じ，この負荷に対応してシステムが設計されることになるが，器具が存在しなければ負荷は生じないわけであり，人の意志は制約を受けることになる．このような人と設備の相互依存性の強いところが給排水衛生設備システムの特徴でもある．

また，敷地内，および建物内では水を利用するということが主な目的となるが，街区や団地などより広域的な範囲での水収支と，水質や景観を考慮した多様な水利用を考えることも必要となってきており，さらに水を供給する水道やその水源に対する配慮，排出された水が下水道や自然の水系に与える影響に対する配慮などを含めて，水環境計画の一環としての理解をすることが重要である．

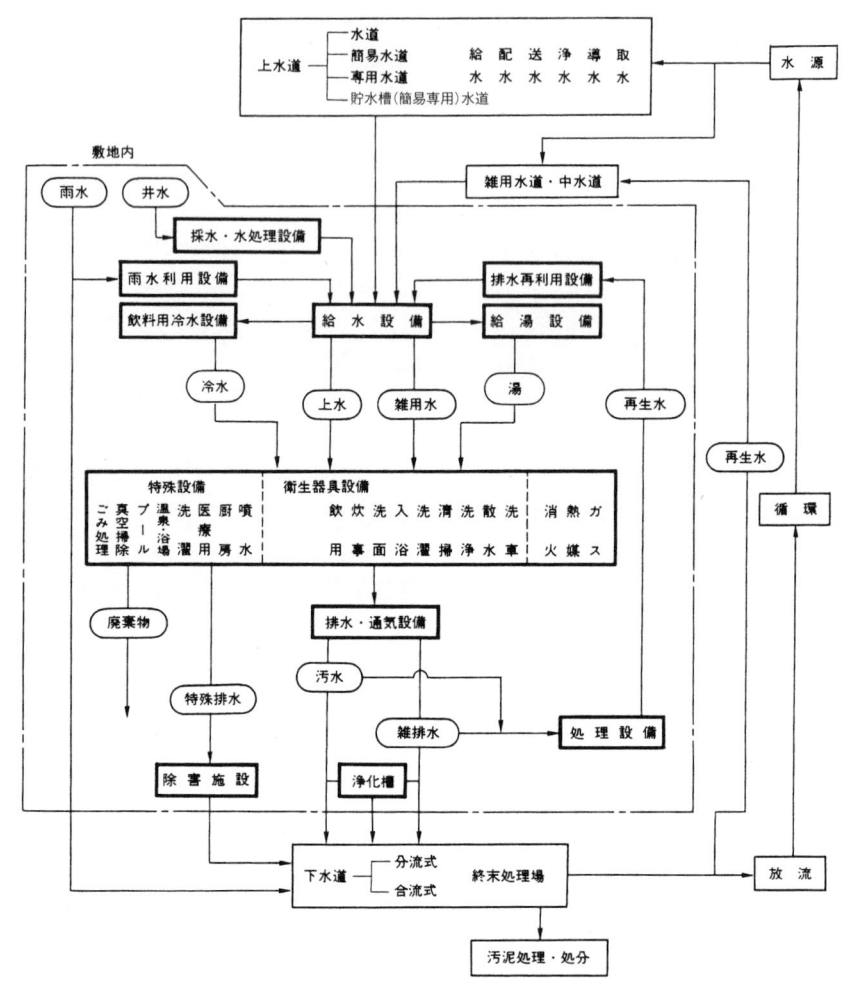

図 15.7 給排水衛生設備システムの概要[1]

なお，給排水衛生設備規準・同解説（SHASE-S 206-2000）には，この設備の基本原則と技術的事項が示されている．

c. 今後の課題[2]

給排水衛生設備の今後のあり方を考えると，以下のように基本理念と，これを実現するための体制やシステムの問題，および人の問題となるであろう．その背景として，資源・エネルギーの問題や，都市と地球環境の問題が存在していることは論をまたない．これまでの技術の延長線上だけでものを考えるのではなく，抜本的に新しい対応を生み出していくことも考えるべきであろう．

1) 快適性と安全性　給排水衛生設備は，人の生活と生命をまもる設備であり，これを利用する人に対して快適性と安全性を保証するものでなければならない．その基本に衛生性があることはいうまでもない．

かつては，快適性といえば，満々とお湯を満たした浴槽にざぶんと漬かって，溢れるお湯を豊かさの象徴と考えたものであった．たしかに，膝をまげて入らなければならないような，経済性のみを追求したビジネスホテルなどの小さい浴槽は不快の典型的なものであり，シャワーのみのほうがまだ良いというような例もあった．しかし，水資源の逼迫と省エネルギーの必要性を考慮すれば，今後追求すべき快適性は，異なる判断基準を導入しなければならないであろう．水量を制限し，あるいは水を代替物に置き換えたうえでの快適性と安全性とはなにかということを考えてみなければならない．

その際，筆者の提言してきたミニマム水量[3]を明らかにしておくことが，あらためて重要になってくると考えられる．また，節水意識の高揚と水の有効利用の工夫が，日常的に考慮されなければならない．一方，これまで快適性の追求として位置づけられてきた噴水などの水景施設は，水質の面からの安全性を検討しなければならないことが明らかになっている．ひところから話題の24時間風呂なども同様である．排水の再利用なども余儀なくされることから，水質に対する衛生性の配慮は，今後ますます重要性を増すであろう．

2) 省資源・省エネルギー　これまで，省資源と省エネルギーの関連性は，しばしば見落とされてきた．給排水衛生設備にかかわるエネルギーといえば，水をつくる（水処理）エネルギー，給湯の加熱用のエネルギー，水を運ぶエネルギー，排水処理のエネルギーなど，多くのエネルギー消費があり，節水することによってこれらは削減され，国家的見地にたてばたいへんな省エネルギー施策となるのである．高層階のレストランや大浴場などが見晴らしの良さを売り物にしてきたが，水をポンプアップするエネルギーコストは，どこまで検討されていたであろうか．十分な検討のうえで，なお快適性を選択することが評価されていれば，それは1つの施策ではある．しかしながら今後も同様に考えられるかは疑問であり，より高価な選択とならざるをえないであろう．

省資源としては，水資源の節約は当然のこととして，さらに管径の縮小やシステムの簡略化などを考慮して，使用する材料の削減を計ることも考慮されるべきであろう．省資源・省エネルギーのために，すでに多くの方式と機器の開発が行われてきているが，これをさらに推進する必要があろう．リサイクルへの配慮もしかりである．それらの軸として，標準化，自動化，ユニット化などが検討されることになるであろう．

3) 水の体系　水は，水源から，最終の水域への排出まで，多くの役所によって，管理されている．また，個別建物，団地，都市，地域などで相互に関連性がありながら，異なった対応がなされている．将来的には一貫した対応ができるようになること

を期待したいところである．

一方で，超超高層建物，海上都市，大深度地下構造物，宇宙への進出などの検討と提案が数多くなされている．ただし高さ方向の人の能力は意外に小さいものであり，これを考慮しないと神経症に苦しむ人を増加させたり，よけいな労力を強いたりすることになりかねない．また，そこでの水の問題は検討が不十分のようである．

水道による直結給水の範囲拡大が検討されるようになって，水道と建築設備との関連性が強くなってきている．下水道との関連や，さらに広域での水問題まで含めて，水の体系について一貫した対応を目指して論じる必要があるものと考えられる．

水の問題は，平常時ばかりでなく非常時についても考えなければならない．危機管理の対策，非常時用設備の充実，各種の水を活用する技術の開発などを検討する必要がある．また，従来は水を用いていた行為に対して，水の代替物を考慮することも必要であろう．水の高さ方向や遠方への移動と，その水質の管理は，多くの制約条件があるからである．

4) ハードウェア　人の生理的条件は急には変化しないので，未来の給排水衛生設備のハードウェアは価値観や生活文化にかかわる部分での変化が中心となるであろう．ことの是非は別にして，これまでに提案されたり，実行されたりした斬新なアイデアとしては，居間に設けた浴槽，多機能シャワーなどを含むジムにあるような浴室，健康診断機能をもった水洗便器といったものがある．また，アメリカでは，戸建て住宅に家族個別のバスルームや庭の水泳プールなどがあるほうが一般的になっているようである．これらはいずれも，従来方式の多様化，多機能化として位置づけられる．そしてそれらは，水量の確保，水圧の安定性，配管内の停滞水の問題，水質管理，気候条件との兼ね合い，建築様式や生活様式との対応など，多くの検討すべき要素を含んでいる．場合によっては，従来システムでは実現不可能な部分も存在する．

水をより使わない方式は，すでに航空機や宇宙船において実現されている．それらをさらに改善して，日常の生活の中に持ち込むことを考えてみるのも一法である．給排水衛生設備と他の設備，あるいはデザインや構造との融合も考慮したい．運転制御の導入と高精度化，系統分けによるきめ細かい管理なども考慮すべきであろう．

また，「誰のために？」ということも重要である．従来どちらかといえば男性の成人健常者を対象にして物事がすすめられてきたが，子供，高齢者，身障者などの弱者に配慮することは，すでに必須の条件となっている．

15.3.3 雑用水道の概要

a. 基本的な考え方

雑用水利用とは，生活用水の中で，水洗便所用水，冷却・冷房用水，散水，清掃・洗車用水，環境・水景用水などの用途に，建築物内の排水や，下水・産業廃水などの再生水や雨水，工業用水など，水道水と比較して低水質の水を使用することの総称である．しばしば中水道という用語も用いられている．

雑用水道利用の方式は，その利用規模により3つの方式がある．すなわち，事務所建築などにおいて当該建築物内で雑用水利用を行う個別循環方式，大規模な集合住宅団地や市街地再開発地区などの複数の建築物で共同利用する地域循環方式，下水処理場などの排水処理施設や工業用水道から供給を受け，広域的かつ大規模に利用を行う広域循環方式である．

雑用水利用の目的，効果としては，文献[4]では次のようなことがあげられている．

① 再生水や雨水を利用することにより水道水の使用量を減少させ，水需給逼迫地域における需給ギャップの緩和策の1つになる．

② 排水量および汚濁負荷量の減少により，下水道などの排水処理施設の負担が軽減されるとともに，公共用水域の水質保全にも寄与する．

③ 都市域などにおける節水対策として，水資源の有効利用促進に好ましい影響を与える．

④ 再生水を利用する雑用水利用者にとって，水道の給水制限時などに，その制限をある程度緩和できる．

雑用水道に求められる水質としては，文献[5]に，人体に対する衛生面での問題がないこと，利用上の不快感がないこと，施設や機器・設備に腐食や閉塞などの機能上の障害を与えないこと，などが示されている．これまで各種の水質基準の提案がなされてきたが，平成15年4月に厚生労働省から新たな基準が出された．

b. 設置の推移

雑用水利用は，文献[4]によれば，平成8年度末現在，全国でおよそ2100施設で導入がはかられており，その使用水量は全国で1日当たり約32億4000 m³と推定され，全国の生活用水使用量の約0.8%に相当する．施設数の推移を図15.8に示す．利用用途は，水洗便所79.1%，散水26.7%，冷却14.6%，水景10.6%などのほか，掃除，洗車，洗浄，その他となっている．

雑用水利用は，わが国では昭和30年代後半から始まり，昭和39年の東京，昭和53年の福岡に代表される渇水頻発を契機として，国や地方自治体によって推進施策が展開され，昭和55年ごろから水需給の逼迫した地域を中心に本格的な導入がはかられるようになった．また最近では，平成6年の列島渇水を契機として雑用水利用が増加し，利用用途は水洗便所用が最も多くなっている．

地域別に見ると，関東臨海地域41.3%および北九州23.3%と両地域で全国の過半数を占めており，次いで近畿臨海，東海，東北，四国などとなっている．これは渇水を経験した結果要綱などで雑用水利用を推進している東京都および福岡市に利用が集中しているためである．また，雨水利用を行っている施設（排水再利用を併用する施設を含む）は，約6000件あり，そのなかで，関東臨海地域が約7割を占めているといわれる．

建物用途別導入件数では，庁舎25.7%，学校17.3%，事務所ビル17.0%となり，

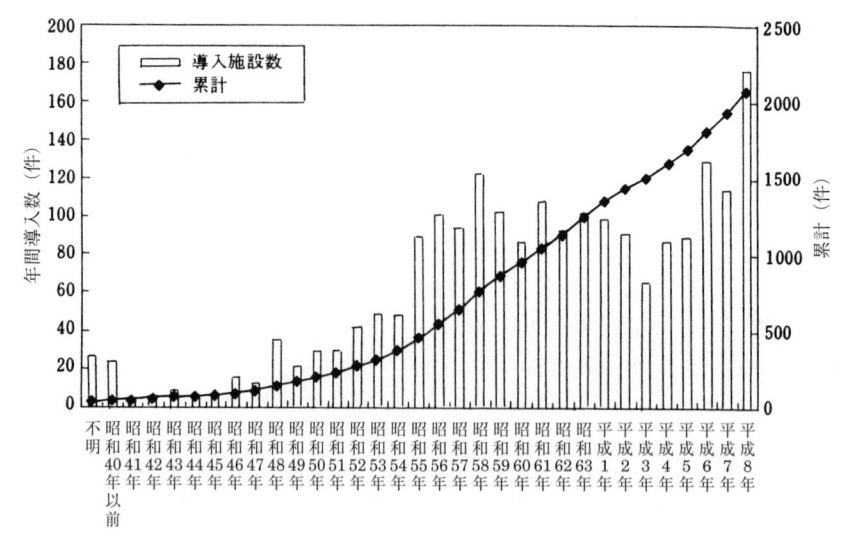

図 15.8 雑用水利用施設数の推移[4]

これらの用途で全体の約6割を占めており，次いで会館・ホール，公園・運動場，工場などとなっている．

c. システムの概要

1) 排水再利用システム　文献[5]には，建物排水の再利用によく用いられる処理フローの例として図15.9が示されており，以下の解説がある．①の例は，活性汚泥または生物膜法による生物処理の後，残存する微細SSを急速濾過によって除去する処理フローが基本である．②の例は，安全のために，生物膜法を砂濾過の前段階に組み込む処理フローである．原水水質の変動が大きいことが予測される場合には，

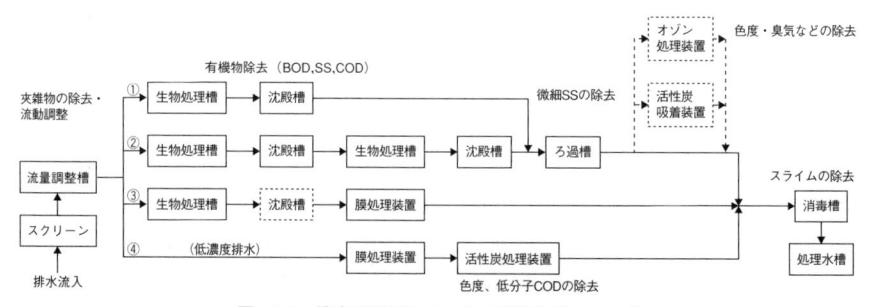

図 15.9　排水再利用システムの標準処理フロー[5]
(建設大臣官房官庁営繕部監修，公共建築協会編：排水再利用・雨水利用システム計画基準・同解説（平成9年度版），全国建設研修センター，pp. 67-69 より野中英市作成)

生物処理機能が不安定になったときに補完の役目を果たす．活性炭吸着やオゾン処理は，原水に便水の割合が多いために着色が問題となるおそれがある場合に，色度除去を目的としたり，衛生面に特に配慮するときに用いられる．③の例は，生物処理の沈殿槽の代わりに膜分離が用いられる処理フローである．④の例は，厨房排水を含まない雑排水を原水とする場合に用いる処理フローで，前処理の後，直接膜分離し，活性炭吸着で溶解性有機物を除去する．

2) 雨水利用システム　水の有効利用，都市における不浸透地域の増大にともなう洪水対策，下水道への負担軽減などの目的で，建築物における雨水利用が行われている．雨水の用途としては，排水再利用と同じように，水洗便所用水，冷却塔補給水，清掃用水，洗車用水，水景用水などがあり，ほかに消防用水，災害時の非常用水などがある．最も利用例が多いのは，水洗便所用水である．雨水の利用方法としては，雨水の貯留方式と地下浸透貯留方式があり，雨水収集設備，雨水処理設備，雨水貯留設備および雨水給水設備から構成される．

雨水の利用量は集水面積で決まるので，できるだけ広い面積から集水するのが合理的であるが，駐車場などの人為的汚染度の高い部分からの集水はシステムが複雑になってコスト高となり，雨水利用の最大の利点である経済性がなくなってしまうので，比較的よごれの少ない屋根面などを利用するのが一般的である．

雨水の集水面のほとんどが，屋上などの屋根面である場合には，人為的に汚染される可能性が少ないので，流出水に含まれている土や砂の粒子，および有機物の少ない浮遊物質を，沈殿，濾過などの簡易な物理的処理で除去するだけでよい．

文献[5]に示されているアンケート調査の結果によると，実施例にみる雨水処理フローは，おおむね図15.10のようである．無処理で使っている例もあるが，沈殿，濾過程度のものが多い．消毒は，衛生的に安全な水にするために行われる．

雨水利用を行っている建物のなかには，初期雨水を排除するための設備として，雨量計，pH計，タイマーと電動バルブの組み合わせなどを設置している例がある．この目的は，酸性雨対策と集水面からの汚染物によって，雨水処理設備の運転に支障を

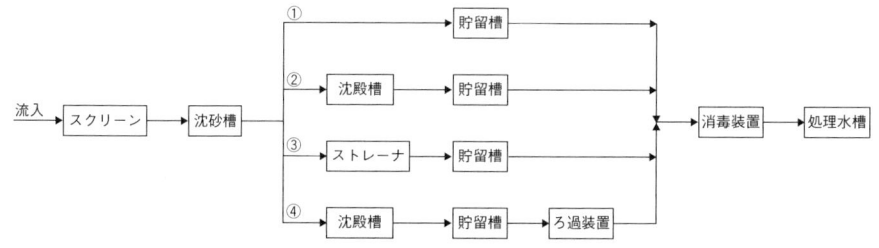

図15.10　雨水処理システムの標準処理フロー[5]
(建設大臣官房官庁営繕部監修，公共建築協会編：排水再利用・雨水利用システム計画基準・同解説（平成9年度版），全国建設研修センター，p.73 より野中英市作成)

きたさないためである．

　豪雨時の対策と，安全面の対策も大切である．豪雨時に雨水貯留槽から溢水して冠水することのないよう，非常時にはできるだけ自動的に，しかも安全に必要以上の雨水は外部へ排除されるようにしておく必要がある．

　衛生面の安全対策としては，配管設備において誤飲・誤接合のないようにすることはもちろん，雨水貯留槽と排水槽とを隣接させないこと，死水域が生じない構造にすること，必要に応じて槽内を攪拌すること，定期的に水質検査をすること，などがあげられる．

d. 今後の課題

　雑用水道に関する今後の課題としては，以下のようなことが考えられる．

　1) **導入の判断と管理の徹底**　21世紀は地球規模で水不足が深刻化するといわれているので，雑用水道の導入は基本的に避けることはできないであろう．しかし局地的に見て水資源に余裕がある場合にまで導入することはない．排水を再生する手間と安全性を考えれば，水道とのバランスを十分に検討すべきであろう．雨水利用も，地下水涵養のために雨水浸透を積極的にすすめるべき地域では採用するべきではない．

　導入の判断と，導入した場合の環境保全，経済性などへの配慮を含む管理の徹底が重要となる．

　2) **衛生性の確保と水質管理**　雑用水道は，水道に比較して低質の水を使用するので，誤使用による人体影響などが生じないよう，衛生性の確保と水質管理の徹底を計ることが重要である．

　3) **安定した効率のよい運転の推進**　原水の水質と水量の変動が大きいのが原則であるので，これに対応して安定した効率のよい運転の推進をはかることができるよう，あらかじめシステムとハードウェアの設計に工夫をしておくことが必要である．また，維持管理費用が大きくならないような方策も検討しておくことが重要である．

〔紀谷文樹〕

文　献

1) 紀谷文樹, ほか：三訂版建築設備, pp. 84-85, 朝倉書店, 1995.
2) 紀谷文樹：建築設備と配管工事, **466**, 9-12, 1997.
3) 紀谷文樹：空気調和・衛生工学会論文集, **42**, 19-28, 1990.
4) 国土庁長官官房水資源部編：平成11年版日本の水資源, pp 241-245, 416, 1999.
5) 野中英市：改訂新版・給排水衛生設備学中級編（深井英一編）, pp. 161-164, TOTO出版, 2000.

15.4 水質変換におけるエネルギー評価

　人間活動，生産活動による資源・エネルギーの消費とそれにともなって排出された排水・排ガス・廃棄物によって地域および地球規模での環境問題が深刻化し，われわれ人類および地球上の生態系の生存基盤を脅かすまでに至っている．資源・エネルギーの消費削減と環境負荷の低減をあわせて実現できる社会システムの構築が急務である．

　日常の生活，工場での工業製品生産，畜産業など身の回りでの排水処理，飲料水の供給，半導体や医薬品製造など先端産業への超純水供給など，さまざまな場面でわれわれは水質変換技術を利用している．水質変換とは，対象とする水に含まれる溶解あるいは懸濁している汚濁物質を，目標レベルまで分離除去することである．各家庭から排出された下水は，管渠を経て終末処理場に集められ，空気ばっ気によって酸素を供給しながら，河川に放流可能な水質が得られるまで，好気性微生物の機能を利用して水質浄化が行われている．このように，下水処理には施設・設備の建設と運転・維持管理のために多大な資源・エネルギーが必要となる．下水処理は地域の水環境保全に欠かせないが，二酸化炭素の発生や資源・エネルギーの消費などとして，形を変えた環境負荷をつくり出していることになる．真に環境負荷を低減するためには，日常的に行われている排水処理を含む水質変換において，資源・エネルギーの消費削減が強く求められている．水資源の確保が困難になりつつある状況では，少ない水資源の有効利用のために水質変換技術が多用されることになるので，特にそこでのエネルギー消費削減は急務である．

15.4.1　下排水処理プロセスにおけるエネルギー評価

　排水処理プロセスにおけるエネルギー消費を定量化する指標として単位動力消費当たりの BOD 除去量として定義される動力効率（kg-BOD/kWh）を取り上げ，各種生物排水処理方式の性能評価を行った結果を図 15.11 に示した[7]．横軸は装置本体単位設置面積当たりの BOD 除去速度（kg-BOD/m^2・日）である．ただし，装置本体とは活性汚泥プロセスであればエアレーションタンク部分を，散水濾床プロセスであれば濾床本体部分をそれぞれ指している．ただし，ここに示した値は都市下水処理を対象として評価された結果であり，汚濁物質濃度や要求処理水質によって変化する可能性がある．排水処理におけるエネルギー消費は処理方式，排水の性状，運転条件などによって大きく変化する．図 15.11 の右上に位置する処理方式の開発と利用が望まれる．

　広大な土地を必要とする土壌浄化法に代わって，その機能を立体的な装置の中で実現させたのが散水濾床法である．同じ排水量を処理するために必要な土地の面積は一挙に数百分の 1 に減少した．活性汚泥法が 1920 年代に実用化されるようになり，処

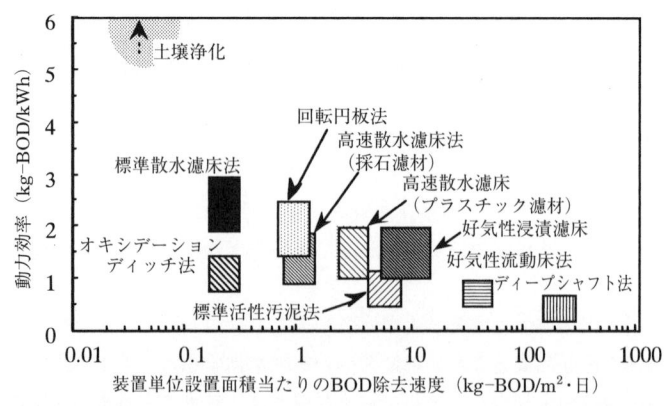

図 15.11 都市下水を対象とした生物排水処理での動力効率と BOD 除去速度[1]

理装置を設置するための必要面積はさらに減少した．さらに装置の単位体積当たりあるいは設置面積当たりの処理速度が向上し，装置のコンパクト化が進んだが，単位処理量当たりのエネルギー消費も増大してしまった．

活性汚泥法などの好気性生物処理プロセスによる高濃度有機性排水の処理では，酸素供給のために多大な動力を必要とするので，省エネルギーの観点から嫌気性消化（メタン発酵）が導入されることが多い．UASB（upflow anaerobic sludge blanket）法が開発されて，メタン発酵装置の容積効率（装置単位体積当たりの負荷）は飛躍的に向上した．ビール排水，製糖排水などの処理に導入されている．ただし，嫌気性生物処理水には有機物が残留しているので，活性汚泥法などによる後処理が必要であり，このためのエネルギー消費を見込まなければならない．また，中緯度地域より北では通常メタン発酵槽の加温も必要になるので，メタン発酵からの正味のエネルギー回収は困難な場合が多い．

1994 年度の下水道統計をもとに推算されたわが国の下水処理にかかわる資源・エネルギー消費量を表 15.5 にまとめて示した[2]．この年の全国の総下水処理量約 100 億 m^3 のために消費された総電力量は 47.5 億 kWh であり，これは国内総電力消費量の 0.6% に達する．処理対象区域内人口の 1 人当たりに換算すると 74.2 kWh/人・年となる．1 m^3 の下水処理に要する電力量は全国平均値で 0.45 kWh/m^3 となった．内訳はばっ気を含む下水処理が 52%，排水ポンプに 16%，汚泥処理に 14%，その他が 18% などとなっている．酸素供給のためのばっ気動力を削減することが下水処理場でのエネルギー消費削減に最も効果的である．これには微細な気泡を生成する散気装置をばっ気槽底面全体に均一に設置する全面ばっ気方式の導入が効果的であり，20〜30% 程度の省エネルギーが可能であると推定される[3]．

1982 年度についての推算値では総下水処理量は 75.2 億 m^3，電力消費量は 26 億 kWh と報告されており，下水 1 m^3 当たりの電力消費量は 0.35 kWh/m^3 となった．こ

15.4 水質変換におけるエネルギー評価

表15.5 下水処理におけるエネルギー評価[2]

項目		年間総消費量	原単位	
			処理下水量当たり	除去BOD量当たり
エネルギー	電力	47.5億kWh/年	0.45 kWh/m^3	2.3 kWh/kg-BOD
	石油換算燃料	1.72万kl/年	0.016 l/m^3	0.08 l/kg-BOD
	熱量換算（上記の計）	12.3兆kcal/年	1144 kcal/m^3	5828 kcal/kg-BOD
消毒剤		86000 t/年	8 g/m^3	41 g/kg-BOD
汚泥脱水助剤		268000 t/年	21 g/m^3	128 g/kg-BOD

のように1 m^{3}の下水処理に要する電力消費量が増加している理由としては，小規模処理場の増加と高度処理の導入が考えられる．下水処理場の規模が大きくなると1 m^{3}当たりの下水処理のための電力消費量は減少する．ちなみに日間処理量が10万m^{3}を超える大規模処理場での平均的な値が0.4 kWh/m^{3}程度であるのに対して，1000 m^3/日程度の小規模処理場での平均的な値は1.0 kWh/m^{3}に達する．小規模処理場では実際の下水処理量が計画値を大幅に下回っている例が特に多いので，ばっ気などに過剰な電力を消費している．

処理方式ごとに電力消費の平均値を比較すると，好気嫌気活性汚泥法では0.6 kWh/m^3，標準活性汚泥法では0.7 kWh/m^3，オキシデーションディッチ法では1.2 kWh/m^3，回分式活性汚泥法では1.3 kWh/m^3，長時間ばっ気活性汚泥法では1.5 kWh/m^{3}程度となった．ただし，これらの数値は処理場数での平均値であり，処理水量を考慮すると好気嫌気活性汚泥法や標準活性汚泥法ではさらに小さい値になる．

15.4.2 屎尿処理場におけるエネルギー評価

屎尿処理は周辺住民にとっては迷惑施設であり，その立地にあたってはさまざまな要求を満足する必要がある．水質汚濁防止法や廃棄物の処理と清掃に関する法律などに定められる放流基準を超えた厳しい水質をクリアすることや，基準にない項目についても条件を満足する必要がある．加えて，悪臭に対しても十分な対策が求められている．

屎尿処理は，まず嫌気性消化を行い，その脱離液を希釈して放流基準に適合するように活性汚泥処理を行うプロセスが一般的であったが，近年では無希釈のままで直接活性汚泥処理するプロセスに変わってきており，膜分離，オゾン処理，活性炭吸着の導入など新しい技術が競って導入されている．RO膜の利用などによって塩分を除去すれば十分リサイクル用水として利用できる処理水質に達しているが，一方で処理に要するエネルギー消費を引き上げている．

表15.6に示す2段活性汚泥法による無希釈屎尿処理施設を例にとって，屎尿処理における水質変換過程でのエネルギー消費を示す[4]．この処理施設での受入量は屎尿25%に対して浄化槽汚泥が75%に達している．固形物を除去した後，2段階の活性汚泥処理を行い，固液分離後にさらに砂濾過と活性炭による吸着を行う．この処理過

表 15.6 高負荷屎尿処理施設の主な設備とフロー

受入貯留設備	生物処理設備	高次処理設備	汚泥処理設備	脱臭設備
屎尿受入	第一生物反応槽	高分子凝集剤	脱水	中濃度臭気
浄化槽汚泥受入	(気液下降流式ばっ気)	無機凝集剤	乾燥	酸洗浄
破砕機	第二生物反応槽	凝集沈殿槽	焼却	アルカリ次亜洗浄
夾雑物除去	(機械撹拌式水中ばっ気)	砂濾過	高濃度臭気焼却脱臭	活性炭吸着1
貯留槽	沈殿分離槽	活性炭吸着	—	低濃度臭気
沈砂除去	—	—	—	活性炭吸着2

表 15.7 各工程での水質

水質項目	屎尿	浄化槽汚泥	混合屎尿	生物処理1段	生物処理2段	砂濾過	活性炭吸着
BOD	10000	6800	7650	40	15	10	<10
COD	8500	5200	7100	250	100	90	<30
SS	21000	13000	15100	500	40	10	<10
T-N	3700	1300	1940	30	15	10	<10
T-P	390	150	214	110	1	1	<1

表 15.8 高負荷屎尿処理場の各設備での電力消費内訳

設備	消費電力割合(%)	設備	消費電力割合(%)
生物処理	69	汚泥脱水	4
受入貯留	4	消毒放流	0
脱臭	10	給排水	1
汚泥焼却	8	電力消費量	35(kWh/kl)
凝集分離高度処理	4		

程での水質の状況を表 15.7 に示した．最終的な放流水質は BOD および COD が 10 mg/l 以下，T-N および T-P がそれぞれ 10 および 1 mg/l 以下となっている．

この屎尿処理プロセスにおける管理棟を除く全電力消費量は搬入屎尿および浄化槽汚泥 1 kl 当たり約 35 kWh であった．処理プロセスでの電力消費量の内訳を表 15.8 に示した．生物処理すなわち活性汚泥槽における酸素供給のためのばっ気動力が全電力消費量の約 70% を占める．環境保全対策のための脱臭に要する電力消費も大きな割合を占めている．この結果から BOD を 1 kg 除去するためのばっ気に要する電力消費は 3 kWh を超えており，好気性生物反応を進行するための酸素供給を効率的に行えれば，屎尿処理における大幅な省エネルギーが実現する．

15.4.3 ビル中水道におけるエネルギー消費

都市への人口集中および生活水準の向上にともない，大都市周辺での水需要が増大しているが，降雨量の漸減傾向と新たな水資源確保が困難になりつつある状況で，水の循環利用の促進や雨水の貯留・有効利用が推進されてきている．東京都や福岡市など水不足に見舞われることが多い大都市圏では，大型ビルの建設や地域開発に際して，行政指導によって生活雑用水を処理してトイレ洗浄などに再利用する中水道の導入がはかられている[5]．

表 15.9 ビル中水道の実施例と電力消費量および直接経費

例	水　源	原水量 (m^3/日)	処理方式	用途	電力消費量 (kWh/m^3)	直接経費 (円/m^3)
1	厨房, 手洗	174	スクリーン＋限外濾過活性汚泥法＋消毒 限外濾過戻り水エジェクターによる酸素供給	トイレ	約4	86
2	厨房, 手洗, 雨水	190	スクリーン＋接触酸化＋限外濾過＋活性炭＋消毒	トイレ	約1.6	101
3	厨房＋手洗	2800	スクリーン＋凝集浮上＋活性汚泥＋接触ばっ気＋砂濾過＋活性炭＋消毒	トイレ	約2	不明

　ビル中水道システムにおける排水処理プロセスには，①スクリーンによる夾雑物の除去，②凝集浮上による懸濁物質の除去，③活性汚泥法あるいは膜分離活性汚泥法による溶解性有機汚濁物質などの除去，④さらに残留する溶解性有機物除去のための接触酸化法の利用，⑤微量懸濁物質の除去のための砂濾過あるいは膜分離，⑥COD除去を目的とした活性炭吸着，⑦消毒などで構成される．ビル中水道の実施例を表15.9にまとめた[4]．ビル内の厨房排水や手洗い水のBODを300 mg/l 程度と想定して設備が設計されている．活性汚泥槽内のMLSSを高濃度に維持し処理効率を向上するとともに，処理水への汚泥流出を防止するために膜分離を併用した活性汚泥法の利用が多く見られ，MLSSを15000 mg/l 程度に維持できるので，汚泥の好気性消化による自己分解が進み，余剰汚泥の発生量を低減できる効果がある．当初使用されていたチューブラー型や平膜型の限外濾過膜では透過水1 m^3 当たり3～5 kWh 程度の動力が必要であったが，技術開発によって現在では1 kWh/m^3 程度まで電力消費が低減している．表15.9に示されているように，中水道の製造コストは直接経費が100円/m^3 程度，定期点検や消耗品交換費も含めておおむね200円/m^3 程度になっている．電力消費量は2～4 kWh/m^3 程度である．

　ビル中水道システムは現在では主にトイレ洗浄水に利用されており，上水使用量を削減する効果を上げている．今後，水資源の確保がさらに困難になると考えられるので，トイレ洗浄水以外にも冷却塔補給水，散水，洗車，修景親水をはじめ，多くの用途に中水道が利用されるようになるであろう．何よりも処理コストの低減とエネルギー消費量の削減が大きな課題である．

15.4.4　海水淡水化におけるエネルギー評価

　水資源に乏しい沿岸地域では海水から塩分を除去する淡水化技術が導入されている．多重効用蒸発，イオン交換膜を利用した電気透析，逆浸透膜による脱塩などが海水淡水化の主な技術である．水を気化するにはその蒸発潜熱ゆえに多量のエネルギーを必要とするが，圧力を低下させることで水の沸点が低くなることを利用して，一定

量の熱源蒸気で数回の蒸発を繰り返す多重効用蒸発が利用されている．

陰極および陽極の電極間にそれぞれ陽イオンおよび陰イオンのみを通過できるイオン交換膜を設置することで，陰極側に陽イオン，陽極側に陰イオンが濃縮され，海水の脱塩を行うことができる．溶質は浸透圧をもっている．この浸透圧以上の圧力を加えると溶液と溶質の分離が可能となる．この原理を利用した逆浸透膜による開催淡水化技術の開発が進み，サウジアラビアなど砂漠地帯での海水淡水化に利用されてきた．国内でも日量 40000 m^3 を超える海水淡水化プラントが稼働するに至っている．

この海水淡水化プラントでは，取水した海水に滅菌剤を添加するとともに除塵を行い，さらに凝集濾過を経てスケール抑制剤を添加後高圧ポンプで逆浸透設備に供給される．淡水化によって濃縮された海水は，動力回収のための逆転ポンプ（タービン）を経て放流されている．この濃縮された海水中の塩分濃度は 5.8% 程度で，放流水量は 60000 m^3/日程度である．この施設における動力および薬品費の使用実績を表 15.10 にまとめた．淡水 1 m^3 当たりの電力消費量は 5.3〜5.4 kWh 程度である．主な薬品

表 15.10 逆浸透を利用した海水淡水化におけるエネルギー消費と薬品費

項　目	96 年度	97 年度
電力使用量 (kWh/m^3)	5.33	5.36
NaOCl (円/m^3)	1.5	1.5
FeCl$_3$ (円/m^3)	1.1	0.9
スケール抑制剤 (円/m^3)	11.0	10.1
H$_2$SO$_4$ (円/m^3)	2.6	4.6
NaOH (円/m^3)	0.75	1.2
薬品費 (円/m^3)	16.8	18.3

表 15.11 膜分離を利用した浄水処理実験（MAC 21）における結果の概要

操作項目	操作条件
クロスフロー流速	0〜1 m/s
操作圧力	50〜100 kPa
透過流束	0.5〜2 m^3/m^2・日
回収率	85〜95%
除去率	
濁度	良好
鉄	100% 除去
マンガン	70% 除去
色度	不十分
A 260	不十分
アンモニア	不十分
電力消費	0.2〜1.0 kWh/m^3

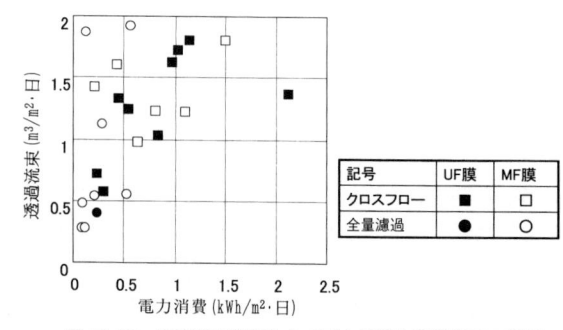

図 15.12 膜濾過面積当たりの電力消費と透過流束の関係

の使用料は 15〜18 円/m³ 程度であると報告されている[6].

15.4.5 膜分離を利用した浄水処理におけるエネルギー消費

厚生科学研究費補助金により「膜利用型新浄水システム開発研究（通称 MAC 21）」が平成3年度から3カ年にわたり実施された．特に懸濁物質および細菌類の除去に対して精密濾過膜および限外濾過膜を利用した浄水処理システムの開発を目的とした研究プロジェクトであり，30 m³/日のパイロットプラントを多数運転して，実用規模に近い条件で多数のデータを蓄積した．このプロジェクトで利用した分離膜はポリプロピレン，ポリエチレン，酢酸セルロース，ポリアクリルニトリル，セラミック製などの平膜および中空糸膜であり，クロスフロー型と全量濾過（deadend）型による利用で試験された．実験条件および結果の一部を表15.11にまとめた[7]．図15.12（文献[8]の引用）に膜濾過面積当たりのエネルギー消費と透過流束の関係を示した．操作圧力すなわちエネルギー消費を増加させるとともに流束も上昇した．低圧の全量濾過方式ではエネルギー消費が少なくても比較的高い流束が得られている．この一連の研究では，凝集処理によって懸濁物質を除去した河川水の膜濾過における電力消費は 0.2〜1 kWh/m³ であったと報告されている[8]．　　〔藤江幸一〕

文　献

1) 藤江幸一：化学と工業, **40** (1), 168-171, 1987.
2) 胡　洪営，ほか：用水と廃水, **41** (2), 131-137, 1999.
3) 久保田宏，ほか：環境研究, **75**, 43-51, 1989.
4) 文部省科学研究費補助金基盤研究 (A),「エネルギー消費を指標とした完全リサイクル水利用システムの評価」研究成果報告書，平成8年度〜9年度，研究代表者　東京大学生産技術研究所　鈴木基之, 1998年3月.
5) 川本克也・小倉勇二郎：用水と廃水, **37**, 469-475, 1995.
6) 金城義信：沖縄県における大規模海水淡水化施設の現状と展望, 国際水道膜フォーラム講演資料, pp. 1-11, 1998.
7) S. Kunikane, *et al*.: The Role of micro-and Ultrafiltration in Drinking-water Treatment, 20 th International Water Supply Congress and Exhibition, Durban, 9-15, September, pp.SS-11-1-SS 11-5, 1995.
8) 国包章一・眞柄泰基・伊藤雅喜：膜, **20** (1), 39-46, 1995.

生活排水と森林希釈水

　生活排水は下水道処理場や浄化槽で処理されて河川や湖沼，海域に放流されている．しかし，その処理水質は放流先の水と同程度になるほど十分に処理されているわけではない．自然の水による希釈があることを前提にしている．その必要な希釈の程度は水質成分によって異なるが，湖沼や内湾の汚濁原因となっている窒素では次のようになる．湖沼の環境基準値は水道用水に適用可能とされている類型IIIの値は $0.4\,mg/l$ 以下である．最低のV類型でも $1\,mg/l$ 以下である．一方，下水処理場や浄化槽の処理水濃度は高度処理でも $10\,mg/l$ 程度で環境基準値の10倍以上高い．したがって，処理水は10倍以上希釈しないと湖沼の基準値にならない．

　そこで生活排水の処理水を10倍希釈するのに必要な森林面積を求めると，その地域の降雨量や森林流出水の窒素濃度によって変わるが，1人当たり1000〜2000 m^2 となった．森林で計算したのは，森林以外の農地，市街地から流出する水は窒素濃度が高いので希釈がそれほど期待できないからである．かなりの森林面積が必要であるが，日本は幸い世界有数の森林国なので，日本全体ではこの条件を満たしている．

　しかし，人口が多く森林面積率が低い都道府県ではこの条件を満たさない所があり，大都市を抱える都府県では2倍にも希釈されない計算になる．水質汚濁で悩む霞ヶ浦流域では人口密度はそれほど大きくないが，森林面積率がわずか20%なので希釈倍数は3.4であった．これでは水質保全は達成されない．湖沼流域では森林面積の確保が重要である．森林は水量確保の面から「緑のダム」として高く評価されているが，水質保全の面からももっと評価されるべきであろう．　　　　（T.T.）

16. 水と交通

16.1 船舶と水上飛行機

16.1.1 船舶の歴史と用途

　船舶は最も古い輸送機関で，その歴史は少なくとも8000年ほど前にさかのぼる．木の幹をくりぬいたり，骨組に皮を張ったり，あるいは葦の茎を束ねて造るなどが，原初の船の形態である．ギリシャ時代にはフェニキア人たちにより櫂を用いて優れた木造船が造られ，交易に利用された．ローマ時代に至ると，船首水中部に大きな衝角をもつ軍艦が造られ，海上戦による版図の拡大に貢献した．16世紀には，大航海用の大型帆船が造られ，コロンブス，バスコ・ダ・ガマ，マゼランのような大航海者が現れた．その後，久しく帆船の時代が続くが，18世紀に入り，トマス・ニューコメンが蒸気機関を発明すると，船舶にもすぐに応用され，動力化の時代に入った．19世紀初頭にはアメリカ人フルトンによる外輪式蒸気船の営業が行われた．19世紀中葉には，鉄製船体とプロペラ推進装置がほぼ同時に採用され，100m近い長さの船舶が大西洋航路に就航している．19世紀末の第一次世界大戦期に至るまで蒸気動力による軍艦と大型客船の時代となる．1894年にイギリス人パーソンズの蒸気タービンが発明され，出力の大幅な増加により船舶は大型化と高速化の時代を迎える．1911年に進水したタイタニック号は，長さ270m，総トン数46000tで速力は25ノットと現在の船舶と変わらない仕様を有している．さらに，商船は，戦後は一般貨物船から，タンカー，ばら積み船，コンテナ船など専用船が建造されるようになった．航空機の発達で海上旅客輸送が激減し，貨物輸送主体となり，今日に至っている．軍艦については，第二次世界大戦では多くの軍艦が建造されたが，従来の戦艦中心の戦術が航空戦などに移り，航空母艦，潜水艦，高速駆逐艦など用途が分化し，最近は電子戦中心の高度な情報通信機能を有するイージス艦などが建造されている．なお，動力については，原子力を利用する動きがあったが，安全性の問題から商船ではほとんど実用化されず，軍用潜水艦に利用されている程度である．環境問題から新たな推進動力が必要といわれているが，現在のところ有力な新システムは出てきていない．

16.1.2 船舶の水力学

a. 浮　　力

　船は流体からさまざまな力を受ける．最も基本的で単純なものは，船体を支える浮力である．船体と積荷の重量の和が，船体が押しのける水の重量，すなわち排水量と一致する．アルキメデスの原理である．商船では積荷の重量や，貨物倉の容積で船舶の大きさを示し，この排水量を用いることは少ない．積み荷のない軍艦などでは，その大きさを表す１つの基準として，燃料や人員兵装を積んで出港する際の標準的な排水量が用いられる．浮力は船舶が水平に浮かんでいれば船底に均等に加わり，また積荷も均等であれば船体構造には，飛行機の主翼の付け根や，鉄道の車軸のような力の集中するところがない．船舶の大型化が可能であることの力学的理由である．

b. 抵　　抗

　船舶は，空気と水の抵抗を受ける．空気の抵抗は水から受ける抵抗に比べて小さい．水の抵抗は，大きく分けて摩擦と造波抵抗とに分解できる．

　摩擦抵抗は，水が船体表面に付着し，速度勾配ができることにより生ずる．速度勾配が大きいほど，また船体の浸水面積が大きいほど大きくなる．流れに水平に置かれた平板の場合には，その抵抗係数はレイノルズ数という次元をもたないパラメータで決定される．抵抗係数 C_f は，やはり次元がなく

$$C_f = \frac{F}{\frac{1}{2}\rho u^2 A}$$

と定義される．ここに，F は抵抗，ρ は水の密度，u は速度，A は浸水面積である．レイノルズ数 Re は

$$Re = \frac{UL}{\nu}$$

ここで，U は速度，L は代表長さ，ν は水の動粘性係数である．実際の船舶と模型船では大きさがまったく異なるが，両者のレイノルズ数を合わせて水槽での実験などを行うことで抵抗係数を求める．船体のような船首船尾の複雑な形状や船体表面の粗さなどにより，摩擦抵抗の推定も単純ではないが，ごく大雑把には等価な面積をもつ平板の30％増というような船型の特徴による増加分を勘案して推定する．

　造波抵抗は，船体が静穏な水面を進むことで流体に擾乱を加え，その結果生じる波が遠くまで伝わっていくことでエネルギーが散逸することによる．船体に相当する排水体積を流体力学的な湧き出しと吸い込みとで表現して，外側の流れを求め，それから造波抵抗を求める手法が造波抵抗理論である．重力場内でのナビエ－ストークスの方程式を無次元表示すると，重力の影響についてはフルード数というパラメータで無次元表示が可能である．フルード数 F_n は速度 V，L を船の長さ，g を重力加速度として以下のように定義される．

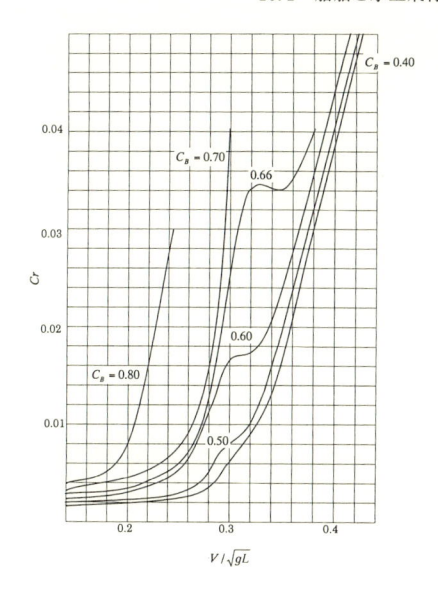

図 16.1 山県チャート

$$F_n = \frac{V}{\sqrt{gL}}$$

船の長さや速度が違っていても，船型が同じでフルード数が一定であれば，その波の様子は同じで，造波抵抗係数も同じと考えられる．たいへんに古いが1935年ころ山県昌夫は，標準船型と呼ばれる船型に対して水槽での抵抗計測を行い，図 16.1 のような結果を得ている．

図 16.1 中の C_B は，方形係数と呼ばれる船舶の排水容積を（長さ×幅×喫水）で除した数値で，大きいほうが太った船である．造波抵抗係数 C_r は

$$C_r = \frac{R}{(1/2)\rho \Delta^{2/3} V^2}$$

で，ここに R は造波抵抗，Δ は排水容積，である．フルード数が増えると造波抵抗係数が増減することがある．これは船首と船尾で起こった波が互いに増幅しあう場合と，逆に相殺する場合とがあるためである．さらに船首没水部を球根状に突出させて波を消しあうように工夫したものがバルバスバウ（球形船首）で，戦艦大和などでも有名である．フルード数の増加とともに，造波抵抗係数は急増し，船舶の高速化を阻む最大の要因である．最近は，コンピュータを用いた数値流体力学の手法により水の流れを支配するナビエ–ストークスの式を直接に解き，波の様子から船体に加わる力を推定することができるようになっている．

c. プロペラ推進力

船舶は通常プロペラを用いており，複雑な船尾流れ場の中での推進力推定は難しい．理論的にはいくつかの代表的な手法がある．ここでは，運動量理論と翼素理論につい

図16.2 プロペラ理論

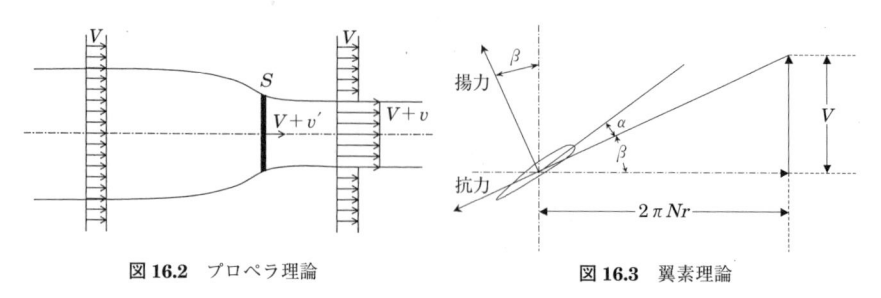

図16.3 翼素理論

て述べる．運動量理論は，単位時間当たりの運動量の変化が力であることから，プロペラが加速する水の運動量の変化が反力としてプロペラに作用して，推進力が得られる．また運動エネルギー変化が，プロペラのなす仕事に等しく，これから出力馬力が求まる．プロペラ翼が回転する面積を S として，この円形平板が水を加速するとする．図16.2に示すような流れであるとする．単位時間にこの円盤部分を通過する水の量 Q は $Q = SV$ である．運動量変化は単位時間当たり Qv であるのでこれが力になる．また運動エネルギーの変化は $Qv\{V+(1/2v)\}$ となり，これがプロペラの出力になる．

翼素理論はプロペラ回転軸中心から r の距離にある翼素は，単位時間当たり回転数が N であれば船が V の距離だけ進む間に $2\pi Nr$ だけ周方向に進むことになり，図16.3のような速度線図が得られる．船が図の上に向かって進んでいると考えればよい．これから翼に流入する流れの迎え角 α がわかり，翼理論によりこの断面に働く力が計算できる．これを翼全体にわたって積分し，プロペラの枚数をかけるとプロペラ全体に作用する力が求まる．詳細には，剥離した渦による迎え角の変化など考慮しなくてはならない．

d. 波浪外力

波浪の中で船体が力を受ける．例えば図16.4のような状態では船舶は中心付近で大きな浮力を，逆に船首船尾では小さな浮力となり，船体中央部には曲げモーメントが生じる．これが大きくなると船体が中央付近から折損することになる．そのときに，例えば積荷が船首船尾に偏って積まれているとその荷重が船体構造にさらに曲げモーメントが大きくなる．

さらに進行中の船舶には船首付近に大きな波が衝突し，衝撃力が生ずることになる．これにより荒天中での船舶の船首部折損事故が起こる．

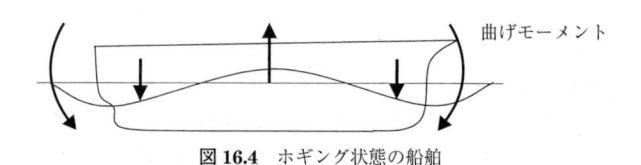

図16.4 ホギング状態の船舶

16.1 船舶と水上飛行機

波の力学的性質を扱う分野として水波力学がある．特に深さに比べて波長が小さい波を表面波という．深さ h の水面を伝わる表面波は，進行方向 x，波長 λ，周期 τ，半波高 a としてその形状 η は以下の式で与えられる．

$$\eta = a \sin\left(\frac{2\pi x}{\lambda} - \frac{2\pi t}{\tau}\right)$$

その進行速度 c は

$$c = \frac{\lambda}{\tau} = \sqrt{\left(\frac{g\lambda}{2\pi}\right)\tanh\left(\frac{2\pi h}{\lambda}\right)}$$

このとき水の粒子は，図 16.5 のような楕円軌道運動（オービタルモーション）を行っていると考えられる．

これにより波浪中を航行する水中翼船ではその水中翼の迎え角が変動し，揚力を大きく変動させるもとになる．

水面にある物体は，固定されている場合には入ってくる波による力（Froude–Krilov 力）と物体自体により反射する波による力（diffraction 力）の2つが加わる．船体のように波の力を受けて運動する場合には，さらに運動することによる力（radiation 力）が加わり，その挙動は形状のみならず周期や質量に依存して複雑である．船体が運動すると，その近傍の水も船体について動くことになり，実質的に船体の質量が増したのと同じになる．これを付加質量と呼び，船舶の場合自重と同程度の大きさになることがあり，極めて重要である．船体運動を計算するにあたって，このような波浪の影響を考慮する方法としては，船体を輪切りにしてそれぞれの断面でこれらの力を求めて，船体運動を求めることが行われる．これをストリップ法という．

船首に波が衝突する際の衝撃的な力の推定も困難である．特に船底が水面上に一時

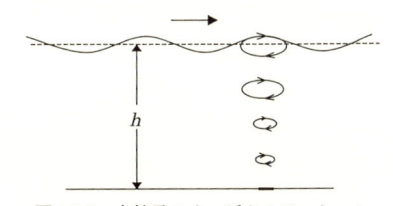

図 16.5 水粒子のオービタルモーション

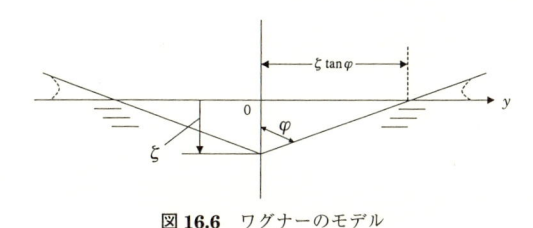

図 16.6 ワグナーのモデル

露出し,水面に再突入する際に水撃力により大きな船体振動が起こる.これをスラミングと称し,過度の荷重が加わると船首付近が断裂する.図16.6のような楔が水面に突入するときの運動量の計算から求めるワグナーの式などが有名である.

ここで,mは水の質量,vは楔の水面への速度である.

ワグナーによると,ピークの圧力は

$$y = \frac{\pi}{4}(\zeta \tan\varphi)\left[1 - \frac{4\cot^2\varphi}{\pi^2}\right]^{1/2}$$

の位置に働き,

$$p = \frac{1}{2}mv^2\left[1 + \left(\frac{\pi}{2}\right)^2 \tan^2\varphi\right]$$

となる.

当然ながら,荒れた海での船舶の航行の際には,荷物を均等に積み船体中央部での曲げモーメントを抑え,速度を落とし,波浪による船首部の損傷を起こさないようにする.

e. 旋　　回

旋回は図16.7に示すように転心を中心になされる.

転心は船体重心の描く円の中心から船体中心線に対して垂直に引いた垂線の足である.重心から船首方向に船長の1/6くらいのところにあるのが普通である.直進状態から舵を切り旋回に入り,旋回中は船体が水に対して迎え角をもつために船体そのものが翼のような状態になり,迎え角に応じた揚力が船体を旋回させるモーメントとなる.揚力は船首から25～30%のあたりに作用する.一方,旋回する勢いが大きくなるとその運動を妨げるような力が働き,一定の旋回速度にとどまる.これを定常旋回という.舵を戻すとこの状態が維持できなくなるために直進するようになる.このときにも船体まわりの水は船体と連動して動くため,船体の質量のほかにその分の質量の増加を勘案しなくてはならない.舵は船尾が相対的に旋回円の外側にあるために流

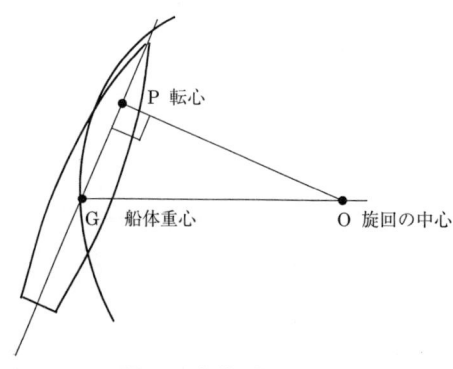

図 16.7　船舶の旋回と転心

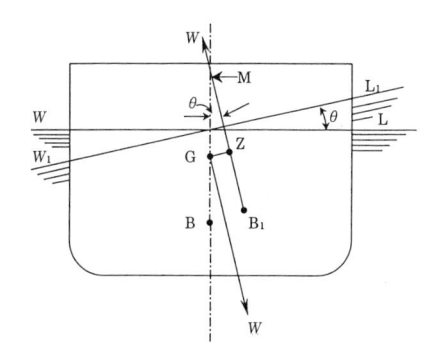

図 16.8 船体の横安定

入角が減り効果は小さくなる．舵は，通常反りのない対称翼断面であるが，プロペラにより増速された複雑な船尾伴流の中にありその効きを求めるのも難しい．また，プロペラが後進状態に入ると，船体は前進していても舵には後ろから流れが当たるため，通常と逆の操作が必要になる．

f. 安　定　性

船舶の静的な安定性は重心と浮力の関係で決定される．

図 16.8 のように船舶が傾いたときを考える．重心は船体と荷物の重量から計算され，G にある．一方，船体に働く浮力は船体表面に垂直に働く静水圧の合力であり B にある．これを浮心という．船体が θ だけ傾斜すると重心 G の位置は不変であるが，浮心 B は移動する．浮心から水面に垂直に直線を引いてその船体の中心断面との交点を M とする．M をメタセンターと呼ぶ．また G から直線 B_1M におろした垂線の足を Z とすると，このメタセンター M が G よりも上にあるならば，船体には船の全重量を W として，$W \cdot GZ$ のモーメントが船体の傾きをもとに戻す方向に働く．これを復原力という．逆に G が M よりも上にあるならば，船体の傾きをさらに助長する方向にモーメントが働き，安定性はない．甲板上に荷物を積みすぎるような場合には G が上昇し転覆の可能性が増す．

復原モーメントは船体の傾きの小さいときには，

$$W \cdot GZ = W \cdot GM \cdot \sin \theta \cong W \cdot GM \cdot \theta$$

と表され，GM が重要な指標となる．この場合，船体の横傾斜であるので，この GM を横メタセンター高さという．船舶の安定性を確保するために横メタセンター高さ GM を規則で制限している．GM は一般の貨物船の満載時には，0.6〜2 m 程度である．

貨物倉内に自由表面をもつ液体貨物がある場合には，船体の傾斜とともに荷物も移動するために重心位置も安定性上，不利な方向に移動する．

g. 気象と海象

船舶の安全運航には気象海象を十分に把握しておく必要があり，逆に船舶の運航航

路の状態が想定されるならばそれに対応した船舶の設計や運航を行う必要がある．

まず海水は塩分などの成分と水温，水圧により異なるが，通常はその比重は1.026とされる．世界の海を航行する船舶では，夏季冬季，海域により海水の密度が異なるため，それぞれ海域で喫水が異なる．これは船首部にペイントで表示することになっている．海からそのまま河川を遡上する場合には，喫水の変化は著しい．

気象は，風や雨，霧など船舶の運航に影響を及ぼす．しかし，低気圧圏内での風に起因する波浪が船舶にはさらに厳しく，船体そのものの損傷を招きかねない．特にアジア大陸，北米大陸の東海上に冬季に現れる温帯低気圧，北太平洋，北大西洋の南西隅付近に夏季に現れる熱帯低気圧などは，暴風圏をともない，これにより波浪が発達し，多くの海難事故を引き起こしている．風力の表現にはビューフォート階級を用いている．船舶の運航される環境を表現するために，多くの統計的な処理が行われている．例えば，低気圧下での風の速度とその吹送距離に対して，生ずる波の最大波高が求められており，船舶運航に供される．また暴風域から離れた波は，小さな成分波は減衰し，比較的波長の長い成分が残り，これをうねりという．このうねりの波長と船長とが同じくらいであると，図16.4に示すように厳しい状態におかれることになる．北大西洋において定点観測を行った結果などから，波のスペクトルを求めている．スペクトルは波振幅の2乗と考えてよい．Pierson-Moskowitzによるものが多く利用されており，以下の式のようである．

$$[f(\omega)^2] = \frac{A}{\omega^5} \exp\left(-\frac{B}{\omega^4}\right)$$

ここで A, B は，周期と有義波高から決められる．

また，各港により潮汐による水深の差があり，時に入港に支障をきたす．運航計画の際に潮汐表により寄港地の水深を確認する必要がある．

16.1.3 水上飛行機

1911年にアメリカのカーチスが開発したのが始まりといわれる．ライト兄弟の飛行より数年の遅れである．陸上への着陸よりも水上のほうが容易と考えられ，陸上の空港も未整備で飛行機の大型化は水上飛行機を中心に展開された．1919年の北大西洋横断初飛行も水上飛行機で行われている．1940年に，わが国でも横浜からサイパンへの定期便なども飛行艇により運航された．軍用機としては対潜水艦哨戒任務が着水を要するものから電子兵器に変わり，陸上の航空施設の整備や，航空母艦の発達により水上飛行機の役割は減少して，現在では，比較的小型のものが未開発地域や，救助業務などに限られて使用されている．わが国では大戦期の二式大艇，戦後は新明和工業のPS-1が代表的である．

a. 基本性能と艇体の形状

飛行艇では，荒れた海でも離着水が可能であることが重要である．また艇体は着水時に大きな力を受けるために，極めて低い速度で離着水できることが要求される．PS-1

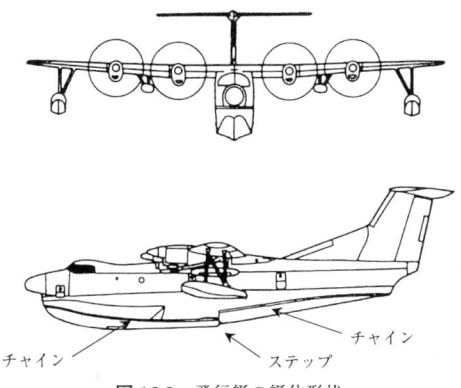

図 16.9 飛行艇の艇体形状

などはわが国の代表的な短距離離着陸機で，50ノット程度の速度で飛行することが可能である．

　艇体は一般に，図 16.9 のような機体中央にステップをもち，また楔形の断面の側面にチャインと波消し装置を設け，翼の下にフロートをもったものが一般的である．離水の際に艇体が浮き始めるとステップの部分で水が切れて急速に抵抗を減らし加速性能を良くする．しかし，ステップより後方で浮力がなくなるため，頭上げのモーメントが生じ，機首を上げたり下げたりするポーポイジングの原因ともなる．また楔形は着水衝撃を小さくし，波消し装置は飛散する海水がエンジンやプロペラをいためることを防止している．艇体の下部の構造は高速船のそれに似ているが，航空機用のリベット接合であることから，材料も塩害に強いものを用いて水密材を塗布するなど細かい配慮が必要である．

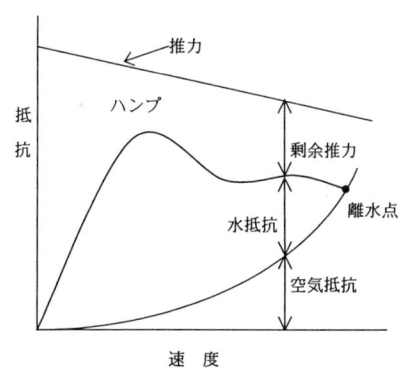

図 16.10 水上飛行機の離水

b. 水抵抗と離水

船舶と同様に，高速になると造波抵抗は急激に大きくなる．一方，速度が増すにつれて主翼が発生する揚力が増し艇体の没水部分は小さくなり，徐々に水の抵抗は減少する．図16.10にその様子を示す．

推力と抵抗の差が余剰推力であり，これで艇体は加速していき，やがて離水速度に至る．ハンプが大きく，余剰推力が少ないと加速せず，なかなか離水できない．また陸上機のように機首の引き起こしにより離陸することはできず，姿勢一定の自然浮揚である．これらはフルード数を一定にした水槽での模型実験などで設計を行う．しかし，水力学的現象が複雑で，必ずしも簡単には求まるわけでなく，それらの実験のほかに実機での性能の評価を設計に生かすことなどが必要である． 〔大和裕幸〕

16.2 舟運と海運

16.2.1 水運の特徴

水運とは，海を利用した海運と，河川や湖沼を航行する舟運との総称である．運搬具としての船舶，通路としての航路や港湾，そして人間の労働力という3者が結合されて，水運の機能が発揮される．動力の利用が不可能だった時代において，水運は重量物の運送につき，ほとんど唯一の方法であった．例えば，内陸で発達したエジプトの文化はナイル川を中心とした舟運に支えられていた．

地形や気象，海象は水運を特徴づける重要な条件である．ホーン岬や北大西洋はその苛酷な気象のために，航路上の難所である．スエズ運河やパナマ運河は，航海日数の減少によるスピードアップに大きく貢献した．舟運における地形の制約は強いため，アメリカの五大湖やヨーロッパのライン川，ドナウ川などで，運河の掘削による航路の開拓が進められてきた．

中世に至るまで，主として船舶や操船の技術的制約から，海上輸送の遂行は高度の危険をともなっていた．すなわち，冬季の海上航行が不可能に近いという天候面，海賊による掠奪という安全面，さらに販路の確保という流通面における困難など，現代の海運とは格段の差異があった．そこで海上貿易に対する資金の拠出は冒険貸借と呼ばれ，極めて高い利子をともなうものとなった．木造帆船によるリスクの高い運航という基礎的な構造は，中世を終えるまで続くことになる．

16.2.2 海運における技術革新

海運が文明を開拓してきたのは，大航海時代以来のことである．コンパス，地図という基礎的な道具はあったとはいえ，壊血病や不足する飲料水に悩まされつつ，乗組員たちは100t前後の木造船を頼りに荒海へ挑戦したのである．

リスクには大きな利益がともなう．こうした航海は，マレー半島産のコショウや香料，インドの綿花や砂糖，中国の絹や磁器と，スペイン産の羊毛，地中海のワイン，

オリーブ油などとの貿易を生み，それによる巨富を関係各国にもたらした．東インド会社などを通じた植民地経営の先行とその拡大，ナポレオン戦争（1793〜1815年）でのフランスの敗北などから，海におけるイギリスの支配が確立した．

動力機械を基盤とする産業の近代化は，海運にも大きな変革をもたらした．当初は大型帆船によって担われた貿易も，19世紀半ば以降，蒸気船，鉄船後に鋼船，スクリュー推進などの技術革新により面目を一新した．船型の大型化は，1隻当たり積み荷量の増大から，海運業と貿易業の分化ももたらした．帆船の運航は季節に左右され，所要日数も不確定であったのに対し，汽船の実用化は積荷の到着に関する確実性を増し，貿易に要する総費用を低下させた．

航路だけでなく航海日数の示された定期船という運航方法は，汽船の登場により実現された．同じころ，スエズ運河の開通（1869年），フランス，ドイツなどヨーロッパ各国における海運業の勃興などもあり，折りからの植民地獲得競争とあいまって，航路はあまねく世界に広がることとなった．

16.2.3 わが国の水運の特徴

わが国における水運の特徴は，その地勢的な特徴に基づくところが大きい．わが国は国土の大半を平野ではなく山岳地が占め，そのために河川はいずれも川幅が狭く，しかも高低差が激しいという特性をもっている．こうしたことから，他国のように河川による大規模な貨物輸送が困難であり，せいぜい山岳地からの材木輸送などといった限られた用途でしか舟運を用いることができなかった．したがって，大量の貨物輸送を必要とする現代において，わが国では水運に占める舟運の地位はほとんど皆無に近い．その一方で，四方を海に囲まれたわが国においては，舟運に代わって海上輸送，すなわち海運による貨物輸送が従来から活発に行われてきた．江戸時代に菱垣廻船，樽廻船，北前船といった内航海運の航路が開拓され，これらが物資の輸送に大きな役割を果たしてきた．この傾向は現在においても変わらない．今日におけるモータリゼーションの進展の中にあって，日本の国内貨物輸送の多くが依然海運によって運ばれていることはこの証左である．

また，古くから海路を通じてわが国の国際交流が行われてきたことも特徴的である．古くは遣隋使・遣唐使などにより，多くの文物と文化が大陸から運ばれ，以降，中国大陸，朝鮮半島との交流は海運を抜きにしては語ることはできない．キリスト教の伝来や，鉄砲の伝来は南蛮船の漂着や南蛮貿易が発端であったし，江戸時代の長い鎖国政策を打ち破った外国の圧力は，外国船の日本来訪がきっかけであった．このような点からも，わが国においては舟運よりも海運がその国家の形成において重要な役割を果たしていることがわかる．

16.2.4 わが国の経済発展と海運

経済の発展と海運は切っても切れない関係にある．特に前述のように四方を海に囲まれたわが国においては「海運立国」といってよいほど，国家の経済成長と海運は重

要な関係を保ち続けてきた．江戸時代の長い鎖国によって造船技術，航海術に関して欧米列強と格段の格差をつけられたわが国は，海運を育成することによって国力を増強させる手段を選んだ．1896（明治29）年の造船奨励法，航海奨励法はそうした当時の政府の意向を示している．ただそれには，対外的な不平等条約を課せられた制約のもとで早急に国家の近代化，産業の近代化をはかるためという目的のほかに，他の多くの開発途上の国家と同様に，海運という事業が少ない資本で容易に外貨を獲得できる手段であったという理由もあった．ともあれ，第二次世界大戦直前には600万総tを超える船腹を擁し，世界第3位の海運国にまで発展したという事実と，当時曲がりなりにもわが国が欧米列強と対峙することができるほどの経済力をもったという事実は，決して無関係のものではないのである．

　わが国の近代国家としての出発から第二次世界大戦に至るまで，わが国の海運は戦争と密接な関係にあった．膨大な物資の輸送を短時間のうちに行わなくてはならない戦争は，善しにつけ悪しきにつけ，わが国海運の発展とともにあったといえる．例えば，わが国が直接的な被害を受けなかった第一次世界大戦では，欧米の戦争当事国の船舶調達により逼迫した輸送需要を日本の海運会社が引き受けることになり，わが国海運はたいへんな活況を呈した．いわゆる「船成金」はその典型的な事例である．もちろん戦争にとって海運は必要不可欠であるからこそ，戦争は海運にとって最悪の影響ももたらす．第一次世界大戦はわが国の海運の発展におおいに寄与したものの，わが国が直接の戦争当事者となった第二次世界大戦は，わが国海運に致命的な打撃を与えた．連合国側の補給路の遮断という目的のために，戦闘艦のみならず，多くの商船が撃沈され，大戦直後のわが国の商船隊はほぼ壊滅的な状況となった．

　第二次世界大戦後においても，わが国の海運は戦争と不可分の関係にあった．朝鮮戦争のときは日本はアメリカ軍の兵站基地としての役割を担った．さらに，地域的な小規模な紛争でさえわが国の海運は大きな影響を受けた．例えば1956（昭和31）年のスエズ動乱では，スエズ運河が閉鎖されることによって多くの船舶需要が発生し，皮肉にもわが国海運の戦後成長に大きな貢献となった．戦争と海運の関係は世界的に見られる現象であるが，わが国の地勢的な状況のために，その影響がことのほか大きく作用しているのがわが国海運の特徴である．

16.2.5　わが国の産業としての海運

　日本は加工貿易の国であり，貿易立国の国家であるということがいわれて久しい．そしてこの言葉はわが国の海運を抜きにして語ることはできない．中東からの石油，アメリカからの食料や飼料，アジアからの雑貨や食糧，オセアニアからの鉱物資源などの輸入と，アメリカ，東南アジア，オセアニアへの自動車や機械を中心とする輸出とは，物資面で日本経済の生命線になっている．こうした状況においてわが国の海運産業はとりわけ戦後に大きな役割を果たしてきた．高度成長下における旺盛な需要に対応したわが国の海運産業の発展，安定成長期における高度な輸送サービスに対応す

るための海運産業の質の向上など，産業としての海運は不断の展開を遂げている．しかしながら，その一方で，船舶が固定的な資本であるために，変動する需要に十分対応することができなかったり，海上運賃の変動が激しかったりすることによる不安定性も海運産業は抱えている．このため海運同盟や戦後の海運集約化などの対策が官民合わせて行われてきた．しかし海運産業のこうした特徴は時代を通じて普遍的なものであり，今後も安定的な海上輸送サービスの維持発展のための課題は多い．

　内航海運においてもこうした傾向が見られる．このほかに，特に内航海運ではその零細性のゆえに船舶の老朽化が問題となることが多い．また，船員の老齢化が深刻であり，海運労働力に関する問題が重要視されている．内航海運はこうした課題を抱えつつも，トラックと並んで国内の物流を支える大きな役割を果たしている．一方，旅客船部門ではクルージングなど船舶による旅行の高度化，高級化が進んでおり，より多様で質の高い旅行需要を満たすための旅行商品の提供に寄与している．水をめぐる人の営みは，国民生活の多様な側面に関連しつつ，現代社会を支えるものとなっている．

〔杉山武彦・竹内健蔵・今橋　隆〕

16.3　港湾と運河

16.3.1　港　　湾

a.　港湾の歴史[1,2]

　日本の港湾は「湊」あるいは「津」と呼ばれた時代から，人々が集まり，商取引が行われるなど沿岸域の中核となってきた．わが国を代表する都市の多くは，この港湾が有する機能に依存しながら発展してきた．また，古代からは瀬戸内海沿岸に発展してきたが，17世紀後半に河村瑞賢が日本を取り巻く海運網を構築したことで各地の港湾が発展した．

　世界においては，古代地中海時代でのフェニキア，ギリシャ，エトルリアなどでは港湾都市に文明の基盤が置かれていた．中世ヨーロッパでは，ベネチアが貿易都市国家として1000年近くも繁栄した．世界の港湾は19世紀に入って急速に発展した．この時代の西欧諸国の植民地政策が進展するにつれて帆船が大型化し，さらに遠洋航海が可能な大型汽船の登場とともに港湾の大規模化が進展した．日本が長年の鎖国を解いて1859年に横浜港を開港したのは，まさにこの時代であった．その後，1869年にスエズ運河が，1914年にパナマ運河が開通したことで世界交易はさらに進展し，世界の港湾は大きく発展した．第二次世界大戦後は，世界経済の拡大によって海上物資輸送量が著しく増大し，これを輸送する船舶の形態も大きく変化した．特に，膨大な原油輸送に対応するための50万重量トン級の巨大タンカー，効率的な海上輸送手段としてのコンテナ船などが出現し，これに対応するために港湾も大きく変貌してきている．

b. 港湾の役割[3]

港湾の主な役割から，商港，工業港などと定性的に分類する考え方もある．しかしながら，実際の港湾は複数の役割を有している．このため，港湾が有する機能として整理すると大きく，① 外国貿易機能，② 国内流通機能，③ 産業基盤機能，④ 生活基盤機能，⑤ レクリエーション機能，⑥ 避難機能の6つに分類される．

これらを日本の港湾に求められる役割として整理すると次のようになる．① 外国貿易機能では世界の国々との連携が深まる日本の国民生活や生産活動を支えるため，港湾の国際海上コンテナ輸送拠点などとしての充実が求められる．特に，基幹航路における船舶の大型化など世界の海運ネットワークの変化への対応が求められる．② 国内流通機能では，環境への負荷が小さくエネルギー効率が優れた海上輸送の特性を活用して，国内の効率的な輸送システムの拠点としての構築が求められる．③ 産業基盤機能では，産業構造が転換する中で，地域経済を支える新たな産業展開を促進するため，情報通信機能や国際交流機能が整う立地環境の優れた産業空間の形成が求められる．さらに，④ 生活基盤機能および ⑤ レクリエーション機能では，親しみやすく利用しやすいウォーターフロントの形成，人々の交流活動や海洋性レクリエーション活動を支える拠点の形成が求められる．⑥ 避難機能では，異常気象時における船舶が安全に避難できる避泊水域の確保が求められる．

c. 港湾の現状

四方を海に囲まれたわが国においては，エネルギーの約90%，食糧の約60%を海外に依存している．これらの貿易貨物量の99.8%，貿易額で約75%に相当する物資が港湾を通じて輸入されている．平成10年の日本の港湾貨物取扱量は約32億tに達し，人口1人当たり30tに達している．現在，わが国には漁港も含めると約4000（港湾約1100港，漁港約2900港）の港湾がある．日本の主要な港湾の位置を図16.11に示す．海岸線に面した県には平均的に約100港あることになり，港湾が国民生活に大変密着していることが明らかになる．実際に，全人口の約40%が港湾の所在している市町村に集積している．

しかしながら，近年のさまざまな分野でのグローバル化の進展による経済社会構造の急速な変化など港湾を取り巻く環境は大きく変動している．特に，一般貨物の海上輸送の中心となっている国際コンテナ輸送分野では，コンテナ船の大型化，基幹航路の集約などの物流コストの低減化を目指した国際的な競争激化の中で，港湾に対する要請も大きく変貌してきている．この国際コンテナ輸送の中で，わが国はコンテナ船の国別寄港隻数[4]では世界第1位（2001年）であり，また，港湾別では上位20位までに5港（神戸港，横浜港，東京港，名古屋港，大阪港）が入っていることから，わが国の港湾の新たな展開が強く求められている．

16.3 港湾と運河

港湾法において，日本の港湾は特定重要港湾（22港），重要港湾（106港），地方港湾に分類されている．ここで，重要港湾は，国際海上輸送網または国内海上輸送網の拠点となる港湾その他国の利害に重大な関係を有する港湾と定義されており小さな黒丸で示してある．また，特定重要港湾は，重要港湾のうち国際海上輸送網の拠点として特に重要な港湾と定義され，大きな黒丸で示してある．

図 16.11 全国主要港湾位置図（国土交通省港湾局管理課調べ，2003年4月1日現在）

16.3.2 運 河
a. 運河の歴史と役割 [5]

運河は，2つの海洋を結びつけるために大陸を横断する運河と内陸における舟運の効率化のための運河の2種類に大別される．前者は地中海と紅海を結ぶスエズ運河と太平洋と大西洋を結ぶパナマ運河である．

スエズ運河は，紅海側のスエズ港と地中海側のポートサイド港をほぼ南北に結ぶ平坦な運河である．全長約160 kmの水路が，途中いくつかの湖を結びながら砂漠の中を延々と掘られている．紀元前にもナイル川と紅海を結ぶ運河があったものの今では荒廃し砂漠に埋もれてしまったといわれている．運河構想が登場したのは19世紀であり，西欧諸国が植民地政策に乗り出し，本国とアジア植民地とを短期間に結ぶ必要性が生じてきたためである．フランス人技師レセップスが1859年に着工し1869年に開通させることができた．

パナマ運河は，太平洋側の深海可航水域から大西洋の深海可航水域を結ぶ全長約69 kmの水路である．その途中は人造湖，人工水路といくつかの閘門（ロック）により結ばれている．太平洋と大西洋の水位の異なる水域の航行を可能とするために船舶を上昇・下降させる閘門の存在がパナマ運河の最大の特徴である．閘門の1つのガツン閘門では連続3段階の移動により約26 mの上下動が行われる．1882年にスエズ運河を開通させた当時75歳のレセップスがパナマ運河工事に着手したものの失敗した．その後，アメリカが世界進出のためパナマ運河工事を開始し1914年に開通させることができた．

この2つの巨大運河と異なり，内陸の舟運の効率化のための運河は日本のみならず世界各地に多種多様な運河がある．この運河は，イギリスの産業革命時代に，鉄や石炭などの原材料や綿織物などの製品を輸送するために急速に発展し，運河の近代技術もこの時代に開花した．後にパナマ運河に活用された閘門の技術も1788年に建造されたイギリスのケントレー運河が最初といわれている．しかしながらイギリスでは運河の幅・水深・ロックの形式などの基準が不統一であったため，運河間の連携ができず鉄道との輸送競争に負けた．一方，わが国においては，北海道の小樽運河，宮城県の貞山運河，千葉県の利根運河，東京都の東雲運河，神奈川県の京浜運河，愛知県の堀川，富山県の富岩運河，大阪府の天保山運河，兵庫県の兵庫運河，岡山県の高瀬通し，広島県の音戸の瀬戸，福岡県の柳川運河など独特の個性と歴史を有する多くの運河が存在している．また，琵琶湖を経由して，太平洋と日本海を繋ぐ運河が何度も計画され，着工もされた．古くは，平清盛の命により息子の重盛が日本海側から琵琶湖に向けて掘り進んだ歴史も残されている．

b. 運河の現状

パナマ運河の閘門は船舶の上下動を可能とする特徴を有している一方で，通行可能な船舶の最大規模を制限する．このため，このパナマ運河通航最大規模の船舶は「パ

ナマックスサイズ」と呼ばれる．しかしながら，近年の船舶，特にコンテナ船の大型化需要にともないパナマ運河通航を前提としない「オーバーパナマックスサイズ」のコンテナ船が出現し，パナマ運河の今後の新たな展開が求められている．

　一方，河川・運河による海上輸送が欧州域内では現在でも発達している．これはライン川，エルベ川，ローヌ川などの船舶の航行が可能な自然の大河が存在したことに加え，地形が平坦で運河建設が比較的容易であったこと，また内陸ルートは海上ルートに比べ安定的な通航が可能であることがその要因としてあげられる．このように，欧州域内では，運河を含む稠密な内陸水路網が構築されていることから，現在ではモーダルシフトの観点からその整備がさらに強化されている．一方，わが国の国内輸送では，自動車による輸送が大きな割合を占めてきたことから，大気汚染，交通渋滞などの問題が大都市圏を中心に顕在化してきている．このためモーダルシフトの推進方策の1つとして，欧州のように大都市圏の河川・運河輸送が期待されている．また，小樽運河に見られるような賑わいのある水際線空間の創出による地域の魅力の向上への寄与も期待されている．
〔高橋宏直〕

文　　献

1) 竹内良夫：港をつくる，新潮社，1989．
2) 合田良実：海岸・港湾（二訂版），彰国社，1998．
3) 運輸省告示，港湾の開発，利用及び保全並びに開発保全航路の開発の基本方針, 1974, 1987, 1996.
4) 山根正嗣・船橋　香・高橋宏直：世界コンテナ船動静分析（2002），国土技術政策総合研究所資料，No. 92, 2002.
5) 特集運河，ラメール，9月号，2000.

■水災害の複合化■

　1974年，作家の有吉佐和子氏は朝日新聞に食品公害を扱った『複合汚染』を連載した．では，複合災害をどうとらえるか．『自然災害科学事典』(築地書店，1988)では，災害が単一の要因や対象，状況のみで生起する場合は一般的にまれであり，種々の要因が同時的にあるいは順次誘因として加重されて発生するものを複合災害と呼んでいる．先に述べた複合汚染では，食物連鎖による時間積分値がある閾値(これも未知のことが多い)を超えると症状がでるというものである．時間のスケールでは複合作用と積分値という形でより長いものとなるが，水質汚濁や大気汚染がもたらす健康障害を仮に環境災害とみるなら，やはりこれも複合災害ということになろう．

　水災害の関連した複合災害の事例が，稀現象でない状況で生み出されつつあるといえる．高潮と洪水の複合が河川の下流・河口付近の河川水位の上昇を招くと破堤や溢水に結びつく可能性があり，その氾濫や溢水が下流都市部を襲うと，都市水害，とりわけ新たな地下水害を招く．また海溝型地震発生にともなう津波が湾域や沿岸域に押し寄せれば波高は高まり，河川を遡上して河川水位を高めるとすれば堤防溢水や破堤にともなう同様の都市水害を招く．

　さらに，豪雨にともなう洪水の流下による下流河道の破堤，破堤しないまでも溢水する外水氾濫による水害，雨水を下水道などによって排除できずに生じる内水氾濫による水害，両者が複合する水害，といった事例が下流都市部や都市周辺の中小河川で頻発している．もちろん，これらは地下水害を併発する．われわれは，これら複合災害にも緊急かつ総合的に対応できるシステムをつくっていかなければならない．

(S.I.)

17. 水 と 災 害

17.1 洪 水 流 出

17.1.1 洪水流出過程

降水が各種の経路を，それぞれの流れ方に従って流域下流端（例えば，そこにおける流量が問題になる地点）に達するまでの水文現象を総括して流出過程という．

図 17.1 はその過程と成分を図示したもの[1]であるが，流出の経路によって流出成分は大きく表面流出，中間流出および地下水流出成分がある．表面流出成分は流域斜面の表面上の河谷までの流れ，すなわち表面流によって構成されるものをいい，中間流出成分は流域表面付近の多孔質の表層（A層）内，および断層面や岩の割れ目の中の横方向の流れ，すなわち中間流によって構成され，前者は早い中間流，後者は遅い中間流におおよそ分類される．地下水流出は地下水帯に達した浸透水に基づく成分で，それが河谷に達する流れ，すなわち地下水流である．

ここでいう洪水流出は豪雨による洪水や融雪洪水というように，どちらかというと短期間の急激な流出をいっており，その意味では短期流出ともいえる．対象とする流出成分はといえば図 17.1 に示す全流出成分を直接流出と間接流出に分類した場合，前

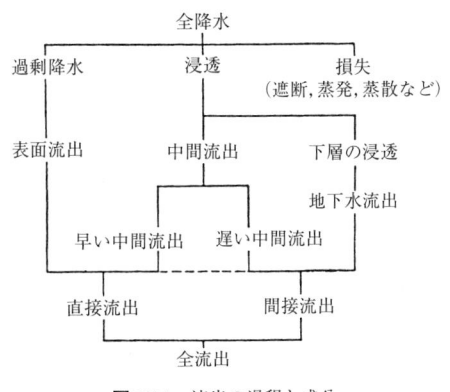

図 17.1 流出の過程と成分

者の流出成分を対象にしているといえる．すなわち主として表面流出と早い中間流出および河谷に直接降った降水分によって構成される．

ところで，こうした洪水流出過程を実用的な目的，例えば河川計画の基本である計画高水流量を求めること，降雨データはあるものの流量データがない，あるいは欠測しているときの流量を補完すること，観測や予測される降雨情報により流量を推定し，リアルタイムに洪水情報を提供すること，与えられた降雨条件について都市化にともなう土地利用変化などに対する流出応答を明確にすること，などに答えるために，現象の物理的・確率的構造を何らかの近似でもって表現するモデル構成を洪水流出あるいは短期流出モデルと呼ぶことがある．そこには包括的で単純な扱いから複雑な物理機構を考慮する場合まで，形式はさまざまである．

17.1.2 洪水流出モデル

以下にわが国で用いられている代表的な洪水流出モデル[2,3]を取り上げておく（5.2節参照）．

a. 合理式

流量の時間変化を無視して一定一様な降雨強度のもとに最大流量を求めるもので，河川流域の最大流量，都市市街地の雨水排水量推定などの計画によく用いられる．

最大流量 Q_{max}（m³/s）は

$$Q_{max} = \frac{1}{3.6} frA$$

で表される．ここに r は洪水到達時間内平均降雨強度(mm/h)，A は流域面積(km²)，f は流出係数である．

b. 貯留関数法

洪水流出における降雨と流出との関係は一般に線形ではない．集中系の概念モデルとして仮想的な流域貯留量と流出量との関係に非線形の関係を設定するモデルに貯留関数法とタンクモデル法がある．

貯留関数法では遅滞時間 T_l を考慮することによって仮想的な流域貯留量 S_l と流出流量 Q_l との一価関係を重視している．基礎式としての連続式，貯留関係式は

$$\frac{dS_l}{dt} = frA - Q_l \tag{17.1}$$

$$S_l = kQ_l^p \tag{17.2}$$

$$Q_l = Q(t + T_l) \tag{17.3}$$

である．ここに，S_l は流域における仮想的な貯留量（m³），f は流入係数，r は降雨強度，Q は流量，A は流域面積，T_l は遅滞時間である．

各式の定数決定であるが，流域平均雨量データと流域対象地点での流量データにより，まず T_l を仮定して流量ピークをはさむ流量，雨量から流入係数を算定，ついで式 (17.1) から S_l を推定し，式 (17.2) によりパラメータ k, p を求める．そして

式 (17.3) の関係が一価の関係になるような T_l を採用し,そうでない場合には T_l の仮定からやり直して最適なパラメータを求める.

最近では流域内の雨量,流量観測データが整備されてくるにつれて,流域を適当に流域分割し,分割流域ごとに斜面系と河道系それぞれに上記の関係式を設定し,分割流域流量を合流流下させる形の結合体で追跡する,いわば分布型化された貯留関数法として表現することが多くなってきている.

c. タンクモデル法

流域の貯留量をあるタンク内の貯留量でモデル化し,その貯留量に比例して流出量を生じさせるが,タンクの底面に浸透孔を,側面に流出孔を設定することによって近似的に流出の非線形関係を表現する.通常,直列4段タンクモデルで表現されることが多いが,タンクへの流入流出はそれ自体遅れ系を備えており,4段のタンク,各タンクの側方流出孔の数,その底面から流出孔までの高さおよび流出孔の流出定数,底面浸透孔の浸透定数をそれぞれ与えることによって複雑な流出系が再現できるとされている.とはいえモデルパラメータが多いためパラメータ値の決定にはかなりの経験が必要とされるが,最近では観測流量とモデル出力値の誤差を対象期間内で合計し,それを最小化する形での自動化プログラムの開発も試みられている.

d. kinematic wave 法

上で述べたモデルは集中系の概念モデルといえるもので,計算が容易であることや流出特性を端的に表現・把握できる長所をもっているが,一方では土地利用などの流域条件の変化に対する流出変化の把握や予測,降雨などの空間的分布に対するより適切な水文応答を考慮するには不十分である.これに対して分布定数系の物理モデルとして kinematic wave モデルがある.

最近では計算機環境や流域場の地理的な情報もデジタル情報として整備されるようになり,降雨や流量も流域内の複数の地点,場合によっては雨量レーダなどにより一定の密度で広範囲のデータが得られるようになってきているので,分布型モデルの作成・利用のための条件も整ってきているので,こうした kinematic wave モデルが実用モデルでも多用されつつある.

流域内の斜面および河道の流れは不定流であるが,流出解析では下流側の水位変動は上流側に影響を及ぼさないものとして kinematic wave で近似する.斜面での基礎式は,

$$h = kq^p$$

$$\frac{\partial h}{\partial t} + \frac{\partial q}{\partial x} = r_e$$

で,ここに q は斜面単位幅の流量 (m^3/s),h は斜面上の水深 (m),$p=0.6$,$k=(n/i^{1/2})^p$,r_e は表面流出成分に相当する雨量強度 (mm),n は等価粗度,i は斜面勾配,である.もちろん等価粗度は解析対象流域によって異なるので,試算によって決

める必要があるが，山地流域では 1.0～2.0，市街地では 0.01～0.05 を目安にしている．

一方，河道についての基礎式は

$$A = KQ^P$$

$$\frac{\partial A}{\partial t} + \frac{\partial Q}{\partial x} = q$$

で，ここに A は流積，Q は河川流量，q は斜面からの横流入量，$K=(n/k_1^{2/3}I^{1/2})^P$, $P=3/(3+2z)$，I は河道勾配，である．ただし，k_1, z は径深 $R=k_1A^z$ で近似した場合の河川横断形状によって決まる定数である．粗度係数 n は水理学的に決められている値が用いられる．

これらの数値解析には特性曲線法が用いられる．実際の流域は複雑な形状をしているので解析にあってはこれを支川の分布，地形あるいは地被条件を考慮に入れて，いくつかのサブ流域に分割し，分割されたサブ流域ごとに左・右斜面の面積と河道長を測定し，長方形斜面と河道よりなるサブ流域モデルの連結体を作成することになる．

なお，表面流・中間流の生起場とその変化過程を陽に取り込む形で kinematic wave モデルを構成し，その解析法を展開する研究[4]も進められている． 〔池淵周一〕

文　献

1) 金丸昭治・高棹琢馬：水文学，pp. 91-94, 朝倉書店，1975.
2) 水文・水資源学会編：水文・水資源ハンドブック，pp. 88-90, 朝倉書店，1997.
3) 京都大学防災研究所編：防災学ハンドブック，pp. 247-248, 朝倉書店，2001.
4) 水文・水資源学会編：水文・水資源ハンドブック，pp. 61-62, 朝倉書店，1997.

17.2　総合治水対策

わが国はプレート運動による造山活動が活発な変動帯に位置し，高くて脆弱な山地から洪水などによって運ばれてきた流送土砂で形成された沖積平野に，アジアモンスーンに起因する温暖多雨気候のもと水田稲作農業を営んできた．この沖積平野は氾濫原であり，洪水氾濫の危険にさらされやすい土地条件にあるが，河川水の利用のしやすさもあり，その地に集落を形づくりやがては多くの都市が立地していった．この地が農業基盤，工業基盤，都市生活基盤として推移していくなかで，この地を洪水氾濫から守るため河道整備などの治水事業が鋭意進められてきた．こうした整備の進捗が土地の高度化を促し，経済成長，都市化を担ってきた側面がある．いずれにしても，現在，こうした氾濫域（＝国土の約 10% の面積）に人口の約 50%, 資産の約 75% が集積する状況にある．

ここでは氾濫域といえども，都市が河川下流の沖積低平地に多く広がっていることを考え，こうした都市域での洪水氾濫を都市水害ととらえ，その実態と特徴を述べる

とともに，その被害軽減のための防災・減災策を総合治水対策として取り上げる．

17.2.1 都市水害（外水氾濫と内水氾濫）

都市水害には河川の水が溢れて生じる外水氾濫と，雨水を下水道などによって排除できずに生じる内水氾濫に分けられる．もちろん両者が複合する場合も多々ある．どちらの形で氾濫が生じるかは，雨の降り方にも依存する．梅雨前線や熱雷などによって都市部やその周辺に豪雨が集中してもたらされる場合は，内水氾濫や都市部周辺の中小河川の外水氾濫をもたらすし，梅雨前線や台風により上流の山間部で継続して豪雨がもたらされる場合はそれが流下し，いわゆる大河川による外水氾濫が生じる．平成5年の鹿児島市，東京都，平成10年の高知市，平成11年の福岡市，東京都，平成12年の名古屋市の都市水害は前者による典型であり，平成10年の水戸市の水害は後者による典型である．

17.2.2 都市水害の特徴

豪雨に起因するいくつかの大規模な外水氾濫も都市域で発生しており，いったん破堤氾濫するとその被害の大きさは最近の東海豪雨災害における新川の破堤氾濫を見るまでもなく明らかである．と同時に，都市水害を考えるにあたっては豪雨以外にも都市化の進展にともなう降雨流出特性の変化や水害を被る都市域の場の特性変化にも注目しなければならない[1]．

都市化により農地が減少し宅地が増大する．都市化すれば洪水の流出は速くなるとともにピーク流量は増加し，洪水は尖鋭化する．特に都市を貫流する中小河川流域で都市化が著しく進行し，この流量増を下流都市部で疎通させる能力がない場合には流域にわたって洪水氾濫の危険性が高くなる．また，現在多くの都市ではおおむね時間雨量50 mmの降雨に対応できるように下水道や内水排除ポンプなどの排水施設の整備が進められているが，都市の地形的特徴から特に低平地では都市の雨水排水能力を超えた内水氾濫が頻発する傾向にある．内水氾濫による浸水は外水氾濫と比べて一般に小さいと考えられているが，地形によっては周辺の内水がいちばん低い個所に集中することがあり，その場合には相当大きな浸水深にもなる．

一方，都市においては街路がネットワーク状に発達しており，街路の両側にはビル，商店，住宅などが連なり建造物が密集している．都市の中心部には地下街や地下鉄，あるいは地下の倉庫や駐車場など地下空間が多層構造をなして発達している．さらに堤防や鉄道・道路の盛土のように氾濫した場合の流れに大きな影響を与える構造物が長い延長にわたって数多く存在している．

都市の氾濫流はこうした複雑な場と状況で発生しており，複雑な挙動を示すことになる．このことが，また多様な被害を連鎖的に生み出している．例えば，ある道路が冠水した場合，それにより交通渋滞が発生し，それが他の道路にも波及して都市交通全体の麻痺をもたらしたり，ビルの地下にある給電設備が浸水により被災した場合には照明が失われることによる混乱やそれにともなう避難行動の制約，通信の途絶，コ

ンピュータの停止など直接的・間接的被害の拡大と長期化も予想される．被害につい
てさらにつけ加えておくべきは地下水害であり，すでにビル地下室で水死者もでてい
る．地下空間そのものの容量は地表の氾濫水量に比べてそれほど大きくはないが，浸
水深の上昇は地上のそれよりも急激であることに注意を要する．

17.2.3 重畳災害による新たな危険性

都市化の進展にともない頻発化，常習化してきている内水氾濫と豪雨によって生じ
る市内河川の溢水氾濫，ときには本川の外水氾濫が重畳すると都市水害はその氾濫域
の急激な拡大をもたらすとともに，被害の拡大化・長期化はまぬがれない．

ところで都市の多くが沖積低平地に立地しているが，高度成長期や渇水時に地下水
を過剰に汲み上げてきたこともあって地盤沈下が進んできているところもある．こう
した地下水汲み上げなどによる地盤沈下域では洪水氾濫の危険性が増大している．実
際，地盤沈下前後の標高を用いて氾濫シミュレーションを行ってみると想定される浸
水深が増加することがわかる．なかでも地盤沈下域が河川下流の湾域都市部を形成し
ている場合には，高潮と洪水との重畳，地震津波の河川遡上といった複合要因によっ
て都市水害の危険性はさらに高まる．

17.2.4 都市水害対策

沖積低平地に立地してきた都市域の水害を防御するため従前から築堤など河道整備
を進めてきているが，先に見たように中小河川からの溢水氾濫や内水氾濫，さらには
計画規模を超えるような降雨（超過洪水）があった場合には内水氾濫，場合によって
は越水，破堤などの外水氾濫が発生するおそれがあり，都市域では甚大な被害が発生
することが予想される．しかも都市部はこうした水災害に対して脆弱性を増しており，
河川改修や下水道整備など防災上のハード対策だけではなく，被害を軽減する，いわ
ゆる減災システムとしてのソフト対策についても総合的な組み合わせ，いわば治水，
防災，まちづくり，情報などの幅広い視点から進めていく必要がある．

ところで河川堤防は基本的に土でできており，洪水による河川水位の上昇などによ
り洗掘や浸透，越水による破堤の危険性をもっており，ましてや超過洪水ともなると
破堤の危険性は高くなる．破堤氾濫による被害の大きさを抑制するために堤防がこわ
れない，こわれにくい堤防強化をはかり，越水溢水してもいわば薄層流的な流れとな
り越流量やそのエネルギー減，浸水深の減を望みたい．現在，大河川の下流部ではスー
パー堤防（越水が生じても破堤しないように堤防幅を相当大きくした堤防）の整備が
進められているが，これとてその延長距離を考えると膨大な予算と時間が必要となる．
この間にあってもその対応は段階的に鋭意進めるべきであり，堤防強化策を実施し，
本川の破堤氾濫を抑制するハード対応が急がれる．

堤防やその強化，河川改修などの河道整備のほかに，氾濫災害を防御するハード対
策としては，洪水をバイパスする放水路，遊水池や貯水池などの貯留施設，多目的遊
水池・防災調整池・雨水貯留施設・雨水浸透施設・浸透性舗装などによる流出抑制

策，雨水排除下水道の整備，密集市街地の雨水排除能力の向上をはかる地下河川，ポンプ排水機場の設置などがある．もちろん，これらハード対策については施設そのものとならんで，それらの連携運用とその操作ルールをどのようにするかが重要であることはいうまでもない．そのためにも都市河川，下水道，ポンプ場，地下街などに分布的・分節的に水位・流量計測機器を設置し，そのモニタリング，情報処理・伝送をIT技術を駆使して展開する．例えば，光ファイバーネットワークを形成し，CCTV，水位センサなどを接続，迅速な危険状況の把握，河川情報の迅速な大量の情報収集・処理・提供，水門，樋門などの遠隔操作の実現をはかる．これもハードシステムの一貫として位置付けられるべきである．

一方，ソフト対策としては開発の規制や移転などによる土地利用のあり方，浸水実績図・洪水氾濫危険区域図・ハザードマップなどによる水害危険度の周知・認知，水害情報や予警報およびその伝達方法，避難計画，地域の水防活動，さらには保険制度の導入などが考えられる．ただ河川サイドから市街化調整区域の保持以上の土地利用規制や立地規制・移転が実施できるかどうか，また保険制度の導入についても水害に焦点を当てて可能かどうか検討が始まった段階といわざるをえない．

とはいえ豪雨やその結果の洪水を河川だけで，しかもハード施設だけで負担するに

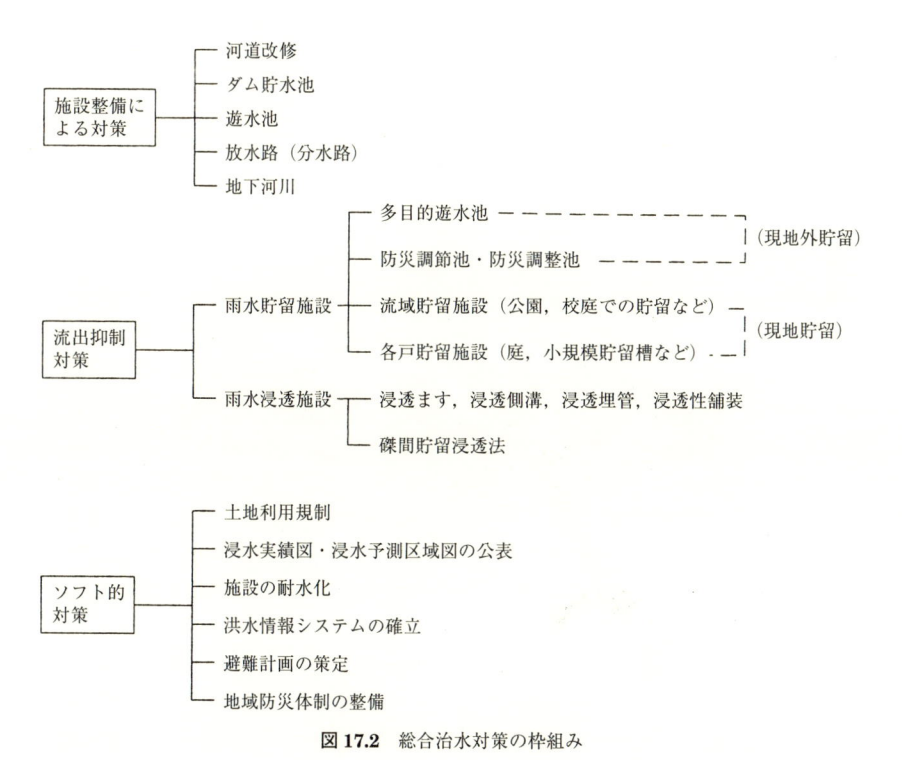

```
施設整備に ─┬─ 河道改修
よる対策    ├─ ダム貯水池
            ├─ 遊水池
            ├─ 放水路（分水路）
            └─ 地下河川

流出抑制 ─┬─ 雨水貯留施設 ─┬─ 多目的遊水池 ─────────┐
対策      │                  ├─ 防災調節池・防災調整池 ──┤（現地外貯留）
          │                  ├─ 流域貯留施設（公園，校庭での貯留など）┐
          │                  └─ 各戸貯留施設（庭，小規模貯留槽など）─┤（現地貯留）
          └─ 雨水浸透施設 ─┬─ 浸透ます，浸透側溝，浸透埋管，浸透性舗装
                            └─ 礫間貯留浸透法

ソフト的 ─┬─ 土地利用規制
対策      ├─ 浸水実績図・浸水予測区域図の公表
          ├─ 施設の耐水化
          ├─ 洪水情報システムの確立
          ├─ 避難計画の策定
          └─ 地域防災体制の整備
```

図 17.2 総合治水対策の枠組み

は限界があることも事実であり，1977年以来17河川流域で進められてきた流域対策も重視した総合治水計画，いわゆる河川でのハードな治水方策に加えて流域の保水・遊水機能の維持，増進，低地対策，被害軽減のソフト対策にも重点をおいた治水計画を進めてきたところである．図17.2は総合治水対策の体系図を示したものである．そこには洪水を完全に防御できないことを認識するとともに洪水氾濫のある程度の許容と土地利用計画との抱き合わせによる洪水管理へのシフトを意味しており，流域においてさらに面的に負担する流域治水が今後とも展開されていくべきであろう．

ときあたかも東海豪雨災害直後，国土交通省はこの水害を都市における典型的事例としてとらえ，都市型水害対策に関する緊急提言を出している．そこには水文・水理・地形など水害にかかわる因子の調査に基づいてそれぞれの都市での水害シミュレーションによって水害の基礎調査・影響調査を実施し，その成果から危機管理・被害調査，情報提供，河川・下水道の整備のあり方を構造化するとともに，さらに今後の治水システムを向上させる方策が示されている．

それには豪雨を中心とした外力に対して洪水ならびにその氾濫という応答を都市域の複雑な場の条件，導入されるハード・ソフト対策の組み合わせに応じてその効果，影響が予測できるシミュレーションモデルの開発が模型実験を含めて必要である．例えば図17.3に示すように流域を山地，河川網，低平地（内水域），下水道網の4領域に分割し，内水による氾濫を考慮した氾濫解析モデルが構成されよう[2]．とりわけ河川の越水等による外水氾濫，下水道施設等の能力の限界による内水氾濫と排水ポンプの運転調整など河川，下水道，地表面の氾濫等の雨水のマクロ的挙動の把握，下水道

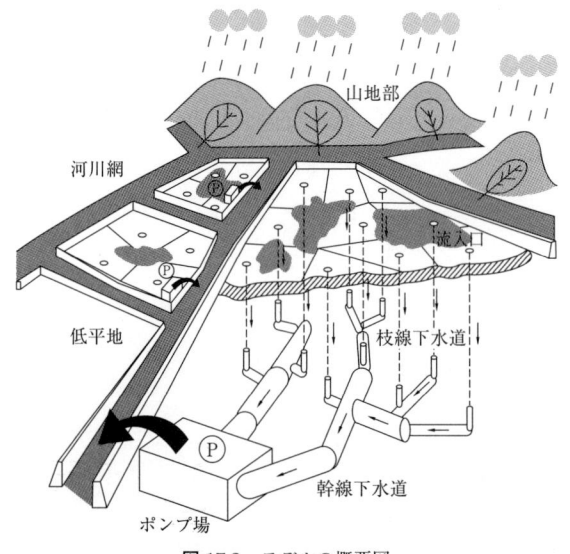

図17.3 モデルの概要図

からの地表への雨水の吹き上げ等,下水道管内の詳細な水の流れを把握できるモデル,加えて氾濫水の移動等例えば盛土構造物による影響や地盤の低い部分や地下空間への浸水挙動を表現するモデルなど,都市の氾濫水の特性をふまえた氾濫シミュレーションモデルが必要である.

要するにこれら氾濫シミュレーションを含むモデルシミュレーションは既設・新規の防災・減災システムの計画代替案の組み合わせ,および導入時期とその効果・リスク評価問題に,また内水排除ポンプが下流河川の外水溢水氾濫をもたらすかどうかの調整問題に糸口を与えるとともに,これら計画・管理・調整ルールメニュー,ハザードマップの高度化と整備,さらには具体的な避難行動に供する避難・予警報システムの情報,これらを時には動画,静止画で提示・開示することで都市氾濫域に住む人々に災害実態の認識,防災・減災のための役割分担と自己責任の醸成をもたらす.そして行政部局間の連携,行政と住民との双方向のリスクコミュニケーション,ひいては社会の防災力向上に貢献するものと思われる.その意味でも各施設の導入・運用操作とその影響予測を検討する評価モデルやハザードマップの構築がより精緻化される必要がある[3].

さらに都市域に限らず降雨の実時間での短時間予測と施設規模を超える溢水,内水,外水氾濫の予測シミュレーションはリアルタイムのハザードマップ情報として,また対応・行動のリスク評価ツールとして期待されるところである.その意味でも降雨量の短時間予測の精度アップが望まれる.図17.4はその精度アップに向けてフレームワークを描いたものである.都市域にあってもやや時空間スケールの大きい数値予報データを活用しながら降雨の力学・熱力学過程や微物理過程とそこに内在するパラメータを時・空間分解能の細かい雨量レーダやドップラーレーダを配置し,その情報

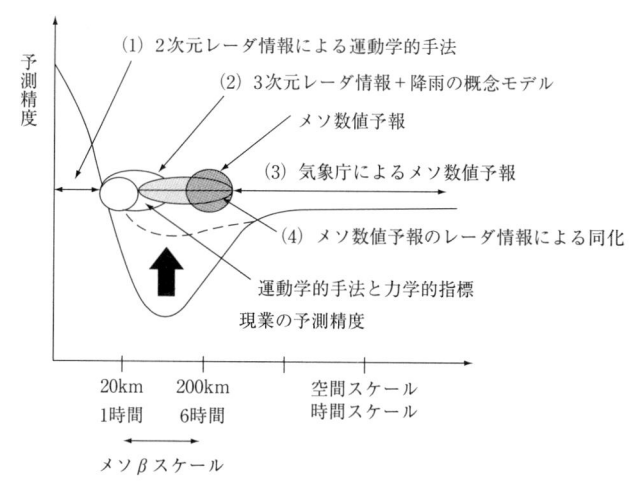

図17.4 降雨量の短時間予測精度のアップ

からモデルパラメータを同定しながら予測精度を高める研究が鋭意進められている．予報の谷間を底上げするとともに，その地上観測網とタイアップした流出・氾濫予測シミュレーションを展開する時代を迎えつつある． 〔池淵周一〕

文 献

1) 井上和也：都市の水害とその課題，京都大学防災研究所公開講座，第 12 回，pp. 15–22, 2001.
2) 戸田圭一・井上和也・村瀬 賢・市川 温：豪雨による都市水害の水理モデルの開発，京都大学防災研究所年報，**42 B**(2), pp. 355–367, 1999.
3) 池淵周一：都市における洪水管理，都市問題研究，**55**(8), 21–33, 2003.

17.3 津波と高潮

17.3.1 津波と高潮の違い

津波も高潮も比較的ゆっくりした異常な海面上昇であることは両者に共通しているが，その発生原因や動的特性は大きく異なる．異常に上昇した海面が海岸護岸や堤防を越えて堤内に来襲し，大きな浸水災害を起こすことは共通しているが，災害の特徴は大きく異なる．そこで，津波と高潮の違いについて述べ，それぞれの特徴を明確にする．

津波は，海底地震や地すべり，火山噴火などによって生じる地形的な変化が引き起こす異常な海面上昇である．地すべりや火山噴火による事例はそれほど多くはなく，そのほとんどが海底地震によって起こされている．海底地震津波は，海底地盤内に起きた地震断層の影響が海底面に現れ，海底面の鉛直変位と同じ変位が海面に生じ，それが重力の作用によって，四方八方に伝わることによって起こる異常な海面変動である．津波発生時における水位の変化は数 m 程度であるが，この津波が沿岸に近づくに従って大きくなり，海岸堤防や護岸を乗り越えて遡上し，大きな災害を起こす．津波の遡上高（基準海面からの鉛直高さ）は大きな津波では数十 m にも達する．地震の規模が大きいほど，海底地形の変化は大きく，また，変形範囲も広い．これによって津波は大きくなり，周期も長くなる．

一方，高潮は，台風のような移動性低気圧によって生じる異常な海面上昇である．この海面上昇は，低気圧による海面の吸い上げ効果と風によるせん断力で海水が風の方向に運ばれる吹き寄せ効果によって起きる．台風の規模が大きいほど気圧は低下し，風速も強くなるので，高潮も高くなる．北半球では台風による風は，等圧線の接線より少し中心に傾いて左回りに吹く．さらに，この風に台風の移動速度による場の風が加わるので，台風の移動方向に向いてその左側では，風速の方向と移動速度が逆方向になるために，風速は減少する．一方，右側では風速と移動速度が同じ方向になるために，風速は強くなる．これによって，わが国では台風が対象海域の西側を通るとき

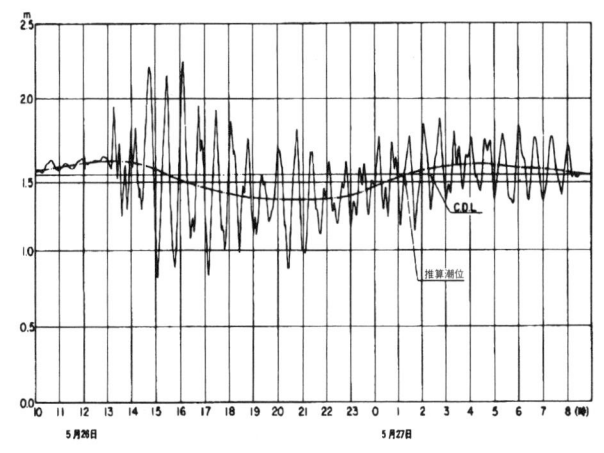

図 17.5 日本海中部地震津波（1983年）に対する新潟港での検潮記録

に大きな高潮になる．

津波と高潮の相違を以下に箇条書きで示す．

① 津波は海底地震といった地形学的変動によって生じ，高潮は台風のような移動性低気圧のような気象学的原因によって生じる．

② 津波は図17.5に示すように，陸地からの反射もあって何波も来襲し，最初の1波目ではなく，数波目が最大になる場合もある．高潮では，実際の水位から天文潮を差し引いた潮位偏差は第1波目が最大で，2波目以降は急激に減衰する．ただし，天文潮を潮位偏差に加えると，第2波目が満潮と重なって，水位が最も高くなる場合もある．図17.6は第2波目が満潮時近くに現れているために，比較的大きな水位になっ

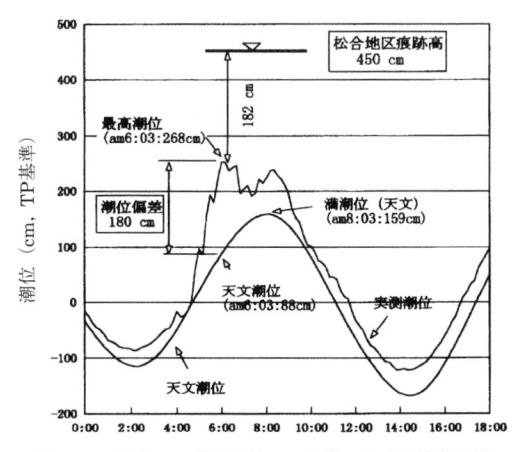

図 17.6 台風9918号来襲時の八代港における検潮記録

ている．

③ 津波の周期と湾内水面変動の固有周期が近いと共振現象で湾内の津波が増幅される．しかし，高潮ではほぼ1波だけの現象であり，このような共振現象は生じない．

④ 津波の周期は数十分から1時間程度で，波源域が遠方にあるほど周期は長くなる．高潮では風によって吹き寄せられた水が外力の消失と同時に揺れ戻し，湾の固有周期で振動する．

⑤ 津波は，通常の長波と同様に屈折や反射，浅水変形，砕波変形を起こし，波高が大きく変化する．津波が水深の深い海域で発生するほど，沿岸部に来襲する津波は大きくなる．津波の波形勾配（波高と波長との比）は小さいので，自然海浜に近い海岸でも津波は反射される．砕波が生じるのは水深が比較的浅い海域が数十kmにわたって続いている場合である．この場合の津波の砕波は段波状になり，波の峰付近では短周期の波状分裂が生じる．これをソリトン分裂と呼んでいる．

高潮は，水深が浅い海域が広がっている海岸に生じ，そのような海域はわが国では東京湾や伊勢湾，大阪湾，有明海のような湾に限定される．そのため，津波の来襲によって大きな被害を受ける海岸と，高潮によって大きな災害を受ける海岸とでは基本的に異なる．

⑥ 津波ではすでに述べたように大きい場合には数十mも陸上部を遡上するが，高潮はせいぜい数mである．津波は高潮に比較して周期が短いので，動的効果が高潮より強い．その結果，構造物に与える影響は津波の方が大きい．

17.3.2 津波と高潮の災害の特徴

17.3.1項において述べたように，津波は，高潮に比して周期が短く，波高も高いので，その動的効果が強い．特に沿岸部に到達すると，波高はさらに増大するので，その動的効果はさらに強くなる．この動的効果によって，津波は陸上部を遡上して，数十mの高さまで這い上がる．その結果，木造家屋などは一瞬にして洗い流される．小型船舶などが津波で流されて，家屋を破壊することも起こる．津波は何回も来襲するので，破壊された家屋の木材が漂流物となって来襲し，さらに家屋を破壊することがある．

一方，高潮は最大でも3.5m程度と比較的小さく，また，数時間かけて増幅するために，その動的効果は小さく，静的である．しかしながら，高潮は高波と強風を伴う．高波は周期が5〜15秒と短く，波高も高いので，津波よりその動的効果は強く，海岸構造物などはこの高波で破壊され，高潮被害を大きくすることが多い．しかしながら，高波は水深が浅くなると砕波し，急激に減衰する．その結果，高波の遡上高は津波に比してそれほど大きくない．強風は海面上の漂流物を陸方向に移動させ，建物に衝突させて破壊することがある．

以上のように，津波と高潮の災害の大きな相違は，津波は遡上高が大きく，海面から比較的高い場所でも被害をもたらすのに対して，高潮災害は比較的標高が低い場所

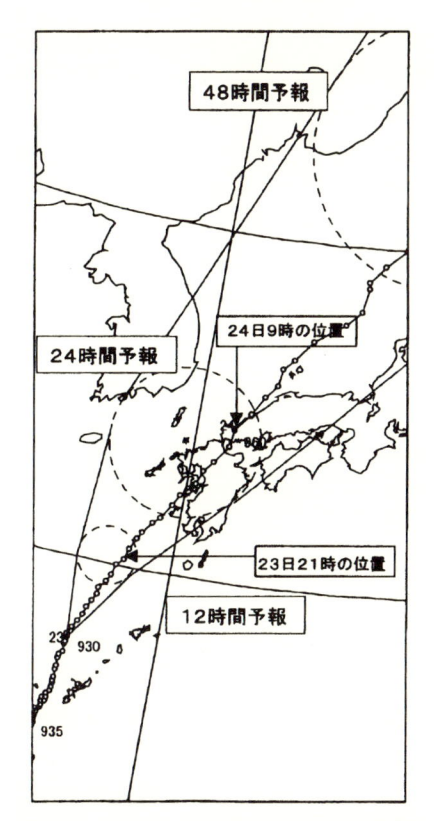

図 17.7 台風 9918 号の予測位置と実際の経路図

で起きることである．高潮が起きやすい湾の湾奥には一般に大都市が広がっており，いったん，高潮が起きると非常に大きな災害に結びつく．しかし，これらの湾は湾口が狭く絞られており，津波が侵入し難い形状をしているために，津波は比較的小さく，大きな災害にはならない．

　人命にかかわる被害の特徴として津波と高潮には大きな相違がある．この違いは，予知できるかどうかにかかわっている．津波を起こす海底地震の規模についてはある程度明らかになっているが，地震の発生する日時について特定することは現在の知識では不可能である．地震動を感じてから津波が来襲するまでに避難ができるほど十分な時間があればよいが，それが期待できない場合がある．例えば，1983 年の日本海中部地震では，青森県深浦市に到達した津波の第 1 波は地震発生後約 7 分であり，1993 年の北海道南西沖地震では，地震後 2〜3 分で奥尻島の青苗地区に来襲している．津波では，地震の発生が予知できず，来襲までに十分な時間的余裕がないこともあって，多くの人命が失われることが多い．

一方，高潮の場合，発生原因となる巨大台風の12時間後の位置は図17.7に示すように，かなりの高い精度で予測することができるようになってきている．そのため，ある程度の誤差は含まれるにしても，最大水位の大きさとその発生時刻を推定することができる．このような情報があらかじめ伝達されていれば，避難することによって人命の損失を防ぐことができる．1961（昭和36）年における第二室戸台風による大阪湾内の高潮災害では，高潮で家屋が流されたり，浸水したりして多くの被害を蒙ったが，幸いなことに，高潮によって人命が失われることはなかった．この原因としては，大阪湾は室戸台風による高潮で数千人の人命が失われる災害を蒙った経験が残っていたことと，2年前に伊勢湾台風が起きており，高潮の恐ろしさが知れわたっていたことによって早くから避難を開始したことによっている．このように適切に避難すれば，家屋の災害を防ぐことはできないものの，人的損失は防ぐことができる．

17.3.3　津波・高潮対策

　津波も高潮も異常な海面上昇が沿岸に来襲し，陸上部に侵入して大きな災害をもたらすものである．これを防ぐには，海岸線に沿って高い防潮堤を築き侵入を防ぐ方法と，沖合に構造物を建設して海岸に来襲する大きさを減衰させる方法がある．しかしながら，今日までの経験から，構造物だけではすべての津波や高潮から護ることはできないことがわかってきている．そのため，人命が失われないように常に避難を念頭におくことが必要である．

　海岸沿いの構造物で防護する場合，来襲する津波や高潮が天端を越えないように十分に高い堤防を築くことが重要である．現在，防護構造物が対象地区に建設されてきているが，それでも十分ではない．例えば，岩手県T町では過去に津波による大きな災害を受け，その結果として天端が10mにも達する防潮堤を建設しているが，これは必ずしも過去最大の津波を防護できるものではない．このように天端の高い防潮堤を建設することは，堤内地を護るためであるが，この防潮堤が効果を発揮するのは数十年に1回の災害のときだけである．そのために，常時においても活用でき，災害時にあっては防護効果を発揮するような防災施設が要請されている．防潮堤の設計にあたっては，設計条件に対して防潮堤はその効果を発揮しなければならないが，設計条件以上のものに対しても防潮堤の効果がどの程度あるか，災害が起きるとしてもどの程度の災害かを明らかにしておくことが重要である．災害の程度に配慮しながら，完全には防護できない高潮や津波については，避難で対応することが重要である．すでに述べたように，津波によって地震発生後数分で来襲する場合がある．大きな地震を感じたときは，津波の来襲の危険性がある地域の住民は避難を最初に考えることが大切である．

　沖合の構造物で津波や高潮を防護する方法としては，湾口部や沖合港口部に開口部の狭い防波堤を建設することが行われている．高潮防波堤としては，伊勢湾台風後に名古屋港の港口部に建設されたのが唯一のものである．津波防波堤としては，1960

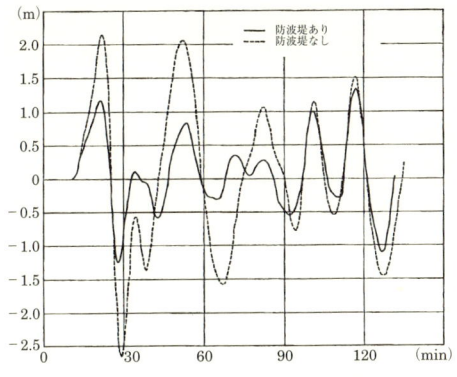

図17.8 大船渡港口防波堤の津波低減効果

年のチリ地震津波で大きな災害を蒙った大船渡湾の湾口部に建設されたのが最初である．その後，岩手県の釜石湾や久慈湾，高知県の須崎湾で現在建設中である．湾口防波堤に関して津波が低減できることは，1967年の十勝沖地震津波に関して，図17.8に示すように実際に検証されている[1]．また，津波や高潮が大きくなるほど湾内水位の低減効果は強くなり，湾外の水位が大きくなるほどには湾内の水位は大きくならないという利点がある．防波堤の背後は静穏になり，静穏海域としての利用が可能になる一方，潮流が防波堤で遮断されるために，背後水域の流れが弱くなり，海水交換効率が悪くなって，背後海域の水質が悪化する傾向がある．そのために，防波堤背後海域の利用に対して，制限を加えることも必要になる． 〔高山知司〕

文　献

1) 伊藤喜行・谷本勝利・木原　力：長周期波に対する防波堤の効果に関する計算（第4報）―1968年十勝沖地震津波に対する大船渡防波堤の効果，港湾技術研究所報告，**7**(4)，55-83，1968．

17.4　洪水予警報

災害に関する情報を予警報情報として的確に把握・伝達し，それに基づいて行動することも災害の防止あるいは軽減にとって重要である．暴風，豪雨・小雨，洪水，土砂，高潮，地震および火山活動による災害について，それぞれの性格に応じた情報の考え方，情報施策があるが，ここでは大雨と洪水に関連した予警報情報を中心に取り上げる[1]．

17.4.1　大雨・洪水予警報

気象庁の発表する注意報，警報，気象情報には以下のようなものがある．まず「注意報」であるが，災害の起こるおそれがある場合にその旨を注意して行う予報で，

表 17.1 東京地方の大雨・洪水注意報・警報の基準値

注意報・警報	基準（雨量）		
	1 時間雨量	3 時間雨量	24 時間雨量
大雨注意報	30 mm 多摩西部 50 mm	70 mm 多摩西部 90 mm	130 mm 多摩西部 180 mm
大雨警報	50 mm 総雨量 80 mm 多摩西部 70 mm	90 mm 多摩西部 120 mm	200 mm 多摩西部 250 mm
洪水注意報	30 mm 多摩西部 50 mm	70 mm 多摩西部 90 mm	130 mm 多摩西部 180 mm
洪水警報	50 mm 総雨量 80 mm 多摩西部 70 mm	90 mm 多摩西部 120 mm	200 mm 多摩西部 250 mm

（平成 15 年 8 月 8 日現在）

大雨注意報：大雨によって災害が予想される場合
洪水注意報：大雨，長雨，融雪などの現象により河川の水が増し，災害が起こると予想される場合

に行う．
次に「警報」であるが，重大な災害の起こるおそれがある旨を警告して行う予報で，
大雨警報：大雨によって重大な災害が起こるおそれがあると予想される場合
洪水警報：大雨，長雨，融雪などの現象により河川の水が増し，重大な災害が起こると予想される場合

に行う．
　気象情報は，気象の予報などについて，一般および関係機関に対して発表する情報で，大雨に関連して発表する気象情報には，全般気象情報，○○地方気象情報，○○県気象情報，記録的短時間大雨情報などがある．ここに，記録的短時間大雨情報とは，大雨警報を発表して警戒を呼びかけている最中に，数年に一度ぐらいしか現れないような 1 時間雨量が観測されたときに「ある地域で記録的な大雨が降っている」という主旨で発表する．
　大雨，洪水注意報・警報の発表基準であるが，府県予報区あるいは必要に応じて府県予報区をさらに細かく分けた地域（細分）ごとに，下記のいずれかの条件になると発表される．例えば東京地方の例として表 17.1 をあげておく．もちろん，この基準値は予報区によって異なる値が設定されている．
　最近では画像などを利用して気象情報の提供なども鋭意取り組まれている．

17.4.2　指定河川の洪水予警報

次に洪水に関して行政機関が発表する防災情報には，① 一般を対象とする洪水予警報，② 水防活動を対象とする洪水予警報，③ 水防機関に対して出される水防警報がある（表 17.2）．

17.4 洪水予警報

表 17.2 洪水予警報と水防警報

情報の種類	発表機関	対象地域	根拠法令
一般を対象とする洪水予警報	気象庁	予報区	気象業務法
水防活動を対象とする指定河川洪水予警報	国土交通省との共同発表	指定河川	気象業務法および水防法
水防活動を対象とする一般の洪水予警報	気象庁	予報区	気象業務法および水防法
水防警報	国土交通省または都道府県	指定河川	水防法

表 17.3 国土交通省，都道府県と気象庁が共同で発表する指定河川の洪水注意報・警報

種類	内容
××川（指定河川）洪水注意報	洪水予報指定河川に対して行う洪水注意報． 洪水によって水害の起こるおそれのある場合に，河川名を冠して水位または流量を示して行う予報． ○○川洪水注意報は，河川における洪水予報地点のいずれかの1地点の水位が，警戒水位をこえる洪水となることが予想されるとき発表される．
××川（指定河川）洪水警報	洪水予報指定河川に対して行う洪水警報． 洪水によって重大な水害の起こるおそれのある場合に，河川名を冠して水位または流量を示して行う予報． ○○川洪水警報は，河川における洪水予報地点のいずれかの1地点の水位が，すでに警戒水位をこえ，かつ危険水位程度もしくは危険水位をこえる洪水となることが予想されるとき，または破堤などの重大な災害が起こるおそれのあるとき発表される．
××川（指定河川）洪水情報	洪水情報は，洪水注意報，洪水警報の内容の軽微な修正や，注意報と警報の補足説明が必要なときに発表される．

①についてはすでに述べた気象庁から発表される洪水注意報・警報である．

②水防活動を対象とする洪水予警報とは，国土交通省と気象庁が共同で発表する指定河川の洪水注意報・警報である．2つ以上の都府県にわたる河川，または流域面積が大きく洪水によって国民経済上重大な損害を及ぼすおそれがある河川については，国土交通省と気象庁が共同して，あらかじめ決められた河川基準点での水位または流量を示して，洪水注意報・警報を発表する．内容は表17.3のようである．

ここに，危険水位とは洪水により氾濫のおそれのある水位，警戒水位とは水害に備えて，水防団が出動し，河川の警戒にあたる水位，である．現在，109水系193河川が指定河川になっている．なお，上記の指定河川以外の河川を対象とする場合には，一般を対象とする洪水注意報・警報をもって代えることになっている．

③水防警報は，洪水または高潮によって災害が起こるおそれがあるときに，水防活動を行う必要があることを警告する発表である．水防活動開始の判断が含まれているという点で，上で述べる洪水注意報・警報とは内容が異なる．国民経済上大きな損

害が生じるおそれがあると認められる河川を対象として，国土交通大臣または都道府県知事が，洪水注意報・警報や河川水位の現況をもとに水防管理団体の長である水防管理者に対して発表する．現在，109水系，193河川が水防警報の対象河川として指定されている．

17.4.3 情報伝達体制

これら洪水予警報の情報伝達体制であるが，気象業務法，水防法，災害対策基本法に基づく防災計画，地域防災計画によって定められている．警報は伝達が義務づけられており，伝達先も定められている．注意報は周知に努めることとなっている．前項で述べた洪水警報，水防警報に関する防災情報の伝達体制を表17.4に示す．ここに示した機関以外へも，報道機関の協力を求めて公衆への周知に努めることとされている．

なお，これらの情報伝達体制をサポートするために，国土交通省の外郭団体によって河川流域総合情報システムが構築されている．このシステムにより，洪水予警報や水防警報，国土交通省や気象庁によって観測されている気象・水文情報，それらをもとにした予測情報などが電話回線やインターネットを通じてリアルタイムで配信されている．国土交通省では，光ファイバーケーブルを利用した情報通信システムの開発も進められており，各自治体においても独自の防災情報システムが構築されつつある．

17.4.4 洪水の実時間予測・洪水ハザードマップ

大雨，洪水の予警報に関連して，降雨の短時間予測手法の開発（17.2節参照）や洪水の実時間予測手法の開発も進められているが[2]，それらの精度向上とあわせ，それら予測情報を住民が避難などの行動を起こすのに的確な情報提供になるようにするにはどのような表現方法が適切かなど検討する必要もある．

また，実時間で提供する以外の洪水情報として過去の浸水状況を地図化した浸水実績図や，洪水氾濫解析の数値シミュレーションモデルをもとに，河川の破堤地点を想

表17.4 洪水警報・水防警報の伝達体制

情報の種類	伝達体制		
一般を対象とする洪水警報	気象庁	⇒都道府県 ⇒NHK ⇒NTT ⇒警察庁	⇒関係市町村　⇒住民，所在の官公署 ⇒ただちに放送 ⇒関係市町村　⇒住民，所在の官公署 ⇒関係市町村　⇒住民，所在の官公署
水防活動を対象とする指定河川洪水警報	国土交通省と気象庁	⇒都道府県 ⇒NHK	⇒関係市町村　⇒住民，所在の官公署 ⇒ただちに放送
水防活動を対象とする一般の洪水警報	気象庁	⇒国土交通省 ⇒都道府県 ⇒NHK	 ⇒関係市町村　⇒住民，所在の官公署 ⇒ただちに放送
水防警報	国土交通省 都道府県	⇒都道府県 ⇒水防管理者	⇒水防管理者

定した洪水氾濫危険区域図の作成および公開がなされている．この洪水氾濫危険区域図に災害時の避難場所，避難経路の位置などを具体的に表示して，洪水ハザードマップの作成，公開が市町村単位でも実施されつつある．現在，295の自治体で作成・公開されている．

　洪水規模に応じた洪水氾濫域や浸水深，氾濫水の流速の時空間分布などが前もって想定することができるので，その周知をはかることによって住んでいる場所の洪水・浸水診断をしておくことによって一般住民の防災意識の高揚，災害時の迅速な対応による被害軽減に寄与するものと考えられる．　　　　　　　　〔池淵周一〕

文　　献

1) 京都大学防災研究所編：防災学ハンドブック，pp. 645-647，朝倉書店，2001.
2) 宝　馨・高棹琢馬・椎葉充晴：洪水流出の確率予測における実際的手法，土木学会第28回水理講演会論文集，pp. 415-422, 1984.

17.5 土砂災害

17.5.1 土砂移動現象の分類

　日本は世界でも有数の土砂災害の多い国である．土砂災害は土砂の移動現象，すなわち，土砂の侵食・運搬・堆積現象（土砂の生産と流出）が人間の生命・財産を損傷することによって発生する自然災害である．土砂移動の形態は"崩れ"と"流れ"に大別できる．崩れには，山崩れ，地すべり，落石などがあり（地盤災害と呼ばれることがある），流れには土石流，掃流，浮流がある．他に，表面侵食は，主に地表流の掃流力によって地表面の土粒子が削剥され，運搬される現象である．

　土砂移動の原因は，通常，素因と誘因に分けて考えると理解しやすい．素因には地形条件（主に斜面の傾斜や斜面形），地質条件（岩種，風化・変質の程度，地質構造など），植生の状態などがある．日本列島はプレートの沈み込み地帯に形成された弧状列島で，隆起や火山活動が激しく，急峻な山腹斜面，固結度が低くもろい岩石，構造線の発達など，もともと土砂移動を引き起こしやすい性質を有している．

　他方，誘因（侵食営力）には，重力単独の作用，水（水食），地震動，風（風食）などがあるほか，氷や雪の作用，凍結・融解の繰り返しなどによって引き起こされる場合もある．しかしながら，温暖多雨気候の日本では，大部分の土砂災害は降雨（雨滴），地表流，浸透水，地下水など，さまざまな様態の水が原因となっている．

17.5.2 水による土砂災害

　以下に，水による主な土砂災害を説明する．なお，表面侵食については17.6節で詳述する．

a. 表層崩壊

　山崩れ（広義）は通常，表層崩壊，深層崩壊，地すべり，巨大崩壊（山体崩壊）などに分類されるが，日本で最も頻繁に起こる山崩れは表層崩壊で，梅雨末期や台風時の集中豪雨による土砂災害はほとんどこのタイプの崩壊によるものである．

　表層崩壊は山腹急斜面上を薄く覆う表層土層（土壌層と風化層）が基盤岩との境界でせん断破壊を起こし，急速度で滑落する現象である．崩壊の規模は，深さ$0.5 \sim 2.0$ m，面積1000 m^{2}以下で，比較的小規模であるが，多発する傾向がある．崖崩れと呼ばれるものの大部分もこのタイプの崩壊である．

　山地の急斜面では，降雨量が多くなると地表からの浸透水が基盤岩まで到達し，基盤岩上の表層土層の底部が飽和する（一時的地下水の発生）．さらに降雨が続くと飽和帯は厚みを増す（地下水面が上昇する）が，これは，基盤岩との境界での間隙水圧が増加することを意味する．地下水面が地表に近づくと，地表近くは土層の透水性が大きいので斜面下方への流れが強くなり，水面の上昇速度は鈍る．しかし，この状態で強度の大きい降雨があると地下水面はさらに上昇し，基盤岩との境界での間隙水圧もいっそう増加する．間隙水圧の増加は表層土層を基盤岩上につなぎ止めようとするせん断抵抗力を減少させるように働くので，表層土層の滑ろうとする力（せん断力）がせん断抵抗力を上まわり，基盤岩との境界をすべり面としてせん断破壊が発生する．これが表層崩壊の発生メカニズムである．上述のように，表層崩壊は，大雨の最後に強い雨があるとき発生しやすい．

　以下に，豪雨による表層崩壊の特徴を列記する．

　① 花崗岩類や新第三紀層の地域では，表層土層と基盤岩との境界で透水性が急減する傾向があり，ここがすべり面となって表層崩壊が発生しやすい．

　② 表層崩壊の跡地では，風化作用や斜面上方からの物質の集積によって表層土が生成すると，再び崩壊する．崩壊の繰り返し間隔は80年〜数百年，時には1000年以上である．

　③ 凹型斜面では水が集中しやすく，表層崩壊が発生しやすい．また，凹型斜面は1次谷の延長線上にあり"0次谷"と呼ばれることがある．すなわち，「0次谷では表層崩壊が発生しやすく，その繰り返しは"谷の発達"を意味する」といわれる．

　④ 樹木の根系は通常基盤岩まで到達しており，表層土層を斜面につなぎ止める働きがある．すなわち，せん断抵抗力を増すことにより表層崩壊を防止している．"森林が山崩れを防止する"といわれるのはこのためである．斜面上の樹木を伐採すると，やがて根系は腐朽し，せん断抵抗力が減少する．その結果，森林の伐採後$5 \sim 15$年の期間は表層崩壊の発生の危険性が高まる（その後は新しい樹木の根系が発達してくるため，表層崩壊は起こりにくくなる）．

　⑤ 集中豪雨によって発生する表層崩壊は，単独で，あるいはいくつかの崩壊が集合して，土石流化することが多い．

b. 深層崩壊，大規模崩壊，巨大崩壊

厚い堆積層の崩壊や基盤岩内にすべり面をもつ崩壊は，例えば樹木による崩壊防止効果が認められないなど，防災対策上表層崩壊と区別して取り扱う必要があり，深層崩壊と呼ばれる．深層崩壊が発生する斜面では，多くの場合，地下水が常時存在しており，この地下水の挙動が崩壊の発生に関与するといわれている．すなわち，豪雨や雪解け，地震動などによって地下水量が変化し，すべり面での間隙水圧が上昇して崩壊に至るケースが多い．深層崩壊の発生数は多くはないが，いったん発生すると土砂量が大きく，被害も大きくなる．しかしながら，深層崩壊の規模や様態，原因などはさまざまであり，呼称も防災対策も明確に整理されていない．

大規模崩壊や巨大崩壊，山体崩壊などの定義も不明確であるが，これらは地震や火山活動にともなう地質学的イベントである場合が多い．基盤岩や山体の内部に多量の地下水が存在する場合，巨大土石流が発生することがある．

地すべりは広義の深層崩壊に含まれるが，現象や防災対策に特徴があり，次項で説明する．

c. 地 す べ り

深層崩壊のうち，比較的規模が大きく，移動が緩慢（1日に数cm～数mの場合もある）で，斜面の傾斜が緩いところでも起こり，かつ，特定の地質のところで発生し，しかも繰り返し移動する…などの特徴をもつ土砂移動現象を地すべりという．ただし，地すべりの用語に上述のような特別の意味をもたせて他の"崩れ"と区別するのは，"地すべり防止対策"という特別の技術体系を築き上げた日本の関連技術世界の慣習である．

地すべりの発生は，ほとんどの場合，すべり面付近への地下水の集中による間隙水圧の上昇である．地下水は豪雨や融雪によって供給される．そのため，積雪地域では融雪期，その他の地域では梅雨期や台風シーズンに多い（山体内に地下水が多量に存在すると，地震によって発生することもある）．

地すべりには多くのタイプがあり，分類の方法も多様である．海外では"崩れ"全体を分類するバーネス（D. J. Varnes）の分類が著名である．日本では，① 運動形式による分類としては，地塊型地すべり，崩壊型地すべり，粘調型地すべり，流動型地すべりなどに分類される．② 地すべり防止対策という工学的観点からは，岩盤地すべり，風化岩地すべり，崩積土地すべり，粘質土地すべりに分類される．

しかし，最もよく知られている分類は，③ 小出による地質学的分類で，地すべりの分布や発生状態が理解しやすく，多用されている．すなわち，(1) 第三紀層地すべりは日本海側のグリーンタフ地域，北九州などに分布し，(2) 破砕帯地すべりは構造線に沿って分布する．(3) 温泉地すべりは火山性で，温泉余土と呼ばれる特殊な粘土が存在する．

地すべり現象のその他の特徴を以下に記す．

① 単独の地すべり（地すべりブロック）は，滑落崖，小沼，側壁，舌端部，すべり面などをもつ独特の地形を形成する．また，上部に引張り亀裂，下部に圧縮亀裂が発生する．

② いわゆる地すべり地帯には数個のブロックからなる複合地すべりが多数存在し，地形図上でも独特の地すべり地形を呈する．

③ すべり面には粘土が存在する．

日本では毎年多くの地すべりが発生するため，地すべり防止対策技術が発達している．工学的な対策である"地すべり防止工事"は，地すべりの移動を停止させる抑止工と移動を緩和する抑制工に大別される．抑止工には杭工，シャフト工，深礎工，アンカー工，排土工などがある．抑制工は地すべりの原因となる地下水を排除する工法が中心で，集水井工，集水ボーリング工，トンネル排水工，表面排水工などがある．

d. 土 石 流

土石流は，大量の土砂と水が一体となって急勾配の渓流や谷を高速で流下し，渓流や谷の出口の緩斜面上に大量の土砂礫を流出・堆積させるもので，緩斜面上は人々の生活の場であることが多く，現代の土砂災害のなかで最も深刻な被害をもたらしている土砂移動現象である．

土石流は15°以上の勾配をもつ山腹斜面や渓流で発生するといわれる．その発生形態としては，① 豪雨により発生した表層崩壊がそのまま流動化して土石流になる．② 渓床に不安定な土砂が大量に堆積しているとき，豪雨や融雪で水分が大量に供給されると，それが流動化して土石流となる．③ 地すべり土塊や崩壊土砂が渓流を一時的にせき止めて天然ダムが形成され，その後，水圧や越流水の侵食によってそれが決壊すると土石流が発生する，などがよく知られている．また，④ 地すべりや巨大崩壊によって生じた土塊が流動化する．⑤ 火山活動にともなう火砕流などの熱によって融雪水が発生したときや，火口湖が決壊したとき，あるいは火山灰に覆われた斜面に降雨があるとき，斜面の土砂が流動化して土石流を発生させる，なども考えられる．

土石流の流動形態は，含まれている土砂の性質によって多様な形態を示す．通常，巨礫を先頭に段波状の先端部が流下し，しかも，大きい礫ほど浮かんで流下する．流下速度は数 m/s～十数 m/s の高速である．後続部は高濃度の泥流状で，数十分続くことが多い．段波は何回も間欠的に発生する．こうした流動形態が典型的に現れるのは石礫型土石流と呼ばれるもので，花崗岩地域に多く発生する．火山地域に見られる土石流は泥流あるいは泥流型土石流で，その形態は水分の量の大小で決まる．水分が少なく土砂濃度の濃い泥流では，固まらないコンクリートのようなゆっくりした流れになるが，水分が多くなると数十 m/s の高速の流れとなる．なお，土石流が高速で流れているとき，その運動エネルギーは非常に大きく，特に土砂濃度の低い後続部は渓床を侵食する．したがって，土石流通過後の渓流では，基盤岩が露出するほど侵食されている状況がしばしば見られる．また，渓流の屈曲部では，土石流は外側の斜面

に乗り上げるほどの直進性を示す．

　土石流は渓流の出口で勾配が3%以下になると堆積し，土石流扇状地を形成する．その堆積範囲は主に土石流の総量に規定される．

　土石流の物理機構は発生，流動，堆積の各過程に分けて研究されているが，まだ不十分である．発生機構については，②の渓床堆積物の流動化の場合のみ詳しく研究されている．流動機構，すなわち抵抗法則についてはまだよくわかっていない．ダイラタント流体（石礫型に近い土石流に適用）と考える場合と，ビンガム流体（泥流型に近い土石流に適用）と考える場合があるが，実際にはその中間的流れが多いようである．いずれにしても，非ニュートン流体であり，その解明は火砕流や溶岩流を含めた混相流流体力学の発展に待つことになる．なお，堆積過程に関しては，土石流ハイドログラフを与えると，底面摩擦としてクーロン摩擦を導入することにより，比較的容易にシミュレーションが可能である．

e．掃流，浮流

　水流が土砂を運搬する方式には掃流と浮流（浮遊）の2つの方式がある．掃流は，流れの底面に働く流体のせん断力（掃流力）によって，河床面などに存在する砂礫が底面に沿って，あたかも"ほうき"で掃いたように輸送される現象である．また，浮流は，流体の乱れによって砂礫が水中に巻き上げられ，落下せずに浮遊状態で移動する現象である．これらの現象によって移動する土砂は，それぞれ掃流砂，浮流砂（浮遊砂）と呼ばれるが，これらが直接的な土砂災害を引き起こすことは少ない．しかし，間接的には無視できない土砂災害を引き起こしている．

　洪水流により河川に流送されてきた掃流砂はダムに堆積し，ダムの貯水容量を減少させるとともに，ダム直上流部の河床を上昇させ，この地域の洪水氾濫の原因になる．また，下流の扇状地や沖積平野においても河床を上昇させ，洪水氾濫を助長する．さらに，河口部での土砂堆積を促進させ，河口閉塞を起こさせる．

　一方，浮遊砂はヘドロとしてダム内に沈降し，掃流砂と同様にダムの貯水容量を減少させるとともに，濁水の原因になる．

　近年，上流山地の森林の成長と各種のダムの建設により河川や海岸への土砂の供給量が減少したため河床低下や海岸侵食が進行し，問題となっている．そのため，山腹斜面・渓流・河川・海岸を一体とした土砂管理の必要性が指摘されている．

17.5.3　土砂災害防止対策

　土砂災害と闘うことが宿命である日本では，"いかにして土砂災害を根絶するか"は永遠の課題である．現代の土砂災害対策はいわゆるハード対策とソフト対策に大別される．従来は，渓流工事や山腹工事によって構造物を施工するハード対策が主流であったが，日本の自然条件を考えるとこのような対策のみで土砂災害を根絶することは難しい．また，これまでの砂防事業や治山事業で防災施設が一定程度整備された現代では，今後は施設施工の投資効果が低下することが予想される．さらに，自然環境

の保全も重視されるので，施設の施工には慎重にならざるをえない．他方，社会の進展にともなって，計画規模を超える激甚災害にも対処する必要性が増してきた．そのため，警戒・避難システムの整備，防災教育の充実，予知予測精度の向上など，ソフト対策の重視が叫ばれている．

しかし，より根本的な防災対策は，土砂災害の発生を十分考慮した土地利用の推進であろう．そのためには，ハザードマップ（災害予察図）に基づく土地利用規制が必要である．2000年に制定された土砂災害防止法はこうした土地利用規制の第一歩であり，土砂災害対策の歴史のうえでも画期的なものである．

土砂災害をこうむる危険性がある地域では，私たち一人ひとりが過去の土砂災害に学び，自然をよく知ることによって，例えば，日頃から安全な場所を頭に入れておき，豪雨の際には山崩れ等の前兆を察知して避難するなど，自分の身は自分で守る習慣が必要である．

〔太田猛彦〕

17.6 土壌侵食

17.6.1 土壌侵食と表面侵食

土壌侵食は，水質汚濁や塩類集積とともに，主に農業生産にかかわる現代の環境問題として，世界中がその解決に頭を悩ましている問題である．しかし，水田稲作と平坦地での集約的な畑作が中心の日本では，土壌侵食の被害は比較的軽微であるといえる．むしろ，日本では，森林が荒廃していた17世紀から20世紀の前半まで，全国の里山で激しい土壌侵食が見られた．この場合，土壌侵食による河川への土砂流出が問題であり，土砂災害の一種であった．すなわち，土壌侵食は，日本では山地荒廃と結び付けて議論されてきた経緯があり，また，物理的には表面侵食と同義である．そこで，最初に，土砂災害関係で多用されている「表面侵食」の語を用いて，そのメカニズムを説明する．

表面侵食は地表面を構成する土壌や岩屑物が雨水の作用で削り取られる現象であり，水食とも呼ばれる（乾燥地では風による表面侵食が発生し，その場合は風食と呼ばれる）．表面侵食には雨滴侵食，シートエロージョン（布状侵食，面状侵食），リル侵食およびガリー侵食の4つの様式がある．

表面侵食を引き起こすのは雨滴と地表流である．植物や落葉落枝などで覆われていない地表面（裸地）に降雨があると，雨滴はその衝撃作用で土粒子を飛散させるだけでなく，細かい粒子が粗い土粒子の間隙を埋めて，いわゆる雨撃層を発達させる．これによって，土壌の表面では雨水の浸透能が著しく低下し，地表が傾斜していると地表流が発生する．地表流はその掃流力によって土粒子を削剥し，運搬する．

平滑な斜面では地表流は薄層流を形成し，面的に薄く広がって流れるはずである．しかし，実際の斜面ではこのような流れはほとんど見られず，地表流は斜面の低所に

集まってリル（細溝，雨溝）と呼ばれる小さな水みちを刻み，その中に集中流を形成する．斜面の下部では水みちが拡大して，リルはガリー（雨裂，地隙）に成長し，集中流の流量は増加する．

雨滴侵食を除く表面侵食の各形態はこのような地表流の形態に対応しており，シートエロージョンは薄層流によって，リル侵食は細溝における集中流によって，ガリー侵食は雨裂における集中流によってそれぞれ引き起こされる．地表流が地表面を削り取る力は，流れの底面に作用する掃流力である．掃流力は水深に比例するので，薄層流よりリルを流れる集中流のほうが，リルよりガリーを流れる集中流のほうが侵食する力が大きくなる．それゆえ，侵食される土砂量もシートエロージョン，リル侵食，ガリー侵食の順に大きくなる．

17.6.2 表面侵食と植生

一般に，地表が草本や樹木などの植生で覆われていると，表面侵食量は極端に小さくなる．落葉落枝や下草が豊富な"健全な森林"では，表面侵食はほとんど発生しない．

植生，特に森林が表面侵食を防止する理由としては，① A_0 層（落葉落枝やその腐食の層）が雨滴を遮断し，その衝撃力を和らげる．② A_0 層が雨撃層の発達を防ぐことによって，森林土壌の大きな浸透能を維持する．すなわち，降雨を土壌中に浸透させ続け，地表流の発生を防ぐ．③ 仮に地表流が発生しても，地表面の粗度を増加させ，地表流の侵食力を弱める．④ A_0 層や根系網によって，侵食に対して強い抵抗力をもつ地表面をつくる，などがあげられる．したがって，森林の表面侵食防止機能は，森林がもつ重要な社会的，公益的機能の一つとして認められている．ちなみに，土地利用別の年侵食量の目安は，崩壊地・裸地で 10～100 mm，畑地で 0～10 mm，草地・林地で 0.1～1 mm 程度である．

このように，森林は表面侵食を防止する機能をもっているが，この働きは樹冠よりも A_0 層や林床植生に由来する働きである．したがって，林冠が閉鎖し，A_0 層や林床植生が乏しくなった森林では表面侵食が発生する．例えば，間伐が遅れたヒノキ人工林にその例が見られる．なお，林地においても"表面侵食の防止"は有機物に富む土壌層を維持する意味，すなわち，林地の生産力を維持する意味をもつ．したがって，この観点から，森林の表面侵食防止機能は森林の土壌保全機能としても評価されている．

一方，草本が表面侵食を防止する効果も広く利用されている．例えば，道路や鉄道の建設によって生じる沿線の裸地斜面では，通常草本を主とした急速緑化工事によって豪雨による表面侵食の被害をくい止めている．山腹崩壊跡地の二次侵食を防ぐいわゆる山腹工事では，伝統的に，草本と木本を組み合わせた各種の緑化工事が施工されている．

17.6.3 農地の土壌侵食

日本ではあまり目立たないが,土壌侵食による土壌流亡は,大規模な畑作を行うアメリカ合衆国,ロシア・中央アジア諸国,中国,インドなどの世界の主要穀物生産地,あるいは,焼畑移動耕作や森林を伐採して農地開発を行っている発展途上国で極めて深刻な問題になっている.土壌は水や大気とともに地球上の生物をはぐくむ大切な資源であり,塩類集積ばかりでなく土壌侵食による土壌の劣化も,人類を含む地球の生態系の将来にとって,特に食料生産の面から厳しい結果をもたらす可能性が指摘されている.

土壌侵食を防止するためには,政策的な課題と技術的な課題をそれぞれ解決する必要がある.まず政策的な課題としては,土壌侵食の原因となるような土地利用,すなわち,大農圏農業国における生産至上主義農業の見直し,発展途上国における急傾斜地での農地開発,過放牧,森林の過伐や落葉落枝・下草の採取などの制限あるいは禁止が不可欠である.もちろん,後者における課題解決の根底には,人口問題と貧困問題がある.

技術的な課題としては,当該地域の侵食量,侵食様式,受食性をはじめとする土壌の性質,植生,気象などについて必要な調査を行ったうえで,効果的な侵食防止対策を講じること,および侵食を抑える土地利用を実行することである.侵食防止対策としては,階段耕作,等高線耕作,マルチング,植生保護,浸透工,排水工,ガリー侵食防止工などがある.

なお,農地の侵食土砂量を推定するためにさまざまな侵食予測式が提案されている.最も著名なものは,アメリカ合衆国での広範囲にわたる多数の観測資料に基づいて提案された USLE 式である.これは,推定侵食土砂量は関係する6個の要因の積で評価できるとするもので,$E=RKSLCP$ の形で表される.ここに,E は平均年侵食土砂量(トン/エーカー),R は雨量指標,K は土壌受食性指数,L は斜面長指標,S は斜面傾斜指標,C は作物管理指標,P は保全指標である.この式はアメリカ合衆国内だけでなく,広く世界で用いられている. 〔太田猛彦〕

17.7 干 ば つ

干ばつは干魃・旱魃とも書く.干ばつの干は日照り,魃は日照りの神の合成語であり,昔は干ばつは悪神のしわざと考えられていた.

干ばつとはその地域で平年に比べて,長期間にわたって日照りが続き,降水量が少なく,水不足になる状態をいう.この干ばつによって起こる災害を干害という.したがって,干ばつと干害は同じではない.これに関する事例をあげると,例えば,陸稲では降水量が少ないとその程度によって被害が発生し,さらに激しい場合には水田の水稲でも,被害が出始め,やがて枯死して,収穫皆無になるなどで,灌漑の有無によっ

17.7 干ばつ

て大きい収量差が出る．一方，灌漑された水稲では，干ばつになると日射量，日照時間が多いため，他の条件が整っておれば光合成が盛んになり，光合成産物が増加して米の登熟（実入り）がよくなり，かえって豊作になる．灌漑した水田では豊作，灌漑していない水田では収穫皆無で，隣り合わせの水田で，このようになることもある．「干ばつに不作無し」といわれるように，干ばつでは，灌漑施設のない一部で，たとえ収穫皆無になっても，極端な干ばつにならない限り，全体的，全国的には豊作になることが多い．

　農業面では隣どうしの極端な差は，その他の気象災害においても発生することがあるが，また何も農業に限らず，人間社会生活面でも，地域間，さらには国と国の間においてもこのような差が発生することがある．このような現象がアメリカ合衆国とメキシコ国境間で明確に出た事例が人工衛星画面で認められている．

　日本の干ばつは，空梅雨で降水量が少ない場合，夏季に降水量が少なく乾燥している場合，台風襲来が少ない場合，冬季～春季に降水量が少ない場合などに発生しやすい．

　干ばつをもたらす気圧配置には，①小笠原高気圧の勢力が強く梅雨前線の活動が不活発で空梅雨になり，夏季に高温になった場合，②日本のはるか南方に梅雨前線が停滞し日本付近の上空には乾燥した北西風が吹き込む場合（日本南岸の高層に気圧の谷が停滞）の2つの干ばつパターンが多い．この後者のような気圧配置が冬季に発生すると，北西の季節風が強く吹き日本海側では大雪が降るが，太平洋側では乾燥して，特に関東・東海地方では空っ風が吹き無降水日が継続することがある．関東・九州・四国では冬季に70～90日も無降水の記録がある．干ばつ，干害は1973～74，78，84，85，87年に発生し，特に最近1994年には東京，福岡，高松などほぼ全国の都市において給水制限となり混乱したことがあった．都市では人口集中による都市の拡大や生活様式の高度化のために1人当たりの水の使用量が増加して，干ばつ被害が発生して，日常の生活面で問題になることが多くなっている．

　一方，農業方面では干ばつになると作物に干害が発生するが，近年では灌漑施設の普及によって，次第に減少している．奈良時代からの記録では近年になるまで，農業災害では干害による飢饉がしばしば発生しており，干害の比重が高く，風水害，干害，冷害が3大農業気象災害であったが，近年は干害は少なくなっている．

　真木（1991）によると，最近の干害の発生率では，1959～88年の30年間平均と前期10年間と後期10年間の被害状況をみると，水稲では前期が5.9％，30年間平均が4.1％，後期が1.2％であり，また小麦ではそれぞれ，11.2，9.8，7.7％であり，灌漑施設の普及などで，被害が少なくなっている．また気象災害(風水害，干害，冷害，その他)全体に対しての干害割合は，水稲での各期間について，それぞれ14.2，10.2，2.9％であり，また小麦ではそれぞれ17.0，12.6，8.6％とどちらも明らかに少なくなっている．

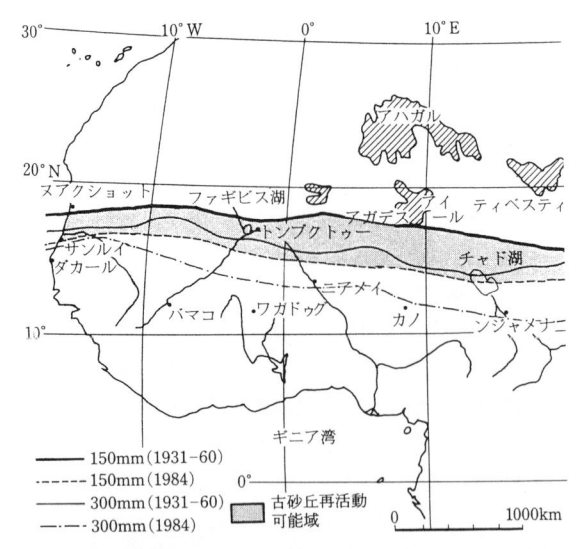

図17.9 アフリカ・サヘル地域での1984年の大干ばつ期間と平年並みの期間の年降水量線 飢餓前線（300 mm）と砂漠化前線（150 mm）の移動状況．（門村，1991）

図17.10 干ばつの激化による最終的な砂漠化で沙拐棗（シャカイツォ）が砂丘に埋まりつつある状況（真木）

さて，地球規模で干ばつが問題になることが多い昨今において，例えば，アフリカでは世界最大のサハラ砂漠の南部域（緯度にほぼ平行な線）に当たるサヘル地域では，1968〜69年に始まり1972〜73年に絶頂に達した干ばつによって食糧不足，飢饉の発生による家畜・人間の大量死，飢餓難民の発生が広範囲に及んだ．その後，降水量がかなり回復したが，まだやや低い状態である．1984年にもかなり激しい干ばつが同地域で発生し，図17.9に示すように，乾燥地域として年降水量300 mm線（飢餓前線と呼ばれる）が南に200〜400 kmも移動している．また同時に150 mm線（砂漠化前線）も示されているように，ほぼ平行的に移動している．

このように干ばつ年では大きく移動することを示しており，これが続けば砂漠化が進行することになる．これは原因が自然の気候変動による影響が大きいとされるが，現在の地球温暖化を考えると，自然現象よりも人為的な影響が大きいとも考えられる．すなわち，化石燃料の人為的な過剰消費により，1850年頃の二酸化炭素280 ppmから現在の370 ppmの急激な増加による地球温暖化，すなわち人為的な気候変化が原因で干ばつが発生しているとも考えられる．なお，気象は年々変化するが，最近の異常気象の多発もその原因の一環であると考えられる．

地球が温暖化すると，蒸発量が増加して降水量が増加するところもあるが，地域的には降水量が減少して干ばつになる地域が予想以上に多く，北半球で，アフリカ・中近東では北緯15～35度，アジア（中国）では35～45度付近がさらに乾燥化するか，拡大することが考えられる．また，地域間差が大きく，または年次間差が大きくなるなどで，場所，時間を変えて異常気象が発生している．あるいは集中的に同地域が被害をこうむることがあるなど，一筋縄ではいかないのが自然に及ぼす人為の影響と気候との関係である．なお，干ばつの激化による砂漠化の状況写真を図17.10に示す．今後とも，干ばつの激しさを増大させると予測される．　　　　　　　　　〔真木太一〕

文　献

1) 門村　浩：サハラ南縁地帯における最近の干ばつと砂漠化，環境変動と地球砂漠化，pp. 81-105, 朝倉書店，1991.
2) 真木太一：干害，農業気象災害と対策，pp. 138-164, 養賢堂，1991.

17.8　雪崩・雪災害

冬になり地上気温が約+2℃以下に低下すると，降水は雨ではなく雪として降るようになる．固相の水である雪は，雨のように流出することはなく，地上に堆積しある期間その場に留まる．積もった雪は交通障害や家屋の倒壊を招き，斜面の雪が崩壊すると雪崩となって人命を奪う．このように雪により生活が阻害され，生命や財産が侵される現象を雪害という．北海道から北陸にかけての日本海側は世界でも有数の多雪地帯で，積雪の深さは平野部で1～2 m，山間部では2～4 mに達し，根雪期間は3～5カ月に及ぶ．これらの地域では毎年長期にわたって日常的に雪害に見舞われる．雪害は他の突発的な災害と異なり，日々の対応により軽減・防止できることが多い．しかし，それ故に雪処理中の人身事故が極めて多く，高齢者が犠牲になる傾向が目立つ．1980～81年冬の56豪雪（昭和56年豪雪）を例にとれば，全国の死者[1]（山岳遭難，一般交通事故は除く）は133人，うち屋根や家屋周辺の除雪作業によるものが81人，雪崩によるものが21人で，年齢別では61歳以上の死者が51人に達する．

雪による被害は降雪，吹雪，着雪，積雪，雪崩，融雪などの雪の諸現象によって起

こる．降雪は天空から雪の結晶やあられなどが降る現象，吹雪は地面に積もった雪が風によって舞い上がる現象である．降雪や吹雪は視程障害を引き起こすが，降雪のみで視程が100 m以下になることはほとんどない．吹雪は気温が－5℃以下で新雪の場合，風速が4～5 m/sになると発生し，吹雪で運ばれる雪の量は風速の3乗に比例する．このため吹雪になると視程が10 m以下に低下し，視界が白一色の闇（ホワイトアウト）となることもある．また，凹地など風が弱まる箇所には大きな吹きだまりができ，通行障害を引き起こす．1992年北海道道央自動車道では，吹雪による視程障害と吹きだまりにより186台の車が玉突き衝突する大事故が発生した．

　雪は水を含み湿ると，他の物体と容易に付着し，種々の着雪害を引き起こす．電線着雪は，電線上部に付着した雪が重みで下方に回転し，次第に筒状に成長する．筒雪の直径は10～20 cmになり，その重みで断線や電柱折損などの事故が発生する．1980年12月東北地方では，電線着雪により143基の送電鉄塔が倒壊する大事故が発生した．このとき，福島県下では樹木の枝葉に付着・堆積した雪により，樹木が折損・転倒する冠雪害が発生した．この冬（56豪雪）は森林の冠雪害が各地で続発し，被害は22県，総額740億円に達した．冠雪害は，立木密度が大きく形状比（＝樹高/胸高直径）が高い林分で多い．また，東海道新幹線開通当初，雪が降ると発生した列車運休事故は，列車風により舞い上がり車体下部に付着した雪の塊によるもので，走行中に落下した雪塊により砂利が飛び跳ね車体を破壊，走行不能に陥ったのである．現在は，散水により雪が舞い上がらぬ工夫がされている．

　積雪による被害には，積雪の存在やその荷重，積雪の沈降力，斜面雪圧によるものがある．ほとんど雪の降らない地方ではわずか10 cmの雪（水換算10 mm）で交通がマヒし，転倒・負傷する人が続出する．多雪地域では，毎日のように家の前を除雪し，一冬に何回も屋根の雪下ろしをする必要がある．雪下ろしが間に合わず，56豪雪では全半壊した住家が466棟に達した．また，雪国では雪の沈降力から庭木を守るため雪囲いが行われる．積雪は自身の重さにより常に下に向かって圧縮・沈降しているため，雪に埋もれた物体はその周辺の雪の沈降により下に引っ張られる．これが沈降力で，果樹の折損やガードレールの損壊などの被害が発生する．斜面に積もった雪は，目には見えないが緩やかな速度で地表面を滑動（グライド）している．斜面に樹木や柵などグライドを阻止する物体があると，物体には大きな斜面雪圧が作用する．雪国特有の樹木の根元曲がりは，幼齢期より樹木が斜面雪圧により倒された結果形成されたものである．樹木の柔軟性がなくなると幹折れ，幹割れなどの致命的な雪圧害が発生する．また，グライドの活発な所では，樹木が灌木化し雪崩（なだれ）の常習地となり，斜面が雪に侵食され雪食荒廃地と化すことも多い．

　斜面に積もった雪が崩れ落ちる雪崩は，森林や建造物を破壊し生命や財産を奪うため古くより恐れられている．日本で起こった雪崩による死者は，1999年までの100年間に5300余人にのぼる．なかでも1918年1月9日新潟県湯沢町三俣で起こった雪

17.8 雪崩・雪災害

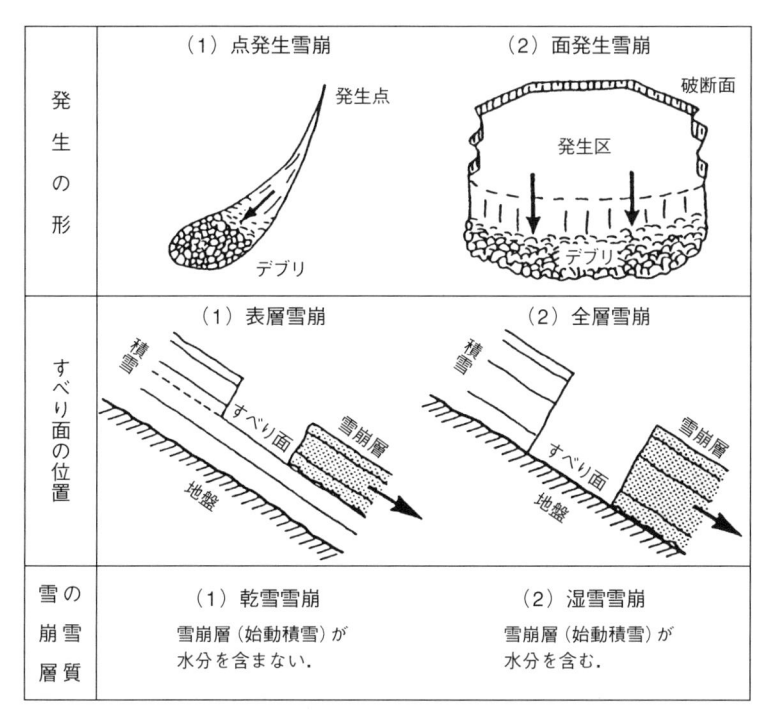

発生の形	（1）点発生雪崩 発生点 デブリ	（2）面発生雪崩 破断面 発生区 デブリ
すべり面の位置	（1）表層雪崩 積雪／すべり面／雪崩層／地盤	（2）全層雪崩 積雪／すべり面／雪崩層／地盤
雪崩層の雪質	（1）乾雪雪崩 雪崩層（始動積雪）が水分を含まない．	（2）湿雪雪崩 雪崩層（始動積雪）が水分を含む．

図 17.11 雪崩の分類要素と区分 [2]

表 17.5 雪崩の分類名称 [3]

	雪崩発生の形 （点か面か）	雪崩層の雪質 （乾雪か湿雪か）	すべり面の位置 （表層か全層か）
雪崩	点発生雪崩	点発生乾雪雪崩	点発生乾雪表層雪崩 点発生乾雪全層雪崩
		点発生湿雪雪崩	点発生湿雪表層雪崩 点発生湿雪全層雪崩
	面発生雪崩	面発生乾雪雪崩	面発生乾雪表層雪崩 面発生乾雪全層雪崩
		面発生湿雪雪崩	面発生湿雪表層雪崩 面発生湿雪全層雪崩

崩は日本雪崩災害史上最大の惨事で，倒壊した建物33棟（内家屋26棟），死者158人に達した．最近では，1986年1月26日新潟県能生町柵口（ませぐち）で起こった雪崩によって家屋11棟が全半壊し，13名が亡くなっている．

雪崩は，発生の形によって点発生雪崩と面発生雪崩，すべり面の位置によって全層雪崩と表層雪崩，動き始めた積雪の乾・湿によって乾雪雪崩と湿雪雪崩に区分される（図17.11）．雪崩はこれらの組み合わせにより8種類に分類され，面発生乾雪表層雪崩などと呼ばれる（表17.5）．ただし，区分が確認できない場合は，表層雪崩などと省略される．一般に点発生雪崩は小規模である．面発生表層雪崩の発生は積雪中の弱層に起因することが多い．弱層になる雪としては，平板状の大きな降雪結晶，あられ，表面霜，しもざらめ雪，ぬれざらめ雪などが知られている．弱層形成後まとまった雪が積もると，その荷重により弱層が破壊し雪崩が発生する．この雪崩は前兆現象がなく突然発生するため最も恐れられている．前に記した1918年の三俣雪崩と1986年の柵口雪崩の災害は面発生乾雪表層雪崩によるものである．一方，面発生全層雪崩は積雪のグライドに起因するもので，クラックや雪しわ（褶曲）などの前兆があらわれる．このため，発生危険度はある程度察知できる．ササやカヤ，低灌木斜面で起こりやすく，融雪水の浸透などでグライドが激しくなると発生する．

雪崩の運動形態には，雪煙を巻き上げる煙型，流れるように運動する流れ型とこれらの混合型がある．流れ型の全層雪崩の速度は $10～30$ m/s，流れ型の乾雪表層雪崩は $30～50$ m/s，煙型雪崩は $30～100$ m/s に達する．雪崩の衝撃力は，流下する雪の密度と速度の2乗に比例する．雪崩の跡は普通，発生区，滑走区，堆積区に分けられる．発生区の傾斜は $30～45°$ が多く，$25°$ 以下や $55°$ 以上の斜面は稀である．雪崩の最大到達点は，雪崩の末端から発生点の見通し角が全層雪崩で $24°$，表層雪崩で $18°$ になる点といわれている．なお，湿雪雪崩の一種で，大量の水を含み雪と水の混合体として流動するスラッシュ雪崩は傾斜 $20°$ 程度の緩斜面でも発生する．富士山では雪代と呼ばれ，しばしば大災害を引き起こす．

雪崩防止施設としては，雪崩の発生を防止する雪崩防止林や雪崩予防柵，流下方向を変える誘導堤，道路などの上を流下させるスノーシェッド，到達を阻止する防御壁などがある．欧米では，爆破などで人工雪崩を起こし不安定な積雪を除去する方法が実施されているが，日本では火薬類の規制が厳しく普及していない．

融雪による災害には融雪洪水や地すべりがある．観測によると日平均気温が $0°C$ 以上の場合 $1°C$ につき水換算 $4～6$ mm の雪が融ける．このため融雪期に $5～10°C$ の日が続くと1日 $25～50$ mm の雨に相当する水が河川に流出し，これに降雨が重なると融雪洪水が起こる．逆に春先に低温が続き消雪が遅れると，ムギや牧草などの植物は雪腐れ病や生育阻害などの被害を受ける．

〔遠藤八十一〕

文　献

1) 栗山　弘：雪氷，**44**, 83-91, 1982.
2) 清水　弘：気象研究ノート，**135**, 63-123, 1979.
3) 遠藤八十一：雪崩と吹雪，基礎雪氷学講座3（前野紀一・福田正己編），p.236, 古今書院, 2000.

18. 水質と汚染

18.1 水質汚濁の歴史

　本節では，過去から現在において水質汚濁の対象となってきた物質，それにともなう問題，そしてその発生の背景および汚濁への対応や対策を示すことで，水質汚濁の変遷を整理する．水質汚濁物質の定義は，水域における水利用に障害をもたらす物質，あるいは水域生態系の悪化の原因になる物質である．この物質のなかには，重金属，有機物，栄養塩類，農薬のような化学物質以外に病原性微生物などの生物も含まれる．そして，これら物質の排出や流入の速度が過度であることにより，汚濁が顕在化する．言い換えれば，その速度が自浄作用など自然のメカニズムにおいて許容されるレベルであれば，水質汚濁として明確には認識されないこともある．

　水質汚濁という社会問題は，歴史的にはヨーロッパにおける産業革命や日本における殖産興業に代表されるような工業の発達や都市域への人口集中にともなって顕在化した．すなわち，水質汚濁物質は，多くの場合人間あるいは人間活動にともなって発生し，その不完全な排出規制や不十分な排水・廃棄物の処理・処分の結果として，水質汚濁として認識され社会問題化する．対象となる汚濁物質も時代とともに変化しており，その問題解決に向けた制度的，技術的な対応がなされてきている．その水質汚濁問題も，時代とともに次第に局所的なものから広域的なものへ，単一物質の汚染から複合的な汚染へ，水域のみの汚染から大気汚染や土壌汚染との絡んだクロスメディアの汚染へと変化している．

　最近では，その汚濁物質の濃度レベルが ppm（10^6 分の 1 という質量の比率で表した濃度の表現）から ppb（10^9 分の 1）さらには ppt（10^{12} 分の 1）のレベルへと低濃度化していること，目に見えやすい汚染から目に見えにくい汚染と変化してきている．また，飲料水や漁業や農業など人間による水利用にともなう障害だけでなく，水域生態系への障害としても，水質汚濁をとらえる必要性がよりいっそう認識され始めている．上記のような水質汚濁の時代変遷[1]の概要を，主要な汚濁物質や問題事例などを示すことで表 18.1 に整理している．以下にその内容を説明する．

表 18.1 主要な汚濁物質にともなう問題事例の変遷と制度的および技術的対応

年代区分	主要な汚濁物質	問題事例	法制度の設定など	政策的・技術的対応
1830〜	・病原性微生物	ヨーロッパ諸都市における疫病の流行		下水道の整備
1850〜	・易分解性有機物	テムズ川の汚染の進行		下水処理の必要性 生物処理の開発
	・病原性微生物 ・重金属	日本における疫病の流行(明治時代) 足尾銅山の鉱毒事件(1887年ごろ)	伝染病予防規則(1880) 鉱毒問題の国会討議(1891)	近代水道の整備
1950〜	・易分解性有機物	江戸川の汚染の進行(1950年代) 隅田川の汚染の深刻化(1964年東京オリンピックごろ)、ヘドロ問題	水質保全法・工場排水規制法(1958) 下水道法(1958) 公害対策基本法制定(1967)	発生源対策の実施 除外施設の導入
	・重金属	水俣病、イタイイタイ病の発生	水質環境基準設定(1970) 水質汚濁防止法制定(1970)	排水基準と水質監視の導入
	・難分解性有害物質	PCB、DDT、BHC汚染と食品への蓄積問題	農薬取締法(1971) 化審法の制定(1973)	農薬登録制度と販売・使用規制 製造前審査と製造、使用の中止
1970〜	・窒素、リンなどの栄養塩類	瀬戸内海における赤潮の大規模発生 湖沼の富栄養化	瀬戸内海環境保全臨時措置法(1973) 湖沼法制定(1984) 窒素・リンの環境基準設定(湖沼1982、海域1993)	栄養塩類除去法の開発 総量規制制度 無リン洗剤の使用
1980〜	・微量有機物(発癌性物質、異臭味物質、農薬) ・硝酸塩汚染	水道水中のトリハロメタンの確認 おいしい水・安全な水の要請 有機塩素化合物や窒素の地下水汚染	水道水質基準の改定(1992) 環境基準の健康項目の拡充・強化(1993) 水道水源水質保全に関する法律制定(1994) 地下水環境基準の設定(1997)	水の高度処理法の開発 生活排水対策 ノンポイント汚染調査 地下水汚染調査
1990〜	・病原性微生物 ・微量有害化学物質	大腸菌O157、クリプトスポリジウムなど病原性微生物への懸念 内分泌攪乱物質(環境ホルモン)への懸念	水道におけるクリプトスポリジウム暫定対策指針(1998) ダイオキシン類対策特別措置法及び環境基準の設定(1999) 特定化学物質の環境への排出量の把握等及び管理の改善の促進に関する法律(1999) 土壌汚染防止法制定(2002) 水生生物保全に係る水質環境基準設定(2003)	消毒技術の見直し 小規模水道での膜処理技術の導入 環境モニタリング技術の高度化 水質汚染のリスク評価

18.1.1 病原性微生物と疫病の流行

1830年代にはヨーロッパ諸都市において人口集中が起こり，排泄物の処理・処分が不適切であった結果として，水系の病原性微生物汚染による伝染病の流行が起こった．その疫病対策として，下水を速やかに排除するために下水道を建設するという対策がとられた．日本でも上水道の未整備の時代には，衛生的な配慮が不十分であったため疫病が蔓延した．このような屎尿を汚染源とする疫病に対しては，日本のみならずヨーロッパの国々でも，人間の排泄物は貴重な肥料源であるとの認識からそれを下水道に投入することへの躊躇はあったが，下水道へ受け入れることで都市の衛生状態が改善されることとなった．なお，日本では1887年にはコレラの流行への対応と相まって，わが国最初の近代水道が横浜に創設されている．

18.1.2 都市河川の有機汚濁と下水処理

1850年代になると，ロンドン・テムズ川の汚濁問題に代表される都市河川の有機汚濁にともなう，酸欠や悪臭問題が出てきている．これは，前述の下水道整備が排除のみを目的にするものであり，処理をともなわないシステムであったことに起因している．19世紀後半に入って下水処理の必要性が認識され，工場排水や下水の沈殿処理や生物処理が導入され始めた．一方日本では，このような水質汚濁は，ヨーロッパに比べ約100年遅れて顕在化してくる．戦後の重化学工業化の過程で，例えばパルプ工場などの事業所からの排水による有機汚濁が進行したことにともない，酸欠にともなう魚介類の斃死が頻繁に起こるという漁業被害，ドブ川化したことによる生活環境の悪化もあり，水質汚濁が社会問題として明確に認識された．そして，1958年に水質保全法・工場排水規制法，下水道法が制定され，公共用水域の水質保全を目指した排水規制や都市環境改善のための下水道整備，さらには除外施設の導入が法律に盛り込まれた．なお，現在では復活された両国の花火大会やレガッタで有名な隅田川も，1964年に開催された東京オリンピック直前にはその有機汚濁が深刻化していた．また，その当時は，四日市では異臭魚事件や田子の浦のヘドロ汚濁問題など事業所排水由来の弊害が顕在化していた．

18.1.3 重金属汚染と公害

大規模な重金属汚染の歴史は1890年代に足尾銅山における鉱毒問題に始まる．明治時代における近代工業の進行のなかで，都市域ではなく地方における鉱業活動が，重金属汚染による漁業や農業への被害として水質汚濁問題を引き起こした．

第二の重金属汚染は，1950年代の朝鮮戦争特需を契機にした経済成長の進行する時代に起こっている．この時期の経済成長を支えた工業化は，いわゆる「公害型産業」の重化学工業化であったために，生産量の増大は必然的に多量の汚濁物質を排出することにつながり，経済成長の代償として水質汚濁を含む各種の公害問題を引き起こすこととなった．その代表的な例の1つに，1956年にその発症が確認された水俣病をあげることができる．これは，有機水銀（メチル水銀）による汚染に起因しており，

生物濃縮により高濃度に有機水銀に汚染された魚介類が大量に食用に供されたことにより生じた悲惨な健康被害の事例として世界的にも知られている．残念ながらこの問題への対応・対策が遅れたこともあり，同様な汚染が1965年ごろに阿賀野川流域にも発生し，第二の水俣病が引き起こされた．

富山県の神通川においては，農業用水を通じて水田におけるカドミウムなどの重金属汚染が起こった．農業被害とともに，全身に激痛をともなう奇病であるイタイイタイ病が発生した．これも，水俣病と同様に生物濃縮された汚染米を摂取したことが原因である．このような，水銀やカドミウムによる汚染被害の重大さの経験を経て，重金属汚染に対しては厳しい規制がかけられていくことになった．

18.1.4 公害対策基本法と水質環境基準の制定[2]

上記のような，都市河川の水質汚濁にともなう漁業被害や生活環境悪化，さらには重金属による人への健康影響などさまざまな水質汚濁にかかわる弊害が顕在化してきた．これらは，健康被害と生活環境被害に大別され，前者の例としては水俣病やイタイイタイ病などの事件があげられ，後者は農作物や魚介類の生産量の減少や質の低下，浄水処理障害やコスト高，観光レクリエーションとしての価値低下，臭気発生による生活環境悪化など多岐にわたっている．この一連の問題に対応して，1967年に制定された公害対策基本法は1970年に大幅な改正が行われ，これ以後の環境行政の基本法となった．そこでは，応急処置的な対応から環境基準を基礎とした計画的な公害対策や施策を展開する基本原則が提示された．水質汚濁に係る環境基準は，健康関連項目と生活環境項目という2本立ての基準設定となった．また1970年の公害国会における一連の法律改正などにより，水質汚濁防止法が制定され，事業所からの排水濃度規制や水質監視が体系的に実施されるようになった．なお，現在の水質環境基準は，1993年に従前の公害対策基本法による公害対策から，総合的な環境政策の方針や原則を示した環境基本法における基準として位置づけられている．

図18.1には，水質環境基準のうち健康関連項目に関する不適合率の経年変化を示した．不適合率は非常に低いレベルとなってきており，排水規制の徹底により有害物質による汚濁は著しく改善されてきていることがわかる．また，図18.2には生活環境項目の有機汚濁指標の達成率を示した．河川については，1994年の渇水の影響期間を除くと着実に改善しつつあるものの，湖沼については40％前後と低いレベルで推移している．海域の達成率は80％前後で推移していたが，河口付近海域の水質低下や局所的な赤潮の発生などもあり近年低下傾向も見られている．

18.1.5 農薬取締法と化審法

PCBによる環境汚染問題を契機として，1973年に「化学物質の審査及び製造などの規制に関する法律（化審法）」が制定され，難分解性，高蓄積性，慢性毒性の3点から，化学物質の製造や輸入，さらに使用の規制が行われるようになった．それに先立ち，戦後の農薬使用の増加にともない，BHC，DDTなどによる食物や環境の汚染

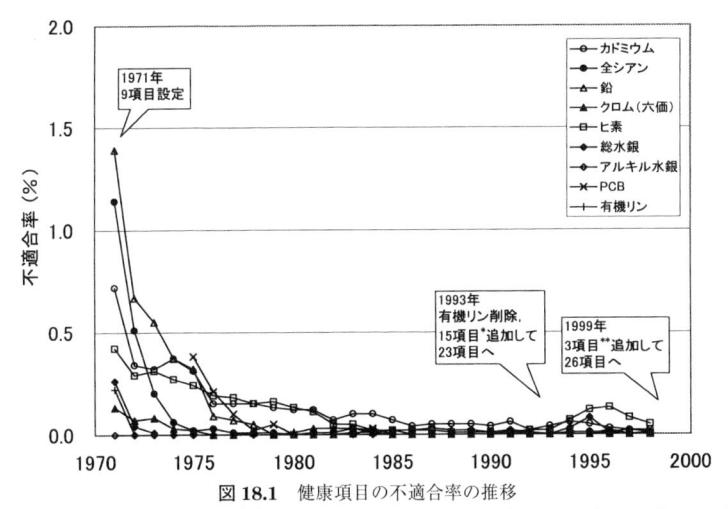

図 18.1 健康項目の不適合率の推移

* ジクロロメタン，四塩化炭素，1,2-ジクロロエタン，1,1-ジクロロエチレン，シス-1,2-ジクロロエチレン，1,1,1-トリクロロエタン，1,1,2-トリクロロエタン，トリクロロエチレン，テトラクロロエチレン，1,3-ジクロロプロペン，チウラム，シマジン，チオベンカルブベンゼン，セレンの15項目追加．
** 硝酸性窒素および亜硝酸性窒素，フッ素，ホウ素の3項目追加．

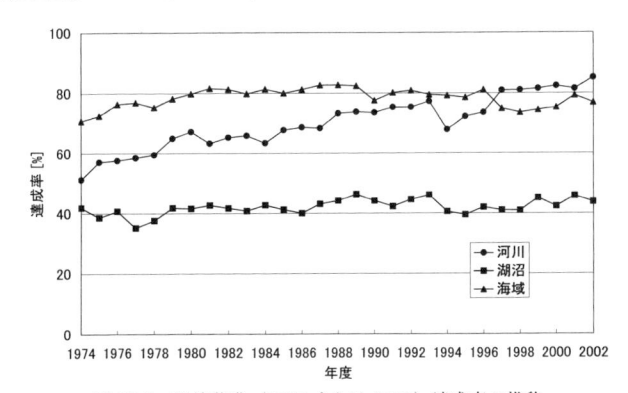

図 18.2 環境基準（BOD または COD）達成率の推移

が社会問題化して，1971年には農薬取締法が制定されている．農薬の毒性や残留性などの検査を受けて登録され，使用規制により管理が行われるに至っている．最近では，ゴルフ場農薬による水質汚染が顕在化したが，ガイドラインの策定により鎮静化傾向にある．

18.1.6 栄養塩類と富栄養化問題

1970年代になると，瀬戸内海において大規模な赤潮が発生して，養殖業などに多大な被害をもたらした．同様な富栄養化にともなう障害が，東京湾，伊勢湾，大阪湾

などの内湾でも頻繁に報告されるようになった．一方，霞ヶ浦や琵琶湖などの湖沼においても，水道水源や漁業資源としての質低下や利水障害などが，アオコの発生と称される藻類の異常増殖により引き起こされてきた．この現象は，窒素やリンなどの栄養塩類が水域に多量に流入することにより，夏場において過度な藻類の増殖が引き起こされたものである．その結果水質悪化が生じ，透明度の低下や水の色の変化だけでなく，水道水源において異臭味や濾過閉塞などの利水障害，貧酸素水塊の発生やそれにともなう魚介類の斃死，魚種の変化などの生態系への影響など，さまざまな障害や悪影響が引き起こされる．

これに対応するために，1978年に瀬戸内海環境保全特別措置法や1984年に湖沼水質保全特別措置法などが制定された．内湾や湖沼のような閉鎖性水域の水質改善には，流入する汚濁負荷量の総量を効果的に削減することが重要であり，総量規制制度が導入された．また，湖沼や海域における窒素・リンの環境基準も，1982年と1993年にそれぞれ設定され，閉鎖性水域の栄養塩類濃度の望ましいレベルが設定されている．富栄養化防止対策として，下廃水からの栄養塩類除去技術の開発やその普及が進められ，発生源対策としては無リン洗剤の利用など住民運動を通じた対応も実施されてきている．また，例えば富栄養化の問題を抱える琵琶湖や霞ヶ浦集水域や東京湾域などの関連地方自治体では，条例による窒素やリンの上乗せ排水基準が設定されてきている．

18.1.7 発癌性物質と水の安全性・おいしさ

1980年ごろに，水道水中の発癌性を有する新たな毒性物質としてトリハロメタンが確認され，水源の水質悪化に対応した塩素処理のあり方に問題提起がなされるようになった．この水質汚染は，従来の汚染と異なり，水源自体での汚濁物質ではなく，水処理過程における塩素消毒プロセスにおいて，副次的に生成される新たな有害物質である．時期を同じくして，藻類などを原因とする異臭味物質も問題とされ始めた．このような，水道水質の悪化と健康影響に関する社会的な不安の高まりから，水道水質基準が1992年に改正された．同様に，新たな化学物質による公共用水域などの汚染を防止する目的で，1993年には環境基準健康項目の大幅な拡充・強化が行われた（図18.1参照）．その際，同時に継続して公共用水域などの水質測定を行うものとして要監視項目25項目が設定された．そして，1999年には，監視項目で検出率が高かった3項目が環境基準項目へ移行されている（図18.1参照）．

新たな水質汚染物質への対策としては，浄水プロセスにおいて，活性炭処理，オゾン処理，生物処理などの高度処理を導入するなどの努力が行われるようになった．しかし，処理技術の高度化だけでの対応には限界があるため，原水自体の水質悪化を防止し，水源を保全する視点から，「水源二法（水道原水水質保全事業の実施の促進に関する法律および特定水道利水障害の防止のための水道水源水域の水質の保全に関する特別措置法）」が1994年に制定された．

18.1.8 揮発性有機塩素化合物と地下水汚染

1982年に実施された全国規模の環境庁地下水汚染調査により，硝酸塩汚染とともに，トリクロロエチレンやテトラクロロエチレンなどの化学物質による汚染状況が明らかになった．その後も地下水水質の改善が見られないため，1989年に水質汚濁防止法が改正され，有害物質を含む水の地下への浸透が禁止されるとともに，計画的な水質監視が行われることとなった．これにより，工業地域やクリーニング店などにおける有機溶媒の管理のあり方など，未然汚染防止の観点からの地下水水質保全が推進されてきている．そして，1997年には河川，湖沼，海域に加えて地下水に対しても水質環境基準が設定された．

18.1.9 生活排水対策からノンポイント汚染対策へ

水質汚濁防止法による排水規制により，工場・事業場からの汚濁負荷は削減される一方で，次第に産業系から生活系汚濁負荷の比重が高まってきている．1990年には水質汚濁防止法の改正が行われ，それにともない地方自治体による生活排水対策推進計画が策定されている．下水道整備，浄化槽の普及や環境啓蒙活動を含めて総合的な汚濁削減の努力がなされてきている．このような，特定汚染源からの汚濁負荷量は次第に削減する努力がなされているものの，面的に分布して，雨天時に地表面や土壌中から流出されて，最終的に受水域に至るノンポイント汚染負荷という新たな汚濁問題が認識されてきている．その対策としては，流域や都市域という面的な対策が必要とされ，その代表例として，窒素汚染に関連していると考えられる農業地域での施肥における適正管理，都市域においては道路面や大気汚染物質などが雨天時に流出する汚濁負荷の削減や合流式下水道雨天時越流水対策などが検討され始めている．

18.1.10 新たな病原性微生物汚染と微量有害化学物質による汚染

1990年代には，井戸水への汚水漏入を原因とした大腸菌O157などの病原性細菌や原虫（クリプトスポリジウム）汚染よる水系感染症の報告がなされている．特に，従来の塩素消毒では対応できない原虫による微生物汚染は新たな脅威となっており，その対応として，消毒技術の見直しや小規模水道においてより効率的な膜処理の導入が進んでいる．また，畜産廃棄物の処分や排水処理の管理などの発生源対策や衛生的水質管理の再点検の必要性が指摘されてきている．

現在使用されている化学物質は数万種に及ぶといわれており，工場や家庭から排出される化学物質のなかには，下水処理場で十分に除去されず，処理水として水環境中に排出される難分解性物質もある．生活の利便性が向上する反面，生態毒性を有する界面活性剤や樹脂の硬化剤などの水環境中での濃度上昇が報告されてきている．その一部にはアルキルフェノールのように内分泌攪乱性（いわゆる環境ホルモンとしての性質）を有するものもある．ダイオキシン類を代表とする残留性有機ハロゲン化合物や有機スズなどのいわゆる環境ホルモン物質は，環境中に非常に低濃度に存在している．そのため，機器分析によるモニタリングだけでなく，体系的なバイオモニタリン

グを通じてその汚染動態や発生源把握が必要となっている．

特にダイオキシンについては，1999年に「ダイオキシン類対策特別措置法」が制定されている．また有害化学物質汚染対策としては，「特定化学物質の環境への排出量の把握等及び管理の改善の促進に関する法律」（PRTR法（1999年））に基づく有害物質の管理制度の導入があり，化学物質の環境への排出量などの把握や事業者による自主的な管理を促進することで，化学物質による汚染を未然に防止する意味で有効な手段となるものと期待されている．　　　　　　　　　　　　　　　　　〔古米弘明〕

文　献
1) 松尾友矩：環境学，現代工学の基礎9，岩波書店，2001.
2) 日本水環境学会編：日本の水環境行政，ぎょうせい，1999.

18.2　湖沼における富栄養化

18.2.1　富栄養化とは

富栄養化（eutrophication）とは，水域におけるリンや窒素といった栄養塩（nutrients）が高濃度になり，藻類（algae，植物プランクトン）などが大増殖し，一次生産力（primary productivity）が高まる現象をいう．表18.2は各種元素に関して，淡水植物の体内要求量，一般的な水中濃度，およびそれらの比をまとめたものである[1]．この表から明らかなように，リン，窒素，炭素，ケイ素といった元素でその比が大きく，水中の生物量はこうした元素濃度に制約されることを示している．すなわち，こうした元素が水域に大量に流入すれば，藻類などが大量増殖する．なお，最近，ヨーロッパの湖沼のいくつかでは流入する栄養塩量が減少し，一次生産力が低下する傾向にあるが，これを貧栄養化（oligotrophication）と呼ぶ．

OECDは世界数百湖沼での観測結果を整理して，超貧栄養（ultra-oligotrophic），貧栄養（oligotrophic），中栄養（mesotrophic），富栄養（eutrophic），過栄養（hypertrophic）の区分を表18.3のようにまとめた[2]．湖水中リン濃度，クロロフィル濃

表 18.2　各種元素の淡水植物の体内要求量 A，水中濃度 B，その比 A/B [2]

元素名	A (%)	B (%)	$A:B$	元素名	A (%)	B (%)	$A:B$
酸素	80.5	89	1	リン	0.08	0.000001	80000
水素	9.7	11	1	マグネシウム	0.07	0.0004	<1000
炭素	6.5	0.0012	5000	イオウ	0.06	0.0004	<1000
ケイ素	1.3	0.00065	2000	塩素	0.06	0.0008	<1000
窒素	0.7	0.000023	30000	ナトリウム	0.04	0.0006	<1000
カルシウム	0.4	0.0015	<1000	鉄	0.02	0.00007	<1000
カリウム	0.3	0.00023	1300				

表 18.3 栄養段階区分[2]

分類	リン (mg/m³)	クロロフィル (mg/m³)	年最大クロロフィル (mg/m³)	透明度 (m)	年最小透明度 (m)
超貧栄養	＜4.0	＜1.0	＜2.5	＞12	＞6
貧栄養	＜10	＜2.5	＜8	＞6	＞3
中栄養	10～35	2.5～8	8～25	6～3	3～1.5
富栄養	35～100	8～25	25～75	3～1.5	1.5～0.7
過栄養	＞100	＞25	＞75	＜1.5	＜0.7

度，年最大クロロフィル濃度，透明度，年最小透明度などにより栄養度を判断することができる．

富栄養化すると藻類の生産が増加するので，湖沼表層の溶存酸素濃度（DO）は増加する．しかし，そうした藻類は死んだ後沈降し，下層，底泥に達し，DOを消費する．富栄養化問題とは，貧酸素化した水塊での生物の斃死，大量に増殖した藻類による悪臭，上水処理障害，景観の悪化，ラン藻類の発生する毒素などを意味する．また，浅い湖沼では水生生物が大量繁茂し，漁業活動などに影響を及ぼすこともある．

18.2.2 富栄養化の機構，水質相互の関係

リン，窒素は，流域から流出したものが河川により湖内へ運ばれたり，大気中のガス，浮遊粒子が雨とともに降下するといった経路で湖沼に流入する．人間1人当たり，家畜1頭当たり，どの程度の量を排出するかを原単位（per capita value）と呼ぶ．また，土地利用別に単位面積当たりの流出量（exporting rate）もさまざまな地域で実測されている．このような数値と流域特性から，湖沼へのリン，窒素流入量を予測することが可能である．多くの湖沼でこの予測値は，河川からの負荷量，大気降下量などを測定することから求まる実測値の1/2～2倍の範囲に入る[3]．

また，流域変化が無視できる場合，つまり定常状態が仮定できる場合，湖水濃度 $[X]$ は流入濃度 $[X_{in}]$ から以下のような関係式を用いて予測される．

$$[X] = \frac{[X_{in}]}{1 + Tv/h} \tag{18.1}$$

ここに，T は湖沼の滞留時間，v は湖水中の栄養塩の平均的な沈降速度，h は水深である．v は一般的に10～20 m/年程度である[2]．なお，貧酸素化すると底泥からリンが溶出し，富栄養化を加速するが，これは v が小さくなることに相当する．

上述の方法を用いると，リン，窒素の湖沼への流入水濃度，湖水濃度を予測することができるが，藻類量については制限栄養塩を推測する必要がある．藻類中のリン，窒素含量はほぼ一定であるとの仮定に基づき，以下の式から，リン，窒素いずれが制限栄養塩であるのか，またその濃度 N_u を予測する手法がある[4]．

$$N_u = T_P \; ; \; T_P \leq \frac{T_N}{11}, \qquad N_u = \frac{T_N}{11} \; ; \; T_P > \frac{T_N}{11} \tag{18.2}$$

ここに，T_P，T_N は湖水中のそれぞれリン，窒素濃度である．湖水中の藻類量（クロ

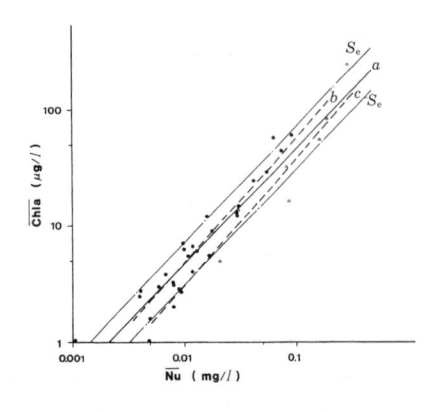

図18.3 日本の38湖沼における制限栄養塩濃度 N_u とクロロフィル a 濃度 Chla との関係[4]
a はすべてのデータに対する回帰式, b, c はそれぞれ滞留時間が0.1年以上, 未満の湖沼での回帰式. S_e は標準誤差.

ロフィルの濃度) は制限栄養塩濃度と図18.3に示すように比例関係にあるが, その関係は滞留時間の影響を受ける. すなわち, 生物の増殖には時間が必要であるので, 滞留時間が短い湖沼では長い湖沼と比べ, 制限栄養塩当たりの藻類量が少なくなる. なお, 図18.3のような関係は内部生産COD (全CODから外来性CODを差し引いたもの) についても得られている[4].

栄養度が高まると, 湖内の卓越藻類は珪藻, 緑藻からラン藻に変わることが多い. 図18.4は湖内の窒素とリン濃度の比と藻類種との関係を示した図である. すべての湖沼を対象にすると, 富栄養湖では一般的に T_N/T_P 比が小さくなることから, その比が小さい湖沼ほどラン藻の卓越する湖沼割合が増加する (図18.4(a)). しかし, 富栄養湖のみを対象とすると (図18.4(b)), T_N/T_P 比が高いほどラン藻が卓越する湖沼が多いことがわかる[5]. これは, ラン藻特有の色素を生産するのに窒素が必要であるためと考えられている. ラン藻類のなかにはミキロシスティン (ミキロキスティス) やアナトキシン (アナベナ) のような毒素を生成するものがあり, 他の生物や人間に影響を及ぼすのでその削減が望まれている.

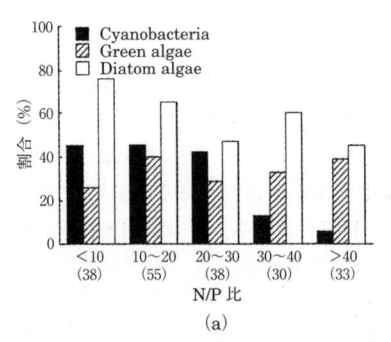

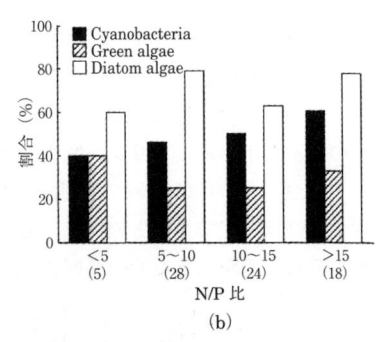

図18.4 窒素：リン比の藻類構成に及ぼす影響[5]
(a) 全湖沼, (b) 富栄養湖. Cyanobacteria はラン藻, Green algae は緑藻, Diatom algae は珪藻.

18.2.3 富栄養化対策

Cookeらは湖沼における富栄養化対策を，(1)藻類制御，(2)水草制御，(3)多目的対策，に分け，それぞれについて基本的な手法をまとめている[6]．(1)には，① 流域からの排水の高度処理，② 前貯水池，沈殿池などによる流域からの負荷の低減，③ 低栄養塩水を大量に導入することによる希釈，滞留時間の低減，④ 下層に滞留した栄養塩高濃度水の引き抜き，⑤ 下層水貧酸素化の解消あるいはアルミニウム塩によるリン固形化，⑥ 生態系改変，⑦ 硫酸銅などによる藻類発生抑制，がある．(2)には① 水位低下による水草の枯死，② 刈り取り，③ 底泥，水表面を覆うことによる水草繁殖抑制，④ 昆虫，魚などによる生物的制御，また，(3)には① 下層ばっ気，② 人工循環流の発生，③ 底泥の浚渫，があげられている．

一般的には，(1)-① の下水処理場での高度処理，(1)-② の内湖，河口域の保全，(3)-③ の底泥浚渫などが行われることが多い．貯水池におけるカビ臭発生抑制には(3)-① や(3)-② がよく用いられている．しかし，これらの手法を実施するには技術と資金が必要である．

一方，(1)-⑥ はバイオマニピュレーション (biomanipulation) と呼ばれていて，藻類を食する動物プランクトンの増殖を目的としたものである．すなわち，湖沼における生態系は普通，図 18.5(a) のように藻類の現存量が多いが，ここに肉食性の魚の導入，その捕獲の禁止，プランクトン食の魚の選択的捕獲や毒による除去を行うと，図 18.5(b) のように藻類の現存量の減少が期待される．この対策は他の対策と比べ格段にコストが安いことが特徴であるが，効果の長期性への疑問，固有の生態系の破

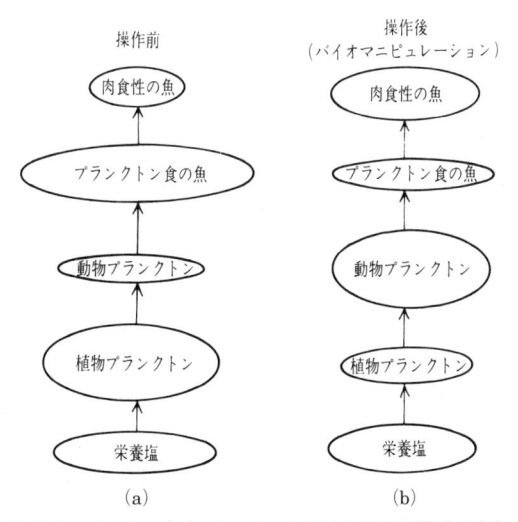

図 18.5 バイオマニピュレーションによる湖沼生態系の変化
（丸の大きさで現存量の大きさを模式的に表す）

壊など，解決されていない問題も多く抱えている． 〔福島武彦〕

文　献

1) R. G. Wetzel : Limnology, 3 rd ed., pp. 1-1006, Academic Press, 2001.
2) OECD : Eutrophication of Waters, pp. 1-154, OECD pub., 1982.
3) 福島武彦，ほか：水質汚濁研究，**9**，586-595，1986.
4) 福島武彦，ほか：水質汚濁研究，**9**，775-785，1986.
5) 藤本尚志，ほか：水環境学会誌，**18**，901-908，1995.
6) G. D. Cooke, et al . : Restoration and Management of Lakes and Reservoirs, pp. 1-548, 1993.

18.3　地下水汚染

18.3.1　地下水汚染の背景

　土壌は土粒子の集合体であり，その構造は水や物質にとって移動する際に大きな抵抗となる．そのため土壌や地下水中での水や物質の移動速度は，表流水に比べて格段に遅くなる．この物質移動速度の遅いことが，土壌に浸透した水の浄化効果をもたらす．土壌の多孔質構造により懸濁質は濾過され，地表面付近に生息する微生物や小動物によって通常の有機物は分解される．イオン交換によるpH調節機能も期待できる．そのため土壌層を経て地下水に到達した水は，たいていの場合，水道水質基準を満たしており，事実わが国の飲料水の25%は地下水でまかなわれている．

　このように土壌や地下水は良質な水資源を提供する一方で，水や物質の滞留時間の長いことが災いして，難分解性の有害物質は地下環境に長くとどまることになる．社会問題となっているトリクロロエチレンやテトラクロロエチレンなどの揮発性有機塩素化合物による汚染が典型例である．

　地下水の汚染要因には，人為由来・自然由来，有機物・無機物，微生物など，考えられるものの多くは地下水汚染事例として何らかの報告がある．田瀬[1]によれば，最も多い汚染物質は有機塩素化合物であり，これにはトリクロロエチレンなどの有機溶剤，農薬などが含まれている．重金属類がこれに続くが，6価クロムが中心であり，このほかに四エチル鉛，ヒ素，水銀，マンガン，亜鉛，モリデブン，カドミウムなどの汚染が報告されている．3番目はガソリンなど石油類，4番目は赤痢など微生物となっている．

18.3.2　地下水汚染の現状

　系統的な地下水質調査は，1982年に実施した環境庁調査が最初である．この調査では，全国15都市から1360検体の地下水を採取し，トリクロロエチレンやテトラクロロエチレンなど揮発性有機塩素化合物を中心に18物質が分析された．最も検出率の高かった物質は硝酸性窒素で，約80%の試料から検出され，10%が水道水質基準値（10 mg/l）を超過していた．ただ硝酸性窒素以上に注目されたのは発癌のおそれ

のあるとされているトリクロロエチレンやテトラクロロエチレンであった．

1982年の環境庁地下水汚染調査以来，全国各地で地下水汚染モニタリングが継続されており，2000年までに64000検体の地下水が調査されている．この結果を基に，図18.6にはトリクロロエチレンなど3物質の基準超過率を描いている．当初トリクロロエチレンやテトラクロロエチレンが2～5%の割合で基準を超過していたものが，最近では1%以下にまで超過率が低下している．一見，わが国の地下水汚染は改善しているようにも見受けられるが，これは汚染される可能性の高い工業地域や都市域から，当該汚染物質の使用量の少ない地域にまで調査が進んできたからにほかならない．

硝酸性窒素は生活排水や農地への施肥と関連して，かねてより指摘されてきた環境問題であり，環境基準項目に指定されることによって，最近では全国規模の調査が進められている．その結果をトリクロロエチレンなどとともに，基準値の超過率として図18.6に載せている．両者を比較すると，トリクロロエチレンなどは2000年までに調査された64000検体のうち，基準超過率は平均約2%であるのに対して，硝酸性窒素は23000検体のうち，約5%が基準値を上回っており，硝酸汚染が全国規模で顕在化していることがうかがえる．

18.3.3 地下水汚染の修復技術

土壌や地下水中の物質移動速度は遅く，もともと有機物が少ないため，微生物活性が低い．そのため地下環境から汚染物質を除去し，あるいは原位置で汚染物質を無害

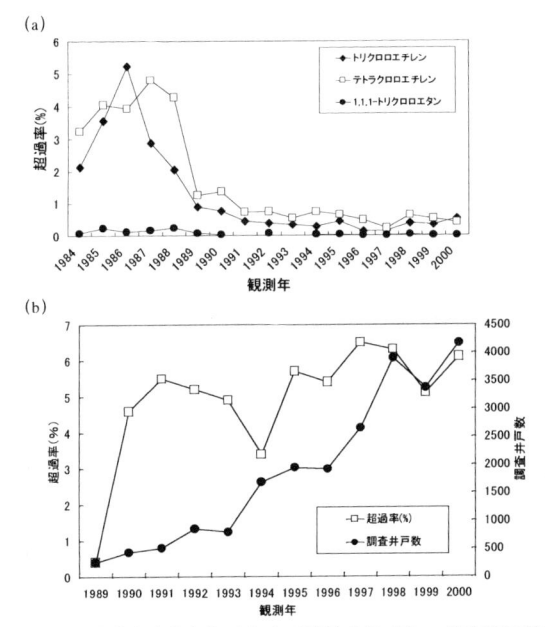

図18.6 揮発性有機塩素化合物（a）と硝酸性窒素（b）の基準超過率の推移

化しない限り，地下水は水資源としての価値を失うおそれがある．そのため，対策の進んでいる欧米からの技術移入やわが国独自で開発した技術を含め，さまざまな技術が考案・実用化されてきた（図18.7）[2]．

例えば，トリクロロエチレンなど揮発性有機塩素化合物汚染の修復技術として，土壌ガス吸引などの革新的技術が用いられている．土壌ガス吸引技術は，不飽和土壌中の空気（土壌ガス）に気化した揮発性有機塩素化合物を土壌ガスを吸引除去して修復する技術であり，数カ月から1年の対策で数百kgから1tの揮発性有機塩素化合物が除去されている．このアナロジーとして，汚染された土壌・地下水中に空気を吹き込み，揮発性有機塩素化合物の気化や有酸素状態での微生物分解を促進するエアスパージング技術も実用化されている．

さらに図18.8には汚染土壌除去後に継続して実施された地下水揚水による浄化と地下水質の回復状況を描いている．この地下水揚水により，1998年3月までに合計27tにのぼるトリクロロエチレンが除去され，その結果，工場敷地内浅井戸のトリクロ

図18.7 土壌・地下水汚染修復技術の分類

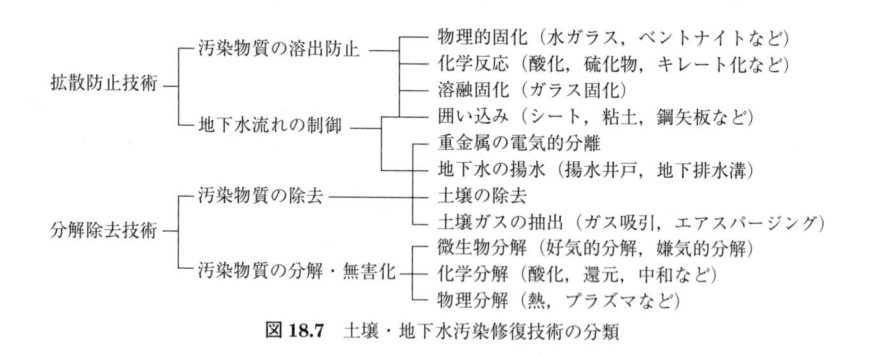

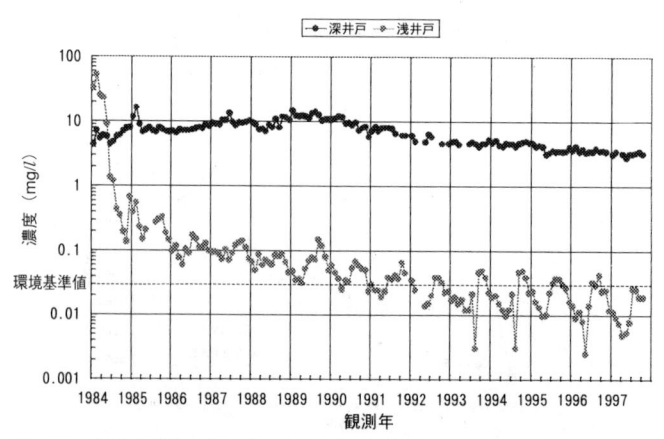

図18.8 汚染土壌除去後に実施された地下水揚水による地下水質の回復状況

ロエチレン濃度は，年間を通して環境基準値 0.03 mg/l 以下にまで回復させることができた．

微生物分解能を利用したバイオレメディエーション技術も，地下環境修復技術の1つである．バイオレメディエーションには，栄養分のみを注入し現場に生息する土着微生物を活性化する方法（biostimulation）と栄養分とともに微生物を注入する方法（bioaugmentation）があり，前者についての実証試験がわが国でも実施されている．ただ現場に微生物を注入した場合には，注入微生物が現場に定着し活性化するかどうかの問題に加えて，分解生成物や新たな微生物の導入による人・生態系への影響など，考慮すべき課題が多い．現場に生息する土着微生物を活性化した実証試験では，40日の対策で 1.4 kg のトリクロロエチレンが分解できたと報告されている[3]．

18.3.4 新たな技術開発

土壌・地下水汚染の修復技術は，調査技術を含めてさまざまな技術が開発され，汚染現場で実証試験が進められている．ただ地下水揚水対策で明らかなように，汚染された土壌・地下水環境の修復には膨大な経費と長い時間を要する．こうした状況にあって低コストで効率的な修復対策を実現するには，初期投資は必要であるが，その後にモニタリング以外に特段の対策を必要としないメンテナンスフリーな修復技術の開発と実効をともなう施策が望まれる．

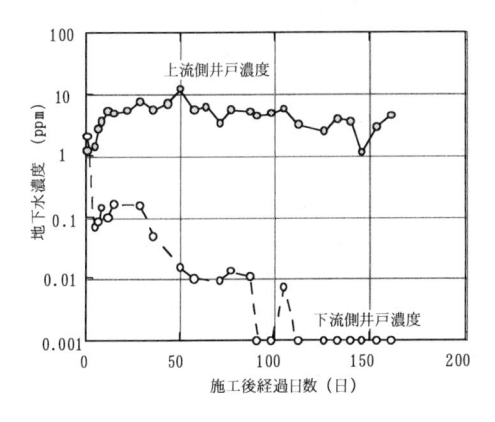

一例として，汚染された敷地内を管理区域とみなせば，この管理区域から一般環境に汚染物質を拡散させない対策も実効ある方策と考えられる．微生物分解や0価の鉄[4]などの修復技術は，メンテナンスフリーとなりうる技術であるが，図 18.9 には鉄粉を混合した浄化杭（砂杭）による地下水汚染の修復例を示した．浄化杭は，直径 265 mm，深さ 11 m で，この透過性浄化杭のなかを地下水が流れ，その間に有機物を還元分解する技術である．図に見るように，施行後 100 日程度で地下水上流側で数 mg/l あったシス-1, 2-ジクロロエチレン濃度が浄化杭下流側では検出限界程度にまで減少していることがわかる．こうした透過性浄化杭や反応壁を敷地境界に敷設すれ

図 18.9 鉄粉を用いた浄化杭によるトリクロロエチレン汚染地下水の浄化（大成建設(株)根岸昌範氏の提供）

ば，敷地境界を越えて汚染物質の拡散を防ぐことができる． 〔平田健正〕

文　献

1) 田瀬則雄：ハイドロロジー，**18**，1-13，1988．
2) 平田健正：地下水学会誌，**40**(4)，395-402，1988．
3) 小山田久実，ほか：第4回地下水・土壌汚染とその防止対策に関する研究集会講演集，pp.75-78，1995．
4) 下村雅則，ほか：地下水学会誌，**40**(4)，445-454，1988．

18.4　生物濃縮

18.4.1　生物濃縮と生物蓄積

　生物濃縮（bioconcentration）とは生物が環境中の化学物質を環境中濃度以上の体内濃度になるまで取り込む現象のことである．この典型的な例は，水中の化学物質が魚介類によって取り込まれる場合である．陸上においても，植物が大気中の汚染物質を葉のワックス層に取り込む例などがある．生物濃縮により水中の極低濃度の汚染物質が魚介類に濃縮されて健康被害を起こした特筆すべき例としてはメチル水銀による水俣病がある．

　魚類はエラを通して水中の化学物質を直接濃縮するため，生物濃縮の大きさは，生物組織の濃度 C_b と周囲の環境中濃度 C_w との比 C_b/C_w で表される．しかし，生物濃縮は必ずしも周囲の環境媒体から直接に起こるだけではない．もう1つの経路として食物を介した濃縮がある．これを食物経由の生物濃縮と呼ぶことにする．英語では

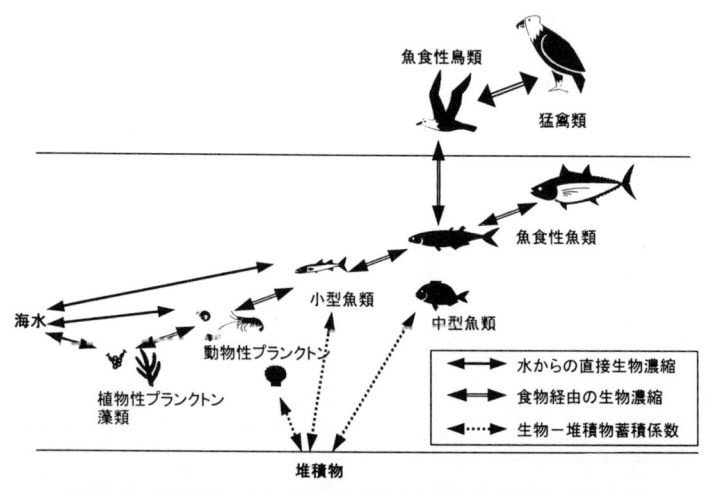

図 **18.10**　生物蓄積．水から直接生物濃縮と食物連鎖を通じた生物濃縮

biomagnification というが，日本語ではこれに相当する用語がない．実際の環境では，これら環境からの直接濃縮と食物による間接濃縮の両方が同時に起こっていることが多い．これら両方の濃縮現象を合わせて生物蓄積 (bioaccumulation) と呼ぶ．これらの関係を図 18.10 に示す．これらを区別せず，単に生物濃縮と呼んでいる場合がしばしばあるので注意が必要である．

18.4.2　生物蓄積のメカニズム

生物は生存するために必要な元素や化合物を積極的に取り込む．例えば，必須元素であるリン，窒素，鉄などは周囲の環境より高濃度で生物体内に存在する．環境科学において問題とする生物蓄積は，このような有用物質の取り込みではなく，有害な化合物の取り込みである．これは以下のような原因で起こる．

① 化合物が脂溶性の場合，水より生物の脂肪組織に溶けやすい．
② タンパクの SH 基と特有な結合をするために生物に蓄積する．メチル水銀，カドミウム，鉛などの重金属の場合．
③ 必須元素と物理化学的な性質が似ているために取り込まれる．リンに対するヒ素，カルシウムに対するストロンチウムなど．

魚類はエラに大量の水を取り込み，酸素を摂取するとともに塩類をやりとりしている．この際，溶解性の他の化学物質もエラの細胞に浸入する機会を得ることになり，生物濃縮が最も起こりやすい場所となっている．これに対し，陸上動物の肺呼吸では，大気に気体で存在する化学物質が揮発性の高い物質に限られるため，それほど大きな問題になりにくい．現在，世界的に規制の対象となっている難分解性で生物蓄積性を有する残留性有機汚染物質 (persistent organic pollutants, POPs) は第 1 番目の機構によって濃縮する．本節ではこの機構を中心に述べる．

18.4.3　分配平衡モデル

脂溶性が高く，しかも分解性の悪い化学物質では，その生物濃縮を分配平衡によって記述することができる．すなわち，魚における生物濃縮係数 BCF (bioconcentration factor) は，次式で表される．

$$\mathrm{BCF} = \frac{C_\mathrm{fish}}{C_\mathrm{water}} = \frac{C_\mathrm{lipid} \times \mathrm{LC}}{C_\mathrm{water}} \tag{18.3}$$

ただし，C_fish は魚の化合物濃度 (mg/kg wet weight)，C_lipid は魚の脂質当たりの化合物濃度 (mg/kg lipid)，C_water は水中の溶存態の化合物濃度 (mg/kg)，LC は魚の脂質含量 (g/g) である．オクタノールは生物の脂質とほぼ同様な性質を有していることから，オクタノール-水分配係数 K_ow (octanol–water partition coefficient) を用いた式に変形できる．

$$K_\mathrm{ow} = \frac{C_\mathrm{oct}}{C_\mathrm{water}} \doteqdot \frac{C_\mathrm{lipid}}{C_\mathrm{water}} \tag{18.4}$$

$$\mathrm{BCF} = \frac{C_{\mathrm{lipid}} \times \mathrm{LC}}{C_{\mathrm{water}}} = \mathrm{LC} \cdot \frac{C_{\mathrm{lipid}}}{C_{\mathrm{water}}} \fallingdotseq \mathrm{LC} \cdot K_{\mathrm{ow}} \tag{18.5}$$

したがって，魚の生物濃縮係数は化合物の K_{ow} からほぼ推定できることになる．ただし，これは水中の溶存態濃度と魚中の濃度が平衡に達し，しかも，化合物の代謝や排泄が影響しない程度に小さい場合に成り立つわけであるから，起こりうる最大の生物濃縮を表しているとみたほうがよい．実際に観察された生物濃縮係数と K_{ow} の関係としては式（18.6）や式（18.7）などが知られている[1,2]．

$$\log \mathrm{BCF} = 0.76 \log K_{\mathrm{ow}} - 0.23 \tag{18.6}$$

$$\mathrm{BCF} = 0.048 K_{\mathrm{ow}} \tag{18.7}$$

しかし，K_{ow} の値が大きい化合物では上記のような BCF と K_{ow} の関係は必ずしも成立せず，BCF はかえって小さくなる．その結果，BCF は $\log K_{\mathrm{ow}}$ が 6〜7 程度で最大値をとることが多い[3]．

18.4.4　摂取と消失の速度論モデル

前項では化合物の代謝や排泄がほとんど起こらない場合を考えた．ここでは，より一般的な場合を考察する．魚への化合物の浸入は水中の化合物濃度に比例し，排泄や代謝は魚中の濃度に比例して起こるとすれば，

$$\frac{dC_{\mathrm{fish}}}{dt} = k_1 C_{\mathrm{water}} - k_2 C_{\mathrm{fish}} \tag{18.8}$$

ただし，k_1 は化合物摂取速度定数（1/日），k_2 は化合物の体内からの消失速度定数（1/日），t は時間（日）．

汚染されていない魚を一定の化合物濃度の水で飼育した場合，C_{fish} の初期値を 0 として式（18.8）を積分すれば，

$$C_{\mathrm{fish}} = \frac{k_1}{k_2} C_{\mathrm{water}} (1 - e^{-k_2 t}) \tag{18.9}$$

ここで，長時間飼育を続ければ平衡状態に達し，

$$C_{\mathrm{fish}} = \frac{k_1}{k_2} C_{\mathrm{water}} \tag{18.10}$$

となり，BCF は摂取速度定数と消失速度定数の比（k_1/k_2）であることがわかる．平衡に達した後で汚染のない水に魚を移せば，

$$C_{\mathrm{fish}} = C_{f0} e^{-k_2 t} \tag{18.11}$$

C_{f0} は魚中の初期化合物濃度（mg/kg）．

いま，化合物濃度が制御された水槽で多数の魚を飼い，体内濃度の変化を追跡すれば，その結果を式（18.9）や式（18.11）で回帰させることにより k_1 や k_2 を推定することができ，最終的に BCF も推定できる．

18.4.5　食物経由の生物濃縮

実際の環境では水から直接の生物濃縮と食物連鎖を介した生物濃縮の両方が同時に

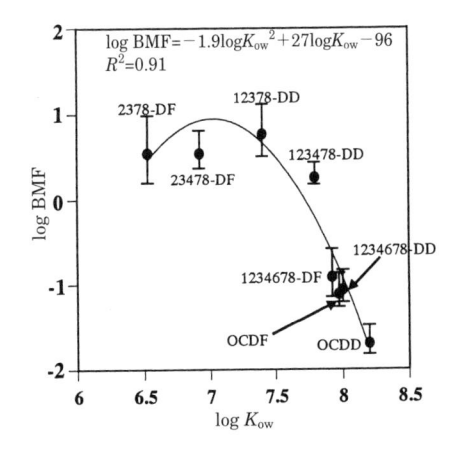

図 18.11 2,3,7,8-塩素置換ダイオキシン類のBMF

宍道湖におけるシジミからキンクロハジロへの生物濃縮．図中の 2378-DF などの記号は，数字が塩素置換位置を，DD と DF がそれぞれポリ塩化-p-ダイオキシンとポリ塩化ジベンゾフランの別を示す．

起こりうる．食物経由の生物濃縮係数は BMF (biomagnification factor) と呼ばれ，次式で定義される．

$$\mathrm{BMF} = \frac{C_{\mathrm{higher}}}{C_{\mathrm{lower}}} \tag{18.12}$$

C_{higher} は捕食生物中の化合物濃度 (mg/kg)，C_{lower} は被捕食生物中の化合物濃度 (mg/kg)．

動物では腸管吸収が摂取経路となり，ここでも直接生物濃縮の場合と同様，化合物の脂溶性が支配因子となる．やはり K_{ow} が非常に大きい化合物は吸収されにくいようである．図 18.11 に著者らが宍道湖で観察したダイオキシン類のシジミからキンクロハジロへの BMF を示す．Broman ら[4]は生物の食物連鎖上の位置を窒素安定同位対比で定め，それとダイオキシン類の生物体内濃度の関係を求めているが，そこでも，K_{ow} が非常に大きい異性体では食物連鎖の位置が高くなっても濃度上昇しないとの結果が得られている．東京湾の生物でも類以の報告がある[5]．

陸上の生物ではもっぱら食物経由の生物濃縮が起こる．魚類の場合は両方が同時に起こるが，K_{ow} が 5 以上の化合物では食物経由の生物濃縮が支配的になる．

18.4.6　生物-堆積物蓄積係数

水中において，脂溶性の高い物質は大部分が懸濁態として存在するので，溶存態濃度は非常に低く，測定が不正確や不可能になることが多い．そこで，溶存態濃度の代わりに堆積物中濃度を用いる．この場合，生物－堆積物蓄積係数 BSAF (biota-sediment accumulation factor) と呼び，次式で定義される．

$$\mathrm{BSAF} = \frac{C_{\mathrm{lipid}}}{C_{\mathrm{sediment, oc}}} \tag{18.13}$$

$C_{\mathrm{sediment, oc}}$ は堆積物中の有機炭素当たりの化合物濃度 (mg/kg oc)．

溶存態と堆積物の化合物濃度は吸着平衡が成り立っていれば，有機炭素分配係数 K_{oc}

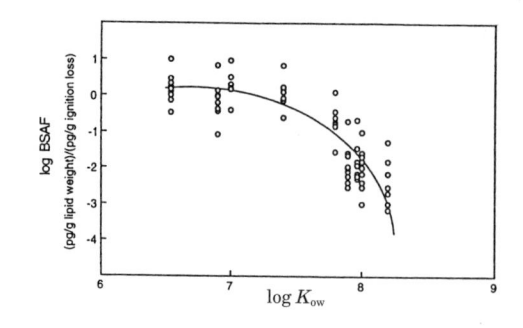

図 18.12 霞ヶ浦の魚類で求めた 2, 3, 7, 8-塩素置換ダイオキシン類の BSAF

を用いて,

$$K_{oc} = \frac{C_{sediment, oc}}{C_{water}} \tag{18.14}$$

と記載できる. 式 (18.3) を用いると,

$$BSAF = \frac{C_{lipid}}{K_{oc} \cdot C_{water}} = \frac{C_{lipid}/C_{water}}{K_{oc}} = \frac{BCF}{K_{oc} \cdot LC} \doteq \frac{K_{ow}}{K_{oc}} \tag{18.15}$$

となる. すなわち, BSAF を実測することで BCF が推定できる. 図 18.12 に著者らがダイオキシンについて霞ヶ浦の魚で求めた BSAF の例を示す. BSAF は K_{ow} の大きい化合物で低下している.

水環境における有機化合物の生物蓄積には, 水からの直接濃縮と食物連鎖を経由した濃縮があり, いずれも主として化合物の K_{ow} と関係づけられて論じられてきた. 実際の生物蓄積は, 化合物の物理化学的性質, イオン化, あるいは, 生物の種類, 組織部位, 成長による希釈, 加齢など, 多様な要因の影響を受ける. 〔益永茂樹〕

文献

1) W. J. Lyman, *et al*. ed.: Handbook of Chemical Property Estimation Methods, Chap. 5, American Chemical Society, 1990.
2) D. Mackay: *Environ. Sci. Technol*., **16**, 274-278, 1982.
3) W. M. Meylan, *et al.*: *Environ. Toxicol. Chem*., **18**, 664-672, 1999.
4) D. Broman, *et al.*: *Environ. Toxicol. Chem*., **11**, 331-345, 1992.
5) W. Naito, *et al.*: *Chemosphere*, **53**, 347-362, 2003.

18.5 汚染源としてのノンポイントソース

18.5.1 ノンポイントソースの定義と種類

用水が利用されて排出される排出口が特定でき, 集めて排水処理が可能な特定汚染源（点源負荷, ポイントソース）に対して, 平面的な広がりをもつ土地からの排出水

は，降雨などを介して広く分散して排出されるので非特定汚染源あるいはノンポイントソース（面源負荷，ディフューズポリューションソース）という．点源負荷のように1個所に集めて排水処理を行うのが困難なため，汚濁負荷削減対策が進んでいないのが現状である．

ノンポイントソースは，土地利用形態との対応から農地（水田，畑地，樹園地，草地），山林，市街地（路面，屋根，野外駐車場，グラウンド，公園）があるが，降下物あるいは沈着物（降水，降下塵，ガス状物質）もこれに含められることが多い．点源負荷は晴天時と降雨時流出の両者で流出するが，流下途中で流速や水深の減少で河床や水路床に沈殿・堆積して次回以降の降雨時流出で流出する負荷も多く，それらの区別が困難なため，ノンポイントソースに含めて取り扱うことがある．

18.5.2 流出特性

ノンポイントソース（面源負荷）は降水を介して流出する特性があるため，図18.13[1]のように，降水の流出成分に対応した流出負荷が排出される．降水の流出は地表面の植生・浸透能・勾配などの特性に左右されるので，地表面を流去する表面流出成分と，地表面下に浸透した水分も降下浸透と側方浸透で移動して，地表面に再度現れてみずみちなどを流下する中間流出成分や，流れや滞水部の水面下まで地表に出ずに流出する地下水流出成分に分けられ，それぞれの流出経路を通じて取り込んだ物質で水質が構成される特徴がある．中間流出成分は，早い流出成分と遅い流出成分に分かれ，前者は表面流出成分と降雨時流出を構成し，後者は地下水流出成分と晴天時流出を構成することになる．

降水は地表の植生や土壌表面上の物質を洗い流すだけでなく，土壌層中に保持されている物質や岩石・土壌・有機物などから溶出した物質を運び去る．降雨時には，晴天時には水の流れないところにも水が流れ，農薬や重金属まで多種で多様な物質が多量に流出する．ノンポイントソースは晴天時流出でも負荷の排出があるが，多くは降雨時流出で排出され，高濃度かつ高負荷量の流出となる特徴がある．

18.5.3 原単位法

集水域規模の大きな湖沼や内湾・内海のような閉鎖性水域の流入汚濁負荷量を見積もる場合，それぞれの地域の平年並みの降水条件下で，1年間程度の期間当たりの総

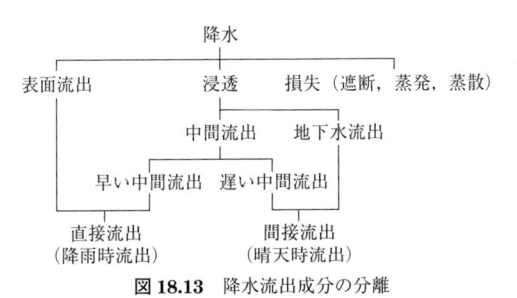

```
                    降水
         ┌───────────┼───────────┐
      表面流出      浸透      損失（遮断，蒸発，蒸散）
                ┌───┴───┐
             中間流出   地下水流出
          ┌─────┴─────┐
       早い中間流出  遅い中間流出
          │             │
       直接流出       間接流出
      （降雨時流出）  （晴天時流出）
```

図 18.13 降水流出成分の分離

表18.4 面源負荷の原単位の算定例 (単位：kg/ha/年)

地　域	T–N	T–P	T–COD
市街地街路（我孫子）	11.6	0.9	45
市街地街路（大津）	6.4	0.7	34
水田（霞ヶ浦流域）	8.5	0.36	18.9
水田（琵琶湖流域）	14.3	0.98	43.1
畑地（霞ヶ浦流域）	19.4	0.43	21.9
畑地（琵琶湖流域）	93.1	0.20	21.9
山林（霞ヶ浦流域）	3.65	0.22	13.6
山林（琵琶湖流域）	7.34	0.14	18.2

排出負荷量の排出源別シェアを明らかにするために，市街地や水田・畑地・樹園地などについて面積当たりの期間排出負荷量を算定した値が排出負荷量原単位である．表18.4に示すように，各集水域では，通常の年間当たりの平均値あるいは代表値を意味し，集水域内にはこの値を中心としたある範囲内のばらつきを含んでいたり，目安となる値である．

市街地では，地表面に堆積する面積当たりの期間負荷量で算定する場合があり，散水車やホースなどで路面に散水して代表的な一定面積からの流出負荷量で算定したり，掃除機や箒で集めた堆積物を定量して算定する．ただし，調査期間の初めの設定はかなりの降雨強度で降雨規模でも大きな降雨の流出直後とすれば都合がよい．農地や山林の原単位は，その立地条件や土壌・地質の違いで異なる．水田ではその排水性で乾田，湿田，普通田，循環灌漑田などに分けられたり，暗渠排水の有無に配慮して細分類化された値もある．

原単位に，上記のような各種の土地利用分類の面積を乗じて総和すれば，集水域の排出負荷量となるが，排出先の水域までに達する流下過程で減少する分がある場合は，流達率が乗じられた値となる．有機物濃度の水質指標のCODについては流下過程での分解減少が流達率で考慮されるが，栄養塩の窒素やリンについては減少がほとんど期待できないので，流達率は通常1.0とされるが，窒素は脱窒による減少を流達率に反映させて，1.0以下とすることもある．

18.5.4 調査手法

農地では，実験的なライシメータ法，一区画農地法，広域農地法，農地河川法などの調査法がある．調査値に対象によるばらつきがでるので，平均値として評価するには，個々の1筆水田だけでなく，広域の水田群を対象とした灌漑期間と非灌漑期間を通しての1年間の調査が必要である．畑地・樹園地・牧草地などでも同様である．山林は植生の季節変化や年間の気象・水文条件の変化を考慮して1年間を通した調査が必要である．市街地でも，地域の生活や生産活動での人為的な排出水量や降水量に季節特性が見られるため，1年間を通した調査が必須である．山林では，個々の斜面がどの方角に向いているかで気温・日照量・風向・降水量などの条件が異なり，地質や土

壌の分布状況によっても，詳しく見れば原単位が異なることが多いので，いくつかの場所での平均値で求められるべきである．

単独の土地利用とみなせる地域からの流出水が1カ所に集まって流出するような形態となっている河川の支流などで調査を実施することになる．例えば，上流側が山林で下流側の水田群流域の河川調査から水田群の流出負荷量を算定したい場合は，水田群の上流側と下流側の2カ所で調査を行い，その差として算定する．しかも，降雨の流出成分によって流出する物質が異なるので，晴天時流出だけでなく降雨時流出もあわせて調査を行わないと，過少評価の偏った調査結果になる．上記のように上・下流側の2地点で調査する場合，下流側の観測時間を上流側のそれよりその流下過程の流下時間分だけ遅らせたタイムラグを入れた調査としなければ，特に降雨時流出では，正確な算定値を得られない．

18.5.5 年間総流出負荷量の算定

対象地域の負荷となる降水や降下物，用水からの負荷や肥料などの入力（インプット）と，排出水としての負荷の出力（アウトプット）の時間的な変化特性に配慮して，年間を通じて調査が実施されるのが基本である．別途，生産物などで系外に持ち出される量もチェックして，物質収支のとれる形での調査ができれば万全である．実際，面源負荷の排出先の河川での調査は，季節変化に配慮した4回以上の日間晴天時流出負荷量調査と，降雨規模を考慮した5回以上の降雨時流出負荷量調査に基づいて，図18.14[1]のように算定される．

各降雨ごとの総流出流量と総流出負荷量の間に，あるいは，各降雨ごとの総流出流量や総流出負荷量から晴天時流出分の総流量と総負荷量を差し引いた正味の総流出流

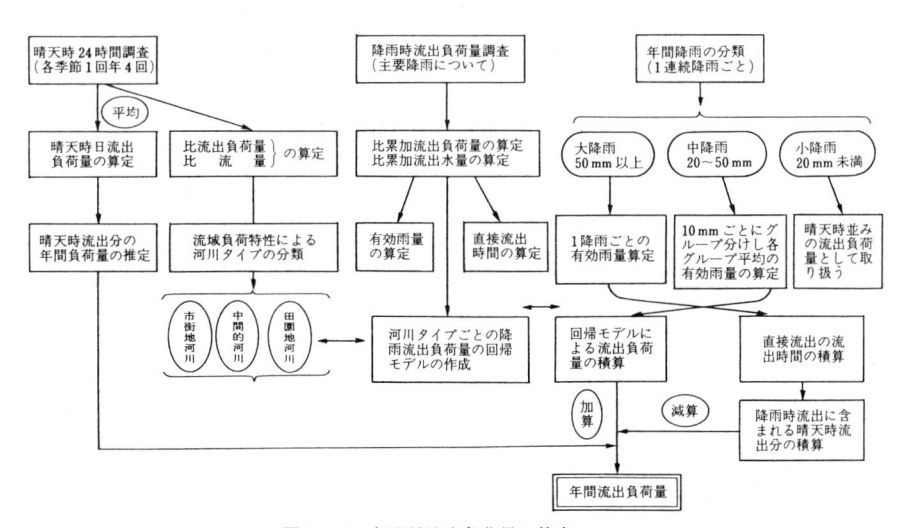

図 18.14 年間総流出負荷量の算定フロー

量と正味の総流出負荷量の間に，両対数紙上で回帰関係が見られることを利用して，年間の平均的な降雨の構成内容から有効雨量を推定して流域面積を乗ずれば正味の総流出流量が推定でき，降雨規模ごとに正味の総流出負荷量を回帰式から求めれば，年間の降雨時流出負荷量が算定できる．

〔海老瀬潜一〕

文　献

1) 松梨順三郎，ほか：環境流体汚染，pp.13-72，森北出版，1993．

18.6　海域における水質

18.6.1　わが国沿岸海域の水質

　わが国は海に囲まれた島国であり，なおかつ国土の7割が山地であることなどから，沿岸に都市が発達し人口や産業が沿岸部に集積してきた．沿岸部での社会経済的活動は，その前面の海域に環境上の負荷を与え，水質の悪化を引き起こした．また古くから，水産業や海運，市民のレクリエーション，文化行事（祭り）など，沿岸海域や水辺はさまざまな目的に利用されてきているが，水質悪化はこうした利用に対する制約や障害として認識されてきた．このような水質悪化を改善するために海域における水質の環境基準が設定されており，そのなかには，COD・溶存酸素濃度・油分（n-ヘキサン抽出物質）などからなる生活項目，重金属類や有機塩素化合物などからなる健康項目に加え，窒素・リンに関して定めた富栄養化関連の項目が盛り込まれている．

　沿岸海域での水質の主な課題は，① 閉鎖性内湾・内海における有機汚濁の進行，② 富栄養化の進展，③ 微量有害物質による汚染であり，そしてこれらの水質汚染をきっかけとした ④ 海域生態系の劣化である．これらの水質悪化は主に陸からの負荷により引き起こされる．例として，8月の東京湾内（表層）での塩分・栄養塩・CODの分布状況（1985～1990年，公共用水域水質測定結果を基に統計処理した平均的な推定値）を図18.15に示す．河川や下水処理場などからの淡水流入の影響を強く受けている場所では塩分が低い．栄養塩類・CODは，湾奥の低塩分水域で高く，太平洋に接する湾口に向かって徐々に低下している様子がうかがえる．また，この時期の前後を通した，東京湾に注ぐ発生源別COD負荷は図18.16のように見積もられており，生活排水が全体の7割近くを占めている．総量規制が実施されている他の内湾においても，生活排水の寄与は5割程度と大きい．

　沖合を含めての水質の課題としては，タンカー事故などに起因する油汚染，難分解性プラスチックや難分解性微量有害物質の海洋生物への影響などがあげられる．これらの課題に対する関心は近年高まりを見せている．

18.6.2　内湾での水質汚染の特徴

　図18.17は，全国主要内湾などをCODの平成13年度平均値で比較したものであ

18.6 海域における水質

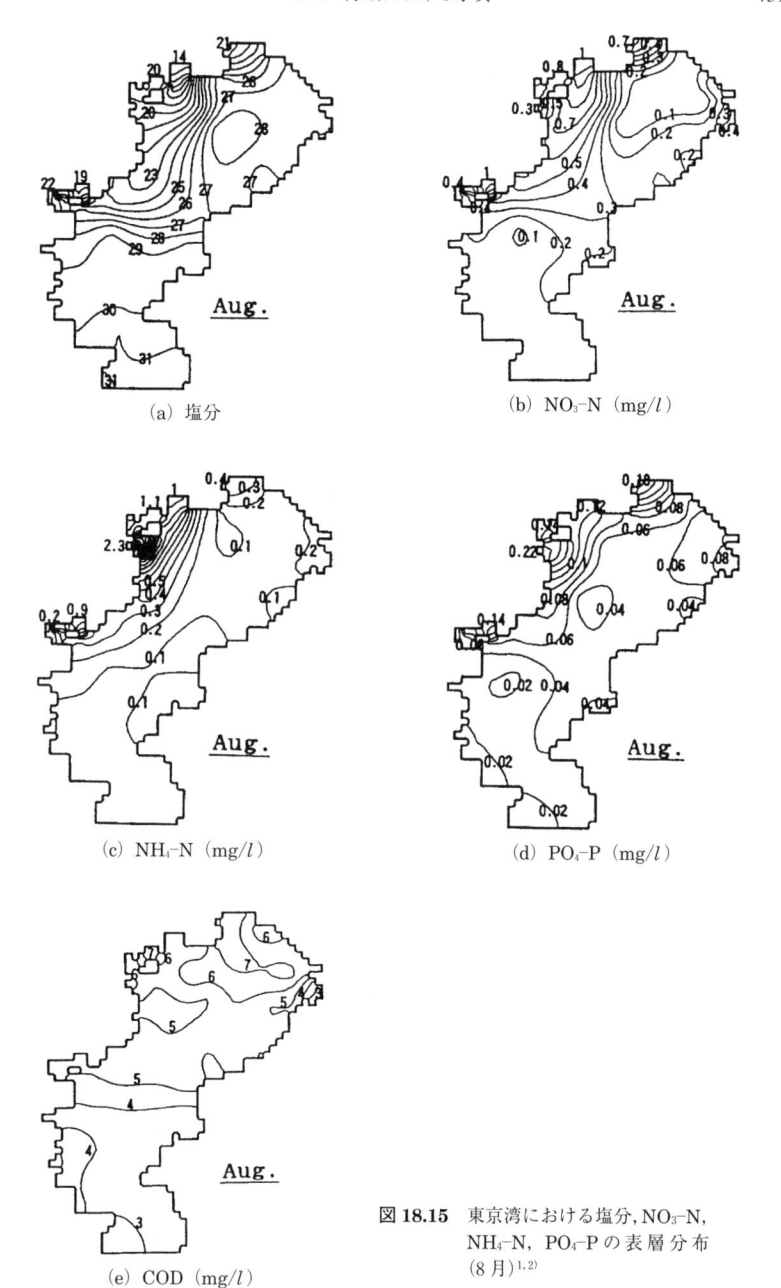

(a) 塩分

(b) NO$_3$-N (mg/l)

(c) NH$_4$-N (mg/l)

(d) PO$_4$-P (mg/l)

(e) COD (mg/l)

図 18.15 東京湾における塩分, NO$_3$-N, NH$_4$-N, PO$_4$-P の表層分布 (8月)[1,2]

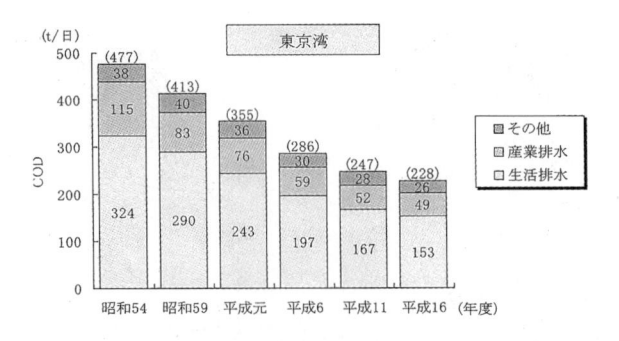

図 18.16　総量規制 3 海域における発生源別発生負荷量（COD）の推移と削減目標量
（環境省資料をもとに筆者作図）

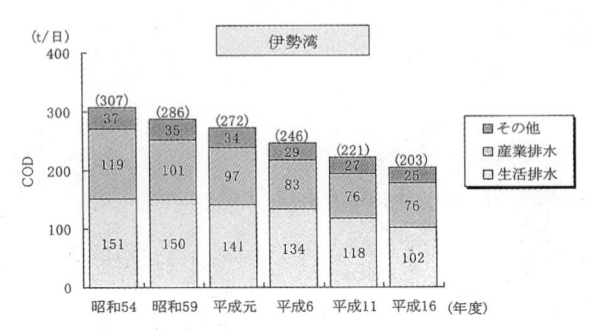

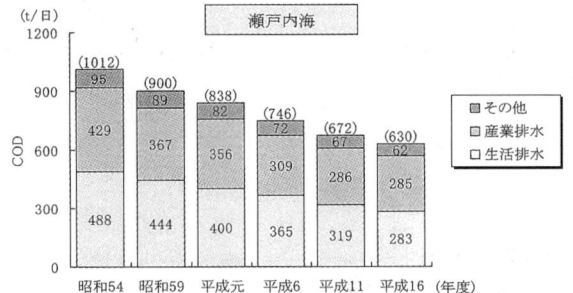

（注）平成 16 年度は削減目標量，それ以外は実績値．

る．陸域からの負荷が比較的小さいと思われる大村湾でも広島湾より高い濃度になるなど，水質は必ずしも陸域の活動の大きさのみで決まっていないことが推察される．そこで，湾域の大きさを考慮して湾の水面積当たりの背後人口を横軸に，内湾ごとの平均的な表層 COD 濃度を縦軸にとってグラフを描くと図 18.18 のようになり，おおむね右上がりの傾向が見てとれる．しかし，同程度の水面積負荷に対しても，大村湾はやや高め，駿河湾は低めの COD 値となっている．両湾は外海水との交換の様子が大きく異なっており，大村湾のように閉鎖的な湾ほど流入負荷の影響を受けやすいこ

18.6 海域における水質

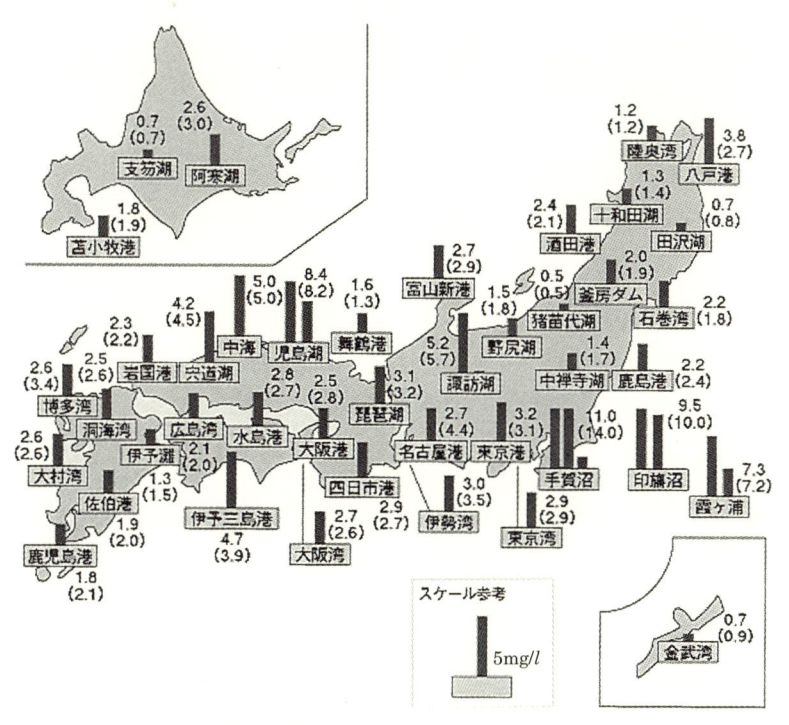

(注) 1：COD 年度平均値である．単位：mg/l．
2：( ) 内は平成 12 年度調べ．

図 18.17 主要湖沼・内湾の水質汚濁状況（平成 13 年度）[3]（環境省資料による）

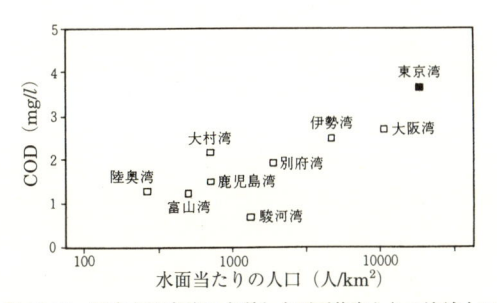

図 18.18 国内主要内湾の水質と水面面積当たりの流域人口[4]

とがわかる．湾の閉鎖性は地形や潮汐作用など水理的な要因で大きく左右される．なお，東京湾・伊勢湾・大阪湾などでの淡水の平均滞留時間は 1～2 カ月程度である[5]．

湾内観測点の COD 平均値の経月変化を見てみると，図 18.19 のようになる．冬季の 2 mg/l に対し，春から秋にかけて 5～7 mg/l と高い濃度になる．これは，植物プ

図 18.19 東京湾における COD 濃度全平均値の経月変化[6]

ランクトンが豊富な栄養塩を利用して水温上昇とともに活発に増殖し，それ自体が有機物として COD 値を押し上げることによる．これが富栄養化による COD の内部生産と呼ばれる現象である．プランクトンの増殖速度が湾の滞留時間に対して十分速いと，増殖による水質の変化が顕著になる．つまり，湾の閉鎖性は富栄養化による水質悪化も促進することになる．プランクトンの異常増殖により海面が赤褐色を呈するのが赤潮であり，規模によっては沿岸域の水産業や生態系に深刻な打撃を与える．

生産された有機物はやがて沈降して底層に蓄積し，徐々に分解しながら酸素を消費する．このため底層の溶存酸素は特に夏期に不足がちになり，貧酸素水塊が形成されるようになる．表層水が風で吹送されることで底層の貧酸素水塊が表層に持ち上げられるのが青潮（地域によっては苦潮など別の名称で呼ばれることがある）であり，赤潮と並んで深刻な打撃を沿岸域に与える．

また，底層の貧酸素化は底泥にたくわえられたリン酸態リンの溶出を促進し，水域の無機リン濃度を上昇させ，富栄養化をさらに加速する．東京湾や伊勢湾では，生産有機物の底層・表層間の循環や，底泥沈積と再溶出という循環機構の働きが比較的大きいため，窒素やリンの滞留時間は淡水の滞留時間よりもさらに長くなる．こうした湾では，水理作用とともに生物作用や底泥の作用の寄与が大きい．

PCB やダイオキシン類などの微量有害物質も，最終的には海域に運び込まれる．こうした難分解性の有害物質は，海域内では微細粒子に吸着して移動し沿岸底泥に蓄積する．全国の 39 港湾について底泥中濃度を調査した例では，コプラナー PCB 類を含むダイオキシン類で $0.004 \sim 74$ pg-TEQ/g-dry という測定値が報告されている[7]．

18.6.3 水質の改善策

閉鎖性内湾における水質は横ばい傾向にあり，環境基準の達成率も依然として低い状況にある．1970 年代末と 1990 年代後半のそれぞれ 3 年間で東京湾での COD 濃度（75% 値）分布を比較すると図 18.20，同様に全窒素濃度平均値の分布を比較すると図 18.21 のようになる．環境基準達成率の横ばい傾向だけから変化を読み取ることは難しいが，分布状況の比較からは 1970 年代末の最悪期よりも 1990 年代後半がわずか

18.6 海域における水質

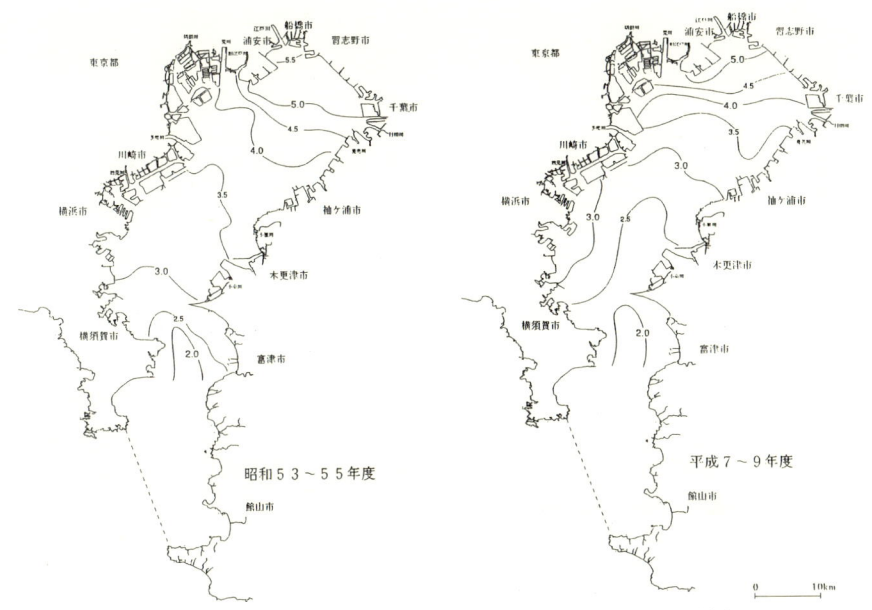

図 18.20 東京湾における COD 75% 値の濃度分布図（単位：mg/l）[8]

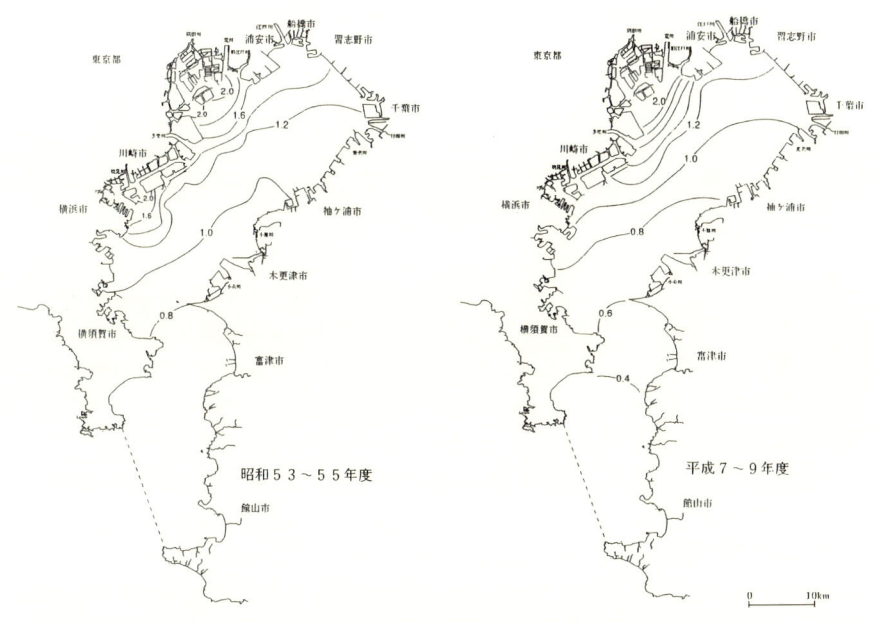

図 18.21 東京湾における全窒素年平均値の濃度分布図（単位：mg/l）[8]

ではあるが改善していることがわかる．これは，背後流域の下水処理人口普及率がこの20年間で4割から8割近くに向上したことや，流入負荷の総量規制，河口や運河部での有機底泥の浚渫などさまざまな施策の効果によるものと思われる．

今後は，これまでにとられてきた水質改善のための努力を推進しつつ，水辺の自然環境の保全と回復の観点からも，海域沿岸における対策としては海水浄化能力をもつ干潟[8]などの回復や緩傾斜護岸の採用，海域内部での対策としては海水交換型防波堤などさまざまな手段を検討しながら水質の改善をはかる必要がある[9,10]．また，流入負荷の削減につれて，いわゆる底泥の緩衝作用（底泥には過去の負荷が蓄積されているため，流入負荷を削減しても底泥からの栄養塩溶出は急には減少しない．この底泥の回復の遅れが水質改善を妨げること）への考慮が重要になってくる[11]．

〔小沼　晋・細川恭史〕

文　献

1) 二宮勝幸，ほか：水環境学会誌，**20**, 457-467, 1997.
2) 二宮勝幸，ほか：水環境学会誌，**19**, 741-748, 1996.
3) 環境庁：環境白書 平成15年度版，ぎょうせい，2003.
4) 環境庁水質保全局：かけがえのない東京湾を次世代に引き継ぐために，大蔵省印刷局，p.23, 1990.
5) 柳 哲雄：沿岸海洋研究，**35**, 93-97, 1997.
6) 環境庁水質保全局：閉鎖性海域水質保全検討会資料集，p.83, 1999.
7) 遠藤秀則：ヘドロ，**79**, 3-7, 2000.
8) 桑江朝比呂：港湾空港技術研究所報告，**41**, 91-134, 2002.
9) 中央環境審議会水質部会総量規制専門委員会：第5次水質総量規制の在り方について（総量規制専門委員会中間報告），1999.
10) 運輸省港湾局：環境と共生する港湾＜エコポート＞，大蔵省印刷局，1994.
11) 丸谷尊彦，ほか：海岸工学論文集，**47**, 1051-1055, 2000.

18.7　再　利　用　水

18.7.1　下・廃水再利用の現状

「下・廃水再利用」あるいは「水再利用」とは下・廃水の処理水を有益に利用することである．再生水の利用において，処理施設と再利用先が直接接続されている場合を「直接再利用」という．農業用水，修景用水，産業用水，都市用水として再利用がこれに相当する．再生水を地下水や表流水として再利用することに先立って，人工池，地下水域あるいは河川に放流して混合・希釈・拡散させる場合を「間接再利用」という．「間接再利用」は何世紀にもわたって世界的に行われてきた．主要な河川の下流部に位置する市町村は，取水，処理，放流の「繰り返し利水」を通して再循環している河川水源から，飲料水を造水する長い歴史を有している．ヨーロッパのライン川，日本の淀川が典型である．これは「非計画的間接再利用」である．計画的な間接利用の例としてはロンドン水道がある．ロンドン市は水道水源の約20％をテームズ川の

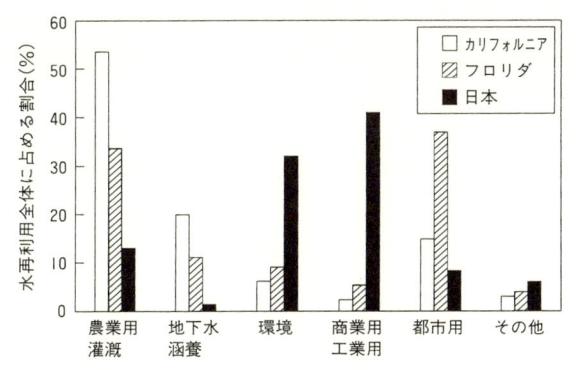

図 18.22 日本とアメリカにおける再生水利用区分の比較

支流のリー川から取水している．取水点上流部のステーブネージ市では下水処理によって硝酸性窒素除去が義務づけられている．別の例として，米国カリフォルニア州ロサンゼルス郡の人工的地下水再涵養計画がある．1962 年以降再生水が人工涵養水源として利用されている．

直接再利用と計画的間接利用について，アメリカのカリフォルニア州，フロリダ州，日本における状況は図 18.22 のようである．カリフォルニア州では農業用水灌漑が 50% 以上を占めている．世界の水需要の 64% が農業生産と関連しており，1960 年以降，世界における農業用灌漑面積はほぼ倍増した．エジプト，イスラエル，チュニジアのような乾燥地帯では再生水は農業生産のための不可欠な水資源となっている．日本では工業用水の約 80% は再生水でまかなわれている．大阪市，名古屋市，東京都，札幌市などの大都市では，既存都市内河川の流水復活や維持のための修景・親水用水として下水再生水が利用されている．また，東京都の多摩地区で歴史的文化遺産の保全事業として実施された野火止用水，玉川上水の復活も同様の目的を有している．札幌市の事例では，都市化によって枯渇した安春川や屯田地区の小河川に，創成川下水処理場の二次処理水を急速砂濾過して送水している．これらの河川の一部は修景水路化されアメニテイ施設となっている．送水量は 1 日 35200 m^3，送水管は口径 200〜900 mm のダクタイル鋳鉄管で送水距離は最長 5.1 km である．

日本における下水再利用は，地方自治体が掲げる政策的目標によって導入された．例えば，初期の下水再利用の例である東京都の工業用水の原水としての供給は，地下水規制による地盤沈下規制により不足する工業用水の代替水源としての側面を有し，地下水規制による地盤沈下防止を進めるための政策的導入であった．また，多くの修景用水利用では，うるおい，水辺など，都市環境の改善や文化的モニュメントの復興や創出を目的とし，下水道整備効果の宣伝を兼ねて行われた．しかし，過去四半世紀のアメリカの水資源開発・管理の焦点は，水需要の将来増を満たすことを目的とするダム建設を中心とした大規模水源開発から，流域の水量と水質を有機的に結合させた

統合型流域管理を行う水資源のマネージメントへと移行しつつあり，日本でも同様のパラダイムシフトが必然的に生じつつある．したがって，今後は流域の水資源運用の手段として，下水再利用が大きな役割を果たすことが期待される．

18.7.2 再利用水の造水技術と水質

下水再利用のための処理システムは，従来の下水処理および浄水処理に用いられる技術を応用している．それをまとめると表18.5のようになる．再利用水造水処理システムの構成は，再利用先およびそれにともなう水質要件によって異なる．例えば，

表18.5 下・廃水再生処理技術

	プロセス	概　要	適　用
固液分離	沈殿	粒状物，凝集フロック，懸濁液からの析出物の重力沈殿	約30 μm 以上の粒子の除去 主に一次処理および二次生物処理の後に適用
	濾過	砂あるいはその他の多孔媒体に水を通すことによる粒子の除去	約3 μm 以上の粒子の除去 主に沈殿の後（従来法）あるいは凝集沈殿の後に適用
生物処理	好気性生物処理	曝気槽あるいは生物膜（散水濾床）プロセスの微生物による廃水の生物学的代謝	排水からの溶解性および浮遊性有機物質の除去
	酸化池	混合および太陽光透過のための水深 2～3 ft の池	排水からのSS, BOD, 病原性細菌，およびアンモニアの低減
	生物学的栄養塩類除去	好気，無酸素，嫌気プロセスの組み合わせによる有機性およびアンモニア性窒素の窒素ガスへの変換およびリンの除去	再生水中の栄養塩の低減
	消毒	酸化剤，紫外線，苛性薬品，熱，あるいは物理的分離プロセス（例えば膜）を用いた病原性生物の不活性化	病原性生物の除去による公衆衛生の保護
高度処理	活性炭	活性炭への物理吸着	疎水性有機化合物の除去
	エアストリッピング	アンモニアおよびその他の揮発性成分の排水から大気への移動	排水からのアンモニアおよびある種の揮発性有機物の除去
	イオン交換	交換樹脂と水との間のイオンの交換	陽イオン（カルシウム，マグネシウム，鉄，アンモニア）および陰イオン（硝酸）の効果的な除去
	化学凝集・沈殿	アルミニウム塩，鉄塩，高分子凝集剤，およびオゾンを用いたコロイド状粒子の不安定化およびリンの沈殿	リンの沈殿物の形成および粒子のフロック形成による沈殿および濾過による除去
	石灰処理	石灰を用いた陽イオンおよび金属の溶液からの沈殿	水のスケール形成能の低減，リンの沈殿，およびpHの改良に利用
	膜濾過	精密濾過，ナノ濾過および限外濾過	粒子，微生物およびコロイド（有機性および無機性）の除去
	逆浸透	浸透圧差を用いて溶液からイオンを分離する膜システム	溶液からの溶解性塩類および無機物の除去 病原性細菌の除去にも有効

18.7 再利用水

間接的にせよ飲料用途への利用を含む再利用水造水システムは，健康リスクを考慮した最も高度なものでなければならない．

アメリカの直接・飲料用再利用水造水システムの代表的実施例であるコロラド州デンバーの実証プラントのシステム構成を図18.23に示す．逆浸透膜（RO膜）の部分をもう少し脱塩率の低いルーズRO膜（NF膜）に代えたシステム構成についても実験した．このプラントの処理水質とデンバーの水道水の水質を比較したのが表18.6であり，動物実験による再生水の健康影響評価（長期毒性試験，発癌性試験，生殖試

二次処理水 → 凝集沈殿 → 粒状層濾過 → 活性炭吸着 → 逆浸透 → 塩素消毒 → 貯水池

図 18.23 デンバー飲料用再生水造水処理システム

表 18.6 再生水とデンバー飲料水の水質比較

	流入水	処理水		デンバー飲料水
		RO膜系	UF膜系	
一般成分				
アルカリ度	247	3	166	60
硬度（CaCO₃）	203	6	108	107
TSS	14.2	a	a	a
TDS	583	18	352	174
pH	6.9	6.6	7.8	7.8
濁度（NTU）	9.2	0.06	0.2	0.3
粒子（個/50 ml）				
>128 μm	–	a	a	a
64〜128	–	a	a	1
32〜64	–	1.2	18	18
16〜32	–	58	100	168
8〜16	–	147	448	930
4〜8	–	219	1,290	3,460
有機物（μg/l）				
TOC（mg/l）	16.5	a	0.7	2.0
全有機ハロゲン	109	8	23	45
メチレンブルー活性物質	400	a	a	a
THM	2.9	a	a	3.9
塩化メチレン	17.4	a	a	a
テトラクロロエチレン	9.6	a	a	a
1,1,1-トリクロロエタン	2.7	a	a	a
トリクロロエチレン	0.7	a	a	a
1,4 ジクロロベンゼン	2.1	a	a	a
ホルムアルデヒド	a	a	12.4	a
アセトアルデヒド	9.5	a	7.2	a
ジクロロ酢酸	1.0	a	a	3.9
トリクロロ酢酸	5.6	a	a	a

a：検出限界以下．

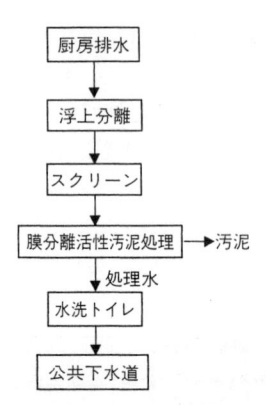

```
厨房排水
  ↓
浮上分離
  ↓
スクリーン
  ↓
膜分離活性汚泥処理 → 汚泥
  ↓ 処理水
水洗トイレ
  ↓
公共下水道
```

図 18.24　東京都Aホテル再生水利用システム

験）の結果とも総合して，再生水は飲料適のレベルまで水質改善がなされたと判断された．しかし，デンバーのプロジェクトは実施に至らず，今後も下水処理水の直接的な飲料水への再生利用は，利用者の心理面を考えると，特別の場合を除き実施されないと考えるべきであろう．

　個別建築物や複数の個別建築物が街区単位でまとまって集合排水処理設備を設け，その処理水をおのおのの建築物に再配分して主に水洗トイレ用水に使用する形態が個別循環方式および地区循環方式である．1998年版水利用白書によれば，両方式をあわせて日本全国で1475カ所で実施されている．原排水は水洗トイレ排水を含まないケースがほとんどである．用いられている再生水造水処理法は膜分離活性汚泥法である．水洗トイレ用水の水質としては，当時の建設，厚生，通産の3省が暫定的水質基準（案）を1981年に定めた．そこでは，基準水質として大腸菌群数（1 ml 中に10個以下），pH（5.8〜8.6），外観（不快でないこと）および臭気（不快でないこと）が示されている．膜処理水はこの基準を十分満足している．図18.24は東京都内のあるホテルでの実施例である．　　　　　　　　　　　　　　　　　　　〔渡辺義公〕

文　献

1) 浅野　孝・丹保憲仁監修，五十嵐敏文・渡辺義公編著：水環境の工学と再利用，北海道大学図書刊行会，1992．

18.8　環境リスクと流域管理

　本節では，水質汚濁によって引き起こされる水環境に関わる問題と，その対策について整理する．

18.8.1　これまでの流域管理

　我が国の環境問題に対する行政的取り組みは，昭和42年に制定された公害対策基

本法を基礎として始まり，その中に含まれる「環境基準」という考え方が環境行政の基本になってきた．環境基準とは維持されることが望ましい環境の基準であり，水質に関しては健康の保護に関する項目と生活環境の保全に関する項目に分けられる．健康項目は公共用水域および地下水に対して適用され，生活環境項目は水域類型ごとに基準値が設けられている．

具体的には，水質汚濁防止法をはじめとする排水規制を定め，環境基準を達成するための濃度規制を中心とした取り組みであった．また，閉鎖性水域における水質汚濁の問題などから，濃度による排水規制では十分に対応できない問題に対して，流域全体を管理する考え方が昭和48年の瀬戸内海の環境保全に導入された．昭和53年には総量規制が制度化され，当該水域に流入する汚濁負荷量の全体的な削減を図っている．このような行政的対応によって，いわゆる従来型の汚染については，おおむね適性に管理されていると考えられる[1]．

一方で，検査技術の発達等により，より微量な汚染物質による問題が明らかとなってなってきた．すなわち，TOC，TN，TP などのように数 mg/l の汚染ではなく，数 μg/l の濃度における汚染についても問題が顕在化してきている．表18.7に，それぞれのリスク因子の影響および発生源について概略をまとめた．浄水工程における塩素消毒によってトリハロメタンなどの発癌性のある消毒副生成物が微量ながら生成しており，その原因物質として自然由来有機物質が大きく寄与していることが明らかになってきている．また，残留農薬による水環境汚染，その他の微量有害化学物質についても，測定法および毒性評価が進むにつれてその問題が明らかとなってきた．さらに，すでに解決済みと考えられていた病原微生物についても，塩素耐性を示すクリプトスポリジウムをはじめとして，あらためてリスク管理を求められるようになってきている．問題を整理するための切り口として，ヒトに対する毒性/環境保護の観点，慢性毒性/急性毒性，排出される状況に応じて，点源/面源，さらには定常/非定常，と

表 18.7 環境リスク因子とその健康影響，環境影響および排出源

	健康影響	環境影響	排 出 源
有機物，窒素，リン	なし	富栄養化	工場，下水処理場，浄化槽など
消毒副生成物前駆物質	慢性	なし	貯水池の藻類など，自然由来有機物質
内分泌攪乱物質	慢性	生物個体	下水処理場，面源
農　　薬	急性・慢性	生態系	ゴルフ場，農地など，季節変動および流域特性に依存
多環芳香族炭化水素	慢性	生態系	タイヤ粉塵，排気ガス，道路屋根堆積物など，雨天時に流入
病原性微生物	急性	なし	下水処理場，浄化槽などのヒト由来のもの，動物由来の面源負荷

いう観点から問題を整理する必要がある．

このような状況の中で，住民参加による水環境の監視がますます重要になってくると考えられる．すべての流域であらゆる水質項目を等しく管理するのではなく，流域の特性に応じた水環境の保全が必要であり，そのためには住民と行政機関などとの間のコミュニケーションが重要である．

以下では，リスク因子ごとに課題を整理することとする．

18.8.2 消毒副生成物前駆物質

水道水への塩素添加において，消毒副生成物として発癌性物質を生成してしまう場合があり，浄水処理工程のみならず水資源の水質保全を含む総合的な管理が必要と考えられる．貯水池における特定の藻類の増殖が原因となる場合もあり，人為汚染とは限らない．浄水工程において，オゾン処理や活性炭吸着によって消毒副生成物の前駆物質を除去することが可能であるが，オゾン処理においては原水中の臭化物イオンから発癌性のある臭素酸が生成することが問題となっている．原水に含まれる臭化物イオンは人為由来の場合と自然由来の場合があり，流域管理と浄水工程について総合的に対策をとる必要がある．

18.8.3 内分泌撹乱物質

内分泌撹乱作用を示す物質として，ビスフェノール A，アルキルフェノール類，フタル酸エステル類などが，全国の水環境中での存在状況調査（環境庁，平成 10 年度）において高頻度で検出されている．一方で，環境水のエストロゲン様活性に，ヒトや動物が排出したホルモンが大きく寄与する可能性も指摘されている．また，17β エストラジオールをはじめとする人畜由来ホルモンは，他の内分泌撹乱作用を疑われている物質に比べ下水処理による除去率が低いことが明らかになってきている．これらの物質が実際にどのような影響を生態系に与えているのかについて未解明の部分が多く，生態系保全のために有効な対策については，今のところ十分な知見がない．

18.8.4 農　　薬

農薬は人為的に使用されるものであり，年間を通じての濃度変動が非常に大きい．使用される農薬の種類は多岐にわたるが，気候や季節，当該流域において栽培されている農作物の種類などに依存するため，流域ごとの管理が重要である．平成 15 年には農薬取締法が改正され，使用できる農薬の制限がきびしくなったことなどが，今後の水環境の改善に資するものと期待される．

使用する農薬の散布予定時期，その毒性に関する情報などについて，情報公開が進めばよりきめの細かい対応が可能となる．すでに一部の水道の水質管理部局においては，流域単位で情報を収集して水質管理を行なうなどの努力がなされつつある．このような点で，地域の住民とリスクコミュニケーションなどを行うことが重要になってくると考えられる．

18.8.5 多環芳香族炭化水素

雨天時の道路排水に含まれる汚濁物質として，多環芳香族炭化水素（PAH）が有害微量化学物質として注目されている．もともとはタイヤ粉塵や排気ガス由来と考えられ，その多くは微小粒子に吸着した状態で存在する．空中，屋根および道路に堆積しているものが雨とともに環境水中に排出され，沈降により底泥に蓄積される．ゴカイなどの底生動物などによって体内に取り込まれることが知られており，食物連鎖を通じて生態系に悪影響を与えることが懸念されている．非常に多くの種類のPAHが混合した状態で存在するため，その毒性については未解明の部分もある．雨水に含まれて排出されるので水環境への排出が突発的であり，管理が困難となる要因となっている．

18.8.6 病原微生物

水道における病原微生物の抑制手法として，浄水工程における濁度除去と塩素消毒が用いられており，コレラや赤痢菌などの病原細菌に対しては大きな効果をあげてきた．また，糞便汚染の指標微生物として大腸菌群が用いられており，水処理の有効性を確認する手段としても機能してきた．しかしながら，1993年にアメリカ合衆国のミルウォーキー市において，また日本でも1996年の埼玉県越生町においてクリプトスポリジウムの水道水を介した集団感染が発生したことから，あらためて病原微生物に対する対策が必要となった．クリプトスポリジウムは塩素耐性があることから，現行の浄水工程における水処理だけでは対応できず，膜を用いた微生物除去，オゾンや紫外線を用いた消毒手法の導入などの対策や，発生源の管理なども検討されている．クリプトスポリジウムの発生源としては，ヒトおよび動物由来のものがあり，下水処理場や浄化槽，畜産排水や野生動物等が考えられる．それぞれの流域の状況に応じて，クリプトスポリジウムの発生源対策は異なってくると考えられる．

また，これまでは病原微生物を浄水工程において完全に除去することによって水の安全性を保証するという考え方であったが，クリプトスポリジウムの出現によって考え方を改めざるを得ない状況になってきている．たとえば，クリプトスポリジウムの完全除去には膜処理が必要であるが，コストの面から見て膜処理の導入が妥当であるか検討する必要がある．そのため，今後は感染リスクを定量的に議論することが求められている．病原微生物の水環境中における存在量は，流域の感染者数に依存すると考えられるので，大きく変動することが前提となる．したがって，定期的なモニタリング結果から得られたクリプトスポリジウムの平均濃度を用いた年間の感染リスクでは現実の感染リスクを評価したことにはならず，濃度変動を考慮する必要があるという考え方も現れている[2]．このような方法を用いた一例として，クリプトスポリジウムの原水濃度の日変動を組み込んだモンテカルロ法を用い，水道水を介した年間感染リスクを評価する試みなどがなされている．

〔片山浩之〕

文　献

1) 大垣眞一郎, 吉川秀夫監修, 河川環境管理財団編：流域マネジメント, 技報堂出版, 2002.
2) C. N. Haas, ほか, 金子光美監訳：水の微生物リスクとその評価, 技法堂出版, 2001.

19. 水と環境保全

19.1 酸　性　雨

19.1.1 なぜ酸性雨が問題か？

　酸性雨とは大気から硫酸や硝酸が地球表面に沈着することで, 生態系が酸性化されることに問題がある[1,2]. 酸性化された生態系はさまざまな影響を受ける.

　硫酸や硝酸は工場や自動車から出る汚染物質からできたものである. 石油や石炭を燃焼するとき二酸化硫黄, 窒素酸化物ができてしまう. これらの汚染物質は大気中に存在する酸化性が強い物質 (ヒドロキシルラジカル (OH), 過酸化水素, オゾンなど) により酸化され, 硫酸や硝酸に変換する. 大気中のこれらの酸は数日間大気中に滞留して輸送され, 地表に沈着し生態系を酸性化する. この地表に沈着する道筋は2つある. 1つは雨, 雪, 霧など, 水に溶けた状態で地上に沈着する湿性沈着である. この過程は目に見え, 酸性の程度もよくわかるので酸性雨としてよく知られ, 降水化学としても研究されている. もう1つは乾性沈着といわれるもので, 酸はガスやエーロゾルの形のまま気流に乗って輸送され, 植物, 建造物など大気に接しているすべての表面に沈着する. 植物の葉の裏にも, 呼吸を通して動物の肺の中にも沈着するので, 傘を差しても防ぐことはできない. この乾性沈着は目にも見えず, 測定も難しいが, 沈着量は湿性沈着と同じレベルにあることがわかっている. つまり地表に沈着する酸の半分は晴れた日に起こっているのである. 酸性雨問題では湿性沈着だけでなく乾性沈着にも目を向ける必要がある.

　しかし, 本書では水を総合的に考察するので湿性沈着に話を限ることにする.

19.1.2 酸性雨とpH (pHの意義)

　酸性雨では降水のpHが問題になることがある. 蒸留水を大気中に放置しておくと空気中の二酸化炭素が溶解し炭酸が生成する. このとき式 (19.1)～(19.4) の化学平衡を考え, 大気中の二酸化炭素の濃度を 360 ppm とすると, この蒸留水のpHは約 5.6 になる.

$$CO_2 + H_2O = CO_2 \cdot H_2O \tag{19.1}$$

$$CO_2 \cdot H_2O = H^+ + HCO_3^- \tag{19.2}$$

$$H^+ + HCO_3^- = 2\,H^+ + CO_3^{2-} \tag{19.3}$$

$$H^+ + OH^- = H_2O \tag{19.4}$$

二酸化炭素が溶けているこの水に硫酸や硝酸が溶けるとpHがさらに下がる．これらの酸は式 (19.5)，(19.6) のようにもっている水素をすべて水素イオンとして解離，放出し，水素イオンの濃度は大きく増加（pHは低下）する．

$$H_2SO_4 \longrightarrow 2\,H^+ + SO_4^{2-} \tag{19.5}$$

$$HNO_3 \longrightarrow H^+ + NO_3^- \tag{19.6}$$

二酸化炭素の寄与は大きくはないから，酸性雨の原因である硫酸や硝酸の寄与はpHから判断できるように見える．しかし，pHは酸と塩基（アルカリ）のバランスで決まるので，大気中の塩基の寄与を考える必要がある．

大気中にある主要な塩基はガス状のアンモニアとエーロゾル状の炭酸カルシウムであろう．これらの物質は式 (19.7)～(19.11) のように，水に溶けてOH^-イオンを出して，酸を中和する（式 (19.12)）．つまり観測される降水中の水素イオン濃度は，最初にあった硫酸，硝酸による水素イオンが塩基によって一部が中和されたものである．したがって一般には最初のpHはもっと低かったと考えられる．

$$NH_3 + H_2O = NH_3 \cdot H_2O \tag{19.7}$$

$$NH_3 \cdot H_2O = NH_4^+ + OH^- \tag{19.8}$$

$$CaCO_3 = Ca^{2+} + CO_3^{2-} \tag{19.9}$$

$$CO_3^{2-} + H_2O = HCO_3^- + OH^- \tag{19.10}$$

$$HCO_3^- + H_2O = CO_3^{2-} + OH^- \tag{19.11}$$

$$H^+ + OH^- = H_2O \tag{19.12}$$

天然にはこれらの酸や塩基の発生源がたくさんある．火山からの二酸化硫黄や，海洋から放出されるジメチルサルファイド（$(CH_3)_2S$）からも硫酸が生成し，森林火災などで発生する窒素酸化物は硝酸に変換される．さらに塩化水素（HCl），フッ化水素（HF）などの強い酸も火山から放出される．また，アンモニアは動物，植物，炭酸カルシウムは塩基性の土壌にそれぞれ由来する．

これらを考えると人間活動の影響をまったく受けない雨のpHはpH 5.6をはさむ，pH 4.5～6 程度の幅にある[3]．

酸性雨で大切なもう1つの量は沈着量である．生態系への長期的な影響は濃度と降水量の積である沈着量で評価しなければならない．

また，沈着した後のアンモニアにも注意が必要である．大気中ではpHを上昇させるのに寄与したアンモニアは，土壌中で微生物の作用により硝酸に変換される（式 (19.13)）．つまり，土壌にとってアンモニアは「酸」として働くのである．

$$NH_4^+ + 2\,O_2 \longrightarrow 2\,H^+ + NO_3^- + H_2O \tag{19.13}$$

以上のことから「pH 5.6以下の雨」を酸性雨と扱う科学的な根拠はないことがわかる．もちろんpHは降水化学の基本的な量である．しかし，pHはそれ単独で扱う

のではなく，イオン組成，少なくとも硫酸イオン，硝酸イオンなど先にあげた反応に関係するイオンの濃度とあわせて初めて考察ができる．そのための指標を提出したい．

19.1.3　pHと相補的な量（pA_iとpH_{ff}）

地上で捕集する降水のpHは大気中の塩基で中和された後の値である．この中和が起こる前のpHを評価することができれば，酸と塩基の関係がもっと明確になる[2,4]．

式 (19.5)，(19.6)，(19.12) などからわかるように，中和反応そのものには硫酸イオンや硝酸イオンはかかわらない．つまり中和の前後でこれらのイオンの濃度に変化はなく，硫酸イオンと硝酸イオンの濃度の和は中和の前の水素イオン濃度と等しいと考えてよい．これから最初のpHが推定できる．最初のpHをpA_iと呼びpHの定義，式 (19.14) にならってpA_iを式 (19.15) で定義すると，pHと直接比較できる量になる．これら2つの因子だけでも降水化学の大枠を記述することができる[2,4]．

また，土壌中でのアンモニアから硝酸への変換，式 (19.13) を考慮すると，土壌に対する実質的なpHは式 (19.16) の量と考えてよい．これをpH_{ff}と名づけよう．

$$pH = -\log([H^+]) \tag{19.14}$$

$$pA_i = -\log([SO_4^{2-}] + [NO_3^-]) \tag{19.15}$$

$$pH_{ff} = -\log([H^+] + 2[NH_4^+]) \tag{19.16}$$

19.1.4　日本と世界の降水化学

a.　日本の降水化学

上に述べた指標などを応用して日本の雨の特徴を考察したい[4]．表19.1に全国40地点についての，主要イオンの平成9年度の濃度と沈着量の平均値をまとめる[5]．ここで平均値は式 (19.17) で定義される降水量加重平均値C_{vwm}で，対象となる降水試料を同一の容器にすべて集めたときの濃度に相当する．pHについては個々の水素イオン濃度に対してC_{vwm}を算出し，これを式 (19.14) に従ってpHに変換する．

$$C_{vwm} = \frac{\sum(C_i R_i)}{\sum R_i} \tag{19.17}$$

（i番目の試料についての濃度C_iと降水量R_i）

まずpHを見ると降水量加重平均はpH 4.8，範囲はpH 4.6から5.8，その幅は1.2 pH単位である．

pA_iは当然pHより低く，4.2〜4.6であるがその幅はpHのそれの1/3である．つまり，中和が起こる前の雨は相当酸性化しており，そのレベルも全国的に見て一様といえる．しかし，塩基の影響が地点で大きく異なるのでpHは多様な値を示す．初めの水素イオンのどれだけが中和を受けないで残っている割合，$([H^+]/([SO_4^{2-}] + [NO_3^-]))$ は3〜70%で，pHの地点間の差が大きいことがうなずける．

pH_{ff}は4.1から4.5の範囲にあり，pHと比べ全国的に一様な値である．

pH，pA_i，pH_{ff}を総合すると日本の降水は酸性化していると判断できる．

表 19.1 日本各地における各地点における各測定値（平成9年度）．(A_i=nss-SO_4^{2-}+NO_3^-）

	県名	測定地点	pH	H^+	NH_4^+	nss-Ca^{2+}	NO_3^-	nss-SO_4^{2-}	pA_i
				年平均濃度/μeq/l					
1	北海道	野幌	5.3	5.4	12.4	2.8	7.0	16.3	4.6
2	青森県	竜飛	4.8	16.9	15.6	8.3	17.1	28.8	4.3
3	山形県	尾花沢	4.7	19.8	10.8	4.4	12.0	20.7	4.5
4	新潟県	佐渡	4.8	14.4	9.7	8.7	10.9	20.3	4.5
5	新潟県	新潟	4.7	18.4	24.4	6.4	14.6	36.3	4.3
6	新潟県	新津	4.7	21.7	14.7	7.3	16.0	29.4	4.3
7	石川県	輪島	4.7	21.9	14.3	4.7	15.0	25.1	4.4
8	長野県	八方尾根	4.8	14.9	7.6	5.3	9.2	16.7	4.6
9	富山県	立山	4.7	21.3	16.7	3.5	12.8	24.2	4.4
10	福井県	越前岬	4.6	26.6	21.0	6.5	17.8	26.7	4.4
11	島根県	隠岐	4.8	17.8	16.9	8.7	16.6	22.6	4.4
12	京都府	京都弥栄	4.8	17.1	17.1	5.8	14.5	27.4	4.4
13	島根県	松江	4.9	13.9	13.6	8.1	12.4	21.4	4.5
14	島根県	益田	4.7	18.2	11.8	5.1	12.2	22.5	4.5
15	岩手県	八幡平	4.8	15.7	16.3	1.4	14.8	24.6	4.4
16	宮城県	箆岳	4.9	12.3	11.0	3.7	12.5	18.5	4.5
17	宮城県	仙台	5.2	5.7	29.8	10.5	20.4	30.1	4.3
18	茨城県	筑波	4.9	11.3	18.9	20.6	22.4	26.2	4.3
19	茨城県	鹿島	5.8	1.8	23.5	37.6	17.3	49.3	4.2
20	千葉県	市原	5.0	10.0	20.5	21.0	18.7	34.1	4.3
21	神奈川県	川崎	4.8	16.3	33.6	19.4	22.7	41.5	4.2
22	神奈川県	丹沢	4.9	13.5	7.5	2.4	11.7	11.6	4.6
23	愛知県	犬山	4.8	17.0	15.9	5.3	16.8	21.6	4.4
24	愛知県	名古屋	5.0	10.9	16.1	7.3	15.9	21.2	4.4
25	和歌山県	潮岬	5.2	5.9	15.4	16.9	17.5	20.1	4.4
26	高知県	足摺岬	4.6	23.1	10.0	1.9	13.7	25.8	4.4
27	東京都	小笠原	5.6	2.7	16.1	20.2	3.7	40.6	4.4
28	京都府	京都八幡	4.8	16.1	19.4	14.1	19.6	26.5	4.3
29	兵庫県	尼崎	4.9	12.2	16.5	7.7	12.2	23.4	4.4
30	大阪府	大阪	4.9	13.0	19.0	7.5	13.5	26.5	4.4
31	岡山県	倉敷	4.7	20.7	11.2	7.0	14.4	29.2	4.4
32	広島県	倉橋島	4.6	23.5	12.5	4.8	12.9	22.8	4.4
33	山口県	宇部	5.7	2.1	25.8	29.3	15.1	34.7	4.3
34	大分県	大分久住	5.0	9.6	19.0	2.6	7.8	20.7	4.5
35	長崎県	対馬	4.8	14.2	21.0	6.3	12.7	23.6	4.4
36	福岡県	筑後小郡	4.9	12.6	18.5	3.3	8.8	21.4	4.5
37	福岡県	大牟田	5.5	3.1	18.4	5.3	8.1	25.8	4.5
38	長崎県	五島	4.8	14.2	18.4	5.9	11.1	24.0	4.5
39	鹿児島県	屋久島	4.8	14.3	11.0	3.7	8.3	21.4	4.5
40	鹿児島県	奄美	5.3	5.4	13.9	4.8	7.4	15.0	4.6
	全国平均	VWMC		14.4	16.1	7.9	13.1	24.8	

19.1 酸性雨

主要イオンの濃度と沈着量

pH$_{ff}$	H$^+$/A$_i$	降水量 mm/年	年間湿性沈着量/meq/m^2・年					
			H$^+$	NH$_4^+$	nss-Ca^{2+}	NO$_3^-$	nss-SO$_4^{2-}$	(H$^+$+2NH$_4^+$)
4.5	0.23	1052	5.7	13.0	3.0	7.4	17.2	31.7
4.3	0.37	1194	20.1	18.6	9.9	20.4	34.4	57.3
4.4	0.61	1634	32.3	17.7	7.2	19.6	33.8	67.7
4.5	0.46	1856	26.6	17.9	16.1	20.3	37.7	62.4
4.2	0.36	1801	33.2	44.0	11.6	26.3	65.5	121.2
4.3	0.48	2231	48.4	32.9	16.2	35.6	65.5	114.2
4.3	0.55	2575	56.3	36.8	12.1	38.6	64.4	129.9
4.5	0.58	2259	32.1	16.3	11.3	19.7	35.9	64.7
4.3	0.58	2947	62.8	49.2	10.2	37.7	71.4	161.2
4.2	0.60	2036	54.2	42.8	13.2	36.3	54.3	139.8
4.3	0.45	1787	31.8	30.1	15.6	29.7	40.4	92
4.3	0.41	2627	44.9	44.9	15.1	38.0	71.9	134.7
4.4	0.41	2021	28.1	27.5	16.5	25.0	43.3	83.1
4.4	0.52	2311	42.1	27.3	11.9	28.1	52.0	96.7
4.3	0.40	1726	27.1	28.0	2.4	25.6	42.5	83.1
4.5	0.40	1256	15.4	13.9	4.7	15.7	23.3	43.2
4.2	0.11	1128	6.4	33.6	11.8	23.0	33.9	73.6
4.3	0.23	1097	12.4	20.7	22.6	24.6	28.7	53.8
4.3	0.03	1237	2.2	29.0	46.6	21.4	61.0	60.2
4.3	0.19	1126	11.3	23.1	23.6	21.1	38.4	57.5
4.1	0.25	1115	18.2	37.4	21.6	25.3	46.3	93
4.5	0.58	2076	28.0	15.6	5.0	24.4	24.0	59.2
4.3	0.44	1872	31.8	29.7	9.9	31.4	40.4	91.2
4.4	0.29	1658	18.0	26.7	12.0	26.4	35.1	71.4
4.4	0.16	2008	11.7	31.0	33.9	35.1	40.3	73.7
4.4	0.58	2433	56.3	24.4	4.6	33.4	62.7	105.1
4.5	0.06	1882	5.1	30.3	38.0	7.0	76.5	65.7
4.3	0.35	1621	26.0	31.4	22.8	31.7	43.0	88.8
4.3	0.34	1203	14.7	19.9	9.3	14.7	28.2	54.5
4.3	0.33	1453	18.8	27.6	10.9	19.7	38.4	74
4.4	0.47	1106	22.8	12.4	7.7	15.9	32.3	47.6
4.3	0.66	2071	48.7	25.8	9.9	26.8	47.2	100.3
4.3	0.04	1777	3.8	45.8	52.0	26.9	61.6	95.4
4.3	0.34	1782	17.1	33.9	4.6	13.9	37.0	84.9
4.3	0.39	1921	27.2	40.4	12.1	24.4	45.2	108
4.3	0.42	2993	37.7	55.3	9.7	26.4	64.1	148.3
4.4	0.09	2386	7.3	43.9	12.6	19.3	61.5	95.1
4.3	0.40	1861	26.5	34.2	11.1	20.6	44.7	94.9
4.4	0.48	3716	53.0	40.8	13.7	30.7	79.7	134.6
4.5	0.24	2439	13.2	34.0	11.6	17.9	36.6	81.2

酸性化に対する硫酸と硝酸のそれぞれの寄与をイオン濃度比, $[NO_3^-]/[SO_4^{2-}]$ で見ると 0.56 で, 水素イオンの 64% は硫酸に由来していることがわかる.

b. 世界の降水化学

世界の雨は地域でどう違うのだろうか. 濃度と沈着量の中央値を各地域ごとに見ると (表 19.2), この 2 つの量の空間分布はよく似ている. ここでは濃度の分布の特徴を述べる[2,6].

硫酸イオン濃度はアジアが最も高く ($140\,\mu$eq/l), 欧州 ($70\,\mu$eq/l), 旧ソ連 ($62\,\mu$eq/l) がこれに続く. 北米はこれらよりさらに低く ($30\,\mu$eq/l), 北極の雪($28\,\mu$eq/l) と同じ程度である. 北極での濃度が南極 ($1.0\,\mu$eq/l) より相当高いのは, 欧州など周辺地域から輸送される大気汚染物の影響である. その他の地域ではもっと低く, 豪州, ニュージーランド (NZ) で $12\,\mu$eq/l, 中・南米, アフリカではさらに低く $8\sim10\,\mu$eq/l である. これは海洋地域の濃度, $6\,\mu$eq/l と同じレベルである. 南極やグリーンランドの雪は最も低いレベルにある

硝酸イオンについては欧州で濃度が最も高い ($35\,\mu$eq/l). アジア ($16\,\mu$eq/l), 北米 ($15\,\mu$eq/l), 旧ソ連 ($15\,\mu$eq/l) では欧州の半分のレベルで, 豪州・NZ ($5\,\mu$eq/l), 中・南米 ($4\,\mu$eq/l), 海洋 ($3\,\mu$eq/l) ではこの 1/3 に低下する. アフリカではやや高く, これらの中間の値 ($9\,\mu$eq/l) を示すが, これはバイオマス燃焼の影響による. グリーンランド ($1\,\mu$eq/l) や南極の雪 ($0.6\,\mu$eq/l) に比べ, 北極では 1 桁高い ($7\,\mu$eq/l). これは硫酸イオンと同様, 北極周辺の大気汚染の影響を受けているためである.

アンモニウムイオン濃度は硫酸や硝酸イオンに比べると変動幅が小さい. アフリカの硫酸イオン, 硝酸イオンの濃度は他の地域より低いが, アンモニアについては濃

表 19.2 世界の各地域における主要イオンの濃度と沈着量の中央値

地域	測定地点の属性	硫酸イオン (SO_4^{2-})		硝酸イオン (NO_3^-)		アンモニウムイオン(NH_4^+)	
		濃度	沈着量	濃度	沈着量	濃度	沈着量
		μeq/l	μeq/m²・年	μeq/l	μeq/m²・年	μeq/l	μeq/m²・年
アジア	都市など	140	128	16	21	85	61
欧州	地域全体	70	60	35	30	50	35
旧ソ連	地域的	62	32	15	10	—	—
北米	地域全体	30	30	15	12	15	11
中・南米	田園/都市	8	14	4	3	5	4
アフリカ	地域全体	10	16	15	20	15	20
豪州, NZ	田園/都市	12	14	5	5	8	5
北極	雪	28	—	7	—	7	—
グリーンランド	雪	0.8	—	1	—	—	—
南極	雪	1	—	0.6	—	—	—
海洋		6	8	3	4	2	3

が高く（15μeq/l）北米と同じレベルにある．二酸化硫黄や窒素酸化物が人工発生源の影響が大きいのに対し，アンモニアは農業や自然発生源の寄与が大きいので途上国でも濃度が低くはないのである． 〔原　宏〕

文　献

1) S. E. Schwartz：Science，**243**，753–763，1989.
2) 原　宏：大気環境の変化，地球環境学3(安成哲三・岩坂泰信編)，pp. 158–182，岩波書店，1999.
3) R. J. Charlson and H. Rodhe：Nature，**295**，683–685，1982.
4) 原　宏：日本化学会誌，733–748，1997.
5) 環境庁酸性雨対策検討会：第3次酸性雨対策調査とりまとめ，1999.
6) D. M. Whelpdale, et al.：WMO Publication WMO–TD No. 777，**106**，193–218，1997.

19.1.5　陸水および陸水生態系への影響

　スウェーデンやノルウェーの南部地域では，1950年ごろから雨水の酸性化（酸性雨）が認められ，魚類の減少や死滅など陸水生態系が深刻な影響を受けている．これらの地域における湖沼のpH分布を見ると，pH 5以下の酸性湖沼が多く見られる．湖沼中の無機イオン濃度は低く（電気伝導率：5 mS/m以下），これら湖沼は酸性降下物の影響により酸性化したと考えられた．

　カナダ・オンタリオ州湖沼群のアルカリ度の分布を見ると，多くの湖沼で100μeq/l以下で，中和能力が小さく，酸性化しやすい湖沼である[3]．

　これら地域の湖沼で硝酸イオンやアルミニウム濃度が増加したところもある．また，アルミニウム，マンガン，亜鉛，鉛，カドミウムの濃度は湖水のpH値が小さいほど高い傾向が認められ，集水域の酸性化の影響が湖沼の水質に反映されたと考えられる．

　カナダ・オンタリオ州にある実験湖沼地域では，湖に硫酸，硝酸，塩酸などを散布し，湖を酸性化し，それにともなう物質代謝，生物相（プランクトン，水草，底生生物，魚類など）の変化などが詳細に研究された[1,2]．例えば湖水の酸性化にともない植物プランクトンの多様性指数は減少する傾向が，またその生産量の変化が認められた．レイクトラウトを頂点とする生態系では湖水のpHが5.4以下になると，すべての魚類の再生産が阻害され，資源量の減少が認められた．その後，酸性化の回復（pHの上昇）にともなう生物相の変化についての調査研究が行われた．

　わが国の湖沼のpH，電気伝導率，アルカリ度の頻度分布を見ると（1983～1986年度に130湖沼で行われた調査結果），わが国に多く存在する調和型湖沼でpH 6.5～7.0に大きなピークが，pH 4.5～5.0に小さなピークが認められた[3]．pHの低い湖沼の多くは火山性のものであるが，湿地などに存在する腐植栄養湖もあり，これらの生態系の特性を把握することは，酸性雨による湖沼生態系への影響を予測し，対策を講じるために有効であろう．

　電気伝導率が5 mS/m以下，アルカリ度が200μeq/l以下の湖沼は酸性雨の影響

を受けやすいものと考えられ，今後の継続的なモニタリングが重要である．

わが国の中部山岳地域における河川や湖沼でpHの低下傾向が報告された．それによると，1972年から1989年までの間，犀川，青木湖などにおいてpHの低下は10年間で0.6前後であった．これら地域の集水域の基盤は花崗岩，流紋岩など酸性雨の影響を受けやすい岩石であり，pHの低下は酸性雨の長期的な影響を受けたためと推定された．わが国の土壌や湖水は酸に対する中和能力は一般に高いが[4]，酸性物質の沈着がこれらの中和能力を上回ったときに陸水の酸性化が起こると考えられる．

〔小倉紀雄〕

文　献

1) D. W. Schindler : *Science*, **239**, 149-157, 1988.
2) D. W. Schindler, *et al.* : *Science*, **228**, 1395-1401, 1985.
3) 小倉紀雄：酸性雨―地球環境の行方（環境庁地球環境部監修），pp.99-109，中央法規，1997.
4) 河合崇欣：酸性雨の科学と対策（溝口次夫編著），pp.234-251，日本環境測定分析協会，1994.

19.2　砂　漠　化

1968年から5年間，サヘル地方（Sahel，サハラ砂漠の南部に隣接する半乾燥地帯）を襲った干ばつ（drought）は，広い地域に未曾有の被害をもたらし，砂漠（desert）が特定の地域に限定されたものではなく，「拡大するもの」であることを強烈に印象づけ，世界中が砂漠化に関心をもち始めるきっかけとなった．

19.2.1　砂漠化とは

砂漠化（desertification）とは「乾燥（arid），半乾燥（semiarid）および乾燥半湿潤（dry subhumid）地域において，気候変動（干ばつなど）や人間活動を含むさまざまな要因によって起こる土地の劣化（land degradation）である」と定義されている．したがって，砂漠化は乾燥気候下での生態系の劣化であり，乾燥地の森林がサバンナ（savanna）へ，あるいはステップ（steppe）へと変化し，ついには砂漠に似た状態になっていく植生の退行現象である．

a.　植生の破壊

乾燥気候下では環境ストレス，特に水ストレスが植物の生存を常に脅かしており，植物生態系はデリケートな平衡の上に維持されている．したがって，わずかな環境の変化が生態系全体に影響を及ぼし，環境の劣化，破壊が進む．その結果，種数も，バイオマス（biomass）も減少する．あるいはバイオマスはほとんど変化しないまま，より乾燥した環境に適応した植物群へと種組成が変化することもある．

植被が失われると土壌は浸食を受けやすくなり，肥沃度も保水力も低下し，いよいよ植生の回復が困難になる．さらに，固定されていた砂丘（dune）の再活動や新た

な砂丘の形成が促される[1]．

b. 砂漠化の過程

砂漠化という言葉は砂嵐が吹き荒れ，家々が次々と砂に埋まっていくようなイメージがある．しかし実際は，砂丘が農地を呑み込んでいくようなものではなく，そこここに劣化した土地がパッチ状に現れ，それらがつながっていつの間にか広がっていくものである．したがって，砂漠化は砂漠の縁で起こるものではなく，砂漠から離れた半乾燥地や半湿潤地の農地で最初に始まる．

19.2.2 砂漠化面積

1992年の集計によると[2]，何らかの土壌劣化が始まっている地域は1137万 km^2 あって，砂漠化の危険がある地域の22%，全陸地の7%となっている．実に，世界150カ国のうちの3分の2の国で砂漠化が進んでいる（図19.1）．

乾燥地の農地の約90%は放牧草地で，その70%以上の部分で砂漠化が進んでいる．農地全体では年間に5～6万 km^2 が砂漠化していると推定されている．これは九州に四国を加えた面積に近く，わが国の全耕地面積を上回っている．また，集約的な利用が行われ，高い生産力を示す灌漑農地でも30%が砂漠化している．

乾燥しているがなお森林が成立すると考えられる乾燥地林地帯は1250万 km^2 と推定されているが，そのうち現在も森林の状態にあるのは約20%しかない．しかもそれが毎年2.2万 km^2 ずつ減少している．

19.2.3 砂漠化の原因

砂漠化が起こる背景には，乾燥地の気まぐれな気象や脆弱な生態系といった自然条件があり，その上に土地利用の集中や人口増加のような社会状況が重なる．

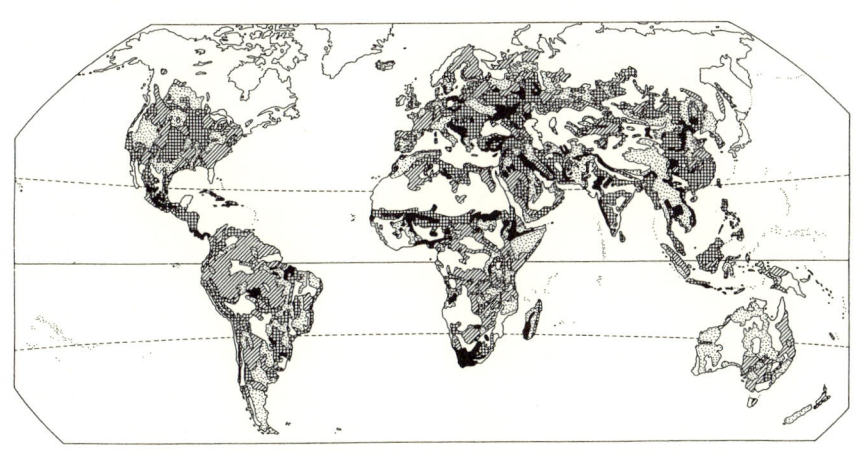

図 19.1 砂漠化危険地帯の地図[1,2]

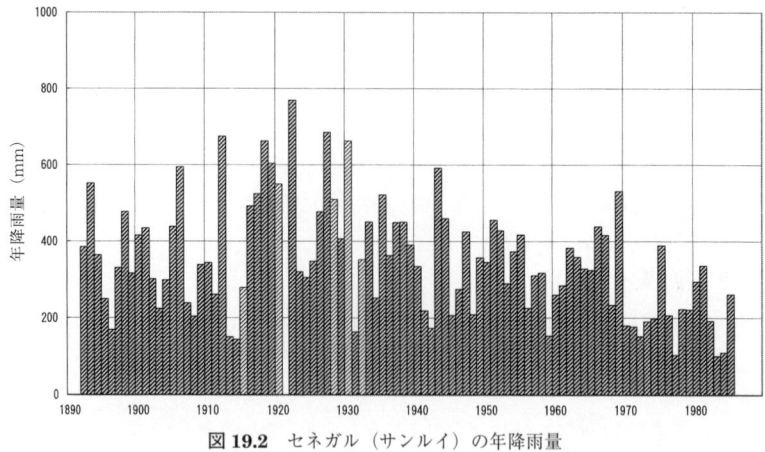

図 19.2 セネガル（サンルイ）の年降雨量

a. 干 ば つ

砂漠化の直接のきっかけとして干ばつが重要な役割を果たしている．サヘル地方では主食のミレットの耕作限界は年降雨量 300 mm であるが，90 年間のうち実に 37 年は 300 mm 以下の降雨しかなかった（図 19.2）．また，干ばつは 1 年で終わるとは限らない．例えば，1960 年代の後半から現在まで 40 年以上にわたってサヘル地方では慢性的な水不足が続いており，その間に砂漠化は著しく進展した．特に，1972 年と 1984 年の干ばつのときには深刻な飢餓が起こり，十万人以上の死者が出た．こうした被害は 1950～60 年代の湿潤な時期に，耕地を拡大し，家畜頭数を増やしたためであると考えられている．

b. 人間活動

砂漠化の原因の 13% は異常気象によるものであり，残りの 87% は人為によると推定されている．砂漠化を促す最も大きな要因は過放牧（overgrazing）であり（46%），次いで焼き畑や灌漑（irrigation）を行う際に土地管理を誤った場合である（26%）．人口増加による食糧増産のためばかりでなく，干ばつに対する備蓄として家畜頭数を増やそうとするが，その結果，これまでの牧草地が裸地化したり，いままで利用していなかった斜面での放牧が進むことで環境の劣化が進む．焼畑耕作（shifting cultivation）それ自体は合理的なものであるが，人口増加が耕作の長期化と休耕期間の短縮を余儀なくさせるために，地力が回復する前に再び作付けをすることになる．灌漑は植生を回復させ，農業生産を増加させるが，灌漑水量の適切な管理を誤ると地下水の上昇を招き，塩類化（salinization）により土壌の物理性，化学性の低下をもたらす．

森林破壊（deforestation）による砂漠化は全体の 31% を占めている．干ばつで森林が減少するのは，乾燥で木が枯れるためではない．多くの乾燥地帯では炊事や暖房に薪を使っているので，人口増加や農地・放牧地の荒廃が燃料不足を引き起こし，樹

図 19.3 ヤギの林内放牧（サウジアラビア・アブハ近郊）

木を過剰に伐採するためである．

19.2.4 砂漠化の影響と対策

a. 影　響

植生が破壊され，土壌の侵食が進むと，生物の生存や生産の環境が悪化し，生態系の機能や構造が劣化する．なかには絶滅する種も現れ，種多様性が低下する．

社会的な影響も大きく，特に貧困な農民の生活基盤へのダメージは深刻なものである．周辺環境の悪化は，土地の過剰な利用を強いることになり，ますます土地の生産力は減退する．ついには多くの農民が土地を失い，食を求めて町に引き寄せられていく．しかし，都市に雇用力がないまま人々が農村から追い出されて来た場合，都市はスラム化するしかない．一方，残された農村では働き手を失うとともに，地域社会の伝統的な文化の根幹が崩壊していく．

b. 国際的対応

1977年の国連砂漠化会議から始まって，20世紀中に砂漠化を阻止しようとさまざまな試みが行われてきたが，重点対象地域であるサヘル地方でも，砂漠化をくい止め，食糧生産と社会生活の持続的発展（sustainable development）が保証されるようになった地域は極めてまれである．

砂漠化防止対策の効果が上がらなかった理由としては，モニタリングシステムが不十分であったため，砂漠化に関する基礎的な知見が不足していたことがあげられる．そのため策定された防止計画が必ずしも適切なものではなかった．また，地域住民の積極的な参加がなく，援助だけが上滑りしていた面も大きい．しかも，資金援助が十分ではなかった．

そこで，砂漠化の影響を受けている国々と先進国とが国際的に連帯することによって砂漠化を防止し，干ばつの影響を緩和するために，1994年6月17日に「砂漠化対処条約」（United Nations Convention to Combat Desertification）が採択され，翌年からこの日は「世界砂漠化・干ばつ防止の日」となった．この条約では，これまでの取り組みへの反省にたって，具体的な対策の重要点として ① 技術的アプローチと

社会経済的アプローチの統合をはかり，② 地域住民の主体的な取り組みを促し，③ 対策の実施期間を十分にとって，事業の継続性を確保することがあげられている．

〔吉川　賢〕

文　献

1) 吉川　賢：砂漠化防止への挑戦, pp.215, 中央公論社, 1998.
2) UNEP：World atlas of desertification, pp.69, 1992.

19.3　塩　類　化

19.3.1　塩類土壌とは

　土壌中に塩類が多量に存在して植物生育に障害をもたらす土壌を塩類土壌（salt affected soil）という．具体的には，土壌の飽和抽出液（saturation extract, 試料に蒸留水を加えて飽和ペースト状にした後フィルターを通して抽出した溶液）の電気伝導度（EC 値）が 4.0 dS/m 以上に高まった土壌を塩類土壌という．一般に，植物生育上の障害が現れないためには，飽和抽出液の EC 値が 4 dS/m 以下でなければならないとされている．例えば，ブロッコリーの収穫量は，飽和抽出液の EC 値が 2.0 dS/m 以下なら影響を受けないが，4.0 dS/m になると 89% に低下すると報告されている．

　塩類土壌は，図 19.4 に示すように世界の多くの国々に広く分布しており，その面積はおよそ 9 億 5480 万 ha と見積もられている[1]．地球の陸地面積はおよそ 149 億 ha

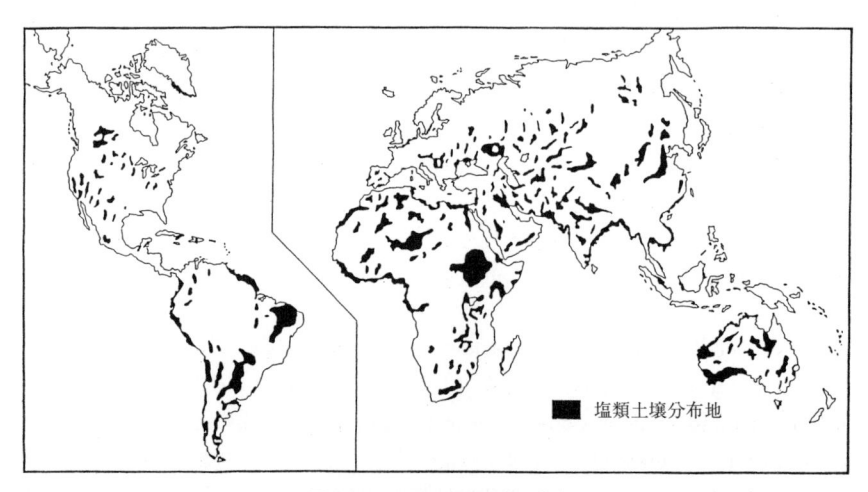

図 19.4　世界の塩類土壌分布[1]

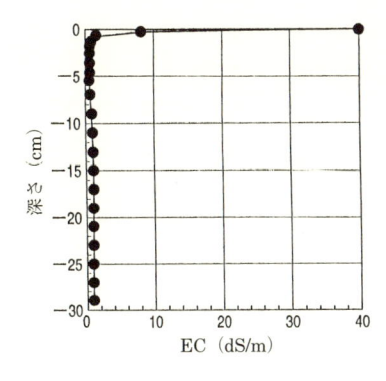

図 19.5 12日間連続蒸発後の砂中 EC 分布[3]

で,過去20年間におよそ20億 ha が人為的な理由により土壌侵食や土壌の塩類化などの土壌劣化を起こしたと指摘されており[2],土壌劣化の中でも塩類集積によるものが著しく多いことがわかる.塩類土壌が乾燥地や半乾燥地だけでなく,海岸線や高緯度内陸部にも現れるのは,自然条件に加えて灌漑農業など人為条件も影響するためである.

19.3.2 土壌面蒸発による塩類集積

土壌表面から水分が蒸発するとき,揮発性物質以外の溶質成分は水が相変化したその位置にとどまり,残留した溶質成分は時間とともに濃度が増加する.このことを実験室で再現した例を以下に示そう.ここでは,長さ30 cm,直径5 cmのカラムによく洗浄した豊浦砂を充填し,$0.1\,mol/l$ NaCl 水溶液で飽和した後24時間排水させ,その後表面にランプを当てて加熱し,蒸発を続けさせた.地下水は常に同じ NaCl 溶液を補給し続け,そこから吸い上げることができるようにした.塩類濃度の測定は,少量の土壌を採取し,土壌固相の単位質量に対し5倍相当の蒸留水を加えて攪拌し,静置した後の上澄み液の電気伝導度(EC 値)によって測定した.このような測定法を1:5法といい,前述の飽和抽出液の EC 値に比べ,およそ1/5程度の低い値となることが知られている.12日間連続蒸発後の電気伝導度測定値は図19.5のようになった.土壌面蒸発の結果,表面の EC 値が4 dS/m を超えて著しく上昇したことがわかる[3].

19.3.3 塩性土壌とナトリウム土壌

塩類土壌は大きく2つのグループに分類される.第1グループは塩性土壌(saline soil)といい,過剰な中性の溶解性塩類を含んでいて,pHは8.5以下である.主に砂質土の土地に多い.塩が溶解性であるため地下水の塩類濃度が高い.このため,地下水位が地表に近いところでは,乾期に塩類濃度が飽和濃度を超えて結晶として析出し,白色の地表景観をもたらし,作物の生育不良が発生する.前述の蒸発実験はこの現象を再現したものである.第2グループはナトリウム土壌(sodic soil)といい,過

表 19.3 塩性土壌とナトリウム土壌の特性（文献[4]を一部改変）

特　　性	塩性土壌	ナトリウム土壌
溶解塩類	ナトリウム，カルシウム，マグネシウムの塩化物や硫酸塩が卓越	炭酸塩と重炭酸塩が卓越
EC（飽和抽出液の電気伝導度）	4 dS/m 以上	4 dS/m より少ない
pH（土壌の pH）	8.5 以下	8.5 以上
ESP（交換性 Na の%）	通常 15 以下	15 以上，いくつかの重粘土（重埴土）で 6 以上
塩類の影響	土を凝集させる	土を分散させる
水の浸入能	良好	劣る
土をまぜたときの水の状態	透明となる	にごる
土の透水性	地下水が低ければ良好	劣る
表土に及ぼす乾燥の影響	固くならない	固結，しばしば薄いクラストやひび割れを形成
地下水位	しばしば高い	しばしば中位
地下水の水質	しばしば塩分多い	しばしば塩分少ない
炭酸カルシウムの存在	存在する場合としない場合あり	非晶質または結核状で存在
植物栄養分	窒素の欠乏，イオンによっては毒性有	可給態カルシウム，窒素，亜鉛が欠乏
主な障害	土壌溶液の浸透圧が高い 栄養分の不均衡がある	物理性と水分特性が劣る 過剰なナトリウム 強い栄養障害
主な改良対策	リーチングと排水	土壌改良剤の添加

剰なナトリウムを含んでいる．主に粘質土の土地に多い．ナトリウムは主に炭酸塩，重炭酸塩として存在し，そのために土壌の pH は 8.5 以上となる．アルカリ土壌（alkali soil）とほぼ同義語である．ナトリウム土壌が形成されている土地は，養分不足，土壌固結，水分不足，過剰な交換性ナトリウムなどのため荒廃地として放棄されている．塩性土壌とナトリウム土壌の特性は，表 19.3 のように要約できる[4]．

表 19.3 において，ESP（交換性 Na%）の値は重要な指標であり，ナトリウム土壌では 15 以上となることが多い．その場合，水を加えたときの土粒子分散が激しくなり，間隙の目詰まりや排水不良の原因になる．

19.3.4　塩性土壌への対策

塩性土壌は，表 19.3 に示したように透水性が比較的良好な土地において出現するので，その土壌改良法としては主にリーチング（洗脱）と排水が用いられる．リーチングは，溶解性塩類を溶かして排出するのに十分な水量を用いる．リーチング方法としては，土壌条件，気象条件などにより，連続的なリーチング（連続法）または間断的なリーチング（間断法）を選択している．

リーチングに必要な水量の計算は，慣例的に排水量割合（LR, leaching requirement），すなわち降下排水量を全灌漑用水量で除した値（無単位）を用いて行われている．この計算は，塩性土壌が存在し，なお灌漑水にもかなりの塩分が溶解しているような乾燥地，半乾燥地において適用される．まず，灌漑水と土壌水の電気伝導度を測定し，次の便宜式で LR 値を求める．

$$LR = \frac{EC_w}{5(EC_e) - EC_w} \tag{19.18}$$

ただし，EC_w は灌漑水の電気伝導度（dS/m），EC_e は土壌の飽和抽出液において測定される許容電気伝導度（dS/m）である．

例えば，前述のブロッコリーについて $EC_e = 4\,dS/m$ であり，これ以上の EC_e 値は許容されないとする．一方，使用可能な灌漑水は $EC_w = 2\,dS/m$ であるとする．式 (19.18) にこれらを代入して LR=0.11 を得る．つまり，灌漑水の11％以上を地下に排水するようにしないと，許容値 EC_e を超えてしまうと予測される．このとき，降雨量と灌漑水量の和である全灌漑水量 AW（mm/年）は，単純な水収支式

$$AW = \frac{ET}{1-LR} \tag{19.19}$$

によって求める．ただし，ET は作物が必要とする年間総水量（mm/年）で蒸発散量に等しい．ET を例えば 600 mm/年とし，年間雨量が 0 mm の場合，AW=674 mm/年以上が灌漑すべき水量となる．

リーチングに使用された排水は一般に塩分濃度が高くなるので，水質処理，海への放流，深井戸処理などを行う必要があり，河川への放流の場合は塩分濃度の希釈が必要とされる．しかし，地形の制約でリーチング排水が地域外に排出されず，地下水を通じて地域内の低地に集積する場合，この低地において年々水位が上昇する塩水湖が形成され，その周辺で塩類集積問題が再発するおそれがあり，アメリカ大陸などにはすでにその例が見られる．

また，リーチングは土壌全体に水が均一に流れることを仮定しているが，土壌の初期含水率や土粒子粒径などによっては土壌中にフィンガー流（8.1.7 項参照）が発生し，リーチング効率が著しく低下することがある．川本ら[5]によると，塩分を含む風乾豊浦砂のリーチング効率（塩分の洗脱率）は約 20％ にとどまり，砂中にはフィンガー流が発生していた．

塩性土壌の改良にはこのようにさまざまな困難がともなうので，近年，環境への負荷を軽減するための研究が行われ，植物に塩分を吸収させるファイトリメディエーションなどの技術も検討されている．

19.3.5 ナトリウム土壌への対策

ナトリウム土壌は交換性ナトリウムを多く含む以外に，表 19.3 に見るように，粘性土であることが多く，透水性や通気性が低い．そこで，交換性 Na^+ を Ca^{2+} に置換

する，$NaHCO_3$ と Na_2CO_3 に富んだ地下水の上昇を防止する，深耕などの土層改良をするなどの対策を講じる．特に，根群域では交換性ナトリウムの大部分を取り除きたいので，カルシウムイオンに置き換えるために石膏を施用することなどが考えられる．

交換性 Na^+ が Ca^{2+} と置換される現象は，中野[6]により詳細に記述されている．これをほぼ原文通りに転載すると，「Na^+ イオンの離脱は，Ca^{2+} が侵入した瞬間に進行する．その後，Na^+ イオンは，粘土表面から離脱したものを含めて，主に分子拡散によって，深い位置へ移動する．その分布は，やはり，ある深さにピークをもって，その上下に広がるような分布を示す．ピーク位置は次第に土中の深くに移動し，ピーク値は減少する．このピークは，イオン交換が最も激しく行われる交換先端で形成されている．やがて，Ca^{2+} イオンの吸着により，土壌中に構造が形成され，Na^+ イオンの移流による移動が支配的になり，Na^+ イオン濃度は，次第に深い位置でも減少を始める．やがて，全層にわたり，その濃度が０に近づいていく．」[6]とある．この現象の数学的取り扱いは，移流分散方程式と呼ばれる式によって行われる．〔宮﨑　毅〕

文　献

1) J. D. Rhoades：Soil Salinity—Causes and Controls, in Techniques for Desert Reclamation (A.S. Goudie ed.)，pp. 109-134，John Wiley & Sons, 1990.
2) 宮﨑　毅：環境地水学，p. 151，東京大学出版会，2000.
3) 宮﨑　毅：環境地水学，p. 67，東京大学出版会，2000.
4) 宮﨑　毅：農業土木ハンドブック，改訂6版，本編 p. 110，農業土木学会，2000.
5) 川本　健，ほか：農業土木学会論文集，**186**，89-96，1996.
6) 中野政詩：土の物質移動学，p. 64，東京大学出版会，1991.

19.4　ビオトープ

19.4.1　ビオトープとハビタット

現在，都市ではビオトープ（biotope）づくりが盛んになっている．そのためビオトープは新たに造った水辺などを指す言葉と誤解されている．だが本来は生物の生活圏（生活環境）を指し，「特定の生物群集が生存できるような，特定の環境条件を備えた均質なある限られた地域」（『生態学事典』，築地書館）と定義される言葉なのである．

このビオトープに該当する具体的な水辺は，水田，ため池，河川などである．それはこれらの環境のそれぞれが特定の生物群集や，他の環境から容易に区別できる環境条件をもっているからである．

生物の生息場所を表す言葉にハビタット（habitat）がある．生物は環境を立体的に使い分けて生活する．例えば，ため池ではコシアキトンボのヤゴ，カラスガイなど

が池の底を，フナ，コイ，沈水植物などが池の中間を，アメンボ，ミズスマシ，ウキクサなどが水面を利用して生きている．ハビタットはこうした生活場所を表す言葉である．

　ハビタットはこのように立体的なものだから，それを実態に近い形で表そうとすると三次元表示が必要になる．だが環境計画は計画図（平面図）をもとに立てるので，三次元表示は不都合である．

　ところで自然環境は，地圏（ジオトープ）や水圏（アクアトープ）の上に生物の生活圏（ビオトープ）が成立するという重層構造をもっている．この構造に着目すれば，生物の生息場所は地理的空間としてとらえることができ，地形や土地利用が地図に画けるのと同じように二次元表示できることになる．ビオトープという概念は生物の生息場所を二次元表示するのに便利な概念なのである．

19.4.2　エコロジカルネットワーク

　地理的空間は面的広がりに基づく階層性をもっている．それを小河川の流域で見てみよう．丘陵地や台地を流れる小河川は樹脂状に細かく枝分かれしている．このことから小河川は枝谷の集合体であることがわかる．そこで小河川を枝谷ごとに分割してみると，それぞれの枝谷は谷頭にため池があり，その下の部分は水田として利用され，ため池や水田を囲む斜面は二次林になっているといった共通性のあることがわかる．このように小河川流域という地理的空間は枝谷の集合体からなり，個々の枝谷は，ため池，水田，斜面の二次林の集合体から成り立つというような階層性をもっている．

　ため池も水田も二次林も，初めに述べたように1つ1つのビオトープになっている．これらをビオトープユニット（biotope unit）と呼ぶ（図19.6(c)）．そして地理的空間が階層性をもつのと同様に，生物の生息空間も階層性をもっている．その理由の1つは，多くの生物が複数のビオトープを使って生きているからである．

　例えばアカガエル類，カスミサンショウウオ，トウキョウサンショウウオなどは水田で卵とオタマジャクシの時代を過ごし，成体に変態した後は二次林に移動して生活する（図19.6(b)④）．またミズカマキリやタイコウチは水田で幼虫時代を過ごし，成虫になるとため池に移動して越冬する（図19.6(b)⑤）．さらに多くのトンボはため池や水田でヤゴの時代を過ごした後，羽化すると林や草地，畑などに移動して未成熟成虫の時代を過ごす（図19.6(b)⑥）[1]．

　このように多くの生物は複数のビオトープが結びついた環境を利用する．ここにあげた空間は小河川の枝谷に相当するので，枝谷がこのビオトープの結びつきの空間単位となる．

　ではこの空間単位が存在すれば生物相は安定するかというとそうではない．この空間単位に生息できる生物の個体数はあまり多くはないので，周囲からの移動がなければ遺伝的に隔離され，死滅するからである．そのうえ農村は耕起などの撹乱によって維持される系である．だからそこに棲む生物の個体数は耕起などの撹乱によって減少

し，周囲からの移動によって回復する．

またなかには，河川から灌漑水路を通って移動してくる魚（図19.6(a)①）や，ため池や水田での繁殖を繰り返しながら都市部へ移動するトンボのような生物もある（図19.6(a)②，③）．このことからわかるように，農村で生物相が安定して存在するためには，個々の環境が生物が移動できる間隔で配置されることが必要なのである．

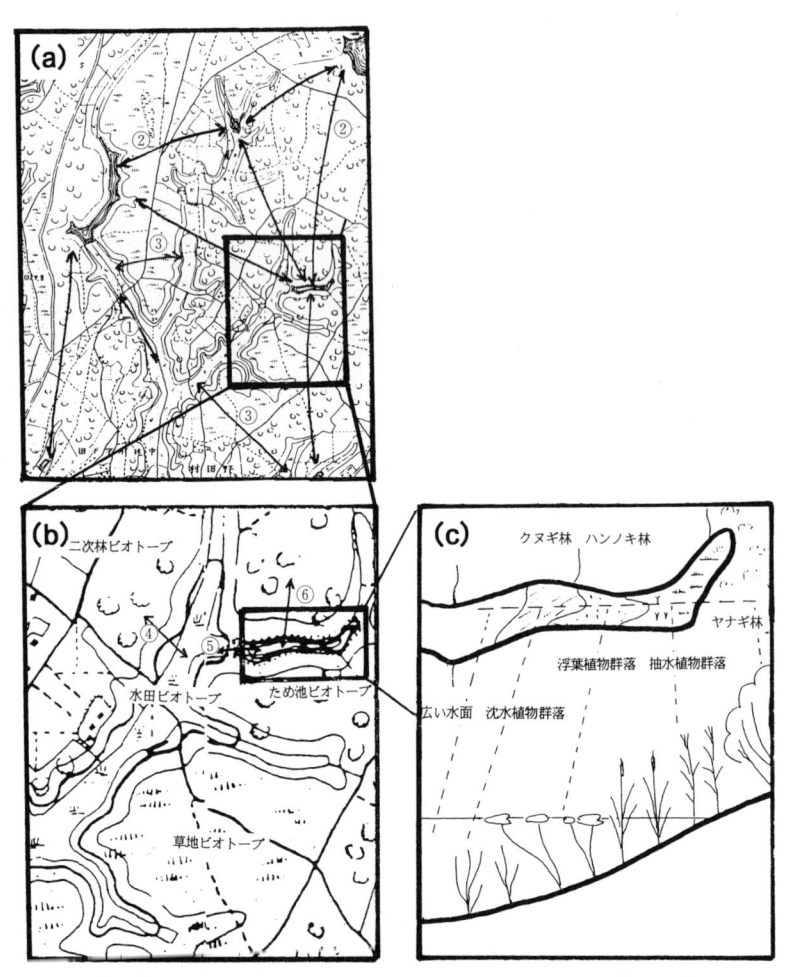

図19.6 エコロジカルネットワーク，ビオトープユニット，小構造の関係
矢印①～⑥はエコロジカルネットワーク内の生物の移動を表す．(a) エコロジカルネットワーク（ビオトープの結びつきの繰り返しの単位），(b) エコロジカルネットワーク（ビオトープの結びつきの単位），(c) ビオトープユニットの単位と小構造　上：平面図　下：断面図．（明治前期関東平野地誌図集成，柏書房，1992を改変）

トンボは羽化した個体が林や草地で未成熟な時代を過ごした後に新たな水辺へ移動するという形で移動する．こうした異質のビオトープを必要とする生物の移動を保障するためには，ビオトープの結びつきの単位とその繰り返しを広域にわたって保全する必要がある．このネットワークをエコロジカルネットワーク（ecological network）[2,3]という．

エコロジカルネットワークは生物の移動を前提にした関係なので，空間的広がりの単位は，ビオトープの結びつきが見られる枝谷の単位から，小河川流域の単位，さらには河川と河川を結びつける広域レベルの単位までさまざまである．ビオトープをネットワークのない状態で維持すると生物相は貧弱になる．だからビオトープの保全にあたってはビオトープの結びつきの最小単位が保たれるようにするとともに，市町村レベルでのネットワークも考える必要がある．

19.4.3 ビオトープの小構造

ため池，水田，斜面の二次林などのビオトープユニットも小単位の空間の集合体である．例えば，ため池というビオトープユニットを拡大すると，池の中心から岸にかけて，水生植物がない広い水面，コウガイモなど沈水植物の群落，ジュンサイなど浮葉植物の群落，ヨシなど抽水植物の群落，ヤナギ林などが帯状に存在することがわかる（図19.6(c)）．このようにビオトープユニットはそのなかに群落タイプに相当する小構造（fine structure）を内包しているのである．

ため池や河川などのビオトープに見られる食物連鎖では，小動物が重要な役割を果たしている．小動物のハビタットは垂直的な棲み分けを無視すれば小構造に近くなる．この小構造を無視すると多くの小動物のハビタットが失われ，小動物を餌にする種は棲めなくなる．それをため池に棲むカイツブリで説明しよう．

カイツブリはため池のヨシ群落の縁に浮き巣をつくる．潜って餌を捕るときは，池の中層で魚やヤゴを，水底でドジョウ，アメリカザリガニなどを，そして水面でトンボ成虫などを捕る．だから営巣場所や餌生物のハビタットに該当する小構造を保全しなければ，カイツブリは生きられない．小構造は小動物や，それを餌にする動物の保全を目指すときには無視してはならない構造なのである．

19.4.4 遷移と撹乱

水辺ビオトープの保全で無視してはならない環境条件に撹乱がある．平地にある浅い止水は自然状態では河川の後背湿地の水辺である．そこはすぐに植物で覆われるが，洪水がくればもとの開水面に戻る．ため池でも数年に一度，泥上げという撹乱が行われ，開水面の状態に戻される．このように平地の浅い止水は遷移（succession）と撹乱（disturbance）（洪水や泥上げなど）との動的平衡のなかで維持されている．そのため止水のビオトープを保全するには，希望する植生タイプの段階で遷移を止める撹乱を行うとともに，撹乱時に減少する生物を回復させるエコロジカルネットワークをつくる必要がある．また河川のビオトープでは川が自由に流路を変えられるようにし，

川自体が本来の動的平衡によって後背湿地を維持できるようにするとよい.

〔守山　弘〕

文　献

1) 守山　弘：むらの自然をいかす，岩波書店，1997．
2) 日本生態系協会：ビオトープネットワークⅡ，ぎょうせい，1995．
3) 日本生態系協会訳：In Stitute for European Environmental Policy，エコロジカル・ネットワーク発行，1995．

19.5　景観・親水・アメニティ

19.5.1　水辺の景観

　水辺の基本的な姿は，水の流れと土砂の動きおよび生物（特に植物）との相互作用によって形づくられた動的な微地形およびそこに生息する生物により成立している．

　そして現在私たちが見ることができる風景は，それに人間の行為が関与した相互作用の結果としての姿である．

　水辺の景観のベースは自然の力により形成された自然景観であり，生物の生息環境を反映している．したがって，水辺の景観の変化は生物の生息環境の変化として現れる．水辺の自然景観の基本的な構成要素は微地形と植生および水の流れである．例えば扇状地部の河川は広い河道をもち，そこに複列の澪筋が形成される．常に流水の影響を受けているところは，砂礫地となり植生はまばらである．このような河原にはチドリやアジサシなどの営巣の場として重要である．所々に，旧流路のワンドやクリークなどが見られ，少し高くなったところにはヤナギなどの木本類が生育している．下流の自然堤防地帯に入ると河川は蛇行し，瀬と淵が交互に見られる区間となってくる．このような瀬や淵は，浸食や堆積あるいは砂州の形態などにより生じている．大きな湾曲部の外岸側には深い淵が内岸側には砂州が形成される．瀬や淵は生物にとっても重要な住処（すみか）となっている．河川周辺の植生は河川の水位や洪水の外力の影響を受け，それぞれに棲み分けて成立している．私たちが見る河川の自然風景はこのような，自然の営みの結果としての姿である．

　一方，水のある風景は人間にとっても大きな価値がある．静止した水面は，水平かつ平坦な面をもつ．建物が林立する都会の中にあって，水平で広々とした景観は，開放的で，潤いのある空間を与えてくれる．また水は私たちが身近に見ることができる風景の中で唯一の液体である．液体であるがゆえに，変化のある風景を見せてくれる．

　水自体は無色であるが，赤い波長の光をよく吸収し，純粋な深い水は，深い青を呈する．また，水面は投射角（視線と景観要素の表面の鉛直線がなす角）が大きい領域（遠くの水面）で周辺の風景をよく映す（図19.17，19.8）[1]．また投射角が小さい領

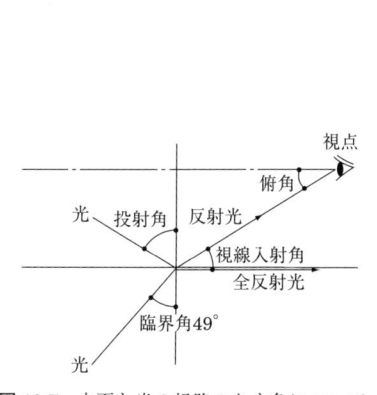

図 19.7 水面と光の経路のなす角についての呼び方[4]

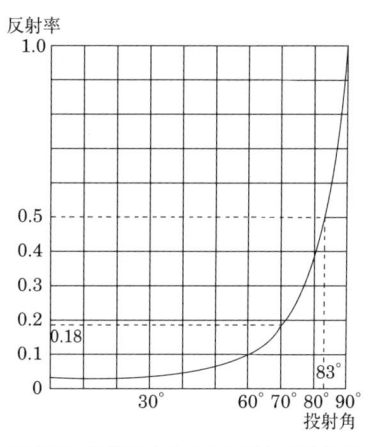

図 19.8 比較的ゆるやかな流れの場所での投射角と反射率の関係

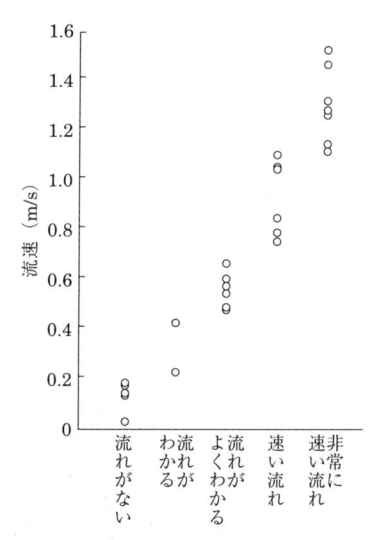

図 19.9 流れのイメージと流速の関係

域（下のほうを向いたとき）には水の中の様子を見ることができる．このような水の性質を反映し，光のあたり具合や波による水面の傾きの場所による違いによりさまざまに水の表情は変化する．特に，波立った水面が太陽光や月の光を反射しきらめく景観は非常に魅力的である．また流れる水は，その流速や水深などによりさまざまに表情を変える（図 19.9）[2]．

また人と川とは洪水の防御，交通路，また日常の水を得る用水路として，信仰の対

象としてさまざまな形で長くかかわってきた．その結果，河川の風景にはそれらの営みが現れている．例えば，舟運が盛んであった都市では，川沿いに町並みが形成され，船着場などが見られる．日々の生活に使っていたところでは，洗い場や川に降りることができる階段を見ることができる．また河川の流れや水位をコントロールするための構造物も景観の要素となっている．洪水を防御するための護岸，堤防，水害防備林なども景観要素としては重要である．このような人と川のかかわりに基づいた景観は，時間的な流れと地域性をよく反映している．

河川の微地形と水と生物の相互作用による自然景観としての価値，人と川との長いかかわりの中で培われてきた人文社会学的景観的な価値，水自体がもつ景観的な価値，いずれの側面も重要であり，これらのどの部分を重要視し水辺の景観の保全，整備をはかっていくのかが重要である．

ややもすると，自分の専門分野である一部の景観についてのみ重要視すべきであるという意見が聞かれることもあるが，偏った意見であり，いずれも無視しえない重要な景観のとらえかたである．

19.5.2 親　　水

「親水」という言葉は，今日広く使われているが，「親水」という言葉が土木学会から生まれたことはあまり知られていない．1965（昭和45）年，第25回土木学会全国大会で，東京都の職員であった西沢賢二，山本弥四郎が「都市河川の基本思想に関する一研究」と題する発表の中で「親水」という言葉は誕生した．高度成長期の河川水質の悪化と河川改修により人と河川の関係が希薄になり，そこから環境の悪化や治水に対する無理解が生じることに対する危機感が，「親水」という言葉が生まれた背景にある．「親水」とは「人と川との豊かな触れ合い」と定義されるが，「豊かな」の中身が重要である．川の環境の特徴を活用しているのか？　その活動を通して，川，環境や社会への理解が深まるか？　その活動が河川の環境を悪化させることはないのか？などが豊かな活動であるかどうかの考え方となる．例えば，オフロード車で河原を踏み荒らし，河原の生き物が住めなくなるような活動は豊かな活動とはいえない．

親水に関する具体的な河川整備の例をたどってみると，「親水」という言葉をつくった山本弥四郎らは，「親水」概念の実践として，1974（昭和49）年，親水公園第1号として，東京都江戸川区に全長1.2 kmの古川親水公園を完成させたのが最初である．堆積したヘドロを除去し，川幅を8 mから2～4 mに縮小し，川底や護岸には玉石を敷き詰めた．使用開始後泳ぎ出す子供もいたので，浄化施設が設置された．地元には「愛する会」が誕生し，水辺が地域の大きな財産として生まれ変わった．古川親水公園の成功により，江戸川区では20河川以上に及ぶ親水計画が次々と行われていった．また，1976（昭和51）年には岡山の西川緑道，1978（昭和53）年には柳川堀割再生など種々の試みがなされた．さらにこれらが発達した形として，河川プール（1979（昭和54）年山口県大原川河川プールなど）や大河川高水敷上のせせらぎ水路（山形県

馬見ケ崎川など) などのいわゆる親水整備が全国各地で行われた．これらの事例の中での秀作は宮崎県大淀川（旧建設省所管）につくられた砂洲上の河川プールである．広々とした空間の中に，砂州の形状を活かしたプールが設けられ，現在でも多くの市民に利用されている．現在では，このような整備に加え，教育的な観点，福祉的な観点をと，融合した事業が行われている．

〔島 谷 幸 宏〕

文　　献

1) 鈴木信宏：水空間の演出, 鹿島出版会, 1981.
2) 島谷幸宏編著：河川風景デザイン, 山海堂, 1994.

■新興・再興感染症■

　疫学の始祖といえばイギリス人ジョン・スノーである．エドウイン・チャドウィックがテームス川の水を緩速濾過したのが1829年であるが，ジョン・スノーは1855年に緩速濾過をした水が供給されているブロードストリート地区はコレラの発症率が少ないことを統計学的に証明したことから，疫学の始祖といわれている．コッホが細菌が原因で疾病が生じることを科学的に証明したのが，1883年であるから，まさに感染症の原因がわからなくても緩速濾過という工学的な手段がとられるべきであるとしたことは，ジョン・スノーが疫学の始祖といわれるゆえんであり，今日の環境工学分野で当然ともいえる未然防止措置の概念が提示されていることから，環境工学の始祖ともいえる存在である．

　コッホも，ハンブルグのコレラについて疫学的な研究を行い，一般細菌数が100個/ml以下になるまで緩速濾過池の生物膜が熟成されているとコレラの発症が少ないことを証明している．これが，今日の水道水の水質基準の一般細菌数の根拠でもある．

　コレラ菌は元来ヨーロッパになかったものが，交易範囲が広がるとともにベンガル湾岸から大陸へ侵入したものであり，このような感染症は新興感染症といわれる．今日の，大腸菌 O-157，クリプトスポリジュム，鳥ウイルスなどはまさに新興感染症であり，人と物の流通が盛んになってわが国に侵入した結果である．かつては猛威をふるった結核が再び頻発するようになったが，このような感染症は再興感染症といわれる．ジアルジア症も戦後海外から持ち込まれてよく見られた感染症であるが，海外との交流が盛んになった昨今，再びよく見られるようになったという意味では再興感染症ということになる． 　　　　　　　　　　　　　　　　（Y.M.）

20. 水と法制度

20.1 法制度概説

20.1.1 水に関する刑事法ルール・民事法ルール・行政法ルール

　人間生活と，水，すなわち水循環とのかかわりのなかで，社会的に対処されるべきさまざまな問題が生ずる．これを法の観点からみると，まず，そもそもそれ自体として反社会的な行為に対しては，刑事法により犯罪として処罰するという対処がされる（刑法142条以下の浄水汚染罪，等々）．しかし，それだけでは複雑な社会関係を処理していくのに十分ではない．そこで，一つには，水とのかかわりにおける私人相互の対立関係（民事関係）を調整するさまざまな法のルールを整備し，それによって私人間の紛争を解決しさらには予防するという手法が，またもう一つには，個々の私的対立の調整を超えた何らかの公益目的のための国や地方自治体の行政の仕事として，しかしこれも一定の法のルールのもとで（法治行政の原則），何らかの観点から水循環系について必要な管理を施すというやり方が，それぞれ行われることになる．おおまかにいえば，この前者のルールが水に関する民事法（私法）のルール，後者のルールが水に関する行政法（公法）のルールである．

　水に関する民事法ルールは，近代以前には，慣習法として成立する場合が多い．それに対し，近代国家体制が整備されると，法律などの制定法の形でのルール設定（従来の慣習法ルールの制定法化を含めて）が行われるようになる．民法（1896年制定公布，1898年施行）でいえば，土地所有者の行う貯水・排水・引水などをめぐる隣地所有者とのいわゆる相隣関係の規定（214条～222条）がそれである．

　他方，近代国家体制のもとで，水に関する行政とそれについての行政法ルールも，次第に確立されていく．これも，主としては制定法によって行われた．特に重要な意味をもったのは，川・海等々を，"公物"（フランス法にいうdomaine public, ドイツ法にいう öffentliche Sache）である水体，すなわち"公水"とし，通常の物ないし財産に関する民法のルールとは違う別のルールの下におくという，ヨーロッパに伝統的に存在していた考え方であり，1896年（民法公布と同年）に制定された日本の河川法でもその考え方が採用された．このいわゆる旧河川法は，1964年に廃止され，

現行の河川法がそれに代わったが，上記の考え方の基本は維持されている（同法2条は，「河川は，公共用物であって」，「河川の流水は，私権の目的となることができない」と規定している）．なお，地下水に関しては，これも同じく1896年の大審院（当時の最高裁判所）の判決以来，土地所有権は地下水利用権をその内容として含むとされ，したがってまた，地下水は，公益上の理由による採取規制などはありうるにせよ，河川とは違って公水ではないとされている．

現行河川法の対象たる"河川"とは，広義の河川である"公共の水流・水面"のうち，一つには，"国土保全上又は国民経済上特に重要な水系で政令で指定したもの"に係る河川であってさらに国土交通大臣による具体的な指定を受けた"一級河川"と，もう一つには，上記の政令指定水系以外の水系で"公共の利害に重要な関係があるもの"に係る河川であって都道府県知事による指定を受けた"二級河川"をいう．このうち一級河川の管理者は，国土交通大臣である．ただし，いわゆる指定区間については，都道府県知事（または政令指定都市の長）が河川管理者の事務の一部を行う．二級河川の管理者は都道府県知事（または政令指定都市の長）である（以上，河川法3条～5条・9条・10条）．加えて，広義の河川のうち一級河川・二級河川以外であっても，市町村長が指定したものについては，二級河川に準ずる取り扱いがされることになっており，これがいわゆる"準用河川"である（同法100条）．なお，一級河川・二級河川・準用河川の範囲に属さない河川（水流・水面）は，"普通河川"などと呼ばれる（いわゆる法定外公共物の一種）．

河川法は，水害の防御や水の利用のルールなどを定める制定法としては，最も重要なものであるが（以下でも同法についてはやや詳しく述べる），現在，この河川法をはじめとして，水に関する行政法ルールが，国の諸法律や自治体の条例等により種々定められているのである．

20.1.2 水害防御に関する法制度

水循環系に関する管理の作用は，水害防御の観点，水利用の観点，水環境の観点，下水道施設の観点など，種々の観点から行われる．以下では，それぞれの観点に即して，水循環系管理の法制度を概観する．

まず，洪水などの水害の防御（治水）のために行われる，河川やその水源地や海岸などでの諸施設（堤防・ダムなど）の整備および諸種の規制については，河川法，砂防法（1897年制定），森林法（現行法は1951年制定），海岸法（1956年制定）等々で，必要な法的仕組みがそれぞれ定められている．河川法による施設整備（河川改修）は，河川整備基本方針（1997年以前は"工事実施基本計画"と称した）および河川整備計画にしたがって行われる（河川法16条・17条）．このほか，河川流域の全域にわたる計画的土地利用の促進により河川流入水量の調節をはかることも必要であり，その意味で，上記森林法やさらには都市計画法（現行法は1968年制定）などによる土地利用規制の仕組みが，水害防御の観点からの水循環系管理の仕組みとしても重要な

意味を有する．
20.1.3 水利用に関する法制度
　ここでは，河川水などの占用という形態での水利用と，それ以外の形態における水の利用の，両者を含めて"水利用"といい，その意味での水利用についての法制度を概観する．
　① このうちの後者，すなわち占用以外の形態での水利用としては，水運，漁業，遊び（親水），廃水や廃棄物の排出等々のための，水流ないし水面の利用が問題となる．
　これらの水利用の行為のうちには，それ自体として反社会的なものもあり，それらは犯罪として処罰される（1970年制定の，人の健康に係る公害犯罪の処罰に関する法律や，前述の浄水汚染罪についての刑法142条以下，等々）．また，水質汚濁によって他人の健康を害したり，その他，自己の利用行為によって他人に損害を与えた場合には，不法行為による損害賠償の民事法ルールが適用される（民法709条以下）．
　水流・水面の利用に関しては，以上のような刑事法・民事法のルールが適用されるほか，公共の利益の増進または公共の危険の防止の見地から，港やその他各種の施設を整備して利用者の用に供するとか，水面の一定の区域なり，水面を含む一定の土地または施設の区域なりにおける利用者の行動を規制するとか，一定の権利設定によって利用者相互の関係を調整するとかの，行政による管理が，それぞれの行政法ルールにしたがって行われる．河川法，港湾法（1950年制定），運河法（1913年制定），漁港漁場整備法（1950年制定，当初は"漁港法"），海岸法（前述），港則法（1948年），漁業法（現行法は1949年制定），水産資源保護法（1951年制定）等々の定めがそれである．なお，行政法ルールにしたがって利用者の権利が設定される場合，その権利は，利用者相互の関係において行使可能な民事法上の権利であることもある（例，漁業権）．
　このほか，水質汚濁防止法（1970年制定）による公共用水域への排水の規制をはじめとする，水質保全のための行政とそれに関する行政法ルールが，重要である（20.2 水質汚濁と法を参照）．
　② 水の占用という形態での河川水・地下水の利用（利水，水利使用）は，農業，発電，工業，上水道などの各種利水目的のために行われる．
　このうち，河川水の占用は，現行法上，河川法の定めるルールにしたがって河川管理者たる行政機関の管理のもとに行われるのが原則である．すなわち，河川の流水を占用しようとする者は，その占用（水の引用およびそのための貯留）についてあらかじめ河川管理者の許可を受けなければならず，そのための堰・ダムなどの工作物の設置についても同様である（河川法23条・26条）．
　流水占用許可によって，いわゆる許可水利権が成立する．ただし，許可水利権とは別に，いわゆる慣行水利権，すなわち旧河川法施行前からすでに何らかの根拠に基づいて存在し，現在まで存続している水利権もある（河川法87条，河川法施行法20条，

旧河川法施行規程11条を参照).

　河川水についての水利権は，その河川の利用可能水量の範囲内でのみ存在しうる．新規の利水のために既存の水利権を縮減・消滅させることは，現行法上，不可能ではないが，一定の制約のもとでしか認められない（河川法38条～43条を参照）．その意味で，新規利水は既存利水に原則的には劣後する．

　③　地下水は，前述のように，河川とは異なり公水として管理されるものではないが，その採取については，工業用水法（1956年制定），建築物用地下水の採取の規制に関する法律（1962年制定）などにより，一定の規制が加えられる（21.3 地下水と法を参照）．

　④　利水事業者の側での水を取り扱う事業活動に関しても，種々の観点からのルールが立法で定められている．例えば，農業利水を含む土地改良事業についての土地改良法（1949年制定），水道事業および水道用水供給事業についての水道法（現行法は1957年制定），工業用水道事業についての工業用水道事業法（1958年）等々がそれである．

　⑤　利水事業者は，河川の利用可能水量が十分でない場合であっても，ダムなどの方法で利用可能水量を増加させて新規利水を行う（前述のとおり河川管理者の許可を得て）ことができるが，現行法は，それを個々の利水事業者の努力にすべて委ねるのではなく，河川水量の開発のための特別の行政の仕組みを用意している．河川管理者である国土交通大臣が一定の利水事業者の参加のもとに多目的ダムを建設し管理するという，特定多目的ダム法（1957年制定）の仕組みや，政府が一定の水系について水資源開発基本計画（いわゆる"フルプラン"）を策定し，それによって国・地方自治体・独立行政法人水資源機構が施設建設などの事業を実施していくという，水資源開発促進法（1961年制定）の仕組みが，それである．

20.1.4　水環境に関する法制度

　前述の水質汚濁の問題を含めて，しかしそれに限らない広い意味での水環境の観点，すなわち，水循環系を構成する水流・水面その他の諸要素，ないしはその基礎のうえに成立している一定範囲の事物の状態（耕地・集落・街区の形態，生態系，等々）を，その地域での人間の生活をとりまく水環境としてとらえたうえで，それらの望ましい質を確保するということが，今日，水循環系に関する管理の重要な観点となっている．具体的には，良い環境としての水流・水面・地下水・湧水などについてその存在および水量を確保するとか，それらの環境を人工の施設によってさらに整備するとか，地表水・地下水について水質の悪化を抑制するとか，水中および水辺の生態系を保護するとか，また，水循環系と結びついた特色ある集落や街区の形態を保全し整備すること等々が，その内容をなす．

　以上のような意味における水環境の質の確保は，現行法に即していえば，河川などの水流・水面や，関連する土地・施設についての，河川法・港湾法・海岸法・土地改

良法・都市計画法などによる整備と管理，地下水についての採取規制（前述），水質汚濁防止法による排水規制（前述）等々の形で行われている．河川法の近時の改正（1997年）が，同法の目的のなかに「河川環境の整備と保全」を明示的に位置づけたことは，注目に値する．

20.1.5 下水道に関する法制度

人の生活または事業にともなう汚水の排出に関しては，まず，相隣関係上の問題が生じうるが，これについては民法に前述の諸規定が置かれている．それらの規定は，また，雨水の取り扱いに関しても適用される．しかし，とりわけ市街地においては，下水（汚水および雨水）を，排水施設と処理施設を有する下水道によって排除し処理することが必要であり，そのための制度的な仕組みが，下水道法（現行法は 1958 年制定）で定められている．下水道は，現在では特に公共用水域の水質保全の観点から重視されており，下水道法の内容とするところも，流域別下水道整備総合計画（いわゆる"流総"）の仕組みを含め，かなりの部分はその趣旨で規定されているものである．なお，今日の大規模な下水道が，それ自体として水循環系の重要な一部分を構成するに至っていることからすると，下水道のそのような側面に着目して，水害防御の観点や水利用の観点や水環境の観点からの仕組みを整えていくことも重要であろう．

下水道法にいう下水道と並列されるものとして，農業集落排水施設（いわゆる"農村下水道"）があり，それについては土地改良法に若干の規定が置かれている．

20.1.6 埋立てに関する法制度

海や川やその他一定の水面を埋め立てることは，特定の事業者にとって，また一般公衆のためにも，大きな利益をもたらしうる一方で，その水面の利用者その他の関係者ないしは一般公衆に対し，重大な不利益を及ぼすことにもなりうる．そこで，公有水面埋立法（1921 年制定）が，"公有水面の埋立て"についてのルールを定めている．ここで公有水面とは，"河，海，湖，沼其の他の公共の用に供する水流又は水面にして国の所有に属するもの"をいう（同法1条）とされている（ただし，"国の所有に属する"というのが厳密に何を意味するかについては見解の対立がある）．同法によれば，公有水面の埋立てをしようとする者は都道府県知事の免許を受けなければならず，都道府県知事は，所定の手続を経て，同法の定める一定の要件に適合すると認められる場合にのみ，免許をすべきこととされている．埋立免許を受けた者すなわち埋立権者が，埋立工事を行い，都道府県知事の竣功認可がされると，埋立権者に埋立地の所有権が与えられることになる（同法2条～5条，22条～24条）．〔小早川光郎〕

文　献

1) 金沢良雄・三本木健治：水法論，共立出版，1979．
2) 河川法研究会編著：河川法解説，大成出版社，1994．
3) 建設省河川法研究会編著：改正河川法の解説とこれからの河川行政，ぎょうせい，1997．

4) 三本木健治：判例水法の形成とその理念，山海堂，1999．

20.2 水質汚濁と法

20.2.1 水質汚濁への法的対応

わが国の水質汚濁問題は，1890年ごろから問題となった足尾銅山の鉱毒事件を嚆矢とするが，それは現代に至るまで公害の原点となっている．このような鉱山の鉱毒問題は，都市を離れた地域で農業や漁業と新興の近代的工業との衝突という形で問題が顕在化したため，その取り扱いは産業間の調整の問題として，主として鉱業法の体系の中で対策が講じられたが，被害者との示談や渡良瀬の遊水池化などにすぎなかった．また，明治期にとられた殖産興業政策の方針のもとに設立された官営軍事工場や民間の機械制大工場の一部が東京の隅田川沿いに集中的に立地し，この地域の生活環境は産業公害という形で悪化する一方，環境衛生問題を惹起し，1886年以降，しばしば流行したコレラは，悪水路などの生活環境の悪化にその遠因があったといわれている．

こうした状況に対処するため，工場法（1911年法46号）が制定されたが，工場労働者の保護に重点があり，工場が一般公衆に及ぼす危険，危害の規制面については予防，除害命令規定はあるものの，その実効性は乏しかった．

一方，1900年に都市の清潔保持を目的として旧下水道法が制定されたが，環境整備においては上水道が優先され，下水道の建設は遅々として進まなかった．

戦後の急速な経済復興にともない，公害問題が大工業地帯を中心として各地で顕在化した．東京都は1949年7月に全国の自治体に先駆けて初めての「工場公害防止条例」を制定し，工場から発生する騒音・振動・粉塵・悪臭・有毒ガスおよび廃液規制を対象として，工場の新増設の事前認可制などを定めたが，水質汚濁に関しては，「著しい廃液を発生し，公害を生ずるおそれのある場合…」という規定のみで，具体的な規制基準がなかったため，実効性は極めて薄かった．国においては，1951年に資源調査会が経済安定本部総裁に「水質汚濁防止に関する勧告」を行い，1954年に厚生省が公害防止法案の作成準備に着手したが，とん挫している．

1950年代後半になると，工場廃液を流す工場に対する漁民の反感は，1958年6月の本州製紙江戸川工場における流血乱闘事件という形で現実化した．これは，工場側が無処理の廃水を江戸川に放流したため下流の養殖貝類に被害が出て，それに抗議する浦安漁業組合員約700名が工場に乱入し，警官隊と衝突し60余名の重軽傷者を出すに至った事件である．この事態を収拾するため，東京都は，同工場に対し一時操業停止命令を出し，工場側は廃水の沈殿池や除害装置を設けるなど対策を講じたため，一時操業停止命令は解除されたが，このことは企業にとっても大きな衝撃であった．

当時，東京都は，主要な河川について行政上の指導水質基準を定めて，工場新設の認可に際して条件づけをするという自主的規制を行っていたが，こうした行政対応の限界でもあった．

この事件を契機にして，1958年9月に「水質汚濁防止対策要綱」の閣議了解がなされ，それに基づき，水質二法（公共用水域の水質保全に関する法律，工場排水等の規制に関する法律：1958年）が制定された．これらの法律は，国が特に指定した公共用水域について水質基準を定め，工場に対し，これを遵守させるために必要な規制を加えることを内容とするものであった．ここで採用された工場排水の許容限度としての水質基準を定める手法や指定水域制，施設の変更・廃止命令などの法技術は今日も承継され，その他の分野にも広く採用されている．特に，水質基準に関する定めはそれ以前の環境規制法とそれ以後のそれとを大きく区別する重要な要素となった．しかし，排水基準の設定は，水質汚濁が生じた区域を指定するという，いわば後追い型のもので，水質基準の遵守強制が工排法に基づき，さらに10の法律に分かれるという複雑さと，また基準違反者への措置が弱いという欠陥があった．ただし，欠陥はあるものの，この法律は隅田川のように工場排水と家庭排水の双方により汚染された河川に対して，指定区域を設定し期日を定めて下水道などの整備を進める方針を打ち出すものであった．この都市河川の汚濁防止計画によって，下水道は所定の期日までに処理場建設を行い，かつ良好な処理水を放流する責務が生ずることとなった．これは下水道行政にとっては画期的なことで，都市環境の整備のみならず，河川の水質保全のために下水道の整備をはからざるをえなくなることを意味した．

1967年の公害対策基本法の制定によって，環境基準が定められ，1970年の公害国会において，水質汚濁防止法が制定された．水質汚染に関しては，人の健康保護に係る環境基準と生活環境に係る環境基準が閣議決定（1970年4月）により定められた．水質環境基準の当てはめは閣議決定によって行われることとなっていたが，1971年6月に「環境基準に係る水域及び地域の指定権限の委任に関する政令」（1971年政令第159号）の制定により，国によって類型指定される県際水域を除いて，都道府県知事に指定の権限が委任された．これにともない，1970年に下水道法が改正され，下水道法の目的のなかに公共用水域の水質の保全に資するという文言が明確に加えられ，下水道への排出水の規制は，下水道法によるが，終末処理場からの排出水は，水質汚濁防止法によって規制されることとなり，下水道の水質保全への役割は増大した．なお，排水基準については，都道府県知事に条例による上乗せ基準を認めた．

水質汚濁防止法は，1978年6月の改正によって，いわゆる閉鎖性水域の水質保全対策として，従来の濃度規制に加え，水質総量規制の導入をはかるなど，強化された．これは瀬戸内海環境保全臨時措置法の制定にともなうものであった．1979年6月にCODの総量削減方針が定められ，東京湾などにおいて水質総量規制が実施された．また，内閣総理大臣が定める総量削減基本方針のなかで，総量削減のため，下水道の

整備を一層促進することとし，水質保全施設としての下水道の位置づけが明確にされた．

また，湖沼などの閉鎖性水域の水質保全のために，1984年に湖沼水質保全特別措置法が制定されている．

20.2.2 水質汚濁に関する法体系
a. 水質基準

環境基本法（平成5年法律91号）は，水質の汚濁が事業活動その他の人の活動に伴って相当範囲にわたって生じ，これによって人の健康又は生活環境に係る被害が生ずるときには，これを公害と定義した．なお，ここでいう「水質の汚濁」には，「水質以外の水の状態又は水底の底質が悪化すること」を含まない．水質環境基準には，対象となる項目により，人の健康の保護に関する基準と，生活環境の保全に関する基準とに2分して，定められている．前者は，カドミウムなど23項目であり，すべての公共用水域に常に維持されるべきものとして，一律に適用される．その基準値のレベルは，水道法に基づく水質基準とほぼ同じ値をとっている．後者は，水素イオン濃度など9項目が設定され，河川，湖沼及び海域ごとに，利水目的を考慮した水域群別に設定されている（水域群別方式）．

また，水道水に関する水質基準は，水道法第4条に掲げる要件を備える必要があり，その基準に関して必要な事項は厚生労働省令で定められている．下水道法において国土交通省令の定めるところにより下水の水質測定義務や政令で定めるところにより放流水の水質検査等を義務づけている．

b. 湖沼水質保全特別措置法

この法律は，湖沼の水質の保全をはかるため，国が湖沼水質保全基本方針を定めるとともに，水質の汚濁に係る環境基準の確保が緊要な湖沼について水質の保全に関し実施すべき施策に関する計画の策定及び汚水，廃液その他の水質の汚濁の原因となる物を排出する施設に係る必要な規制を行う等の特別の措置を講じることで国民の健康で文化的な生活の確保に寄与することを目的とする．また，都道府県知事の申請に基づく内閣総理大臣による指定湖沼及び指定地域の指定，都道府県知事による湖沼水質保全計画の策定，指定地域の特定施設からの公共用水域に対する排出水の汚濁負荷量の規制基準の設定，指定施設の設置届出，指定施設設置者に対する改善勧告と改善命令，総量削減指定湖沼に係る指定地域における汚濁負荷量の総量の削減に関する計画の策定等，湖沼の自然環境の保護等を定めている．この法律により，水質汚濁防止法による水質総量規制は，もっぱら閉鎖性海域を対象とするものになった．

c. 水質汚濁防止法

特定事業場から公共用水域への排水を規制するために，水質汚濁防止法が中心的役割を果たしている．この法律の目的は，工場及び事業場から公共用水域に排出される水の排出及び地下に浸透する水の浸透を規制するとともに，生活排水対策の実施を推

進すること等によって，公共用水域及び地下水の水質の汚濁の防止を図り，もつて国民の健康を保護するとともに生活環境を保全し，並びに工場及び事業場から排出される汚水及び廃液に関して人の健康に係る被害が生じた場合における事業者の損害賠償の責任について定めることにより，被害者の保護を図ることにある．

規制の対象として，特定施設を設置する工場・事業場から公共用水域に排出される水（排出水）には，排水基準が適用される（健康項目については規模にかかわらずすべてに適用されるが，生活環境項目は日当たり排水量50 t未満は除く）．また，特定施設とは汚水又は廃液を排出する施設で，ほぼ全業種にわたり定められている（施行令別表第1）．排水基準については，都道府県は国の定める一律の排水基準にかえて，それよりも厳しい上乗せ基準を適用することができる（法第3条第3項）．

水質総量規制制度は，閉鎖性水域の水質保全のために導入された．その仕組みは，内閣総理大臣が総量削減基本方針を定め，指定水域毎に削減目標量を設定し，総量削減計画を都道府県知事が策定し，内閣総理大臣の承認を得て，下水道等の事業の実施，総量規制基準による汚濁負荷量の規制，小規模事業場に対する汚濁負荷量削減の指導等がその骨子となっている．総量規制基準は，指定地域内事業場から排出される排出水の汚濁負荷量について，都道府県知事が環境大臣の定める範囲内において定める許容限度であり，下水道等の生活排水処理施設の整備の促進，総量規制基準が適用されない小規模特定事業場や未規制事業場における汚濁負荷量削減対策の推進とともに，指定水域に係る汚濁負荷量の削減目標量を達成するための主要な方法である．瀬戸内海地域については，瀬戸内海環境保全特別措置法の適用がある．

d. 水源保全に関する規制

水道水の質についてのトリハロメタン対策が従来から講じられてきたが，より根本的な原水の水質保全の観点から，「特定水道利水障害の防止のための水道水源水域の水質の保全に関する特別措置法」（平成6年法律第9号）が制定された．この法律は，利水障害が生ずるおそれのある水域および地域を指定し（4条），そこにおいて水質保全計画を策定し（5条），水道水源特定事業場からの排水に対して排水基準の遵守を求めることにより，規制を行うとするものである．

一方，水道原水の取水地点の水質汚濁に影響のある汚染源に対して，下水道の整備や屎尿処理施設の整備等に関する事業を計画的に推進することによって水質保全を図るために，「水道原水水質保全事業の実施の促進に関する法律」（平成6年法律第8号）が制定された．都道府県は，水道事業者等の要請があった場合において，必要に応じて，都道府県計画を策定し（5条），本法等の規定に基づき，国，地方公共団体その他の者が水道原水水質保全事業を実施する（8条）．

また，多くの自治体で水源保護条例が施行されており，廃棄物処分場など地下水汚染を起こすリスクの高い施設の立地を規制したり（三重県津市「水道水源保護条例」昭和63年），水源地域の近隣での農薬散布を事前協議によって制限する（静岡県伊東

市「水道水源保護条例」平成元年）など，表流水を対象に水源保護条例が施行されている．また，地下水質保全を目的とする全国初の条例として，熊本県地下水質保全条例（平成3年）がある．この条例では，水質汚濁防止法の地下浸透規制の規制対象を拡げ，排出基準も厳しいものを設定している．

e. 水質規制の関係法

鉱山，電気工作物，廃油処理施設からの排水には，それぞれ鉱山保安法，電気事業法，海洋汚染及び海上災害の防止に関する法律によって規制されている．また，下水道への排水は，下水道法による前処理基準の遵守が義務づけられている．また，水質汚濁の原因となる廃棄物の投棄については，廃棄物の処理及び清掃に関する法律がその投棄を禁止し，船舶や海洋施設からの油及び廃棄物の投棄は，海洋汚染及び海上災害の防止に関する法律によって排出が禁止されている．また，河川法によって，河川管理上支障を及ぼすおそれのある行為の禁止や制限，許可などがある．〔柳　憲一郎〕

20.3　地下水と法

地下水に関する法制度は，①地下水の質に着目する汚染規制と，②量に着目する井戸揚水規制，③特殊な地下水に関する規制，④水源保全に関する規制の4つに大別することができる．

20.3.1　地下水の質に着目する汚染規制

1) **環境基本法**　環境基本法第16条の規定に基づき，水質汚濁に係る環境上の条件のうち，26物質を指定して地下水環境基準を定めている（平成9年環境庁告示第10号）．また，「土壌・地下水汚染の調査・対策指針」（平成6年策定，11年改定）を策定し，自治体や民間事業者が土壌・地下水汚染調査を行う際の技術的基準を提示している．

2) **水質汚濁防止法（昭和45年法律第138号）**　工場及び事業場（以下，工場等）から公共用水域に排出される水を規制することにより，公共用水域の水質汚濁の防止を主目的としたものであったが，近年のトリクロロエチレン等有機塩素系の有害物質による地下水汚染の実態が明らかにされたことに伴い，暫定指導指針による指導の経緯等をふまえて，地下水汚染対策及び事故時の対策の導入が図られた（平成元年6月，法律改正）．この改正によって，法の目的のなかに，「地下に浸透する水の浸透を規制すること等によって地下水の水質の汚濁の防止を図ること」が加わり，これらの有害物質を含む水の地下への浸透を禁止し（12条の3），このことを担保するための措置がもうけられた．

このほか，知事には，地下水の水質の汚濁の状況を常時監視し（15条），かつ，地下水の水質の汚濁の状況を公表し（17条），また毎年，地下水の水質の測定計画を作

成する(16条)等の責務規定が課されている．さらに，平成8年の法律改正によって，地下水浄化措置命令制度の導入と事故時対策の充実が図られた．地下水汚染によって健康被害が生じ，または生じるおそれがある場合には，都道府県知事は汚染原因者に浄化措置を命じることができる(14条の3)．その場合，12条の3の浸透規制の適用対象者は，有害物質使用特定事業場から水(特定地下浸透水)を排出する者のみであるが，14条の3の適用対象者は，特定事業場の設置者すべてであり，また，地下に浸透するすべての水を規制していることに留意する必要がある．

また，本法には，排水または有害物質の地下への浸透により健康被害が発生した場合は，過失がなくとも損害賠償の責任を負う無過失責任の規定が盛り込まれている．

3) 廃棄物の処理及び清掃に関する法律(昭和45年法律第137号)　一般廃棄物の処分の具体的な基準として，施行令第3条は，埋立処分の場所からの浸出液によって公共の水域及び地下水を汚染するおそれがないように必要な措置を講ずることを規定する．また，特に有害な産業廃棄物の処分は，施行令第6条において，公共の水域及び地下水と遮断されている場所で行うこととされている．

また，平成9年の改正法により，廃棄物処理基準に違反した処理が行われ，土壌汚染によって生活環境の保全上支障が生じ，または，生じるおそれがある場合には，都道府県知事等は浄化の措置命令を発し(19条の4)，支障の除去を命ずることができる(19条の5)．

4) 農用地の土壌の汚染防止等に関する法律(昭和45年法律第139号)　カドミウム等の含まれている土壌に対し，農用地土壌汚染対策地域を指定し，農用地土壌汚染対策計画を策定し，農用地の土壌汚染防止の措置を講ずるものである．都道府県知事はその対策計画上，必要と認めるときは，水質汚濁防止法(3条3項)の規定に基づき，一般よりも厳しい排水基準を設定することができる．また，農用地の土壌が工場等の排水に含まれる特定有害物質によって汚染されることを防止するため，環境大臣は鉱山保安法その他の法令の規定に基づき，その防止に必要な措置を関係行政機関の長に要請し，また関係地方公共団体の長に勧告することができる．

5) 鉱山保安法(昭和24年法律第70号)　鉱業権者は，ガス，粉じん，捨石，鉱さい，坑水，廃水及び鉱煙の処理に伴う危害又は鉱害の防止，又は，土地の掘さくによる鉱害の防止に必要な措置を講ずる義務が規定されている(4条)．また，鉱業権者は，この法律又はこの法律に基づく経済産業省令により措置を講じなければならないものとされる捨石又は鉱さいの集積したもの，坑道その他の経済産業省令で定める物件については，これを譲渡し又は放棄した後であつても，その措置を講じなければならないとされている(9条の2第1項，昭和33年通商産業省令第133号)．

6) ダイオキシン類対策特別措置法(ダイオキシン法：平成11年法律第105号)
地下水の汚染規制については，廃棄物の最終処分場の維持管理において，ダイオキシン類により大気や公共用水域，地下水及び土壌が汚染されないように，環境基準を

遵守することが規定されている（25条）．

20.3.2 井戸揚水規制

1) 工業用水法（昭和31年法律第146号） 工業用水の合理的供給の確保と地下水資源の保全とにより，「その地域の工業の健全な発達に寄与すること」を掲げ，あわせて，「地盤の沈下の防止に資すること」をあげている（1条）．つまり，地下水障害の生じている地域で，工業用水道の布設を条件に工業用井戸を規制し，地盤沈下防止に資することを目的としている．

規制の枠組みは，（ア）工業の用，（イ）一定規模以上の井戸，（ウ）指定地域制，（エ）許可制，の4つである．政令により規制を行う地域を指定し，その地域内における一定地下水の採取を都道府県知事の許可制としている．指定地域の指定用件は，「地下水を採取したことにより，地下水の水位が異常に低下し，塩水若しくは汚水が地下水の水源に混入し，又は地盤が沈下している一定の地域について，その地域において工業の用に供すべき水の量が大であり，地下水の水源の保全を図るためにはその合理的な利用を確保する必要があり，かつ，その地域に工業用水道がすでに布設され，又は一年以内にその布設の工事が開始される見込みがある場合に定めるものとする」と規定されている（法3条2項）．そのため，工業用水道の布設要件を満たさない地域では，地下水採取規制ができない．

また，使用者に対する指示として，通商産業大臣は，指定地域内の地下水源の合理的利用を確保するため特に必要があると認めるときは，前述の許可を受けた者に対し，工業用水道の利用，地下水の使用方法の改善その他の方法を示して，許可井戸による地下水の採取量を減少すべき旨を指示することができる（14条）（この「指示」は「命令」ではなく，罰則はない）．

2) 建築物用地下水の採取の規制に関する法律（ビル用水法：昭和37年法律第100号） 工業用水法との大きな相違点は，工業用水法では，地下水の代替水源となる工業用水道の布設が地域指定の要件となっているのに対して，ビル用水法では，特に代替水源の布設が要件として明示されていないことである．ビル用水法の指定地域では水道が既に布設されていることを想定してはいるものの，災害の危険性の高い地域を指定することから，法文上代替水源を前提としていない．

許可の対象となる「揚水設備」は工業用水法にいう「井戸」と同様であり，都道府県知事は，ビル用水法施行規則第2条に基づく技術的基準に適合していると認める場合でなければ，許可してはならないが，例外として，「他の水源をもつて代えることが著しく困難」な場合には，許可することができる（4条3項）．

建築物用地下水の定義は，ビル用水法第2条第1項において，冷房設備，水洗便所その他政令で定める設備の用に供する地下水（温泉法による温泉及び工業用水法に規定する工業の用に供するものを除く）と規定されている．

20.3.3 温泉に関する規制

特殊な地下水である温泉について温泉法（昭和23年法律第125号）は，土地掘さくの許可（3条）及び動力装置の許可（8条），温泉利用の許可（12条）等の手続きを定める．都道府県知事は，温泉源保護のため必要があると認める場合には，温泉採取者に対して，温泉採取の制限を命ずることができる．また，温泉湧出目的以外の土地の掘さくにより，温泉の湧出量などに著しい影響を及ぼす場合において，公益上の必要が認められる場合には，都道府県知事は土地を掘さくした者に対してその影響を阻止するに必要な措置を命ずることができる（11条）． 〔柳 憲一郎〕

文 献

1) 環境庁水質規制課編：水質汚濁（上）（下），白亜書房，1973.
2) 金沢良雄・三本木健治：水法論，共立出版，1979.
3) 山本荘毅：地下水水文学，共立出版，1992.
4) 国土庁地下水政策研究会：わが国の地下水—その利用と保全，大成出版社，1994.
5) 環境庁水質法令研究会編：逐条解説水質汚濁防止法，中央法規出版，1996.

▰ 古代中国医学における水 ▰

　中国医学の誕生は，紀元前480年ころにはじまる春秋時代までさかのぼることができる．その後，戦国時代さらに秦代を経て，紀元220年までつづく漢代に病因論や生理・病理論を発展させるが，そのなかで水は重要な役割を果たしていた．中国最古の薬物書で漢方の古典でもある『神農本草経』や，『管子』と呼ばれる書物に残された記載から，当時の中国の思想や生命観において，水がどのように認識されていたかを探ることができる．

　特に注目されるのは，水はその清浄さのために悪や汚れを洗い清めるという衛生学的な観念と，風土と水が人間の性質を決めるという地理病理学的な観念が発達していたことである．前者については，水が濁って滞ると垢で汚れ疾病を誘発するから，絶えず清らかにすることが必要であるとされ，井戸を浚える予防医学的な行事がならわしになっていたという．

　また，秦・漢の時代にはすでに水道管による給水も行われていたようで，後者に関連する興味深い記載もみられる．例えば，斉という地域の水道は流れが「躁しく」旋回するから，その住民は貪欲で粗野であるとか，越という地域の水は濁っていて陸地に滲み込むから，その住民は愚鈍で疾病や垢が染め込むとか，秦という地域の水はとぎ汁のように停滞するから，その住民はひねくれているという具合である．

　このように，水は人体の構成因になっているだけでなく，体外つまり自然から人体に作用を及ぼす要素として認識されていた．　　　　　　　　　　　(R.O.)

III

水 と 人 間

III

III みえる

21. 水と人体

21.1 人体が必要とする水

21.1.1 ヒトの特徴

　ヒトの学名は *Homo sapiens* であり，動物分類学上は脊椎動物門，哺乳綱，霊長目，ヒト科，ヒト（ホモ）属，ヒト（サピエンス）種ということになる．ヒトが生命を維持するうえで水は不可欠であり，さまざまな役割を果たしているが，それらの機構は哺乳類の一員としての特性を強く反映している．哺乳類は文字どおり，幼体が母親の乳腺から分泌される母乳によって哺乳されることを基本的な特徴としているが，恒温動物であることも極めて重要である．哺乳類が体温（核またはコアと呼ばれる，脳や内臓を含む深部の体温）を安定して維持できる条件として，体表が毛で覆われ皮膚に皮脂腺・汗腺があることなどがあげられる[1]．しかし，恒温動物としての哺乳類の特徴は，体温の安定維持に限定されるのではなく，すべての器官系に関係しながら生体機能の総体に対し恒常性（ホメオスタシス）を維持していることにあり，恒常性の維持には生体中の水が重要な役割を果たしている．

　ヒトは哺乳類のなかでは，体毛が少なく汗腺が著しく発達している．汗腺にはエクリン腺とアポクリン腺があるが，多くの哺乳類で発達しているのはアポクリン腺である．アポクリン腺は哺乳類の芳香腺にあたる器官であり，それぞれの動物に特有の匂いを発する．それに対して，エクリン腺が発達している動物種は限られており，霊長類以外では手掌と足底にしかエクリン腺は存在しない．ヒトは霊長類のなかでもアポクリン腺が著しく退化し，口唇，腋窩，乳房，外陰などに残存しているだけであり，その代わりに成分の薄い汗をだすエクリン腺が発達している．高温への対処という点で理解しやすい例をあげれば，高温に曝露されたときヒトは発汗によって体温を下げるのに対し，イヌはパンティングと呼ばれる舌を出しながら激しい呼吸を繰り返すことで対処している．

　ヒトには，エクリン腺が全身に 200〜400 万個も存在している．エクリン腺が特に多く分布しているのは手掌と足裏で，1 cm^2 当たり 500 個以上にもなる．このように多くのエクリン腺から成分の薄い汗が分泌されることが，ヒトの高い体温調節能をも

たらしている[2]．ところで，汗腺のなかで実際に発汗するものを能動汗腺と呼ぶが，個々人の能動汗腺数は，幼少期から曝露される環境温度が高いほど多くなる傾向があるとともに，熱帯のような高温に長期間曝露されたり，高温職場で長期間働くことによって増加することが知られている．したがって，能動汗腺数には集団差や個人差が見られるが，例えば多くの日本人では，全汗腺数の約60％が能動汗腺といわれている．

21.1.2 人体の機能維持のための水の特徴

哺乳類において，水の代謝および水の調節をつかさどる器官は腎臓である．動物のからだのなかに存在する水は体液と呼ばれるが，腎臓は体液の量と組成を一定に保つ働きをしているのである．もし多量の水を飲んで体液が希釈されると，直ちに薄い尿を出して体液の浸透圧を正常に戻すし，逆にからだから水を大量に失ったり塩分の過剰摂取で体液の浸透圧が上がると，多量の塩分を含む尿を排出させる．

体液は，細胞内に存在する細胞内液と細胞を取り囲む細胞外液とに分かれ，細胞外液はさらに細胞に接している組織間液（間質液）と，全身を循環する血管内の血漿に分かれる．これらの体液は，ナトリウム，カリウム，カルシウムなどのミネラルをはじめとするさまざまな物質を含んでいるが，細胞内液あるいは細胞外液の物質の濃度はほぼ一定に維持されている．細胞外液には陽イオンとしてはナトリウムが圧倒的に多く，カリウム，カルシウム，マグネシウムなどが少量含まれるとともに，陰イオンとしては塩素のほかHCO_3が含まれている．一方，細胞内液のイオン構成は，陽イオンは主としてカリウムであり，マグネシウムも含まれるもののナトリウムは極めて少なく，陰イオンとしてはさまざまなアミノ酸，有機・無機リンなどが存在する．細胞外液と細胞内液の組成を一定に保つことが生体の恒常性に大きな役割を果たしているが，このような生理学的な機構を成立させるには水のもつさまざまな特徴が不可欠である．

生体の機能維持に特に有用な水の特徴として，以下の6点があげられよう．第一は，さまざまな物質の溶媒，生体内の化学反応の媒体になることである．第二は，比熱が高く生体の熱的安定性の維持に適していることである．第三は，誘電率が高いので，ナトリウム，塩素，カリウム，カルシウム，マグネシウムなどの多くの元素（ミネラル）をイオンとして取り込むことである．第四は，表面張力が大きく凝縮力が強いことである．第五は，蒸発熱量が多いので発汗により体温の上昇を妨ぐのに有効なことである．第六は，水が液体として摂取され気体として排出される過程でエントロピーを下げるので，生命活動の維持に有効なことである．

水が生体の構成分として最も多いことと，上記の水の第一の性質を反映し種々の物質を体液中に溶解していることは，すでに19世紀にクロード・ベルナールが見出している．そして，細胞が生命活動を行うのは細胞外液のなかであることから，これを内部環境（milieu intérieur）と命名している．クロード・ベルナールの考えを進め

たウォルター・キャノンは，内部環境の調和がとれ安定した状態であることが生命維持に不可欠であることを強調し，この状態をホメオスタシス（homeostasis，恒常性）と呼んだ[3]．

21.1.3 生体の水分量

人体を元素構成として見れば，実に多くの元素からなっているが，量的に多いものはごく少数に限られている．表 21.1 に示す標準的な成人男性の例からもわかるように，酸素，炭素，水素の 3 元素で 95% 近くを占めている．多量に含まれる酸素と水素は，水が生体の主要構成分であることを反映している．ところで，人体に含まれる水（体液）の量は性によっても異なるし，特に年齢によって異なっている．体重に占める割合を見ると，胎児ではほぼ 90% にも達し，新生児では 80% 程度になり，その後徐々に低下して成人では 60% 程度に，そして高齢者では 50% まで低下する[2]．

表 21.1 人体の主要元素構成（成人）

元　素	体重に占める割合（%）	元　素	体重に占める割合（%）
酸　素	61.4	リ　ン	1.1
炭　素	22.9	イオウ	0.2
水　素	10.0	カリウム	0.2
窒　素	2.6	ナトリウム	0.1
カルシウム	1.4	塩　素	0.1

表 21.2 体液の分布（体重に対する%）

	乳幼児	成人男性	成人女性
細胞内液	48	45	40
細胞外液	29	15	14
総水分量	77	60	54

表 21.3 主要組織別の水分含有量（重量に対する割合）

組　織	重量%	組　織	重量%
筋 組 織	73〜75	結合組織	約 60
神経組織		骨	約 25
白　質	68〜70	脂肪組織	約 20
灰白質	84〜85		

体液を細胞内液と細胞外液に分けた場合の体重に占める割合を，日本人の標準的な乳幼児，成人男性，成人女性について示したのが表 21.2 である[4]．成人の男性と女性とで違いが見られるが，それは生体の組織ごとに含まれる水分量の違いによっている（表 21.3）．女性が男性に比べ，筋組織が少なく脂肪組織が多いことが大きな理由となっている．

〔大塚柳太郎〕

文 献

1) 坪田敏男：生理，哺乳類の生物学 3，東京大学出版会，1998.
2) 富田 守，ほか：生理人類学—自然史からみたヒトの身体のはたらき，pp.41-88，朝倉書店，1999.
3) 鈴木継美：環境—その生物学的評価（鈴木継美，大塚柳太郎編），pp.3-16，篠原出版，1980.
4) 鈴木隆雄：日本人のからだ—健康・身体データ集，朝倉書店，1996.

21.2 水の出納

21.2.1 水の出納の大きさ

1日当たりで見た場合，成人では皮膚表面ならびに肺表面（呼気）からの蒸発として最低 $1.0l$，尿は，その日に生じた体内の代謝老廃物を捨てるのに必要な量として $0.6l$，糞中に $0.1〜0.2l$ 程度の水分が，それぞれ最低限失われる．したがって，ヒトが生きていく限り $2l$ 弱の水分が体からなくなっていくことになり，水を摂取することによって，この損失を補わなければならない．摂取の側を見ると，固体の食物か

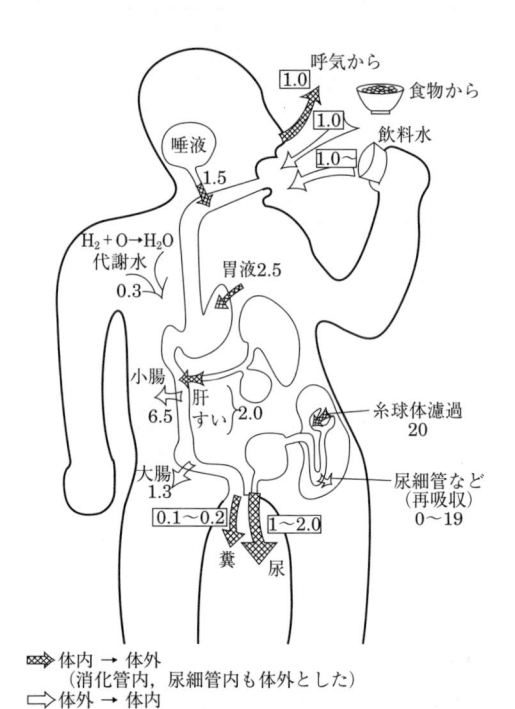

図 21.1 水の出納
数字は $l/$日であり，囲みのある数値のみが，外から見て観察される，通常の意味での出納である．これ以外に高温では発汗がある．

ら約 $1l$,飲水量が約 $1l$,これに水素の酸化で生ずる代謝水が $0.3l$ あり,通常は飲水量を調節してバランスを取っている[1].この図式に従うならば,成人は1日約 $2l$ の水を出し入れすることで収支が保たれていることになるが,現実のヒトではこれよりも大きい値でバランスがとられることが多い.例えば,炎天下や激しい運動を行った場合の発汗は後述のように1日最大量 $15l$ にまで達し,コレラなどの感染による下痢が起こると糞中に失われる水分は $10〜12l$ まで増加する.尿量は1日 $1.5l$ 程度はあり,尿崩症などで抗利尿ホルモンをつくれない疾病状態では $10l$ に達することがある[1].このように水の排出が増えれば,それに見合った水分を供給するために飲水量が増えるが,何らかの理由でそれが不可能な場合,ただちに生命にかかわる状況となる.

21.2.2 水分量の調節の仕組み

人体には水分量とその配分を一定に保つような仕組みが備わっている.その目的は2つあり,1つは浸透圧を維持すること,もう1つは血流量と血圧とを維持して,組織への酸素供給を適切に保つことである.

a. 腎臓による尿量の調節

腎には,水分の欠乏が起これば水分を貯留し,過剰が起これ ばこれを尿として排泄して,浸透圧と水分容積を一定に保とうとする機能がある.呼気中・糞中の水分量をコントロールするのは難しいので,尿として失われる水分量のコントロールは,個体の水出納にとって非常に重要である.尿量の調節には多くの要因が関与しており,条件によって $0.5l$ から $20l$ 以上まで大きく変わる.尿の生成の出発点となるのが腎の糸球体であり,ここでは1日に $170〜180l$ 程度の液体が濾過され,これが尿の原料(原尿)となる.原尿が尿細管・集合管を通過して最終的な尿になるまでに,大部分の水分は再吸収される.再吸収量の調節が,すなわち尿量の調節でもある.尿の浸透圧も $30〜1400\text{ mOsm}/l$ と大きく変動する.

糸球体濾過量の大きさと比較すると,尿量は1日 $1〜20l$ 程度であって,たかだか濾過量の10分の1である.これは,腎臓において,濾過された水の再吸収が常に起こっていることを意味する.再吸収は腎の各部位で起こり,糸球体で濾過された水分量を100%とした場合,近位尿細管で $60〜70\%$,ヘンレループで15%程度,遠位尿細管で5%程度,集合管では $2〜13\%$ の水分がそれぞれ再吸収を受け,腎全体では,通常,濾過量の99.7%が再吸収される.集合管での再吸収を除くと,再吸収は主として周囲組織との浸透圧の差による受動的な水分の移動にすぎない.集合管での再吸収は,量的には近位尿細管と比べると少ないが,後述する抗利尿ホルモン(ADH)による調節が起こるのはこの部位であるという意味で重要である.集合管を形成する細胞の血管と接する側には ADH の受容体が存在し,ここに ADH が結合すると,細胞内の情報伝達分子の1つであるサイクリック AMP が増加し,その結果として管腔側(原尿のある側)の細胞膜に,水分子を通すための孔をもった特殊なタンパク質(後

述するアクアポリン2)が組み込まれて水を通しやすくなる．集合管では，周囲の組織液に比較して管腔内の液体のほうが浸透圧が低いため，水はアクアポリンのもつ孔を通って管腔内から組織へと移動し，管腔内の液体が減る．つまり，尿は濃縮されて尿量は減少する．逆にADHがない状態では，集合管壁はほとんど水を通さず，尿の濃縮も起きない．このように，ADH量によって集合管での再吸収量が大きく変わり，尿量が調節される．

b. 抗利尿ホルモン

抗利尿ホルモン（antidiuretic hormone, ADH，あるいはバゾプレッシンともいう）は，尿量を制御する最も重要な要因であり，ホルモンの分泌量は細胞外液の浸透圧と体液量によって決まる．ヒトを含む多くの哺乳類においてADHはアルギニンバゾプレッシンと呼ばれる9個のアミノ酸からなる小さなペプチドである．いわゆる神経内分泌の様式をとるホルモンの1つで，脳の視床下部にある神経細胞で合成され，細胞から出ている突起である軸索内を通って脳下垂体の後葉（神経下垂体）に運ばれ，刺激に応じて血中に分泌される．血漿の濃度（浸透圧）が上昇するとADHの分泌も増加し，これが腎に働いて水分を貯留する反応が起こる．逆に過剰な水分摂取によって浸透圧が低下すれば，ADHの分泌が減少し，水利尿（water diuresis）が起こって水が排泄される．視床下部には浸透圧受容体があって，血漿の浸透圧に異常があれば神経下垂体に信号を送ってADH分泌をコントロールする．浸透圧以外では，心室・大動脈弓の血管壁などにある伸張受容器である圧受容器（baroreceptors）が体液量の変化を感知し，ADH分泌量を変える．

c. 飲水量の調節

水の排出が腎によってコントロールされているのに対し，摂取量は飲水量によってコントロールされる．ADHの分泌を引き起こすシグナルは，一方で飲水行動を引き起こし，体内の水分を保持する．こうしたシグナルを発しているのは，脳の一部である間脳に存在し，多くの自律神経の中枢の役割を果たす視床下部の細胞である．何らかの原因によって身体が脱水状態に近づくと，体液中の電解質などの濃度が高くなる．細胞外液が濃縮されれば，その浸透圧は高くなるので，細胞内から細胞外に向けて水の移動が起こり，細胞は収縮する．視床下部には特殊な細胞があって，この収縮を感知し，渇きのシグナルを発して飲水行動を起こす一方，ADHを放出する[1]．

21.2.3 消化管における水の出納

消化管は体を貫通する管であるので，消化管腔を体外であると考えると，水の収支はさらに違うものに見えてくる．成人の消化管を1日に通過する水分量は約$9l$で，このうち経口的に入るものは約$2l$にすぎず，残りは種々の酵素や粘液とともに管内に分泌されてくる．分泌される液体の主なものは，唾液が1日当たり$1.5l$，肝から分泌される胆汁が$0.5l$，膵液が$1.5l$，胃液が$2.5l$であり，分泌液の総量は体液総量の約6分の1にも相当する．糞中に含まれる水分はたかだか$0.2l$程度なので，管

腔に入るか分泌された水の大部分は，消化管において再吸収される．小腸で約 6.5 l，結腸で約 1.3 l の液体が吸収される[2]．

集合管を除く腎での吸収と同様，消化管における水の移動は電解質の能動輸送にともなう 2 次的なものである．電解質の能動輸送は内向き（吸収の方向）に起こるので，これにともなう水の移動も内向きである．この内向きの移動が障害され，同時に下痢や嘔吐による体外への水分の排出が続くと，比較的短時間に脱水状態が引き起こされる．

小腸ではその全域に渡って水が吸収される．胃から十二指腸に入ってくる内容物は低張・高張両方の場合があるが，小腸上部における水と電解質の移動によって，内容物は血漿と等張になるように速やかに調節される．小腸上部において等張となった内容物が腸内を通過していくにしたがい，まず溶質の吸収が起こり，内容物は低張となるが，こうしてあらたに生じた浸透圧勾配により水が 2 次的に吸収され，再び等張性が回復する．こうした水の移動には，最も多量に存在する溶質であるナトリウムが重要な影響を及ぼす．ナトリウムイオンは，腸管腔内から刷子膜を透過して，小腸上皮細胞内へと電気化学的勾配にしたがって拡散する．上皮細胞内に入ったナトリウムイオンは，次に電気化学的勾配に逆らう形で，基底膜に存在するナトリウムポンプの作用によって，細胞間空間に放出される．

大腸においても基本的には小腸と同じく，ナトリウムの吸収にともなって水分が移動する．吸収は主として結腸で起こるが，その量は 1 日 0.3～0.4 l にすぎない．結腸で吸収しうる水の最大量は 1 日約 2.5 l 程度なので，小腸における水分吸収に障害が起こった場合，大腸での吸収能力を上回ることが多く，結果として下痢を引き起こす．

21.2.4 水の移動と水チャンネル[3]

水が生体を出入りするとき，多くの場合は生体膜を通過する必要がある．例えば，飲んだ水が消化管壁を通過して体内に吸収され，細胞外液・細胞内液として分布されなければ，飲水行動は意味をなさない．後に詳しく述べるように，生体膜は脂質でできていて，非極性物質は容易に透過するが，極性物質は通過しにくい．水も極性物質であるが，不思議なことに生体膜を容易に通過する．水の分子の小ささ，電荷をもたないことなどが原因と考えられているものの，完全に説明はついていない．少なくとも水の輸送に関係する細胞である腎尿細管や分泌上皮などには，アクアポリン（aquaporin，AQP）という膜貫通タンパク質が発現していて，これが水の通路になっている．

AQP の分子量は 30 kDa 前後であり，液体の輸送にかかわる多くの細胞の細胞膜に発現している．すでに哺乳類から 10 種のタンパク質がクローニングされているほか，両生類・植物・酵母・細菌そのほかの下等生物からも見つかっている．アミノ酸配列を解析すると，少なくとも 6 カ所，膜を貫通できる長さをもった非極性領域が存

在しており，タンパク質によってはこの構造が実験的にも確認されている．AQPタンパク質のアミノ酸配列には共通性があり，全体としては19～52%のアミノ酸が同一である．また，これらのタンパク質は，水のみの輸送にかかわるアクアポリンと，グリセリン（グリセロール）そのほかの巨大分子の輸送にもかかわるアクアグリセロポリン（aquaglyceroporin）の2群に分けることができる．AQP以外にも，グルコース輸送体をはじめ複数のタンパク質が，浸透圧差に起因する水の移動にかかわることが示唆されているが，これらのタンパク質の存在密度はAQPに比べてはるかに小さく，生体膜の水に対する透過性にどれほど寄与しているのかは明らかでない．人工生体膜でできた球体にAQPを埋め込み，この球体を入れた液体の浸透圧を急激に変化させると，AQPを通って水の移動が起こり，球体の容積に変化が生ずる．このような手法を用いてAQP1チャンネルのもつ性質がいろいろと調べられた．その結果から，AQPは膜表面$1\mu m^2$当たり1000個程度存在することが推定された．これは，他のイオンチャンネルが$1\mu m^2$当たり1個以下であるのと比べてはるかに高密度である．

AQP分子が水の通路となりうることが確認されたとしても，それが生理的にも意味のある機能なのかどうか，直ちにわかるわけではない．最近は，特定のタンパク質の生理的な機能を知る目的で，遺伝子工学的手法によって，そのタンパク質を合成できないようにしたマウス（ノックアウトマウス）を作成し，個体レベルでの機能を調べる方法がよく用いられている．AQP4のノックアウトマウスは，生存・発達・成長には異常がなく，脳の水透過性が野生型の1割以下に低下し，また，脱水状態で尿を濃縮する能力に低下が見られた．AQP1ノックアウトマウスでは，腎の近位尿細管の水透過性が野生型の8分の1に低下しており，脱水状態における尿の濃縮能力に欠け，脱水と消耗が著しかった．腎の集合管に発現するAQP2は，その遺伝子の突然変異により遺伝性の腎性糖尿病を惹起することが知られている[3]．以上のように，アクアポリンは，いずれかの発現が欠如しても必ずしも死に至るわけではなく，水の出納においてこの分子群の果たす定量的な役割については，解明されていない点が多い．

AQP分子種のなかには，前述のようなグリセリンを通すものに加え，カルバミドプリン（AQP9），さらにはCO_2（AQP1）などについても透過性のある場合が報告されている．また，AQPは骨格筋や脂肪細胞など上皮細胞以外の細胞にも発現している．骨格筋に発現するAQP4を働かないようにしたマウス（AQP4ノックアウトマウス）と，ある種の筋ジストロフィーでは筋細胞に共通の特徴的所見が認められる．脂肪細胞に発現するAQP1は脂肪のプロセシングに，結腸のAQP4は液体の吸収に，それぞれ関与することが示唆されている[3]．AQPは，これ以外にも神経系の星状膠細胞，膀胱，皮膚，脂肪細胞，白血球など，一見，大量の水の輸送には関連のない組織にも発現が報告されている．このような報告は，AQPという名のついたタンパク質

21.2.5 水出納の異常による障害

体内の水分が厳密な調節を受けているということは，裏を返せば，水分量の異常は身体に深刻な影響を及ぼすということである．水分の不足は脱水，水分の過剰は水中毒という病態を引き起こし，それぞれ放置した場合は生命が危険にさらされる．ただし，水中毒は比較的まれである．

a. 脱　水

水分の排出が摂取を上回る状態が続くと，最初は組織間液から細胞内へと水分が供給されるが，最終的には細胞も水分を失い脱水状態が起こる．このような状況では内臓器官を保護する目的で，まず皮膚と筋肉の水分が失われると同時に，組織間液が失われることによって血液の濃縮が起こる．

脱水の最初の徴候は，のどの渇きである．水分が体重の 1～5% 程度失われると，不快感・食欲の喪失・心拍・呼吸数の増加・吐き気が現れ，顔面・身体が"収縮"したような感じになり，皮膚の弾力が失われて固く無感覚になるほか，体重の急激な減少，体温上昇が見られる．脱水が進行すると，循環不全，無尿が生じ，酸性代謝物が排出できずに貯留する結果，アシドーシスが起こる．喪失量が 10～11% を超えると，幻覚・精神錯乱，聴覚・視覚障害，twitching，舌の膨満，嚥下不能など神経系の症状に加え，腎機能の障害が起こり，最後には脳障害・興奮状態・譫妄から昏睡・死という経過をたどる．動物実験では 15～20% の脱水は致死的であるという[4]．

健常なヒトにおいて，脱水は激しい発汗時に水の補給（飲水行動）が追いつかない場合，あるいは水の摂取を制限した場合に起こる．臨床的には，持続的な嘔吐・下痢のほかに，消化管が閉塞するなどで水分の吸収が行われない場合や，外傷や火傷から水が失われ続けるような状況で起こる．特に臨床的な脱水状態においては，水とともにナトリウムや塩素が失われることも問題となる．水の欠乏は当然飲水行動によって解消できるので，通常に生活しているヒトにとってみれば何でもないことであるが，欠乏状態で意識を喪失していたり，非常に衰弱して自分では水を飲めないような状態の場合は，水分を補給してやらないと，非常に危険な状態にすぐに陥る点は注意が必要である．一方で，このような状況にある場合に，塩分の補給を考えずに水分のみを補給すると，後述する水中毒を引き起こしうることにも留意しておかなければならない．

b. 水分の過剰

体内の水分量が増えても，直ちに水利尿（water diuresis）が起こって，大量の薄い尿が排出されるので，水分の過剰状態に至ることはまれである．しかし，ADH による水分再吸収作用に問題があったり，手術後など ADH 分泌が高まった状態で飲水

行動を持続した場合に,水の過剰状態が起こることがある.このような状態では,細胞外液の濃度,ナトリウム濃度,浸透圧がいずれも低下するため,細胞内へと水分が移行し細胞が膨潤する.脳細胞の膨潤は,意識障害・行動の混乱をきたし,いわゆる水中毒(water intoxication)の状態を引き起こし,放置すれば死に至る.高温条件での運動や重労働など激しい発汗時に,水を多量に飲んで塩分を補給しなければ,細胞外液の浸透圧低下が起こる.この場合は,熱痙攣(heat cramp)と呼ばれる痛みをともなう随意筋の痙攣が主症状である[1].

〔渡辺知保〕

21.3 水の機能

21.3.1 体内環境としての水

人体を構成するなかで最も多量に存在する分子は水分子であり,水の有するさまざまな物理化学的特徴が生体機能の維持に有用であることについてはすでに述べたとおりである.ヒトを含む生命体は,この大量の水分子の集まりの中にさまざまな機能をもった生体分子を浮遊させ,分子と分子の間でのさまざまな化学反応によって細胞活動・生命活動を維持している.しかし,水は単なる溶媒,細胞膜の中の空間,機能分子の活動する空間を提供しているだけの存在ではない.生命現象を考えるうえでは,機能分子とその環境である水との間の相互作用もたいへんに重要である.

a. 水分子どうしの相互作用

液体の状態にある水は水分子の集合したものであるが,個々の水分子はまったく独立した存在というわけではない.水分子は,いうまでもなく酸素原子1つと水素原子2つでできている.全体としてその電荷は中性であるが,酸素原子は電子を引き寄せる力が水素原子よりはるかに大きいので,分子の中で電荷分布に偏りができる.すなわち,酸素原子側が負電荷を帯び,2つの水素原子側が(電子を奪われて)正電荷を帯びた状態になる.このような電荷の偏りをもつ分子を極性分子というが,極性分子である水分子が多数存在する場合,ある水分子の酸素と他の水分子の水素との間には静電力が働き,水素結合と呼ばれる非共有結合をつくる.水分子1つをとってみると,酸素原子は他の分子の水素原子2つと結合し,2つの水素原子は,それぞれ他の分子の酸素原子1つと結合するので,都合4つの水分子と水素結合を形成している.こうした水素結合は,生理的状態では常につくられたり壊れたりしており,水分子どうしは1秒間に約10^{11}回の速さで結合・乖離を繰り返していると考えられている.結合の強さは,水分子内の共有結合(H−O)と分子間の水素結合(O⋯H)とのなす角度に依存し,両者が直線をなすときに最も強く,直角をなす状態では結合できない[5].このような制約を受けるために水素結合には強い方向性が現れ,水分子は網目状の構造をつくって配列していることが示されている[1].こうして形成される網目構造が,水の高い密度・融点・沸点の原因でもあり,また表面張力を生じさせる原因でもある.

b. 水分子とイオン

　上述したとおり水分子には極性があるため，水分子とイオンとの間にも水素結合が形成される．水分子どうしの水素結合に似て，イオン-水分子間の水素結合も常に結合・乖離を繰り返し，その速度は毎秒 10^9 回程度とされている．代表的な電解質であるナトリウムイオンの場合，水中では水分子の陰性荷電した部分に取り囲まれた状態で存在し，塩素イオンは陽性荷電した部分に囲まれて安定に存在する．このため，塩化ナトリウムは容易に水に溶かすことができる．糖などの極性分子も水素結合をつくりやすいので，結果的に水に溶けやすい．一般的に，小さな半径をもつイオンのほうが，水分子との間の静電結合が強くなるため，大きな半径をもつイオンよりも水分子と離れにくい．

　水分子とイオン・極性分子との相互作用は，これらの溶質が脂質二重膜である生体膜を通過するメカニズムを考えるうえで重要である．これらの溶質が生体膜を通過するには，膜の中心部にある疎水性の炭化水素の層を通過しなければならない．このときに溶質を囲む極性分子である水分子が邪魔になるが，エネルギー的に，両者の乖離は起こりにくいので，極性分子は生体膜を通り抜けにくい．実際には多くの極性分子は，それぞれの分子に見合った"チャンネル"を通って生体膜を抜けていく．チャンネルとは，膜を貫通しているタンパク質であって，ナトリウムチャンネルやカリウムチャンネルといった名称からもわかるように，それぞれのチャンネルは，どんなものを通過させることができるかについて，特異性をもっている．あるチャンネルがどのイオンを通すかを決める要因としては，イオンの大きさおよびイオンと水分子との離れやすさが重要である．一般的にサイズの大きなイオンは，サイズの小さなチャンネルを通過しにくい．また，チャンネルのもっている（膜を貫通する）孔（pore）の内面が極性の弱い分子で構成される場合，水分子は通過を妨げるので，水分子と解離しやすいイオンのほうが通過しやすい．

c. 水分子と非極性分子（脂質二重膜・膜貫通タンパク質）

　水分子と非極性分子との相互作用を考えるうえで最も重要なのが，疎水力（hydrophobic force）である．油のように親水性のない非極性の物質を水分子が排除する力を疎水力と呼ぶ．疎水力の存在する結果として，排除された非極性物質（基）が水溶液中で互いに集まろうとする相互作用（hydrophobic interaction），すなわち疎水結合（hydrophobic bond）が生ずる．逆に非極性物質は水分子間の水素結合を破壊するなど，周囲の水の構造を変えることができる．疎水力や疎水相互作用は，非極性基をもつ分子の立体構造や空間配置を決めるのに重要な役割を果たしている．その代表的な例が生体膜の構造である．生体膜を構成するリン脂質の一部をなす炭化水素鎖は非極性であるため，水と接すると安定しない．そこで，炭化水素鎖が水と接しないように，炭化水素鎖を内側に向け，リン酸基を含む極性部分を水側に向けて2層構造をとっている．

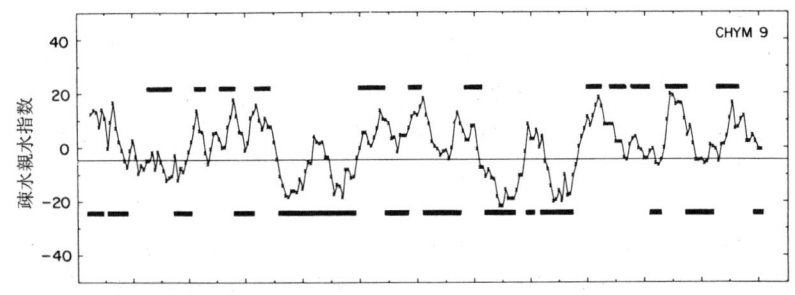

図 21.2 ウシ・キモトリプシノーゲンのヒドロパシ分析[13]
横軸がアミノ酸の位置,縦軸が疎水親水指数で,上にいくほど疎水性が強い.結晶解析の結果,図の中央より上方の短い横棒の部分はタンパク質分子の内側に,下方にある横棒の部分は外側に位置することがわかっている.

疎水力は,タンパク質の構造においても重要な役割を果たしている.タンパク質は,アミノ酸が連なった構造をもっているので,水分子とタンパク質分子との相互作用を解析するには,水分子と個々のアミノ酸残基との相互作用についてまず考える必要がある.20種類あるアミノ酸の残基は,それぞれ疎水性が異なっている.疎水性の強い残基が連続する部分は,水とは接しないように位置することが予想される.このような考え方をさらに進めたものが,アミノ酸配列のわかっているタンパク質の高次構造を,個々のアミノ酸の疎水性に着目して推定するヒドロパシ分析(hydropathy analyses)である.ヒドロパシ分析では,配列中の特定の位置にあるアミノ酸の疎水親水指数(hydropathy index)を,その前後数個にわたるアミノ酸の疎水性の移動平均として求める.個々のアミノ酸については,最も疎水性が強いイソロイシンから疎水性の弱いアルギニンまで個別にスコアが割り当てられている.一般に,水溶性のタンパク質,特に球状をしたタンパク質については,疎水性の強い領域がタンパク質の立体構造の内面に位置する.また,膜タンパク質には通常,らせんを形成しつつ3 nm厚の疎水性部分を貫通する約20個のアミノ酸からなる疎水性領域が存在するが,ヒドロパシ分析により,このような構造をとることが可能なアミノ酸配列が分子内のどこに存在するのか同定できる(図21.2).

d. 細胞内の水の存在形態

水の疎水力が高分子の存在状態に影響を及ぼす一方で,高分子も水の構造(水分子の配置)に影響を及ぼしている.例えば疎水性のアミノ酸側鎖が水中に存在する場合,その周辺に存在する水分子はクラスレート(clathrate)構造と呼ばれる,氷よりも規則正しい構造をとると考えられている.このように,近くに高分子が存在する場合,水は希薄水溶液の水とは構造が異なり,したがって性質も異なることが予想される.細胞内には高分子が豊富に存在するため,高分子や生体膜の近くにあって,これらと相互作用している水と,それらから離れて溶媒(bulk solvent)として存在している

水とは物理的性質が異なること，したがって細胞内に存在する水をすべて均一とみなすことが適当でないことが指摘されている[5,6]．さらには，NMRを用いた解析により，ミトコンドリア内の水の粘性が細胞質の15倍に達することが示されるなど，細胞内の小器官（オルガネラ）による水の性質の違いも示唆されている．溶媒の粘性が大きければ溶質の拡散は妨げられることから，後者の観察は，ミトコンドリア内での酵素反応のさまざまな特徴を説明するとも考えられている[6]．このように，生体内，特に細胞内の水は，希薄水溶液の溶媒として存在する水とは異なり，不均一性をもった存在であり，そのことが生体内で起こるさまざまな生理学的・生化学的現象を考察するときに重要である．しかし，その意義については未解明な点がまだまだ多い．

21.3.2 消化管と水
a. 消化のプロセスにおける水の役割

消化は，食物として口から入ったさまざまな高分子化合物が主として小腸内で低分子化合物に分解されるプロセス，吸収はこれらの消化産物・ビタミン・ミネラル・水分が消化管粘膜を通過して血中・リンパ中に入るプロセスである．小腸の内腔表面には微絨毛（microvilli）があり，刷子膜と呼ばれる構造をつくっている．この膜の表面（他の細胞膜でも同様であるが）には不撹拌層（unstirred water layer）と呼ばれる比較的混合の起こりにくい液層があって，その厚さは$100〜400\,\mu m$に達する．栄養素を含む溶質が小腸の細胞表面に達するためには，この層を拡散して通過しなければならない．生体膜の厚さが一般に$7.5\,nm$しかないことを考えると，これらの液層が障壁として果たす役割の重要性が想像できる．

水は消化管の内容物の吸収のプロセスにも関与する．単純な例をあげれば，カルシウムが吸収される場合，小腸管腔内において水溶性の形態をとっている必要がある．炭酸塩やリン酸塩，あるいは多量の脂肪酸が存在すると，カルシウムと不溶性の塩や不溶性のカルシウムソープを形成し，その吸収を阻害する．

高分子化合物のなかでも疎水性物質の代表である脂質の消化は，生体にとっての難題である．脂溶性物質は，単純拡散によって容易に生体膜を通過できる．しかし，ほとんどの脂肪は水溶性が弱いので，消化管腔内では大きな脂肪滴を形成しており，サイズが大きすぎるためこのままでは吸収されない．また膵から分泌される脂肪分解酵素であるリパーゼは，脂肪中にあるトリグリセライドをモノグリセライドと脂肪酸とに分解するが，水と油の界面でしか作用できないため，大きなサイズの油滴を消化するのは効率が悪い．このような脂肪滴が十二指腸において胆汁と出会うと，脂肪滴は胆汁酸によってカバーされる．胆汁酸は疎水性のステロイド部分と，極性の強い部分とで構成されているため，疎水性部分で脂肪滴に接し，極性部分で水に接することが可能であり，胆汁酸で覆われた脂肪滴は，小腸内で撹拌されつつ消化酵素の作用も受けて次第に小さくなり，乳化状態（emulsion，液体の中に細かい油滴を分散した状態）になり，リパーゼが作用できる表面積が拡大される．分解産物である脂肪酸とモ

ノアシルグリセロールは，胆汁酸で周囲を取り囲まれて小さいミセル（micelle）となり，この形で消化管壁に向けて拡散し，刷子膜において上皮細胞中に吸収される．

胆汁の主要な成分はビリルビンなどの胆汁色素とコレステロールであり，コール酸などの胆汁酸とアミノ酸が結合してつくる胆汁塩が含まれる．肝で合成され胆管に分泌された胆汁は胆嚢で濃縮された後，摂食刺激などによって総胆管を経由し，ここで膵から分泌された重炭酸塩や消化酵素を含む液体と合流して十二指腸に放出される．胆汁の分泌量は1日当たり500～1000 ml 程度であり，肝を出た直後では97％以上が水分であるが，胆嚢で濃縮された後では水分含量が84％程度まで低下する．

b. 消化管粘液の役割

消化管壁の表面には粘液が存在している．この粘液は，大部分（＞95％）が水であるが，ムチンという糖タンパク質が3～5％含まれている．ムチンは，胃では粘液細胞（mucus cell），十二指腸では Brunner 腺，小腸・大腸では杯細胞（goblet cell）で合成され，通常は分泌顆粒内にたくわえられており，各種の分泌刺激に応じて細胞外に放出され，水を吸収してゲル状になる[5]．ムチンは分子量が200～2000 kDa におよぶ巨大な分子であり[7]，分子どうしが非共有結合して繊維状の構造をなしている．

消化管において分泌されるムチン－粘液の機能は多様であり，消化管腔の内容物の潤滑剤として働いたり，免疫グロブリンタンパク質が抗原に結合できるよう，その足場を提供したりしているが，最も重要なのが消化管組織自体の保護作用であろう．消化管壁を構成する上皮細胞は，消化管内の常在細菌叢や病原菌，さらには胃酸や消化酵素から，消化管組織自身を保護する役割を担っている．そのために，消化管は多量の塩と水分とを分泌し，抗微生物作用のあるタンパク質やペプチドを産生するが，粘液の分泌もこの防御作用にかかわっている[7]．すでに述べたように，粘液層は消化管腔内にある巨大分子が消化管壁に達する前のバリヤーとして働く．ムチンに結合している糖鎖の構造は多様性に富み，常在菌あるいは病原性の細菌が結合できる部位を提供している．細菌がムチンの糖鎖に結合すれば，小腸上皮細胞への結合のチャンスは減り，粘液層にとどまっていることで，蠕動運動による排出も受けやすくなる．ムチンの分泌刺激は，神経性（副交感神経）シグナルのほか，神経ペプチド，免疫細胞の分泌するサイトカインなど多様であるが，寄生虫感染や消化管の炎症反応があると分泌が増加することも，ムチンによる保護作用を物語っているといえる．さらには乳酸菌 *Lactobacillus* のもつ消化管保護作用が，ムチン産生の促進を介したものという可能性も示されている．

c. 防御メカニズムとしての分泌性下痢

コレラをはじめとしてさまざまな病原性の細菌は，分泌性下痢（secretory diarrhea）を引き起こす．このタイプの下痢の起こるメカニズムの詳細は明らかでないが，病原性細菌により，ある種のタンパク質合成が小腸上皮細胞で促進される結果，プロスタグランジンあるいはガラニン受容体などの合成が増加し，最終的には，塩素が上皮細

胞から消化管内に移動して，水の移動を惹き起こすのではないかと考えられている[7]．細菌による分泌性の下痢がもつ生物学的な意味については，細菌が自身自身を宿主に"フラッシュ"させることによって，新しい宿主に移動していく手段である，すなわち細菌にとって利益をもたらすという見方もあるものの，宿主が大量の水分によって腸内の有害な細菌をフラッシュして，細菌の侵入から自身を保護する現象であると考えられてきた．その間接的な証拠として，蠕動を抑制する薬物によって病原細菌による感染が長引くとか，液体を腸内に注入して実験的な下痢を起こすと，糞中の細菌数が減少するなどの観察があげられているが，下痢が宿主に利益をもたらすことを直接的に証明した例はない[7]．消化管腔への大量のイオンと水分の分泌が，消化管における生体防御メカニズムとして機能している可能性については，さらに検証が必要である．

21.3.3 呼吸器と水

気道内の表面にも消化管と同様に，薄い（～25 μm[8]）水の膜（airway surface liquid, ASL）が存在して，さまざまな生理機能に関与する．

a. 肺の表面張力

実験的に肺に生理食塩水を満たし，これを膨らませるとする．膨らませるためには力が必要であるが，生理食塩水ではなく，通常の呼吸と同じように空気を満たして膨らませると，これよりはるかに強い力を要する．これは，肺胞細胞と空気との間に存在する ASL によって生ずる表面張力が，肺の表面積をできるだけ小さく保とうとし，これを膨らませようとする力に抵抗するからである．肺に液体を満たしてしまうと，ASL が失われ表面張力も消失するため，弱い力で膨らませることが可能になる．肺では通常，II 型肺胞細胞でリポタンパク質を主体とする界面活性物質が産生・分泌されていて ASL の表面張力を減少させ，肺を膨らませるのに必要な力を小さくしている．満期に近づいた胎児では界面活性物質の産生が見られるが，産生量が十分に達しないうちに生まれた未熟児は新生児呼吸切迫症候群（NRDS）を呈することがある．

b. ASL と疾患

ASL は消化管の薄い水層と同様に，細菌などからの組織の保護に関与している．気道には，粘液－絨毛運動により異物を排除する機能が備わっており，その働きには水の層が重要である．一方で，気道からは呼気とともに常に水が失われており，これを常に補うことが必要である．ASL の厚さや成分の異常は，膿胞性繊維症，気管支炎，喘息などと関連があることが示唆されている．

膿胞性繊維症（CF）は，CF transmembrane conductance regulator（CFTR）というタンパク質をコードする遺伝子の変異によって起こる先天性の疾患である．CFTR は気道上皮に存在する塩素イオンチャンネルであり，この遺伝子の変異によって塩素輸送に異常をきたす結果として，気道表面よりナトリウム，続いて水の吸収が起こって ASL の容積が減少し，慢性的な感染と炎症を惹き起こす．ASL の減少がど

のように発症と結びつくのかは，ASL自体を調べることの技術的困難さもあって完全にわかってはいないが，ムチンを含む溶質濃度が高くなり粘液層の粘度が高まる結果として，粘液-繊毛による細菌などの排出効率を低下させることや，粘液中の塩濃度の異常により，抗細菌作用のある物質が失活することなどがそのメカニズムとして示唆されている[9]．

CFのような機能的異常がなくても，気道表面からは不感蒸泄として常に水分が失われていて，換気亢進時や乾燥した空気を呼吸する状態では，このロスも大きくなる．ASLは上述のように気道組織の保護に重要であるから，失われた水分は素早く補われなければならない．事実，肺では，肺胞内表面の空間と末梢血流の間に素早い水の交換があることが知られており，通常の水収支の維持以外にも，赤ん坊が生まれるときに液体（子宮内の羊水）中に浸っていた肺が大気と直接接するようになるとき，また何らかの刺激により肺が浮腫を起こすとき，逆に浮腫が収まるときなどの場面における水の出納に重要な役割をもつと考えられている[10]．この素早い水の交換には，肺を形成する薄いI型細胞に発現しているAQP5が関与することが示唆されている．乾燥空気を呼吸させると気道粘膜下への血流が促進されるという，ASLの調節を考えるうえで興味深い報告もある[9]．

21.3.4 体温調節と水

ヒトの体温は37℃前後に保たれるよう厳密に調節されている．ヒトの場合，低体温に対しては比較的よく耐えるが，高体温に対してはたかだか数度の余地しか残されておらず，42℃以上の体温が長時間続くと，熱射病や脳障害の危険が出てくる[4]．体温の上昇に対する人体の生理的反応は大きく分けて発汗と皮膚温上昇の2つがあり，それぞれに水分が重要な役割を果たす．

a. 皮膚温上昇

体温調節機能から見ると，人体は核（コア，core）と殻（シェル，shell）との2つのコンポーネントとに分けられる．コアは人体の深部にある脳を含む主要な内臓器を，シェルは人体の表層およびこれに近い部位である皮膚や皮下組織を指す．コアは単位重量当たりで比較した場合，産生する熱量が大きく，ここで産生された熱はシェルに運ばれ，環境中（外界）へと捨てられる．熱がコアからシェルに運ばれる場合，単純な温度勾配にそった熱の伝導は効率が悪く，血流による熱の輸送が重要な役割を果たす．ここでは，水の比熱が大きいことが，効率的な熱の運び出しに役立っていることになる．

環境温が体表面温より低ければ，体表面から環境へ向けて熱が放散されるが，放散の速度は両者の温度差に比例する．このような状況ではコアとシェルとの温度差をなるべく小さくし，シェルの温度を上げるほうが，コアからの熱放散が速く進むことになる．こうした体表面からの放熱は，皮膚血管の血管運動反応によって制御されている．すなわち，放熱を増加する必要のある場合は皮膚の細動脈（arteriol）が拡張し，

部位によっては平常時の100倍にまで皮膚毛細血管の血流量が高められる．これによって，コアからの熱の運び出しが促進されるとともに，熱を運ぶ温かい血流が体表面近くを流れることになるので，体表面からの放熱は平常時の20倍に増加する．細動脈が収縮すると，皮膚の毛細血管を流れる血流量は激減し，温かい血液は体表面から遠い深い血管を流れるようになる．そこから体表面へは伝導によって熱が移動するが，これは効率が悪く放熱量も減少する．

皮膚の表面に近い浅い血管が拡張して，血流分布が相対的に大きくなっている場合，心臓に戻る静脈血は減少し，1回拍出量も減少する．代償的に心拍数は増加するものの，増加が限界となれば心拍出量も減少し，血圧低下を招く．このように，皮膚温の上昇は心臓の負担の増大をともなう．発汗が同時に起こっていれば脱水状態となり，これが血液の濃縮を招いて心負担はさらに増す[11]．

b. 発　　汗

上述のような皮膚温上昇による放熱促進は，環境温が体温より十分に低い場合にのみ有効であり，これが体温と同程度かあるいはこれより高い場合には，皮膚温を上昇させることには意味がない．実際，環境温が20℃の場合，蒸散によらない放熱は，放熱全体の8割以上を占めるが，35℃では1割以下にすぎない．このような高温環境および激しい運動時は，発汗が放熱の主要な手段となる．発汗の始まる温度は，成人で32〜34℃と新生児の35〜37℃よりも低く，未熟児では発汗能力自体が未発達で，体温上昇に対しては呼吸数を増やすことによって対応する．

発汗では，体表面に分泌された汗が体熱を奪って気化することによって，体温を平常に維持する．すでに述べたように，水の蒸発熱量が大きいことは，この物質の特徴であって，$1l$の発汗によって約600 kcalの熱が人体より奪われる[11]．体の比熱は0.83 kcal/kg/℃であるから，産熱がないと仮定すると$1l$の発汗は60 kgのヒトの体温を12℃低下させることになる．一般に発汗量は1〜$2l$/hで，激しい運動を短時間行った場合や，暑熱馴化した状態では2〜$4l$/hに達する．1日の総発汗量は最大10〜$15l$程度である[12]．激しい発汗が持続しているときに水を補給しなければ脱水状態に陥るが，体温調節機能は体液調節機能に優先するため，体温が下がらなければ発汗は持続し，循環不全をきたす[11]．

汗は血漿に比べて低張の液体であり，主な溶質としてはナトリウムと塩素とを含んでいる．発汗量は交感神経の節後コリン作動性神経の支配下にあり，皮膚温や直腸温が上昇すると，汗腺の収縮作用によって，汗が皮膚表面に押し出される形で分泌される．この収縮は，1分間当たり1〜2回程度から15〜20回程度まで変化して，発汗量が調節される．ヒトでは汗腺の総数は250万個に達し，汗腺の表面積の総計は90 cm^2，すべての汗腺を満たすのに必要な体液の総量は40 mlと推定されている．

21.3.5　その他の機能

次章でも述べるように，人体はさまざまな有害物質を取り込んでおり，これを体内

に蓄積することは好ましくない．人体が有害物質を排出するときに使える経路は，腎（尿），消化管（糞），肺（呼気），汗であり，多くの物質については尿としての排泄が大きな比率を占める．尿から排出されるためには，問題の物質は水溶性であることが必要であるが，有害物質の多くは脂溶性である．このような場合，主として肝に存在する薬物代謝酵素系と呼ばれる一連の酵素群の働きにより，有害物質が水溶性を増すような代謝が進行する．多くの場合，この働きによって有害物質の排泄が促進されるので，この過程は解毒反応であると考えられる． 〔渡辺知保〕

文　献

1) J. Robinson：Essentials of human nutrition（Mann, *et al.* ed.）, Oxford University Press, 1998.
2) T. Ma and A. Verkman：*J. Physiol*.（London）, **517**（2）, 317-26, 1999.
3) A. Verkman and A. Mitra：*Am. J. Physiol*., **278**, F 13-28, 2000.
4) 栃原　裕：人間の許容限界ハンドブック（関　邦博，ほか編）, pp. 384-393, 朝倉書店, 1990.
5) 上平　恒・多田羅恒雄：水の分子生理：メディカルサイエンスインターナショナル, 1998.
6) Lopez-Beltran：*J. Biol. Chem*., **271**, 10648-10653, 1996.
7) G. Hecht：*Am J Physiol*, **277**（3 Pt 1）, C 351-358, 1999.
8) R. Boucher：*J. Physiol*.（London）, **516**（3）, 631-638, 1999.
9) J. Hanrahan：*J. Clin. Invest*., **105**, 1343-1344, 2000.
10) L. Dobbs, *et al.*：*Proc. Natl. Acad. Sci. USA*, **95**, 2991-2996, 1998.
11) 綿貫茂喜：人間の許容限界ハンドブック（関　邦博，ほか編）, 225-233, 朝倉書店, 1990.
12) 鳥井正史：人間の許容限界ハンドブック（関　邦博，ほか編）, 55-66, 朝倉書店, 1990.
13) Kyle and Doalittle：*J. Mol. Biol.,* **157**, 105-132, 1982.

22. 水 と 健 康

22.1 健 康 と 病 気

22.1.1 多様な健康影響

人体の機能に果たす水の役割は，第21章で述べたとおりじつに多様である．水あるいは水に含まれる電解質のバランスが崩れると，人体に障害をもたらし，死に至らしめることさえある．しかし，水の健康影響という場合には，以下の3つの原因によるものが特に重要である．第1は感染症である．感染症とは，病原体である微生物がヒト（あるいは他の動物）の体内に侵入し，臓器，組織あるいは細胞のなかで分裂・増殖することによって引き起こされる病気のことで，寄生虫症も含んでいる．水が密接にかかわる主たる理由は，細菌，ウイルス，原虫などの病原体を宿主から宿主に運ぶ媒介動物（ヴェクターと呼ばれ，昆虫が多い）の多くが水棲だからである．第2は飲料水に含まれる化学物質による影響で，広い意味での人間活動によって水が汚染されることに起因する場合が多い．第3は，ヒトが水中で過ごすことにより強い水圧を受けることによる障害である．

22.1.2 病気の変遷（疫学転換）

長い人類の歴史のなかで病気の種類は大きく変化してきた．人類が狩猟採集の生活を送っていた1万年以上前には感染症は少なかったかもしれないが，人びとが農耕を開始し定着した生活をはじめ人口も増加した後は感染症が主要な死因になったと考えられる[1]．このような状態が長く続いたが，先進国では社会の近代化とともに人びとの栄養状態が向上し，上下水道が整備され，屎尿やゴミ処理がいきわたり，さらに予防接種が広く行われるようになり，感染症の罹患率や死亡率は顕著に低下しはじめた．そして，人びとの寿命が延びたこともあり，感染症に代わって動脈硬化症，高血圧，糖尿病，肺気腫，悪性腫瘍（癌）などに代表される，いわゆる成人病（予防を重視する立場からは，生活習慣病と呼ばれる）が主要な死因になってきた．なお，循環器系疾患の発症にはミネラル類の含有量などの水質が関与する場合も多い．

主要な疾患が感染症から成人病に移行する過程は，しばしば疫学転換（または疾病転換，epidemiological transition）と呼ばれる[2]．しかし，疫学転換は先進国ではま

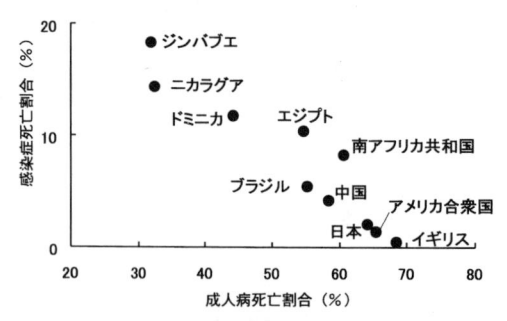

図 22.1 いくつかの国における感染症死亡割合と成人病死亡割合の関係
データは1990年代のもので，感染症は寄生虫症を含み，成人病は悪性新生物（癌），心疾患，脳血管疾患，高血圧性疾患，老衰を含む．

ちがいなく進んだものの，途上国ではその途中にあったり，古くからの疾患群と新たな疾患群の罹患率がともに高い場合も多い．国連が発表している1980年前後の国別の死因別死亡割合を見ると，感染症（寄生虫症を含む）による死亡割合が高かったのはグアテマラの25.5％，フィリピンの22.4％などであった．1990年代の統計資料に基づき，全死亡に対する感染症による死亡割合と成人病（悪性新生物（癌），心疾患，脳血管疾患，高血圧性疾患，老衰を含む）による死亡割合を図示すると，2つの死亡割合はほぼ逆比例している（図22.1）．ここでとりあげた国々のなかで，感染症死亡割合が最も高かったのは18.4％のジンバブエである．フィリピンの感染症死亡割合が13.8％に低下したことからも（成人病死亡割合が未発表のため図22.1には示されていない），途上国でも疫学転換が進行しているのはまちがいない．しかし，死因別統計を発表していない国も多く（グアテマラで1990年代のデータは発表されていない），そのような国で感染症死亡割合がさらに高い可能性が高く，感染症の恐怖はいまだに途上国では極めて深刻である． 〔大塚柳太郎〕

文　献

1) C.G.N. Mascie-Taylor：The Anthropology of Disease, Oxford University Press, 1993.
2) M.S. Teitelbaum：*Science*, **188**, 420–425, 1975.

22.2 水と感染症

22.2.1 多様な感染症

感染症とは，病原体（感染体）である微生物が患者から健康なヒトに移行し，健康なヒトが新たな患者になり適応度を低下させる過程といえる．この病原体の移行を伝播過程と呼ぶが，伝播過程には病原体，患者，健康なヒト，媒介動物，気温・湿度など病原体および媒介動物にとっての環境条件など，それぞれの地域生態系の全体が関

22.2 水と感染症

与している[1]．例えば，人類の長い歴史のなかで人びとが環境を改変し人口を増加させたことは，病原体あるいは媒介動物にとって好都合な条件をもたらした場合が多い．特に人口の増加と集中的な居住は，宿主としてのヒトの数（人口密度）を増加させたから，感染症の増加に最も強くかかわったといえる．

感染症の分類には，病原体によって，ウイルス感染症，マイコバクテリア感染症，クラミジア感染症，マイコプラズマ感染症，リケッチア感染症，スピロヘータ感染症，真菌感染症，原虫感染症，寄生虫感染症などに分けることもできる．一方，感染経路に着目して分類されることもある．

ケインクロスとフィーチェムは，水に関係する感染症を原因別に整理し，① 衛生状態の維持に必要な水洗用の水の不足による病原体が皮膚などをとおして体内に入り込むもの，② 水との接触によって水中に生息する病原体が皮膚などをとおして体内に入り込むもの，③ 糞便由来の病原体が水を経由して経口摂取されるもの，④ 水中に棲む媒介動物（昆虫）が病原体をヒトに移すことにより引き起こされるものに4分類している[2]．4分類された各カテゴリーに対応する病気と，発症にいたる経緯について述べておこう．

第1のカテゴリーは，水不足により個々人が衛生的な行動をとれないためにヒトからヒトに病気を移す場合を指しており，疥癬（scabies）のような皮膚病やトラコーマのような眼病がその好例である．第2のカテゴリーは，生活環の一部を水中で過ごす病原微生物を体内に取り込むもので，その例として，住血吸虫症やメジナ虫症があげられる．住血吸虫症にはさまざまなタイプがあるが，幼虫（セルカリア）が淡水中に生息しているので水浴などをしているヒトに皮膚を経由して侵入する．一方，メジナ虫症を引き起こすメジナ虫（線形動物の一種）は淡水中に生息する微小なミジンコに摂取され，感染したミジンコをヒトが飲み込むことにより体内に取り込まれる．第3のカテゴリーは，糞便中の病原体が水あるいは食物に混入し，それを摂取することによって引き起こされるもので，コレラ，チフス，A型肝炎，下痢症などが含まれる．第4のカテゴリーの病気を引き起こす媒介動物は数多く，マラリア，フィラリア，デング熱，黄熱病などを引き起こす多種のカ（蚊），オンコセルカ症を引き起こすブユ，アフリカ睡眠病（アフリカトリパノソーマ症）を引き起こすツェツェバエなどが代表例としてあげられる．

一方，近年になって地球規模で新しい流行が起こった感染症もあり，そのような感染症には新興感染症（emerging infectious disease）という名称が与えられるようになった．1970年代から30を超える新興感染症が同定されている（表22.1）[3]．このなかには，世界的に注目を集めているエボラ出血熱を引き起こすエボラウイルス，エイズを引き起こすHIVウイルス，（成人）T細胞白血病を引き起こすHTLV-Iウイルスなどが含まれ，水に直接関連するものとしてもレジオネラ症を引き起こすレジオネラ菌（細菌）や腸管出血性大腸菌O 157があげられる．2002年から，アジアを中心

表 22.1 新興感染症の例

年	病原体	微生物種	疾患
1973	ロタウイルス	ウイルス	下痢症
1977	エボラウイルス	ウイルス	エボラ出血熱
1977	Legionella pneumophila	細菌	レジオネラ症
1980	HTLV-I	ウイルス	T細胞白血病
1982	大腸菌 O 157	細菌	出血性大腸炎
1983	HIV	ウイルス	エイズ
1985	Enterocytozoon bieneusi	寄生虫	持続性下痢症
1988	E型肝炎ウイルス	ウイルス	肝炎
1991	Encephalitozoon hellem	寄生虫	結膜炎
1992	Vibrio cholerae O 139	細菌	コレラ
1994	サビアウイルス	ウイルス	ブラジル出血熱
2002	SARSウイルス	ウイルス	急性呼吸器症

にSARSウイルスによる重症急性呼吸器症が猛威をふるったことは記憶に新しい．新興感染症に対し，再興感染症（re-emerging infectious disease）という名称も使われるようになった．再興感染症とは本来，制御されたと考えられていた感染症が再び流行を開始した場合を指している．ただし，以前から制御も十分になされないまま現在も流行がつづいているものも再興感染症に含める場合もある．コレラや黄熱病は典型的な再興感染症であるが，マラリアや住血吸虫症などは古くから高い感染率が維持されているものである．

以下に，さまざまな感染症から7つを取り上げ特徴を紹介しよう．この7つとは，古くから猛威を振るいながら改善がほとんどみられていないマラリアと住血吸虫症，同様に古くから感染が多くみられていたが病型が変化したデング熱，典型的な再興感染症である黄熱病とコレラ，新興感染症の腸管出血性大腸菌 O 157 とレジオネラ症である．

a. マラリア

マラリアは，結核とともに感染数も死亡数も最大の単一疾患である．マラリアは原虫による病気で，発熱，貧血，脾臓腫大が主な症状である．マラリア原虫（Plasmodium属）の種は多いが，ヒトに感染するのは熱帯熱マラリア原虫（P. falciparum），三日熱マラリア原虫（P. vivax），四日熱マラリア原虫（P. malariae），卵形マラリア原虫（P. ovale）の4種に限られる．これらのうち，四日熱マラリアと卵形マラリアは熱帯域にまばらに分布するだけであり，実際に感染数もほかのものよりはるかに少ない．分布域が最も広い三日熱マラリアは温帯域にも侵出しており，かつてはヨーロッパや日本の一部もマラリア感染域であった．熱帯熱マラリアは熱帯にだけ分布するが，悪性マラリアとも呼ばれるように脳性マラリアなどを引き起こし生命に関係するし，抗マラリア薬に耐性を示す変異をつくり出すのも熱帯熱マラリア原虫の特徴である．熱帯熱マラリアは，かつては熱帯アフリカの全マラリアの約90%を占めたのに対し，ほかのアジアなどの地域では40〜50%といわれていた．しかし，抗マラリ

ア薬耐性株の出現もあり,熱帯熱マラリアの割合はどの地域でも上昇をつづけている.マラリアの発症数は年に約3億で,死亡数は150〜270万と推定されているが,感染数の大半と死亡数のほぼすべては熱帯熱マラリアによるものである.

ところで,三日熱マラリアや四日熱マラリアはヒトだけに感染するのに対し,熱帯熱マラリア原虫はヨザルなどのサルでも培養することができる.このことは,熱帯熱マラリア原虫がヒトを宿主とするようになってからの時間が短いことを意味している.最近の分子進化学の成果によると,熱帯熱マラリア原虫は6000年ほど前に熱帯アフリカでヒトに感染するようになり,その後全世界に広がった可能性が高い[4].6000年前のアフリカでは,定着的な農耕生活が開始され人口が増えるとともに森林伐採も行われたと考えられている.定着生活と人口増加は感染症一般に有利な条件であるし,森林伐採は媒介動物であるカの生息域を樹上から地表近くに移させたと推測されている.マラリアのもう1つの特徴は,原虫に対する免疫ができにくいために,同一人が何度も罹患するので死亡率が高くなることである.熱帯熱マラリア原虫に対して抗体ができにくいのは,感染時に煙幕抗体をばらまくため,あるいは原虫に遺伝的系統が多いので1つの系統に感染しても別の系統に対する免疫ができないため,などの仮説が提唱されている.

ところで,マラリア原虫を媒介するカはハマダラカ(Anopheles 属)である.ハマダラカの体内で有性世代がみられ,そのスポロゾイトが吸血時に人体に刺し込まれ赤血球に寄生する.その結果,赤血球が破壊され,発熱,脾臓腫大などの症状が現れる.世界的規模でのマラリア根絶計画は,世界保健機関(WHO)によって1957年に始められた.それは,当時開発された殺虫剤のDDTを家屋内に残留噴霧し,吸血したハマダラカを殺滅することを主たる手段としていた.1960年代後半には,世界各地で特に三日熱マラリアには効果を発揮したが,その後になって,DDTの環境汚染問題とDDT耐性をもつハマダラカの出現などのために計画は中断された.現在は根絶計画ではなく抑制計画にとって代わられている.マラリアの抑制に,ハマダラカの個体数の減少は最も基本的な事項である.しかし,実際には農業用地(特に水田)の開発のための水域の拡大や,ダムや河川の灌漑工事がハマダラカの生息に有利な状況を引き起こしている.

WHOなどが進めている現在のマラリア抑制計画の基本は,プライマリヘルスケアの立場を重視し,小児や妊産婦に主眼をおいてハマダラカに刺されないようにすることで,ハマダラカの活動が活発な夕刻から夜間に蚊帳にはいる行動をとることなどをすすめている.一方で,ハマダラカの個体数を減少させる手段として幼虫(ボウフラ)の駆除も有効である.しかしながら,ハマダラカには50くらいの種があり亜種や系統のレベルになるとはるかに多くのものが存在し,それぞれが異なるボウフラの発生源をもち成虫の行動パタンも異なっている.例えば,発生源として小川や沼,水田,水たまり,塩沼地,群草地など多様な環境が,それぞれの種や亜種によって好まれて

いる[5]. なかには，放置された古タイヤや空き缶にたまった水に産卵しボウフラが成長する場合もある．また，ハマダラカは一般に夜行性であるが，夕刻の早い時間帯から吸血行動を活発化させるものもいる．マラリアが相変わらず多発している途上国で蚊帳の利用などの予防行動をとることも，ハマダラカを減少させることも，なかなか進んでいないのが現状である．

b. 住血吸虫症

住血吸虫症は，*Schistosoma* 属の4種の住血吸虫によって引き起こされる．アフリカにはビルハルツ住血吸虫（*S. haematobium*）とマンソン住血吸虫（*S. mansoni*）が，アジアには日本住血吸虫（*S. japonicum*）とメコン住血吸虫（*S. mekongi*）が分布し，そして南アメリカにはアフリカと同じマンソン住血吸虫が分布している．歴史をたどれば，エジプトのミイラから住血吸虫の卵と成虫が見つかっているので，数千年前から住血吸虫症が存在していたと考えられている．しかし，この寄生虫症が同定されたのは1851年のことで，ドイツ人の医師ビルハルツがエジプトのカイロで死体検索を行ったことによる[6].

これらの住血吸虫は，固有の淡水棲マキガイ（日本住血吸虫の場合はミヤイリガイ，*Oncomelania nosophora*）を中間宿主にしており，水中に入った虫卵からでるミラシジウムが中間宿主の体内で無性的に発育・増殖しセルカリアになり，これが水中でヒトに経皮的に侵入するという感染経路をとる．ヒトに感染する際に尾部が脱落し，胴体部分だけが肺に移行し大循環に入る．最終的には，ビルハルツ吸虫は膀胱静脈叢で，その他の住血虫は門脈系静脈で成虫になる．どの吸虫の場合も感染後4週目くらいから産卵をはじめ，虫卵が病変を引き起こすもとになる．すなわち，幼虫が分泌する抗原性物質の刺激により血便，血尿，高熱，腹部膨満などの症状をもたらす．感染してから数カ月〜数年を経過すると慢性期にはいり，腸・膀胱粘膜に虫卵結節が形成されポリープ様の増殖が起き，エジプトでは膀胱癌の発症が比較的多く報告されており，日本の場合には脳内に移行し神経症を発症し重篤になった例が報告されている．

日本住血吸虫はアジア諸国に広く分布している．日本では，山梨県，広島県，岡山県，北九州などで被害が見られたものの感染は終焉している．しかし，中国南部などを含むアジアの諸地域では現在も多くの感染が見られている．他の住血吸虫によるものも含めると，世界の74カ国で約2億人が感染しているといわれ，マラリアについで感染者が多い熱帯感染症になっている．途上国で中間宿主のマキガイを撲滅することは困難であり，ヒトが水浴などのために川や沼に入ることや裸足で湿地に入ることも少なくならない．WHOをはじめとする国際機関や先進国がさまざまな援助を展開しているものの，途上国における住血吸虫症の罹患率はほとんど低下していないのが現状である．

c. デング熱

デング熱はデングウイルスによる急性感染症で，古典的デング熱，ウイルス性出血

熱, デングショック症候群の 3 病型に分類される. 古典的デング熱は予後が比較的良好なのに対し, 後 2 者はしばしば合併症状を示すこともあり, 重症化して致死的な経過をたどることが多い. 古典的デング熱の存在は 18 世紀にすでに知られていたが, 他の 2 型は新しく, ウイルス性出血熱はフィリピンで 1954 年に初めて確認された. ウイルス性出血熱はしばらくの間, 東南アジアだけに見られたが, 1981 年にキューバで大流行が起きるなど全世界の熱帯域に広がるようになった[7]. 流行域はいまも拡大傾向にあり, 年間の新患数も 5000 万人から 1 億人に達すると推定されている. このように, デング熱は新しい病型が各地で流行している再興感染症である.

デング熱の媒介動物はシマカであり, 特にネッタイシマカ (*Aedes aegypti*) が重要である. 感染経路として, ウイルスに感染しているカの刺咬によりヒトが感染し, 逆にウイルス血症のヒトを刺咬したカがウイルスを獲得するという, カーヒトーカという生活環が成立している. 一方, ヒトが住んでいないような環境では, カとサルとの間で同じような生活環が存在している. カやダニのような吸血性の節足動物の刺咬により伝播されるウイルスは, 節足動物媒介性ウイルス (通称アルボウイルス) と総称されるが, 媒介昆虫の駆除が困難であり公衆衛生上極めて困難な問題をもたらしている. デング熱の場合も, カに刺されないことが最も有効な予防手段であるが, それはなかなか実効がともなわないし, 特にネッタイシマカは昼行性なので極めてむずかしい.

d. 黄熱病

黄熱病もアルボウイルスと呼ばれるウイルス性の疾患で, ネッタイシマカによって感染する. この病気はアフリカ起源で, 古くからラテンアメリカにももち込まれた. 発熱, 黄疸, 徐脈, タンパク尿, 出血傾向などを主候としており, 症状は軽度のものから重度のものまでさまざまであるが, 重症の場合には肝不全, 腎不全により死に至る. ただし, 黄熱病には不顕性感染もあり, この場合には一度感染すると終生免疫を獲得することになる[8]. 野口英世が, 黄熱病研究のために滞在していた西アフリカのナイジェリアで, この病気にかかり死亡したことはよく知られている.

デング熱と同じように, ヒトとヒトの間をネッタイシマカを介在してウイルスが移行し感染が成立するし, ヒトがほとんど居住していない森林のような環境ではサルが宿主としてヒトと同じ役割を果たしている. ただし, 森林のなかで黄熱ウイルスを媒介するのはネッタイシマカではなく, アフリカではシマカ属の別種のカであり, ラテンアメリカではシマカ属以外のカである. 予防という点からは, 黄熱病の場合にはネッタイシマカに刺されないようにすること以外に, ワクチン接種が有効である. しかし, 感染域のアフリカとラテンアメリカでは最近も年に 5000 人近い新患者がでている.

e. コレラ

コレラは, 血清型 O1 コレラ菌によって引き起こされ, 小腸性下痢と脱水を主候とする急性胃腸炎である. 経口摂取されたコレラ菌が小腸粘膜細胞に接着し, 増殖す

る際にコレラ毒素を産生することにより発症する．コレラの歴史は，イギリスの医学地理学者であるジャック・メイの努力などにより比較的よく解明されている[9]．発祥の地は南アジアと推定され，紀元前から地方病（風土病）として存在し，住民は一度感染し回復すれば免疫を獲得していたと考えられる．1816年に始まった最初の大流行（pandemic）のときは，船舶を用いる交易活動の活発化によってコレラ菌が，南アジアから東南アジア島嶼部，中近東，アフリカ東海岸などにも持ち込まれた．コレラは，かつてのヨーロッパで，天然痘，ペストとともに最もおそれられていた病気であり，イギリスでは汚染された井戸水がコレラの発生源として特定されたことはよく知られている．コレラ菌がコッホによって確認されたのは1884年のことであり，その後は上下水道の整備，衛生的な習慣の向上，ワクチン接種などにより感染は著しく減少した．しかし，根絶宣言がなされた天然痘とは異なり，途上国では現在もかなりの発症がつづいている．

ところで，多くの血清型があるコレラ菌のなかでコレラを発症させるのはO1型だけであるが，O1コレラ菌には古典（アジア）型とエルトール型がある．1961年に始まった第7次流行のコレラ菌はエルトール型である．第7次流行で大きな被害をもたらした1つの例は，1991年にペルーに上陸しその後ラテンアメリカの広域で流行したものである．この原因は，アジアからの船舶によってコレラ菌がもち込まれ，水道水の塩素処理が不十分だったためと考えられている．このラテンアメリカでの流行の際は，年間に40万人もが罹患している[10]．ただし，コレラの罹患数が多いのは現在もアフリカで，世界の全患者数の80％程度に達している．なお，経口輸液による治療技術が進んだため，致命率は1960年代初頭の50％近くから大きく低下し，最も高いアフリカでも5％程度，他の地域では1％程度になっている．

f. 腸管出血性大腸菌 O 157

腸管出血性大腸菌O 157（以下，O 157と略称する）による下痢症は，細胞毒性を示すタンパク性の毒素（ベロ毒素と呼ばれる）が産生され，ベロ毒素が腸管から体内に吸収され，血管上皮粘膜や腎臓などに作用して引き起こされる．この下痢症は，1982年にアメリカで初めての集団発生が報告された．その後，アメリカでは年間に2万人もの患者の発生と100人以上の死亡が見られている．現在までに，アメリカ以外では先進国を中心に20カ国以上で発見されている．日本では，1984年に初めての報告がなされたが，注目を集めるようになったのは1990年に浦和市の幼稚園で，水系感染による集団発生が起き2人が死亡してからである[11]．その後，日本での本菌による下痢症の発症は増加傾向にあり，例えば1996年には12都道府県で25件の集団発生があり，患者数は8000名を超え5人が死亡している．

O 157は，飲料水あるいは酸性の強い食品や野菜のなかで長期間生存する．例えば，浦和市の幼稚園での集団発生の感染源として特定された井戸水中の本菌の消長を検査した結果，15℃で保存すると5日目まで菌数は変わらず，その後徐々に減少するも

のの 35 日目まで生存していた．ほかの実験結果も含めると，本菌は低温で長期間生存するので，5℃ 程度の温度環境では 70 日くらい生存可能であり，環境温度が上がるにつれ生存日数が減少する．O 157 の感染源はウシであり，屠殺場での解体過程でウシの腸管内の O 157 が体表面をも汚染すること，一方では水を介して環境中に拡大することが原因と考えられている．O 157 は生存力が高いため，その感染経路には，① 食肉（臓器を含む）からヒトへ，② 食肉から他の食品を経由してヒトへ，③ 患者あるいは保菌者からヒトへ，④ 環境中に存在し飲料水を介してヒトへ，⑤ 環境またはヒトからプールなどの水を介してヒトへ，などがありうる．O 157 が発見されてから 20 年もたっておらず，これからの動向が危惧されている．

g. レジオネラ症

レジオネラ症の原因微生物であるレジオネラ（*Legionella*）属の細菌は，河川，土壌，温泉水などの自然環境中に広く存在するだけでなく，病院施設を含む冷却塔水，給油・給水タンク，噴水などの人工環境に見られる場合が多い．レジオネラ症は，その理由がわかっていないものの，同一の菌から 2 つの病型，すなわち予後が良好なポンティアック熱と，重症化しやすい肺炎である在郷軍人病（Legionnaires' disease，以下レジオネラ肺炎と呼ぶ）がある．在郷軍人病と名づけられたのは，1976 年にアメリカのフィラデルフィアで在郷軍人の集まりがあった際に，原因不明の重症の肺炎が集団発生したことによっている．アメリカでは，同国で発症している全肺炎の 2～8% がレジオネラ肺炎と推定されている．日本をはじめとする他の国々ではレジオネラ肺炎の発症率は低いが，重症化した細菌性肺炎のなかに，レジオネラ肺炎と診断されていないケースが多いとも推測されている[12]．

レジオネラ肺炎の発症は，何らかの疾患に罹患していた場合に多いことも事実である．しかし，健常者の発症例も最近では増加しており，老人ホームで給水装置に菌が混入し集団感染が起きた例や，低温の温泉水に菌が混入していたために感染者がでたことなどは記憶に新しい．日本のある病院のデータによると，他の疾患がない健常成人がレジオネラ肺炎患者の 20% 以上を占めていた．レジオネラ肺炎による死亡率は，患者の多くが他の疾患にすでに罹患しているので評価はむずかしい．ただし，免疫抑制剤などが投与され感染防御能が低下している場合には死亡率は極めて高いものの，他の疾患に罹患していない場合には有効な抗菌薬が投与されれば死亡率はかなり低く抑えることができる．ところで，この肺炎はヒトからヒトへ感染されることはなく，感染は水あるいは土壌をとおして成立する．したがって，特に重要なのは水を補給する人工的な装置での菌の汚染を防止することである．

22.2.2 再興感染症の現状と今後

最後に，WHO などが特に警戒している再興感染症の発症の状況を見ることにしよう．すでに述べたように，マラリアや住血吸虫症などは熱帯の途上国でいまだに猛威をふるいつづけている．一方で，感染の制御にある程度成功したと考えられてきたに

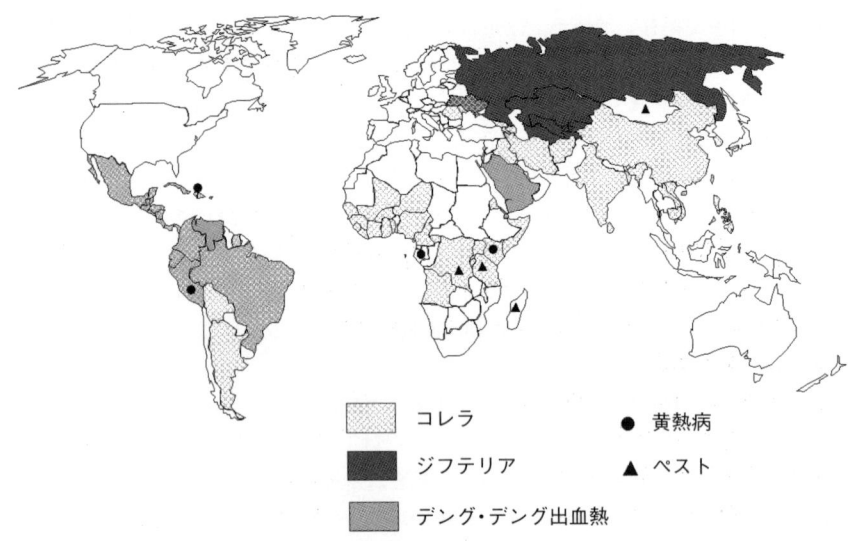

図 **22.2** 1995 年に再興感染症が流行した国々[13]

凡例: コレラ / ジフテリア / デング・デング出血熱 / ● 黄熱病 / ▲ ペスト

表 **22.2** 主要な昆虫媒介性の熱帯病と気候変化によって引き起こされる変化の可能性[14]

病　気	媒介動物	リスク人口 (100万)	感染者数または新患数	現在の分布域	気候変化による分布拡大の可能性
マラリア	ハマダラカ	2400	3～5億	熱帯・亜熱帯	＋＋＋
住血吸虫症	淡水棲マキガイ	600	2億	熱帯・亜熱帯	＋＋
フィラリア症	イエカ，ハマダラカ	1094	1.17億	熱帯・亜熱帯	＋
アフリカ睡眠病	ツェツェバエ	55	年に255～300万	熱帯アフリカ	＋
メジナ虫症	ミジンコ	100	年に10万	南アジア・中東・アフリカ	?
リーシュマニア症	スナバエ	350	年に50万	アジア・南欧・アフリカ・アメリカ	＋
オンコセルカ症	ブユ	123	1750万	アフリカ・ラテンアメリカ	＋＋
アメリカ睡眠病[1)]	サシガメ	100	1800～2000万	ラテンアメリカ	＋
デング熱	シマカ	2500	年に5000万	熱帯・亜熱帯	＋＋
黄熱病	シマカ	450	年に5000以下	南アメリカ・アフリカ	＋＋

[1)] シャガス病とも呼ばれる．

もかかわらず，最近になって世界規模での感染が始まった再興感染症も存在する．図22.2 は，WHO[13] が発表した 1995 年にこれらの再興感染症の流行が起きた国を，世界地図に示したものである．ここでは，コレラ，ジフテリア，デング熱，黄熱病，ペストだけを取り上げているが，ほぼすべての途上国でどれかの感染症が見られている．特に，高人口密度，高温多湿な環境，良好でない衛生状態のどれか，あるいはそれら

が複合している地域での発症が多い．これらの疾患のうち，ジフテリアとペストを除けば，水が感染に強く関与していることはすでに述べたとおりである．なお，マラリアや住血吸虫症などの感染症は現在も熱帯・亜熱帯の広域に分布しているが，これらは図には示されていない．

WHOなどが感染症を警戒しているもう1つの理由は，地球環境の変化によってそのリスクが上昇する可能性が高いことにある．特に地球温暖化による動物媒介性の感染症のリスクの将来予測は，WHO, WMO（世界気象機関），UNEP（国連環境計画）が合同して行っている（表22.2)[14]．この表には，最近の感染者数も記載されており，その数が多いこと自体も大きな問題であるが，マラリアをはじめとする多くの感染症が地球温暖化とともに罹患率を上昇させると予測されている．その主たる理由は，媒介動物の生存力が高まるためであり，現在の感染地域を超し，例えば温帯地域にも広がることも十分に考えられる．多様な感染症への対処にはそれぞれの手段があるにせよ，マラリア，住血吸虫症，デング熱などについて説明したように，有効な予防策を講じるには多くの困難がある．また，いままで知られていない新興感染症が出現することも予測され，「21世紀は感染症の時代」といわれるのも当を得ている．

〔大塚柳太郎〕

文　献

1) 大塚柳太郎・中澤　港：今日の感染症，**17** (3), 6-9, 1998.
2) S. Cairncross and R. Feachem：Environmental Health Engineering in the Tropics, pp. 1-17, John Wiley & Sons, 1993.
3) 島田　馨：感染症症候群II, pp. 1-4, 日本臨牀社, 1999.
4) S.M. Rich *et al.*：*Proc. Natl. Acad. Sci.*, **95**, 4425-4430, 1998.
5) 池庄司敏明：蚊, 東京大学出版会, 1993.
6) 小島荘明：感染症症候群I, pp. 156-158, 日本臨牀社, 1999.
7) 平林義弘：感染症症候群I, pp. 145-149, 日本臨牀社, 1999.
8) 吉川雄二：感染症症候群I, pp. 150-151, 日本臨牀社, 1999.
9) 大塚柳太郎：医科学—その基礎と広がりII（岡　博ほか編）, pp. 99-119, 中山書店, 1983.
10) 相楽裕子：感染症症候群I, pp. 138-141, 日本臨牀社, 1999.
11) 伊藤　武・甲斐明美：疫学ハンドブック—重要疾患の疫学と予防（日本疫学会編）, pp. 300-307, 南江堂, 1998.
12) 健山正男：感染症症候群I, pp. 11-14, 日本臨牀社, 1999.
13) WHO：The World Health Report 1996：Fighting Disease Fostering Development, WHO, 1996.
14) A.J. McMichael, *et al.*：Climate Change and Human Health, WHO/WMO/UNEP, 1996.

22.3　飲料水中の化学物質と健康

22.3.1　化学物質による汚染

水は生命の維持に必要不可欠である一方，水がヒトの健康に有害な因子の直接あるいは間接媒体となることがある．飲料水はこうした有害因子にヒトが直接曝露する媒

体である.有害因子を大きく分けると,生物学的なものと化学的なものになる.病原性微生物による飲料水汚染は水質汚染の代表例であり,特に発展途上国を中心として公衆衛生上の大きな問題になっていることは前節で解説されている.ここでは化学物質による飲料水汚染とその健康影響についてとりあげる.

一般に飲料水汚染は曝露を受ける人口サイズが大きいので,各汚染要因による健康障害に対する相対リスクが小さくても,寄与リスクが大きくなることが特徴である.また飲料水摂取による直接の曝露だけでなく,環境水の汚染が食物連鎖を通じて拡大した結果,汚染負荷の大きくなった魚類などを食物として摂取することで,水質汚染物質を間接的にヒトの体内に取り込むことが起こりうる.さらに飲料水,食物摂取などの経口摂取以外に,水中の化学物質が経気道的,経皮的に体内に取り込まれる例も知られている.

化学物質による水質汚染を,汚染起源によって分類すると,以下の4パターンがある.① 自然起源によるもの,② 産業活動など人為起源のもの,③ 非意図的に生成したもの,④ ほかの目的をもって意図的に添加したものである.① は狭い意味では汚染とはいえないかもしれない.表層水や地下水が,流域の地質学的特性によって,天然由来の有害物質を,ヒトの健康に影響を及ぼすレベルにまで含有する場合である.有害物質だけでなく,地質学的特性による地域の飲料水中のミネラルバランスが罹患率に関連する疾患も知られている.② は,工場排水,鉱業排水,農業排水など,人間の活動にともなって排出される化学物質が,水質をまさに「汚染」する事例である.ある特定の事業所などが操業にともない環境中に有害化学物質を排出することを原因とする古典的な公害型の事例が典型である.近年では,排出者が特定できないケースも数多く見出されるようになってきた.③,④ は,感染症防止など公衆衛生上の問題に対処するために飲料水に対して行う処理などによって,当初は予測のできなかったあらたな問題を引き起こすケースであり,③ では消毒副生成物,④ ではフッ素を典型的な例としてあげることができる.

本節においては,以上のような化学物質による飲料水汚染と,心臓病などヒトの健康事象との関連について,いくつかのトピックスを紹介する.また近年注目を集めているダイオキシン類や内分泌攪乱化学物質(環境ホルモン)による水質汚染について,ヒトの健康への潜在的な影響を評価することも含めて概説する.

22.3.2 地質学的特性による飲料水汚染とヒトの健康

a. ヒ 素[1]

1920年代に台湾南西部沿岸地域に烏足病(black foot disease, BFD)と呼ばれる疾患が見出された.これは循環障害による四肢末端の変色,潰瘍,壊疽を主症状とし,最終的には自発的切断にいたる風土病である.BFD地域で使用されている飲料水,生活用水の水質とこの風土病との関連が調べられた.BFD地域は海岸に面した地域であり,海水の混入を防ぐために1920年代より100〜200 mの深井戸から得られる地

下水を使用していたが，この地下水に最高で 2 mg/l にも達する高濃度のヒ素が含まれていることが原因と考えられた．このような高濃度のヒ素は，人為起源ではなく天然由来のものである．しかし BFD とヒ素との関連は，動物実験では再現できず，ヒ素以外の原因物質，例えば，同地域の井戸水が含有する蛍光性のフミン質などの関与も考えられた[2]．

一方，1960 年代になり，BFD 地域における癌死亡率が高いことが見出された．初期の疫学研究では，皮膚癌のみが注目されていた．その後皮膚癌だけでなく膀胱癌，肺癌，直腸癌，肝癌などによる死亡率（SMR）が，台湾における一般公衆の SMR より有意に上昇しており，その上昇は，① BFD 有病率と相関している，② 使用水源が深井戸＞浅井戸＞表層水の順に高い，③ 井戸水中ヒ素レベルと関連があるなど，深井戸（ヒ素濃度が高い）使用あるいはヒ素濃度と癌 SMR との間に量-反応関係が見出された．地下水中ヒ素レベルと癌死亡との関連の定量的調査では，井戸水中ヒ素 100 μg/l の上昇にともなうユニットリスクは，男性で肝癌 6.8 人（人口 10 万人・年当たり，年齢調整済），肺癌 5.3 人，膀胱癌 3.9 人，皮膚癌 0.9 人，女性でそれぞれ 2.0，5.3，4.2，1.0 人という結果が得られている．図 22.3 には台湾におけるヒ素曝露と肺癌，膀胱癌リスクの量-反応関係を示した[3]．

飲料水のヒ素問題は，台湾だけでなく，アルゼンチン，チリ（表層水汚染もある），メキシコ，中国，バングラディシュ，インド，タイなど世界各地で見出されている．チリのある地域では，1955〜1970 年ごろにかけて最高で 600〜800 μg/l のヒ素を含む飲料水を利用していた住民（37 万人，現在は 40 μg/l 程度）を対象にして行われた疫学調査の結果，1989〜1993 年の間に発生した癌による死亡者数の 5〜10% が，飲料水によるヒ素曝露によると推計されている[4]．

癌とともに関心をよんでいるのは，ヒ素による循環器系への影響である．慢性ヒ素

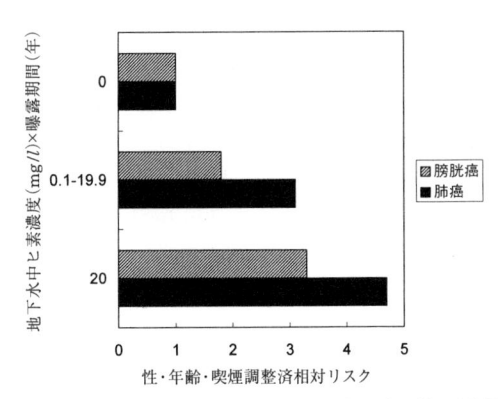

図 22.3 飲料水によるヒ素曝露と肺癌，膀胱癌の量-反応関係 Chiou, *et al*. (1995) より作図．

中毒の症状として閉塞性の動脈硬化症・血栓脈管炎が起こることが知られている．このような症状が末梢血管で起これば上述のBFDが引き起こされると考えられるが，心臓や脳に起これば心疾患や脳血管疾患の罹患率や死亡率があがると考えられる．台湾で行われた疫学調査によれば，虚血性心疾患死亡率，脳梗塞罹患率には，井戸水からのヒ素摂取量と量－反応関係があることが見出されている．冠状動脈疾患による生涯死亡ユニットリスクは，肺癌，膀胱癌と同じオーダーであると見積もられている[5]．

多くの国々でヒ素による健康障害が認識された結果，上水道の発達が促されるとともにヒ素を多く含む井戸水の使用は地域によっては減少してきているが，依然として多くの人々が汚染水を飲用している国や地域も存在する．

ヒ素濃度の高い地下水は，上記のような国々だけではなく日本を含む世界各地で見出されている．アメリカにおいては，環境に由来する癌発生において，タバコ，室内空気中ラドンとならんで飲料水中ヒ素が3大要因として公衆衛生上の対策が急がれている．これまでアメリカ環境保護庁（US EPA）は，台湾におけるヒ素と皮膚癌の初期の疫学データをリスクアセスメントに用い，水道水質基準として $50\,\mu g/l$ を設定していたが，その後，膀胱癌，肺癌など内臓癌へのリスクを加味し，また台湾以外の各地における疫学調査結果も加え，基準値を大きく下方修正する方向にある（例えば $2\,\mu g/l$）．ただし，下方修正された場合に生ずる水処理コストの莫大な増加の問題とともに，微量のヒ素が生体にとって有益な効果をもつ可能性が排除できないこともあって，US EPAは新基準値として2001年に $10\,\mu g/l$ を提示し，2006年から施行の予定となった．

b. 硬度およびマグネシウム

飲料水の硬度と脳溢血との負の関係が初めて見出されたのは日本においてであった．その後虚血性心疾患の罹患率あるいは死亡率と，地域の飲料水の硬度との関連を調べた生態学的疫学調査が数多く行われ，多くの場合に負の相関があることが示された．

水の硬度はカルシウムとマグネシウムの濃度の和（カルシウム（mg/l）×2.5＋マグネシウム（mg/l）×4.1）を表す指標であるが，飲料水中マグネシウムと虚血性心疾患との関連が特に関心を呼んでいる．マグネシウムは心筋細胞膜内外のナトリウムとカリウムの濃度勾配を制御する酵素（Na-K ATPase）の補因子として，間接的に心拍リズムを確保する役割をもっている．心筋梗塞発作時に発生する不整脈を抑制する働きがある．マグネシウム静脈投与（～2200 mg）による心筋梗塞患者の生存率の上昇も報告されている．動物実験では，マグネシウム欠乏が高脂血症，冠状動脈動脈硬化の原因となり，梗塞部位がより大きくなることなど，マグネシウムと虚血性心疾患との関連を裏づける臨床的・生物学的な根拠は多い[6]．

これまでに報告された飲料水中マグネシウム濃度と虚血性心疾患の関係に関する生態学的疫学調査は，ほとんどすべて両者の間に負の関係があることを示している[7]．

すなわち，飲料水からのマグネシウム摂取量が多い地域で，虚血性心疾患あるいはそれによる死亡が少ないことが示されている．これらの調査結果およびマグネシウム添加による介入研究においては，飲料水からの1日当たりのマグネシウム摂取量（1日飲料水 $2l$ 摂取と仮定）は最小群で 2～10 mg（介入研究では 418 mg），最大群で 12～90 mg（介入研究では 1142 mg），その差は 6～88 mg（介入研究では 724 mg），マグネシウム摂取 1 mg 当たりの虚血性心疾患死亡率・罹患率相対リスクの減少は，人口 10 万人当たり 0.1～21.7 人であり，寄与リスクの減少は 30% 程度が代表値であった．

以上のように，疫学調査の結果，臨床医学における効果，生物学的背景のどれをとっても，マグネシウムによる虚血性心疾患抑制は支持されるが，現在もこの関連に対し強い疑問が寄せられている．ヒトの食物からのマグネシウム 1 日摂取量は，アメリカ，西ヨーロッパ各国，日本でおおむね 250～300 mg 程度である．したがって，マグネシウム濃度が高い飲料水を摂取している人々といっても，多くの場合，食物からの摂取量にたかだか 10% が上積みされるだけである．これに対し，虚血性心疾患の寄与リスクが 30% も低下するというのは考えにくい，というのが根拠である[8]．それに対する反論として飲料水中マグネシウムは食物中マグネシウムに比べ消化管での吸収率が高いことをあげる説もある．しかし，それもたかだか 30% 程度の違いであり，事態はあまり変わらない．どのような生理学的メカニズムがあるのか依然として不明ではあるものの，もしこれまでに行われた多くの疫学調査が示すように飲料水からの相対的に微量なマグネシウム摂取が虚血性心疾患による死亡リスクを減少させるとすれば，簡便・安価に同疾患の予防が行え，多くの心臓死を防止し，医療コストの節減になる．今後もこうした疫学調査を，より洗練されたデザインを用いて継続していく必要性が指摘されている．

22.3.3 人為汚染と健康

a. 硝酸塩

環境水中硝酸塩（NO_3^-）濃度は，汚染がない場合 0.2 mg-N/l（硝酸塩性窒素として）以下である．環境水の硝酸塩汚染は，農業で使用される肥料および畜産業からの廃棄物が主な原因と考えられている．日本においては 1970 年代の無機化学肥料施肥の拡大にともなって，地下水などの環境水中硝酸塩濃度の上昇が見られるようになった．特に井戸水を飲料水として使用している地域では，高濃度の硝酸塩に曝露する可能性がある．

飲料水中の硝酸塩濃度が高いと，乳児（特に生後 6 カ月未満）のメトヘモグロビン血症の発症リスクが高いと考えられている．摂取した硝酸塩が体内で亜硝酸塩（NO_2^-）となって血中ヘモグロビンと結合するために，酸素を組織に運搬することのできないメトヘモグロビンを生成することが原因と想定された．井戸水中硝酸塩濃度とメトヘモグロビン血症発症との間には相関があり（図 22.4），10 mg-N/l が閾値と

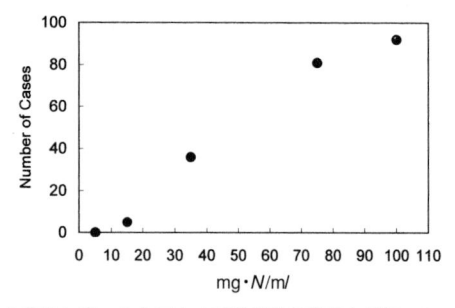

図22.4 粉ミルク調製に用いた井戸水中硝酸性窒素濃度と乳児メトヘモグロビン血症症例数との関連
アメリカ17州のデータを合計．Avery（1999）より作図．

考えられている．1日当たり17〜23 mgの硝酸塩性窒素が食物から摂取されるが，この量と，10 mg-N/lの飲料水を飲むことにより摂取する量とがほぼ同じになる．

しかし最近になって，飲料水，食物などに由来する外因性硝酸塩ではなく，感染性消化器疾患にともなう下痢，嘔吐などによって体組織内で生成する酸化窒素（NO）の代謝産物である内因性亜硝酸塩が乳児メトヘモグロビン血症の原因と考えられている[9]．これは，下痢などの感染性消化器疾患にともなって，メトヘモグロビン血症の発症が多いことがきっかけとなって明らかにされた．井戸水中硝酸塩濃度とメトヘモグロビン血症との間の相関は，病原性微生物と硝酸塩の井戸水汚染源が共通であったための見かけの相関，あるいは感染性消化器疾患時に体内で生ずる内因性亜硝酸塩のアンモニアへの還元を，外因性の硝酸塩が阻害するためと考えられている．

一方，硝酸塩の代謝物である亜硝酸塩は，胃の中で食物として摂取したアミン類やアミド類と反応し，強力な発癌物質であるN-ニトロソアミンやN-ニトロソアミドを生成する．このように硝酸塩の発癌メカニズムが明らかになっているなか，世界各国で胃癌などと飲料水中硝酸塩濃度に関する疫学調査が行われた[10]．胃癌，非ホジキンリンパ腫，前立腺癌などと飲料水中硝酸塩濃度とが関連するという結果が得られているが，関連しないという結果も多くあり，現在のところ結論が出ていない．いずれにしても，現在多くの国で採用されている基準値（10 mg-N/l）の範囲であれば，発癌に大きく寄与する可能性は少ないというのが一般的な認識である．

b. トリクロロエチレン（トリクレン），テトラクロロエチレン（パークレン）

アメリカ・マサチューセッツ州Woburnでの有機塩素系化学物質などによる地下水汚染と小児白血病の関係[11]，それをめぐる民事訴訟は，小説や映画の題材となるほど有名になった．WoburnはBostonの北30 kmに位置する，当時の人口が37000の小さな町である．100年以上にわたり，革加工，殺虫剤製造など，化学物質を多用する工場が操業してきた．1979年，町の飲料水源として用いられている8つの公共用水井戸のうちの2つから，トリクロロエチレン（267 μg/l），テトラクロロエチレン

($21\,\mu g/l$)，クロロホルム（$12\,\mu g/l$）などの有機塩素系化学物質が検出され，直ちに井戸は使用停止となった．それらの井戸の水源地帯は，さまざまな産業廃棄物が不法に埋め立てられており，重金属汚染が著しいこと，さらにそれにともなって行われた試験井戸の分析でも多くの有害汚染物質が地下水から検出されることが明らかとなった．

一方，Woburn の全癌死亡率が州全体の死亡率に比べ上昇していること，特に 1969～1979 年の小児白血病罹患率が有意に上昇していることが州当局の調査で明らかになった（5.3 の期待値に対して 12 症例，$p<0.01$）．その後の調査で 1983 年までにさらに 8 人の小児白血病患者が把握された．またその他の健康障害についての調査で，Woburn を汚染井戸水の使用のある東地区，使用しなかった西地区の 2 地区に分けて比較すると，周産期死亡，先天性盲目，中枢神経・染色体の先天異常，小児の泌尿器・肺疾患に，統計的に有意な過剰が東地区においてのみ見出された．さらに，東地区におけるこれらの過剰は井戸水使用停止後には見られなくなった．

Woburn の汚染問題は，汚染したといわれる企業相手の民事訴訟に発展したために，疫学調査の妥当性・蓋然性をめぐり激しい論争が繰り広げられた．小児（19 歳以下）白血病の罹患率が統計的に有意に高いことは認められているものの，その原因をトリクロロエチレンなどによる飲料水汚染にもとめることへの異論は多かった．汚染井戸の飲料水を使用していない Woburn 西地区でも小児白血病の過剰が見られること，汚染飲料水中濃度から考えて，飲料水経由の曝露レベルは，職業曝露の許容レベルに比べて極めて低いこと，トリクロロエチレンはヒトの白血病の原因となる証拠がないこと，仮に白血病がトリクロロエチレンによるものだとしても，統計学的には観察された過剰症例の半分しか説明できないこと，などがその根拠である．この問題については，科学的な結論は出ていない．

同じくアメリカ・マサチューセッツ州の一部地域では，ポリ塩化ビニル（PVC）製水道管が 1960 年代から導入された．この水道管の内張りの原料溶剤として用いられていたテトラクロロエチレンが水道水中に混入していた事実が，1970 年代後半になって明らかになった．Cape Cod 地域では最大 1600～7750 $\mu g/l$ という高濃度のテトラクロロエチレンが検出された．対策はすぐにとられたが，この時点ですでに 10 年以上テトラクロロエチレンで汚染された水道水を使用していた家庭があった．

1985 年になって，1969～1983 年の Cape Cod 地域の癌死亡率が，マサチューセッツ州全体と比べて高いことが報告された．この報告をもとに，膀胱癌，腎臓癌，白血病に関するケースコントロール調査が行われた．統計的には有意ではないものの，白血病による死亡率が上昇していることが判明した（オッズ比約 2）．テトラクロロエチレンへの曝露レベルが全体の 90 パーセンタイル以上に属すると推定される人々では，白血病による有意な死亡率の上昇（オッズ比 6～8）と有意でない膀胱癌死亡率の上昇（オッズ比 4）がみられている[12]．

トリクロロエチレン，テトラクロロエチレンとも，金属部品の洗浄やドライクリーニング用洗剤として日本でも大量に消費され，近年工場跡地等で土壌汚染や地下水汚染が数々見つかり新聞などに報道されている．こうした汚染事例と結びつく健康障害は見出されていないが，両物質が実験動物に対する発癌性を示し，ここであげたように汚染飲料水摂取による癌の発生が疑われる実例が存在すること，癌発症までには潜伏期が存在することなどを考えると，該当地域での住民健康フォローアップは必要である．

c. クロロフェノール類

フィンランド南部にある人口 2000 人の村 Järvelä の飲料水中に 70〜140 $\mu g/l$ のクロロフェノール類が検出された[13]．地下水調査によって 56000〜190000 $\mu g/l$ のクロロフェノール類が検出され，Järvelä 村の材木工場が汚染源であると推定された．ちなみに対照地域のクロロフェノール類濃度は検出下限（0.015〜0.040 $\mu g/l$）以下であった．この工場では，材木に KY-5 という防カビ材を 1940 年代から 1984 年まで使用していた．KY-5 はテトラクロロフェノール（75〜85%）を主とし，ペンタクロロフェノール（5〜15%）とトリクロロフェノール（5〜15%）を含有する薬剤である．

同地域を対象にして行われた疫学調査の結果，軟組織肉腫と非ホジキンリンパ腫の過剰が見出された．対象人口が少なく，したがって症例数が少ないこともあって，統計的な有意性にはいたらなかったものの，ケースコントロール研究もこれらの癌と飲料水からのクロロフェノール曝露との間の関連を示唆するものであった．両癌は，クロロフェノール類の職業曝露者に過剰に発生する癌であることが知られている．

なお，ペンタクロロフェノール（PCP）は水田除草剤として 1960 年代に日本で広く用いられていたが，1970 年以降は使用されていない．諸外国では依然として除草剤，木材防腐剤として使用されつづけている．PCP の WHO の飲料水ガイドラインは 9 $\mu g/l$ である．PCP はダイオキシン類を不純物として含むことで有名であるが，上記のフィンランドの調査では，ダイオキシン類による汚染は検出されなかったとのことである．

d. 農　　薬

新潟県に胆道癌の集積が見られることは以前から知られていた．ケースコントロール研究によって，胆道・胆のう疾患の既往，食生活などが原因として浮かび上がっていたが，それらの要因に加え，水田除草剤として用いられたクロルニトロフェン（CNP）による飲料水汚染および魚の汚染が同地域の胆道癌集積の 1 要因であるという仮説が 1990 年に出された[14]．新潟県以外では山形，秋田，青森県などで同癌死亡率が高いこと，新潟県内でも平野部に集積が見られることなど，米作との関連を示唆する生態学的疫学調査結果がその仮説の出発点であった．CNP は日本で開発された除草剤で，前述の PCP 同様，不純物としてダイオキシン類を含むことはよく知られている．かつて日本の環境を汚染したダイオキシン類のうち，CNP や PCP に由来す

るものがかなりの割合を示すことが底質コア分析で明らかになっている[15]．CNP仮説には反論もあり，結論は出ないまま，農水省の使用自粛通達を経て事実上の使用禁止となっている．

22.3.4 飲料水中非意図的生成物と疾病
a. 消毒副生成物

飲料水の微生物汚染を防ぐために一般的に行われている塩素消毒によって，水中に存在する共存有機物を原料とした塩素化有機化合物（消毒副生成物，chlorination by-products）が生成し，これによる健康障害が注目されている．塩素消毒によって飲料水中に非意図的に生成する化学物質は，トリハロメタン，ハロ酢酸，ハロアセトニトリル，ハロケトンなど，塩素，臭素などのハロゲンが炭素骨格についた化合物が数多く知られている（表22.3)[16]．例えば消毒副生成物として最も有名なトリハロメタンには，さらにクロロホルム（$CHCl_3$），ブロモホルム（$CHBr_3$），ブロモジクロロメタン（$CHBrCl_2$），クロロジブロモメタン（$CHClBr_2$）といった複数の化合物が含まれ，クロロホルムが主な副生成物である．これらの化学物質は，水道原水中に含まれているフミン酸やフルボ酸など植物の遺骸由来の天然有機化合物から塩素消毒の過程で生ずるものである．こうした有機物質の濃度は地下水より表層水のほうが高いので，消毒副生成物濃度は表層水源の飲料水が高くなる．アメリカ，ヨーロッパなどでは水道水中の総トリハロメタン濃度は数百 $\mu g/l$ レベルまで見出され，最大で 1400 $\mu g/l$ という報告がある．このほかに，ごく微量で極めて強い変異原性をもつ消毒副生成物に 3-メチル-4-(ジクロロメチル)-5-ハイドロキシ-2 (5H)-フラノン（MX）がある．アメリカ，フィンランド，オランダのほか，日本の水道水中でも検出されており，日本での濃度レベルは ng/l のオーダーであるが，水道水のもつ変異原性の 7～23% がこの微量な MX によると推定されている[17]．MX も他の生成物と同様，天然の有機物が

表22.3 塩素消毒副生成物

トリハロメタン	ハロアセトニトリル
クロロホルム	トリクロロアセトニトリル
ブロモジクロロメタン	ジクロロアセトニトリル
クロロジブロモメタン	ブロモジクロロアセトニトリル
ブロモホルム	ジブロモアセトニトリル
ハロ酢酸	ハロケトン
ジクロロ酢酸	1,1-ジクロロプロパノン
トリクロロ酢酸	1,1,1-トリクロロプロパノン
ブロモクロロ酢酸	その他
モノクロロ酢酸	抱水クロラール
ジブロモ酢酸	クロロピクリン
モノブロモ酢酸	MX
トリブロモ酢酸	アルデヒド類など
ブロモジクロロ酢酸	
クロロジブロモ酢酸	

塩素化して生成すると考えられている.

　消毒副生成物による健康障害で第一に注目されているのは癌であり[10,16,18]，消毒副生成物のなかで発癌性が最も疑われているのはトリハロメタンである．実験動物を用いた発癌試験では，クロロホルムでは肝臓・腎臓の癌，ブロモジクロロメタンの場合，直腸・腎臓・肝臓の癌を引き起こすことが知られている．ヒトを対象とした疫学研究は数多く行われ，結果はさまざまであるが，現在のところ，膀胱癌と直腸癌の発症と塩素消毒飲料水摂取との関連が濃厚と考えられている．分析的な疫学研究は主にケースコントロール研究であり，塩素消毒水道水の摂取量が多いほど，あるいは摂取期間が長いほど，膀胱癌，直腸癌による死亡あるいはこれらの癌の罹患率が高い（オッズ比にして2～3）ことが示されている．ただし，水道水摂取と発癌に関連しないという結果が得られたケースコントロール研究も多い．コホート研究は数少ないが，>107 $\mu g/l$ の水道水を摂取した高曝露群の膀胱癌相対リスクが1.6～1.8というアメリカからの報告，膀胱癌，直腸癌の相対リスクがそれぞれ1.5，1.4（ともに女性のみ）というフィンランドからの報告がある．1961～1991年に行われたケースコントロール研究，コホート研究に関するメタアナリシス[19]の結果，塩素消毒副生成物曝露による相対リスクは，膀胱癌で1.21，直腸癌で1.38という結果が得られている．

　ハロ酢酸，ハロアセトニトリルなど不揮発性の消毒副生成物の発癌性も問題である．ジクロロ酢酸，トリクロロ酢酸はいずれもマウスの肝癌の原因となる．ただし現在のところ，ハロ酢酸，ハロアセトニトリルなど不揮発性成分のみを対象とした癌の疫学調査報告はなされていない．

　消毒副生成物による健康影響で発癌と並んで最近注目を集めつつあるのが，生殖毒性である[20]．ほとんどの動物実験でトリハロメタン，ハロ酢酸投与によって胎児の生存率や体重の低下，先天異常など，生殖への影響が見られているが，いずれも高用量であり，実際の飲料水による曝露レベルへの外挿は困難である．これまでの疫学調査結果を概観すると，結果はさまざまではあるが，一般に消毒副生成物により多く曝露した群は出生時低体重（<2500g），子宮内発育不全，先天奇形（心，神経管，泌尿器，口唇裂など）のリスクが高いことが示唆されている．多数の消毒副生成物のどの物質が生殖毒性を示しているかは明らかではないが，動物実験の結果によれば，ハロ酢酸（トリクロロ酢酸，ジクロロ酢酸）が先天奇形の原因となっている可能性がある．

　消毒副生成物に関する疫学調査で問題となるのは，曝露アセスメントが困難なことである．癌のように潜伏期間が長い疾患の疫学において，過去の曝露レベルを評価することが困難なのは，他の化学物質の疫学調査でも同じであるが，消毒副生成物にはトリハロメタンのような揮発性物質と，ハロ酢酸，ハロアセトニトリルのような不揮発性物質が含まれることがとりわけ問題となる．揮発性のトリハロメタンは，飲料水としての経口摂取だけでなく，シャワーの使用などによって，空気中に揮発したトリハロメタンを吸入する曝露経路もある．さらに，入浴やプールでの水泳によって経皮

的に吸収する経路もあり，同じトリハロメタン濃度の飲料水・生活水を使用した場合，直接摂取，吸入，経皮の3ルートがそれぞれ同じ程度の寄与をしているという試算がある[21]．一方，不揮発性のハロ酢酸などの曝露ルートは経口のみである．また，これまでに述べたように，両者の発癌性，毒性が異なる．消毒副生成物のどの化学物質がどのような影響をヒトに及ぼすかを特定するには，これらのすべての要因を考慮に入れた疫学調査が必要不可欠である．

塩素消毒副生成物による発癌などの健康障害を危惧し，オゾン消毒など塩素消毒以外の消毒法を採用する国もある．しかしこの場合でも，塩素消毒とは異なる副生成物群ができるだけで，それら副生成物のなかには，臭素酸のように実験動物に発癌性があることがわかっているものもある．すなわち，現在利用可能な，どの消毒法を用いるにしても副生成物による健康リスクは0にはできないということである．したがって，消毒副生成物の健康リスクは，消毒しない飲料水を用いることの健康リスクとのバランスで考慮すべき問題であろう[22]．ただし，下痢などの感染性消化器疾患のリスクと癌のリスクを比較することは簡単ではない．特に先進諸国と発展途上国では両リスクのバランスは同じではない．発展途上国においては，感染性消化器疾患による死亡リスクは依然として乳幼児に大きく，先進諸国では進歩した高価な医療へのアクセスが容易な分だけ，死亡リスクはあまり大きくない．一方で消毒副生成物による発癌リスクは，相対リスクは小さくても曝露人口が大きいために，先進諸国においては医療費や社会経済的損失が潜在的に大きいと考えられる．こうしたリスクのトレードオフは公衆衛生上の大きな問題である．

22.3.5 意図的添加物
a. フッ素

飲料水中のフッ素濃度が高いと，斑状歯などを主とするフッ素症（fluorosis）の原因となる．中国，メキシコ，ブラジルなど，飲料水中に含まれる天然のフッ素を原因とするフッ素症の多発地域が知られている．一方で，50年以上前にフッ素がう（齲）歯予防に効果があることが明らかになって以来，フッ素濃度の低い水道水にあえてフッ素を添加し，地域のう歯罹患率を下げる試みが多くの国で行われてきた．多くの場合，フッ素濃度が1 mg/l 程度になるよう添加されている．水道水へのフッ素添加によって，う歯の罹患率は40～70%ほど低下したといわれている．

フッ素がう歯の罹患率を下げるメカニズムは，エナメル質の石灰化促進，脱石灰の抑制，う歯の原因バクテリアの酵素阻害であり，あくまでも歯表面の局所的効果である[23]．しかし，常に歯のまわりの水相にフッ素が存在していることが重要であることがわかってきた．水道水にフッ素を添加すると，フッ素の摂取量が増加して血中フッ素濃度が上昇し，唾液のフッ素濃度も上昇するためにう歯の進行を抑制するものと考えられる．

一方，血中フッ素濃度が上昇すると，骨においても同様に石灰化促進と脱石灰抑制

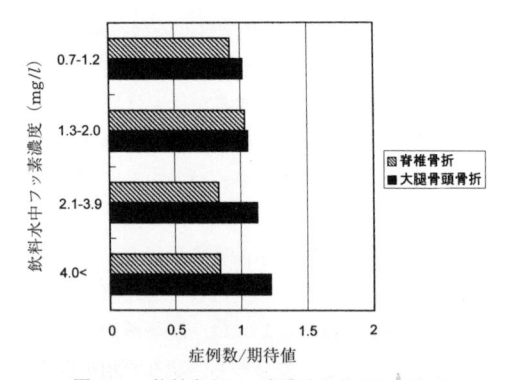

図 22.5 飲料水中フッ素濃度と骨折との関連
横軸は骨折による入院症例数/期待値．Gordon and Corbin（1991）より作図．

が起こると考えられていた．しかし，水道水へのフッ素添加を行った地域，あるいはもともと天然由来のフッ素濃度の高い地域では，脊椎骨や大腿骨頭骨折の頻度が低いことを示唆するデータもみられたが，大多数の疫学調査では，水道水へのフッ素添加によって骨折が減少するという現象は見出されていなかった．むしろフッ素添加によって，逆に大腿骨頭骨折の頻度が上昇する可能性を示す調査結果が出てくるようになった．大腿骨頭骨折は，先進国では高齢者の寝たきり化をまねく重要疾患の1つである．

骨粗しょう症患者にフッ素を投与して骨密度を上昇させる治療法がある．こうした治療法の是非を判断するために行われた研究で，フッ素による骨の石灰化の促進は海綿骨に起こり，皮質骨ではむしろ骨密度が低下することが示された[24]．そのために，脊椎骨など海綿骨を主とする骨の骨折は減少する可能性があるが，皮質骨の割合の大きい大腿骨頭などでは骨折の可能性が高くなる．さらに，フッ素投与によって石灰化された骨は，強度が高くないことも判明している．水道水へのフッ素添加は必ずしも骨折の頻度を下げず，かえって頻度を高める場合もあるという疫学調査結果（図22.5）[25]は，以上のようなフッ素の骨への影響を考えると妥当なものである．

ちなみに，日本では2000年11月に水道水へのフッ素添加容認の方向を当時の厚生省が打ち出し，実際に添加するか否かは自治体の判断に任されるものとなった．水道水へのフッ素添加によるう歯罹患率の低減化と，高齢者の骨の健康問題とのリスクトレードオフを慎重に考える必要がある．

b. アルミニウム

硫酸アルミニウム（硫酸ばんど）は，浄水処理の過程で懸濁物を除去するための凝集剤として用いられる一般的な化学物質である．アルミニウムはこの後の水処理過程で除去されるが，微量のアルミニウムが処理水中に残存することがある．すなわち，

飲料水中には意図的に添加したアルミニウムが残存する場合がみられる.

1989年,イギリスで飲料水のアルミニウム濃度の高い地域で,アルツハイマー症発症率が高いことを示す生態学的疫学調査結果が発表された[26]. アルミニウム濃度が $0.11 \text{ mg}/l$ 以上の飲料水を使用する地域では,$0.01 \text{ mg}/l$ 以下の地域に比べ,70歳以下のアルツハイマー症罹患率が1.5倍高いという結果であった. 一方,同時に調査されたほかの原因による痴呆(脳血管性など)はアルミニウム濃度と関連がなかった. 当時,アルツハイマー症患者特有の老人斑,神経原繊維(NFT)という2つの特徴的な脳内異常沈着物がアルミニウムを蓄積しているという知見が認められていた. さらに,透析液中のアルミニウム濃度が高かったために,透析患者に痴呆が起こった事例(透析脳症)が報告された. イギリスにおける疫学調査の結果は,その頃の仮説であるアルツハイマー症とアルミニウム曝露の関連を強力に裏づける証拠の1つとして考えられていた. 高齢化の進む先進諸国では痴呆が大きな医学的・社会的・経済的問題となってきたなか,調理に使用するなべややかんなどのアルミニウム製品の安全性までもが注目を浴びたのは記憶に新しい.

一方で,アルツハイマー症に関する研究が進むにつれ,初期のアルミニウム仮説を支持していた研究結果の欠点が明らかになってきた. 脳内沈着物のアルミニウム含量が高いというのは,分析用試料作成の際のアーティファクト(汚染)である可能性が高いこと,透析脳症とアルツハイマー症では病理学的および生化学的所見が異なること,アルツハイマー症発症に関与する遺伝子が明らかになったことなどである. 1989年の報告以降,最近になるまでいくつか行われた疫学調査の結果のなかには,依然として飲料水中アルミニウム濃度とアルツハイマー症の罹患との関連を示すものも存在しつづけているが,アルミニウム仮説を支持していた医学・生物学的根拠を失いつつある現在,それらのポジティブな疫学調査結果の解釈は困難になっている[27].

22.3.6 内分泌撹乱化学物質(環境ホルモン)

ダイオキシン類を含め,環境ホルモンといわれる一連の化学物質がヒトの健康に障害を与えているという確実な証拠はいまのところない. これまで世界で見出されている野生の水棲動物の生殖異常のうち,いくつかのケースでその原因となっていることが明らかになっているか,強く疑われているにとどまっているのが現状である. ヒトの健康への影響はいまだ不明ではあるが,潜在的なリスクは無視しえない. これら化学物質による健康影響の詳細については成書にゆずり,ここでは化学物質の健康リスクを評価するうえで,影響評価とならんで必要不可欠な情報である曝露量について,特に飲料水経由の曝露について触れることとする.

これまで,ヒトの環境ホルモン摂取量についていくつかの調査が行われてきているが,現在まだ完全なものではない. 飲料水の寄与がどれほどであるか見積もるために,代表的な環境ホルモンについて表22.4に飲料水関連の環境水質調査結果[28~31]を,表22.5に食物からの摂取量と飲料水からの摂取量の寄与をまとめた.

表 22.4 各種水試料中内分泌撹乱化学物質濃度（$\mu g/l$）

化学物質名	公共用水域[a]	河川[b]	下水道流入水[b]	下水道放流水[b]	水道原水[c]	浄水[c]	給水栓水[c]
トリブチルスズ	<0.01～0.09 (1/130)	—	—	—	—	—	—
トリフェニルスズ	<0.01 (0/130)	—	—	—	—	—	—
フタル酸ジ-2-エチルヘキシル	<0.3～9.9 (71/130)	<0.2～9.4 (227/517)	5.6～48 (35/35)	<0.2～6.2 (27/48)	<0.05～0.16 (16/25)	<0.05～0.15 (17/25)	<0.05～0.12 (10/25)
フタル酸ジ-n-ブチル	<0.3～2.3 (9/130)	<0.2～1.3 (108/517)	<0.2～11 (32/35)	<0.2 (0/48)	<0.05～0.06 (2/25)	<0.05～0.07 (2/25)	<0.05 (0/25)
ビスフェノールA	<0.01～0.94 (88/130)	<0.01～1.4 (256/517)	<0.01～9.6 (32/35)	<0.01～4.5 (31/48)	<0.01～0.16 (11/25)	<0.01～0.11 (2/25)	<0.01 (0/25)
ノニルフェノール	<0.05～7.1 (99/130)	<0.1～3.0 (162/517)	1.3～75 (35/35)	0.1～1.0 (33/48)	<0.1～0.11 (1/25)	<0.1 (0/25)	<0.1 (0/25)
17βエストラジオール	<0.001～0.035 (79/130)	<0.0002～0.027 (411/517)	0.020～0.094 (35/35)	<0.0002～0.11 (44/48)	<0.005 (0/25)	<0.005 (0/25)	<0.005 (0/25)

[a] 平成10年度環境庁調査．[b] 平成10年度建設省調査．河川，地下水，海域，湖沼を含む．[c] 平成10年度厚生省調査．

表 22.5 代表的な環境ホルモンの食物からの1日摂取量と飲料水の寄与割合

化学物質名	食物からの推定1日摂取量	飲料水・浄水中濃度等報告値	飲料水からの1日摂取推定報告値	寄与割合（水/食物）
ダイオキシン類[a]	0.26～3.26 pg/kg/日	0.000036～0.0012 pg/kg/日	0.001 pg/kg/日	0.03～0.4%
トリブチルスズ[b]	2.29 μg/日	<0.005 $\mu g/l$	<0.01 μg/日	<0.4%
トリフェニルスズ[b]	2.69 μg/日	<0.001 $\mu g/l$	<0.002 μg/日	0.07%
ビスフェノールA	?	<0.01 $\mu g/l$[d]	<0.02 μg/日	?
ノニルフェノール	?	<0.1 $\mu g/l$[c]	<0.2 μg/日	?
フタル酸エステル類（DBP）	450 μg/日[c]	<0.05 $\mu g/l$[d]	<0.1 μg/日	<0.02%

[a] 環境庁，[b] 関沢 (1998)，[c] カナダのデータ (IPCS 1997)，[d] 厚生省調査結果（表2）の値．

a. ダイオキシン類[28]

ダイオキシン類は極めて水に溶けにくい性質をもっているので，水中では溶存態としてほとんど存在せず，多くが懸濁物に吸着しているものと考えられる．表22.5は，環境庁（当時）が行ったダイオキシン類の曝露アセスメントの結果であるが，飲料水からの1日摂取量は体重1 kg当たり0.001 pg TEQと推定された．これは，1日総摂取量（食物＋水＋大気＋α）に占める寄与が0.03〜0.3％にすぎないことを示している．したがって，飲料水摂取による健康影響は相対的には極めて小さい．しかし，海水，陸水中のごく微量の溶存ダイオキシン類や，懸濁物に吸着したダイオキシン類は，水中生態系において食物連鎖を通じて生物体内に蓄積し，栄養段階の高い大型魚類，水鳥，海産哺乳類などでは非常に高い体負荷量となる場合があることが知られている．

かつて環境水のダイオキシン類汚染源としては，燃焼由来（特にごみ焼却）粒子状物質の乾性・湿性降下，工場排水（特にパルプ・製紙業など），農薬（PCP, CNPなど）中の不純物などであったが，焼却炉の高性能化，排出対策などが進んでいるために，環境への負荷は低減化しつつある．しかし，かつて排出され堆積物中に移行したダイオキシン類が，水生生物の汚染源となりつづけている可能性がある．

b. 有機スズ

船底や漁網への付着生物（フジツボなど）被害を防止するために，防汚剤としてかつて広く使用されていたトリブチルスズ（TBT），トリフェニルスズ（TPT）といった有機スズ化合物によって，ある種の巻貝のメスがオス化するという，インポセックス（imposex）という現象が起こっていることが明らかになった[32]．有機スズ化合物は世界で広く用いられていたために，この現象は日本各地の沿岸域だけでなく，地球規模で広がっていることが確認されている．メスのオス化によって，個体群の維持が困難になり，個体数が激減している海域も見出された．しかもこの影響は，海水中濃度として1 ng/lという低濃度でも起こりうること，水産資源として重要な生物にも同様に起こりうること，などが次々に明らかになり，生態リスクの観点から注目を集めている．

日本において1990年にビストリブチルスズオキシド（TBTO）は化審法の第一種特定化学物質に，他のTBT, TPT化合物，計20種が第二種特定化学物質に指定されたため，国内での製造，販売は原則禁止あるいは制限されている．それ以後，日本近海の海水中レベルは低下してきているが，この3〜4年，低減化は頭打ちになっている．外国船にはまだTBTを使用したものがあること，底質に吸着したTBTが徐々に放出されていること，などがその原因と考えられる．

TBT, TPT汚染は用途からいって海域に限定されているために，飲料水をはじめとする淡水が汚染されているという報告はない．したがって，ヒトの健康にとってTBT, TPTが問題になるとすれば，汚染した水産物経由である．実際，各種海産食品にはTBT, TPTが残留していることは明らかであり，日本人のTBT, TPTの1日摂取量は

それぞれ 2.29, 2.69 μg と推定されている（1997 年）[33]. 飲料水からの摂取は食物からの摂取に比較して，最大に見積もって TBT で 0.5%，TPT で 0.1% の寄与にしかならない.

一方，環境ホルモン作用があることは確認されていないが，有機スズ化合物の一種であるモノメチルスズ（MMT），ジメチルスズ（DMT），モノブチルスズ（MBT），ジブチルスズ（DBT）などはプラスチックの安定剤として使用されている．これら有機スズ化合物を安定剤として使用した PVC 水道管を使用しているために，飲料水中に MMT, DMT, MBT, DBT が検出された例（スズとして 29～291 ng/l）がカナダで報告されている[34]. ただし，水道管のエージングにともない，汚染レベルは低下する. これらモノ体，ジ体有機スズのヒトへの毒性は明らかではないが，実験動物では DBT によって TBT 同様，胸腺の萎縮が認められ，さらに免疫系 B 細胞への影響が見出されている．

以上のように，有機スズによる哺乳類への生体影響は，貝類のインポセックスのような生殖への影響ではなく，胸腺，T 細胞，B 細胞など免疫系に現れると考えられる[35]が，日本人の摂取量はそのような影響が現れるレベルには達していないといえよう．

c. フタル酸エステル

フタル酸エステルとはフタル酸ジ-n-ブチル（DBP），フタル酸ジエチルヘキシル（DEHP）などの化合物の総称で，主な用途は PVC などのプラスチックの可塑剤である．

環境水，水道原水，浄水および給水栓水（蛇口からサンプリングした水道水）中のフタル酸エステル類濃度の測定例はいくつかある. これらの水試料に検出されるのは主に DBP, DEHP で，特に DEHP の検出頻度は高い. 給水栓水からも検出される. これは浄水中に残存するものと，プラスチック製水道管あるいは集合住宅に用いられている受水槽などから溶出したフタル酸エステル類の両方を含んでいると考えられる．

DEHP の高レベル曝露による発癌性が疑われているが，近年の関心はフタル酸エステル類の内分泌攪乱作用である. フタル酸エステル類のエストロジェン活性は，天然エストロジェン（17βエストラジオール）の 100 万分の 1 程度と考えられている. しかし，最近 DBP の抗アンドロジェン活性が注目され，ラットの精子数の減少，生殖管の奇形などの最小作用量（lowest observed adverse effect level, LOAEL）が 66 mg/kg/日とされている[36]. これは通常のリスクアセスメントのプロトコールによれば，許容 1 日摂取量として，66 μg/kg/日，すなわち体重 50 kg の日本人で，1 日 3 mg 程度に相当することになる．

一般公衆のフタル酸エステル源として，食品包装用ラップ，PVC 製手袋などによる経口曝露が大きいことはよく知られている. 同じ食品であっても包装や取り扱いなどによってフタル酸エステルの汚染レベルが異なり，ばらつきが大きくなるために，

標準的な摂取量は推定しにくい．DBPについてカナダで450 μg/日，イギリスでは最大2 mg/日と推定されている[37]．日本における1日摂取量推定値は公表されていないが，表22.4より，だいたいどの水道水（給水栓水）でもDBPは1 μg/l 以下である．したがって，日本人における水道水経由のDBP曝露は相対的には大きくないことが示唆される．ただし，ある種のミネラルウォーターでは，おそらくプラスチック製キャップからの溶出が原因で，10 μg/l オーダーのDBPが検出される場合がある．

d. ビスフェノール A

ビスフェノールA[38,39]はポリカーボネート，エポキシといった樹脂の製造原料として用いられる．環境中への主な固定排出源はビスフェノールAを生産あるいは使用する工場であり，マイナーな排出源としては各種樹脂製品そのものと考えられている．排出されたビスフェノールAは，微生物の作用や光分解によって分解され，河川などにおける半減期は2～4日程度と考えられている．ビスフェノールAのオクタノール水分配係数（log K_{ow}）は2.2～3.8と推定され，水中においては懸濁物への吸着傾向を示す．

したがって，環境水中レベルは概して低いレベルである．1970年代の東京周辺の河川では，0.06～1.9 μg/l で検出された少数の試料を除き，ほとんど検出されていない（検出下限0.01 μg/l）．ドイツのライン川で1989年に行われた検査でも，8試料中の1試料で0.119 μg/l であったほかは検出下限（0.01 μg/l）以下であった．表23.4に示したように，水道原水中には比較的高頻度（～50%）に検出されるが，浄水中では多くが検出下限以下になっている．なお，給水栓水では検出されていない．

ビスフェノールAのエストロジェン活性は，エストラジオールの1万分の1程度である．環境水中では2.3～23 μg/l のレベルでカエルの性比を変える（メスが多くなる），1 μg/l のレベルである種の貝の性腺に異常をきたす，という報告がある．妊娠マウスに2.3～2.4 μg/kg（体重当たり）を曝露した場合，オス仔マウスの前立腺重量が増加し，メス仔マウスの性的成熟が早まるという報告があったが，その後の追試で必ずしも立証されていない．

このように，ビスフェノールAはかなりの低レベル曝露でも何らかの健康影響があることが示唆されている．ところで，一般公衆の曝露は主に食品経由であると考えられるが，フタル酸エステル同様，日本人の1日摂取量は明らかになっていない．しかし，例えば缶コーヒー1本で最大40 μgの摂取がありうる[40]ことを考慮すると，飲料水経由のビスフェノールA摂取がヒトの健康に大きな影響をもつとは考えにくい．

e. ノニルフェノール[41]

ノニルフェノールポリエトキシレート（NPnEO）は，非イオン性界面活性剤として広く使用されている．この化学物質は，ノニルフェノールにエトキシレート鎖を複数もつ物質の混合物である．工場などから排出されると，下水処理過程において好気的条件下で生分解されてエトキシレート鎖がはずれ，ノニルフェノールジエトキシ

レート（NP2EO），ノニルフェノールモノエトキシレート（NP1EO）をへて，最終的には嫌気的条件下でノニルフェノールが単離する．生物に対する毒性はエトキシレート鎖が短いほうが強い．このように，ノニルフェノールはNPnPOが下水処理過程において生分解する結果，非意図的に生成されるものである．ノニル基のかわりにオクチル基をもつオクチルフェノールポリエトキシレート（OPnEO）も，同様の挙動によってオクチルフェノールを単離する．OPnEOもNPnEOとともに界面活性剤として用いられ，両者の生産量比はだいたい4:1である．ただし，毒性が問題となった1980年代以降，アルキルフェノールエトキシレートの使用を規制（あるいは企業の自主規制）が各国で行われている．日本でも，家庭用洗剤にはアルキルフェノールエトキシレートは使用されていない．

ノニルフェノールおよびオクチルフェノールのエストロジェン活性は，エストロジェンの10万分の1程度と考えられている．魚類における内分泌撹乱作用は，卵黄タンパク前駆物質であるビテロジェニン生成を指標としてよく調べられており，ニジマスの生殖への影響は水中濃度で$10\,\mu g/l$を閾値とする．カエルの性比は，$20\,\mu g/l$レベルで影響を受けるというデータがある．げっ（齧）歯類を用いた実験データでは，20 mg/kgあるいはそれ以上の経口投与量でエストロジェン様作用が現れるようである．

環境水中のノニルフェノール濃度はかなり多くの報告がある．イギリスでの河川水調査では<$0.4\sim180\,\mu g/l$で検出され，高い濃度を示した河川は，$330\,\mu g/l$という高濃度のノニルフェノールを含む下水処理水の放流のためと推測されている．その処理場の上流には繊維工場があり，そこでNPnEOを洗浄剤として使用しているためである．比較的大きな$\log K_{ow}$（4.5）をもっていることからもわかるように，水中のノニルフェノールの40〜80%が懸濁物に吸着し，またある程度の環境残留性（半減期9〜12日）と生物濃縮を示す．

日本においても，環境水中にはかなりの頻度で検出されているが，水道原水，浄水では検出率が大きく下がっている．給水栓水では検出されていない（表22.4）．日本人のノニルフェノールの飲料水経由摂取量は$0.2\,\mu g$/日を下回ると考えられる．食物由来のノニルフェノール摂取量はデータがないので，飲料水経由曝露の相対寄与を評価することはできない．げっ歯類でエストロジェン様作用が観察されるのが1日当たり20 mg/kgレベルであることを考えると，飲料水経由のノニルフェノール曝露による影響は極めて少ないと推測できる．

以上のように，環境ホルモン類は飲料水中に検出されているものの，ヒトの健康への影響という観点からは，いまのところ問題となるレベルではないと考えられる．しかし，まだ調査例数が少ないこと，健康影響が現れるレベルがはっきりしないこともあって，今後とも飲料水を含む環境水のモニタリングは欠かせない．〔吉永　淳〕

文　献

1) National Research Council：Arsenic in Drinking Water, National Academy Press, 1999.
2) F. J. Lu：*Lancet*, **336**, 116-117, 1990.
3) H-Y. Chiou, *et al.*：*Cancer Res.*, **55**, 1296-1300, 1995.
4) A. H. Smith, *et al.*：*Am. J. Epidemiol.*, **147**, 660-669, 1998.
5) C-J. Chen：*Lancet*, **336**, 442, 1990.
6) M. A. Arsenian：*Prog. Cardiovasc. Dis.*, **35**, 271-310, 1993.
7) A. Marx and R. R. Neutra：*Epidemiol. Rev.*, **19**, 258-272, 1997.
8) R. R. Neutra：*Epidemiology*, **10**, 4-6, 1999.
9) A. A. Avery：*Environ. Health Perspect.*, **107**, 583-586, 1999.
10) K. P. Cantor：*Cancer Cause Control*, **8**, 292-308, 1997.
11) S. W. Lagakos, *et al.*：*J. Am. Stat. Assoc.*, **81**, 583-596, 1986, およびそれに対するコメント (pp. 597-614).
12) A. Aschengrau, *et al.*：*Arch. Environ. Health*, **48**, 284-292, 1993.
13) P. Lampi, *et al.*：*Arch. Environ. Health*, **47**, 167-175, 1992.
14) 山本正治, ほか：日本医事新報, **3531**, 23-27, 1991.
15) 酒井伸一, ほか：環境化学, **9**, 379-390, 1999.
16) M. Koivusalo and T. Vartiainen：*Rev. Environ. Health*, **12**, 81-90, 1997.
17) N. Suzuki and J. Nakanishi：*Chemosphere*, **21**, 387-392, 1990.
18) G. A. Boorman, *et al.*：*Environ. Health Perspect.*, **107**, Suppl. 1, 207-217, 1999.
19) R. D. Morris, *et al.*：*Am. J. Pub. Health*, **82**, 955-963, 1992.
20) M. J. Nieuwenhuijsen, *et al.*：*Occup. Environ. Med.*, **57**, 73-85, 2000.
21) C. P. Weisel and W-K. Jo：*Environ. Health Perspect.*, **104**, 48-51, 1996.
22) S. W. Putnam and J.B. Wiener：Risk vs Risk (J. D. Graham and J. B. Wiener eds.), pp. 124-148, Harvard Univ. Press, 1997.
23) J. D. B. Featherstone：*J. Am. Dent. Assoc.*, **131**, 887-899, 2000.
24) B. L. Riggs, *et al.*：*N. Engl. J. Med.*, **322**, 802-809, 1990.
25) S. L. Gordon and S. B. Corbin：*Osteoporosis Int.*, **2**, 109-117, 1992.
26) C. N. Martyn, *et al.*：*Lancet*, **1989 i**, 59-62, 1989.
27) D. G. David：*Arch. Neurol.*, **55**, 737-739, 1998.
28) 環境庁ダイオキシンリスク評価研究会監修：ダイオキシンのリスク評価, 中央法規, 1997.
29) 藤塚哲朗：水環境学会誌, **22**, 8-12, 1999.
30) 田中宏明：水環境学会誌, **22**, 13-16, 1999.
31) 国包章一：水環境学会誌, **22**, 17-19, 1999.
32) T. Horiguchi, *et al.*：*Mar. Pollut. Bull.*, **31**, 402-405, 1995.
33) 関沢　純：国立医薬品食品衛生研究所報告, **116**, 126-131, 1998.
34) A-I. Sadiki and D. T. Williams：*Chemosphere*, **38**, 1541-1548, 1999.
35) I. J. Boyer：*Toxicology*, **55**, 253-298, 1989.
36) P. M. D. Foster, *et al.*：*Food Chem. Toxicol.*, **38**, S 97-S 99, 2000.
37) IPCS：Environmental Health Criteria 189, Di-*n*-butyl Phthalate, WHO, 1997.
38) C. A. Staples, *et al.*：*Chemosphere*, **36**, 2149-2173, 1998.
39) WWF：Bisphenol A, WWF-UK, 2000.
40) 河村葉子, ほか：食品衛生学雑誌, **40**, 158-165, 1999.
41) 磯部友彦, 高田秀重：水環境学会誌, **21**, 203-208, 1998.

22.4 水圧による疾病

22.4.1 環境としての水圧

われわれは日常,気象などの変化によって微妙な圧力変動にさらされているが,ヒトの多くが居住している平地における地上の気圧はほぼ1気圧であり,そこに住むヒトの体は,常にそれだけの力で押されていることになる.人体にかかる圧力が大きくかわるのは,登山・航空機への搭乗などで著しく高度が変化する場合と水中である.高度を上げていくと圧力は減少し,100 m 上昇すると1%程度圧力は低下する.ヒマラヤやアンデス山中には高度3000 m を超える高地に暮らす人々が多数居住しており,3600～4000 m の高地にある100万人都市である南米ボリビアの首都ラパスの気圧は海抜0 m の6割程度である.人間が自分の足で到達できる最高点であるエベレスト山頂の気圧は地上の3割程度である.国際線など長距離の旅客機は1万 m 程度の高度を飛行し,外気圧は地上の1/3以下であるが,客室内の気圧は高度1500 m 相当に保たれるように設計されている.

水中では水深が10 m 増すごとに圧力はほぼ1気圧ずつ増す.日本式の風呂にどっぷりとつかれば,浴槽の底にあるお尻は,湯の外に出ている頭よりは1割ほど高い圧力を受けていることになる.水深20 m の海中にいるダイバーはおよそ3気圧の圧力に,500 m を超える深海で実施されるような実験的な潜水作業では,50気圧以上の圧力にさらされる.河や海峡などに橋脚を設置したりトンネルを掘ったりする場合,"潜函"(ケーソン,caisson)と呼ばれる加圧した空間内で作業することがあるが,通常は2～3気圧程度に保たれる.

人体にかかる圧力が急速に変化したり,あるいは1気圧より著しく高かったり低かったりすると,さまざまな障害を生ずる.例えば,高層ビルの上層階からエレベータで降りると一時的に耳が聞こえにくくなるのは,気圧の急激な上昇のせいであり,これは航空機の着陸時にも経験される.海抜高度が3000 m 近いかそれ以上の高地に急速に上がった人の一部に発症する急性高山病は,気圧の減少にともなう酸素分圧の減少が主な原因であり,耳鳴りや頭痛などの症状に始まり,時として肺や脳の重篤な障害を引き起こし,放置すれば命にかかわることもある.このように圧力が人体に及ぼす影響は機序も程度もさまざまである.

水の中では地上に比較して圧倒的に高い圧力が人体にかかり,それは健康にさまざまな影響を及ぼす.また,地上と水中を行き来する際に経験する圧力の急激な変化も,別な機序によって健康に影響を及ぼす.

22.4.2 締め付け障害

人体は骨・歯のような硬い組織と,筋肉・内臓・皮膚のような柔らかい組織とからなっている.潜函作業などでは,柔らかい組織は高圧によって押され,組織圧は直ち

に外界の圧力と平衡する．ここで気道も外界と通じているので，肺組織やこれにつながる含気腔内の圧力もすぐに外界と平衡し，どこにも圧力的な不平衡は起こらない．これに対し息こらえ潜水では，腹壁と横隔膜が通常の位置より押し込まれ，気道も外気とは遮断されているので，この動きによって肺が収縮する．すると気道内にあった気体は圧縮され，圧力があがって（ボイルの法則），外界の圧力および周囲の組織圧との平衡が保たれる．

　含気腔は，肺と解剖学的につながっていて空気が出入りする空間である．肺を除けば，いずれも骨などの硬い組織に囲まれていて変形できない．ここで，何らかの理由によって肺とそれ以外の含気腔との行き来がたたれていると，外界の圧力が変化した場合に，含気腔を取り巻く（細胞で構成される）組織の圧力がこれに追随する一方で，含気腔内の気体の圧力は変化しないため，両者の間に不均衡が生じ，周囲組織が傷害されることになる．この結果として生ずるのが締め付け障害（barotrauma, squeeze）である．締め付け障害の起こる含気腔としては，中耳・副鼻腔があげられる．

　耳は，鼓膜の外で直接外界（外気）に接している外耳，外耳と鼓膜を隔てて存在する空間である中耳，さらに中耳とは前庭窓・蝸牛窓という2つの通路（骨・膜によって遮断されている）を隔てて存在する内耳から構成される．中耳は，締め付け障害が最も頻繁に見られる部位である．中耳には耳管が開いており，通常はこれが気道と通じることにより，鼓膜内外の圧力均衡を保っている．潜水における"耳抜き"が不十分である，上気道感染を起こしている，あるいは鼻骨の形態により生まれつき耳管の通りが悪いといった理由によって，耳管が開かずに中耳と外界の圧力との間に差が生ずると，圧迫感，伝音性聴力損失（物理的に音波が伝わる過程が障害されて起こる聴力障害）が起こり，圧力差が大きければ鼓膜の破裂に至る．内耳はリンパ液で満たされた空間で，その液圧は外界と常に平衡にある．したがって，中耳における外界の圧力との不均衡は，内耳-中耳の圧力の不均衡を意味し，持続的なめまい，感音性の聴力損失（内耳において音波が神経のシグナルに変換される過程が阻害されて起こる聴力障害），極度の耳鳴りが症状として現れる．圧力差によって内耳と中耳とを隔てる膜が破れると，蝸牛と三半規管の機能不全に陥る．

　副鼻腔は，頭骨のなかで鼻腔を囲む部分にある大きな間隙をいい，すべて鼻腔と解剖学的につながっている．副鼻腔には位置によって上顎洞，前顎洞などの名前がつけられている．副鼻腔に締め付け障害が起こると，前顎洞に痛みを感じる場合が多く，時として鼻出血が起こる．慢性化すると，sinus ostia を塞ぐことにより，鼻腔・副鼻腔の機能を障害する．

　肺で起こる締め付け障害は，最も危険である．特に，高圧の空気を吸気した後に，外界と気道とが遮断されたまま減圧を行うと，気道にある空気が急速に膨張することによって，機械的に肺組織の破壊・傷害が起こる．こうした障害は，潜水であれば非常に浅い水深でも起こりうる点に注意すべきであり，理論的にはスキューバダイビン

グにおいて水深1.2mで肺の最大容積まで息を吸い，息をこらえたまま海面に浮上すると締め付け障害につながりうる．臨床的には水深3mからの浮上で締め付け障害を起こした例があるという．肺の締め付け障害の結果は，肺気腫，気胸（pneumothrax），ガス塞栓といった危険な病態に進行しうる．

22.4.3 減　圧　症

ダイバーや潜函作業者は，ある程度の時間，地上よりも高い圧力環境に滞在し，浮上したり地上に戻る際には相対的に圧力の減少を経験することになる．この圧力減少が急速に起こった場合，それに起因してさまざまな障害が起こるが，それらをまとめて減圧症（decompression sickness）と呼んでいる．一方で，われわれが通常生活している1気圧程度から急激に減圧した場合でも減圧症は起こる．余圧設計の不十分な航空機で急速に数千mまで高度を上げた場合などに見られるものを航空減圧症と呼んでいる．

減圧症の発症機序としては，体液中の溶存気体が減圧にともなって気泡化することが重要と考えられている．体組織の圧力は外界の圧力（大気圧）と平衡しており，呼吸で取り入れられた窒素・酸素や，代謝にともなって産生された二酸化炭素は，いずれも通常は1気圧の圧力に保たれた組織液あるいは血液に溶存している（ただし，血中において，酸素の大部分はヘモグロビンと結合している）．このとき，脂溶性の高い窒素は，脂肪組織にも多量に溶存している．ダイバーや潜函作業者が高圧の環境に移動すると，そこで呼吸する大気の圧力も体液の圧力もともに高くなり，ヘンリーの法則にしたがって新しい平衡状態に達し，気体の溶存量が増えている．ダイバーや潜函作業者が地上に急速に戻ろうとする場合，外界の圧力，したがって体組織の圧力は急激に減少し，溶存できる気体量が減るため，ちょうど炭酸飲料のビンの栓を抜いたのと同様な状態となり，一部の気体が気泡化して体組織中・血中に出現する．こうして出現した気泡が動脈・静脈，リンパ管を詰まらせたり，細胞・組織を圧迫・変形さらには破壊したりするほか，血液との接触面において異物として認識され血液凝固反応を促進することが，多様な症状の原因と考えられている[1]．

減圧症の症状は，軽度なI型と重篤なII型と分けられることが多い．I型のなかでも最も軽度な症状は，かゆみ・温度感覚の異常などの皮膚症状であり，皮膚に出血斑が出現することもある．これは皮下の腺組織に気泡が出現し，感覚器や神経終末に物理的な刺激を与えたり，組織を破壊したために起こるものである．減圧後30分程度で消失する場合が多いが，こうした症状は体組織中への気泡の出現を知らせる警告信号でもある．最も頻繁に出現する症状は，四肢の関節やその周囲の筋肉に起こる痛みであり，痛みのために膝を折り曲げ，体を屈めたようにして歩く格好が，この病気が"発見"された当時に流行していた歩き方（"Grecian Bend"）に似ていることから，ベンズ（bends）と命名されている．ベンズは減圧後1時間程度で発症し，24〜36時間にわたって痛みが増す場合もある．関節周囲の結合組織は血液の灌流が悪く，ここ

で生じた気泡によって起こされる症状であり，肘や肩の関節に出現しやすい．

より重篤なⅡ型の症状は減圧後10～30分程度で出現することが多いが，数日間にわたって徐々に進行し，後遺症を残したり，死に至る例もある．前胸痛・呼吸困難・息切れなどを訴えるチョークス（chokes）は，肺に出現した気泡によって毛細血管が詰まり（ガス塞栓），肺がこれに対して反射を起こす結果生ずる症状と考えられている．神経系の症状は，気泡が毛細血管に塞栓を起こしたり，脳血管関門を破壊した結果として出現する．脊髄の損傷に由来する感覚異常が最も多く，運動障害，直腸膀胱障害が見られることもある．脳の損傷が起こった場合は，頭痛・めまい・視野狭窄，知覚・運動障害などが現れ，命にかかわる場合がある．

以上のような減圧症の症状は，減圧後それほど時間をおかずに出現してくるが，職業ダイバーなどが長期にわたって潜水を繰り返した場合にのみ明らかになってくる症状もある．その1つが骨壊死（dysbaric osteonecrosisまたは無菌性骨壊死 aseptic bone necrosis）であり，主に大腿骨・長腕骨で，両側性・多発性に骨の変形が見られる．痛みが激しい場合は手術を行うこともある．他の減圧症の症状と同様，骨壊死の発症にも気泡の出現および血液凝固系の促進が関与するものと考えられているが，発生病理にはまだよくわかっていない点も多い[2,3]．もう1つ，長期的影響として問題になっているのが，明確な臨床症状をともなわないが恒久的な脳への影響である．CT，NMR，PETなどのような新しい技術によって職業ダイバーあるいはアマチュアダイバーの脳が調べられるようになって，初めてこうした影響の可能性が指摘され，1980年代からいくつもの研究が行われてきているが，影響を肯定したものも否定したものもあって，結論には至っていない[4]．骨壊死や脳への影響のように，非臨床的で緩慢に進行するような障害では，圧力以外の要因や，個体の感受性の問題があり，明確な因果関係が示されにくいのかもしれない[2,4]．

減圧症は，圧力変化が急激に起こることが問題なので，時間をかけた減圧を行えば原理的には予防が可能である．どのくらい時間をかければよいかは，曝露された圧力の高さと曝露時間の長さによって決まるので，これをわかりやすく整理した減圧表（decompression table）がいろいろな機関によって作成されている．減圧表にしたがって減圧を行うことにより，主要な臨床症状は予防することが可能である．しかし，骨壊死は，この方法では予防できない場合があることが知られている．また，減圧表にしたがった減圧中や，機器を使用しない"素潜り"を繰り返した場合に，silent bubblesという，超音波を用いる測定法のみで検出されるような気泡が肺などの血管に見いだされる．silent bubblesはその場では臨床症状をともなわないが，これが長期的に繰り返し出現した場合に，身体に影響を与える可能性が示されている[1]．

減圧症が発症した場合，なるべくすみやかに高圧チャンバーに患者を移送する[1]．そこで再加圧した後にゆっくりと減圧を行い，必要に応じて酸素吸入を行う．この際の減圧についても，上記と同様の減圧表が作成されている．

22.4.4 高圧の気体による障害

 上述したように,減圧症は圧力の変化の速さが問題であるが,圧力が高いこと自体も人体にいろいろな影響を及ぼす.このような(変化をともなわない)高圧による影響が問題になるのは,主として圧力の高い潜水作業の場合である.

a. 酸素毒性

 圧力の高い環境でヒトが活動を続ける場合,圧力の高い大気(あるいはそれにかわるもの)を呼吸することになるが,そこでは当然取り込む酸素の分圧も高くなる.酸素はヒトを含む高等動物にとっては必須の物質であり,不足すれば死に至る一方で,過剰でもまた生体を障害することはよく知られている.通常生体内では,酸素は分子状酸素の形で水素の受容体として働き,それ自身は水素で還元されて(結合して)水となる.このとき,4つの電子が酸素に移行するが,電子が1~3個移動した段階では,スーパーオキサイドアニオン・過酸化水素・ヒドロキシラジカルなど,生体内分子との反応性に富んだいわゆる活性酸素になっている.これらの活性酸素が蓄積しないよう,生体は活性酸素を処理するいろいろな防御機構を備えているが,酸素分圧の上昇によって酸素が過剰になると処理が間に合わなくなり,DNAやタンパク質,脂質といった生体の高分子が無秩序に酸化されることによって,それらが本来もっている機能を失わせ,それが細胞さらには組織の機能を破壊することになる.

 酸素の毒性が現れやすい器官は,肺と脳である.肺は呼吸(外呼吸)によって直接外気に接するため,外気における酸素分圧の変化が組織における酸素分圧に反映されやすい.脳は酸素消費が大きく,過酸化の起きやすい脂質に富んでいるために感受性が高いと考えられる.酸素毒性の症状は多様であり,肺の障害が起こると,呼吸困難・胸痛が起こり,肺水腫をきたすことがある.脳の障害の場合は,悪心・めまい・ねむけなど軽度のものから,けいれん,意識障害などの重度のものまで非特異的な症状が多く,興奮・抑鬱・恐怖感などの精神症状を呈する場合がある.

 酸素毒性は,呼吸する気体が1気圧ならば,酸素濃度が60%を超える条件に一定時間以上曝露された場合に発症の可能性が出てくる.肺と脳とでは障害の現れ方に差があり,比較的低い酸素分圧(0.6~1.3気圧程度)に長時間さらされると肺症状が出現しやすく,高分圧(3気圧以上)では,短時間のうちに脳障害が出現してくる.前述のとおり,潜函作業の場合は通常2~3気圧程度であるから,圧搾空気(すなわち酸素濃度約20%で,酸素分圧としては0.4~0.6気圧)が使用されている場合は,長時間曝露において肺症状が現れるぎりぎりの条件にある.

b. 窒素酔い[1,5]

 いうまでもなく大気中に最も多量に存在する成分は窒素であるが,生体にとって窒素ガスは不活性な気体(inert gas)と通常みなされている.しかし,減圧症の項ですでに述べたように,特殊な条件下では,窒素ガスの挙動が生体の機能に重要な影響を与えることがある.窒素酔い(nitrogen narcosis)も,特殊な条件下で窒素をはじ

めとする不活性気体が発揮する生体作用であり，inert gas narcosis とも呼ばれる．

　窒素酔いは，職業的あるいはスポーツ目的の潜水で，潜水深度が 30 m を超えた場合に見られる一種の酩酊状態であり，アルコールによる酩酊と症状的には似ているが，判断力・記憶力など認知機能が障害される一方で，運動・協調機能は比較的よく保たれている．症状はおおむね深度と相関があり，潜水深度が 50 m を超えるとほとんどの場合にこの酩酊状態が出現し，深度 100 m では酩酊の程度が進み，幻覚・意識喪失をきたして死に至る危険がある．しかし，窒素酔いの主要な問題は，酩酊状態のために正常な判断ができなくなることであり，水中でのそうした判断ミスが致命的な結果を招きかねない．窒素酔いの症状は潜水者が水深の浅い場所に戻ることによってすみやかに消失する．

　窒素は，22.4.3 項で述べたように脂溶性の高いガスであり，このことが酩酊症状を起こす原因と考えられている．各種のガスの脂溶性と麻酔作用の強さとは良く相関することが知られており，窒素は臨床で使用される全身麻酔薬と同じ作用機構をもっているものと考えられている．

c.　高圧神経症候群[5]

　ヒトは常に酸素を取り込む必要があるが，酸素濃度（分圧）が高すぎれば酸素中毒を起こすので，酸素を何らかの気体で希釈する必要がある．通常の大気は酸素を窒素で希釈した気体といえるが，これも圧力が高いと窒素酔いを起こす．ここで用いられるのがヘリウムである．ヘリウムは不活性ガスのなかで最も脂溶性が低く，そのため麻酔作用も弱いため，窒素酔いを回避できる．しかし，15〜20 気圧，あるいはこれを超えるような高圧条件に急速に曝露された場合，振戦・ふるえ，脳波異常，めまい・嘔吐，協調不全，判断力・記憶力の低下，睡眠障害などの神経症状が出現することが知られており，これを高圧神経症候群(high pressure neurological syndrome, HPNS)と呼ぶ．HPNS の機序は明らかではないが，実験的な検討も行われており，神経組織レベルでは，活動電位の持続時間の延長，シナプス伝達の抑制などの作用が報告されている．動物実験では，げっ(齧)歯類が用いられることが多いが，多くの場合，活動亢進を見る．ドパミンなど神経伝達物質の放出との関連を示唆するものある．

　HPNS は，ヘリウムに少量だけ窒素あるいは水素を混ぜた気体で酸素を希釈することにより防ぐことができるので，深海の潜水作業では，こうした混合気体が実際に使用されている．

〔渡辺知保〕

文　献

1) Y. Melamad, et al.：*New. Eng. J. Med*., **326**, 30-35, 1992.
2) C. Hutter：*Med. Hypotheses*, **54**, 585-90, 2000.
3) 池田知純：臨床検査, **34**, 41-45, 1990.
4) P. Wilmshurst：*Brit. Med. J*., **314**, 689, 1997.
5) M. Halsey：*Physiol. Rev*., **62**, 1341-77, 1982.

索引

欧文

A 型肝炎　505
A_0 層　399
ADH　490
ASL　499

BCF　423
BFD　514
BMF　425
BSAF　425

CAM 植物　222
CDE　195
CF　499
CFTR　499
CIP　320
CO_2 濃度　218
COD　430

DDT　302
DDT 耐性　507
diffraction 力　361
DO　415
DP　255

EC 値　456
ECF 漂白法　320
EEZ　296
ESP　193, 458

Froude-Krilov 力　361

GCM　32

H^+ ポンプ　217
HPNS　537

K^+ チャンネル　217
kinematic wave 法　119, 377

LP　255
LSI 集積度　312

MAC 21　355
MX　521

Na 吸着割合　193
NMR　4
NMR 顕微鏡　209
NRDS　499

O 157　510

PCB　302
pF　185
pH　445, 447
Pierson-Moskowitz 式　364
PIM　275
PRTR 法　414
PVA　235
PVC　519

RO 膜　314

STM　195

TAC 制度　296
TDR 法　186
TS ダイアグラム　87, 94

UASB 法　350
USLE 式　400

ア 行

アイソトープ　10
アインシュタイン　121
青潮　434
赤潮　230, 411
亜寒帯循環系　102
アクアグリセロポリン　492

アクアトープ　461
アクアポリン　491
アクアポリン 2　490
アジアモンスーン　34
アスペクト比　49
暖かい雨　47
暖かいコンベアベルト　104
圧ポテンシャル　214
圧力　18
圧力ポテンシャル　205
亜熱帯高圧帯　28
亜熱帯循環系　102
アブシジン酸　218
アフリカ睡眠病　505
アボガドロ数　3
アポクリン腺　485
アポプラスト　206, 211
網漁具　295
霰　48
アルカリ度　451
アルカリ土壌　458
アルギニンバゾプレッシン　490
アルツハイマー症　525
アルベド　33, 42, 243
アルボウイルス　509
アルミニウム　524
暗きょ排水　285
アンモニア　446
アンモニア化成　197

イオン交換樹脂　314
生け簀養殖　298
維持管理　273
異質性　145
異常気象　403
維持流量　253
イタイイタイ病　410
1：5 法　457
一次支川　111
一次水流　170

索引

一次生産　230
一次生産力　414
一時性プランクトン　229
一次大気　72
1日最大給水量　324
一級河川　109, 470
一級水系　109
遺伝子　234
遺伝子プール　234
移動限界　121
移動性低気圧　384
異方性　145, 187
移流分散(方程)式　190, 460
飲水行動　490
インヒビター　310
インポセックス　302, 527

ウィスコンシン氷期　43
ヴェクター　503
ウォッシュロード　121
右岸　113
羽状流域　111
雨水処理フロー　347
雨水利用システム　347
雨滴侵食　398
畝間灌漑　201
埋立て　300, 473
上乗せ基準　475
運河　372
運動量理論　360

エアスパージング技術　420
永久しおれ点　200
永久水温躍層　230
エイズ　505
衛生器具設備　341
エイトケン核　47
栄養塩　85, 297, 414
栄養塩類　231, 327
栄養塩類量　99
液化　15
疫学転換　503
液体の構造　11
液胞　203
易有効水分　200
エクマン吹送流　105
エクマン層　105
エクリン腺　485
エコトーン　225, 236
エコロジカルネットワーク
　462, 463

枝の皮膚部　209
エネルギー　204
エネルギー評価　349
エボラ出血熱　505
塩害　201, 289
塩化水素　446
沿岸域　229
沿岸親潮水　97
沿岸漁業　294
塩基　446
塩(水)湖　129, 459
塩性土壌　457
塩素　327
塩素消毒副生成物　521
エントロピー　15
塩分　76
塩分極小　89
遠洋漁業　294
塩類　454
塩類土壌　456

オイラーモデル　122
横溢氷河　38
黄熱病　505, 509, 512
大型水生植物　224
沖合漁業　294
オーキシン　206, 218
オクタノール　423
オゾン　329
オゾン処理　328
汚濁物質　408
オーバーパナマックスサイズ
　372
オービタルモーション　361
親潮水　91
親潮前線　89
温室効果　41, 64
温室効果気体　65
温泉　175
温泉地すべり　395
温泉法　481
温暖化　40
温排水　300

カ　行

加圧層　145
海域　430
海運　366
海運同盟　369
海運立国　367

海岸砂丘　179
海岸法　470
回帰式　430
会社管理　273
回収再利用　320
回収水　305
回収率　250, 305
海象　363
海上運賃　369
海食崖　179
海水　71, 76
　——の淡水化　267, 353
　——の年齢　103
外水氾濫　379
開水面　97
海跡性の湖　129
疥癬　505
海底地震　384
回転速度　231
回転率　129, 131
貝毒　230
海難事故　364
海浜域　229
回分式活性汚泥法　351
ガイベン-ヘルツベルクの法則
　179
界面活性剤　8
海面上昇　384
外洋域　229
海洋生態系　228
海洋大循環　100, 101
外来種　238
外来生物　237
花芽　209
化学合成微生物　197
化学物質　512
化学ポテンシャル　184, 204
河岸段丘　113
河況係数　115
核磁気共鳴　4
拡大成長　203
確保容量曲線　257
確保流量　253
攪乱　463
確率確保容量曲線　258
確率過程モデル　122
河系模様　173
火口湖溢水　175
可降水量　61
河口偏倚　178
下刻　170

索　引

火山　168
火山岩屑流　174
火山性の湖　127
火山泥流　174
火山噴出物　174
河床位　117
河床間隙水域　241
河状係数　115
河床形態　123
河床構成材料　121
河床構成物質　121
河床構造　225
河床勾配　117
河床波　123
化審法　410
カスケード使用　318
ガストフロント　30
ガスハイドレート　9
ガス発生　198
河川　109
　　——の特徴　114
河川管理者　470
河川形態の区分　225
河川生態系　225
河川整備基本方針　470
河川整備計画　470
河川堤防　380
河川プール　466
河川法　470
河川密度　112
河川流域総合情報システム　392
河川流出量　58
家畜糞尿　288
各個運搬　120
渇水　261
渇水対策ダム　264
渇水調整　252
渇水調整協議会　265
渇水年　248
活性汚泥　349
活性汚泥法　350
活性酸素　536
活性炭処理　328
合併浄化槽　337
河道　109
仮道管　219
可能蒸発散量　59, 63
河畔林　240
カビ　196
カービンク　40

花粉分析　44
下方侵食　170
過放牧　454
雷　54
貨物輸送　367
空梅雨　401
ガリー　170
ガリー侵食　398
火力発電所　318
カルスト地形　174
カール氷河　38
過冷却　209
川　110
　　——の水理　117
河　110
簡易処理　334
簡易揚水機具　281
干害　400
灌漑　201, 454
　　——の必要性　269
灌漑システムの民営化　275
灌漑水田　269
灌漑水路　462
灌漑用水　270
灌漑用揚水機具　276
環境影響評価法　165
環境基準　441
環境基本法　165, 410, 478
環境計画　461
環境ホルモン　300, 413, 525
環境用水　271
間隙　141
間隙水圧　394
間隙比　141
間隙率　141, 183
還元的な大気　74
慣行水利権　253, 272
完新世最温暖期　44
含水比　186
乾性沈着　445
岩石海岸　179
冠雪害　404
間接再利用　436
間接用水　315
間接水循環系　315
汗腺　485, 501
感染症　503
感染体　504
感染リスク　443
幹川流路延長　112
乾燥　218

乾燥断熱温度減率　46
乾燥密度　186
感潮河川　177
関東ローム　183
間伐　399
干ばつ　400, 454
岩盤透水係数　173
間氷期　42
ガンマ線水分密度計法　186
涵養域　35, 150
環流　136
貫流プラント　318
貫流ボイラー　318

気圧　532
気液共存状態　18
気化　15
飢餓前線　402
気化熱　15, 213
器官外凍結　209
機器洗浄　320
危険水位　391
気孔　55, 213, 214
気孔コンダクタンス　216
気候最良期　44
気候システム　243
気孔抵抗　216
気候変動　403, 452
技術基準　334
基準面濃度　122
気象学的条件　63
気象情報　390
汽水性　129
寄生虫症　503
季節的水温躍層　230
気相率　198
基礎生産　230
基礎生産者　292
擬ダイラタント流体モデル　126
北大西洋深層水　104
北太平洋中層水　96, 97
起伏量　173
基本高水流量　116
逆浸透膜　314
逆マスカーブ　257
客観解析データ　61
球形船首　359
休止時間　121
吸水成長　203
急性高山病　532

索引

吸着等温線　191
給排水衛生設備　340
給排水衛生設備規準　342
給排水衛生設備システム　341
丘陵　168
凝結核　47
凝結・昇華成長　48
凝結・凍結核　48
凝集沈澱濾過処理　327
凝集力　214
共振現象　386
競争状態　220
業務営業用水　324
強流帯　95
漁獲可能漁　296
許可水利権　253,272
漁業生産　294
漁業法　471
漁具　295
局所個体群　234
局所循環　29
局地流動系　150
魚群探知機　295
虚血性心疾患　516
巨大核　47
巨大崩壊　395
近交弱勢　236
均衡線　35

空気塊　46
空気侵入値　185
空気力学的粗度　35
茎　219
屈折角　189
屈折現象　189
雲放射強制力　67
クライツ-セドンの法則　120
グライド　404
クラウドクラスター　53
クラスレート　496
クラスレートハイドレート　9
クラッド　318
グリーンタフ地域　395
クリプトスポリジウム　323, 443
グリーンケミストリー　8
グリーンランド氷床　36
黒潮　103
黒潮強流帯　87
黒潮水　93
黒潮前線　89

黒潮続流　95
グローバルな汚染　86
クロルニトルフェン　520
クロロフェノール類　520
クーロン力　184

傾圧　134
警戒水位　391
計画高水流量　116
計画年次　324
景観　464
計算機シミュレーション　11
形状係数　112
経常賦課金　275
径深　117
軽水　6
渓畔林　240
警報　390
契約　274
下水処理　334
下水処理水の再利用　266
下水道　331, 473
下水道統計　350
下水道法　332
ケーソン　532
血圧　489
決定論的モデル　121
血流量　489
下・廃水再利用　436
下排水処理　349
ゲーム論　220
下痢症　505
減圧症　534
減圧表　535
巻雲　49, 50
限界掃流力　121
限外濾過膜　327, 353
嫌気性菌　197
嫌気性消化　350
原形質連絡　206
健康影響評価　439
原子核　4
原始地球　3
原子力　357
巻積雲　49
元素　77
　——の化学種　81
　——の分布　80
　——の平均滞留時間　81
　——の平均濃度　81
巻層雲　49

原単位　415
原単位法　427
原尿　489
顕熱フラックス　32, 56
原料用水　305

高圧神経症候群　537
広域循環方式　345
広域流動系　150
豪雨　54
降雨遮断　35
降雨時流出　427
降雨時流出負荷量調査　429
高温高圧水　19
恒温動物　485
航海術　368
公害対策基本法　410, 475
鉱害の防止　479
公害問題　409
降河回遊　227, 292
好気嫌気活性汚泥法　351
好気性細菌　197
高級処理　335
公共下水道　333
工業用水　249, 305
工業用水法　480
孔隙率　183
光合成　30
光合成微生物　197
恒常性　485, 487
工場法　474
公水　469
降水　46
　——のリサイクル　62
　——の流出成分　427
洪水緩和機能　242
降水機構　54
降水効率　54
洪水到達時間　118
洪水到達時間内平均雨量強度　118
洪水ハザードマップ　393
洪水氾濫危険区域図　393
洪水流出　375
洪水流出モデル　376
降水量加重平均　447
合成合理式　119
合成ポテンシャル　184
構造基準　337
構造性の湖　127
構造ゆらぎ　11

索　引

鉱毒問題　409
高度浄水処理　328
高度処理　335
後背湖沼　177
後背湿地　113, 177
後背低地　177
公物　469
孔辺細胞　215
合理式　118
抗利尿ホルモン　490
合流式　333
抗力モデル　122
港湾　369
港湾法　471
湖沿岸　225
氷　6, 17
　　──の構造　10
呼吸腔　215
国際コンテナ輸送　370
国連海洋法条約　296
湖沼　127
湖沼水質保全特別措置法
　　412, 476
個人管理　273
ゴーストフィッシング　296
古生代　41
個体群　234
個体群生存可能性分析　235
古代湖　227
骨壊死　535
国家管理　273
個別循環方式　345
米増産　270
コリオリ力　105, 136
孤立雲　50
コレラ　505, 509, 512
コロニー　197
混獲防止　296
混合水域　89
混合層　100
混相流　397
コンタミネーション　78
根量分布　200

　　　サ　行

細菌　196
細菌集合体　197
再結晶　212
再興感染症　506, 511
最終氷期　43

最小作用量　528
最小動水圧　330
最大静水圧　330
最大密度温度　7
最適化手法　255
サイトカイニン　218
細胞外液　486, 487
細胞外凍結　208
細胞内液　486, 487
細胞内浸透圧　211
細胞内凍結　208
細胞内の水　496
細胞壁　203, 205
細胞壁圧　205
再利用水造水処理システム
　　438
左岸　113
サクション　185
サーク氷河　38
作物　199
砂嘴　179
差し引き排出負荷量　287
砂州　123
砂堆　123
雑漁具　295
雑用水道　348
雑用水利用　344
砂漠化　452
砂漠化前線　402
砂漠化対処条約　455
差別侵食地形　173
サヘル地域　402, 452
砂防法　470
サーモステリックアノーマリー
　　88
砂粒レイノルズ数　121
砂漣　123
酸　446
参加型水管理　275
酸化還元電位　83
三角州　113, 177
山岳氷河　38
酸化窒素　518
酸化的な大気　74
三重点　17
産出率　143, 149, 155
散水濾床　349
酸性雨　445
酸性化　451
酸性度　83
酸素同位体比　41

酸素毒性　536
山体貯留量　60
山体崩壊　395
山地　168
暫定水域　296
残留性有機汚染物質　423
残留率　143

ジオスミン　329
ジオトープ　461
糸球体　489
次元解析モデル　122
自己拡散定数　23
支谷閉塞湖沼　178
支谷閉塞低地　178
脂質二重膜　495
視床下部　490
糸状菌　196
止水式養殖　298
沈み込み地帯　393
施設システム　272, 273
　　──の維持管理　275
支川　111
自然環境　238
自然堤防　113, 177, 464
自治　274
湿害　201
湿潤断熱減率　46
湿性沈着　445
湿地林　240
湿度　45
始動勾配　148
シートエロージョン　398
屎尿処理場　351
地盤沈下　155
ジフテリア　512
ジベレリン　206
脂肪組織　423
シミュレーション　259
ジメチルサルファイド　446
締め付け障害　533
社会システム　272, 273
遮断降水量　55
遮断蒸発　55, 241
斜面　170
斜面雪圧　404
種　234
自由エネルギー　204
集魚灯　295
重金属汚染　300
住血吸虫症　505, 508

集合運搬　120
集合排水処理設備　440
重心　363
重水　6
集水井　396
重水素　72
重水素結合　10
集水面積　111
終生プランクトン　229
集積流　189
従属栄養(微)生物　197, 233
臭素酸　523
集団移動　171
集中豪雨　394
集中流　399
充填構造　11
重油汚染　301
重要港湾　371
重力ポテンシャル　184
重力流　189
主曲率半径　183
種子　209
主水温躍層　100
取水制限　256
受水槽式給水　330
需要管理　265
順圧　134
循環灌漑　284
循環期　132
循環水　315
循環利用　317
循環冷却水　308
循環濾過式養殖　299
潤辺　117
純放射量　32
準用河川　109, 470
消化　497
昇華　14
昇華核　48
消化管　490
消化管粘液　498
硝化作用　197
浄化槽　337
浄化槽法　331
蒸気圧　45
蒸気圧バランス　209
小規模河床形態　123
上下水道　503
小構造　463
硝酸　445
蒸散　30, 55, 213

硝酸塩　517
硝酸汚染　289
蒸散作用　241
硝酸性窒素　287, 418
硝酸性窒素濃度　287
蒸散速度　216
蒸散量　199
小支川　111
小々支川　111
浄水処理　355
浄水処理システム　327
脂溶性　423
小積雲　50
商船隊　368
状態方程式　6
小腸　491
消毒副生成物　441, 442, 521
蒸発　30, 55
蒸発計　58
蒸発散　30, 55, 283
蒸発散量　63
蒸発池　289
小氷期　44
正味放射量　56
消耗域　35
常緑広葉樹　222
常緑針葉樹　222
植生帯　237
植生タイプ　221
植物細胞　203
植物プランクトン　224, 414
食物段階　293
食物連鎖　224, 228, 232, 293, 423
除鉄・マンガン処理　326
処理目標　334
白瀬氷河　38
シリカスケール　309
自流水　326
シールズダイアグラム　121
シロカキ用水量　284
深過冷却　208
新興感染症　505
人口推計法　324
真光層　230
人工的地形改変　180
人口密度　331
侵食谷　170
親水　466
親水公園　466
深水層　132

新生児呼吸切迫症候群　499
新生代　41
腎臓　486, 489
深層　101
深層循環　103
深層大循環　41
深層土壌　189
深層熱塩循環　102
深層崩壊　395
信託　274
伸長成長　203
振動　49
浸透圧　204, 489
浸透圧調節　293
浸透係数　184
浸透能　399
浸透ポテンシャル　184, 199, 205, 214, 215, 217
シンプラスト　206
森林　238, 399
　　──の環境保全機能　239
　　──の多面的機能　239
　　──の伐採　62
森林生態系　238
森林破壊　454

水圧　532
水位　117
水域　227
水域群別方式　476
水域生態系　224
推移帯　225
水運　366
水温躍層　132
水塊　86, 100
　　──の変質過程　94, 99
水塊分析　99
水害防備林　240, 466
水型　88, 98
水系　109
水系感染症　323
水圏　461
水源涵養機能　239, 241
水源二法　412
水源保護条例　478
水源保全　477
水源林　327
水甲　285
水産生物　291
水質汚染　301, 430
水質汚濁　407

水質汚濁防止対策要綱 475
水質汚濁防止法 410, 471, 475, 476, 478
水質汚濁問題 474
水質環境基準 475, 476
水質管理 316
水質基準 323
水質浄化機能 242
水質設定 316
水質総量規制 475
水質総量規制制度 477
水質二法 475
水質変換技術 349
水質保全対策事業 286
水蒸気収束量 61, 62
水上飛行機 364
水食 398
水深 117
水素結合 5, 494
水素結合数 22
水柱 26
垂直回遊 292
水滴・凍結核 48
水田 281, 287, 461
——の水収支 283
水田灌漑用水 250
水田除草剤 520
水田生態系 285
水田用水量 283
水道原水 477
水道水 323
水道法 323, 472
水波力学 361
水分拡散係数 188
水分特性曲線 185
水分の過剰 493
水分ポテンシャル 185
水防警報 391
水面幅 117
水文地質単元 143
水理学的分散 190
水利慣行 271
水陸配置 180
水利組合 273
水利権 253, 272, 326, 471
水利システム 272
水利費 275
水流の次数 171
水力発電 251
スエズ運河 371
スキャベンジング 85

スケール防止 311
スコールライン 51
ステップ 365
ストリップ法 361
ストリームチューブモデル 195
砂浜海岸 178
スーパーセル 51
スペースルール 258
すべり面 394
スベルドラップ 100
スベルドラップ平衡 106
素掘り貯留池 288
スライム防止 311

瀬 225
生活圏 460
生活習慣病 503
生活用水 249
西岸強化 103
制限栄養塩 415
製鋼工場 317
生産層 230
製紙工業 318
正四面体の構造 11
セイシュ 135
正常流量 253
生食連鎖 232
静振 135
成人病 503
静水圧分布 117
成層 131
成層期 132
成層土壌 188
清掃法 331
生体の水分量 487
生体膜 491
生長阻害水分点 200
晴天時流出 427
製品処理用水 305
西部北太平洋中央水 89
生物学的階層 234
生物学的種 234
生物活性炭 329
生物間相互作用 237
生物群集 225
生物処理 328
生物-堆積物蓄積係数 425
生物多様性の保全 234
生物多様性保全機能 239
生物地球化学的循環 84

生物蓄積 422
生物濃縮 410, 422
生物濃縮係数 423
生物ポンプ 85, 233
生理活性物質 291
世界氷河台帳 40
積雲 49
潟湖 179
赤道循環系 102
赤道潜流 103
堰止め性の湖 128
積乱雲 49, 51
——の壁 54
世代時間 232
雪圧害 404
雪害 403
接触・凍結核 48
節水意識 343
節水型機器 267
節足動物媒介性ウイルス 509
絶対嫌気性菌 197
接点水 183
絶滅 235
絶滅可能性 235
瀬戸内海環境保全特別措置法 412, 477
施肥 297
施肥量 287
セメンテーション 142
セルロース微繊維 215
0次谷 394
ゼロフラックス面 158
ゼロメートル地帯 156
遷移 463
旋回 362
潜函 532
先カンブリア時代 41
線形計画法 255
扇状地 113, 176, 464
洗浄用水 305
潜水作業 536
前線 53
船体運動 361
洗脱 458
扇端泉列 177
せん断破壊 394
潜熱フラックス 32, 55
船舶 357
漸変流 117
全ポテンシャル 185
全面ばっ気方式 350

素因 393
層雲 49
総観場擾乱 53
双極子モーメント 5, 20
総合治水対策 381
操作管理 273
層状雲 49
相図 13
層積雲 49
造船技術 368
相対含水率 188
相対透水係数 188
送配水システム 329
造波抵抗 358
増養殖 297
掃流 397
掃流砂 120
掃流砂量 121
掃流状集合流動 121
掃流力 116, 121, 397
総量規制 441
藻類 196, 414
遡河回遊 227, 292
側方侵食 171
組織雲 51
疎水親水指数 496
疎水性物質 8
疎水力 495
ソーダ質土壌 193
側刻 171
ソリトン分裂 386

タ 行

体液 486
ダイオキシン類 425, 479, 527
ダイオキシン類対策特別措置法 414
体温調節 500
体温調節能 485
大核 47
耐寒性 208
耐乾生理機能 31
大気 45
　——の窓 65
大気汚染 450
大気起源論 72
大気大循環モデル 29, 32
大気柱 26
大規模河床形態 123

大規模崩壊 395
大気水収支 61
大気-陸面相互作用 34, 62
大航海時代 366
第三紀層地すべり 395
帯水層 144
体積含水率 186
体積変化 6
大暖水塊 87
台地 175
大腸 491
耐凍性 208, 222
台風 54, 384, 387
太陽系星雲ガス 71
太陽定数 64
ダイラタント流体 397
ダイラタント流体モデル 126
大冷水塊 86
耐冷性 208
楕円軌道運動 361
高潮 384
多環芳香族炭化水素 443
滝 113
蛇行原 177
蛇行流路 176
田越し灌漑 282
多重効用蒸発 353
脱ガス 72
脱ガス大気成分 72
脱気 314
脱馴化 208
脱水 493
脱窒 288
脱窒作用 197
谷 112
谷底堆積低地 178
谷氷河 38
谷密度 173
ターボ型ポンプ 277
玉川上水 437
ダム群の再編成 266
ダム群連携 266
ダム水 326
ダム貯水池 253
ため池 461
多目的ダム 472
ダルシー則 147, 186
短期水収支法 60
段丘 168, 175
短距離離着陸機 365
タンクモデル法 377

炭酸塩 75
炭酸カルシウム 83, 446
胆汁 498
暖水渦 87
淡水生態系 226
淡水フラックス 28
断層線谷 174
断層破砕帯 174
単独公共下水道 333
単独浄化槽 337
段波 396
タンパク質 496
断面平均流速 117
短絡流 189
地域活動用水 270
地域循環方式 345
地域メタ個体群 234
地域用水 270
遅延因子 191
地下水 141, 478
　——の塩水化 156
　——の硝酸汚染 289
地下水アセスメント 165
地下水位低下 155
地下水汚染 418
地下水害 380
地下水採取規制 480
地下水浄化措置命令制度 479
地下水調査 161
地下水盆 146, 152
地下水揚水 420
地下水流去 58
地下水流出 375
地下水流動系 150
地下水利用権 470
地下ダム 266
地球温暖化 403, 512
地球軌道要素 42
築堤式養殖場 298
地形 167
地形営力 167
地形種 168
地形物質 167
地圏 461
地衡流 137
地すべり 395
地層水 141
遅滞時間 119
地中海水 89
地中海流出水 104

索　引

窒素除去　288
窒素流出　286
窒素酔い　536
地熱地帯　175
地熱発電所　175
地表流　398
チフス　505
地方港湾　371
地方病　510
チムニー　18
チャイン　365
着雪害　404
着氷成長　48
注意報　389
中栄養　129
中間泥炭土　187
中間流動系　150
中規模河床形態　123
中規模雲システム　52
中級処理　334
宙水　176
抽水植物　463
中水道　352
中性子水分計法　186
中生代　41
中世の温暖期　44
沖積平野　113, 378
中層　101
中層水　89, 96
中層層状雲　50
中和能力　452
超音波風速温度計　56
腸管出血性大腸菌　510
長時間ばっ気活性汚泥法　351
超純水　311
　　──の製造　312
重畳災害　380
跳躍距離　121
跳躍モデル　122
超臨界状態　75
超臨界水　18
チョークス　535
直接・飲用目的再利用水造水システム　439
直接再利用　436
直接水　315
直接流出量　242
直線状流路　176
貯水池　127
直結(式)給水　330, 344
貯留関数法　119, 376

貯留係数　149, 155
沈水植物　461

通性嫌気性細菌　197
対馬暖流　97
津波　384
冷たい雨　47
釣り漁具　295

定圧熱容量　7
低温馴化　208, 209
堤外地　113
堤間湿地　179
低気圧　384
定期性プランクトン　229
定期船　367
定常不飽和流　188
定常流　118
低水管理　256
底生生物　224, 228
低地　168
堤内地　113
堤列平野　179
適合溶質　211
適水温　292
テトラクロロエチレン　518
デトリタス　232
電解質　8
電気式脱塩装置　314
電気抵抗法　186
電気伝導度　456
デング(出血)熱　505, 508, 512
点源負荷　426
電子雲　4
テンシオメータ法　186
転心　362
天水田　269
点滴灌漑　201
天然ダム　396
伝播過程　504
田面の均平　285

糖　211
等温圧縮率　16
等価粗度　119
道管　214, 219
動径分布関数　12, 21
凍結制御　211
凍結氷　48
凍結様式　208
統合型流域管理　438

透水係数　147
動水傾度　147
動水勾配　147
透水性　147, 148, 193
透水層　148
統制　274
透析脳症　525
動的計画法　255
透明度　224
等流　118
動力効率　349
特殊型ポンプ　279
特性曲線法　189, 378
特定海洋生物資源　296
特定環境保全公共下水道　333
特定公共下水道　333
特定重要港湾　371
特別賦課金　275
独立栄養微生物　197
都市下水路　333
都市水害　379
都市水害対策　380
土砂管理　397
土砂災害　393
土砂災害警戒区域　125
土砂災害特別警戒区域　125
土砂災害防止法　125, 398
吐出量　276
土壌　183
　　──の不均一性　189
土壌汚染防止　479
土壌改良法　458
土壌ガス吸引技術　420
土壌侵食　398, 400
土壌水　183
都市用水　249
土壌・地下水汚染　158
土壌動物　196
土壌微生物　196
土壌面蒸発　457
土壌溶液　193
土壌流亡　400
土壌劣化　457
土石流　120, 123, 396
土石流危険渓流　125
土石流扇状地　397
土層改良　460
土地改良法　472
土地の劣化　452
土地利用規制　470
トラコーマ　505

ナ行

トリクロロエチレン 418, 518
トリハロメタン 521
トレードオフ 219

内航海運 367, 369
内在ベントス 229
内水氾濫 379
内部域 105
内部環境 486
内部ケルビン波 136
内部生産 COD 416
内部静振 136
内部モード 134
内分泌撹乱 442
内分泌撹乱化学物質 525
内分泌撹乱作用 300
雪崩 404
夏型の細胞 210
ナトリウム 491
ナトリウム土壌 457
波の遡上限界高度 179
南極環流 103
南極大陸 36
南極底層水 104
南極氷床 36
難帯水層 144
難透水層 148

苦潮 434
二級河川 109, 470
二級水系 109
二酸化炭素 40, 83
西川緑道 466
二次支川 111
二次生産者 293
二次大気 72
二次林 461
2層コンプレックス 53
日間晴天時流出負荷量調査 429
日周鉛直移動 233
日本近海 89
入射角 189
ニューストン 229
尿 486
尿量 489

濡れの接触角 184

根 219, 221
ネクトン 228, 293
熱収支 25
熱収支ボーエン比法 57
熱水噴出口 231
熱成論 137
熱帯収束帯 28
熱伝導プローブ法 186
熱容量 7
年間総取水量 325
年間総流出負荷量 429
粘性係数 9, 22

脳下垂体 490
農業 269
　——と水質問題 285
農業気象災害 401
農業集落排水施設 473
農業用水 249, 270
　——の汚濁 286
農業用水灌漑 437
農業用水基準 286
濃縮倍率 317
能動汗腺 486
濃度規制 441
膿胞性繊維症 499
農民管理 273
農薬 442, 520
農薬取締法 411
農用地 479
ノックアウトマウス 492
ノニルフェノール 529
野火止用水 437
ノンポイント汚染 413
ノンポイントソース 427

ハ行

梅雨前線 52
バイオフィルム 197
バイオマス 452
バイオマス燃焼 450
バイオマニピュレーション 417
媒介動物 503, 504
廃棄物処理基準 479
排水改良 284
配水管網 329
排水規制 413
排水再利用システム 346
排水量割合 459

排水路 281
排他的経済水域 296
ハイテク汚染 158
ハイドレート 9
ハイドログラフ 118
肺の表面張力 499
ハイポレイックゾーン 241
破砕帯地すべり 395
ハザードマップ 383, 398
波食棚 179
畑地灌漑用水 251
発汗 485, 501
発癌性物質 412
ばっ気動力 352
バッキンガム-ダルシー則 187
パッキング 142
ハドレー循環 28
パナマ運河 372
パナマックスサイズ 372
花芽 209
ハビタット 460
ハマダラカ 507
バルク法 56
バルバスバウ 359
ハロアセトニトリル 521
波浪外力 360
ハロケトン 521
ハロ酢酸 521
反砂堆 123
反射率 42
帆船 357
半帯水層 144
反復利用 284
氾濫解析モデル 382

被圧地下水 145
ビオトープ 460
ビオトープユニット 461
日傘効果 67
干潟 300, 436
ピーク流量 118, 242
菱形配列 141
比湿 45, 55
微絨毛 497
ヒステリシス 185
ビスフェノール A 529
微生物 196
微生物分解 421
微生物ループ 233
ヒ素 514
非帯水層 145

索　引

非断熱加熱率　68
微地形　464
比貯留　148
非定常不飽和浸透流　188
非定常流　118
ヒートアイランド　243
1人1日最大給水量　324
ヒドロパシ分析　496
非ニュートン流体　397
比表面積　184
皮膚温上昇　500
ヒプシサーマル　44
比誘電率　186
ビューフォート階級　364
ビュルム氷期　43
雹　48
比容　88
漂泳生物　228
氷河期　212
氷核活性　212
氷河時代　41
氷河性の湖　128
氷河の体積　39
氷冠　37
氷期　42
氷期・間氷期サイクル　42
病原性微生物汚染　409
病原体　503,504
病原微生物　441,443
漂砂　178
表在ベントス　229
氷山　40
標準活性汚泥法　335,351
標準水位　156
氷床　37
氷晶　208,212
氷晶核　47
氷晶核形成能　212
氷床コア　43
表水層　132
表層　101
表層循環　102
表層風成循環　102
表層崩壊　394
表面侵食　398
表面張力　183
表面波　361
表面モード　134
微量元素　78
微量必須栄養素　85
ビル管理法　330

ビル用水法　480
微惑星　71
貧栄養　129
貧栄養化　414
ビンガム塑性流動　148
ビンガム流体　397
ビンガム流体モデル　126
貧酸素水塊　434
浜堤　179

ファイトリメディエーション　459
ファジイ推論　259
不圧地下水　145
ファン・ゲニヒテンの式　185
不安定取水　261
ファン・デル・ワールス力　6,184
フィラリア　505
フィンガー流　459
フィンガリング流　189
風食　398
風成論　137
風速　217
風土病　510
封入空気　197
風評被害　300
富栄養　129
富栄養化　286,411,414
富栄養化対策　417
フェノスカンディア氷床　36
フェレル循環　28
不撹拌層　497
付加質量　361
不活化処理　327
不均一性　145
複合流域　112
副細胞　215
復水脱塩装置　318
副鼻腔　533
腐食防止　311
腐食連鎖　233
フタル酸エステル　528
淵　225
付着生物　229
付着藻類　224
普通河川　109,470
フッ化水素　446
フッ素　523
フッ素症　523
沸騰　16

ブディコの式　63
不定流　118
不定流解析法　120
不透水層　148
不凍タンパク質　212
不等方性　145
不等流　118
船成金　368
負の膨張係数　7
吹雪　404
不飽和透水係数　187
不飽和土壌　187
浮遊砂　120
浮遊砂量　122
浮遊生物　292
冬型の細胞　210
浮葉植物　463
フラックス　186
ブラックスモーカー　18
プランクトン　228,292,434
浮流　397
浮力　358
フリーラジカル　211
古川親水公園　466
プレート運動　75
フロインドリッヒ式　191
ブローダウン水量　317
プロペラ推進力　359
プロリン　211
分解層　230
分極率　5,20
分岐流路　176
分散　197
分水界　111
分水嶺　111
分配平衡モデル　423
分泌性下痢　498
フンボルト氷河　38
分流式　334
分裂　49

平均滞留時間　77,78
平衡状態　15
平行流域　111
壁面せん断応力　118
ペクレ数　191
ベシクル　8
ペスト　512
ベータ効果　106
ベータ法　57
ベンズ　534

変水層　132
変動係数　194
ベントス　293
ペンマンの式　58
ペンマン-モンティースの式　58

ポアズイユの法則　220
ボイラー用水　305
ポイントソース　426
膨圧　205
法河川　109
方形係数　359
方形配列　142
冒険貸借　366
防災情報　390
防災情報システム　392
放射加熱　68
放射状流域　111
放射平衡温度　64
膨潤　197
膨張係数　7
放線菌　196
暴走温室状態　75
防潮堤　388
法定外河川　109
法定外公共物　470
放流　297
飽和水蒸気圧曲線　57
飽和水蒸気濃度　216, 217
飽和水蒸気量　45
飽和抽出液　456
飽和度　186
飽和透水係数　186
飽和土壌　186
ボーエン比　57
捕獲大気成分　72
補給水　305, 310
圃場スケール　194
圃場容水量　200
保存性成分　78
ポテンシャル　204
ポテンシャル温度　99
ポテンシャル概念　184
ポテンシャル関数　5
ポテンシャル密度　99
ポーポイジング　365
ホメオスタシス　485, 487
ポリ塩化ビニル　519
ポリニア　97
ボルツマン定数　14

ホールドアップ水量　316
本川　111
ポンプ　277

マ 行

マイクロネクトン　229, 293
膜電位　217
マグネシウム　516
膜分離　355
マグマ水蒸気爆発　175
摩擦速度　121
摩擦抵抗　358
マトリックポテンシャル　184, 199, 205, 214
マニングの粗度係数　118
マラリア　505, 506

三日月湖　177
水　3
　　——のガラス化　211
　　——の凝結熱　56
　　——の構造　10
　　——の硬度　516
　　——の出納　488
　　——の特異性　6
　　——の分子構造　3
　　——の有効利用　343
湖　127
　　——の生態系　224
　　——の沖帯　224
水管理　272
　　——の社会組織　273
　　——への農民参加　275
水管理形態　274
水再利用　436
水資源開発　248, 265
水資源開発促進法　472
水資源貯留機能　242
水資源賦存量　248
水収支　25, 130, 152
水収支式　58, 59
水需給　247
水需要　247
水循環　26, 247, 315
水ストレス　452
水チャンネル　206, 491
水中毒　494
水辺域　241
水辺林　240
水ポテンシャル　199, 204, 214

水輸送　29
水利尿　490, 493
ミセル　8, 498
密度　18
密度流　138
ミトコンドリア　497
緑のダム　239, 242
水俣病　301, 409
ミニマム水量　343
ミランコヴィッチ理論　42

無効水量　325
無酸素還元環境　84
無次元限界掃流力　121
無次元掃流砂量　122
無次元掃流力　121
無次元有効掃流力　122
ムチン　498

メジナ虫症　505
メソスケール　29
メタ個体　234
メタセンター　363
メタン発酵　350
目詰まり　197
メトヘモグロビン血症　517
面源負荷　427

網状分岐流路　176
網状流路　176
毛布効果　67
木部柔細胞　209
藻場　300

ヤ 行

焼畑耕作　454
薬物代謝酵素系　502
柳川堀割再生　466
山崩れ　394
ヤング-ラプラス式　184

誘因　393
融解　6, 15, 49
有機塩素化合物　302
有機水銀　409
有機スズ　527
有機スズ化合物　301
有義波高　364
有機物粒子　232
有効温度　64

索　　引

有効間隙率　143, 149
有効水分　200
有効水量　325
有光層　224, 230
有効無収水量　325
有収水量　325
湧昇　231
融雪洪水　406
誘電率　20
誘発的涵養　155
雪　35
ゆらぎ　11

葉芽　209
溶解塩類　308
溶解度　8
葉コンダクタンス　216
溶質移動　190, 194
溶質分散係数　190
養殖場　298
揚水機具　276
用水の循環利用　315
揚水量　276
用水路　281
容積型ポンプ　277
容積効率　350
溶存化学種　78
溶存酸素　84
溶存酸素濃度　415, 430
溶存酸素量　99
溶脱窒素量　287
溶脱率　287
揚程　276
葉抵抗　216
溶媒　8
用排兼用型　282
用排分離型システム　282
葉面境界層　217
抑止工　396
抑制原因　64
抑制工　396
翼素理論　360
翼理論　360
予警報情報　389

横安定　363
余剰推力　366

ラ 行

ライシメータ　59
ライパリアンゾーン　241
ラウス分布式　123
ラグーン　179
ランゲリア指数　310
乱層雲　49

陸上養殖　298
陸水生態系　451
陸水貯留量　60
利水安全度　261
利水計画　253
利水計算　255
離水速度　366
離脱確率密度　122
リチャード式　188
リチャードソン数　133
リーチング　458
リーチング効率　459
リービッヒの最小律　85
流域　110
流域界　111
流域関連公共下水道　333
流域貯留量　119
流域平均幅　112
流域別下水道整備総合計画　473
流域別総合下水道計画　331
流域水収支法　60
流域密集度　112
流域面積　111
流況曲線　242
流血乱闘事件　474
流向流速計　150
硫酸　445
流出域　150
流出過程　241, 375
流出係数　118
粒子レイノルズ数　121

流水式養殖　299
流水断面積　117
流積　117
流達率　428
流量　111
流路　109
漁海況情報　296
両側回遊　227, 292
旅客船　369
緑化工事　399
リル　170
リル侵食　398
履歴現象　185
臨界圧力　17
臨界温度　17
臨界点　16

ル・シャトリエの原理　7

冷却・温調用水　305
冷却循環水　310
冷却水　308
冷水渦　87
戻水率　317
レイノルズ数　358
レクリエーション用水　271
レジオネラ症　505, 511
裂か水　141, 174
レッドフィールド　85

漏水　330
炉乾法　186
ロス氷棚　37
ロゼット状態　223
濾速　150
ローレンタイド氷床　36
ロン・フィルヒナー氷棚　37

ワ 行

惑星アルベド　64
惑星放射　74
湾流　103

| 水 の 事 典 | 定価は外函に表示 |

2004年 6月25日　初版第 1 刷
2007年 3月25日　　　第 3 刷

編者　太田　猛彦（おおた　たけひこ）
　　　住田　正一（すみた　まさいち）
　　　池淵　周一（いけぶち　しゅういち）
　　　田渕　俊雄（たぶち　としお）
　　　眞柄　泰基（まがら　やすもと）
　　　松尾　友矩（まつお　とものり）
　　　大塚　柳太郎（おおつか　りゅうたろう）

発行者　朝倉　邦造
発行所　株式会社　朝倉書店
　　　　東京都新宿区新小川町6-29
　　　　郵便番号　162-8707
　　　　電話　03（3260）0141
　　　　FAX　03（3260）0180
　　　　http://www.asakura.co.jp

〈検印省略〉

© 2004〈無断複写・転載を禁ず〉　　新日本印刷・渡辺製本
ISBN 978-4-254-18015-2　C 3540　　Printed in Japan

元千葉県立中央博物館 沼田　眞編

自然保護ハンドブック （新装版）

10209-3　C3040　　　　B 5 判 840頁 本体25000円

自然保護全般に関する最新の知識と情報を盛り込んだ研究者・実務家双方に役立つハンドブック。データを豊富に織込み，あらゆる場面に対応可能。〔内容〕〈基礎〉自然保護とは／天然記念物／自然公園／保全地域／保安林／保護林／保護区／自然遺産／レッドデータ／環境基本法／条約／環境と開発／生態系／自然復元／草地／里山／教育／他〈各論〉森林／草原／砂漠／湖沼／河川／湿原／サンゴ礁／干潟／島嶼／高山域／哺乳類／鳥／両生類・爬虫類／魚類／甲殻類／昆虫／土壌動物／他

前東大 不破敬一郎・国立環境研 森田昌敏編著

地球環境ハンドブック （第 2 版）

18007-7　C3040　　　　A 5 判 1152頁 本体35000円

1997年の地球温暖化に関する京都議定書の採択など，地球環境問題は21世紀の大きな課題となっており，環境ホルモンも注視されている。本書は現状と課題を包括的に解説。〔内容〕序論／地球環境問題／地球／資源・食糧・人類／地球の温暖化／オゾン層の破壊／酸性雨／海洋とその汚染／熱帯林の減少／生物多様性の減少／砂漠化／有害廃棄物の越境移動／開発途上国の環境問題／化学物質の管理／その他の環境問題／地球環境モニタリング／年表／国際・国内関係団体および国際条約

日本環境毒性学会編

生態影響試験ハンドブック
—化学物質の環境リスク評価—

18012-1　C3040　　　　B 5 判 368頁 本体16000円

化学物質が生態系に及ぼす影響を評価するため用いる各種生物試験について，生物の入手・飼育法や試験法および評価法を解説。OECD準拠試験のみならず，国内の生物種を用いた独自の試験法も数多く掲載。〔内容〕序論／バクテリア／藻類・ウキクサ・陸上植物／動物プランクトン（ワムシ，ミジンコ）／各種無脊椎動物（ヌカエビ，ユスリカ，カゲロウ，イトトンボ，ホタル，二枚貝，ミミズなど）／魚類（メダカ，グッピー，ニジマス）／カエル／ウズラ／試験データの取扱い／付録

産総研 中西準子・産総研 蒲生昌志・産総研 岸本充生・産総研 宮本健一編

環境リスクマネジメントハンドブック

18014-5　C3040　　　　A 5 判 596頁 本体18000円

今日の自然と人間社会がさらされている環境リスクをいかにして発見し，測定し，管理するか——多様なアプローチから最新の手法を用いて解説。〔内容〕人の健康影響／野生生物の異変／PRTR／発生源を見つける／*in vivo*試験／QSAR／環境中濃度評価／曝露量評価／疫学調査／動物試験／発ガンリスク／健康影響指標／生態リスク評価／不確実性／等リスク原則／費用効果分析／自動車排ガス対策／ダイオキシン対策／経済的インセンティブ／環境会計／LCA／政策評価／他

前千葉大 丸田頼一編

環　境　都　市　計　画　事　典

18018-3　C3540　　　　A 5 判 536頁 本体18000円

様々な都市環境問題が存在する現在においては，都市活動を支える水や物質を循環的に利用し，エネルギーを効率的に利用するためのシステムを導入するとともに，都市の中に自然を保全・創出し生態系に準じたシステムを構築することにより，自立的・安定的な生態系循環を取り戻した都市，すなわち「環境都市」の構築が模索されている。本書は環境都市計画に関連する約250の重要事項について解説。〔項目例〕環境都市構築の意義／市街地整備／道路緑化／老人福祉／環境税／他

日本緑化工学会編

環境緑化の事典

18021-3 C3540　　　　B 5 判 496頁 本体20000円

21世紀は環境の世紀といわれており，急速に悪化している地球環境を改善するために，緑化に期待される役割はきわめて大きい。特に近年，都市の緑化，乾燥地緑化，生態系保存緑化など新たな技術課題が山積しており，それに対する技術の蓄積も大きなものとなっている。本書は，緑化工学に関するすべてを基礎から実際まで必要なデータや事例を用いて詳しく解説する。〔内容〕緑化の機能／植物の生育基盤／都市緑化／環境林緑化／生態系管理修復／熱帯林／緑化における評価法／他

水文・水資源学会編　前京大 池淵周一総編集

水文・水資源ハンドブック

26136-3 C3051　　　　B 5 判 656頁 本体35000円

きわめて多様な要素が関与する水文・水資源問題をシステム論的に把握し新しい学問体系を示す。〔内容〕【水文編】気象システム／水文システム／水環境システム／都市水環境／観測モニタリングシステム／水文リスク解析／予測システム【水資源編】水資源計画・管理のシステム／水防災システム／利水システム／水エネルギーシステム／水環境質システム／リスクアセスメント／コストアロケーション／総合水管理／管理・支援モデル／法体系／世界の水資源問題と国際協力

日本水環境学会編

水環境ハンドブック

26149-3 C3051　　　　B 5 判 760頁 本体32000円

水環境を「場」「技」「物」「知」の観点から幅広くとらえ，水環境の保全・創造に役立つ情報を一冊にまとめた。〔目次〕「場」河川／湖沼／湿地／沿岸海域・海洋／地下水・土壌／水辺・親水空間。「技」浄水処理／下水・し尿処理／排出源対策・排水処理(工業系・埋立浸出水)／排出源対策・排水処理(農業系)／用水処理／直接浄化。「物」有害化学物質／水界生物／健康関連微生物。「知」化学分析／バイオアッセイ／分子生物学的手法／教育／アセスメント／計画管理・政策。付録

日大 鈴木和夫・東大 井上　真・日大 桜井尚武・筑波大 富田文一郎・総合地球環境研 中静　透編

森林の百科

47033-8 C3561　　　　A 5 判 756頁 本体23000円

森林は人間にとって，また地球環境保全の面からもその存在価値がますます見直されている。本書は森林の多様な側面をグローバルな視点から総合的にとらえ，コンパクトに網羅した21世紀の森林百科である。森林にかかわる専門家はもとより文学，経済学などさまざまな領域で森の果たす役割について学問的かつ実用的な情報が盛り込まれている。〔内容〕森林とは／森林と人間／森林・樹木の構造と機能／森林資源／森林の管理／森を巡る文化と社会／21世紀の森林—森林と人間

水産総合研究センター編

水産大百科事典

48000-9 C3561　　　　B 5 判 808頁 本体32000円

水産総合研究センター（旧水産総研）総力編集による，水産に関するすべてを網羅した事典。〔内容〕水圏環境（海水，海流，気象，他）／水産生物（種類，生理，他）／漁業生産（漁具・機器，漁船，漁業形態）／養殖（生産技術，飼料，疾病対策，他）／水産資源・増殖／環境保全・生産基盤（水質，生物多様性，他）／遊漁／水産化学（機能性成分，他）／水産物加工利用（水産加工品各論，製造技術，他）／品質保持・食の安全（鮮度，HACCP，他）／関連法規・水産経済

農工大 亀山　章編
生　態　工　学
18010-7　C3040　　　　A5判 180頁 本体3200円

生態学と土木工学を結びつけ体系的に論じた初の書。自然と保全に関する生態学の基礎理論，生きものと土木工学との接点における技術的基礎，都市・道路・河川などの具体的事業における工法に関する技術論より構成

富士常葉大 杉山恵一・東農大 中川昭一郎編
農村自然環境の保全・復元
18017-6　C3040　　　　B5判 200頁 本体5200円

ビオトープづくりや河川の近自然工法など，点と線で始められた復元運動の最終目標である農村環境の全体像に迫る。〔内容〕農村環境の現状と特質／農村自然環境復元の新たな動向／農村自然環境の現状と復元の理論／農村自然環境復元の実例

東洋大学国際共生社会研究センター編
環　境　共　生　社　会　学
18019-0　C3040　　　　A5判 200頁 本体2800円

環境との共生をアジアと日本の都市問題から考察。〔内容〕文明の発展と21世紀の課題／アジア大都市定住環境の様相／環境共生都市の条件／社会経済開発における共生要素の評価／米英主導の構造調整と途上国の共生／環境問題と環境教育／他

四日市大 小川　束著
環　境　の　た　め　の　数　学
18020-6　C3040　　　　A5判 164頁 本体2900円

公害防止管理者試験・水質編では，BODに関する計算問題が出題されるが，これは簡単な微分方程式を解く問題である。この種の例題を随所に挿入した"数学苦手"のための環境数学入門書〔内容〕指数関数／対数関数／微分／積分／微分方程式

武蔵工大 田中　章著
ＨＥＰ入門
―〈ハビタット評価手続き〉マニュアル―
18026-8　C3046　　　　A5判 244頁 本体4500円

野生生物の生息環境から複数案を定量評価する手法を平易に解説。〔内容〕HEPの概念と基本的なメカニズム／日本でHEPが適用できる対象／HEP適用のプロセス／米国におけるHEP誕生の背景／日本におけるHEPの展開と可能性／他

東洋大学国際共生社会研究センター編
国　際　環　境　共　生　学
18022-0　C3040　　　　A5判 176頁 本体2700円

好評の「環境共生社会学」に続いて環境と交通・観光の側面を提示。〔内容〕エコツーリズム／エココンビナート／持続可能な交通／共生社会のための安全・危機管理／環境アセスメント／地域計画の提案／コミュニティネットワーク／観光開発

東大 大澤雅彦・屋久島環境文化財団 田川日出夫・京大 山極寿一編
世界遺産 屋　　久　　島
―亜熱帯の自然と生態系―
18025-1　C3040　　　　B5判 288頁 本体9500円

わが国有数の世界自然遺産として貴重かつ優美な自然を有する屋久島の現状と魅力をヴィジュアルに活写。〔内容〕気象／地質・地形／植物相と植生／動物相と生態／暮らしと植生のかかわり／屋久島の利用と保全／屋久島の人，歴史，未来／他

東大 武内和彦著
ランドスケープエコロジー
18027-5　C3040　　　　A5判 260頁 本体3900円

農村計画学会賞受賞作『地域の生態学』の改訂版。〔内容〕生態学的地域区分と地域環境システム／人間による地域環境の変化／地球規模の土地荒廃とその防止策／里山と農村生態系の保全／都市と国土の生態系再生／保全・開発生態学と環境計画

前東北大 松本順一郎編
水　環　境　工　学
26132-5　C3051　　　　A5判 228頁 本体3900円

水環境全般について，その基礎と展開を平易に解説した，大学・高専の学生向けテキスト・参考書〔内容〕水質と水文／各水域における水環境／水質の基礎科学／水質指標／水環境の解析／水質管理と水環境保全／水環境工学の新しい展開

岩田好一朗編著　水谷法美・青木伸一・村上和男・関口秀夫著
役にたつ土木工学シリーズ1
海　岸　環　境　工　学
26511-8　C3351　　　　B5判 184頁 本体3700円

防護・環境・利用の調和に配慮して平易に解説した教科書。〔内容〕波の基本的性質／波の変形／風波の基本的性質と風波の推算法／高潮，津波と長周期波／沿岸海域の流れ／底質移動と海岸地形／海岸構造物への波の作用／沿岸海域生態系／他

上記価格（税別）は2007年2月現在